編著者簡介

黃定加

日本東京大學　工學博士（化學工程）
國立成功大學　名譽教授，台灣化學工程學會　會士

曾任：國立成功大學化工系所教授、系主任及所長
　　　國立成功大學副校長、代理校長
　　　教育部國家講座主持人（第一屆）
　　　日本原子力研究所外來研究員 (IAEA Fellow)
　　　美國 University of Houston 研究
　　　教育部顧問室兼任顧問
曾得：教育部徐氏基金會工程科學獎 (1975)，國立成功大學榮譽獎章 (1976)，
　　　教育部學術獎（工科)(1979)，教育部重點科技傑出研究獎 (1983~5)，
　　　國科會傑出研究獎 (1986~94，共四次)，國科會特約研究員 (1994~8 共
　　　二次)，中國工程師學會傑出工程教授獎 (1991)，中國化學工程學會金開
　　　英獎 (1991)，中國化學工程學會化工獎章 (1996)，台灣化學工程學會終
　　　身成就獎(2017)

黃玲媛

美國 University of Missourri-Rolla, Ph.D.（化學博士）
國立交通大學碩士(應用化學)，國立成功大學理學士(化學)
曾任：國立台北科技大學化工系所　副教授

黃玲惠

美國 University of Southern California, Ph.D.（醫學院生物化學博士）
國立台灣大學學士及碩士(農化)
國立成功大學生物科技與產業科學系　特聘教授
(醫學院臨床醫學研究所／食品安全衛生暨風險管理研究所　合聘教授)
國立成功大學再生醫學卓越研究中心　主任

曾任：國立成功大學生物科技研究所　教授

　　　美國史丹福大學醫學院外科學系　客座教授

　　　國立台灣大學醫學工程研究中心　副研究員兼副教授

　　　國立台灣大學口腔生物科學研究所兼任副教授

曾得：Fellow,Biomaterials Science and Engineering(2008)，國家新創獎
(2008,2014)，李國鼎科技與人文講座金質獎章(2010)，波蘭華沙國際發明
競賽金牌獎(2011)，國立成功大學產業合作成果特優教師(2012)，俄羅斯
阿基米德國際發明展金牌獎(2012)，國際傑出發明家學術國光獎章
(2012,2014)，國際傑出發明家發明終身成就獎(2014)，科技部傑出研究獎
(2017)，科技部未來科技突破獎(2019)

序

 　　物理化學為化學領域的主要科目之一，亦是化學相關各學門之重要的基礎。近年來由於科學的迅速進步發展，物理化學的應用範圍及對象的領域一直增加，為研習化學、化學工程、環境工程、材料科技、生化科技、醫學、藥學、農學及半導體科技等各領域所必備的重要基礎與知識。

 　　編著者之一於成功大學服務四十多年，講授物理化學及物理化學實驗、高等反應動力學、核子化學及放射化學等課程。本書係以其講義的部分內容及多年搜集的參考資料為骨幹，並將另兩位共同編著者多年來於其各專門領域所講授有關課程之講義資料融入編寫而成。本書的內容由淺入深，而其中較不容易理解的部分及有關的理論與公式，均用心詳細誘導與解釋。尤其各理論及有關公式之推導均力求詳盡，且對於公式的導證時所作的假設與條件及所得的結果等，於化學或物理學上所代表的實際意義，也均加以詳細說明，俾使研讀者對於物理化學可得明確具體的觀念與瞭解。

 　　本書的內容共二十二章，分成 "物理化學 I" 與 "物理化學 II" 兩冊。其中第一本的內容包括氣體及狀態方程式、化學熱力學、相平衡、化學平衡、電化學、生化反應平衡、界面化學、氣體動力論及氣相反應動力學等；第二本的內容包括液相反應動力學、溶液中的不可逆過程、聚合物的生成反應、量子化學、原子構造、分子的電子構造、原子光譜與分子光譜、光化學反應及其反應機制、晶體結構、核化學及放射化學等。

 　　本書中之論述力求簡明扼要、循序漸進，且於書中多舉例題以提昇學習的效果，並於各章的後面均附習題，以備讀者自行研習解答，增進對於有關理論的瞭解。本書中之專有名詞的後面，均附其對照的英文名詞。本書的內容適合作為一般大學及科技大學之化學、化學工程、環境工程、材料科技、生化科技與醫藥學系及相關研究所之物理化學及相關課程的教材，亦可作為從事上述各領域之研究及工作人員的參考書。本書所包括的內容較多、範圍較廣且較深入，教師可配合系所之發展重點及需要，自行選擇適合的章節內容講授。

近幾十年來由於大家的努力，國內的研究環境與水準均顯著的改善與提升，亦有些良好傑出的研究成果，但離國際一流的水準尚有些距離。國內的科技研發有關機構，為加速及提升科技的研發成果，經常有些獎勵研究的策施，然而，這些「獎勵策施」與「科學研究發展」的精神，可能尚有些差距，事實上，不是如一些人的想法，只要投入金錢及有適當的組織制度，就會有具意義的傑出研究成果，重要的是培養「愛科學追求真理的心」，而不是鼓勵追求獎賞。本書若能促進讀者增加「愛科學追求真理」的心與對物理化學產生興趣，並有助於培養科學思考的方法與習慣，則深感榮幸。

　　於編著本書之際，曾參考許多有關書籍，並引用有關的資料，於此僅向有關的諸位先輩及著作者，表示十二萬分的敬意及感謝。

　　本書雖經慎密細心的編著，但疏誤或遺漏之處恐所難免，敬請諸學者專家與讀者，不吝惠予指教，以便於再版時俾能改正，實所切盼。

黃定加
黃玲媛　　謹識
黃玲惠
2020 年 6 月 1 日
於成功大學，台灣台南

目　錄

物理化學 II

第二十章　光化學

第二十一章　晶體結構

第二十二章　核化學及放射化學

第十四章

液相的反應動力學

　　液相中的反應動力學，不能藉氣體的動力論及統計力學解釋，於液相中的分子間之相互作用較氣相者強而複雜，因此，液相中之反應速率需從更複雜之分子的觀點解釋。溶液內的二分子之反應的反應速率，通常小於其反應分子之擴散的速率，而一般可由分子之擴散係數計算。於液相內的許多反應之反應速率，均由反應分子之擴散的速率所控制，而這些反應速率通常需用特殊的方法測定。

　　於溶液中之許多反應，以酸、鹼或酶爲觸媒。本章首先介紹液相中的反應速率之特性，溶液中之離子的反應與快速反應之實驗的方法，及其反應速率之測定方法。其次討論酸、鹼與酶之觸媒的作用，輔助酶的反應，**逐步成長** (step-growth) 聚合反應，分枝與架橋的縮合物，自由基的聚合反應，及聚合體之莫耳質量的分佈。生物體內的許多反應均以酶爲觸媒，而這些酶觸媒的反應爲，溶液反應動力學的重要實例，並可提供液相的反應速率之反應控制的機制等重要的資訊。逐步成長的聚合反應與自由基的聚合反應，均爲液相的聚合反應動力學之重要的反應例。合成聚合物之生成，不僅需考慮其聚合反應之進行的程度，同時也需注意其平均莫耳質量，及聚合物之莫耳質量的分佈。

14-1 液相中的反應速率之特性
(Characteristics of Reaction Rates in the Liquid Phase)

　　液相中之化學反應的速率及其機制，與氣相中者有明顯的不同。氣相內的分子之平均自由徑，遠大於分子的直徑，所以氣相中的分子一般不會產生連續的碰撞，而僅產生**孤立的碰撞** (isolated collision)。然而，液相中之分子的周圍，通常圍繞著許多溶劑的分子，因此，液相中的分子之移動，常受到其鄰近周圍分子的阻礙。由於分子於液相中移動時，常與其周圍的溶劑分子產生相碰，而滯留於其原來的位置附近，由此，液相中之分子通常均被局限於其鄰近之一定的範圍，此即爲所謂**溶劑籠** (solvent cage) 的效應。因此，分子於液相中移動時，通常會與其鄰近的分子發生多次的碰撞，且隨時被新的鄰近分子再包圍。

於液相中的分子 A 與 B，必須於相同的溶劑籠內才有機會發生反應，此時於同溶劑籠內的分子 A 與 B，稱爲**邂逅對** (encounter pair)。溶液中的二分子之反應可由下列的簡單反應機制，區分成兩種的反應控制之型態。設液相中的分子 A 與分子 B 之反應，可表示爲

$$A + B \underset{k_{-1}}{\overset{k_1}{\rightleftharpoons}} \{AB\} \xrightarrow{k_2} \text{生成物} \tag{14-1}$$

上式中，$\{AB\}$ 表示 A 與 B 之邂逅對。於穩定的狀態之邂逅對 $\{AB\}$ 的濃度之變化速率，可表示爲

$$\frac{d\{AB\}}{dt} = k_1(A)(B) - (k_{-1} + k_2)\{AB\} = 0 \tag{14-2}$$

由上式 (14-2) 可得，$\{AB\}$ 之穩定狀態的濃度爲

$$\{AB\} = \frac{k_1}{k_{-1} + k_2}(A)(B) \tag{14-3}$$

因此，反應式 (14-1) 之反應速率，可表示爲

$$-\frac{d(A)}{dt} = k_1(A)(B) - k_{-1}\{AB\} = k_1(A)(B) - \frac{k_{-1}k_1}{k_{-1} + k_2}(A)(B)$$

$$= \frac{k_1 k_2}{k_{-1} + k_2}(A)(B) \tag{14-4}$$

若 $k_2 \gg k_{-1}$，則由上式 (14-4) 可得，其反應速率爲

$$-\frac{d(A)}{dt} = k_1(A)(B) \tag{14-5a}$$

上式 (13-5a) 所示之反應速率等於二反應物擴散一起，並產生反應之速率，此種反應稱爲，**擴散控制的反應** (diffusion-controlled reaction)。於擴散控制的反應中，反應物的分子各擴散至同一的溶劑籠內，並互相產生許多次的碰撞，而於互相擴散離開之前的其間內發生反應。於水溶液中互不相作用的分子對之**籠的壽命時間** (cage lifetime) 約爲 10^{-12} 至 10^{-8}s，而分子於此時間內通常會互相產生約 10 至 10^5 次的碰撞。

若 $k_2 \ll k_{-1}$，則由式 (14-4) 可得，反應速率爲

$$-\frac{d(A)}{dt} = \frac{k_1}{k_{-1}}k_2(A)(B) = k_2 K_{AB}(A)(B) \tag{14-5b}$$

上式中的 $K_{AB} = k_1 / k_{-1}$，爲形成邂逅對之平衡常數。因此，上式 (14-5b) 所示之反應速率，主要由 k_2 之活化能決定，而稱爲**活化控制的反應** (activation-controlled reaction)。

於溶液中的反應之反應速率，通常受所存在的溶劑之影響，而其影響通常相當複雜。極性的溶劑，一般會促進極性的生成物之生成的反應，而抑制非極性的生成物之生成的反應。如表 14-1 所示，**三乙基胺** (triethylamine) 與乙基碘的反應，因其生成物之極性較反應物者大，所以於極性較大的溶劑中之反應速率比較大。無水的醋酸與乙醇的反應，因其生成物之極性較反應物者小，所以於極性較小的溶劑中之反應速率比較大。五氧化氮之分解的反應，因其反應物與生成物之極性相差甚小，所以溶劑對於其反應速率的影響很小。

表 14-1　一些反應之反應速率常數的溶劑影響

溶　　劑	三乙基胺與乙基碘之反應 (100°C)	無水醋酸與乙醇之反應 (50°C)	五氧化氮之分解反應 (20°C)
已烷 (hexane)	0.00018	0.0119	–
四氯化碳	–	0.0113	0.0000235
氯苯	0.023	0.00533	–
苯	0.0058	0.00462	–
氯仿 (chloroform)	–	0.00404	0.0000274
茴香醚 (anisole)	0.040	0.00293	–
溴	–	0.00249	0.0000322
氣相	–	–	0.000165

14-2　溶液中的離子反應 (Ionic Reaction in Solution)

於溶液中之不同符號的電荷離子間之反應，如 $Ag^+ + Br^- \rightarrow AgBr$ 及 $H^+ + OH^- \rightarrow H_2O$ 等，其反應的速率均非常快，而須用特殊的方法測定。然而，同符號的電荷離子間之反應速率一般較為緩慢，而其反應速率可用普通的實驗方法測定。

Debye-Hückel 與 Eyring 等，於對離子間的反應提出理論之前，Brönsted 與 Bjerrum 等，對於離子間的反應已有著名的基礎研究。設帶電荷 z_A 與 z_B 之離子 A^{z_A} 與 B^{z_B} 反應時，形成中間的活化複合物 $AB^{*(z_A+z_B)}$，而其反應式可寫成

$$A^{z_A} + B^{z_B} \rightleftharpoons AB^{*(z_A+z_B)} \xrightarrow{k_{AB}} 生成物 \tag{14-6}$$

假定其中間的活化複合物，與反應的離子間達成平衡，則其平衡常數可表示為

$$K_{AB^*} = \frac{(AB^*)\gamma_{AB^*}}{(A)(B)\gamma_A\gamma_B} \tag{14-7}$$

上式中，γ 為活性度係數。因反應速率與活化複合物 AB^* 之濃度成比例，故其反應速率 dx/dt 可表示為

$$\frac{dx}{dt} = k_{AB}(AB^*) \tag{14-8}$$

由式 (14-7) 得，$(AB^*) = K_{AB^*}(A)(B)\gamma_A\gamma_B / \gamma_{AB^*}$，而將此關係代入上式，可得

$$\frac{dx}{dt} = k_{AB}K_{AB^*}(A)(B)\frac{\gamma_A\gamma_B}{\gamma_{AB^*}} = k_0(A)(B)\frac{\gamma_A\gamma_B}{\gamma_{AB^*}} \tag{14-9}$$

上式 (14-9) 稱為 Brönsted 式，其中的 $k_0 = k_{AB}K_{AB^*}$，而 $\gamma_A\gamma_B / \gamma_{AB^*}$ 稱為，**動力的活性度因子** (kinetic activity factor)。

反應 (14-6) 之反應的速率式，通常可寫成

$$\frac{dx}{dt} = k(A)(B) \tag{14-10}$$

比較上式 (14-10) 與 (14-9)，得

$$k = k_0\frac{\gamma_A\gamma_B}{\gamma_{AB^*}} \tag{14-11}$$

上式中，k 為反應 (14-6) 之反應速率常數。由於稀薄的溶液中之離子的活性度係數，均接近於 1，即 k_0 為零離子強度 （此時 $\gamma_A = \gamma_B = \gamma'_{AB^*} = 1$) 時之二級反應的速率常數，由此，$k_0$ 為於一定的溫度下之反應的固有常數。

於溶液中添加鹽類時，通常會改變溶液之離子強度，而改變上式 (14-11) 中的各離子之活性度係數，γ_A, γ_B 及 γ_{AB^*}。因此，反應速率常數 k 及反應速率，亦會隨溶液之離子強度而改變。於一般的溶液中之同符號的離子間之反應速率，隨離子強度之增加而增快，而異符號的離子間之反應速率，隨離子強度之增加而減慢，此種效應稱為**原始的鹽效應** (primary salt effect)。電解質的溶液中之離子的周圍所形成之離子層，一般隨電解質的濃度之增加而增強，而由此會遮蔽各離子間之靜電的作用。於稀薄的電解質溶液中之此種效應，可依 Debye-Hückel 的理論，由離子於低離子強度的溶液中之活性度係數，作定量的解釋。

於 25°C 的稀薄水溶液中，離子 i 之活性度係數 γ_i 與溶液之離子強度 I 間的關係，依據 Debye-Hückel 的理論可表示為

$$\log\gamma_i = -0.509\, z_i^2 I^{1/2} \tag{14-12}$$

式 (14-11) 之兩邊各取對數，並將式 (14-12) 之關係代入，可得

$$\log k = \log k_0 + 0.509 I^{1/2}[z_A^2 + z_B^2 - (z_A + z_B)^2] \tag{14-13a}$$

或

$$\log k = \log k_0 + 1.018\, z_A z_B I^{1/2} \tag{14-13b}$$

於 Debye-Hückel 理論可適用之低離子強度的範圍，由上式 (14-13b)，$\log k$ 對 $I^{1/2}$ 作圖可得，斜率等於 $1.018 z_A z_B$ 之直線。許多實驗的結果證實，上式 (14-13b) 之

理論的關係大致可以成立，如圖 14-1 所示。然而，對於高離子強度之溶液，其關係一般隨溶液之離子強度的增加，而趨於複雜。

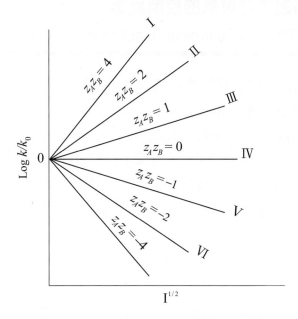

圖 14-1　稀薄溶液中的離子強度，對於離子反應速率常數之影響

I．$(z_A z_B = 4)$，$2[Co(NH_3)_5 Br]^{2+} + Hg^{2+} + 2H_2O \rightarrow 2[Co(NH_3)_5$
　　　　　　　　　　　$H_2O]^{3+} + HgBr_2$

II．$(z_A z_B = 2)$，$S_2O_8^{2-} + 2I^- \rightarrow I_2 + 2SO_4^{2-}$

III．$(z_A z_B = 1)$，$[NO_2 = N - COOC_2H_5]^- + OH^- \rightarrow N_2O + CO_3^{2-} + C_2H_5OH$

IV．$(z_A z_B = 0)$，$CH_3COOC_2H_5 + OH^- \rightarrow CH_3COO^- + C_2H_5OH$

V．$(z_A z_B = -1)$，$H_2O_2 + H^+ + 2Br^- \rightarrow 2H_2O + Br_2$

VI．$(z_A z_B = -2)$，$[Co(NH_3)_5 Br]^{2+} + OH^- \rightarrow [Co(NH_3)_5OH]^{2+} + Br^-$

例 **14-1**　試求 $25°C$ 之水溶液中的離子 A^+ 與 B^{2-} 之反應，$A^+ + B^{2-} \rightarrow$ 生成物，於水溶液之離子強度為 0.001 與 0.01 時之反應速率常數的比

解　對於反應，$A^{z_A} + B^{z_B} \rightarrow$ 生成物，於離子強度為 0.001 與 0.01 時之反應速率常數，由式 (14-13) 可得

$$\log k_{0.001} = \log k_0 + 2z_A z_B (0.509)(0.001)^{1/2}$$

與　$$\log k_{0.01} = \log k_0 + 2z_A z_B (0.509)(0.01)^{1/2}$$

因此　$$\log \frac{k_{0.001}}{k_{0.01}} = 2z_B z_B (0.509)(0.001^{1/2} - 0.01^{1/2})$$

$$= 2(1)(-2)(0.509)(0.001^{1/2} - 0.01^{1/2}) = 0.183$$

$$\therefore \quad \frac{k_{0.001}}{k_{0.01}} = 1.52$$
◀

14-3 溶液中之擴散的控制反應
(Diffusion Controlled Reaction in Solution)

由反應物之擴散係數的實驗測定值,使用巨觀的擴散理論,可計算溶液中之反應物的最大擴散速率。Smoluchowski 於 1917 年,由**膠體的金** (colloidal gold) 之凝聚的理論研究,而發展出擴散控制的反應之基本理論。

擴散係數 D,可由 Fick 的第一定律之式 (12-91) 定義,低分子量的溶質於 $25°C$ 的水溶液中之擴散係數約為 $10^{-9}\,\mathrm{m^2 s^{-1}}$。稀薄水溶液中的溶質之擴散係數的測定方法,及由**離子移動度** (ionic mobilties) 之離子擴散係數的計算,將於下章介紹。

Smoluchowski 認為,半徑 R_A 與 R_B 之球狀的粒子 A 與 B,擴散至其相互間的距離為 $R_{AB} = R_A + R_B$ 時才會發生反應。設溶液中之移動的分子 A,每與靜態的分子 B 邂逅時即發生反應,則溶液中的分子 A 之**通量** (flux)J_A,由 Fick 第一定律的擴展式,可表示為

$$J_A = -D_A\left[\frac{\partial C_A}{\partial r} + \frac{C_A}{k_B T}\frac{\partial U}{\partial r}\right] \tag{14-14}$$

上式中,k_B 為 Boltzmann 常數,D_A 與 C_A 為粒子 A 於溶液中之擴散係數與濃度。上式 (14-14) 之右邊的第一項為由於濃度梯度定之擴散的通量,而第二項為由於位能 $U(r)$ 梯度,$\partial U / \partial r$,所產生之擴散的通量。

分子 A 於單位時間內通過半徑 r 的球面之量 I_A,等於球的表面積與分子 A 之通量 J_A 的乘積,因此,I_A 由上式 (14-14) 可表示為

$$I_A = 4\pi r^2 J_A = -4\pi r^2 D_A\left[\frac{\partial C_A}{\partial r} + \frac{C_A}{k_B T}\frac{\partial U}{\partial r}\right] \tag{14-15}$$

由於 $r = \infty$ 處的 $C_A = C_A^0$ 及 $U = 0$,而於 $r = R_{AB} = R_A + R_B$ 處的 $C_A = 0$ 及 $U = U_{R_{AB}}$,且由於

$$d(C_A e^{U/k_B T}) = e^{U/k_B T}\left(C_A \frac{dU}{k_B T} + dC_A\right) \tag{14-16}$$

因此,由上式(14-16)與式 (14-15) 可得

$$I_A \int_{R_{AB}}^{\infty} \frac{e^{U/k_B T}}{r^2} dr = -4\pi D_A \int_0^{C_A^0} d(C_A e^{U/k_B T}) \tag{14-17a}$$

或

$$I_A = -\frac{4\pi D_A C_A^0}{\int_{R_{AB}}^{\infty} e^{U/k_BT}\left(\dfrac{dr}{r^2}\right)} \tag{14-17b}$$

實際上，溶液中之分子 A 與 B 均可移動，因此，上式中之 D_A 須用 $D_A + D_B$ 替代。若溶液中的分子 B 之濃度為 C_B，則**限界的反應速率** (limiting reaction rate) 等於 $I_A C_B^0$。所以第二級反應的速率常數 k_2 可表示為

$$k_2 = \frac{4\pi(D_A+D_B)}{\int_{R_{AB}}^{\infty} e^{U/k_BT}(dr/r^2)} \tag{14-18}$$

對於位能 $U=0$ 之特殊的情況，上式的右邊之分母可簡化成 $\int_{R_{AB}}^{\infty}\dfrac{dr}{r^2}=\dfrac{1}{R_{AB}}$。所以由上式 (14-18) 可得

$$k_2 = 4\pi R_{AB}(D_A+D_B) \tag{14-19}$$

對於分子 A 與 B 之**結合** (association) 反應的第二級反應速率常數 k_a，通常可用下式表示為

$$k_a = 4\pi N_A(D_A+D_B)R_{AB}f \tag{14-20}$$

上式中，f 為**電靜態的因子** (electrostatic factor)，而反應物為離子時其值不等於 1。若反應物為不同符號的電荷離子時，則由於離子間的互相吸引，而其 f 值大於 1。若反應物為同符號的電荷離子時，則由於離子間的互相排斥，而其 f 值小於 1。於 $D_A + D_B = 10^{-9}\,\mathrm{m^2s^{-1}}$ 及 $R_{AB} = 5\times10^{-10}\,\mathrm{m}$ 時，其 k_a 值約為 $4\times10^9\,\mathrm{L\,mol^{-1}s^{-1}}$。

不同符號的離子間的反應之**有效的反應半徑** (effective reaction radius) $R_{eff} = R_{AB}f$，而因其電靜態因子 f 大於 1，故其反應之 R_{eff} 會增大而大於 R_{AB}。然而，相同符號的離子間之反應時，因 f 小於 1，故其反應之 R_{eff} 小於 R_{AB}。溶液之離子強度低，而離子周圍的離子層的形成可忽略時，其電靜態的因子 f 可用下式表示，為

$$f = \frac{z_A z_B e^2}{4\pi\epsilon_0\kappa k_BTR_{AB}}\left[\exp\left(\frac{z_A z_B e^2}{4\pi\epsilon_0\kappa k_BTR_{AB}}\right)-1\right]^{-1} \tag{14-21}$$

上式中，z_Ae 與 z_Be 為離子 A 與 B 所帶之電荷，κ 為溶液之**介電常數** (dielectric constant)，ϵ_0 為自由空間之**介質係數** (permittivity)。於水中的擴散控制反應之**溫度係數** (temperature coefficient) 小，而與水之粘度的溫度係數大約同等的大小，其於 25°C 附近之活化能 $E_a = 17.4\,\mathrm{kJ\,mol^{-1}}$。

例 **14-2**　某小分子的物質，於 $25°C$ 的水溶液中之擴散係數為 $5 \times 10^{-9}\,m^2 s^{-1}$，而其反應半徑為 $0.4\,nm$。試求此中性的小分子的物質之擴散控制反應的第二級反應之速率常數

解　因電靜態因子 $f = 1$，$D_A + D_B = 10 \times 10^{-9}\,m^2 s^{-1}$，故由式 (14-20) 得

$$k = 4\pi N_A (D_A + D_B) R_{AB}$$
$$= 4\pi (6.022 \times 10^{23}\,mol^{-1})(10^{-8}\,m^2 s^{-1})(0.4 \times 10^{-9}\,m)$$
$$= 3.0 \times 10^7\,m^3 mol^{-1} s^{-1} = (3.0 \times 10^7\,m^3 mol^{-1} s^{-1})(10^3\,L\,m^{-3})$$
$$= 3.0 \times 10^{10}\,L\,mol^{-1} s^{-1}$$

◀

例 **14-3**　設離子 A 與 B 帶相反符號的單位電荷，其反應的半徑 R_{AB} 為 $0.2\,nm$，水之介電常數 κ 為 78.3。試求於 $25°C$ 的水中之電靜態的因子 f。若 A 與 B 帶相同符號的單位電荷時，則其電靜態的因子為何？

解　對於相反符號的電荷，式 (14-21) 中之 $\dfrac{z_A z_B e^2}{4\pi \epsilon_0 \kappa k_B T R_{AB}}$ 為

$$\frac{(-1)(1)(1.602 \times 10^{-19} C)^2}{4\pi (8.854 \times 10^{-12}\,C^2 N^{-1} m^{-2})(78.3)(1.3807 \times 10^{-23}\,JK^{-1})(298.15K)(0.2 \times 10^{-9}\,m)}$$
$$= -3.58$$

$$\therefore f = -3.58(e^{-3.58} - 1)^{-1} = 3.68$$

相同符號的電荷時

$$f = 3.58(e^{3.58} - 1)^{-1} = 0.103$$

◀

14-4　溶液中的快速反應之實驗的方法
(Experimental Methods for Fast Reaction in Solutions)

　　化學反應速率之傳統的一般之量測方法，可應用之反應時間的範圍約為 $1s$ 至 $10^8 s$，而對於反應速率較快之反應，可能於反應物之混合過程中已產生顯著的反應，因此，其反應速率之測定常採用流動的方法。例如，於**紅血素蛋白** (hemoglobin) 的氧化反應之速率的測定時，通常將含血紅素的溶液，自 Y- 型的混合器之一支管流入，而含氧的緩衝溶液自另一支管流入混合反應，此種方法的其二反應物的溶液，可於 $10^{-3} s$ 的短時間內完全混合反應。另外如**停止流動法** (stopped-flow method) 為，將反應物的溶液連續流入混合器，而於其流速達至穩定的狀態時，中止反應溶液的繼續流入，並以 UV 光譜的偵測計自動量測記錄，反應之進行程度與時間的關係。**連續流動法** (continuous flow method) 為，將反

應的混合溶液或反應的氣體，以一定的流速流經一定溫度的反應管 (裝填觸媒) 反應，由此，於其流速達至穩定的狀態時其於反應管的各位置之反應的程度均各達至一定，而其反應的程度隨離反應管的入口處之距離的增加而增加。此種方法通常可由於改變反應物的溶液或反應氣體流經反應管之流速，以改變其反應的時間，並於反應管之出口處量測於各種流速達至穩定時之各反應的程度，以測定其反應的速率。

　　有些於 10^{-3}s 內，即反應完成的非常快速的反應，其反應的速率以上述的連續流動法或停止流動法，尚無法量測。對於此種非常快速的反應，德國的 M. Eigen 及 L. De Maeyer 等人於 1950 年，發展可量測至 10^{-9}s 的甚短時間的所謂**鬆弛方法** (relaxation method)。此種方法係藉迅速改變影響其平衡之一獨立變量 (如溫度或壓力)，以攪亂已達平衡的反應系之平衡，並以回應快速的物理測定方法，如光之吸收、導電度或螢光等比較法，量測並記錄反應系經攪亂而重回達至新的平衡之速率。

　　若反應之反應焓值不等於零，即 $\Delta_r H \neq 0$，則可藉改變溫度，若反應之容積的變化不等於零，$\Delta_r V \neq 0$，則可藉改變壓力，以改變其反應的平衡。使用**脈波的雷射** (pulsed laser) 或反應溶液裝填於特殊的**熱導槽** (conductivity cell) 內，並經大型的電容器之放電，可將溶液於甚短的幾微秒(10^{-6}s)內加熱至高溫，或利用突然降低壓力，如以高壓的氣體衝破隔離反應的氣體之隔膜，此時所產生的震波於通過反應氣體時，可瞬間將反應的氣體加熱至高溫，以移離其平衡。圖 14-2 所示者爲**溫度跳躍的裝置** (temperature-jump apparatus) 之示意圖，係於約 1 μs 的甚短時間內通過大的電流，即輸入約 50 kJ 的電功 (功率爲 5×10^7 W)，可使小容積 (1cm^3) 之反應溶液的溫度，於 10^{-6}s 內升至甚高的溫度。

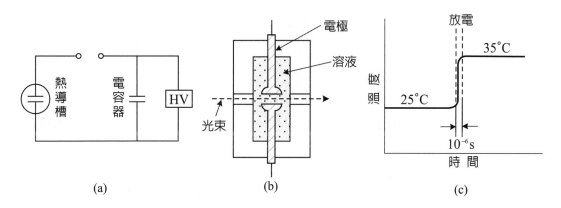

圖 14-2　(a) 溫度跳躍裝置之示意圖，(b) 熱導槽，(c) 放電加熱時溶液之溫度與時間的關係

　　由本節之後段的誘導可得知，單一的反應自移離其平衡甚小的位置，再回至其原平衡的位置之反應的速率，爲第一級的反應。因此，其回至平衡之速

率，可表示為

$$\frac{d(\Delta C)}{dt} = \frac{-1}{\tau}(\Delta C) \tag{14-22}$$

上式經積分，可得

$$\Delta C = \Delta C_0 e^{-t/\tau} \tag{14-23}$$

上式中，τ 相當於某一反應物之濃度與其平衡濃度的差值 ΔC，等於其濃度與其於 $t = 0$ 時之濃度的差值 ΔC_0 的 $1/e$ 所需的時間，此稱為該反應之**鬆弛時間** (relaxation time)。若包含許多的反應時，則 ΔC 需用各反應之鬆弛時間之指數項的和表示。

　　反應速率一般可由，各種光譜之實驗數據的測定，例如，使用**核磁共振** (nuclear magnetic resonance, NMR) 的光譜儀，可測定許多化學反應之反應速率。對於含不成對的電子之反應物或生成物之反應，其反應速率可使用**電子旋轉共振** (electron spin resonance, ESR) 的光譜儀測定。

　　下面以**一步驟** (one-step) 的反應為例，誘導其反應之鬆弛時間 τ，與其反應速率常數間的關係。對於可逆反應

$$A + B \underset{k_{-1}}{\overset{k_1}{\rightleftharpoons}} C \tag{14-24}$$

其反應速率式可寫成

$$\frac{d(C)}{dt} = k_1(A)(B) - k_{-1}(C) \tag{14-25}$$

於平衡時，$d(C)/dt = 0$，所以由上式可寫成

$$0 = k_1(A)_{eq}(B)_{eq} - k_{-1}(C)_{eq} \tag{14-26}$$

　　設其中的某一成分之濃度與其平衡濃度的**差距** (displacement) 為 $\Delta(C)$，則式 (14-25) 中的各成分之濃度，可藉 $\Delta(C)$ 表示。由反應式 (14-24) 之化學式量係數，反應物 A 與 B 及生成物 C 之濃度，(A) 與 (B) 及 (C)，可分別用其平衡的濃度與 $\Delta(C)$ 表示，為

$$(A) = (A)_{eq} - \Delta(C) \tag{14-27}$$

$$(B) = (B)_{eq} - \Delta(C) \tag{14-28}$$

$$(C) = (C)_{eq} + \Delta(C) \tag{14-29}$$

將式 (14-27) 至 (14-29) 代入式 (14-25)，可得

$$\frac{d\Delta(C)}{dt} = k_1[(A)_{eq} - \Delta(C)][(B)_{eq} - \Delta(C)] - k_{-1}[(C)_{eq} + \Delta(C)] \tag{14-30}$$

若 $\Delta(C)$ 不大，則上式中之 $[\Delta(C)]^2$ 的項與 $\Delta(C)$ 的項比較，甚小而可忽略。因

此，上式 (14-30) 可簡化成

$$\frac{d\Delta(C)}{dt} = -\{k_1[(A)_{eq} + (B)_{eq}] + k_{-1}\}\Delta(C) = -\frac{\Delta(C)}{\tau} \tag{14-31}$$

由上式得，接近平衡之反應速率，與其濃度離平衡之濃度的差距 $\Delta(C)$ 成正比。通常可使用鬆弛時間 τ，以表示其回至平衡的速率特性。

上式 (14-31) 經積分，可得

$$\Delta(C) = \Delta(C)_0 e^{-t/\tau} \tag{14-32}$$

而由上式得，於 $t = \tau$ 時， $\Delta(C) = \Delta(C)_0 / e$，即 τ 相當於濃度與平衡濃度的差距 $\Delta(C)$，減少為原來的濃度與平衡濃度的差距 $\Delta(C)_0$ 之 $1/e$ 所需的時間。因此，由式 (14-31) 得反應 (14-24) 之鬆弛時間，為

$$\tau = \{k_{-1} + k_1[(A)_{eq} + (B)_{eq}]\}^{-1} \tag{14-33}$$

由此，由 τ^{-1} 對 $(A)_{eq} + (B)_{eq}$ 作圖可得，斜率 k_1 之直線，而由其斜率及截距可分別求得，速率常數 k_1 及 k_{-1}。

其他的一步驟的反應之鬆弛時間，亦可用同樣的方法導得。例如，對於反應

$$A \underset{k_{-1}}{\overset{k_1}{\rightleftharpoons}} B \tag{14-34}$$

其反應速率式可表示為

$$\frac{d(A)}{dt} = -k_1(A) + k_{-1}(B) \tag{14-35}$$

以上面同樣的方法可得，此反應之鬆弛時間為

$$\tau = (k_{-1} + k_1)^{-1} \tag{14-36}$$

對於反應

$$A + B \underset{k_{-1}}{\overset{k_1}{\rightleftharpoons}} C + D \tag{14-37}$$

亦以同樣的方法可得，其鬆弛時間為

$$\tau = \{k_{-1}[(C)_{eq} + (D)_{eq}] + k_1[(A)_{eq} + (B)_{eq}]\}^{-1} \tag{14-38}$$

若由某狀態回至平衡的反應，包括二步驟，則可有二獨立的反應速率式。由於此二反應步驟均接近平衡，因此，這些的反應速率式均可線性化，而由此二線性化的微分方程式，可解得二鬆弛時間。此時其回至平衡的反應之速率特性，可用其二指數項的和表示。一般其指數項之數目，與其獨立反應之數目相同。

例 **14-4** 　裝填純水試料的小熱導槽，藉微波輻射之脈波的急速加熱。設於其內的反應， $H^+ + OH^- \underset{k_{-1}}{\overset{k_1}{\rightleftharpoons}} H_2O$ ，於 25°C 回至平衡之鬆弛時間為 $36\,\mu s$ ，試計算此反應之反應速率常數 k_1 及 k_{-1}

解 　由式 (14-33) 得

$$\tau = \frac{1}{k_{-1} + k_1[(H^+)_{eq} + (OH^-)_{eq}]}$$

及由於 $K = \dfrac{(H^+)_{eq}(OH^-)_{eq}}{(H_2O)_{eq}} = \dfrac{k_{-1}}{k_1} = \dfrac{10^{-14}}{55.5} = 1.8 \times 10^{-16}\,\text{molL}^{-1}$

由上面的二式消去 k_{-1} ，可得

$$\tau = \frac{1}{k_1[K + (H^+)_{eq} + (OH^-)_{eq}]} = \frac{1}{k_1[(1.8 + 10^{-16}) + 2(10^{-7})]} = 36\,\mu s$$

而由上式解得

$$k_1 = 1.4 \times 10^{11}\,\text{Lmol}^{-1}\text{s}^{-1}$$

及 $k_{-1} = Kk_1 = (1.8 \times 10^{-16}\,\text{mol L}^{-1})(1.4 \times 10^{11}\,\text{L mol}^{-1}\,\text{s}^{-1}) = 2.5 \times 10^{-5}\,\text{s}^{-1}$ ◂

14-5 　水中的基本反應之速率常數
(Rate Constants for Elementary Reactions in Water)

　　Eigen 與 L. De Maeyer 於 1955 年，量測於 25°C 之水中的氫離子與氫氧離子之結合反應， $H^+ + OH^- = H_2O$ ，的速率常數 k ，而得 $k = 1.4 \times 10^{11}\,\text{Lmol}^{-1}\text{s}^{-1}$ ，此為水溶液中的反應之最大的第二級反應速率常數。因這些離子 (H^+ 與 OH^-) 於水溶液中之離子的移動度特別高，故其反應速率常數特別大。實際上，由於加乘的效應，其反應速率常數比此值還大。將此反應速率常數值代入式 (14-20) ，並使用適當的電靜態因子 f 值，則可得其反應半徑 R_{AB} 等於 0.75 nm，此值約等於 O－H **鍵的鍵距** (bond distance) 之三倍，此表示當質子 H^+ 靠近 OH^- 的離子時，產生"**隧穿 (tunneling)**"而靠近氫氧離子。此種產生隧穿的現象為，一種量子力學的效應 (參閱 16-17 節)，即一粒子可隧穿，並透過依古典力學無法越過的能量障壁。

　　由 Eigen 及其共同研究者所量測，離子 H^+ 及 OH^- ，與一些離子之**擴散控制的結合反應** (diffusion-controlled association reaction) 之速率常數 k_a ，列於表 14-2。因離子的結合反應之速率，受離子之擴散速率的控制，故各種弱酸由於其質子的解離速率之不同，而有不同的酸解離常數。氫氧離子與各種弱酸之反應速率常數，均遵照式 (14-20)，而其反應速率亦受其擴散速率的控制。

表 14-2　稀薄溶液中的一些基本反應於 25°C 之速率常數（ k_a 為結合反應，k_d 為解離反應之速率常數）

反　　應	k_a , $L\,mol^{-1}s^{-1}$	k_d , s^{-1}
$H^+ + OH^- \rightleftharpoons H_2O$	1.4×10^{11}	2.5×10^{-5}
$D^+ + OD^- \rightleftharpoons D_2O$	8.4×10^{10}	2.5×10^{-6}
$H^+ + F^- \rightleftharpoons HF$	1.0×10^{11}	7×10^{7}
$H^+ + CH_3CO_2^- \rightleftharpoons CH_3CO_2H$	4.5×10^{10}	7.8×10^{5}
$H^+ + C_6H_5CO_2^- \rightleftharpoons C_6H_5CO_2H$	3.5×10^{10}	2.2×10^{6}
$H^+ = NH_3 \rightleftharpoons NH_4^+$	4.3×10^{10}	24.6
$H^+ + C_3N_2H_4$ (咪唑, imidazole) $\rightleftharpoons C_3N_2H_5^+$	1.8×10^{10}	1.1×10^{3}
$OH^- + NH_4^+ \rightleftharpoons NH_3 + H_2O$	3.4×10^{10}	6×10^{3}
$OH^- + C_3N_2H_5^+ \rightleftharpoons C_3N_2H_4$ (咪唑) $+H_2O$	2.5×10^{10}	2.5×10^{3}
$OH^- + {}^+H_3NCH_2CO_2^-$ (胺乙酸, glycine) $\rightleftharpoons H_2NCH_2CO_2^- + H_2O$	1.4×10^{10}	8.4×10^{5}

G.G. Hammes, Principles of Chemical Kinetics, Academic Press, New York, 1978, p.192.

14-6　二氧化碳之水合反應 (Hydration of Carbon Dioxide)

　　溶於水中之大部分的二氧化碳，均形成 CO_2 的狀態而非 H_2CO_3 的狀態，且其產生水合–脫水的反應之半生期，與溶液之 pH 有關。此反應於中性 pH 的水溶液中之半生期足夠長，而其反應速率可以簡單的實驗方法測定。水溶液中之碳酸離子的濃度用酸滴定時，其中和點不甚明顯，且其內的指示劑所顯現的顏色會逐漸退色，此現象顯示此反應之反應速率緩慢。由於此反應為呼吸時，於肺中放出 CO_2，而必會產生的反應，因此，此反應於緩衝的水溶液中之半生期的量測非常重要。事實上，血液流經肺的速度非常快，此反應於無觸媒的存在時會阻礙血液中之 CO_2 的放出而消失的速率。於生體中此反應以**碳酸脫水酶** (carbonic anhydrase) 為觸媒，所以其內的 CO_2 之水合的反應及 H_2CO_3 之脫水的反應，均會依其生理的需要很快地進行。

　　於此討論，於無觸媒的存在下，CO_2 之水合反應的動力學，並設其反應的機制，可表示為

$$CO_2 + H_2O \underset{k_{-1}}{\overset{k_1}{\rightleftharpoons}} H_2CO_3 \underset{k_{-2}}{\overset{k_2}{\rightleftharpoons}} H^+ + HCO_3^- \qquad \text{(14-39a)}$$

$$OH^- + CO_2 \underset{k_{-3}}{\overset{k_3}{\rightleftharpoons}} HCO_3^- \qquad \text{(14-39b)}$$

上面的反應機制中，於 25°C 之各反應的反應速率常數為，$k_1 = 0.075\,s^{-1}$，$k_{-1} = 13.7\,s^{-1}$，$k_2 = 8 \times 10^6\,s^{-1}$，$k_{-2} = 4.7 \times 10^{10}\,L\,mol^{-1}s^{-1}$，$k_3 = 8.5 \times 10^5\,L\,mol^{-1}s^{-1}$ 及 $k_{-3} = 1.9 \times 10^{-4}\,s^{-1}$。

二氧化碳之反應速率式，由上面的反應機制 (14-39) 可寫成

$$\frac{d(CO_2)}{dt} = -k_1(CO_2) + k_{-1}(H_2CO_3) - k_3(OH^-)(CO_2)$$
$$+ k_{-3}(HCO_3^-) \qquad (14\text{-}40)$$

由於反應，$H^+ + HCO_3^- \rightleftharpoons H_2CO_3$，之反應速率非常快，且此反應於實驗中，隨 CO_2 之產生水合而隨時保持平衡。因此，可利用 HCO_3^- 與 H_2CO_3 的平衡，消去上式 (14-40) 中之 (H_2CO_3)。由於 HCO_3^- 與 H_2CO_3 之平衡，因此，由反應式 (14-39a)，可表示爲

$$\frac{(H^+)(HCO_3^-)}{(H_2CO_3)} = K_{H_2CO_3} = \frac{k_2}{k_{-2}} = 1.702 \times 10^{-4} \qquad (14\text{-}41)$$

由上式得，$(H_2CO_3) = (H^+)(HCO_3^-)/K_{H_2CO_3}$，並將此關係代入式 (14-40) 可得

$$\frac{d(CO_2)}{dt} = -[k_1 + k_3(OH^-)](CO_2)$$
$$+ [k_{-3} + k_{-1}(H^+)/K_{H_2CO_3}](HCO_3^-) \qquad (14\text{-}42)$$

因所溶解的 CO_2 之總濃度爲，$(CO_2) + (H_2CO_3) + (HCO_3^-) = (CO_2) + [1 + (H^+)/K_{H_2CO_3}](HCO_3^-) \doteqdot (CO_2) + (HCO_3^-)$。

上式 (14-42) 之形式，相當於式 (14-35) 所示的可逆一級反應的形式，而可寫成

$$\frac{d(A)}{dt} = -k_f(A) + k_r(B) \qquad (14\text{-}43)$$

上式中，$k_f = k_1 + k_3(OH^-) = k_1 + k_3 K_w/(H^+)$，而 $k_r = k_{-3} + k_{-1}(H^+)/K_{H_2CO_3}$。由式 (14-36) 可得，半生期爲

$$t_{1/2} = \frac{0.693}{k_f + k_r} \qquad (14\text{-}44)$$

因此，應用此關係可得，CO_2 之水合反應的半生期爲

$$t_{1/2} = \frac{0.693}{k_1 + k_3 K_w/(H^+) + k_{-3} + k_{-1}(H^+)/K_{H_2CO_3}}$$
$$= \frac{0.693}{0.075 + 8.5 \times 10^5 \cdot \dfrac{10^{-14}}{(H^+)} + 1.9 \times 10^{-4} + 8.05 \times 10^4 (H^+)} \qquad (14\text{-}45)$$

而由上式 (14-45) 的計算所得，於各 pH 值下之半生期，列於表 14-3。

表 14-3　於 $25°C$ 之 $CO_2 - HCO_3^-$ 的水合及脫水反應之半生期

pH	半生期 $t_{1/2}$, s
3	0.0086
4	0.0852
5	0.788
6	4.221
7	4.119
8	0.748
9	0.0808

上述之 CO_2 的水合反應的機制，於較高的 pH 值之水溶液中時，需考慮下列的反應

$$OH^- + HCO_3^- \xrightleftharpoons[1.3 \times 10^3 \text{ s}^{-1}]{6 \times 10^9 \text{ L mol}^{-1} \text{ s}^{-1}} CO_3^{2-} + H_2O \qquad (14\text{-}46)$$

14-7　酸觸媒及鹼觸媒的反應 (Acid and Base Catalysis)

　　許多有機反應及生物體內的很多反應，以酸或鹼作為觸媒，例如，蔗糖之轉化的反應以氫離子 H^+ 為觸媒。若於觸媒反應中，其**基質** (substrate) S 之消失的速率，對於基質 S 為第一級的反應，$-d(S)/dt = k(S)$，則其於緩衝溶液中之第一級反應的速率常數 k，可能為溶液中的 $(H^+), (OH^-), (HA)$ 及 (A^-) 等的觸媒濃度之**線性的函數** (linear function)，其中的 HA 為緩衝溶液中之弱酸，A^- 為其對應之**共軛鹼** (conjugate base)。

　　於緩衝溶液中之觸媒反應的第一級反應速率常數 k，一般可用下式表示，為

$$k = k_0 + k_{H^+}(H^+) + k_{OH^-}(OH^-) + k_{HA}(HA) + k_{A^-}(A^-) \qquad (14\text{-}47)$$

上式中，k_0 為各種觸媒 H^+, OH^-, HA 及 A^- 等之各濃度均充分低而各接近於零，或於無這些觸媒的存在時之第一級反應的速率常數，即為非觸媒反應之第一級反應的速率常數。上式 (14-47) 中之各種**觸媒的係數** (catalytic coefficients) $k_{H^+}, k_{OH^-}, k_{HA}$ 與 k_{A^-}，均可由這些觸媒於各種濃度下之反應速率常數的實驗值求得。於上式 (14-47) 中，若僅 k_{H^+} (H^+) 的項較為重要時，則稱為**特殊的氫離子觸媒反應** (specific hydrogen-ion catalysis)，而僅 $k_{HA}(HA)$ 的項較為重要時，稱為**一般的酸觸媒反應** (general acid catalysis)，而僅 $k_{A^-}(A^-)$ 的項較為重要時，稱為**一般的鹼觸媒反應** (general base catalysis)。

酸與鹼的觸媒反應之第一級反應的速率常數 k，可表示為

$$k = k_0 + k_{H^+}(H^+) + k_{OH^-}(OH^-) \tag{14-48}$$

由於 $(H^+)(OH^-) = K_w = 10^{-14}$，所以上式可寫成

$$k = k_0 + k_{H^+}(H^+) + k_{OH^-}\frac{K_w}{(H^+)} \tag{14-49}$$

若氫離子的濃度 (H^+) 較大（例如，於 0.1N 的 HCl 溶液中）時，除非 k_{OH^-} 比 k_{H^+} 非常大，否則上式 (14-49) 中之第三項與第二項比較很小，而可以忽略，此時可由於各種 (H^+) 濃度之酸性溶液中的反應速率常數的實驗值，求得其特殊的氫離觸媒反應的速率常數 k_{H^+}。若於鹼性的溶液（例如，0.1N 的 NaOH 溶液）中時，除非 k_{H^+} 比 k_{OH^-} 非常大，否則上式(14-49)中之第二項與第三項比較很小，而可以忽略，此時可由於各種 (OH^-) 濃度之鹼性溶液中的反應速率常數之實驗值，求得其氫氣離子的觸媒反應的速率常數 k_{OH^-}。

Skrabal 提示，各種反應之 pH 值與 $\log k$ 的關係，因其反應而異，如圖 14-3 所示，其中最常見的一般形狀如 a 線，於 pH 值較小的左邊為 H^+ 離子的觸媒反應，中間的線段為非觸媒的反應，而右邊為 OH^- 離子的觸媒反應。若氫離子 H^+ 的觸媒作用特別強時，則上式 (14-49) 之右邊的第一項及第三項，比第二項小而可忽略。此時式 (14-49) 可化簡成 $k = k_{H^+}(H^+)$，而此關係式之兩邊各取對數，可得

$$\log k = \log k_{H^+} + \log(H^+) \tag{14-50a}$$

或

$$\log k = \log k_{H^+} - pH \tag{14-50b}$$

並由上式可得 $\log k$ 對 pH 之斜率為 -1，如圖 14-3 中的 a, b, e 等之左邊的部分及 f 的直線所示。斜率為 $+1$ 之 a, b, c 等之右邊的部分及 d 的直線為，OH^- 離子的觸媒作用。例如，葡萄糖之旋光度的變化為，圖 14-3 中的 a 之反應例，而**醯胺** (amide) 之加水分解，為 b 之反應例。

下面考慮兩種觸媒的反應機制，以瞭解式 (14-47) 中之各項，用以表示此兩種觸媒反應機制之速率常數。首先考慮質子 H^+ 自酸 AH^+ 傳遞至基質 S，而形成酸形的基質 SH^+，並與水的分子反應生成產物 P，其反應的機制可寫成

$$S + AH^+ \underset{k_{-1}}{\overset{k_1}{\rightleftharpoons}} SH^+ + A \tag{14-51a}$$

$$SH^+ + H_2O \xrightarrow{k_2} P + H_3O^+ \tag{14-51b}$$

$$H_3O^+ + A \underset{k_{-3}}{\overset{k_3}{\rightleftharpoons}} AH^+ + H_2O \tag{14-51c}$$

由於 SH^+ 於穩定的狀態時之濃度的變化爲零,因此,由上面的反應機制 (14-51) ,可得

$$\frac{d(SH^+)}{dt} = 0 = k_1(S)(AH^+) - [k_{-1}(A) + k_2](SH^+) \tag{14-52}$$

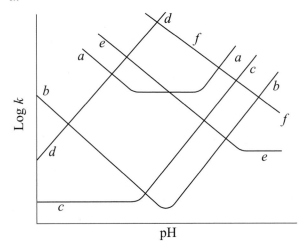

圖 14-3 各種反應之 pH 值與 $\log k$ 的關係

由於稀薄的溶液中之水的濃度 (H_2O) 不會有顯著的變化,所以於上式(14-52)中之 k_2 的後面沒有寫出 (H_2O) ,而 k_2 爲反應 (14-51b) 之第一級反應的速率常數。由上式 (14-52) 可得,SH^+ 之穩定狀態的濃度爲

$$(SH^+) = \frac{k_1(S)(AH^+)}{k_{-1}(A) + k_2} \tag{14-53}$$

由此,產物 P 之生成的速率可表示爲

$$\frac{d(P)}{dt} = k_2(SH^+) = \frac{k_1 k_2(S)(AH^+)}{k_{-1}(A) + k_2} \tag{14-54}$$

若 $k_2 \gg k_{-1}(A)$,則上式 (14-54) 可簡化成

$$\frac{d(P)}{dt} = k_1(S)(AH^+) \tag{14-55}$$

上式即爲一般的酸觸媒反應之反應速率。若 $k_2 \ll k_{-1}(A)$,則式 (14-54) 可簡化成

$$\frac{d(P)}{dt} = \frac{k_1 k_2(S)(AH^+)}{k_{-1}(A)} = \frac{k_1 k_2}{k_{-1} K}(S)(H^+) \tag{14-56}$$

上式中,$K = (A)(H^+)/(AH^+)$ 。上式 (14-56) 即爲特殊的氫離子觸媒反應之反應速率。

第二種的反應機制爲,質子 H^+ 自酸 AH^+ 傳遞至基質 S ,而形成酸形的基質 SH^+ ,並與鹼 A 反應生成產物 P ,其反應的機制可寫成

$$S + AH^+ + \underset{k_{-1}}{\overset{k_1}{\rightleftharpoons}} SH^+ + A \tag{14-57a}$$

$$SH^+ + A \xrightarrow{k_2} P + SH^+ \tag{14-57b}$$

由於 SH^+ 於穩定的狀態時之濃度的變化為零,因此,由反應機制 (14-57) 可得

$$\frac{d(SH^+)}{dt} = 0 = k_1(S)(AH^+) - (k_{-1} + k_2)(A)(SH^+) \tag{14-58}$$

而由上式可得,SH^+ 之穩定狀態的濃度為

$$(SH^+) = \frac{k_1(S)(AH^+)}{(k_{-1} + k_2)(A)} \tag{14-59}$$

因此,產物 P 之生成的速率可表示為

$$\frac{d(P)}{dt} = k_2(SH^+)(A) = \frac{k_1 k_2 (S)(AH^+)}{k_{-1} + k_2} \tag{14-60}$$

上式 (14-60) 為一般的酸觸媒反應之反應速率。

酸的觸媒作用之本質為,質子自酸轉移至基質,而鹼的觸媒作用為,質子自基質轉移至鹼。因此,於酸的觸媒反應中之基質的作用為鹼,而於鹼的觸媒反應中之基質的作用為酸。

酸的觸媒反應之速率常數 k_a,或鹼的觸媒反應之速率常數 k_b,分別各與酸或鹼之強度有關。Brönsted 發現,酸的觸媒反應之速率常數 k_a,與酸之解離常數 K_a 的 α 次方成比例,而鹼的觸媒反應之速率常數 k_b,與鹼之解離常數 K_b 的 β 次方成比例,其間的關係可分別各寫成

$$k_a = c_A K_a^\alpha \tag{14-61a}$$

與
$$k_b = c_B K_b^\beta \tag{14-61b}$$

上式(14-61)中,α 與 β 均為 0 至 1 的正值。對於某溫度下的單一反應之各種酸或鹼的觸媒反應,上式中之 c_A, c_B,α 及 β 均為常數,而低的 α 或 β 值之**觸媒的常數** (catalytic constant),各表示對於酸或鹼的觸媒強度之敏感度低。

例如,**硝基胺** (nitramide, NH_2NO_2) 於鹼的觸媒之存在下的水解反應的機制為

$$NH_2NO_2 + OH^- = H_2O + NHNO_2^- \tag{14-62a}$$

$$NHNO_2^- = N_2O + OH^- \tag{14-62b}$$

對於此反應,不僅 OH^- 的離子而其他種類之鹼亦可作為觸媒。例如,硝基胺於醋酸根離子的存在下之反應為

$$NH_2NO_2 + CH_3COO^- = CH_3COOH + NHNO_2^- \tag{14-63a}$$

$$NHNO_2^- = N_2O + OH^- \tag{14-63b}$$

$$OH^- + CH_3COOH = H_2O + CH_3COO^- \tag{14-63c}$$

於各種鹼的觸媒 B 之存在下，NH_2NO_2 之水解反應的速率均可表示為，$k_b(B)(NH_2NO_2)$，而其反應速率常數 k_b 與各種鹼之解離常數 K_b 的關係，如圖 14-4 所示。由式 (14-61b) 得，$\log k_b$ 與 $\log K_b$ 成線性的關係，即於強度較強的鹼中之反應速率常數較大。

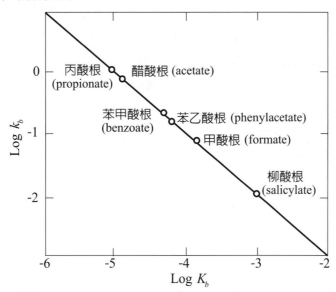

圖 14-4　硝基胺 NH_2NO_2 於一般的鹼觸媒下之水解反應的 Brönsted 關係

 ## 14-8　酶的觸媒反應 (Enzyme Catalysis)

　　酶俗稱**酵素** (enzyme)，普遍存在於生物體內，為於生物體內產生的有機觸媒。許多有機化學的反應及於生物體內的反應，均以酶為觸媒。酶之主要的成分為，胺基酸之共聚合的蛋白質，而有一定的立體結構，其分子量約於 10^4 至 $2 \times 10^{16}\,g\,mol^{-1}$ 的範圍，直徑約為 3 至 1000 nm。酶觸媒的特徵與一般的無機或錯鹽的觸媒不同，酶可於常溫及中性的較緩和的條件下，催化化學的反應。酶觸媒之特異性非常高，而其觸媒的效率非常大。例如，於生物體內之氧化、還原、加水分解及許多合成等的複雜化學反應，均藉各種酶之觸媒的作用，可於常溫及常壓等近於中性的環境下順利進行。酶觸媒之**觸媒的位** (catalytic site) 有各種的官能基，而由於這些官能基與基質的分子之作用，而產生觸媒的反應。

　　通常某種酶的觸媒，僅催化某特定的單一反應。例如，**尿素酶** (urease) 僅催化**尿素** $(NH_2)_2CO$ 之水解的反應，**反–丁烯二酸酶** (fumarase) 僅催化**反–丁二酸酯** (fumarate) 之水解的反應而產生 L–**蘋果酸酯** (L-malate)。酵素觸媒的反應之反應物通常稱為**基質** (substrate)，因水於酶觸媒的反應中之濃度通常保持一定，故於反應式中一般省略 H_2O，而其反應式通常表示為， $S = P$。有些酶觸媒可催化某一組的反應，如酯類之水解的反應。有些酶之觸媒的作用需要某特殊的金屬離子或**輔助酶** (coenzymes) 的輔佐。

酶觸媒之觸媒的效率一般均非常高，由此，於其觸媒反應系中之酶的濃度，通常遠低於基質之濃度。酶觸媒的反應之反應速率，一般均於穩定的狀態下測定，由於其反應之生成物有時會抑制反應的進行，所以酶觸媒的反應之反應速率，通常用其**初期的穩定狀態** (initial steady-state) 之反應速率表示。

大部分的酶觸媒的反應之反應速率，與酶觸媒之濃度成比例。於酶觸媒的濃度保持一定而改變基質之濃度時，其於低基質的濃度之初期的反應速率，對於基質為第一級的反應，而於基質的濃度增加時，其反應的速率對於基質為接近於零級，如圖 14-5(a) 所示。此時其反應速率 r 與基質之濃度 (S) 的關係，可表示為

$$r = \frac{V_S}{1 + \frac{K_S}{(S)}} \tag{14-64}$$

上式中，V_S 為酶的觸媒反應於某一定的酶濃度下之最大的反應速率，而 K_S 稱為該基質之 Michaelis 常數。由上式 (14-64) 得知，K_S 為反應速率等於最大的反應速率 V_S 的一半所需之基質的濃度。由上式 (14-64) 可改寫成

$$\frac{(S)}{r} = \frac{K_S}{V_S} + \frac{(S)}{V_S} \tag{14-65a}$$

或
$$r = V_S - K_S \frac{r}{(S)} \tag{14-65b}$$

由上式 (14-65a)的 $(S)/r$ 對 (S)，或由式 (14-65b)的 r 對 $r/(S)$ 作圖，所得的直線之斜率及截距，可求得 V_S 與 K_S 的值。如圖 14-5(b) 所示，由 $(S)/r$ 對 (S) 的作圖，可得斜率為 $1/V_S$ 之直線。

酶與基質的混合溶液之初期的反應速率通常非常快，而一般可用鬆弛的方法 (14-4 節) 測定。Michaelis 及 Menten 於 1913 年，對於酶觸媒的總反應，$S = P$，提出下列之簡單的反應機制 (14-66)，以瞭解其於穩定狀態時之反應的性質。

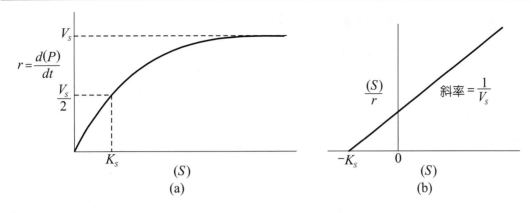

圖 14-5　(a) 於基質的各種初濃度下之初期的穩定狀態之反應速率，(b) $(S)/r$ 對於 (S) 之作圖

$$E + S \xrightleftharpoons[k_2]{k_1} X \xrightarrow{k_3} E + P \tag{14-66}$$

上式中，E 代表酶的**觸媒位** (enzymatic site)，X 為其反應的中間體，通常稱為**酶–基質複合物** (enzyme-substrate complex)，S 為基質，P 為生成物。此反應機制之反應速率式可表示為

$$\frac{d(X)}{dt} = k_1(E)(S) - (k_2 + k_3)(X) \tag{14-67}$$

$$\frac{d(P)}{dt} = k_3(X) \tag{14-68}$$

由上面的二反應速率式不能解得，其中之 $(E),(S),(X)$ 及 (P) 等的濃度，以時間之函數表示的解析解。然而，若其中的 k_1, k_2 及 k_3 等之速率常數值均為已知時，則可利用電腦計算這些濃度的數值解。

　　於酶的觸媒反應之酶的濃度，通常比基質的濃度甚低，因此，可假定酶觸媒的反應於穩定狀態時，其中間體 X 之濃度對於時間之變率為零，即 $d(X)/dt = 0$。由於 $(E) + (X) = (E)_0$，其中的 $(E)_0$ 為酶的觸媒位之總濃度，所以式 (14-67) 可寫成

$$\frac{d(X)}{dt} = k_1[(E)_0 - (X)](S) - (k_2 + k_3)(X) = 0 \tag{14-69}$$

而由上式可解得，酶–基質的複合物之穩定狀態的濃度，為

$$(X) = \frac{k_1(E)_0(S)}{k_1(S) + k_2 + k_3} \tag{14-70}$$

將上式代入式 (14-68)，可得反應速率為

$$r = \frac{d(P)}{dt} = \frac{k_3(E)_0}{1 + (k_2 + k_3)/k_1(S)} \tag{14-71a}$$

總反應，$S = P$，之穩定狀態的反應速率式，通常寫成

$$r = \frac{k_{\text{cat}}(E)_0}{1 + K_{\text{M}}/(S)} \tag{14-71b}$$

上式中，$k_{\text{cat}} = k_3$，稱為**回轉數** (turnover number)，$K_{\text{M}} = (k_2 + k_3)/k_1$，稱為 Michaelis 常數，而上式 (14-71b) 稱為 Michaelis-Menten 式。比較式 (14-64) 與上式 (14-71b)，可得 $V_S = k_{\text{cat}}(E)_0$ 及 $K_S = K_M$。回轉數 k_{cat} 為每一酶的分子（即每一觸媒位）於每秒所產生之生成物的分子數。例如，H_2O_2 之酶的觸媒分解反應，而產生 $H_2O + \frac{1}{2}O_2$ 之**觸媒酶** (catalase) 的回轉數約為 $10^6\,\text{s}^{-1}$，催化酯與**醯胺** (amide) 的水解反應之**胰凝乳蛋白酶** (chymotrypsin) 的回轉數約為 $100\,\text{s}^{-1}$。

由 Michaelis-Menten 的式 (14-71b)，可改寫成

$$\frac{r}{(E)_0(S)} = \frac{k_{\text{cat}}}{K_{\text{M}}} - \frac{r}{K_{\text{M}}(E)_0} \tag{14-72}$$

由上式，$r/[(E)_0(S)]$ 對 $r/(E)_0$ 作圖，可得斜率為 $-1/K_M$ 之直線，而由此直線與橫座標軸的交點，經計算可得回轉數 k_{cat}，如圖 14-6 所示。

關於總反應，$S = P$，之可逆性，可將反應的機制 (14-66) 中之第二步驟，以可逆的反應表示。由此，其反應機制可表示為

$$E + S \underset{k_2}{\overset{k_1}{\rightleftharpoons}} X \underset{k_4}{\overset{k_3}{\rightleftharpoons}} E + P \tag{14-73}$$

而此可逆反應的機制之反應速率式，可寫成

$$\frac{d(X)}{dt} = k_1(E)(S) - (k_2 + k_3)(X) + k_4(E)(P) \tag{14-74}$$

$$\frac{d(P)}{dt} = k_3(X) - k_4(E)(P) \tag{14-75}$$

於上式 (14-74) 中，代入 $(E)_0 = (E) + (X)$ 的關係，並假定穩定狀態，$d(X)/dt = 0$，即可得

$$\frac{d(X)}{dt} = k_1\big[(E)_0 - (X)\big](S) - (k_2 + k_3)(X) + k_4\big[(E)_0 - (X)\big](P)$$
$$= 0 \tag{14-76}$$

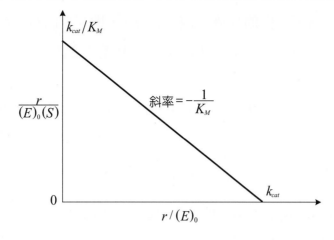

圖 14-6　$\dfrac{1}{(E)_0(S)}$ 對 $\dfrac{r}{(E)_0}$ 作圖以求 k_M 及 k_{cat}

由上式可解得，酶–基質的複合物之穩定狀態的濃度為

$$(X) = \frac{k_1(E)_0(S) + k_4(E)_0(P)}{k_1(S) + k_2 + k_3 + k_4(P)} \tag{14-77}$$

將上式代入式 (14-75)，可得反應速率為

$$\frac{d(P)}{dt} = r = \frac{k_1 k_3 (S)(E)_0 - k_2 k_4 (P)(E)_0}{k_2 + k_3 + k_1(S) + k_4(P)} \tag{14-78}$$

於上式導入基質與產物之 Michaelis 常數，$K_S = (k_2 + k_3)/k_1$ 與 $K_P = (k_2 + k_3)/k_4$，而可寫成

$$r = \frac{d(P)}{dt} = \frac{\dfrac{k_3}{K_S}(S) - \dfrac{k_2}{K_P}(P)}{1 + \dfrac{(S)}{K_S} + \dfrac{(P)}{K_P}}(E)_0 = \frac{\dfrac{V_S}{K_S}(S) - \dfrac{V_P}{K_P}(P)}{1 + \dfrac{(S)}{K_S} + \dfrac{(P)}{K_P}} \tag{14-79}$$

上式中，$V_S = k_3(E)_0$，$V_P = k_2(E)_0$。上式中的這些**動力參數** (kinetic parameters) K_S，K_P，V_S 及 V_P，均可由實驗求得。這些參數通常與溶液之 pH 值，鹽的濃度，輔助酶之濃度等有關。

　　若於酶的溶液中僅加入基質 S，則於由其反應所生成之生成物的量，可感知之前的初期反應之反應速率，可由上式 (14-79) 簡化成為式 (14-64)。由於此時的生成物之濃度 (P) 甚小，由此，可於式 (14-79) 中代入 $(P) = 0$，而得

$$r = \frac{d(P)}{dt} = \frac{\dfrac{V_S}{K_S}(S)}{1 + \dfrac{(S)}{K_S}} = \frac{V_S}{\dfrac{K_S}{(S)} + 1} \tag{14-80}$$

若 $(S) \ll K_S$，則由上式可得，初期的穩定狀態之反應速率為，$\dfrac{d(P)}{dt} = \dfrac{V_S}{K_S}(S)$，而

此時對於基質 S 為第一級的反應。若 $(S) \gg K_S$，則初期的穩定狀態之反應速率為，$\dfrac{d(P)}{dt} = V_S = k_3(E)_0$，即反應速率 $d(P)/dt$ 與基質之濃度無關，而此時對於基質為零級的反應。

於平衡時，$d(P)/dt = 0$，即式 (14-79) 之右邊的分子等於零。因此，總反應之平衡常數為

$$K = \frac{(P)_{eq}}{(S)_{eq}} = \frac{V_S K_P}{V_P K_S} = \frac{k_3 K_P}{k_2 K_S} = \frac{k_1 k_3}{k_2 k_4} \tag{14-81}$$

由此得知，其正向的反應與逆向的反應之動力參數並非互為獨立，而其間有上式 (14-81) 之平衡常數 K 的關係。

若於反應開始時沒有加入生成物而其反應可完全反應時，則式 (14-79) 可簡化成為式 (14-72)。加入生成物之效應有二，其一為由可逆反應的機制(14-73)所得之反應速率式 (14-79) 中，其右邊的分子中之 (P) 項的影響，另一為由於生成物的抑制，即式(14-79)之右邊的分母之 (P) 項的影響。

例 14-5 反–乙烯二酸之酶的觸媒反應，$F + H_2O = M$，於 $25°C$ 及 pH 值 8 之最大的初期反應速率 V 及 Michaelis 常數 K，分別為

$$V_F = (0.2 \times 10^3 \, s^{-1})(E)_0 \quad , \quad V_M = (0.6 \times 10^3 \, s^{-1})(E)_0$$
$$K_F = 7 \times 10^{-6} \, mol \, L^{-1} \quad , \quad K_M = 100 \times 10^{-6} \, mol \, L^{-1}$$

其中的 $(E)_0$ 為酶觸媒之總莫耳濃度。試求其於下列的反應機制中之四反應速率常數，及平衡常數 $(M)_{eq}/(F)_{eq}$

$$E + F \underset{k_2}{\overset{k_1}{\rightleftharpoons}} EX \underset{k_4}{\overset{k_3}{\rightleftharpoons}} E + M$$

解 由 $V_F = k_3(E)_0$，$K_F = \dfrac{k_2+k_3}{k_1}$，及 $V_M = k_2(E)_0$，$K_M = \dfrac{k_2+k_3}{k_4}$

得 $k_3 = 0.2 \times 10^3 \, s^{-1}$ ，$k_2 = 0.6 \times 10^3 \, s^{-1}$

$$k_1 = \frac{k_2+k_3}{K_F} = \frac{0.8 \times 10^3 \, s^{-1}}{7 \times 10^{-6} \, mol \, L^{-1}} = 1.1 \times 10^8 \, L \, mol^{-1} s^{-1}$$

$$k_4 = \frac{k_2+k_3}{K_M} = \frac{0.8 \times 10^3 \, s^{-1}}{100 \times 10^{-6} \, mol \, L^{-1}} = 8 \times 10^6 \, L \, mol^{-1} s^{-1}$$

$$K_{eq} = \frac{(M)_{eq}}{(F)_{eq}} = \frac{V_F K_M}{V_M K_F} = \frac{k_1 k_3}{k_2 k_4} = 4.6$$ ◄

14-9 酶的觸媒反應之抑制 (Inhibition of Enzyme Catalysis)

化學構造與酶的觸媒反應之基質或產物等類似的化合物，常會與酶的觸媒位產生結合，而抑制減低酶的觸媒反應之反應速率。此時因基質與抑制劑的互相競爭與相同的酶觸媒之活性位的結合，所以抑制劑之效應隨基質的濃度之增加而降低。此種形式之抑制，稱為**競爭性的抑制** (competitive inhibition)，其反應機制可表示為

$$E + S \underset{k_2}{\overset{k_1}{\rightleftharpoons}} ES \xrightarrow{k_3} E + P \tag{14-82a}$$

$$E + I \underset{k_2'}{\overset{k_1'}{\rightleftharpoons}} EI \qquad K_I = \frac{(E)(I)}{(EI)} = \frac{k_2'}{k_1'} \tag{14-82b}$$

上式中，I 為抑制劑，K_I 為 EI 解離成 E 與 I 之解離常數。上面的反應機制之反應速率式，可表示為

$$\frac{d(P)}{dt} = k_3(ES) \tag{14-83}$$

$$\frac{d(ES)}{dt} = k_1(E)(S) - (k_2 + k_3)(ES) \tag{14-84}$$

$$\frac{d(EI)}{dt} = k_1'(E)(I) - k_2'(EI) \tag{14-85}$$

於穩定的狀態時，$d(EI)/dt = 0$ 及 $d(ES)/dt = 0$，而由式 (14-85) 可得 $(EI) = k_1'(E)(I) / k_2' = (E)(I)/K_I$，將此關係代入 $(E) + (EI) + (ES) = (E)_0$，可得

$$(E) + \frac{(E)(I)}{K_I} + (ES) = (E)_0 \tag{14-86a}$$

或

$$(E) = \frac{(E)_0 - (ES)}{1 + (I) / K_I} \tag{14-86b}$$

將上式代入式 (14-84)，及由上述的 $d(ES)/dt = 0$，可得

$$\frac{d(ES)}{dt} = k_1 \left[\frac{(E)_0 - (ES)}{1 + (I) / K_I} \right] (S) - (k_2 + k_3)(ES) = 0 \tag{14-87a}$$

或

$$(ES) = \frac{\dfrac{k_1(E)_0(S)}{1 + (I) / K_I}}{\dfrac{k_1(S)}{1 + (I) / K_I} + k_2 + k_3} = \frac{k_1(E)_0(S)}{k_1(S) + (k_2 + k_3)[1 + (I) / K_I]} \tag{14-87b}$$

將上式 (14-87b) 代入式 (14-83)，則可得穩定狀態之反應速率式，為

$$r = \frac{d(P)}{dt} = \frac{k_3(E)_0}{1 + \dfrac{k_2 + k_3}{k_1(S)}\left[1 + (I)/K_I\right]} = \frac{V_S}{1 + \dfrac{K_S}{(S)}\left[1 + \dfrac{(I)}{K_I}\right]} \tag{14-88}$$

若抑制劑僅與酶的觸媒之非活性的位結合，則此種抑制劑雖不會干擾基質與酶觸媒之活性位的結合，但可能會改變酶的觸媒反應之 K_S 與 V_S 的參數，此種抑制劑稱為，**非競爭性** (noncompetitive) 的抑制劑。

由 V_S 與 K_S 所受溶液的 pH 值、鹽的濃度及輔助酶的濃度等的影響，可得有關酶觸媒的反應機制之進一步的資訊。酶的觸媒反應一般有其反應之最佳的 pH 值之範圍，而其最大的反應速率 V_S，通常隨反應的溶液之 pH 值的上升或降低而減小，且其效應於中性的 pH 值範圍通常可逆，然而，蛋白質於極端的 pH 值時，會產生不可逆的變性。反應溶液之 pH 值對於 V_S 之可逆的效應，可能由於酶–基質的複合物之產生離子化所致。

設酶–基質的複合物 ES，與不同數目之質子結合，而形成 ES, HES 及 H_2ES 之三種形式的狀態。若僅其中間的形式 HES，可反應產生成生成物，則溶液的 pH 值對於最大反應速率之影響，可由下列的反應機制 (14-89) 導得

$$\begin{array}{c} ES \\ K_{bES} \Big\Updownarrow \\ HES \xrightarrow{\;k\;} 酶 + 生成物 \\ K_{aES} \Big\Updownarrow \\ H_2ES \end{array} \tag{14-89}$$

於上面的反應機制中，K_{aES} 及 K_{bES} 為 H_2ES 及 HES 之酸解離常數，k 為**速率決定步驟** (rate-determining step) 之反應速率常數。由於 $(E)_0 = (ES) + (HES) + (H_2ES)$，而可得

$$(E)_0 = (HES)[1 + (H^+)/K_{aES} + K_{bES}/(H^+)] \tag{14-90}$$

上式中，$K_{aES} = (H^+)(HES)/(H_2ES),$ 及 $K_{bES} = (H^+)(ES)/(HES)$。因此

$$V_S = k(HES) = \frac{k(E)_0}{1 + (H^+)/K_{aES} + K_{bES}/(H^+)} = k'(E)_0 \tag{14-91}$$

上式 (14-91) 之 k' 為，上面的反應機制 (14-49) 之**視速率常數** (apparent rate constant)，而由上式可表示為

$$k' = \frac{k}{1 + (H^+)/K_{aES} + K_{bES}/(H^+)} \tag{14-92}$$

若上面的反應機制 (14-89) 正確，則由式 (14-91)，V_S 對於溶液之 pH 值作圖時

應可得，對稱的**鐘形曲線** (symmetrical bell-shaped curve)。

　　蛋白質雖然有許多可解離的酸基，但由實驗所得之 V_S 與溶液之 pH 值的關係，有時非常簡單。溶液之 pH 值對於此簡單的反應動力之總效應，可使用二酸基的觸媒位之式 (14-92) 解釋。若**觸媒的機能** (catalytic function) 包含酸與鹼的機能，則因 H_2ES 之**鹼性的位** (basic site) 已被質子所佔據，故 H_2ES 為非活性，而因 ES 不能提供質子給予基質，故 ES 亦為非活性，此時由於 HES 有一**根基** (group) 可提供質子，及有另一根基可接受質子，因此，僅 HES 能發生反應而產生生成物。

　　由上面所討論的各種反應機制，可解釋酶的觸媒反應之各種複雜的效應，然而，其反應的速率式均非常複雜。酶的觸媒反應之穩定狀態的反應速率，對於基質的濃度一般為零級與第一級之間，然而，有些酶的觸媒反應之穩定狀態的反應速率，隨基質之濃度的較高次方而變動，即其反應速率與濃度的關係，類似**紅血素蛋白** (hemoglobin) 與氧的結合之 S 形的曲線 (10-13 節)。酵素的觸媒對於新陳代謝之途徑的調整甚為重要。這些**協同的效應** (cooperative effects) 係因，**多結合位的酶**(multisite enzyme) 之第一結合位被佔滿時，會增加其第二結合位對於基質之親和性，如紅血素蛋白與氧的結合時，會產生其結構的改變。根據 Monod-Changeaux-Wyman 的模式，多結合位的酶至少有二狀態，而假定此二狀態之每一狀態的其全部的**次單位** (sub-units) 之組態均相同。酶與基質結合時，通常會使其平衡移至此二狀態之某一狀態，其中使平衡移向增加反應速率之方向者，稱為**活性化劑** (activator)，而移向反應速率減低之方向者，稱為**抑制劑** (inhibitor)。例如，前述之紅血素蛋白與氧的結合之情況，紅血素蛋白與氧的分子結合時，會影響其與氧分子的繼續結合。觸媒與一分子產生結合時，通常會影響其周圍的許多觸媒位對於分子的結合，事實上，酶的活性受細胞內所存在的各種物質的影響，而控制生體內之反應的速率，由此，不會產生新陳代謝之中間體的堆積。

14-10　輔助酶的反應 (Coenzyme Reactions)

　　乙醇於生體的細胞內，以**菸鹼醯胺腺嘌呤二核苷酸** (nicotinamide adenine dinucleotide) 為輔助酶，氧化成為乙醛之反應，為乙醇於**醇脫氫酶** (alcohol dehydrogenase) 的存在下之觸媒反應，其總反應可表示為

$$乙醇 + NAD^+ = 乙醛 + NADH + H^+ \tag{14-93}$$

上式中，NAD^+ 為菸鹼醯胺腺嘌呤二核苷酸的氧化形，而 $NADH$ 為其還原形。於

此輔助酶的反應過程中，$NADH$ 於細胞內氧化成爲 NAD^+，而 NAD^+ 可繼續用於乙醇之氧化。由於菸鹼醯胺腺嘌呤二核苷酸以上面的程序繼續循環使用，而稱爲**輔助酶** (coenzyme)。細胞內的**氧化形輔助酶** (oxidized coenzyme) 之濃度，與其存在的量及其被某些其他的反應氧化之速率有關。乙醇氧化成爲乙醛之反應速率，受氧化形的輔助酶之濃度的影響。

於某一定的條件下，乙醇於肝臟內之脫氫酶的觸媒反應 (14-93)，其反應的動力行爲之機制，可表示爲

$$E + NAD^+ \underset{k_{-1}}{\overset{k_1}{\rightleftharpoons}} ENAD^+ \tag{14-94a}$$

$$ENAD^+ + 乙醇 \underset{k_{-2}}{\overset{k_2}{\rightleftharpoons}} 乙醛 + ENADH + H^+ \tag{14-94b}$$

$$ENADH \underset{k_{-3}}{\overset{k_3}{\rightleftharpoons}} E + NADH \tag{14-94c}$$

上式中，E 爲反應之酶觸媒的活性位。此反應機制之**初期的穩定狀態速率** (initial steady-state velocities)，可由其正向 (r_f) 及逆向 (r_r) 之二方向的反應速率量測求得。於穩定狀態時，$d(ENAD^+)/dt = 0$ 及 $d(ENADH)/dt = 0$。因此，由上面的反應機制 (14-94) 可寫成

$$\begin{aligned}\frac{d(ENAD^+)}{dt} &= k_1(E)(NAD^+) - k_{-1}(ENAD^+) \\ &\quad - k_2(ENAD^+)(乙醇) = 0\end{aligned} \tag{14-95a}$$

及

$$\frac{d(ENADH)}{dt} = k_2(ENAD^+)(乙醇) - k_3(ENADH) = 0 \tag{14-95b}$$

由此可得，$ENAD^+$ 及 $ENADH$ 之穩定狀態的濃度，分別爲

$$(ENAD^+) = \frac{k_1(E)(NAD^+)}{k_{-1} + k_2(乙醇)} \tag{14-96a}$$

及 $$(ENADH) = \frac{k_2}{k_3}(ENAD^+)(乙醇) = \frac{k_1 k_2 (E)(NAD^+)}{k_3[k_{-1} + k_2(乙醇)]}(乙醇) \tag{14-96b}$$

酶觸媒之總莫耳濃度爲，$(E)_0 = (E) + (ENAD^+) + (ENADH)$。將上式 (14-96a) 及 (14-96b) 代入此關係式，可得

$$(E)_0 = (E) \frac{k_3[k_{-1} + k_2(乙醇)] + k_1 k_3 (NAD^+) + k_1 k_2 (NAD^+)(乙醇)}{k_3[k_{-1} + k_2(乙醇)]} \tag{14-97}$$

正向的反應之初期的穩定狀態的反應速率 r_f，由式 (14-94b) 可表示爲

$$r_f = k_2(ENAD^+)(\text{乙醇}) = k_2 \frac{k_1(E)(NAD^+)}{k_{-1} + k_2(\text{乙醇})}(\text{乙醇}) \tag{14-98}$$

將式 (14-97) 之 (E) 代入上式 (14-98)並經整理可得

$$\frac{(E)_0}{r_f} = \frac{k_{-1}k_3 + k_2k_3(\text{乙醇}) + k_1k_3(NAD^+) + k_1k_2(NAD^+)(\text{乙醇})}{k_1k_2k_3(NAD^+)(\text{乙醇})}$$

$$= \frac{k_{-1}}{k_1k_2(NAD^+)(\text{乙醇})} + \frac{1}{k_1(NAD^+)} + \frac{1}{k_2(\text{乙醇})} + \frac{1}{k_3} \tag{14-99}$$

同樣，可得其逆向的反應之初期的穩定狀態的反應速率式，為

$$\frac{(E)_0}{r_b} = \frac{k_3}{k_{-2}k_{-3}(NADH)(\text{乙醛})} + \frac{1}{k_{-3}(NADH)} + \frac{1}{k_{-2}(\text{乙醛})} + \frac{1}{k_{-1}} \tag{14-100}$$

若其正向及逆向的反應之穩定狀態的反應速率，各遵照上面的式(14-99)與(14-100)，則其反應機制如式 (14-94) 所示。上面的三式 (14-97)，(14-99) 及 (14-100) 中之六速率常數，可由穩定狀態的反應速率與基質的濃度之關係求得，而這些速率常數須滿足下式之平衡的關係

$$K = \frac{(\text{乙醛})(NADH)}{(\text{乙醇})(NAD^+)} = \frac{k_1k_2k_3}{k_{-1}k_{-2}k_{-3}} \tag{14-101}$$

14-11　逐步成長的聚合反應 (Step-Growth Polymerization)

　　單體的分子經由聚合反應，可生成線狀或分枝的鏈鎖之合成的聚合物。聚合反應依照其反應的機制，可分成**逐步成長的聚合** (step-growth polymerization) **與自由基的聚合** (free-radical polymerization) 之二基本類型的反應，此二類型的聚合反應機制之反應動力顯然不同。逐步成長聚合之鏈鎖的成長速率較為緩慢，其鏈鎖以逐步的形態緩慢成長，而自由基聚合之各鏈鎖的成長速率較為迅速，直至其最後的鏈鎖長度。

　　逐步成長的聚合反應為，雙官能基的單體分子之**反應性的基團** (reactive groups)，經由逐步的**縮合** (condensation) 或**加成** (addition) 的反應，聚合生成**線狀的聚合物** (linear polymer)。此種聚合之一般的官能基為，$-OH$，$-CO_2H$ 或 $-NH_2$。例如，由**二元酸** (diacid) 與**二元醇** (dialcohol 或 diol) 反應生成**聚酯** (polyester) 之**聚縮合反應** (polycondensation reaction)，可表示為

$$x\,HOOC-R-COOH + x\,HO-R'-OH \longrightarrow$$

$$H\{O-\underset{\underset{O}{\|}}{C}-R-\underset{\underset{O}{\|}}{C}-O-R'\}_x OH + (2x-1)H_2O \tag{14-102}$$

由羥酸 (hydroxy acid) 之聚縮合反應，亦可生成聚酯，其反應可表示為

$$x\,HO - R - COOH \longrightarrow H \pm O - R - C \pm_x OH + (x-1)\,H_2O \tag{14-103}$$
$$\overset{\parallel}{O}$$

聚酯或**聚醯胺** (polyamide) 之生成的反應為可逆的反應，因此，於這些聚合反應之進行的過程中，需去除縮合反應所產生的水，以使聚縮合的反應順利繼續進行。於**聚胺甲酸酯** (polyurethanes) 之生成的反應中，不會產生如上面的反應 (14-102) 與 (14-103) 所示的小分子的生成物 (水)。通常由二單體的分子反應生成**二聚體** (dimer)，而二聚體再與另一單體的分子反應生成**三聚體** (trimer)，如此類推。因此，其聚合生成物之平均的莫耳質量，隨其聚合反應之進行而增加。

偶合的反應 (coupling reaction) 之反應速率常數與聚合度有關時，其逐步成長的聚合反應速率之數學的處理相當複雜。然而，其實際的反應速率常數與其聚合的鏈鎖之長度幾乎無關。雖然**巨大分子** (macromolecules) 之擴散速率與其分子的大小有關，但其官能基與聚合鏈鎖的尾端之碰撞接合的頻率，與其分子的大小無關。

於此考慮羥酸 $HO - R - CO_2H$，或化學式量之**二羧酸** (dicarboxylic acid) 與**乙二醇** (glycol) 的聚合反應，其聚合反應的速率可由滴定，於其**聚酯化** (polyesterification) 反應過程中的未反應之羧酸根的量以測定。聚酯化的反應一般以酸為觸媒，而其反應速率與 $-CO_2H$ 基及 $-OH$ 基之濃度各成比例。因此，聚酯化反應之反應速率式，一般可寫成

$$-\frac{d(CO_2H)}{dt} = k(CO_2H)(OH)(酸) \tag{14-104}$$

上式中，(酸) 為酸觸媒之濃度。反應物的分子之**羧酸基** (carboxyl groups) 本身，可作為酯化反應之酸觸媒，或亦可另外加入其他的酸觸媒。

反應物的分子之羧酸基作為酸觸媒時，上面之反應速率式 (14-104) 可改寫成

$$-\frac{d(CO_2H)}{dt} = k(CO_2H)^2(OH) \tag{14-105}$$

若 $-CO_2H$ 基與 $-OH$ 基之初濃度相等，則於反應的過程中其濃度會一直保持相等。因此，於上式中，$(CO_2H) = (OH)$，所以上面的反應速率式 (14-105) 可寫成

$$-\frac{d(CO_2H)}{dt} = k(CO_2H)^3 \tag{14-106}$$

上式經積分可得

$$\frac{1}{(CO_2H)^2} = \frac{1}{(CO_2H)_0^2} + 2kt \tag{14-107}$$

反應之進行的程度，通常以所反應之反應基 $-CO_2H$ 的分率 p 表示較為方便。由於羧酸基之濃度 (CO_2H) 可表示為

$$(CO_2H) = (CO_2H)_0(1-p) \tag{14-108}$$

由此，式 (14-107) 可寫成

$$\frac{1}{(1-p)^2} = 1 + 2(CO_2H)_0^2 kt \tag{14-109}$$

此逐步成長的聚合反應之反應速率式 (14-109)，於轉化率超過 80% 時，其結果與實際的情況甚為符合。然而，於反應之初期的階段，為由反應物的混合物反應轉變成聚合物的產物，因此，上式 (14-109) 與實際的情況不甚符合。實際上，於反應之最後的 20% 階段之反應動力較為重要而有趣，於此階段為聚合成為高莫耳質量的聚合物之聚合反應。

　　於相等濃度的 CO_2H 與 OH 內，另外加入酸觸媒時之聚酯化反應，因 $(CO_2H) = (OH)$，故此時之聚酯化反應之反應速率式，可表示為

$$-\frac{d(CO_2H)}{dt} = (CO_2H)^2[k(CO_2H) + k_{cat}(H^+)] \tag{14-110}$$

若 $k_{cat}(H^+) \gg k(CO_2H)$，而所加入的酸觸媒之濃度於反應的過程中不會變化，則上面的反應速率式 (14-110) 可改寫成

$$-\frac{d(CO_2H)}{dt} = k_{cat}(CO_2H)^2(H^+) = k_2(CO_2H)^2 \tag{14-111}$$

上式中，$k_2 = k_{cat}(H^+)$。上式 (14-111) 經積分並將式 (14-108) 代入，可得

$$\frac{1}{1-p} = 1 + k_2(CO_2H)_0 t \tag{14-112}$$

　　於逐步成長的聚合反應的過程中，聚合物之平均的莫耳質量或**聚合度** (degree of polymerization) 會穩定的增加。**數平均聚合度** (number-average degree of polymerization) $\bar{x}_n$ 等於，聚合物的分子中之**單體單位** (monomer unit) 的平均數。若反應的混合物中的單體分子之原始的數目為 n_0，而其於時間 t 之存在的數目為 n，則反應進行之程度 p 可表示為

$$p = \frac{n_0 - n}{n_0} = 1 - \frac{n}{n_0} \tag{14-113}$$

而其平均聚合度 $\bar{x}_n$ 由上式 (14-113)，可表示為

$$\bar{x}_n = \frac{n_0}{n} = \frac{1}{1-p} \qquad\qquad \textbf{(14-114)}$$

對於聚合物的分子中之平均的單體單位數 $\bar{x}_n$ 爲 100 時，由上式 (14-114) 可得，其反應的程度 p 等於 0.99。

 ## 14-12 逐步成長的聚合物之莫耳質量的分佈
(Molar Mass Distributions of Step-Growth Polymers)

於前節已介紹逐步成長的聚合物之數平均聚合度的計算，於此從統計考量其莫耳質量分佈之寬度的計算。一鏈鎖的聚合物中之單體的單位數，稱爲**聚合度** (degree of polymerization) i，而可表示爲 $i = M/M_0$，其中的 M 爲聚合體之莫耳質量，M_0 爲其中的單體之**殘餘質量** (residue mass)。

於此繼續考慮羥酸 $HO-R-CO_2H$ 之聚合反應，而爲求其聚合物的莫耳質量之分佈方便，以 AB 表示羥酸。設於部分聚合的樣品中，發現聚合度 i 的聚合分子之或然率爲 π_i。而於各種聚合度的聚合分子的混合物中，聚合度 i 的聚合分子之 A (或 B) 基，保留沒有反應之或然率爲 $1-p$，則此 A 基反應之或然率爲 p。AB 與另外的 AB 反應形成 $ABAB$ 之或然率 π_2 爲 $p(1-p)$，由於此爲二獨立的事件之或然率，因此，等於形成鍵之或然率 p，與沒有形成鍵之或然率 $1-p$ 的二獨立或然率的乘積。同理，發現形成二連續的鍵而生成 $ABABAB$ 之或然率 π_3，可表示爲 $p^2(1-p)$。因此，一般可寫成

$$\pi_1 = 1-p, \ \ \pi_2 = p(1-p), \ \ \pi_3 = p^2(1-p), \ \cdots, \ \ \pi_i = p^{i-1}(1-p) \quad \textbf{(14-115)}$$

由於樣品中含各種鏈鎖長 ($i=1$ 至 ∞) 的聚合物，而其各或然率的總和等於 1，由此可表示爲

$$\sum_{i=1}^{\infty}\pi_i = \sum_{i=1}^{\infty} p^{i-1}(1-p) = (1-p)\sum_{i=1}^{\infty} p^{i-1} = (1-p)(1+p+p^2+\cdots) = \frac{1-p}{1-p} = 1$$
$$\textbf{(14-116)}$$

上式中，$(1-p)^{-1} = 1+p+p^2+\cdots$，而或然率 π_i 可解釋爲樣品中的 $i-$聚合體 ($i-mer$) 之莫耳分率。如圖 14-7(a) 所示，$i-$聚合體之莫耳分率(或或然率) π_i 隨聚合度 i 之增加而穩定逐漸減小。

於聚合物中發現 $i-$聚合體中之單體單位的或然率 ω_i，等於聚合物中的 $i-$聚合體中之單體單位的分率，由此，ω_i 可表示爲

$$\omega_i = \frac{i\,n_i}{n_0} \qquad\qquad \textbf{(14-117)}$$

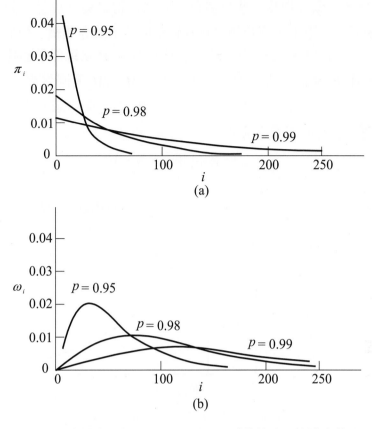

圖 14-7　(a) 反應程度 p 為 0.95, 0.98 及 0.99 時的縮合聚合體之莫耳分率的分佈，(b) 反應程度 p 為 0.95, 0.98 及 0.99 時的縮合聚合體之重量分率的分佈

上式中，n_i 為樣品中的 i – 聚合體之數目，而 n_0 為開始時之單體單位的總數。聚合物中除了形成聚合鏈的**頭** (head) 與**尾** (tail) 之單體單位外，每單體單位之重量均相同，因此，上式的 ω_i 亦可表示聚合物中的 i – 聚合體之重量分率。因 $n_i / n = \pi_i = p^{i-1}(1-p)$，將此關係代入上式 (13-117) 可得

$$\omega_i = \frac{i\, p^{i-1}(1-p)n}{n_0} \tag{14-118}$$

由式 (14-114)，$n / n_0 = 1 - p$，將此關係代入上式 (14-118)，可得

$$\omega_i = i\, p^{i-1}(1-p)^2 = i\, \pi_i(1-p) \tag{14-119}$$

由圖 14-7 顯示，i – 聚合體之**重量分率** (weight fraction) ω_i 與**莫耳分率** (mole fraction) π_i 比較，ω_i 通常隨 i 之變化而經由一極大值。

合成的高分子聚合物及一些自然存在的聚合物之莫耳質量的分佈，一般可用圖 14-8 表示。實際上，聚合物之莫耳質量的分佈雖非連續，但於莫耳質量高時可視爲連續。圖 14-8 之縱坐標軸爲，莫耳質量 M 之**或然率密度** (probability densites) P，而 PdM 爲發現莫耳質量於 M 至 $M+dM$ 範圍之聚合分子的或然率。發現聚合的分子之莫耳質量於 M 至 $M+dM$ 的範圍之或然率，等於該聚合分子之莫耳質量於此的範圍之分率。

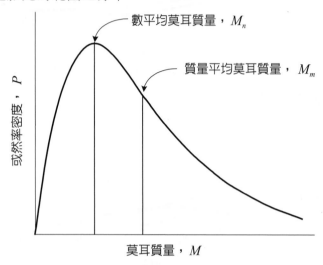

圖 14-8　各莫耳質量之或然率密度

於 7-18 節曾定義，聚合物之數平均的莫耳質量 $\overline{M}_n$ 與質量平均的莫耳質量 $\overline{M}_m$，通常 $\overline{M}_m$ 大於 $\overline{M}_n$，而由滲透壓的量測可求得 $\overline{M}_n$，由**光散射** (light-scattering) 可求得 $\overline{M}_m$。樣品中之全部的聚合分子之質量均相同時，$\overline{M}_n = \overline{M}_m$，而 $\overline{M}_m / \overline{M}_n$ 的比爲，量測莫耳質量之分佈的寬度之有用的指標。

由試樣之 $\overline{M}_n$ 與 $\overline{M}_m$ 的比較，可得莫耳質量之分散的有關資訊。聚合物之數平均莫耳質量 $\overline{M}_n$，等於數平均聚合度 [式 (14-114)] 與聚合物中的單體單位之莫耳質量 M_0 的乘積，即 $\overline{M}_n = \bar{x}_n M_0 = M_0 /(1-p)$。於數平均莫耳質量之定義，代入式 (14-115)，$\pi_i = p^{i-1}(1-p)$，可得

$$\overline{M}_n = \sum_i \pi_i i M_0 = M_0 \sum_i p^{i-1}(1-p)i$$
$$= M_0(1-p)(1+2p+3p^2+\cdots) \tag{14-120a}$$

因 $(1-p)^{-1} = 1+p+p^2+p^3+\cdots$，故其兩邊均對 p 微分可得，$\dfrac{d(1-p)^{-1}}{dp} = (1-p)^{-2} = 1+2p+3p^2+\cdots$，將此關係代入上式 (14-120a) 可得

$$\overline{M}_n = M_0(1-p)\frac{1}{(1-p)^2} = \frac{M_0}{(1-p)} \tag{14-120b}$$

質量平均莫耳質量 $\overline{M}_m$ 可由下式計算，爲

$$\overline{M}_{\mathrm{m}} = \sum \omega_i M_i = \sum i\omega_i M_0 \tag{14-121}$$

上式中，ω_i 為 i－聚合體之質量分率，由式 (14-119)，$\omega_i = i\pi_i(1-p)$，及由式 (14-115)，$\pi_i = p^{i-1}(1-p)$，可得

$$\omega_i = i\,p^{i-1}(1-p)^2 \tag{14-122}$$

而將上式 (14-122) 代入式 (14-121)，可得

$$\overline{M}_{\mathrm{m}} = M_0(1-p)^2 \sum_i i^2 p^{i-1} \tag{14-123}$$

由於 $\sum_i i\,p^i = p + 2p^2 + 3p^3 + \cdots$，及 $\sum_i i\,p^{i-1} = 1 + 2p + 3p^2 + \cdots$，而由此二式相減可得，$\sum_i i\,p^{i-1} - \sum_i i\,p^i = \dfrac{1-p}{p}\sum_i i\,p^i = 1 + p + p^2 + \cdots = \dfrac{1}{1-p}$。而可表示為

$$\sum_i i\,p^i = \frac{p}{(1-p)^2} \tag{14-124}$$

由於 $\sum_i i^2 p^{i-1} = \dfrac{d}{dp}(\sum_i i\,p^i)$，由此，上式 (14-124) 經微分可得

$$\sum_i i^2 p^{i-1} = \frac{1+p}{(1-p)^3} \tag{14-125}$$

將上式 (14-125) 代入式 (14-123)，可得聚合物之質量平均莫耳質量為

$$\overline{M}_{\mathrm{m}} = M_0 \frac{1+p}{1-p} \tag{14-126}$$

而由上式 (14-126) 除以式 (14-120b)，可得質量平均莫耳質量與線平均莫耳質量之比，為

$$\overline{M}_{\mathrm{m}} / \overline{M}_{\mathrm{n}} = 1 + p \tag{14-127}$$

　　由圖 14-7(a) 及 (b) 得知，形成高莫耳質量的聚合體之 p 的範圍，須為 0.99 至 1，而於 $p = 1$ 時，由上式 (14-127) 得，$\overline{M}_m = 2\overline{M}_n$。因此，由聚縮合生成高莫耳質量的聚合物時，其質量平均莫耳質量 $\overline{M}_m$ 為，數平均莫耳質量 $\overline{M}_n$ 的二倍。若欲得高莫耳質量的聚合物材料時，則於其聚合反應的過程中，必須去除可能於鏈鎖之一端，或另一端產生終止反應之微量的單官能基反應物（如酸或醇）。

14-13　分枝及架橋的縮合聚合物
(Branched and Cross-Linked Condensation Polymers)

雙官能基的單體可聚合生成線狀的縮合聚合物，而有雙官能基以上的單體存在時，會產生**架橋** (cross-linked) 而生成**分枝的聚合物** (branched polymers)。例如，於羥酸的單體 AB 內加入少量的甘油 $HOCH_2CH(OH)CH_2OH$ 時，經聚合的反應會生成如下的分枝的聚合物。

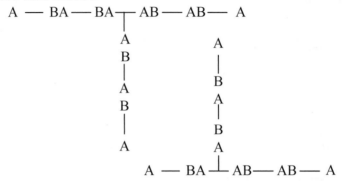

若於羥酸的單體 AB 內加入小量的甘油經聚合的反應時，則其每一聚合的分子僅有一分枝點，而於其全部之生長鏈鎖的尾端均有官能基 A，因此，其二分枝的鏈鎖不會相連結。然而，若於此聚合反應系內加入 B-B 的分子時，則可聚合生成如下的架橋聚合物。

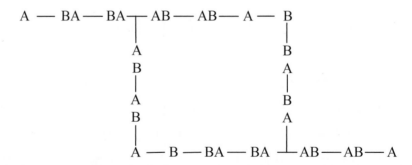

若於二雙官能基的二種單體 A-A 與 B-B 之混合物內，加入三官能基的單體，則會生成含自由的 A 基與 B 基的**高分枝的聚合物分子** (highly branched polymer molecules)。此種聚合物的分子會互相反應而成甚大的聚合度之聚合物，且可能形成**無限的網狀構造** (infinite network)。而由可溶性的分枝聚合物轉變成為不溶性的聚合物，此種過程稱為**膠化** (gelation)，而其轉移點稱為**膠點** (gel point)。

一般的線狀聚合物如聚乙烯及聚苯乙烯等，經加熱時會熔化成流動性的流體，而冷卻至較低的溫度時會產生固化，此種塑膠稱爲**熱塑膠** (thermoplastics)。架橋的聚合物經加熱時，通常不會熔化成流動性的流體，此種聚合物稱爲**熱固聚合物** (thermosetting polymers)。聚合物經架橋時，通常可穩定其大小及形狀，而適用於許多實際的應用。

 ## 14-14　自由基的聚合反應 (Free-Radical Polymerization)

聚乙烯 (polyethylene, PE)、聚甲基丙烯酸甲酯 (polymethyl methacrylate, PMMA)、聚苯乙烯 (polystyrene, PS)、聚丙烯腈 (polyacrylonitrile, PAN)、聚氯乙烯 (polyvinyl chloride, PVC) 及許多其他重要的聚合物等，均由自由基之鏈鎖的聚合反應而生成。這些聚合物均由其各不飽和的化合物單體，經由聚合反應而形成線狀的各高分子聚合物，其中由乙烯生成聚乙烯的聚合反應，可用下式表示爲

$$n \begin{array}{c} H \quad R \\ | \quad | \\ C = C \\ | \quad | \\ H \quad H \end{array} \longrightarrow \left[\begin{array}{c} H \quad R \\ | \quad | \\ - C - C - \\ | \quad | \\ H \quad H \end{array} \right]_n \tag{14-128}$$

由各單體的分子生成上述的這些聚合物之各聚合的反應，通常均以如**偶氮化合物** (azo compounds) 等有機過氧化物爲**起始劑** (initiator)，或經如 γ- 射線、紫外光線或 X-射線等高能量輻射線的照射，以開始聚合反應。這些聚合反應之起始的過程所產生之不飽和的有機化合物自由基，與反應系內的其他單體分子繼續反應而產生鏈鎖的反應。於此鏈鎖聚合反應的過程中，其成長的鏈鎖之尾端滋生**不配對的電子** (unpaired election)，而此不配對的電子於每一**加成的步驟** (addition step) 繼續傳遞至新鏈鎖的尾端。

起始劑之分解的速率，與溶劑的種類及反應溫度有密切的關係，其分解反應通常爲第一級的反應，而其分解反應的速率常數與溫度的關係，一般遵循 Arrhenius 的式，$k_i = A e^{-E_{a,i}/RT}$。常用之聚合的起始劑如 2,2'- **偶氮雙異丁基腈** (2,2'-azo-bis-isobutyronitrile, AIBN)，**過氧化異丙基苯** (cumyl peroxide)，**過氧化第三丁烷** (tert-butyl peroxide, TBP)，**過氧化乙醯** (acetyl peroxide) 及**過氧化二苯甲醯** (benzoyl peroxide, BPO) 等。

鏈鎖的聚合反應通常包括下列的四種過程：

1. **鏈鎖起始** (chain initiation) 的過程：由起始劑的分解所產生的自由基 $R' \cdot$ 與單體 M 反應，而生成鏈鎖之第一鏈節的自由基 $R_1 \cdot$。此起始的過程之反應，可表示為

$$起始劑\ (I) \xrightarrow{\ k_i\ } 2R' \cdot \tag{14-129a}$$

$$R' \cdot + M \xrightarrow{\ k'\ } R_1 \cdot \tag{14-129b}$$

2. **鏈鎖傳承** (chain propagation) 的過程：單體單位 M 與鏈鎖自由基 $R_1 \cdot, R_2 \cdot, \cdots$ 等，陸續產生反應並繼續生成**活性的鏈鎖** (active chain)。此過程之反應可表示為

$$R_1 \cdot + M \xrightarrow{\ k_{1p}\ } R_2 \cdot \tag{14-130}$$

$$\cdots\cdots\cdots$$

$$R_n \cdot + M \xrightarrow{\ k_{np}\ } R_{n+1} \cdot \tag{14-131}$$

3. **鏈鎖轉移** (chain transfer) 的過程：聚合反應的**活性位** (active sites)，於此過程轉移至其他的分子，此時失去活性位的聚合分子停止繼續反應成長，而得到活性位的分子可另外開始其聚合反應而成長。此步驟之反應可表示為

$$R_n \cdot + XY \to R_n Y + X \cdot \tag{14-132}$$

上面的反應式中的分子 XY，可能是另外的聚合物分子，而自由基可能導入其鏈鎖之某處，而形成分枝的聚合物。

4. **鏈鎖終止** (chain termination) 的過程：聚合反應系內的聚合物之鏈鎖傳承的自由基 $R_n \cdot$，於此過程與另外的鏈鎖傳承的自由基 $R_m \cdot$ 反應，而形成不活性的聚合物 P_{n+m}，或二分子之不活性的聚合物 P_n 與 P_m，其反應可表示為

$$R_n \cdot + R_m \cdot \xrightarrow{\ k_{tc}\ } P_{n+m} \tag{14-133}$$

$$R_n \cdot + R_m \cdot \xrightarrow{\ k_{td}\ } P_n + P_m \tag{14-134}$$

於上面所述之鏈鎖的聚合或成長的反應之整個過程中，由於其鏈鎖之成長傳承的自由基之總濃度保持一定。因此，於其自由基之濃度 (R) 達至穩定的狀態時，可假定自由基之起始的速率 r_i，等於自由基之終止的速率 r_t。所以於穩定狀態時

$$\frac{d(R)}{dt} = r_i - r_t = 0 \tag{14-135}$$

自由基之起始的速率，由反應 (14-129a) 可寫成

$$r_i = 2f k_i(I) \tag{14-136}$$

由起始反應所生成之一些自由基，可能由於再結合的反應，或某些副反應而損失，因此，上式中之 f 為，起始反應所生成的自由基 $R'\cdot$，與其與單體 M 實際產生反應形成 $R_1\cdot$ 之分率。

聚合反應之終止反應的反應速率為**二分子的過程** (bimolecular process)，而可寫成

$$r_t = 2k_t(R)^2 \tag{14-137}$$

上式中之反應速率常數 $2k_t$，實際應為上面的二中止反應 (14-133) 與 (14-134) 之反應速率常數的和 $(k_{tc} + k_{td})$。

將式 (14-136) 及 (14-137) 代入式 (14-135)，得

$$2f k_i(I) = 2k_t(R)^2 \tag{14-138}$$

由上式得，自由基之穩定狀態的濃度為

$$(R) = \left[\frac{f k_i(I)}{k_t}\right]^{1/2} \tag{14-139}$$

聚合反應之總反應的速率 r_p，相當於單體的濃度之減少的速率。於此可假定，鏈鎖的傳承過程中的各步驟之反應速率常數，k_{1p}，k_{2p}，$\cdots$，k_{np}，均相同，而可用 k_p 表示。因此，聚合反應之反應速率，可寫成

$$r_p = k_p(R)(M) \tag{14-140}$$

上式中，(R) 為**鏈鎖的傳承自由基** (propagating radicals) 之總濃度，(M) 為單體之濃度。由於自由基之穩定狀態的濃度可用式 (14-139) 表示，由此，將式 (14-139) 代入上式 (14-140)，可得

$$r_p = k_p\left[\frac{f k_i(I)}{k_t}\right]^{1/2}(M) \tag{14-141}$$

由上式得，聚合反應之反應速率與起始劑之濃度的平方根，$(I)^{1/2}$，成比例。

平均的動力鏈鎖長度 (average kinetic chain length) v 為，每一起始的鏈鎖所產生之聚合物中的單體分子之平均數。聚合物之性質與其平均的莫耳質量有關，因此，其聚合反應的動力參數，對於 v 的影響甚為重要。平均的動力鏈鎖的長度 v，等於其聚合反應的速率，除以其起始反應的速率，而可表示為

$$v = \frac{r_p}{r_i} = \frac{k_p(R)(M)}{2k_t(R)^2} = \frac{k_p(M)}{2k_t(R)} \tag{14-142}$$

將式 (14-139) 代入上式以消去 (R)，即可得平均動力鏈鎖的長度，為

$$v = \frac{k_p(M)}{2k_t}\left[\frac{k_t}{f k_i(I)}\right]^{1/2} = \frac{k_p}{(2k_t)^{1/2}}\frac{(M)}{r_i^{1/2}}$$ (14-143)

而由上式可得知，由較低的起始速率 r_i，可得莫耳質量較高的聚合物。

1. 氫離子 H^+ 與氫氧離子 OH^- 於 25°C 的水中之擴散係數，分別為 $9.1 \times 10^{-9}\,\mathrm{m^2 s^{-1}}$ 與 $5.2 \times 10^{-9}\,\mathrm{m^2 s^{-1}}$。試求反應，$H^+ + OH^- \xrightarrow{1.4\times10^{11}\,\mathrm{L\,mol^{-1}s^{-1}}} H_2O$，之反應半徑

   答 0.89 nm

2. 試導反應，$A \underset{k_{-1}}{\overset{k_1}{\rightleftarrows}} B$，於離其平衡位置甚小時，此反應之速率常數與其鬆弛時間 τ 的關係

   答 $\tau = (k_1 + k_{-1})^{-1}$

3. 稀薄的醋酸水溶液於 25°C 之酸解離常數，$K = 1.73 \times 10^{-5}$，其 $0.1\,\mathrm{mol\,L^{-1}}$ 的水溶液之鬆弛時間 τ 為 $8.5 \times 10^{-9}\,\mathrm{s}$。試計算反應，

   $CH_3CO_2H \underset{k_a}{\overset{k_d}{\rightleftarrows}} CH_3CO_2^- + H^+$，之反應速率常數 k_a 及 k_d

   答 $k_a = 4.42 \times 10^{10}\,\mathrm{L\,mol^{-1}s^{-1}}$，$k_d = 7.65 \times 10^5\,\mathrm{s^{-1}}$

4. 假設於酶的觸媒反應過程中，基質之濃度保持一定，而其生成物不會堆積及不會抑制反應。設酶之回轉數為 $10^4\,\mathrm{min^{-1}}$，其莫耳質量為 $60{,}000\,\mathrm{g\,mol^{-1}}$，及基質之濃度為 Michaelis 常數之二倍，試求每克的酶於每小時能回轉之基質的莫耳數

   答 $6.7\,\mathrm{mol\,hr^{-1}g^{-1}}$

5. 使用紫外光的光譜儀量測，於 25°C 的離子強度 0.01 之 pH 值 7 的緩衝液中之反–丁烯二酸酯 (fumarate)的濃度，以測定反–丁烯二酸酯之酶的觸媒反應，反–丁烯二酸酯 $(F) + H_2O = L - 蘋果酸酯(M)$，之反應速率。於反–丁烯二酸酶 (fumarase) 之濃度為 $5 \times 10^{-10}\,\mathrm{mol\,L^{-1}}$ 的情況下，得到下列的正向反應之反應速率 v_F，為

$(F), 10^{-6}\,\mathrm{mol\,L^{-1}}$	$v_F, 10^{-7}\,\mathrm{mol\,L^{-1}s^{-1}}$
2	2.2
40	5.9

並於相同的反–丁烯二酸酶之濃度 $5 \times 10^{-10}\, mol\, L^{-1}$ 下，得到下列的其逆向反應之反應速率 v_M，爲

(M), $10^{-6}\, mol\, L^{-1}$	v_M, $10^{-7}\, mol\, L^{-1} s^{-1}$
5	1.3
100	3.6

由於稀薄水溶液中的水之濃度可視爲一定，因此，於其平衡常數之式中可省略水之濃度。試計算， (a) 其二基質之 Michaelis 常數及回轉數，(b) 於反應機制，$E + F \xrightleftharpoons[k_{-1}]{k_1} X \xrightleftharpoons[k_{-2}]{k_2} E + M$，中之四反應速率的常數，其中的 E 表示觸媒的位，而每一反–丁烯二酸酶的分子有四觸媒的位，及 (c) 此觸媒反應之平衡常數 K_{eq}

答 (a) $V_F = 6.5 \times 10^{-7}\, mol\, L^{-1} s^{-1}$ ， $K_F = 3.9 \times 10^{-6}\, mol\, L^{-1}$

$V_M = 4.0 \times 10^{-7}\, mol\, L^{-1} s^{-1}$ ， $K_M = 1.03 \times 10^{-5}\, mol\, L^{-1}$

$k_2 = 3.3 \times 10^2\, s^{-1}$ ， $k_{-1} = 2.0 \times 10^2\, s^{-1}$

(b) $k_1 = 1.4 \times 10^8\, L\, mol^{-1} s^{-1}$ ， $k_{-2} = 5.1 \times 10^7\, L mol^{-1} s^{-1}$

(c) 4.4

6. 對於反應機制，$E + S \xrightleftharpoons[k_2]{k_1} X \xrightarrow{k_3} E + P$，$E + I \xrightleftharpoons[k_2']{k_1'} EI$，試導於 $(S) \gg (E)_0$ 及 $(I) \gg (E)_0$ 時之穩定狀態的反應速率式

答 $r = \dfrac{V_s}{1 + K_s / (S)[1 + (I) / K_I]}$

7. 羥酸之酸基的 99%，於羥酸之縮合聚合的反應中反應，試計算此聚合物的分子中之單體單位的平均數

答 100。

8. 於羥酸 $HO-(CH_2)_5-CO_2H$ 之聚合反應所生成的聚合物之數平均莫耳質量爲 $20,000\, g\, mol^{-1}$，試求 (a) 此聚合反應之反應的進行程度 p，(b) 所生成聚合物之平均的聚合度 $\bar{x}_n$，及 (c) 此聚合物之質量平均的莫耳質量

答 (a) 0.9943，(b) 175，(c) 39,990 $g\, mol^{-1}$

第十五章

溶液中的不可逆過程

於本章討論溶液中之一些有關速率的過程及特性，如溶液之黏性、導電性、擴散、電透析及懸浮粒子之沉降速度等。由量測蛋白質、核酸、或合成高分子聚合物等溶液之黏度，可得其內的溶質分子之莫耳質量，及有關其形狀等的資訊。合成的高聚合物溶液之黏度的量測，廣泛應用於其平均莫耳質量之測定。溶液之導電性，與其內所溶解的離子之電移動度、均與所帶的電荷及濃度有關。由溶液中的溶質之擴散係數的量測，可測定其摩擦係數。對於球狀的巨大分子，可由其於溶液內之擴散係數，計算其莫耳質量。蛋白質、核酸或合成高聚合物等於溶液中之沉降速率，可使用超高速的離心機量測，而其莫耳質量可由這些溶質分子之沉降係數、擴散係數及溶質之部分比容積計算。

15-1　液體之黏度 (Viscosity of a Liquid)

流體於流動時，其內部的流層間所產生之阻力的大小，與流體之黏性有關。於 12-9 節曾對於**層流** (laminar flow) 的流體，定義其**黏性係數** (coefficient of viscosity)，流體的黏性係數或簡稱**黏度** (viscosity) 之 SI 單位為 $Pa \cdot s$，此相當於對流體的某流層面作用 $1\,Nm^{-2}$ 的力時，距該流層 $1\,m$ 之平行的流層面，以 $1\,m\,s^{-1}$ 的相對速度流動時之流體的黏度。黏性係數可用單位面積之作用力與流層之速度梯度的比表示，因 $N = kg \cdot ms^{-2}$ 及 $Pa = Nm^{-2}$，故黏性係數之單位為，$Nm^{-2}/(ms^{-1} \cdot m^{-1}) = kg\,m^{-1}s^{-1}$ 或 $Pa \cdot s$。黏度之 cgs 制的單位為**泊** (poise)，而 $1\,poise = 1\,dyne\,cm^{-2}/(cm\,s^{-1} \cdot cm^{-1}) = 1\,dyne\,cm^{-2}s = (10^{-5}\,N)(10^{-2}\,m)^{-2}s = 0.1\,kg\,m^{-1}s^{-1} = 0.1\,Pa \cdot s$。

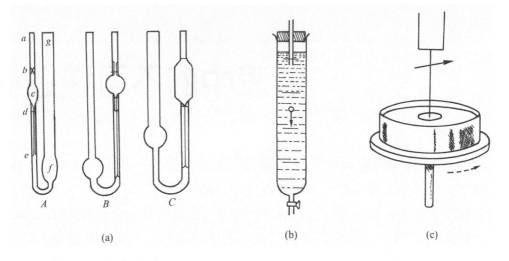

圖 15-1　常用的黏度計之幾種型式：(a) 毛細管的黏度計，如 Ostward 黏度計，(b) 落球黏度計，(c) 旋轉黏度計。

　　液體的黏度之三種常用的量測方法，如圖 15-1 所示。(a) 毛細管的黏度計法：此方法依據 Hagen-Poiseuille 的定律，由量測液體，於一定的壓力下流經一定的半徑及長度的毛細管之流速，以測定該液體之黏度，此為根據牛頓原理之測定的方法，於測定常用之黏度計，如 Ostward 黏度計、Ubbelohde 黏度計、Cannon-Fenske 黏度計、Thorpe-Rodger 黏度計及 Saybolt 黏度計等。(b) 落球黏度計法：此方法依據 Stokes 定律，由測定一定大小及比重的小鋼球，於液體中之下降的速率，以量測該液體之黏度，如 Lawaczek 黏度計。(c) 旋轉式的黏度計法：此方法依據 Couette 定律，同軸的雙重圓筒之一，於液體內旋轉達至穩定時，其間的液體之流動的速率與液體之黏性，或其流層間所產的剪力有關。因此，由量測同軸的雙重圓筒之一圓筒於液體內之，轉動達至一定的角速度所需之力的大小，以測定該液體之黏度。Couette 黏度計為，其外面的圓筒以一定的速度轉動，而由測定其內的圓筒，由於流體黏性所受的慣性動量，以求流體的之黏度。

　　上面所述的液體的黏度之各種測定的方法，其液體之流速均須緩慢，而成層流的流動。流體之流動為層流與**攪亂流** (turbulence flow) 之分界，可藉無因次的 Reynolds 數區分，於圓管內的液流之 Reynolds 數的定義為，$d\bar{v}\rho/\eta$，其中的 d 為圓管之直徑，$\bar{v}$ 為流體之平均流速，ρ 為流體之密度，η 為流體之黏性係數。Reynolds 數大於 2000 之液流為攪亂流，而小於 2000 之液流為層流或**黏滯性流** (viscous flow)。

　　懸浮的膠體 (colloidal suspensions) 及**巨大分子** (macromolecules) 的溶液之黏性係數 η，與**剪切速率** (shear rate) κ 有關，溶液之黏度 η，一般隨 κ 的增加而減小，而 η 為 κ 之函數者，稱為**非牛頓的行為** (non-Newtonian behavior)，此

種流體的流動，不適合使用牛頓之黏性定律。若由於流體之**剪應力** (shear stress)，而使懸浮的微粒**定方位** (orient) 或**歪扭** (distort)，則其黏性係數，會隨剪切速率的增加而減小。

液體之黏性係數，可由液體流經細管之速率的量測，應用 Poiseuille 式計算。設定常態流的流體，流經半徑 r 而長度 ℓ 之均勻的細管時，流體於細管內之流動，形成與細管同軸的圓筒狀層流，如圖 15-2 所示。茲考慮於位置 1 與 2 間的流體之流動時，於位置 2 所受半徑 y 之流體圓柱的力為，$(P_1 - P_2)\pi y^2$，其中的 P_1 與 P_2 為於流體柱的二端 1 與 2 處之流體的壓力。流體以定常的狀態於細管內流動時，此力（$P_1 - P_2$）πy^2 等於半徑 y 之流體圓柱表面的剪應力，而可表示為

$$(P_1 - P_2)\pi y^2 = 2\pi y \ell \tau \tag{15-1}$$

上式中，$\tau = -\eta\, du_y / dy$，為剪應力，u_y 為半徑 y 之液層的流速，η 為流體之黏性係數。將此關係代入上式 (15-1)，可得

$$\frac{du_y}{dy} = -\frac{(P_1 - P_2)}{\eta \ell} \cdot \frac{y}{2} \tag{15-2}$$

由於鄰接管的內壁之液層的流速等於零，即 $y = r$ 時，$u_r = 0$。因此，上式 (15-2) 的定積分可寫成

$$\int_0^{u_y} du_y = \frac{(P_1 - P_2)}{2\eta \ell} \int_y^r y \, dy \tag{15-3a}$$

或

$$u_y = \frac{(P_1 - P_2)}{4\eta \ell}(r^2 - y^2) \tag{15-3b}$$

由上式得，流體於圓管的中心軸（$y = 0$）之流速最大，而為 $(P_1 - P_2)r^2 /(4\eta\ell)$。

設流體於單位時間內流經圓管之容積為 υ，則 $\upsilon = \int_0^r 2\pi y u_y dy$。將上式 (15-3b) 代入此關係式，可得

$$\upsilon = \int_0^r 2\pi y u_y dy = 2\frac{(P_1 - P_2)}{4\eta \ell} \int_0^r \pi y(r^2 - y^2) dy = \frac{(P_1 - P_2)\pi r^4}{8\eta \ell} \tag{15-4}$$

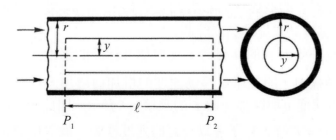

圖 15-2　流體於細管內之定常狀態的流動

流體於時間 t 內流經圓管之容積為 $V = tv$，若壓力的差 $P_1 - P_2$ 用 P 表示時，則流體之黏度由上式 (15-4) ，可表示為

$$\eta = \frac{P\pi r^4 t}{8V\ell} \tag{15-5}$$

上式即為 Poiseuille 式，其中的 t 為流體的容積 V 於壓力 P 下，流經半徑 r 而長度 ℓ 之細管所需的時間。

由上式 (15-5) 使用如圖 15-1(a) 所示之 Ostward 黏度計，可直接測定液體之**絕對黏度** (absolute viscosity)。此時所使用的黏度計之毛細管的半徑 r，須經精確的量測及校正。即由稱量填充於毛細管之某長度的汞之重量，及由該溫度之汞的密度可計算該毛細管之半徑。液體之絕對黏度的測定通常較為繁雜，因此，一般採用與已知絕對黏度的液體比較之間接的方法。標準液體 (如水) 於某一定溫度下之絕對黏度，可藉上述的方法測定或由文獻查得，因此，液體之黏度常以下述的方法，由測定液體對於標準液體之**相對的黏度** (relative viscosity)，及標準液體之絕對黏度計算。

上式 (15-5) 中之壓力 P，等於如圖 15-1(a) 所示的 Ostward 黏度計之兩管的液面差 h，與液體的密度 ρ 及重力加速度 g 的乘積，即 $P = h\rho g$。將此關係代入上式 (15-5) 可得

$$\eta = \frac{hg\pi r^4}{8V\ell}\rho t \tag{15-6}$$

使用同一的黏度計時，上式中的 $hg\pi r^4 / (8V\ell)$ 為常數。因此，設液體 1 與 2 之密度各為 ρ_1 與 ρ_2，黏度各為 η_1 與 η_2，而同容積之液體 1 與 2，分別流經同一毛細管所需的時間分別為 t_1 與 t_2，則此二液體之黏度的比，由上式 (15-6) 可表示為

$$\frac{\eta_2}{\eta_1} = \frac{\rho_2 t_2}{\rho_1 t_1} \tag{15-7}$$

由此，若液體 1 之黏度 η_1 已知，則由上式 (15-7) 可計算液體 2 之黏度 η_2。使用毛細管的黏度計，測定黏性較大的液體之黏度時，所需的時間較長，且於毛細管壁常會留存附著的液體，而影響測定的結果，此時可使用如圖 15-1(b) 或 (c) 所示的落球黏度計或旋轉黏度計測定。

溶液中的粒子受力 F 的作用時，會增加其移動的速度，而液體中的粒子之移動所產生之摩擦力，隨粒子之移動速度的增加而增加，且於較低的移動速度時，摩擦力可用速度 v 與摩擦係數 f 的乘積 vf 表示。因此，於摩擦力等於所作用之力 F，即 $vf = F$ 時，粒子會以一定的速度移動。液體中的粒子移動之摩擦係數 f，一般與液體之黏度、粒子之大小及形狀有關。

　　球形的粒子於**非攪亂流** (non-turbulent flow) 的流體中的流動之摩擦係數，由 Stokes 的定律可表示為

$$f = 6\pi\eta r \tag{15-8}$$

上式中，η 為液體之黏度，r 為球形的粒子之半徑。對於扁長形、橢圓形及長棒形的粒子，上式 (15-8) 中之 r，通常用與球形同體積之其長軸與短軸的比有關的因子表示。

　　使用如圖 15-1(b) 所示之落球的黏度計量測液體之黏度時，可由量測密度已知的球形粒子，於液體內之下降的速率，測定該液體之黏度 η。球形的粒子於液體中下降時，其所受的重力等於其自身的重量減同體積的該液體之重量，即相當於該球形的粒子於液體中之有效質量 (effective mass) 的重量，為 $(4/3)\pi r^3(\rho-\rho_0)g$，其中的 g 為重力加速度，ρ 為球形粒子之密度，ρ_0 為液體之密度，而 $(4/3)\pi r^3(\rho-\rho_0)$ 相當於，球形的粒子之質量減同體積的液體之質量，為球形的粒子於液體中之**有效的質量** (effective mass)。當球形的粒子於液體中之下降的速率達至一定時，粒子於液體中之下降所產生的摩擦力（阻力）$f\upsilon$，等於粒子所受的重力。由此，將上式(15-8)代入，可得

$$\frac{4}{3}\pi r^3(\rho-\rho_0)g = f\upsilon = 6\pi\eta r\left(\frac{dx}{dt}\right) \tag{15-9}$$

或

$$\frac{dx}{dt} = \frac{2r^2(\rho-\rho_0)g}{9\eta} \tag{15-10}$$

因此，由量測半徑 r 及密度 ρ 的球體，於已知密度 ρ_0 之液體中的降落速度 dx/dt，即可由上式測定液體之黏性係數 η。此種方法常用於高黏度的溶液，如高聚合物的高濃度溶液之黏度的量測。由膠體粒子於已知密度的液體中之沉降速率的量測，可測定膠體粒子之有效粒子的半徑。

　　大部分的液體之黏度，均隨溫度的上升而減小。根據液體之**孔洞理論** (hole theory)，液體之流動為液體中的分子，逐次連續移入液體中的空洞。換言之，由於液體中的空洞之移動而產生液體的流動。分子於液體中之流動過程，需具有超越進入空洞之**活化能障** (activation barrier) 的能量。一些液體於各溫度之黏度，如表 15-1 所示，液體之黏性係數，一般隨溫度的上升而減小，而可表示為

$$\frac{1}{\eta} = Ae^{-E_a/RT} \tag{15-11}$$

上式中，$1/\eta$ 為流體之流動度，E_a 為流動度之活化能。

　　液體之黏度一般隨壓力的增加而增加，因壓力增加時，液體中之孔洞的大小會減小及其孔洞數亦會減少，所以分子於較高壓力的液體中時，較難於其周圍產生互相的移動。

　　氣體之黏度，一般隨溫度的上升而增加。然而，理想氣體之黏度與壓力無關，為一定。

表 15-1　一些液體於各溫度之黏度（單位：Pa s 或 kg m^{-1}s^{-1}）

液體　　t°C	0	25	50	75
水	0.001793	0.000895	0.000549	0.000380
乙醇	0.00179	0.00109	0.000698	—
苯	0.00090	0.00061	0.00044	—
甘油	—	0.945	—	—

15-2　高聚合物溶液之黏度
(Viscosity of a High Polymer Solution)

　　聚合物之許多性質，介於理想的固體與液體之間。**完全彈性的固體** (elastic solid) 所受的應力與其**應變** (strain) 成正比，而與其**應變之速率** (rate of strain) 無關。**黏性的流體** (viscous fluid) 所受的應力與其應變之速率成正比，而與應變無關。對於如聚合物的**黏滯彈性** (viscoelastic) 體，由於聚合物之長鏈分子間的錯雜的相互作用，其所受的應力與應變及應變之速率二者均有關。

　　合成的高聚合物、蛋白質及核酸等，對其溶液之黏性均有很大的影響。而由這些高聚合物溶液之黏性係數的量測，可得知這些巨大分子之構造。

　　粒子的懸浮溶液之黏度 η 與其溶劑的黏度 η_0 的比，可用下列的形式之式表示，為

$$\frac{\eta}{\eta_0} = 1 + v\phi + \kappa\phi^2 + \cdots \tag{15-12}$$

上式中，ϕ 為懸浮液中的粒子所佔之容積的分率，v 及 κ 為與粒子之形狀有關的常數。η/η_0 稱為**相對黏度** (relative viscosity)，而 $\eta_{sp} = (\eta/\eta_0) - 1$ 稱為**比黏度** (specific viscosity)。由此，上式 (15-12) 可寫成

$$\frac{\eta_{sp}}{\phi} = v + \kappa\phi + \cdots \tag{15-13}$$

對於球形的粒子，Einstein 於 1906 年指出，上式 (15-13) 中之 $v = 5/2$。對於扁長及橢圓形的粒子，v 隨其軸比的增加而增加，但與粒子之大小無關。因此，

對於球形的粒子，當 ϕ 趨近於零時，上式 (15-13) 可寫成

$$\lim_{\phi \to 0} \frac{\eta_{sp}}{\phi} = \frac{5}{2} \tag{15-14a}$$

或

$$\eta = \eta_0(1 + 2.5\phi) \tag{15-14b}$$

而於濃度較大時，上式 (15-14b) 可用下列的 Guth 式表示，為

$$\eta = \eta_0(1 + 2.5\phi + 14.1\phi^2) \tag{15-15}$$

溶液中的溶質之容積的分率 ϕ 可表示為 $c\overline{\upsilon}_2$，其中的 c 為以單位容積的溶液之溶質的質量表示的濃度，其單位為 $g\,cm^{-3}$，$\overline{\upsilon}_2$ 為溶質之**部分比容積** (partial specific volume)。由此，式 (15-13) 可改寫成

$$\frac{\eta_{sp}}{c} = v\overline{\upsilon}_2 + \kappa c\overline{\upsilon}_2^2 + \cdots \tag{15-16}$$

溶液的濃度 c 趨近於零時之 η_{sp}/c 的極限值，稱為**極限黏度數** (limiting viscosity number) 或**內存的黏度** (intrinsic viscosity)$[\eta]$。因此，由上式 (15-16) 可得

$$\lim_{c \to 0} \frac{\eta_{sp}}{c} = [\eta] = v\overline{\upsilon}_2 \tag{15-17}$$

內存的黏度之單位常用 cm^3g^{-1} 表示。通常由 η_{sp}/c 對 c 作圖所得之直線，於 $c = 0$ 之縱軸的截距，可求得其內存的黏度 $[\eta]$。

對於**媒合的巨分子** (solvated macromolecule)，其每分子所佔之容積，較由部分比容積所計得之容積大。考慮此影響時，上式 (15-17) 可寫成

$$[\eta] = v(\overline{\upsilon}_2 + \delta\overline{\upsilon}_1) \tag{15-18}$$

上式中，δ 為一克的溶質所結合之溶劑的質量，$\overline{\upsilon}_1$ 為溶劑之部分比容積。對於非球形的粒子，其 v 與 δ 均未知，但對於橢圓體的粒子，其 v 值可由其二軸的比計算。因此，若粒子為球形，或軸比已知之橢圓體，則由其內存的黏度 $[\eta]$ 之量測，可計算其媒合之 δ 值。一些巨大分子之莫耳質量及其於 25°C 的水中之內存的黏度，列於表 15-2。

溶液之內存的黏度，可作為溶液中的分子之軸比的指標，例如，球狀的非水合蛋白之 $\overline{\upsilon}=$ 0.75 cm^3g^{-1}，而 $[\eta] = 1.9\,cm^3g^{-1}$。如表 15-2 所示，**核糖核酸酶** (ribonuclease) 之 $[\eta]$ 為 2.3，此值與球狀的非水合蛋白之 $[\eta] = 1.9\,cm^3g^{-1}$ 比較，並非很大。**低木的成長阻止病毒** (bushy stunt virus) 之莫耳質量雖大至 10,700,000 $g\,mol^{-1}$，但其形狀接近於球形，而其 $[\eta]$ 為 3.4 cm^3g^{-1}。細長的**血纖維蛋白原** (fibrinogen) 的分子及更細長之**肌球蛋白** (myosin) 的分子，其 $[\eta]$ 值分

別為 27 及 217 cm³g⁻¹，而 [η] 值甚大 (5000　cm³g⁻¹) 的 DNA，其分子的形狀非常長而薄。以滴管吸取高莫耳質量的 DNA 溶液時，可能由於剪力梯度而降低其內的 DNA 之莫耳質量，因此，於量測 DNA 的溶液之黏度時，需使用剪力甚低的轉動圓筒或 Couette 黏度計。

表 15-2　一些巨大的分子於 25°C 的水中之內存的黏度 [η]

巨大分子 (macromolecule)	M , g mol⁻¹	[η], cm³g⁻¹
核糖核酸酶 (ribonuclease)	13,683	2.3
牛血清白蛋白 (bovine serum albumin)	66,500	3.7
低木成長阻止病毒 (bushy stunt virus)	10,700,000	3.4
血纖維蛋白原 (fibrinogen)	330,000	27
煙草花病毒 (tobacco mosaic virus)	40,000,000	37
肌球蛋白 (myosin)	493,000	217
去氧核糖核酸 (deoxyribonucleic acid, DNA)	6,000,000	5000

自 C.R. Cantor and P.R. Schimmel, Biophysical Chemistry, W.H. Freeman & CO., San Francisco, 1980.

　　線狀的聚合物於溶液中之組態，與三次元的**布朗運動** (Brownian motion) 相似。事實上，聚合物溶液內的聚合物鏈之實際的擴展情況，與溶劑之種類及性質有密切的關係。聚合物溶解於**良溶劑** (good solvent)，如聚苯乙烯溶解於甲苯的溶劑時，其**鏈段–溶劑** (segment-solvent) 間的作用力，較其**鏈段–鏈段** (segment-segment) 間的作用力大，因此，聚合物的分子於良溶劑的溶液中，會伸展成較鬆的捲狀，此時其 Gibbs 能最低，而溶解熱為零或負。相反地，聚合物溶解於**貧溶劑** (poor solvent) 時，其鏈段–鏈段間的作用力，較鏈段–溶劑間的作用力大，因此，聚合物的分子於貧溶劑的溶液中會聚集成球狀，以阻抗由於熱運動而產生的的伸展，而其於此時之溶解熱為正。聚合物於該聚合物之甚貧的溶劑中，通常不會溶解。

　　聚合物之良溶劑與貧溶劑的中間，有所謂 θ **溶劑** (θ solvent)，而聚合物的分子於 θ 溶劑中時，其由於較貧溶劑中所產生之次元收縮，正好與其一定鏈段的容積之增加的大小相等，而可互相抵消，例如，環己烷為聚苯乙烯於 34°C 之 θ 溶劑。對於 θ 溶劑，其於式 (6-123) 中之**第二維里係數** (second virial coefficient) B 等於零。

　　聚合物的溶液中之聚合物的分子，可視為其形狀如鏈段的球狀雲，而離其中心點愈遠之雲層愈稀薄。此球狀的雲之大小，可由量測其**尾端至尾端** (end-to-end) 的距離之**平方的平均開方根** (root-mean-square)，$(\overline{r^2})^{1/2}$，表示。此球狀的雲可近似用，半徑與 $(\overline{r^2})^{1/2}$ 成比例的硬球表示，而其體積與 $(\overline{r^2})^{3/2}$ 成比例。球狀粒子的懸浮液之內存的黏度 [η] 依據式 (15-17)，與巨大的分子之單位質量的容積成比例，而不規則的圈狀粒子的懸浮液之內存的黏度與 $(\overline{r^2})^{3/2}/M$ 成比例。因 $(\overline{r^2})^{1/2}$ 與鏈鎖中之鏈段的數或莫耳質量 M 成比例，所以不規則的圈狀粒子的懸浮液之內存的黏度，應與 $M^{1/2}$ 成比例，而可表示為

$$[\eta] = KM^{1/2} \tag{15-19}$$

上式中，K 為與聚合物及溶劑有關之常數。此式與聚苯乙烯於 34.5°C 的環己烷溶劑中之結果相同。內存的黏度 $[\eta]$ 與聚合物之莫耳質量間的關係，一般可用 Mark-Houwink 式表示，為

$$[\eta] = KM^a \tag{15-20}$$

上式中，a 為經驗的常數，其值通常於 0.5 至 0.8 的範圍，聚合物於良溶劑中之鏈鎖，為較不規則的圈狀而更伸展者，其 a 值較大。上式 (15-20) 亦稱為櫻田 (Sakurada)–Houwink 法則，一些聚合物–溶劑系之 K 及 a 值，如表 15-3 所示。

　　表 15-3 中之 K 及 a 值為由實驗所求得，係將聚合物的樣品經分餾，分成莫耳質量的範圍狹小的一連串分率，而各別溶於相同的溶劑中並以**光散射** (light scattering) 的方法，分別測定這些各分率的聚合物之平均莫耳質量，及於相同的溶劑之溶液中的其內存的黏度。由此所得之內存的黏度與平均莫耳質量的實驗關係，所求得的上式 (15-20) 中之 K 及 a 值。對於非均勻的聚合物，由黏度的量測所得之莫耳質量，較接近於質量平均的莫耳質量。

　　Staudinger 對於同族列的聚合物之莫耳質量，與 η_{sp}/c 的關係，發現 η_{sp}/c 與聚合度 p，或聚合物之莫耳質量 M 成比例，而提出如下式的法則，即

表 15-3　一些聚合物–溶劑系之式 (15-20)，$[\eta] = KM^a$，中的 K 及 a 值

聚 合 物	溶 劑	t, °C	K, 10^{-2} cm^{3}g^{-1}	a
天然橡膠	甲苯	25	5.0	0.67
聚甲基丙烯酸甲酯 (PMMA)	丙酮	25	0.75	0.70
	氯仿	25	0.48	0.80
	甲基乙基酮 (MEK)	25	0.68	0.72
聚苯乙烯 (PS)	苯	20	1.23	0.72
	甲基乙基酮	20~40	3.82	0.58
	甲苯	20~30	1.05	0.72
	甲苯	25	3.7	0.62
聚乙烯醇 (PVA)	水	25	30.0	0.50
	水	20	8.5	0.62
醋酸纖維 (acetyl 40.4%)	丙酮	25	1.49	0.82
聚醋酸乙烯 (PVAe)	苯及丙酮	20 及 30	4.5	0.62
聚異戊二烯	甲苯	25	5.02	0.67
聚異丁烯	甲苯	25	3.6	0.64

$$\frac{\eta_{sp}}{c} = K_m p \tag{15-21}$$

上式中，c 之單位為 $g\,L^{-1}$，K_m 為常數。硝酸纖維素溶於丙酮之溶液時，$K_m = 11\times10^{-4}$，溶於醋酸丁酯之溶液時，$K_m = 14\times10^{-4}$，三醋酸纖維素溶於氯仿之溶液時，$K_m = 5.3\times10^{-4}$。

15-3　電導性 (Electric Conductivity)

物質的電導性可分成下列的四類：

1. **金屬的電導性** (metallic conductivity)：銅或銀等金屬線之電導，係由於電子在這些金屬線的電導體中之移動，而此時電導體的本身之組成與化學性質並沒有產生變化。金屬的電導體之結晶格子內的原子，於較高的溫度時之熱運動較為劇烈，因此，電子於較高的溫度下通過結晶格子之阻力較大，所以金屬的導體於較高的溫度時之導電性較差。

2. 電解質的溶液之**電解電導性** (electrolytic conductivity)：電解質的溶液之電導，係基於其溶液中的離子之移動。溶液於較高的溫度時之黏度較低，且其內的離子與溶劑產生**媒合** (solvation) 的情形較少，因此，離子之電移動度較大，所以電解質的溶液於較高的溫度時之導電性較佳。

3. **固體之半導性** (semiconductivity of solid)：固體中所含的離子與離子的**空隙** (ion vacancies)，受電場的影響而移動，而固體中之離子的空洞被離子填充時，產生新的空洞。半導體中之電子獲得熱能 kT 時，自其電子的**填滿帶** (filled band) 移至**非填滿帶** (unfilled band)，因此，於電場之感應時可以導電。**半導體** (semiconductor) 之電導性，一般隨溫度的上升與絕對溫度成指數的增加。

4. **氣體內的電導性** (electric conductivity in gasses)：氣體經加熱至甚高的溫度，或受高速的電子波、紫外線、X-射線、γ-射線等的高能量輻射線的照射及強電場的作用時，氣體的分子會失去其內的某些電子，或有些分子會獲得電子而生成**氣體的離子** (gaseous ions)。因此，氣體藉其離子及電子之移動而導電。

均勻的電導體之電阻 R 與其長度 l 成正比，而與其截面積 A 成反比，其間的關係可表示為

$$R = \frac{r\,l}{A} = \frac{l}{\kappa A} \tag{15-22}$$

上式中的比例常數 r，稱為**比電阻** (specific resistance, or resistivity)，而其倒數 $\kappa = 1/r$，稱為**比電導** (specific conductance, or conductivity)。電阻 R 之常用的單位為**歐姆** (ohm) Ω，因此，比電導 κ 之常用單位為 $\Omega^{-1} cm^{-1}$，而比電阻之單位為 $\Omega\, cm$。金屬的導體於室溫之比電導約為 $10^6 \Omega^{-1} cm^{-1}$，絕緣體如 SiO_2 之比電導為 $10^{-17} \Omega^{-1} cm^{-1}$。比電阻相當於截面積等於 $1\, cm^2$ 而長度為 $1\, cm$ 的物體之電阻，一些電導體之比電阻列於表 15-4。溫度趨近於絕對零度時，金屬之比電阻甚小 (其比電導 κ 甚大)，例如，汞於溫度 $3\, K$ 時之比電阻，小於 $10^{-8} \Omega\, cm$。

電解質的溶液之比電導 κ，等於溶液中的各離子的電導之和。電解質的溶液之電阻常用如圖 15-3(a) 所示之 Wheatstone **電橋** (Wheatstone bridge) 測定，圖中的 R_a 為可調節的電阻，R_b 為裝填欲測的電解質溶液之導電度槽的電阻，R_c 及 R_d 為均勻的電阻線之電阻，而由於改變其接觸點可改變 R_c / R_d 的比值，O 為 $1000\, cycle\, s^{-1}$ 之交流的發振器，E 為耳機或檢流器。此種使用交流電以測定導電度之電橋，特稱為 Kohlrausch **電橋** (Kohlrausch bridge)。

於某一定的 R_c / R_d 比值下改變 R_a，而由耳機（或檢流器）E 檢測沒有電流通過時，即表示其 A 與 B 的兩端之電位相等。此時其各部分之電位降的關係為，$E_b = E_a$ 及 $E_d = E_c$。因此，由歐姆的定律，$E = IR$，可得，$I_b R_b = I_a R_a$ 及 $I_d R_d = I_c R_c$，因 $I_a = I_c$ 及 $I_b = I_d$，故導電度槽內的電解質溶液之電阻 R_b，可表示為

$$R_b = \frac{R_d \cdot R_a}{R_c} \tag{15-23}$$

表 15-4　一些電導體之比電阻

物　質	溫度 °C	比電阻 $\Omega\, cm$
銀	0	1.468×10^{-6}
銅	0	1.561×10^{-6}
鋁	0	2.564×10^{-6}
鐵	0	9.070×10^{-6}
鉛	0	20.480×10^{-6}
汞	0	95.85×10^{-6}
熔融硝酸鈉	500	0.568
熔融氯化鋅	500	11.93
$1\, mol\, L^{-1}$ 氯化鉀水溶液	25	8.93
$0.001\, mol\, L^{-1}$ 氯化鉀水溶液	25	6,810
$1\, mol\, L^{-1}$ 醋酸溶液	18	757.5
$0.001\, mol\, L^{-1}$ 醋酸溶液	18	24,400
水	18	2.5×10^7
二甲苯 (xylene)	25	7×10^{18}

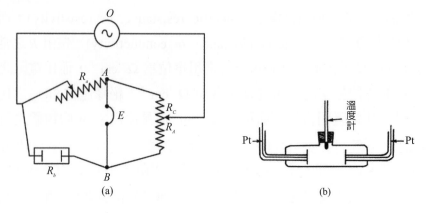

圖 15-3　(a) Wheatstone 電橋，(b) 導電度槽。

上式即為 Wheatstone 電橋之基本式。

　　電解質的溶液之電阻的測定時，須用交流電，如此可避免電解液及電極產生極化，而導致電阻的增加。電流通過並流向其一方向時，電解質的分子由於解離所生成之正與負的二種離子，分別向二電極移動，而電流的方向逆轉時，各離子之移動的方向亦隨之反轉，由此，可以避免產生極化。導電度**槽** (cells) 之構造如圖 15-3(b) 所示，其鉑電極的表面通常藉**電解析積** (electrolytic deposition) 鍍上一層的鉑黑，而由於此鉑黑可吸附氣體及可催化反應，由此，可避免於電極的表面形成不導電的**氣體膜** (gas film)。

　　電解質的溶液之比電導 κ，與電阻 R 成反比，而可表示為

$$\kappa = \frac{K_{\text{cell}}}{R} \tag{15-24}$$

上式中，K_{cell} 為**導電度槽的常數** (cell constant)，可由於導電度槽內填充比電導 κ 已知的 KCl 之標準溶液，並由其電阻的量測而求得。一些氯化鉀的標準溶液之比電導，經精確的量測得，$0.0200\,\text{mol L}^{-1}$ 的 KCl 水溶液於 25°C 之比電導為 $\kappa = 0.002768\,\Omega^{-1}\text{cm}^{-1}$。重量莫耳濃度為 $1, 0.1$ 及 $0.01\,\text{mol kg}^{-1}$ 等的 KCl 水溶液於 25°C 之 κ 值，分別為 $0.111342, 0.012856$ 及 $0.00140877\,\Omega^{-1}\text{cm}^{-1}$。

例 15-1　於導電度槽內填充比電導 κ 為 $0.002768\,\Omega^{-1}\text{cm}^{-1}$ 之 $0.0200\,\text{mol L}^{-1}$ 的氯化鉀水溶液，使用 Wheatston 電橋量測得，其於 25°C 之電阻為 $82.40\,\Omega$，而於相同的導電度槽內，裝填 $0.0025\,\text{mol L}^{-1}$ 的硫酸鉀水溶液時之電阻為 $326.0\,\Omega$，試求 (a) 導電度槽的常數，及 (b) K_2SO_4 水溶液之比電導

解 (a) $K_{\text{cell}} = \kappa \cdot R = (0.002768\,\Omega^{-1}\text{cm}^{-1})(82.40\,\Omega) = 0.2281\,\text{cm}^{-1}$

(b) $\kappa = \dfrac{K_{\text{cell}}}{R} = \dfrac{0.2281\,\text{cm}^{-1}}{326.0\,\Omega} = 6.997 \times 10^{-4}\,\Omega^{-1}\text{cm}^{-1}$　◀

15-4　當量電導 (Equivalent Conductance)

　　含一當量的電解質溶液之電導，稱為**當量電導** (equivalent conductance) Λ。設每升的溶液中含 c 當量的電解質，則其一當量的電解質溶液之容積為，$V = 1000/c$ mL，而此溶液之當量電導 Λ，等於比電導 κ 與 V 的乘積，即為

$$\Lambda = V\kappa = \frac{1000\,\kappa}{c} \tag{15-25}$$

上式中，V 之單位為 cm³equiv⁻¹，κ 之單位為 Ω^{-1}cm⁻¹，因此，當量電導 Λ 之單位為 cm²equiv⁻¹Ω^{-1}。氯化鉀之各種濃度的水溶液，於 25°C 之比電導 κ 及當量電導 Λ，如表 15-5 所示。由此表得知，氯化鉀的水溶液之當量電導，隨溶液之濃度的減低而增加，並趨近於一極限值。

　　一些電解質的水溶液於 25°C 之當量電導，與其濃度的開方根的關係，如圖 15-4 所示。強電解質的溶液之這些關係外延至無窮稀薄的濃度，即 $c \to 0$ 時，可得其當量電導之極限值 Λ_0，此稱為**無窮稀釋的溶液之當量電導** (equivalent conductance at infinite dilution)。

　　強電解質的溶液之當量電導 Λ，與其當量濃度 c 的關係，可表示為

$$\Lambda = \Lambda_0 - ac^{1/2} \tag{15-26}$$

上式即為 Kohlrausch 之**平方根的法則** (square-root law)，其中的 a 為常數。

　　目前所能得到最純的水之比電導，約為 $0.05 \times 10^{-6}\,\Omega^{-1}$cm⁻¹，因於水中常吸收溶解空氣中的二氧化碳與其他的氣體，及溶解玻璃容器中的鹼與其他的電解質，故很難製得比電導低於 $10^{-6}\,\Omega^{-1}$cm⁻¹ 以下的純水。蒸餾水與空氣平衡時之比電導約為 $10^{-5}\,\Omega^{-1}$cm⁻¹。Kohlrausch 將水經真空蒸餾 42 次，而得到於 18°C 之比電導 κ 為 $0.043 \times 10^{-6}\,\Omega^{-1}$cm⁻¹ 的所謂**電導度水** (conductivity water)。

表 15-5　氯化鉀的水溶液於 25°C 之比電導 κ 及當量電導 Λ

c, equiv L⁻¹	V, cm³equiv⁻¹	κ, Ω^{-1}cm⁻¹	Λ, cm²equiv⁻¹Ω^{-1}
1	1,000	0.1119	111.9
0.1	10,000	0.01289	128.9
0.01	100,000	0.001413	141.3
0.001	10^6	0.0001469	146.9
0.0001	10^7	0.00001489	148.9

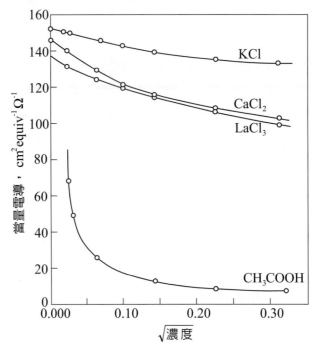

圖 15-4 　一些電解質之當量電導與濃度的關係

　　一些電解質的水溶液之當量電導與其濃度的開方根的關係，如圖 15-4 所示，醋酸的水溶液之當量電導隨其濃度的變化，與 KCl, CaCl₂ 及 LaCl₃ 等水溶液者顯然不同。醋酸的水溶液之當量電導小，而醋酸為弱電解質，且其解離度隨溶液的稀釋而增加，因此，醋酸的溶液之當量電導，隨溶液之稀釋而激速增加。此類的弱電解質於無窮稀釋的溶液之當量電導 Λ_0，不能由其溶液之當量電導與濃度的關係，經外延至無窮稀薄的濃度，即 $c \to 0$，求得，而須藉後述的 Kohlrausch 的法則推定其 Λ_0 值。

　　電解質依其溶液之當量電導，隨濃度的變化之情況可分為二大類，其一如氯化鉀等鹽類，其溶液之電導度高而當量電導度隨濃度的稀釋變小，此類的電解質為強的電解質。另一類為弱的電解質如醋酸等，其電導度低而當量電導度隨濃度的稀釋而其增加變大。一些電解質的水溶液之當量電導，列於表 15-6。

表 15-6 　一些電解質之各種濃度的水溶液於 25°C 之當量電導 Λ (cm²equiv⁻¹Ω⁻¹)

N equiv L⁻¹	NaCl	KCl	NaI	KI	HCl	AgNO₃	CaCl₂	CH₃CO₂Na	CH₃CO₂H
0.0000	126.5	149.9	126.9	150.3	426.1	133.4	135.8	91.0	(390.6)
0.0005	124.5	147.8	125.4	—	422.7	141.4	131.9	89.2	67.7
0.001	123.7	146.9	124.2	—	421.4	130.5	130.4	88.5	49.2
0.005	120.6	143.5	121.3	144.4	415.8	127.2	124.2	85.7	22.9
0.01	118.5	141.3	119.2	142.2	412.0	124.8	120.4	83.8	16.3
0.02	115.8	138.3	116.7	139.5	407.2	121.4	115.6	81.2	11.6
0.05	111.1	133.4	112.8	135.0	399.1	115.7	108.5	76.9	7.4
0.10	106.7	129.0	108.8	131.1	391.3	109.1	102.5	72.8	5.2

　　弱的電解質之解離度一般隨溶液濃度的增加而減小，因此，其當量電導隨濃度的增加而減低。然而，強的電解質之解離度大，而幾乎不受溶液的濃度之影響，且其當量電導隨濃度的增加而僅稍微減低，此爲因其離子間的相互作用所致。強的電解質的溶液中，由於符號相反的電荷的離子互相吸引，而於各離子的周圍常聚集相反電荷的離子群並形成**離子層** (ionic atmosphere)。因此，於強電解質的溶液施加電場時，由於下述的所謂**鬆弛效應** (relaxation effect) 及**電泳效應** (electrophoretic effect)，其中心的離子於電場中之移動的速度會減低。

　　強的電解質溶液中之離子的周圍，由於經常聚集相反電荷的離子而形成離子層，因此，中心的離子於電場中向電極移動時，須衝出其周圍的相反電荷離子的包圍，而隨其衝出周圍的相反電荷的離子層，又會很快再形成新的離子層。由此，中心的離子自突破其周圍的離子層至再形成新的離子層之間，通常有一段特定的時間，中心的離子之周圍的離子層不會成對稱，因此，中心的離子於此段時間內之向前的移動，會受其後方的帶相反電荷的離子之牽制，以致減緩其向前移動的速度。此種減緩離子的移動速度之效應，稱爲鬆弛效應。

　　另外，中心的離子於電場中移動時，其周圍的離子層之相反電荷的離子群，向中心離子的移動之相反的方向移動，因此，對中心離子之移動產生阻撓的作用。由於水溶液中的各離子，通常與水的分子產生水合，而離子層的離子群向其中心離子的移動之相反的方向移動時，其水合的水分子亦隨離子的移動而形成水流。因此，中心離子須逆向水流的方向泳動，而影響其移動的速度，此種減緩離子的移動速度之效應，稱爲電泳效應。

　　Onsager 考慮上述的二種效應，而導出稀薄的強電解質溶液之當量電導的理論式，由此，強的電解質水溶液之當量電導 Λ，可表示爲

$$\Lambda = \Lambda_0 - (\theta\Lambda_0 + \sigma)\sqrt{c} \qquad\qquad (15\text{-}27)$$

上式中的二參數 θ 與 σ 爲，包含絕對溫度，水之介質常數與黏滯性，及離子所帶的電荷數之函數。對於 1–1 的電解質，$\theta = 8.20 \times 10^5 / (\epsilon T)^{3/2}$，$\sigma = 82.4 / [(\epsilon T)^{1/2}\eta]$，其中的 ϵ 爲介質之誘電率，η 爲黏度，T 爲絕對溫度。例如，一價的電解質氯化鉀於 25°C 的水中之 $\theta = 0.2273$，$\sigma = 59.78$。由上式 (15-27) 顯示，Λ 對 $\sqrt{c}$ 作圖時，可求得無限稀釋的溶液之當量電導 Λ_0 及極限斜率，如圖 15-4 所示。

　　各離子於交流的電場中皆作週期性的正與負方向的運動，而由於增高交流電的頻率可使離子之**震動的週期** (period of oscillation)，縮短至可與鬆弛時間相比時，可減小離子層的不對稱的現象，而去除其鬆弛的效應，因此，可增加其當量電導。於施加甚高的電壓時，離子可完全突破其周圍的離子層包圍，且得以充分高的速度移動而不受相反電荷離子的牽制，由此，可增加其當量電導。例

如，當量電導於 $200\,kV\,cm^{-1}$ 的高電壓之電場下，可增高約 10%。

電解質之當量電導 Λ，一般可用其正離子的電導 λ_c 與負離子的電導 λ_a 之和，表示為

$$\Lambda = \lambda_c + \lambda_a \tag{15-28a}$$

Kohlrausch 於 1875 年，量測各種電解質之當量電導而得到下列的法則：於電解質的分子完全解離成為離子之無窮稀薄的溶液中，其各離子均可獨立移動，此時電解質之**極限當量電導** (limiting equivalent conductance) Λ_0，等於其正離子與負離子之極限電導，$\lambda_{0,c}$ 與 $\lambda_{0,a}$ 的和，即可表示為

$$\Lambda_0 = \lambda_{0,c} + \lambda_{0,a} \tag{15-28b}$$

一些離子之極限當量電導，列於表 15-7。

表 15-7　一些離子之極限當量電導 $(cm^2\,equiv^{-1}\,\Omega^{-1})$

陽離子	$\lambda_{0,c}$		陰離子	$\lambda_{0,a}$	
	18°C	25°C		18°C	25°C
H^+	315	349.82	OH^-	174	198
Li^+	33.4	38.69	Cl^-	65.5	76.3
Na^+	43.5	50.11	Br^-	67.0	78.4
K^+	64.6	73.52	I^-	66.5	76.8
NH_4^+	64.3	73.4	NO_3^-	61.7	71.4
Ag^+	54.3	61.92	HCO_3^-	—	44.48
Tl^+	—	74.7	$CH_3CO_2^-$	35.0	40.9
$1/2\,Ca^{2+}$	51.0	59.50	$CH_2ClCO_2^-$	—	39.7
$1/2\,Mg^{2+}$	46.0	53.06	$C_2H_5CO_2^-$	—	35.81
$1/2\,Ba^{2+}$	—	63.64	ClO_4^-	—	68.0
$1/2\,Sr^{2+}$	—	59.46	$1/2\,SO_4^{2-}$	68.3	79.8
$1/3\,La^{3+}$	—	69.6	$1/3\,Fe(CN)_6^{3-}$	—	101.0
			$1/4\,Fe(CN)_6^{4-}$	—	110.5

弱的電解質之無限稀薄的溶液之當量電導 Λ_0，不能由外延法求得，而須應用 Kohlrausch 的法則，由式 (15-28b) 計算。弱的電解質於溶液中之解離度 α，Arrhenius 指出，可用溶液之當量電導的量測值 Λ，與其 Λ_0 的比，即 $\alpha = \Lambda / \Lambda_0$，表示。

例 15-2 (a) 試由 25°C 之 $\Lambda_{0,\text{HCl}} = 426.1$，$\Lambda_{0,\text{CH}_3\text{COONa}} = 91.0$ 及 $\Lambda_{0,\text{NaCl}} = 126.5\,\text{cm}^2$ equiv$^{-1}\Omega^{-1}$ 等數據，計算無限稀釋的醋酸溶液之當量電導

(b) 已知 0.001028 N 的醋酸溶液於 25°C 之當量電導為 48.15 cm^2 equiv$^{-1}\Omega^{-1}$。試求此醋酸濃度溶液之解離度及解離常數

解 (a) 由 Kohlrausch 的法則

$$\begin{aligned}\Lambda_{0,\text{CH}_3\text{CO}_2\text{H}} &= \lambda_{0,\text{H}^+} + \lambda_{0,\text{CH}_3\text{CO}_2^-}\\ &= (\lambda_{0,\text{H}^+} + \lambda_{0,\text{Cl}^-}) + (\lambda_{0,\text{Na}^+} + \lambda_{0,\text{CH}_3\text{CO}_2^-}) - (\lambda_{0,\text{Na}^+} + \lambda_{0,\text{Cl}^-})\\ &= \Lambda_{0,\text{HCl}} + \Lambda_{0,\text{CH}_3\text{CO}_2\text{Na}} - \Lambda_{0,\text{NaCl}}\end{aligned}$$

$$\therefore \Lambda_{0,\text{CH}_3\text{CO}_2\text{H}} = 426.1 + 91.0 - 126.5 = 390.6\,\text{cm}^2\text{equiv}^{-1}\Omega^{-1}$$

(b) 設醋酸之解離度為 α，則

$$CH_3COOH = CH_3COO^- + H^+$$
$$c(1-\alpha) \qquad \alpha c \qquad \alpha c$$

$$K = \frac{(\alpha c/c^\circ)(\alpha c/c^\circ)}{(1-\alpha)c/c^\circ} = \frac{\alpha^2 c}{(1-\alpha)c^\circ}$$

$$\alpha = \frac{\Lambda}{\Lambda_0} = \frac{48.15}{390.6} = 0.1232$$

$$\therefore K = \frac{(0.1232)^2(0.001028)}{0.8768} = 1.781 \times 10^{-5}\quad \blacktriangleleft$$

15-5　電移動度 (Electric Mobility)

離子之**電移動度** (electric mobility) u 為離子於電場的方向之**漂流速度** (drift velocity)，除以**電場強度** (electric field strength) E，即可表示為

$$u = \frac{dx/dt}{E} \tag{15-29}$$

上式中，離子之漂流的速度 dx/dt 為離子於電場方向之平均的移動速度。溶液中的離子由於布朗運動，通常於溶液中作不規則的位移，由此，於某巨觀的距離間並非作直線的移動。

電場強度 E 為單位的正電荷之**電力** (electric force)的大小，其單位為 NC^{-1}。電場的強度為向量，於此由於僅考慮 x 方向的電場，而沒有用向量表示。**電位** (electric potential) 常用**伏特** (volts) 表示，為單位電荷之能量，由於 $1\,\text{V} = 1\,\text{J C}^{-1} = 1\,\text{N m C}^{-1}$，由此可得，$1\,\text{V m}^{-1} = 1\,\text{N C}^{-1}$，而電場強度可用 Vm^{-1} 的單位表示。速度之 SI 制的單位為 m s^{-1}，因此，電移動度 u 之單位為 m s^{-1}/Vm^{-1} = m^{2}V^{-1}s^{-1}。

離子的電移動度之最直接的測定方法，如圖 15-5 所示，於斷面積均勻之垂直的玻璃管內，依序填充二種電解質的溶液，並使其二溶液間形成清楚的界面，如圖 15-5 (a) 所示，於玻璃管內的溶液之兩端施加電場，而由量測其二電解質溶液之界面，於一定的電場強度下之移動的速度，以測定離子之電移動度。例如，於直立的玻璃管內之氯化鎘溶液的上面，小心填充 0.1 N 的氯化鉀溶液，此時須注意使其二溶液之間形成清楚的界面，如圖 15-5(a) 所示，於通電流 i 時，鉀的離子向上方之陰極的方向移動，此時鎘的離子以較緩慢的速度，跟隨 K^+ 離子之後面向上移動，以使電解質的溶液柱內不會產生**間隙** (gap)。於實驗中，原來的界面上方的液柱內之氯化鎘的濃度 (c'_{CdCl_2})，與原置於界面下方的氯化鎘溶液之原來的濃度 (c_{CdCl_2}) 不同，而於原來的界面處產生氯化鎘的濃度的變化，如圖 15-5(b) 中之斜線 /// 所示。

由於氯化鉀與氯化鎘的溶液間的界面，以鉀離子於氯化鉀溶液中之移動速度，向上面的負電極之方向移動。因此，鉀離子之電移動度 u，可由界面於時間 t 之移動的距離 x，及 KCl 的溶液內之電場強度 E 計算。由於電場強度 E 為電位 ϕ 之負的梯度，而電位僅沿 x-方向改變時，其電場強度可表示為

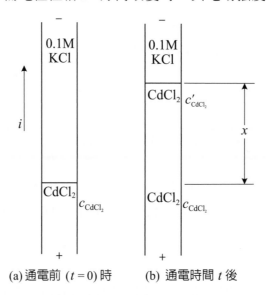

(a) 通電前 $(t = 0)$ 時　　　(b) 通電時間 t 後

圖 15-5　移動界面法的鉀離子之電移動度的測定

$$E = -\frac{d\phi}{dx} \tag{15-30}$$

對於均勻的導體，其單位距離的電位差可由歐姆的定律計算。單位截面積的導體中之二點間的電位差，等於電流密度 $i(= I / A)$ 與比電阻 $1/\kappa$ 的乘積，其中的 I 為電流，A 為截面積。由歐姆的定律，電位 ϕ 等於電流 I 與電阻 R 的乘積，即 $\phi = IR$。由式 (15-22)，$R = r \cdot x / A$，因此，$\phi = IR = (iA)(r \cdot x / A) = irx$。所

以電場強度 E 爲

$$E = \frac{\phi}{x} = ir = r\frac{I}{A} = \frac{I}{A\kappa} \tag{15-31}$$

於圖 15-5 所示之實驗，由於 KCl 與 $CdCl_2$ 的溶液之界面，以氯化鉀溶液中的鉀離子之移動速度向上移動。因此，鉀離子之電移動度 u，可由電場強度 E 及界面於 t 時間內之移動的距離 x 計算。

於上面的實驗過程中，爲保持顯明的移動界面，其**先導的離子** (leading ion) K^+ 之移動度，須較**指示劑的離子** (indicator ion) Cd^{2+} 之移動度大。於通電時，由於界面下方的氯化鎘溶液 (c'_{CdCl_2}) 之導電度，較界面上方的氯化鉀溶液者低，即 $u_{K^+} > u_{Cd^{2+}}$ 而 $\kappa_{K^+} > \kappa_{Cd^{2+}}$。因此，由上式 (15-31) 可得知，於界面下方的氯化鎘溶液中之電場強度，比界面上方的氯化鉀溶液者大，即 $E_{K^+} < E_{Cd^{2+}}$。因此，若有 K^+ 離子擴散至界面下方的氯化鎘溶液內時，則該 K^+ 離子由於其電場強度較強，而會以較快的速度移動並趕上至界面。相反地，若有 Cd^{2+} 離子擴散至界面上方的氯化鉀溶液內時，則因其移動度較鉀離子者小，故其移動速度會自動減慢而被界面趕上。因此，由上述的所謂"**調整的效應** (adjusting effect)"，於電移動度之測定的實驗中其二溶液間可維持明顯的界面。

上述的界面移動法，亦可應用於混合離子及如蛋白質等巨大分子之離子的研究。帶電的粒子於電場中之移動，稱爲**電泳動** (electrophoresis)。一些離子於 25°C 的無限稀薄的水溶液中之電移動度，列於表 15-8。由此表可發現，鹼金屬及鹵素族等的較輕離子之移動度較低，此因於半徑較小的離子之鄰近的電場強度較強，故半徑較小的離子由於其**離子–偶極的相互作用** (ion-dipole interaction)，比半徑較大的離子水合較多的水分子。因此，鹼金屬及鹵素族等的離子於溶液中移動時，由於拖帶較多的水合分子之水層，而其摩擦係數較大，所以其移動的速度反而，比水合的水分子較少的較重之離子慢。

表 15-8　無限稀薄的水溶液中之一些離子，於 25°C 之電移動度

陽離子	$u, 10^{-8}\,m^2V^{-1}s^{-1}$	陰離子	$u, 10^{-8}\,m^2V^{-1}s^{-1}$
H^+	36.25	OH^-	20.64
Li^+	4.01	F^-	5.74
Na^+	5.192	Cl^-	7.913
K^+	7.617	NO_3^-	7.406
NH_4^+	7.62	ClO_3^-	6.70
$N(CH_3)_4^+$	4.66	$CH_3CO_2^-$	4.24
Mg^{2+}	5.50	$C_6H_5CO_2^-$	3.36
Ca^{2+}	6.17	SO_4^{2-}	8.29
Pb^{2+}	7.20	CO_2^{2-}	7.18

　　離子於無限稀薄的溶液中之電移動度，可藉離子之摩擦係數說明。於電解質的溶液施加電場時，其中的所有各種離子 i 之移動均各會被加速至某一定的速度 v_i，此時離子 i 之摩擦係數 f_i，與其移動速率 v_i 的乘積，等於電場對於該離子所作用之力，$|z_i|eE$，而可表示為

$$f_i v_i = |z_i|eE \tag{15-32}$$

上式中，z_i 為離子 i 所帶之電荷數。離子之電移動度 $u_i = v_i / E$，將此關係代入上式 (15-32)，可得離子之摩擦係數為

$$f_i = \frac{|z_i|e}{u_i} \tag{15-33}$$

因此，由 Stoke 的定律之式 (15-8)，$f = 6\pi\eta r$，可計算水合離子之**視半徑** (apparent radii)。將式 (15-8) 代入上式 (15-33)，可得

$$u_i = \frac{|z_i|e}{6\pi\eta r_i} \tag{15-34}$$

　　離子之電移動度，一般隨溫度之上升而增加。各種離子於同一的某溶劑中之移動度的溫度係數，幾乎相同，均約等於該溶劑之黏度的溫度係數。水於 25°C 鄰近的溫度之黏度的溫度係數約為 2%。

例 15-3　如圖 15-5 所示，垂直的玻璃管之截面積為 $0.230 \, \text{cm}^2$，於 25°C 使用 $0.1 \, \text{mol L}^{-1}$ 的氯化鉀溶液 ($\kappa = 1.29 \, \Omega^{-1}\text{m}^{-1}$)，於通過 5.21×10^{-3} 安培的電流 67 min 時，其界面移動 4.64 cm。試計算電場的強度及鉀離子之電移動度

　　解　由式 (15-31) 可得，電場強度為

$$E = \frac{I}{A\kappa} = \frac{(5.21 \times 10^{-3}\text{A})}{(0.230 \times 10^{-4}\,\text{m}^2)(1.29\,\Omega^{-1}\text{m}^{-1})} = 176 \, \text{Vm}^{-1}$$

　　而由式 (15-29) 可得，鉀離子之電移動度為

$$u = \frac{dx/dt}{E} = \frac{(0.0464\,\text{m})}{(67 \times 60\,\text{s})(176\,\text{Vm}^{-1})} = 6.56 \times 10^{-8}\,\text{m}^2\text{V}^{-1}\text{s}^{-1} \quad \blacktriangleleft$$

15-6　氫離子與氫氧基離子之電移動度

(Electric Mobilities of Hydrogen and Hydroxyl Ions)

　　由各種實驗的事實可證實，氫離子 H^+ 於水溶液中產生水合，而形成**鋞離子** (hydronium ion) H_3O^+ 的三水合物 $H_9O_4^+$，其構造如圖 15-6 所示。根據此構造，氫離子於水溶液中之電移動度應很小，但事實上 H^+ 之移動度非常大，為 OH^- 以外的其他離子之約 5~8 倍。氫離子之電移動度會如此的大，係因質子 (H^+) 沿其結合之水分子的一連串氫鍵的傳遞。圖 15-7 (a) 所示，為氫離子於傳遞前，與一群的成一定方位之水分子的結合，(b) 為氫離子於傳遞後之結合的情況，此表示氫離子經一群的氫鍵結合的水分子，自左邊傳遞至右端時，水的分子需轉動，並形成有利於電荷傳遞的方位。

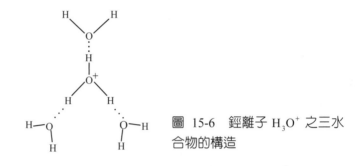

圖 15-6　鋞離子 H_3O^+ 之三水合物的構造

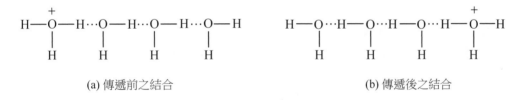

(a) 傳遞前之結合　　　　　　　　(b) 傳遞後之結合

圖 15-7　質子沿一連串的氫鍵結合的水分子之傳遞

　　氫離子於固態的水（冰）中之移動度，約為液態的水中之 50 倍的事實，亦可用上述之傳遞的模式說明。冰中的每一氧原子之周圍均有四氧的原子，且形成氧與氧的原子間各相距 276 pm 的四面體之排列，而每一氫原子均位於 $O-O$ 之間，且距其一氧原子約 100 pm，而距離另一氧原子約 176 pm。氫的離子經由上述的水分子之排列的結構迅速移動。

　　氫氧基離子於反方向之傳遞，如下圖 15-8 所示。

$$
\begin{array}{cc}
\text{O}^-\ \text{H}-\text{O}\cdots\text{H}-\text{O}\cdots\text{H}-\text{O} & \text{O}-\text{H}\cdots\text{O}-\text{H}\cdots\text{O}-\text{H}\ \text{O}^- \\
\ \ |\quad\ \ |\qquad\ |\qquad\ | & \ \ |\qquad\ |\qquad\ |\quad\ \ | \\
\ \ \text{H}\quad\ \text{H}\qquad\text{H}\qquad\text{H} & \ \ \text{H}\qquad\text{H}\qquad\text{H}\quad\ \text{H}
\end{array}
$$

(a) 傳遞前　　　　　　　　　　(b) 傳遞後

圖 15-8　氫氧基離子之傳遞

15-7 電導度與電移動度間的關係
(Relation between Electric Conductivity and Electric Mobility)

電解質的溶液之電導度 κ，等於電解質溶液中的全部離子之電導度的和，溶液中由於離子 i 的移動所貢獻的電流，與離子所帶之電荷 z_i 及其電移動度有關。設單位容積的溶液中之離子 i 之莫耳數為 c_i，而離子 i 於 $1\,Vm^{-1}$ 的電場中之移動速度為 u_i，則離子 i 通過垂直其移動方向的平面時，其所帶之電荷為 $F|z_i|c_iu_i$，其中的 F 為法拉第常數。由此，電解質的溶液之電導度 κ，可表示為

$$\kappa = F\sum_i |z_i|c_iu_i \tag{15-35}$$

上式中，$c_i = v_ic$，其中的 c 為溶液中的電解質之濃度，v_i 為離子 i 於每一分子的電解質中之離子數。將此關係代入上式 (15-35)，可得

$$\kappa = Fc\sum_i |z_i|v_iu_i \tag{15-36}$$

溶液之當量電導度為，$\Lambda = \kappa/c$（式 15-25），將上式 (15-36) 代入此關係式，可得

$$\Lambda = F\sum_i |z_i|v_iu_i \tag{15-37}$$

Kohlrausch 於 1875 年發現，無限稀薄的電解質溶液中之各離子均獨立移動，由此，電解質的溶液之極限當量電導度 Λ_0，可用溶液中的正離子與負離子之極限電導度，$\lambda_{0,+}$ 與 $\lambda_{0,-}$ 的和表示，即 $\Lambda_0 = v_+\lambda_{0,+} + v_-\lambda_{0,-}$，而離子 i 之極限電導度可表示為

$$\lambda_{0,i} = F|z_i|u_i \tag{15-38}$$

電導度與電移動度均隨溫度的上升而增加。

電解質溶液中的離子 i 之導電分率，稱為該離子 i 之輸率或**遷移數** (transference number) t_i。由此，電解質溶液中的正離子之導電分率 t_c，可表示為

$$t_c = \frac{z_cc_cu_c}{z_cc_cu_c + z_ac_au_a} = \frac{u_c}{u_c + u_a} \tag{15-39}$$

上式中，$z_cc_c = z_ac_a$。同理，可得負離子之遷移數為，$t_a = u_a/(u_c + u_a)$，由此可得 $t_c + t_a = 1$。離子之遷移數可由前述的界面移動法 (15-5 節)，或由量測電解實驗中，於其二電極附近之電解質的濃度變化求得。

例 15-4　於 25°C, 0.100 mol L^{-1} 的氯化鈉溶液中，鈉離子與氯離子之電移動度分別為，$u_{Na^+} = 4.26 \times 10^{-8}$ 與 $u_{Cl^-} = 6.8 \times 10^{-8}\,m^2\,V^{-1}\,cm^{-1}$。試計算此溶液之比電導

解　由式 (15-36) 得

$$\kappa = (96{,}485\,C\,mol^{-1})(0.100 \times 10^3\,mol\,m^{-3})[(4.26 + 6.80)$$
$$\times 10^{-8}\,m^2\,V^{-1}\,s^{-1}]$$
$$= 1.067\,\Omega^{-1}\,m^{-1}$$
◀

例 15-5　純水於 25°C 之電導度為 $5.5 \times 10^{-6}\,\Omega^{-1}\,m^{-1}$。試求純水之離子積，$K_w = (H^+)(OH^-)$

解　由表 15-8 得，H^+ 與 OH^- 的離子之極限離子移動度，分別為 $u_{H^+} = 36.25 \times 10^{-8}$ 與 $u_{OH^-} = 20.64 \times 10^{-8}\,m^2\,V^{-1}\,s^{-1}$。由式 (15-36)，$\kappa = Fc(u_{H^+} + u_{OH^-})$，可得

$$c = \frac{\kappa}{F(u_{H^+} + u_{OH^-})} = \frac{5.5 \times 10^{-6}\,\Omega^{-1}\,m^{-1}}{(96{,}485\,C\,mol^{-1})(5.689 \times 10^{-7}\,m^2\,V^{-1}\,s^{-1})}$$
$$= 1.00 \times 10^{-4}\,mol\,m^{-3} = 1.00 \times 10^{-7}\,mol\,L^{-1} = (H^+) = (OH^-)$$

因此

$$K_w = (1.00 \times 10^{-7})^2 = 1.00 \times 10^{-14}$$

註：重水 D_2O 於 25°C 之離子積為 1.54×10^{-15}。純水於各溫度之離子積如下：

溫度,°C	0°	10°	25°	40°	50°
$K_w \times 10^{14}$	0.113	0.292	1.008	2.917	5.474

◀

15-8　擴　散 (Diffusion)

　　物質通常自其化勢較高的區域，自發擴散至化勢較低的區域，而化勢的梯度為物質擴散之**推動力** (driving force)。物質於溶液中之擴散的推動力，通常用其濃度的梯度 dc/dx 表示，由 Fick 的第一定律 (12-9 節) 得，物質於單位的時間內擴散通過與其擴散方向成垂直的平面之單位面積的**通量** (flux) J，與該物質之負的濃度梯度成比例，即可表示為

$$J = -D\left(\frac{dc}{dx}\right) \tag{15-40}$$

上式中，比例常數 D 爲溶質之擴散係數。同樣，電荷之通量與電位之負梯度成正比，熱之通量與溫度之負梯度成正比，及於**黏滯性流** (viscous flow) 的流體中之**動量** (momentum)的通量，與速度之負梯度成正比等，均可用類似上式 (15-40) 的關係表示。於上式 (15-40) 中，單位時間通過單位面積之通量 J，用 $mol\ m^{-2}s^{-1}$ 表示，而濃度梯度用 $mol\ m^{-4}$ 表示時，擴散係數 D 之單位爲 m^2s^{-1}。氯化鉀於 25°C 的極稀薄的水溶液中之擴散係數爲 $1.99 \times 10^{-10}\ m^2s^{-1}$，蔗糖之擴散係數爲 $5.23 \times 10^{-10}\ m^2s^{-1}$。

理想溶液中的溶質於 x 的方向，自較高化勢的區域擴散至較低化勢的區域之推動力 F，等於該物質於 x 方向之負的化勢梯度。對於理想溶液，其化勢爲，$\mu = \mu° + RT \ln c$，因此，其擴散的推動力可表示爲

$$F = -\frac{d\mu}{dx} = -\frac{RT}{c}\frac{dc}{dx} \tag{15-41}$$

分子或離子於溶液中的擴散之阻力，等於其摩擦係數 f 與移動速度 v 的乘積。設各分子或離子之擴散的阻力各相等，則每一分子或離子之擴散的阻力，可表示爲

$$f v = \frac{F}{N_A} = -\frac{RT}{N_A c}\frac{dc}{dx} \tag{15-42}$$

或

$$vc = -\frac{RT}{N_A f}\frac{dc}{dx} \tag{15-43}$$

上式中，N_A 爲 Avogadro 常數，上式 (15-43) 相當於 Fick 的第一定律的式 (15-40)。因此，理想溶液中的溶質之擴散係數 D，可表示爲

$$D = \frac{RT}{N_A f} \tag{15-44}$$

由上式 (15-44) 得，擴散係數與摩擦係數成反比，此關係式係由 Einstein 導得。

對於球狀的粒子，將 Stoke 的式，$f = 6\pi\eta r$，代入上式 (15-44) 可得，球狀的粒子之擴散係數爲

$$D = \frac{RT}{6N_A \pi \eta r} \tag{15-45}$$

因此，由擴散係數及黏性係數之測定值，由上式 (15-45) 可計算球狀的粒子之半徑 r，並由 Stoke 的式可計算其摩擦係數。

將式 (15-33)，$f_i = |z_i|e / u_i$，代入式 (15-44)可得，離子之自**擴散係數** (self-diffusion coefficient) D_i 與電移動度 u_i 的關係，爲

$$D_i = \frac{u_i RT}{|z_i| N_A e} = \frac{u_i}{|z_i|} \frac{RT}{F} \tag{15-46}$$

離子之自擴散係數，通常使用放射性的同位素為追跡劑，並可由測定其放射性強度的擴散求得。

15-9　擴散係數之實驗的量測
(Experimental Measurement of Diffusion Coefficient)

　　於輸送程序等的問題之研究中，常於某一定點量測濃度對時間的變化，以求其擴散係數，且由於系統之質量的守恆，一般使用連續方程式表示。系統內的某一區域由於質量的流入與流出，該區域內所產生之濃度的變化如圖 15-9 所示。設於位置的單位截面積之單位時間的物質通量為 J_x，則於均勻的截面積 A 之槽內，於 δt 的時間經由 x 位置的截面流入之物質的量為 $J_x A \delta t$，而於相同的時間經由 $x+\delta x$ 的位置的截面流出之物質的量為 $J_{x+\delta x} A \delta t$，由於 $x+\delta x$ 的位置之通量 $J_{x+\delta x} = J_x + \frac{\partial J}{\partial x}\delta x$，由此，所流出之物質的量可表示為，$\left(J_x + \frac{\partial J}{\partial x}\delta x\right)A\delta t$。因此，於位置 x 與 $x+\delta x$ 間之淨物質量的變化可用體積 $A\delta x$ 與其濃度變化 δc 的乘積表示，而此即等於位置 x 與 $x+\delta x$ 之物質的傳遞量之差。由此，可表示為

$$A\delta x\delta c = J_x A\delta t - \left(J_x + \frac{\partial J}{\partial x}\delta x\right)A\delta t = -\frac{\partial J}{\partial x}A\delta x\delta t \tag{15-47}$$

於距離 δx 及時間 δt 均甚小時，上式可寫成

$$\frac{\partial c}{\partial t} = -\frac{\partial J}{\partial x} \tag{15-48}$$

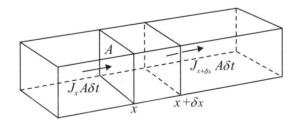

圖 15-9　均勻的截面積 A 之槽內，由於擴散或沉降之質量輸送

上式 (15-48) 稱為**連續方程式** (equation of continuity)，而常用以表示於 x 位置的槽內之濃度對於時間的變化，與通量對於距離之變化速率的關係。

將 Fick 的第一定律代入上面的連續方程式 (15-48)，可得 Fick 的第二定律，爲

$$\frac{\partial c}{\partial t} = \frac{\partial}{\partial x} D \frac{\partial c}{\partial x} \tag{15-49}$$

若擴散係數 D 與濃度無關，亦即與距離無關，則上式可改寫成

$$\frac{\partial c}{\partial t} = D \frac{\partial^2 c}{\partial x^2} \tag{15-50}$$

上式即爲所謂 Fick 的第二定律。

溶液中的溶質之擴散係數，有許多量測的方法，其中最常用者爲，於均勻的截面積之槽內，依序逐次填充溶液與溶劑，且使其間形成明顯的**界面** (sharp boundary)，如圖 15-10 所示。其於開始 ($t = 0$) 時之濃度 c 與位置 x 的關係，如圖 15-10(b) 所示，而由於擴散經某一定時間 t 時之濃度與位置的關係，如圖 15-10(c)所示，因此，由於量測濃度與位置的關係，可求得擴散係數。

上式 (15-50) 由其邊界條件：於 $t = 0$ 時，對於 $x > 0, c = c_0$，及對於 $x < 0$，$c = 0$；而於 $t > 0$ 時，對於 $x \to \infty$，$c \to c_0$，及對於 $x \to -\infty$，$c \to 0$，可解得以位置 x 與時間 t 的函數表示之濃度 $c(x, t)$（參閱附錄八），爲

$$c = \frac{c_0}{2} \left(1 + \frac{2}{\sqrt{\pi}} \int_0^{\frac{x}{2\sqrt{Dt}}} e^{-\beta^2} d\beta \right) \tag{15-51}$$

於上式中，括弧內之第二項爲 **Gaussian 的誤差函數** (Gaussian error function)[附錄一之式 (A1-127)]。

上式 (15-51) 對 x 偏微分，可得如圖 15-10(d) 所示之曲線，而可表示爲

$$\frac{\partial c}{\partial x} = \frac{c_0}{2} \frac{2}{\sqrt{\pi}} \frac{\partial}{\partial x} \int_0^{\frac{x}{2\sqrt{Dt}}} e^{-\beta^2} d\beta = \frac{c_0}{\sqrt{\pi}} \frac{\partial}{\partial x} \int_0^{\frac{x}{2\sqrt{Dt}}} e^{-\beta^2} d\beta \tag{15-52}$$

設 $x / 2\sqrt{Dt} = \beta$，則 $dx = 2\sqrt{Dt}\, d\beta$，於是上式 (15-52) 的右邊之微分項，可寫成

$$\frac{\partial}{\partial x} \int_0^{\frac{x}{2\sqrt{Dt}}} e^{-\beta^2} d\beta = \frac{\partial}{\partial \beta} \int_0^{\beta} e^{-\beta^2} d\beta \frac{\partial \beta}{\partial x} = \int_0^{\beta} \frac{\partial}{\partial \beta} e^{-\beta^2} d\beta \frac{\partial \beta}{\partial x}$$

$$= e^{-\beta^2} \cdot \frac{1}{2\sqrt{Dt}} = e^{\frac{x^2}{4Dt}} \cdot \frac{1}{2\sqrt{Dt}} \tag{15-53}$$

將上式 (15-53) 代入式 (15-52)，可得

$$\frac{\partial c}{\partial x} = \frac{c_0}{\sqrt{\pi}} \cdot \frac{1}{2\sqrt{Dt}} e^{-\frac{x^2}{4Dt}} = \frac{c_0}{2\sqrt{\pi Dt}} e^{-x^2/4Dt} \tag{15-54}$$

函數 $(2\pi)^{-1/2}e^{-y^2/2}$ 稱爲，y 之**正規的或然率函數** (normal probability function)，而此**鐘形的或然率曲線** (bell-shaped probability curve)，稱爲 Gaussian 曲線。

如圖 15-10(d) 所示，由實驗所得的鐘形曲線之標準偏差 σ 的平方，可表示爲

$$\sigma^2 = \frac{\int_{-\infty}^{\infty} x^2(\partial c/\partial x)dx}{\int_{-\infty}^{\infty}(\partial c/\partial x)dx} \tag{15-55}$$

將式 (15-54) 代入上式 (15-55)，可得

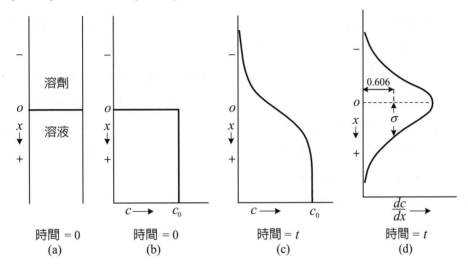

圖 15-10　均勻的截面積之槽內的原始明顯界面之擴散

$$\sigma^2 = \frac{\int_{-\infty}^{\infty} x^2 e^{-x^2/4Dt}dx}{\int_{-\infty}^{\infty} e^{-x^2/4Dt}dx} \tag{15-56}$$

由附錄式 (A1-112) 及 (A1-116) 之積分的公式，得

$$\int_{-\infty}^{\infty} e^{-x^2/4Dt}dx = \frac{\pi^{1/2}}{(1/4Dt)^{1/2}} = (4\pi Dt)^{1/2} \tag{15-57}$$

及

$$\int_{-\infty}^{\infty} x^2 e^{-x^2/4Dt}dx = \frac{1}{2}\pi^{1/2}(1/4Dt)^{-3/2} = \frac{1}{2}4Dt(4\pi Dt)^{1/2} \tag{15-58}$$

將這些積分式代入式 (15-56)，可得

$$\sigma^2 = 2Dt \tag{15-59}$$

Gaussian 曲線之標準偏差 σ，等於該曲線於轉折點處之寬度的一半，而曲線之轉折點於 $x=0$ 之縱坐標高度的 0.606 處，如圖 15-10(d) 所示。若由實驗求得 x 與濃度的關係曲線，則可得 x 與 dc/dx 之鐘形的或然率之關係曲線。因此，由或然率曲線所求得的 σ，及使用上式 (15-59)，可求得擴散係數 D。

15-10 擴散與布朗運動間的關係
(Relation between Diffusion and Brownian Motion)

擴散的過程可視為，分子之不規則運動的結果，較大的分子之運動通常可直接觀測。英國的植物學家 Robert Brown，於 1827 年首先使用顯微鏡觀察，花粉之浮游運動的現象，因此，此種現象稱為**布朗的運動** (Brownian motion)。

使用顯微鏡無法觀察之極小粒子的 Brown 運動，可使用**超級的顯微鏡** (ultramicroscope) 觀察研究。超級的顯微鏡為將光束集中於膠體的溶液，而於光束之垂直的方向使用顯微鏡觀察。若粒子與介質之折射率相差很大時，則可觀察到比顯微鏡之分解能小的微粒子之閃灼的光點。

布朗運動之理論與**隨機飛行** (random flight) 的理論，有密切的關連，於此僅考慮 Brown 運動之單一方向的分量，此為所謂**一次元的隨機行走** (one-dimensional random walk)。設其每一步之長度 h 不一定相等，則於行走甚多的步數 n 時，其沿直線位移 ξ 之或然率，$W(\xi)d\xi$ (D. A. McQuarrie, Statistical Thermodynamics, Harper & Row, New York, 1973, Chapter 14)，可表示為

$$W(\xi)d\xi = \frac{1}{(2\pi n\overline{h}^2)^{1/2}} e^{-\xi^2/2n\overline{h}^2} d\xi \qquad \textbf{(15-60)}$$

上式中，$\overline{h}^2$ 為**步長之平方** (square of the step length) 的平均值。於粒子之 Brown 運動，通常測定粒子於經相等時間的間隔 Δt 之各位置，而由此觀察可測定，粒子於時間 Δt 之**平均的平方位移** (mean square displacent)。因於時間 t 內之步數 n，等於 $t/\Delta t$，故上式 (15-60) 可寫成

$$W(x)dx = \frac{1}{[2\pi t <(\Delta x)^2>/\Delta t]^{1/2}} e^{-x^2\Delta t/[2t<(\Delta x)^2>]} dx \qquad \textbf{(15-61)}$$

上式中，$<(\Delta x)^2>$ 為微粒子於 x 方向之步長平方的平均值。此式 (15-61) 可用以定量描述，一次元的 Brown 運動。

茲藉顯微鏡之 Brown 運動的實驗觀察，溶質於溶液中之擴散。假想於均勻的截面積之擴散實驗槽中，溶液與溶劑的交界於 $x=0$ 及 $t=0$ 時，形成明顯的界面，如圖 15-10 所示。對於單位面積含 n/A 莫耳之**顯明光譜帶** (sharp band) 的

擴散，如前節由解 Fick 第二定律的式，而可得式 (15-54)，並可表示為

$$c(x,t) = \frac{n}{A\sqrt{4\pi Dt}} e^{-x^2/4Dt} \tag{15-62}$$

因式 (15-61) 與上式 (15-62) 為對於相同的實驗之描述，故此二式之指數項必須相等，由此可得

$$D = \frac{\langle (\Delta x)^2 \rangle}{2\Delta t} \tag{15-63}$$

由上式(15-63)，若使用顯微鏡觀察並量測，粒子於各相等之時間的間隔 Δt 之 x 方向的移動距離 Δx，則可由這些量測的數量計算粒子於溶液中之擴散係數。Perrin 曾使用此式，由已知半徑的球狀粒子之擴散係數的測定值，及由式 (15-44) 計得 Avogadro 的常數。

例 15-6　蔗糖於 20°C 的水中之擴散係數為 $4.65 \times 10^{-10}\,\mathrm{m^2 s^{-1}}$。試計算蔗糖的分子於水中由於 Brown 的運動，其每分鐘於 x 方向之平均平方開方根的位移

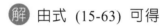 由式 (15-63) 可得

$$\langle (\Delta x)^2 \rangle^{1/2} = \sqrt{2D\Delta t} = \left[(2)(4.65 \times 10^{-10}\,\mathrm{m^2 s^{-1}})(60\,\mathrm{s}) \right]^{1/2}$$
$$= 2.36 \times 10^{-4}\,\mathrm{m} = 0.236\,\mathrm{mm}$$　◀

 ## 15-11　球形的巨大分子之擴散
(Diffusion of Spherical Macromolecules)

由球形的巨大分子或膠體粒子之擴散係數的實驗測定值，可計算該粒子之半徑 r 及莫耳質量 M。將球形的粒子之摩擦係數的式 (15-8)，$f = 6\pi\eta r$，代入式 (15-44)，可得

$$D = \frac{RT}{N_A 6\pi\eta r} \tag{15-64}$$

因此，由擴散係數之測定值，可計算球形的粒子之半徑。球形的粒子之莫耳質量可表示為

$$M = \frac{4\pi r^3 N_A}{3\overline{\upsilon}} \tag{15-65}$$

上式中，$\overline{\upsilon} = \overline{V}/M$ 為**比容積** (specific volume)，其中的 $\overline{V}$ 為莫耳容積。由上式 (15-65) 所得之 r 代入式 (15-64)，可得

$$D = \frac{RT}{N_A 6\pi\eta}\left(\frac{4\pi N_A}{3M\bar{v}}\right)^{1/3} \tag{15-66}$$

由上式得，球形的粒子之擴散係數與其莫耳質量之立方根成反比，即 $D \propto 1/M^{1/3}$。若粒子或分子為非球形，則不能由上式 (15-66) 計得其正確的莫耳質量。然而，由上式 (15-66) 可計得，某 D 與 $\bar{v}$ 值的粒子之最大的莫耳質量。對於非球形的粒子，其摩擦係數 f 通常大於 $6\pi\eta r$，而其莫耳質量比由上式 (15-66) 所計得者小。

例 15-7 肌紅蛋白 (myoglobin) 於 20°C 的水中之擴散係數為 $12.4 \times 10^{-11}\,\mathrm{m^2 s^{-1}}$，而其比容 $\bar{v}$ 為 $0.749 \times 10^{-3}\,\mathrm{m^3 kg^{-1}}$，水之黏性係數 η 為 $1.005 \times 10^{-3}\,\mathrm{Pa\,s}$。試計算此蛋白之上限的莫耳質量

解 式 (15-66) 經重排得

$$M = \frac{4\pi N_A}{3\bar{v}}\left(\frac{RT}{D N_A 6\pi\eta}\right)^3 = \frac{4\pi(6.022 \times 10^{23}\,\mathrm{mol^{-1}})}{3(0.749 \times 10^{-3}\,\mathrm{m^3 kg^{-1}})}$$

$$\left[\frac{(8.314\,\mathrm{J\,K^{-1}mol^{-1}})(293\,\mathrm{K})}{(12.4 \times 10^{-11}\,\mathrm{m^2 s^{-1}})(6.022 \times 10^{23}\,\mathrm{mol^{-1}})6\pi(1.005 \times 10^{-3}\,\mathrm{Pa\,s})}\right]^3$$

$$= 17.2\,\mathrm{kg\,mol^{-1}} = 17,200\,\mathrm{g\,mol^{-1}}$$

肌紅蛋白之實際的莫耳質量為 $16,000\,\mathrm{g\,mol^{-1}}$ ◀

15-12 速度沉降 (Velocity Sedimentation)

懸浮的微粒子於密度較低的介質中，由於重力場的作用而會向下沉降。若介質之密度較懸浮的微粒子大時，則微粒子會向上浮動。於介質中的密度較大的微粒子，於重力場之下降的速度達至穩定的速度時，微粒子所受之重力，等於微粒子與介質間的摩擦力。因此，由微粒子於介質中之穩定的沉降速率及摩擦係數，藉 Stokes 的定律，$f = 6\pi\eta r$，及式 (15-10)，可計算該微粒子之半徑。

溶液中之**溶解的分子** (dissolved molecules)，於重力場中之向下沉降或向上的漂浮，視其對於溶劑之相對密的度而定，但此種趨勢往往被分子之不規則的移動運動所抵消。然而，使用離心力場足夠強之**超速的離心機** (ultracentrifuge) 時，如蔗糖等的小分子也可以量測其沉降的速率。Svedberg 領導之超速的離心機的研發，發展可量測溶解的分子於**無對流** (convection-free) 及**無振動** (vibration-free) 的情況下之沉降。超級的離心機之實驗的方法有二：(1) 為量測溶液中的某成分之沉降的速度，(2) 為於平衡下測定分子之**再分佈** (redistribution)，此即為

沉降平衡 (sedimentation equilibrium)。

　　於**離心力場** (centrifugal field) 內之加速度 a，等於 $\omega^2 r$，其中的 r 爲距離心機的轉動軸之距離，ω 爲離心機之轉動的角速度，其單位用每秒之**轉動的弧度** radians $\sec^{-1}$ 表示，即相當於 2π 與每秒轉數的乘積。半徑 $r = 6 \text{ cm}$ 之**超級的離心機** (ultracentrifuge)，通常約以每分 60,000 轉的轉速運轉，即其轉速爲 60,000 rpm 或 1000 rps，而其加速度爲

$$a = \omega^2 r = (2\pi \cdot 1000 \text{ rps})^2 (0.06 \text{ m}) = 2.36 \times 10^6 \text{ m s}^{-2} \tag{15-67}$$

地球的重力場中之重力加速度 g 爲 9.80 m s^{-2}，因此，於此超級離心機的力場中之加速度約爲，地球的重力場中之 $2.36 \times 10^6 / 9.80 = 240,000$ 倍。超級的離心機於生化及生醫方面之應用及研究，均甚爲重要，常用以分析如血漿等的複雜生化混合物。

　　溶液放置於離心力場時，若溶質之部分比容 $\bar{v}$ 的倒數，大於溶液之密度 ρ 時，則溶質會向離開轉動軸的方向移動，而相反時溶質會向轉動軸的方向移動。換言之，溶質之沉降的方向與其**阿基米德的因子** (Archimedes factor)，$(1 - \bar{v}\rho)$，的正或負的符號有關。

　　溶質的分子於離心力場中之沉降的速度 dr/dt，與離心加速度 $\omega^2 r$ 的比，稱爲**沉降係數** (sedimentation coefficient) S，而可表示爲

$$S = \frac{1}{\omega^2 r} \frac{dr}{dt} \tag{15-68}$$

上式中，ω^2 之單位爲 (秒)$^{-2}$，而沉降係數 S 之單位爲秒。蛋白質之沉降係數一般爲 10^{-13}s 至 200×10^{-13}s 的範圍，通常稱 10^{-13}s 的單位爲 svedberg。

　　設界面於時間 t_1 時，距離心機的轉動軸之距離爲 r_1 cm，而於時間 t_2 時距轉動軸之距離爲 r_2 cm，則上式 (15-68) 經定積分，可得沉降係數爲

$$S = \frac{1}{\omega^2 (t_2 - t_1)} \ln \frac{r_2}{r_1} \tag{15-69}$$

　　溶液中的溶質分子於離心力場內，被加速至其摩擦力等於其加速度 $\omega^2 r$ 與有效的質量 $m(1 - \bar{v}\rho)$ 之乘積時，溶質的分子之移動的速度達至其平衡穩定的狀態之速度。由 15-1 節得，此時其摩擦力等於速度 dr/dt 與摩擦係數 f 的乘積。因此，於溶質的分子達至穩定狀態的速度 dr/dt 時，可表示爲

$$f \frac{dr}{dt} = m(1 - \bar{v}\rho)\omega^2 r = \frac{M(1 - \bar{v}\rho)\omega^2 r}{N_A} \tag{15-70}$$

上式中，m 爲溶質的分子之質量，M 爲莫耳質量，而 $(1 - \bar{v}\rho)$ 爲**浮力因子** (buoyancy factor)。

將上式 (15-70) 代入式 (15-68)，可得沉降係數爲

$$S = \frac{M(1 - \overline{v}\rho)}{N_A f} \tag{15-71}$$

若分子爲球形，即 $f = 6\pi\eta r$，則由沉降係數及上式 (15-71) 可計算其莫耳質量。非球形的分子時，僅由沉降係數不能求得其沉降的成分之莫耳質量。分子之沉降的速度通常很小而不會有明顯的一定之方位，而其於沉降時之摩擦係數，可視爲與其擴散時相同。因此，將式 (15-44)，$D = RT / N_A f$，代入上式 (15-71)，可得

$$M = \frac{RTS}{D(1 - \overline{v}\rho)} \tag{15-72}$$

由此，使用上式 (15-72)，及由 S 及 D 之測定值，可計算莫耳質量，此時所使用之 S 及 D 值，須校正至同一的溫度，通常爲 20°C。若 S 及 D 值與濃度有關，則其值須校正至零的濃度。上式 (15-72) 廣泛用於蛋白質之莫耳質量的計算，一些結果列於表 15-9。

表 15-9　一些蛋白質於 20°C 的水中之物性常數與莫耳質量

蛋　白　質	S 10^{-13}s	D 10^{-13}s	$\overline{v}$ cm^{3}g^{-1}	M g mol^{-1}
牛胰島素 (beef insulin)	1.7	15	0.72	12,000
乳白蛋白 (lactalbumin)	1.9	10.6	0.75	17,400
肌紅蛋白 (myoglobin)	2.06	12.4	0.749	16,000
Ovalbumin	3.6	7.8	0.75	44,000
血清白蛋白 (serum albumin)	4.3	6.15	0.735	64,000
血紅素 (hemoglobin)	4.6	6.9	0.749	64,000
血清球蛋白 (serum globulin)	7.1	4.0	0.75	167,000
脲酶 (urease)	18.6	3.4	0.73	490,000
菸草花葉病毒 (tobacco mosaic virus)	185	0.53	0.72	40,000,000

於測定 DNA 之沉降係數時，DNA 於如 10 mg L^{-1} 之低濃度，已會產生顯著的濃度效應。由於**核苷酸** (nucleotide) 對於 260 nm 附近的波長之吸收甚強，由此，使用紫外光的吸收光學系統，可測定核苷基於如此低濃度之界面沉降的速度。研究如此稀薄的溶液之另一種方法，爲於超級的離心機之離心力場產生沉降，並形成密度梯度的 CsCl 溶液中，放置 DNA 的溶液之薄層，並進行其離心實驗。此種 CsCl 的溶液之密度梯度於這些實驗中，可穩定系統且可避免產生對流。

例 15-8　反–丁烯二酸酶 (fumarase) 於 28.2°C 超級離心機之實驗中，其界面於某時間之距轉動軸的距離為 5.949 cm，而經 70 分後該界面距其轉動軸的距離為 6.731 cm。設此超級的離心機之轉動速率為 50,400 rpm，試求反–丁烯二酸酶之沉降係數

解　由離心機之轉速 50,400 rpm 可得，$\omega^2 = 2.79 \times 10^7\,\text{s}^{-2}$，而由式 (15-69) 可得

$$S = \frac{1}{\omega^2(t_2 - t_1)}\ln\frac{r_2}{r_1} = \frac{1}{(2.79 \times 10^7\,\text{s}^{-2})(60 \times 70\,\text{s})}\ln\frac{6.731}{5.949}$$
$$= 10.5 \times 10^{-13}\,\text{s}$$

此為反 - 丁烯二酸酶於 28.2°C 之沉降係數。若黏度及密度經校正至於 20°C 的水中時，則可得 $S = 8.90$ svedbergs　◄

例 15-9　水於 20°C 之密度為 $0.9982 \times 10^3\,\text{kg m}^{-3}$，試使用表 15-9 之數據，計算紅血素蛋白 (hemoglobin) 之莫耳質量

解　由式 (15-72) 得

$$M = \frac{RTS}{D(1 - \overline{v}\rho)}$$
$$= \frac{(8.31\,\text{J K}^{-1}\text{mol}^{-1})(293.15\,\text{K})(4.6 \times 10^{-3}\,\text{s})}{(6.9 \times 10^{-11}\,\text{m}^2\text{s}^{-1})[1 - (0.749 \times 10^{-3}\,\text{m}^3\text{kg}^{-1})(0.9982 \times 10^3\,\text{kg m}^{-3})]}$$
$$= 64.4\,\text{kg mol}^{-1} = 64{,}400\,\text{g mol}^{-1}$$　◄

15-13　平衡超級離心 (Equilibrium Ultracentrifugation)

　　分散的粒子於液體中之濃度，通常隨液體的高度而成指數減少，其於平衡的溶液中之濃度的分佈，可用阿基米德的因子 $(1 - \overline{v}\rho)$ 說明。質量 m 及部分比容積 $\overline{v}$ 之分子，於密度 ρ 的介質中由高度 h_1 移至 h_2 時，其於重力場中之位能的增加等於 $\Delta\epsilon = m(1 - \overline{v}\rho)g(h_2 - h_1)$，而其移動或沉降的方向，由其阿基米德的因子 $(1 - \overline{v}\rho)$ 的符號決定。於高度 h_2 與 h_1 之平衡濃度 c_2 與 c_1 的比，由 Boltzmann 分佈可表示為

$$\frac{c_2}{c_1} = e^{-\Delta\epsilon/kT} \qquad\qquad \textbf{(15-73a)}$$

或

$$c_2 = c_1 e^{-m(1-\overline{\upsilon}\rho)g(h_2-h_1)/kT} \qquad \text{(15-73b)}$$

Perrin 於早期，曾使用此式 (15-73) 求得 Avogadro 的常數值，即由量測已知質量的粒子之濃度與高度的關係，並代入上式(15-73)而求得 Boltzmann 常數 k，由此，由氣體常數 $R = N_A k$，可計算 Avogadro 常數 N_A。

超級的離心機可用以觀察，於重力場中不會產生明顯的移動或沉降的分子之沉降平衡。上式 (15-73b) 中的質量 m 之分子，於重力場中由高度 h_1 升至 h_2 所需的功，$m(1-\overline{\upsilon}\rho)g\,(h_2-h_1)$，用於超級的離心機槽內由 r_1 移至 r_2 所需的功替代，則可得於超級的離心機之離心力場中的平衡沉降式。質量 m 之分子於離心力場中由 r_2 移至 r_1 所需的功，可表示為

$$w = \int_{r_1}^{r_2} \omega^2 r m(1-\overline{\upsilon}\rho)dr = \frac{1}{2}\omega^2 m(1-\overline{\upsilon}\rho)(r_2^2 - r_1^2) \qquad \text{(15-74)}$$

因此，式 (15-73b) 可寫成

$$c_1 = c_2 \exp[-\omega^2 m(1-\overline{\upsilon}\rho)(r_2^2 - r_1^2)/2kT] \qquad \text{(15-75)}$$

或

$$M = \frac{2RT\ln(c_2/c_1)}{(1-\overline{\upsilon}\rho)\omega^2(r_2^2 - r_1^2)} \qquad \text{(15-76)}$$

上式中，c_1 與 c_2 分別表示距轉動軸的距離 r_1 與 r_2 處之濃度，ω 為離心機之轉動的角速度，其單位為 radians／秒，ρ 為溶液之密度。上式 (15-76) 亦可由下述的方法導得。

於離心機的平衡離心的實驗中，分子之移動或沉降的趨勢，與分子自高濃度擴散至較低的濃度處之趨勢相反。設於位置 r 之粒子的濃度為 c，則於 dt 的時間內通過此位置之沉降粒子的量為 $c\dfrac{dr}{dt}dt$，而粒子於時間 dt 內由於擴散之相反方向的移動量為 $D\dfrac{dc}{dr}dt$。因此，於達成沉降平衡時，可表示為

$$c\frac{dr}{dt} = D\frac{dc}{dr} \qquad \text{(15-77)}$$

將上式 (15-77) 及式 (15-68)，$S = \dfrac{dr/dt}{\omega^2 r}$，代入式 (15-72)，可得

$$M = \frac{RTS}{D(1-\overline{\upsilon}\rho)} = \frac{RT(dc/dr)}{c\omega^2 r(1-\overline{\upsilon}\rho)} \qquad \text{(15-78)}$$

由於離中心軸的距離 r_1 與 r_2 之濃度，分別為 c_1 與 c_2。由此，上式經重排，並經於 r_1 與 r_2 間的定積分，可表示為

$$\int_{c_1}^{c_2} \frac{dc}{c} = \int_{r_1}^{r_2} \frac{M(1-\overline{\upsilon}\rho)\omega^2}{RT} r\,dr \qquad \text{(15-79a)}$$

或

$$\ln\frac{c_2}{c_1} = \frac{M(1-\overline{v}\rho)\omega^2}{RT} \cdot \frac{1}{2}(r_2^2 - r_1^2) \qquad \text{(15-79b)}$$

上式(15-79b)經整理可得式 (15-76)。通常 c_1 與 c_2 可用光學的方法量測，因此，由式 (15-76) 可求得莫耳質量 M。此法與**速度沉降** (velocity sedimentation) 的方法比較，因於達成沉降平衡較慢，故以此法測定莫耳質量時通常需要較長的時間。

　　如 CsCl 的低莫耳質量物質之溶液，可應用沉降平衡以建立溶液之密度的梯度。由此，巨大分子的混合物，可於此密度的梯度之溶液中，按其密度分離成**層帶** (band)，而停留於密度相同的溶液層。Meselson, Stahl 及 Vinograd 於 1957 年，使用由 7 mol L^{-1} 的 CsCl 溶液之沉降平衡所形成的密度梯度，分離不同形態之 DNA。利用此種方法，亦可分離以 ^{15}N 標示的 DNA 與**非標示** (unlabeled) 的 DNA。

例 15-10　由血紅素於 20°C 之平衡離心的實驗得，於 $r_1 = 5.5$ cm 與 $r_2 = 6.5$ cm 處之濃度 c_1 與 c_2 的比 $c_2/c_1 = 9.40$。設超級的離心機之轉速為 120 rps，血紅素之 $\overline{v} = 0.749 \times 10^{-3}$ m^{3}kg^{-1} 及溶液之密度 $\rho = 0.9982 \times 10^3$ kg m^{-3}。試計算血紅素之莫耳質量

解　由式 (15-76) 可得

$$M = \frac{2RT}{(1-\overline{v}\rho)\omega^2(r_2^2 - r_1^2)}\ln\frac{c_2}{c_1}$$

$$= \frac{2(8.314 \text{ J K}^{-1}\text{mol}^{-1})(293.15 \text{ K})}{(1-0.749 \times 0.9982)(120 \times 2\pi\text{s}^{-1})^2[(0.065^2 - 0.055^2)\text{m}^2]}\ln 9.40 \quad \blacktriangleleft$$

$$= 63.4 \text{ kg mol}^{-1} = 63{,}400 \text{ g mol}^{-1}$$

15-14　電透析 (Electrodialysis)

　　溶液中的各種離子於施加電場下，可依各種離子所帶的電荷之特性，與離子的大小之差異，利用**電透析** (electrodialysis) 有效的分離、濃縮或去除。**離子交換膜電透析** (ion exchange membrane electrodialysis) 之原理如圖 15-11 所示，於正與負的二電極之間依序交互排列，僅可通過陰離子的**陰離子交換膜** (anion exchange membrane)A，與僅可通過陽離子的**陽離子交換膜** (cation exchange membrane) K，以形成如圖示的**脫鹽室** (desalting compartments) D 與**濃縮室** (concentrating compartment) C，並於排列的離子交換膜之垂直的方向施加電場以產生電位梯度。將欲脫鹽 (去除離子) 之溶液及適當濃度的溶液（濃縮液），

分別以與離子交換膜成平行的方向，流入脫鹽室 D 與濃縮室 C，於二電極施加電場並通直流電時，溶液中之陰離子與陽離子，會分別向正電極與負電極的方向移動。由於脫鹽室之靠近正電極側排列陰離子的交換膜，而靠近負電極側排列陽離子交換膜，因此，於通電時脫鹽室內的溶液中之陰離子與陽離子，會分別通過陰離子交換膜與陽離子交換膜，而分別移入其左側與右側的濃縮室。由於濃縮室之靠近正電極側排列陽離子交換膜，而靠近負電極側排列陰離子交換膜，因此，於通電時濃縮室的溶液中之陰離子與陽離子，各不能通過陽離子交換膜與陰離子交換膜，而被阻隔存留於濃縮室的濃縮液內。由此，脫鹽室 D 內的溶液之鹽類的濃度隨電透析的進行而減小，而濃縮室 C 內的溶液之鹽類的濃度，隨電透析的進行而增加。

自稀薄的溶液濃縮提取有用的鹽類，或去除溶液中的鹽類以得有用的水時，一般常採用之方法如蒸發、結晶等操作，且於其操作的過程均含相的變化，而需消耗大量的能量。然而，於離子交換膜之電透析的過程，僅涉及離子於溶液與離子交換膜內之移動而沒有相的變化，因此，所需的能量較少，而可同時達到濃縮、分離與淨(純)化的目的。電透析經適當的設計，尚可使分離與反應同時進行，例如，利用**兩性薄膜** (bipolar membrane) 的電透析，可由鹽類的溶液同時直接產生酸與鹼的溶液。離子交換膜電透析之應用的範圍非常廣泛，而已發展成為重要的化工單元操作之一。

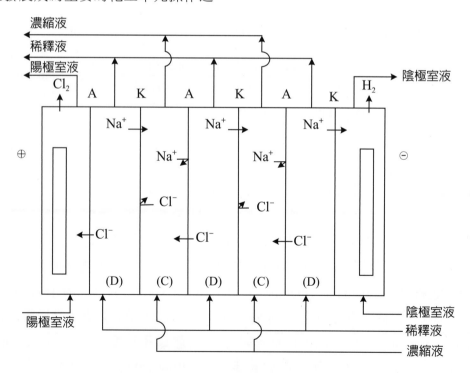

圖 15-11　離子交換膜電透析之離子移動

近來由於製膜技術的進步，離子交換膜之性能顯著的提昇，現已有選擇透過性、導電性及機械強度等性能均非常良好，且於膨脹與收縮時之形狀的變化小，而耐久性優良的市販之實用之離子交換膜。因此，離子交換膜電透析法之實際應用的範圍，日益擴大。例如，海水之脫鹽淡化以製造飲用水，海水之濃縮以製造食用級的精鹽，與有用元素之濃縮回收，於原子能工業中的核燃料的再處理程序之放射性廢液的處理，有機物溶液中之鹽類的分離去除，酸或鹼的溶液之精製，鋼鐵工廠之洗液中的酸之回收，蔗糖之脫鹽，化學纖維紡織液之濃縮，工業廢水之高次級的處理，食品工業中之牛乳與脫脂乳的脫鹽，乳酪製程中的乳漿之處理，酒與果汁之脫鹽，天然果汁中之酸濃度的減低與調整，胺基酸類之精製，醬油中的鹽濃度的減低，及一般化學、食品和製藥工業之產品的純化與副產品的回收，以及成品的品質之改善等各方面，均有廣泛而重要的應用。

牛乳與脫脂乳經脫鹽可得，熱安定性、風味及乳酸醱酵性較佳的產品。於牛乳中所含的鈣、蛋白質及脂肪之濃度，均較人乳高，若利用電透析去除其中所含鈣量的 50%，則可得品質接近人乳的製品。於製糖的程序中，甘蔗經壓榨所得的甘蔗汁，或糖的溶液經離子交換膜電透析脫鹽，可提升蔗糖之產率與品質，及得品質優良的糖密副產品。葡萄酒或果汁經電透析去除其中之酒石酸及鈣離子，即可抑制酒石的生成。柑桔類等的果汁經電透析，可減低並去除其中所含的檸檬酸，以調整果汁之酸度及口味。

離子交換膜電透析所使用的離子交換膜之特性需具備電阻小、導電性良好、離子之選擇透過性高、水及鹽類之擴散係數小、機械強度高、化學性質安定及價廉而可大量生產等因素。於離子交換膜電透析，其單位膜面積所通過之電流 (電流密度) 愈高，其生產的能力愈高。離子交換膜之選擇透過性，及物理與化學等性質，均密切影響離子交換膜電透析之效率外，電透析之電流密度，對於電透析的順利操作極為重要。

15-15　極限電流密度 (Limiting Current Densities)

離子 i 於溶液中與離子交換膜內之**遷移數** (transference number) t_i 與 $\bar{t}_i$，通常有很大的差異，例如，Na^+ 離子於陽離子的交換膜內之遷移數 $\bar{t}_{Na^+}$，比其於溶液中之遷移數 t_{Na^+}，非常大，即 $\bar{t}_{Na^+} \gg t_{Na^+}$，而 Na^+ 離子與 Cl^- 離子於陽離子的交換膜內之遷移數的和等於 1，$\bar{t}_{Na^+} + \bar{t}_{Cl^-} = 1$，由此，$Cl^-$ 離子於陽離子的交換膜內之遷移數 $\bar{t}_{Cl^-}$ 甚小，通常接近於零，然而，Cl^- 離子於陰離子的交換膜內之遷移數 $\bar{t}_{Cl^-}$，比其於溶液中之遷移數 t_{Cl^-} 非常大，即 $\bar{t}_{Cl^-} \gg t_{Cl^-}$ 同理，於陰離子交換膜內，$\bar{t}_{Na^+} + \bar{t}_{Cl^-} = 1$，由此，$Na^+$ 離子於陰離子交換膜內之遷移數 $\bar{t}_{Na^+}$ 甚小，而通常接近於零。因此，於離子交換膜的電透析時之電流密度增加至某限界值時，於離子交換膜與溶液之境界層，會產生溶液之**濃度極化** (concentration polarization)，且此時會由於產生水的電分解，而產生溶液之中性攪亂的現象，此時的電流密度之限界值，稱為**極限電流密度** (limiting current density)。

離子於離子交換膜鄰近的溶液之**擴散層** (diffusion layer)，或**濃度境界層** (concentration boundary layer) 溶液內的濃度分佈，如圖 15-12 所示，其中 (a) 為 Na^+ 離子於陽離子交換膜鄰近的溶液之擴散層內的濃度分佈，(b) 為 Cl^- 離子於陰離子交換膜鄰近的溶液之擴散層內的濃度分佈。當電流密度大於極限電流密度時，於離子交換膜–溶液的界面處之電解質的濃度會減至甚低而接近於零，因此，該處的溶液之電阻會增高。此時於界面處之水分子，由於產生電分解而生成的 H^+ 與 OH^- 離子，與溶液中的 Na^+ 與 Cl^- 等離子的競爭傳送，而減低電解質溶液的電透析之脫鹽或濃縮的效益，及此時於界面處的溶液會產生 pH 值的改變。因此，於海水之電透析的濃縮或脫鹽淡化時，由於海水中含有 Ca^{2+} 及 Mg^{2+} 等離子，而會於離子交換膜的面上產生碳酸鈣或氫氧化鎂等的沉澱，甚至會導致離子交換膜的破損與阻塞，及影響電透析的順利運轉。

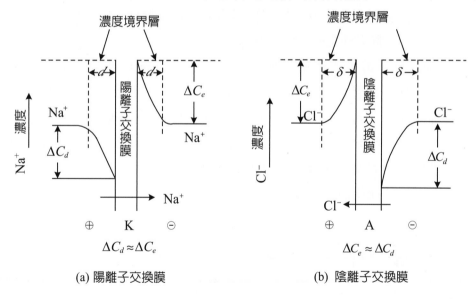

(a) 陽離子交換膜   (b) 陰離子交換膜

圖 15-12 電透析之濃度分極

陽離子交換膜於氯化鈉的水溶液中，施加電壓並通電流時，離子於離子交換膜及水溶液中之移動的情形，如圖 15-13 所示。設離子交換膜面的鄰近擴散層 δ 內之溶液的濃度梯度保持一定，而溶液中的 NaCl 之濃度為 C，及於陽離子交換膜之正電極與負電極側的二擴散層內，其各靠近膜面處之溶液的濃度分別

爲 C_m 與 C_m'。由於離子交換膜具有離子的選擇透過性，而離子於離子交換膜中之遷移數 $\bar{t}$ ，比於溶液中之遷移數 t 甚大，例如，於氯化鈉的水溶液中，對於陽離子交換膜，$\bar{t}_{Na^+} \gg t_{Na^+}$ 及 $\bar{t}_{Cl^-} \doteqdot 0$ ，對於陰離子交換膜，$\bar{t}_{Cl^-} \gg t_{Cl^-}$ 及 $\bar{t}_{Na^+} \doteqdot 0$ 。因此，於穩定的狀態下通過電流密度 i 時，Na^+ 離子之移動由質量平衡，可表示爲

$$\frac{i}{F}t_{Na^+} + D_{NaCl}\frac{C-C_m}{\delta} = \frac{i}{F}\bar{t}_{Na^+} \tag{15-80}$$

上式中，D_{NaCl} 爲 NaCl 於水溶液中之擴散係數，F 爲 Faraday 常數。上式 (15-80) 之左邊的第一項爲，由於通過電流密度 i 之溶液中的 Na^+ 離子之通量，第二項爲 Na^+ 離子由於擴散層內的濃度梯度之擴散的通量，右邊爲由於通過電流密度 i 時之離子交換膜中的 Na^+ 離子之通量。上式經移項可改寫成

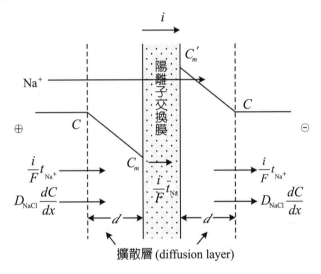

圖 15-13　陽離子交換膜及其境界層內之離子的傳送

$$\frac{D_{NaCl}(C-C_m)}{\delta} = \frac{(\bar{t}_{Na^+} - t_{Na^+})i}{F} \tag{15-81}$$

於氯化鈉的水溶液之離子交換膜的電透析時，離子交換膜的面與其鄰接溶液層的境界位置之氯化鈉的濃度 C_m，隨電流密度 i 的增加而減小。由於電流密度一般隨電位梯度的增加而增加，而當電流密度增加至極限電流密度 i_{lim} 時，於離子交換膜的膜面與溶液層的境界位置之氯化鈉的濃度會減低並接近於零，即 $C_m = 0$，由此，其電流密度以此點爲境界，若再增加電位梯度時，其電流密度不會再增加，而會產生水的電分解。因此，於上式 (15-81) 中代入 $C_m = 0$，可得陽離子交換膜於氯化鈉的水溶液中之極限電流密度 i_{lim}，爲

$$i_{lim} = \frac{F D_{NaCl} C}{\delta(\bar{t}_{Na^+} - t_{Na^+})} \tag{15-82}$$

同樣，對於陰離子交換膜於氯化鈉的水溶液中之極限電流密度，可表示為

$$i_{lim} = \frac{F D_{NaCl} C}{\delta(\bar{t}_{Cl^-} - t_{Cl^-})}$$ (15-83)

其中，$\bar{t}_{Cl^-}$ 與 t_{Cl^-} 分別表示，氯離子於陰離子交換膜與氯化鈉的水溶液中之遷移數。

由於增加溶液於離子交換膜間之流速，可減小其溶液擴散層的厚度 δ，而溫度增高時溶質之擴散係數會增加，及溶液之黏度會減低，由此，增高溫度時可減小擴散層的厚度 δ。因此，由上式 (15-82) 及 (15-83) ，可得知，於電透析時增加溶液之流速及增高溫度，均可增大於電透析時之極限電流的密度。

編著者之一等於 1970 年間，曾多年從事有關離子交換膜電透析方面的研究，對於電透析的過程中之溶液濃度的極化、離子交換膜電透析時之極限電流密度及離子的傳送等，所受溫度、溶液濃度及組成等因素的影響，曾作深入的研討。陽離子交換膜 Selemion CMV 及陰離子交換膜 Selemion AMV，於各溫度及各種鹽類的溶液中之極限電流密度，所得的結果如表 15-10 所示。各種鹽類的溶液之極限電流密度，均隨溫度的上升而增加，而各溫度之極限電流密度的對數與絕對溫度之倒數間，均成直線的關係。陽離子交換膜 Selemion CMV，於各種乙醇含量之 0.05 N 的 NaCl 溶液中電透析時，所得的極限電流密度之對數與絕對溫度的倒數間之關係，如圖 15-14 所示，均各成直線的關係，其各直線之斜率與溶液中所含的乙醇之百分率無關，而其活化能均約等於 20.92 kJ mol^{-1}。由此得知，雖然由於加入乙醇時，會導致溶液中的離子移動度與擴散係數的減小，及溶液黏度的增加，而降低其極限電流密度，但對於離子之傳送的機制並沒有影響。

表 15-10 Selemion CMV 與 Selemion AMV 於各溫度的各種鹽類溶液中之極限電流密度 i_{lim}

註：自 Huang.T.C.and P.H.Lian, Chemieal Engineering (Chinese Inst.Chem.Eng),No.94,4-15(1975).

陽離子交換膜 Selemion CMV				陰離子交換膜 Sclemion AMV			
溶　液	溫度°C	i_{lim} mA cm^{-2}	活化能 kJ mol^{-1}	溶　液	溫度°C	i_{lim} mA cm^{-2}	活化能 kJ mol^{-1}
0.05 N NaCl	26	5.1		0.05 N NaCl	23	6.2	
	28	5.3	21.38		30	7.6	
	35	6.6			32	8.1	19.90
	40	7.5			35	8.7	
	43	8.1			38	9.1	
0.05 N KCl	24	6.8			42	10.24	
	30	7.45	13.05	0.05 N KCl	24	6.6	
	34	8.2			28	7.4	20.04
	38	8.62			36	9.0	
	43	9.3			40	9.8	
0.05 N Na$_2$SO$_4$	26	4.4			45	11.1	
	30	4.8		0.05 N Na$_2$SO$_4$	24	8.0	
	35	5.4	17.66		28	9.0	
	38	5.7			32	10.3	23.68
	41	6.1			36	11.6	
0.05 N CaCl$_2$	24	3.96			43	13.8	
	30	4.3		0.05 N CaCl$_2$	25	7.0	
	36	4.7	12.38		32	8.8	
	40	5.0			35	9.7	24.48
	42	5.2			40	11.0	
0.05 N MgCl$_2$	26	3.75			42	11.8	
	32	4.55		0.05 N MgCl$_2$	23	3.1	
	35	5.0	22.47		31	3.8	
	38	5.3			36	4.4	20.29
	40	5.7			40	4.8	
	42	5.9			44	5.3	
0.05 N MgSO$_4$	25	2.95		0.05 N MgSO$_4$	23	7.2	
	31	3.50	18.62		31	8.7	17.82
	35	3.70			36	9.2	
	40	4.15			40	10.2	
	42	4.48			43	11.0	

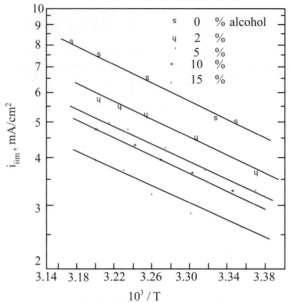

圖 15-14　陽離子交換膜 Selemion CMV 於各種乙醇含量之 0.05 N 的 NaCl 溶液中電透析時，其極限電流密度與溫度的關係 (T 為絕對溫度)

註：自 Huang.T.C.and P.H.Lian, Chemieal Engineering (Chinese Inst.Chem.Eng),No.94,4-15(1975).

15-16　電透析之質量傳送 (Mass Transfer of Electrodialysis)

於電透析時之物質的傳送，如圖 15-15 所示，其中的 K 與 A 分別表示陽離子交換膜與陰離子交換膜，C 與 D 分別表示電透析之濃縮室與脫鹽室。於電透析所通過的電流密度為 i 時，由 D 室移至 C 室之離子的量 Δm_e ，可表示為

$$\Delta m_e = [\overline{t}_- - (1 - \overline{t}_+)]\, i / F = (\overline{t}_+ + \overline{t}_- - 1)\, i / F \tag{15-84}$$

上式中，$\overline{t}_+$ 與 $\overline{t}_-$ 分別為陽離子於陽離子交換膜中，與陰離子於陰離子交換膜中之選擇透過的輸率(或遷移數)。因於離子的周圍通常會水合某些水的分子，而這些水合的水分子會隨離子之移動而電移動 (電滲透) 的水量 ΔV_e，為

$$\Delta V_e = (\beta^+ + \beta^-)\, i = \beta i \tag{15-85}$$

上式中，β^+ 與 β^- 分別為，陽離子交換膜與陰離子交換膜的水之電滲透係數。

於離子交換膜電透析的過程中，由於離子交換膜兩側之鹽濃度的差，而產生之鹽的移動(擴散)量 Δm_c，及水之移動(滲透)量 ΔV_c，分別可表示為

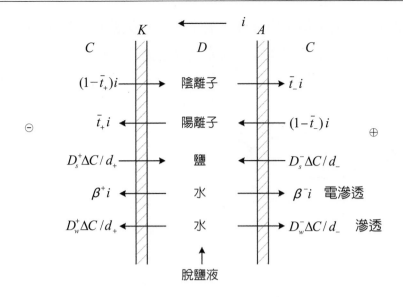

圖 15-15　電透析時之物質傳送

$$\Delta m_c = -\left(\frac{D_s^+}{d_+} + \frac{D_s^-}{d_-}\right)\Delta C \equiv -K_s \Delta C \tag{15-86}$$

及

$$\Delta V_c = -\left(\frac{D_w^+}{d_+} + \frac{D_w^-}{d_-}\right)\Delta C \equiv -K_w \Delta C \tag{15-87}$$

上式中，D_s^+ 與 D_s^- 為，鹽於陽離子交換膜中與陰離子交換膜中之擴散係數，而 D_w^+ 與 D_w^- 為，水於陽離子交換膜中與陰離子交換膜中之滲透係數。

由上述，於電透析達至平衡時，濃縮液之濃縮的濃度 C_{max}，由鹽之移動與水之移動的平衡，可得

$$C_{max}(\Delta V_e + \Delta V_c) = \Delta m_e + \Delta m_c \tag{15-88}$$

將式 (15-84) 至 (15-87) 之各式，代入上式(15-88)，並經整理可得

$$C_{max} = \frac{(\bar{t}_+ + \bar{t}_- - 1)i/F - K_s \Delta C}{\beta I + K_w \Delta C} \tag{15-89}$$

如上述，於電透析所通過的電流並非全部有效利用於離子之移動，而於電透析中有效被利用於離子的移動之電流效率 η，可定義為

$$\eta = \frac{\Delta m_e + \Delta m_c}{i/F} = (\bar{t}_+ + \bar{t}_- - 1) - K_s \Delta C F/i \tag{15-90}$$

由此，於離子交換膜的電透析時，其電流效率之減低的原因，係由於離子交換膜之離子選擇透過性的不完全，即 $\bar{t}_+ \neq 1$ 及 $\bar{t}_- \neq 1$，溶劑 (水) 隨離子之移動，交換膜之兩側的溶液由於濃度差產生之溶質的擴散，水之電分解及電流的漏洩等。於離子交換膜的電透析過程中，於交換膜由於受到無機物或有機物及微生

物等之附着而產生的污染，均會導至電流效率，及離子交換膜之極限電流密度的下降。然而，由於離子交換膜的性能之改進提升，及操作方法與電透析裝置的設計等的研發，均可提高電透析之電流效率。

1. 密度 $\rho = 7.86\,\mathrm{g\,cm^{-3}}$ 之直徑 $0.2\,\mathrm{cm}$ 的鋼球，於密度 $1.50\,\mathrm{g\,cm^{-3}}$ 的溶液中下降 $10\,\mathrm{cm}$ 所需之時間為 $25\,\mathrm{s}$。試求此溶液於此溫度之黏度

   答 $3.46\,\mathrm{Pa\,s}$

2. 空氣於 $20°\mathrm{C}$ 之黏度為 $1.808\times10^{-5}\,\mathrm{Pa\,s}$，試求直徑 $1\,\mu m$ 的水滴於 $20°\mathrm{C}$ 的空氣中之沉降的速率

   答 $3.01\times10^{-3}\,\mathrm{cm\,s^{-1}}$

3. 聚苯乙烯之各種濃度的甲苯溶液，於 $25°\mathrm{C}$ 之相對黏度如下：

$c, 10^{-2}\,\mathrm{g\,cm^{-3}}$	0.249	0.499	0.999	1.998
η/η_0	1.355	1.782	2.879	6.090

   由 η_{sp}/c 對 c 作圖並外延至零濃度，可求得其內存的黏度 $[\eta]$。聚苯乙烯之濃度用 $\mathrm{g\,cm^{-3}}$ 的單位表示時，式 (15-20) 中之常數 $K = 3.7\times10^{-2}$ 及 $a = 0.62$。試計算此聚苯乙烯聚化物之莫耳質量

   答 $500{,}000\,\mathrm{g\,mol^{-1}}$

4. **肌球蛋白** (myosin) 於 $25°\mathrm{C}$ 的水中之內存的黏度為 $217\,\mathrm{cm^3g^{-1}}$。試求肌球蛋白於水中之相對黏度 η/η_0，為 1.5 時之濃度

   答 $2.30\times10^{-3}\,\mathrm{g\,cm^{-3}}$

5. 脫氧核糖核酸 (DNA, $M = 6\times10^6\,\mathrm{g\,mol^{-1}}$) 的樣品，於水中之內存的黏度為 $5000\,\mathrm{cm^3g^{-1}}$。試求 DNA 於水中之相對黏度為 1.1 時之濃度

   答 $2\times10^{-2}\,\mathrm{g\,L^{-1}}$

6. 於導電度槽內填充 $0.02\,\mathrm{mol\,L^{-1}}$ 的氯化鉀溶液 ($\kappa = 0.2768\,\Omega^{-1}\mathrm{m^{-1}}$) 時，其於 $25°\mathrm{C}$ 下所量測之電阻為 $457.3\,\Omega$。而此導電度槽填充 $0.555\,\mathrm{g\,L^{-1}}$ 的氯化鈣水溶液時之電阻為 $1050\,\Omega$。試計算 (a) 此導電度槽之槽常數，及 (b) 此 $CaCl_2$ 的水溶液之比電導

   答 (a) $126.6\,\mathrm{m^{-1}}$，(b) $0.1206\,\Omega^{-1}\mathrm{m^{-1}}$

7. 於此使用導電度的測定裝置，以量測氯化鈉的稀薄溶液之濃度，設導電度槽之二電極的面積均為 $1\,\mathrm{cm^2}$，而二電極間之距離為 $0.2\,\mathrm{cm}$。試計算於此導電度槽內，分別填充 $1, 10$ 及 $100\,\mathrm{ppm}$ 的 NaCl 之各種濃度的溶液時，其各

於 25°C 之電阻

(答)　92,500，9,250 及 925 Ω

8. 試由下列的各種濃度的氯化鋰水溶液之當量電導的數據，求氯化鋰的水溶液之 Λ_0 值

溶液濃度, equiv L^{-1}	0.05	0.01	0.005	0.001	0.0005
當量電導, cm^{2}equiv^{-1} Ω^{-1}	100.11	107.32	109.40	112.40	113.15

(答)　114.3 cm^{2}equiv^{-1} Ω^{-1}

9. **丙酸** (propionic acid) 之無限稀薄濃度的水溶液，於 25°C 之當量電導為 385.6 cm^2 equiv^{-1} Ω^{-1}，及其解離常數為 1.34×10^{-5}。試計算 0.05 N 的丙酸水溶液，於 25°C 之當量電導

(答)　6.32 cm^{2}equiv^{-1} Ω^{-1}

10. 於 25°C 下 0.1molL^{-1} 的 HCl 水溶液 ($\kappa = 4.24$ Ω^{-1}m^{-1}) 之移動界面的實驗，其內的鈉離子跟隨氫離子的後面移動。設於截面積 0.3 cm^2 之管通過電流 3 mA 時，其界面每小時移動 3.08 cm。試計算 (a) 氫離子之移動度，(b) 氯離子之移動度，(c) 所施加之電場強度，及 (d) 氫離子之遷移數

(答)　(a) 3.63×10^{-7} m^{2}V^{-1}s^{-1}，(b) 7.64×10^{-8} m^{2}V^{-1}s^{-1}，(c) 23.58 Vm^{-1}　(d) 0.826

11. 試由離子之極限電移動度，計算 0.001molL^{-1} 的 HCl 水溶液於 25°C 之**導電度** (conductivity)

(答)　0.04261 Ω^{-1}m^{-1}

12. 硝酸根的離子於 25°C 的水溶液中之電移動度為 74.0×10^{-9} m^{2}V^{-1}s^{-1}，試由 Stoke 的定律計算其有效半徑

(答)　129 pm

13. 試證，1–1 的電解質於無限稀薄的水溶液中之擴散係數，可用下式表示為

$$D = \frac{2u_1 u_2 RT}{(u_1 + u_2)F}$$

上式中，u_1 與 u_2 為其正與負的二離子，各於水溶液中之移動度的極限值。試求氯化鉀於 25°C 的水溶液中之擴散係數

(答)　1.99×10^{-9} m^{2}s^{-1}

14. 試求鈉離子 (Na$^+$) 於 25°C 的水中之自**擴散係數** (self-diffusion coefficient)

(答)　(a) 1.334×10^{-9} m^{2}s^{-1}

15. 蔗糖之稀薄的水溶液與水之間，形成顯明的界面，於 25°C 下經 5 hr 後測得，其界面附近之蔗糖的濃度梯度之標準偏差為 0.434 cm。試求，(a) 蔗糖於此條件下，於其水溶液中之擴散係數，及 (b) 經 10 hr 後之其於界面附近的濃度梯度的標準偏差

答 (a) $5.23 \times 10^{-10}\,\mathrm{m^2 s^{-1}}$，(b) $0.614\,\mathrm{cm}$

16. 菸草花葉的病毒，於 20°C 的水中之擴散係數為 $0.53 \times 10^{-11}\,\mathrm{m^2 s^{-1}}$。試計算菸草花葉的病毒的分子於 20°C 的水中，由於 Brown 運動，其於 x 方向之每分鐘的平均平方開方根的位移

答 $0.0252\,\mathrm{mm}$

17. 血清球蛋白於 20°C 的稀薄鹽類水溶液中之擴散係數為 $4.0 \times 10^{-11}\,\mathrm{m^2 s^{-1}}$，其部分比容 $\bar{v}$ 為 $0.75 \times 10^{-3}\,\mathrm{m^3 kg^{-1}}$，水於 20°C 之黏度為 $\eta_{\mathrm{H_2O}} = 0.001005\,\mathrm{Pa\,s}$。假設此蛋白分子為球形，試計算其莫耳質量

答 $512{,}000\,\mathrm{g\,mol^{-1}}$

18. 菸草花葉的病毒，於距超級離心機的轉動軸 6.5 cm 處之界面的移動速度，為 $0.454\;\mathrm{cm\,hr^{-1}}$。設離心機之轉速為 10,000 rpm，試計算此蛋白之沉降係數

答 $177 \times 10^{-13}\,\mathrm{s}$

19. 血紅素於 20°C 之沉降係數與擴散係數，分別為 $4.41 \times 10^{-13}\,\mathrm{s}$ 與 $6.3 \times 10^{-11}\,\mathrm{m^2 s^{-1}}$，其於此溫度之部分比容 $\bar{v} = 0.749\,\mathrm{cm^3 g^{-1}}$，及水之密度 $\rho_{\mathrm{H_2O}} = 0.998\,\mathrm{g\,cm^{-3}}$。試計算此蛋白之莫耳質量

答 $68{,}000\,\mathrm{g\,mol^{-1}}$

20. 蔗糖於 20°C 的水中之擴散係數 D，為 $45.5 \times 10^{-11}\,\mathrm{m^2 s^{-1}}$，其部分比容 $\bar{v}$ 為 $0.630\,\mathrm{cm^3 g^{-1}}$。試計算蔗糖於水中之沉降係數

答 $0.237 \times 10^{-13}\,\mathrm{s}$

第十六章

量 子 論

　　於十九世紀的末葉，發現許多原子的大小之系的性質有關的實驗事實，不能用**古典力學** (classical mechanics) 說明。例如，氣體之熱容量及從加**熱的洞穴** (heated cavity) 輻射之輻射線光譜的分佈，均無法用古典的理論解釋。Planck 於 1900 年，假定電磁輻射能之量子化，而導出表示從加熱的洞穴輻射之各不同頻率的輻射線強度之精確的式，此即為量子論之起源。Einstein 於 1905 年，使用 Planck 之量子化的觀念，成功地解釋**光電效應** (photoelectric effect)。Bohr 於 1931 年，假定軌道電子之角動量的量子化，而發展氫原子之理論。de Broglie 於 1924 年，依據能量之量子化而提出物質波的觀念，並以波長表示電子之動量。Schrödinger 與 Heisenberg 於 1926 年，分別從波動力學與矩陣發展量子力學。量子力學對於化學之許多現象的瞭解，及其於化學上的應用甚為廣泛重要。於本章介紹電子之性質、電磁輻射之特性、洞穴輻射、光電效應、氫原子的光譜、量子力學之一些基本的原理與觀念，及其於一些簡單的化學系統之應用。

16-1 電 子 (Electron)

　　道耳吞 (John Dalton) 於 1803 年，提出原子的學說之後，**法拉第** (Michael Faraday) 由鹽類的溶液之電解的實驗，顯示原子之電的性質，而發現原子與電有密切的關係，並於 1833 年發表**法拉第的法則** (Faraday's law)。然而，J.J. Thomson 於 1897 年，測定電子之質量與電荷的比，及 1909 年 R.A. Millikan 測定電子所帶的電荷之前，實際上尚未證實微粒狀的電子之存在。

　　Thomas 以經由某一定的電位差加速之**電子線束** (beam of electon) 通過電場與磁場時，發現電子線束的前進方向會產生偏向，即帶負電荷的電子通過電場時，會偏向陽極，而電子線束經過磁場時，由於磁力對於電子線束的作用，電子的進行方向會偏向而與磁力線的方向成垂直之方向運動。若電子線束之方向與磁場的方向成垂直時，則電子線束由於受磁場的作用，會向垂直於電子線束的方向與磁場之的方向之平面偏離。

　　設電子之質量為 m，速度為 v，所帶的電荷為 e，電場的強度為 E，及磁場的強度為 H，則電場對電子之作用力為 eE，而磁場之作用力為 Hev。此時電子由於受到固定的磁場之影響，而作曲率半徑 r 的弧形之運動，因此，電子所受的磁力 Hev，必須與電子作弧形的運動所產生的向心力 mv^2/r 平衡，而可表示為

$$Hev = \frac{mv^2}{r} \tag{16-1a}$$

或

$$\frac{m}{e} = \frac{Hr}{v} \tag{16-1b}$$

若電場與磁場之作用的方向相反，而由調節其強度使電子按照其原來的方向運動且不產生偏向，則此時其二力場之強度必須相等，由此可得

$$Hev = eE \tag{16-2a}$$

由上式 (15-2a)，電子之速度 v 可表示為

$$v = \frac{E}{H} \tag{16-2b}$$

因此，電子之速度 v 可由電場與磁場之強度 E 與 H 的測定求得。將上式 (6-2b) 之電子的速度 v 代入式 (16-1b)，可得電子之電荷與質量的比為

$$\frac{e}{m} = \frac{v}{Hr} = \frac{E}{H^2 r} \tag{16-3}$$

由此得電子所帶之電荷與其質量的比，$e/m = 1.758 \times 10^7 \, \text{emu g}^{-1} = 1.758 \times 10^8 \, C \, \text{g}^{-1}$，其中的 emu 為**電磁的單位** (electromagnetic unit) 之縮寫，C 為**庫倫** (coulomb)，而 $1 \, \text{emu} = 10 \, C$。

低速度的電子之質量與電子所帶的電荷的比 m/e，為 $5.6839 \times 10^{-8} \text{gemu}^{-1}$ 或 $5.6839 \times 10^{-9} g C^{-1}$。電子之速度 v 接近於光速 $c(2.9979 \times 10^8 \, \text{m s}^{-1})$ 時，其質量依相對論可表示為 $m = m_0 \left(1 - \frac{v^2}{c^2}\right)^{-1/2}$，其中的 m_0 為電子之靜態的質量，由此，電子之質量隨速度的增加而增加，而於接近光速時，其質量趨近於無窮大。

Millikan 使用古典的油滴的實驗裝置，測定電子所帶之電荷。於恆溫的容器內之平行的二電極板間，噴入霧狀的油滴，並藉顯微鏡觀測某單一油滴之下降的速度，而當該油滴之下降的速度 u 達至一定時，該油滴所受之重力場的作用力與其摩擦力相等，因此，可由 Stokes 的式得，$fu = 6\pi \eta r u = \frac{4}{3}\pi r^3 g(\rho - \rho_0)$，由此可得油滴之下降的速度，$u = \frac{2}{9}\frac{\rho - \rho_0}{\eta}gr^2$，而可算出該油滴之半徑 r。若油滴帶電荷，則視油滴所帶的電荷之正或負，及電場的方向，該油滴之下降的速度，會增加或減低。平行的二電極板間之空氣經 X-射線的照射之離子化而產生離子與電子時，油滴會攜持氣體的離子或電子而帶電荷。因此，油滴會改變其於電場中之下降的速度，而由觀察油滴之速度的變化，可測定電子所帶之電

荷。測定電子之電荷的最簡單方法，爲改變作用的電場之強度 E，使油滴之下降的速度變爲零。此時油滴所受的重力場之作用力與電場的作用力相等，因此

$$neE = \frac{4}{3}\pi r^3 g(\rho - \rho_0) \tag{16-4}$$

上式中，n 爲油滴所帶的單位電荷 e 之數目，r 爲油滴之半徑，g 爲重力加速度，ρ 爲油滴之密度，ρ_0 爲空氣之密度。

電子之電荷 e_1，亦可由觀測某油滴之下降的速度 u_1，及於施加 5,000 至 10,000 伏特之電場(上面的電極爲正、下面的電極爲負)下，觀測該油滴克服重力的作用並向上面的正電極的方向上升之速度 u_2 而測得。由於電子帶負的電荷，因此，於切斷電路而於無電場的作用時，油滴會下降，而於通電時油滴會吸收電子帶負電荷，向正電極的方向上升，如此可對同一油滴作反覆的測定。由帶負電荷的油滴於未施加電場時之下降速度 u_1，與施加電場強度 E 時之上升速度 u_2 的比 u_1/u_2，利用下式 (16-5) 可計算電子所帶之電荷，即爲

$$\frac{u_1}{u_2} = \frac{mg}{neE - mg} \tag{16-5}$$

上式中，m 爲油滴之質量。因同一油滴之質量一定，故上式中之 u_1 爲一定的值，而 u_2 則不然。因油滴於其移動的過程中所攜持之氣體的離子或電子數 n 可能不同，因此會影響上式 (16-5) 中之 ne 的量，而 u_2 會依 ne 之大小而改變。

Millikan 由實驗發現，油滴所帶之電荷 ne 爲 1.602×10^{-19} 庫倫或 4.802×10^{-10} **靜電單位** (electrostatic unit, 縮寫成 esu) 的倍數。由此可推定電子所帶之電荷爲，$e = 1.602 \times 10^{-19}\,C$ 或 $4.802 \times 10^{-10}\,esu$，$1\,esu = 1\,emu/c$，其中的 c 爲光速。由其他的更精密的量測方法得，電子之電荷爲 $1.60186 \times 10^{-19}\,C$。

電子之質量 m，可由上述之 m/e 及 e 的測定值計算，爲

$$m = (m/e)e = (5.6839 \times 10^{-9}\,g\,C^{-1})(1.60186 \times 10^{-19}\,C)$$
$$= 9.105 \times 10^{-28}\,g$$

此值爲電子之**靜態質量** (rest mass)，即爲電子之移動速度較光速甚低時之電子的質量。氫的原子之質量與電子之質量的比爲

$$\frac{m_H}{m_e} = \frac{1.008}{(6.0238 \times 10^{23})(9.105 \times 10^{-28})} = 1838$$

於電解時，析出一當量物質所需之電量爲 $1F$，即等於 $96,496\,C\,equiv^{-1}$，因此，由此值除以電子所帶之電荷 e，可計得 Avogadro 的常數 N_A 爲

$$N_A = \frac{F}{e} = \frac{96,496\,C\,equiv^{-1}}{1.6019 \times 10^{-19}\,C\,electron^{-1}}$$
$$= 6.024 \times 10^{23}\,electrons\,equiv^{-1}$$

16-2 電磁輻射 (Electromagnetic Radiation)

電場與磁場互相垂直**震動** (oscillating) 時，會產生與電場 E 及磁場 H 成垂直的方向傳播的**電磁波** (electromagnetic wave)，如圖 16-1 所示。例如，γ-射線、X-射線、紫外光 (UV)、**可見光** (visible light)、紅外光 (IR)、微波、雷達與電視波、及無線電波等均為電磁波。電磁波於真空中之速度 c，與其波長或頻率無關，等於 $2.9978 \times 10^8 \, \mathrm{m \, s^{-1}}$。

電磁輻射線之波長 λ，通常以米 (m)，厘米 (cm)，**微米** (micron，$\mu = 10^{-6} \, \mathrm{m}$)，**毫微米或奈米** (millimicron or nanometer，$m\mu = nm = 10^{-9} \, \mathrm{m}$)，或**埃** (angstrom，$\text{Å} = 10^{-10} \mathrm{m} = 10 \, \mathrm{nm}$) 等的單位表示。電磁輻射線之頻率 v 為其**每秒的週波數** (number of cycles per second)，即等於每秒之行進的距離(速度)c 除以波長 λ，為

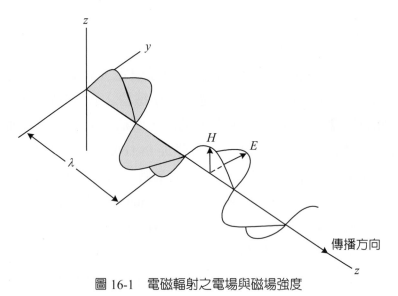

圖 16-1　電磁輻射之電場與磁場強度

$$v = \frac{c}{\lambda} \tag{16-6}$$

上式中，波長 λ 與光速 c 須取同一的長度單位。每單位長度之週波數，稱為**波數** (wave number) $\tilde{v}$，由此，波數等於波長的倒數，而可表示為

$$\tilde{v} = \frac{1}{\lambda} = \frac{v}{c} \tag{16-7}$$

若波長之單位為 cm，則波數之單位為 $\mathrm{cm^{-1}}$，由上式 (16-7) 可得，$v = c\tilde{v}$。**光子** (photon) 為輻射線之最小的單位量，輻射線之波數及頻率皆與光子之能量成正比，一般波數較波長常被標用，以表示光子之能量。

電場與磁場的強度之各向量互相垂直，且均與電磁輻射線之傳播的方向垂直，如圖 16-1 所示。電磁波沿 x 軸的方向傳播時，於時間 t 之電場與磁場的強度可分別用下式 (16-8) 與 (16-9) 表示，為

$$E_y = E_{y,0} \sin \frac{2\pi}{\lambda}(x - ct) = E_{y,0} \sin 2\pi(\tilde{v}x - vt) \qquad \text{(16-8)}$$

與

$$H_z = H_{z,0} \sin \frac{2\pi}{\lambda}(x - ct) = H_{z,0} \sin 2\pi(\tilde{v}x - vt) \qquad \text{(16-9)}$$

上式中，E_y 為垂直電磁波之傳播的方向及磁場方向的電場之強度，H_z 為垂直電磁波之傳播的方向及電場方向的磁場強度，$E_{y,0}$ 與 $H_{z,0}$ 分別為電場與磁場的強度之各最高值。

16-3 電磁光譜 (Electromagnetic Spectrum)

電磁輻射線之光譜由其所放射的光源與測定的設備，依波長、波數、頻率及能量的範圍，可大略分成如表 16-1 所示之若干光譜的區域。

表 16-1 電磁輻射之各光譜區域與其能量

名 稱	波長範圍 λ	波 數 $\tilde{v}$, cm^{-1}	頻 率 v, s^{-1} (Hz)	能 量 kcal mol^{-1}	kJ mol^{-1}	eV
無線電頻率 (radio frequency)	3×10^5 cm	3.33×10^{-6}	10^5	9.51×10^{-9}	3.979×10^{-8}	4.12×10^{-10}
微波 (microwave)	30cm	0.0333	10^9	9.51×10^{-5}	3.979×10^{-4}	4.12×10^{-6}
	0.06cm (600μm)	16.6	4.98×10^{11}	0.0457	0.1912	2.07×10^{-3}
遠紅外光 (far infrared)	30μm	333	10^{13}	0.951	3.979	0.0412
近紅外光 (near infrared)	0.8μm (8000 Å)	1.25×10^4	3.75×10^{14}	35.8	149.79	1.55
可見光 (visible)	4000Å	2.5×10^4	7.5×10^{14}	71.5	299.16	3.10
紫外光 (ultraviolet)	1500Å	6.06×10^4	19.98×10^{14}	190	794.96	8.25
眞空紫外光 (vacuum ultraviolet)	50Å	2×10^6	6×10^{16}	5.72×10^5	2.393×10^6	247.8
X-射線與 γ-射線 (X-rays and γ-rays)	0.001Å	10^{11}	3×10^{21}	2.86×10^{10}	1.197×10^{11}	12.4×10^6

電子沿導線振動時會產生**無線電波** (radio wave)，或稱為 Hertz 波，此種電波可藉適當容量與感度的天線吸收。無線電波之波長的範圍為 3×10^5 cm ~ 30 cm，其能量甚小，不足以激起分子之化學的變化，但能產生**核旋轉方位** (orientation of nuclear spins) 之變化，而可由**核磁共振** (nuclear magnetic resonance 簡稱 NMR) 檢測。

微波輻射線 (microwave radiation) 之波長的範圍為 $30 \sim 0.06$ cm，可使用雷達的**速調電子管** (klystron tube) 發生器產生微波的輻射線，而由調準速調電子管之頻率，可發射特定波長範圍的**單色光輻射線** (monochromatic radiation)，微波輻射線係藉**波導** (wave guide) 管傳遞。

遠紅外光輻射線之波長的範圍為 $600 \sim 30$ μm，以**白熾的物體** (incandescent objects) 為發射的光源，其所輻射的光譜之範圍較為寬闊，須用**光柵** (grating) 或氯化鈉或溴化鉀的單晶**稜鏡** (prism) 之**單色的漏光器** (monochromator)，以得頻率範圍狹小的單色輻射線。因玻璃會吸收紅外線，故波長 3 μm 以下之紅外線，一般需使用石英製的器具。紅外光輻射線之強度，通常使用由若干**熱電偶** (thermocouple) 串聯而成的**熱電堆** (thermopile) 檢測。

可見光之波長的範圍為 $8000 \sim 4000$Å，通常以原子的弧光與適當的濾光器 (玻璃製的稜鏡或光柵) 的組合，作為單色可見光之光源，可見光常使用光電池或照相底片的感光等，檢測其光線的強度。

紫外光之波長的範圍為 $4000 \sim 1500$Å，通常使用汞、氫或**氙** (xenon) 等之**弧光燈** (arc lamps) 作為光源。於此波長的範圍須使用石英製的稜鏡及容器，而於波長 2000Å 以下時須使用**螢石** (fluorite, CaF_2) 製的光學器具。

鄰接紫外光之較短波長的輻射線，稱為**真空紫外光** (vacuum ultraviolet)，其波長的範圍為 $1500 \sim 50$Å。因空氣會吸收此波長範圍的輻射線，故此波長範圍之分光**光譜計** (spectrometer) 須抽成真空。

X-射線與 γ-射線之波長均很短，其波長的範圍約為 $50 \sim 0.001$Å。原子內的電子於其原子核外之不同能量的電子軌道間之轉移所產生的輻射線，稱為 X-射線，而原子核之能位的轉移所產生的輻射線，稱為 γ-射線。此區域的輻射線之能量一般很大，其輻射的強度可藉 Geiger-Müller **計數器** (Geiger-Müller counter)、**閃光計數器** (scintillation counter) 或照相的底片之感光量測。

各種電磁輻射線由於其能量的不同，對於物質之化學與物理的效應截然不同。單一光子之能量 ϵ，可表示為

$$\epsilon = h\nu \tag{16-10}$$

上式中，ν 為輻射線之頻率，h 為 Planck **常數** (Planck's constant)，等於 6.624×10^{-27} erg s。

電子與光子之能量通常以**電子伏特** (electron volt) eV 的單位表示，1eV 相當於一電子於 1volt 的電位間移動所作的功，或一電子經 1volt 的電位差之加速所得的能量。能量單位 eV 與 erg 間之關係為

$$1\,eV = (1.602 \times 10^{-19}C)(1\,V) = 1.602 \times 10^{-19}\,J = 1.602 \times 10^{-12}\,erg$$

一般的化學反應之能量的變化，常使用 J mol^{-1} 或 cal mol^{-1} 的單位表示。這些能量的單位與 eV 之間的關係為

$$1\,eV = (1.602 \times 10^{-19}\,J)(6.023 \times 10^{23}\,mol^{-1}) = 96,488\,J\,mol^{-1}$$
$$= 23,061\,cal\,mol^{-1}$$

例 16-1 試計算波長 3000Å 的輻射線之能量，分別以 ergs photon^{-1}, cal mol^{-1}, J mol^{-1} 及 eV 的單位表示之

 解

$$h\nu = hc / \lambda = (6.624 \times 10^{-27}\,erg\,s)(3 \times 10^{10}\,cm\,s^{-1}) / (3000 \times 10^{-8}\,cm)$$
$$= 6.624 \times 10^{-12}\,erg$$
$$N_A h\nu = (6.02 \times 10^{23}\,mol^{-1})(6.624 \times 10^{-12}\,erg) = 3.98 \times 10^{12}\,erg\,mol^{-1}$$
$$= \frac{3.98 \times 10^{12}\,erg\,mol^{-1}}{(4.184\,J\,cal^{-1})(10^{7}\,erg\,J^{-1})} = 95,300\,cal\,mol^{-1} = 3.98 \times 10^{5}\,J\,mol^{-1}$$
$$= \frac{3.98 \times 10^{5}\,J\,mol^{-1}}{96,488\,J\,mol^{-1} \cdot eV^{-1}} = 4.125\,eV \qquad \blacktriangleleft$$

16-4 洞穴輻射 (Cavity Radiation)

加熱的氣體通常會放射其特殊之不連續的線光譜之輻射線，而加熱的固體會放射連續光譜的輻射線。不同種類的固體於相同的溫度，通常會放射不同光譜分佈的電磁輻射線，然而，中空的物體於一定的溫度下，自其內部經器壁的小孔所輻射之輻射線的強度及波長的分佈，與物體之種類、洞孔的大小及其形狀無關。此種輻射稱為**黑體輻射** (black-body radiation)，或**洞穴輻射** (cavity radiation)。

Planck 於 1900 年 12 月 4 日，向柏林的物理學會成功地提出，洞穴輻射的輻射線光譜之理論。他於其理論的誘導中大膽地假設，固體中的**震動偶極** (oscillating dipoles) 之輻射僅放出及吸收 $h\nu$ 之整數倍的能量，其中的 h 為後來的所謂 Planck 常數，ν 為所放出或吸收的輻射線之頻率。由此，振動體不能隨便放出或吸收任何頻率之能量，而僅放出或吸收特定能量的頻率之量子 $h\nu$。電磁輻射線之量子的能量 $h\nu$ 亦可寫成 hc / λ 或 $hc\tilde{\nu}$，其中的 c 為於真空中之光速，λ 為波長，$\tilde{\nu}$ 為波數。

從一定大小的加熱的洞穴所放射之電磁輻射線，其所加熱之洞穴的溫度越高所放射之電磁線的能量越大，通常以單位體積所輻射之能量，即所謂**能量密度** (energy density) ρ 表示。能量密度一般用頻率 v 的函數 ρ_v 表示，亦可用波長 λ 的函數 ρ_λ，或波數 $\tilde{v}$ 的函數 $\rho_{\tilde{v}}$ 表示。因此，於單位體積內的頻率 v 至 $v+dv$ 間之能量可表示為 $\rho_v dv$，其中的能量密度 ρ_v 之 SI 單位為 J m^{-3}s。Planck 對於能量密度 ρ_v 導得（參閱附錄九）

$$\rho_v = \frac{8\pi v^2}{c^3}\frac{hv}{e^{hv/kT}-1} \tag{16-11}$$

上式中，$k = R / N_A$ 為 Boltzmann 常數，h 為 Planck 常數。

能量密度有時用波長的函數表示較為方便。單位體積內的波長 λ 至 $\lambda + d\lambda$ 間之能量可表示為 $\rho_\lambda d\lambda$，而能量密度 ρ_λ 之 SI 單位為 J m^{-4}。

能量密度 ρ_v 與 ρ_λ 間之關係，可表示為

$$\rho_\lambda d\lambda = -\rho_v dv \tag{16-12}$$

上式右邊之負號係因 $d\lambda$ 與 dv 之符號相反，即頻率 v 增加時其波長 λ 減小。因此，由式 (16-6)，$v = c / \lambda$，此關係對 λ 微分得

$$\frac{dv}{d\lambda} = -\frac{c}{\lambda^2} \tag{16-13}$$

將式 (16-11) 與 (16-13) 代入式 (16-12)，可得

$$\rho_\lambda = \frac{8\pi hc}{\lambda^5}\frac{1}{e^{hc/\lambda kT}-1} \tag{16-14}$$

同理，亦可得以波數之函數表示的能量密度 $\rho_{\tilde{v}}$，為

$$\rho_{\tilde{v}} = \frac{8\pi hc\tilde{v}^3}{e^{hc\tilde{v}/kT}-1} \tag{16-15}$$

因輻射線之波數 $\tilde{v}$ 為波長的倒數，故 $\rho_{\tilde{v}}$ 之單位為 J m^{-2}。SI 制之波數的單位為 m^{-1}，但通常使用 cm^{-1}。

Planck 的式於實際的應用上，由於自洞穴的小孔所放射之能量的速度，較洞穴內之輻射能量的密度重要。因此，自**放射體** (radiant) 所放射的能量之速度，與放射體之**光譜線的濃度** (spectral concentration) M_v, M_λ 或 $M_{\tilde{v}}$ 有關。於單位時間經單位面積之粒子的通量，由第 12 章的式 (12-88) 得，可用其平均速度的 1/4 與單位體積之粒子數的乘積表示。因此，自放射體所放射之光譜線的濃度 M_v, M_λ 或 $M_{\tilde{v}}$，可用其能量密度與 $c/4$ 的乘積，分別表示為

$$M_v = \frac{c}{4}\rho_v = \frac{2\pi v^2}{c^2}\frac{hv}{e^{hv/kT}-1} \tag{16-16a}$$

$$M_\lambda = \frac{c}{4}\rho_\lambda = \frac{2\pi hc^2}{\lambda^5}\frac{1}{e^{hc/\lambda kT}-1} \tag{16-16b}$$

$$M_{\widetilde{v}} = \frac{c}{4}\rho_{\widetilde{v}} = \frac{2\pi hc^2\widetilde{v}^3}{e^{hc\widetilde{v}/kT}-1} \tag{16-16c}$$

上式中， $M_v dv$ 為每單位時間由單位面積所放出之頻率 v 至 $v+dv$ 間的能量之速率。 $M_\lambda d\lambda$ 為每單位時間由單位面積所放出之波長 λ 至 $\lambda+d\lambda$ 間的能量之速率。 $M_{\widetilde{v}} d\widetilde{v}$ 為每單位時間由單位面積所放出之波數 $\widetilde{v}$ 至 $\widetilde{v}+d\widetilde{v}$ 間的能量之速率。由此， M_v 之 SI 單位為 $W\,m^{-2}s$， M_λ 之單位為 $W\,m^{-3}$，及 $M_{\widetilde{v}}$ 之單位為 $W\,m^{-1}$。

Planck 由洞穴的輻射之光譜的數據，計得 Planck 常數 h，Plank 常數亦可由其他的許多方法量測，所得之 Planck 常數值為， $h = 6.626176 \times 10^{-34}\,J\,s$。於溫度 $T = 1000$, 1500 及 $2000\,K$ 之 M_v 與 v，及 M_λ 與 λ 的關係，如圖 16-2(a) 及 (b) 所示。

如圖 16-2(b) 所示， M_λ 對 λ 之曲線的極大值隨溫度之增高而移向較短之波長。由式 (16-16b) 對 T 微分，並設 $dM_\lambda/dT = 0$，可得 λ_{max} 與 T 的關係（參閱附錄九）。由此所得的絕對溫度 T 與 λ_{max} 之關係，稱為 Wien **位移的法則** (Wien displacement law)，而可表示為

$$T = \frac{2.898\times10^{-3}\,K\,m}{\lambda_{max}} \tag{16-17}$$

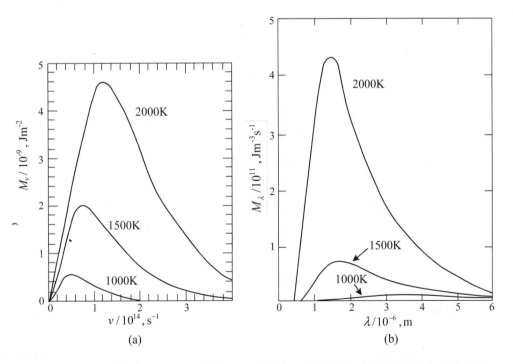

圖 16-2 (a) 放射體放出之光譜濃度 M_v 與頻率 v 的關係，其最大強度之頻率與溫度成正比；(b) 放射體放出之光譜濃度 M_λ 與波長 λ 的關係。此二圖之曲線下面的面積為 $M\ Wm^{-2}$，而與溫度之四次方成比例

於單位時間自單位面積之洞穴的小孔所放出之總能量 M，由式 (16-16) 可寫成

$$M = \int_0^\infty M_\lambda d\lambda = \int_0^\infty M_v dv = \int_0^\infty M_{\tilde{v}} d\tilde{v} \qquad (16\text{-}18)$$

將式 (16-16) 之各式代入上式 (16-18) 經積分，可得 M 與絕對溫度之四次方成比例，此關係稱為 Stefan-Boltzmann 的法則。例如，將式 (16-16b) 代入上式 (16-18) 可得

$$M = \int_0^\infty M_\lambda d\lambda = 2\pi c^2 h \int_0^\infty \frac{d\lambda}{\lambda^5 (e^{hc/\lambda kT} - 1)} \qquad (16\text{-}19)$$

設 $x = hc/\lambda kT$，則 $\lambda = \dfrac{hc}{xkT}$ 及 $d\lambda = -\dfrac{hc dx}{x^2 kT}$，將這些關係代入上式，可得

$$M = \frac{2\pi k^4 T^4}{h^3 c^2} \int_0^\infty \frac{x^3 dx}{e^x - 1} \qquad (16\text{-}20)$$

因 $(e^x - 1)^{-1} = e^{-x}(1 - e^{-x})^{-1} = e^{-x} + e^{-2x} + e^{-3x} + \cdots$。由附錄一之式 (A1-123)，$\int_0^\infty x^3 e^{-ax} dx = \dfrac{3!}{a^4}$，可得上式 (16-20) 右邊之積分項為

$$\int_0^\infty \frac{x^3 dx}{e^x - 1} = 6\left(1 + \frac{1}{2^4} + \frac{1}{3^4} + \cdots\right) = 6 \cdot \frac{\pi^4}{90} = \frac{\pi^4}{15} \qquad (16\text{-}21)$$

將上式代入式 (16-20)，可得

$$M = \frac{2\pi^5 k^4}{15 h^3 c^2} T^4 = \sigma T^4 \qquad (16\text{-}22)$$

上式中之 Stefan-Boltzmann 常數 σ 為

$$\sigma = \frac{2\pi^5 k^4}{15 h^3 c^2} = 5.6697 \times 10^{-8}\,\mathrm{J\ s^{-1} m^{-2} K^{-4}} \qquad (16\text{-}23)$$

於低溫及短的波長時，λT 值甚小，而 $e^{hc/\lambda kT}$ 遠大於 1，因此，式 (16-16b) 之右邊的分母之括號內的 1，對於 $e^{hc/\lambda kT}$ 可以省略。由此，式 (16-16b) 可簡化成為

$$M_\lambda = \frac{2\pi hc^2}{\lambda^5} e^{-hc/\lambda kT} \qquad (16\text{-}24a)$$

上式中之常數 $2\pi hc^2$ 及 hc/k，分別以 c_1 及 c_2 表示時，上式 (16-24a) 可寫成

$$M_\lambda = \frac{c_1}{\lambda^5} e^{-c_2/\lambda T} \qquad (16\text{-}24b)$$

上式 (16-24) 即為 Wien 之輻射法則的式。

　　對於高的溫及長的波長，其 λT 值甚大而 $hc/\lambda kT$ 值甚小。此時利用 e^x 之展開式，$e^x = 1 + x + \dfrac{1}{2}x^2 + \cdots$，可得

$$e^{hc/\lambda kT} = 1 + \frac{hc}{\lambda kT} + \frac{1}{2!}\left(\frac{hc}{\lambda kT}\right)^2 + \frac{1}{3!}\left(\frac{hc}{\lambda kT}\right)^3 + \cdots \tag{16-25}$$

上式之右邊省略第三項以後的各項，代入式 (16-16b) 可得

$$M_\lambda = \frac{2\pi hc^2}{\lambda^5 \cdot hc/\lambda kT} = \frac{2\pi ckT}{\lambda^4} \tag{16-26}$$

上式 (16-26) 即為 Rayleigh-Jeans 之輻射法則的式。由上述得知，Planck 所導得之電磁輻射式，可簡化成各種條件下之輻射式。

例 16-2　試求於溫度 2000 K 的洞穴輻射，其洞穴內的輻射線波長 800 nm 之能量密度 ρ_λ 與 ρ_v，及其光譜濃度 M_λ 與 M_v。並證明由 M_λ 與 M_v 所得的 0.1 nm 的波長範圍之輻射線量相等

解　$\dfrac{hv}{kT} = \dfrac{hc}{\lambda kT} = \dfrac{(6.626 \times 10^{-34}\,\text{J s})(2.998 \times 10^{8}\,\text{m s}^{-1})}{(800 \times 10^{-9}\,\text{m})(1.3806 \times 10^{-23}\,\text{J K}^{-1})(2000\,\text{K})} = 8.993$

$\rho_\lambda = \dfrac{8\pi hc}{\lambda^5}\dfrac{1}{e^{hc/\lambda kT}-1} = 1896\,\text{J m}^{-4}$

$\rho_v = \dfrac{8\pi hv^3}{c^3}\dfrac{1}{e^{hv/kT}-1} = 4.043 \times 10^{-18}\,\text{J m}^{-3}\text{s}$

$M_\lambda = \dfrac{c}{4}\rho_\lambda = 1.421 \times 10^{11}\,\text{J m}^{-3}\text{s}^{-1}$

$M_v = \dfrac{c}{4}\rho_v = 3.032 \times 10^{-10}\,\text{J m}^{-2}$

對於 0.1 nm 的波長範圍

$$\Delta v = \frac{c}{\lambda_1} - \frac{c}{\lambda_2} = (2.998 \times 10^{8}\,\text{m s}^{-1})\left(\frac{1}{800 \times 10^{-9}\,\text{m}} - \frac{1}{800.1 \times 10^{-9}\,\text{m}}\right)$$

$$= 4.684 \times 10^{10}\,\text{s}^{-1} \qquad \blacktriangleleft$$

$M_\lambda d\lambda = (1.421 \times 10^{11}\,\text{J m}^{-3}\text{s}^{-1})(0.1 \times 10^{-9}\,\text{m}) = 14.21\,\text{J m}^{-2}\text{s}^{-1}$

$M_v dv = (3.032 \times 10^{-10}\,\text{J m}^{-2})(4.684 \times 10^{10}\,\text{s}^{-1}) = 14.21\,\text{J m}^{-2}\text{s}^{-1}$

16-5 光電效應 (Photoelectric Effect)

　　光線照射金屬的表面時，自金屬的表面放出電子之現象，稱為**光電效應** (photoelectric effect)。Einstein 於 1905 年藉量子論解釋光電效應，此為應用量子的學說之開端。利用光電效應製備的**光電池** (photocell)，可靈敏地檢測輻射線，光電池與其電路之簡略圖，如圖 16-3 所示。

　　於高真空度的玻璃管內，裝設以金屬（如鉀）的薄膜覆蓋之光線的**接受板** (receiver) K 的為負電極，與對立的**線屏篩** (wire screen) 的正電極 W，而此真空管內須抽成高度的真空以使電極 W 與 K 間完全絕緣，此二電極與電池 B 及**檢流計** (galvanometer) G 串聯，如圖 16-3 所示。當光線照射於接受板電極 K 時，光子被金屬(K)表面吸收，而自金屬表面放出的電子會被吸引至線屏篩電極 W 而完成電路，並產生電流通過檢流計，此時通過檢流計 G 之電流與自接受板 K 之金屬面每秒所放出的電子數成正比，而自接受板表面放出之電子數與投射於接受板面上的光子數（光線強度）成比例。

　　由實驗得知，入射光線的頻率需超過某特定值時，才會自 K 電極之金屬面放出電子，此頻率稱為該金屬之**低限頻率** (threshold frequency)。入射的光線之頻率大於此低限頻率時，自 K 電極的金屬面放出之電子，才會具有超過其低限頻率能量之動能。將光電池之電極 K 及 W，分別與電池 B 之正極及負極連接，並調節改變其二電極 K 與 W 間的電壓，則由測定自 K 電極停止放出光電子時的電壓，可推知自 K 電極的金屬面所放出電子之最高能量。由實驗的結果得知，自電極 K 之金屬面所放出的電子之最高速度，僅與入射光線之頻率（能量）有關，而與其強度無關。

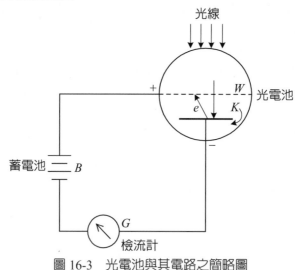

圖 16-3　光電池與其電路之簡略圖

Einstein 於 1905 年由量子的假說，解釋上述之實驗的觀察結果。當光線投射於金屬面時，金屬表面之一電子獲得一光子的能量 hv，此時若投射之光量子的能量 hv 大於金屬面的電子之**電位障壁** (potential barrier)的位能 hv_0，則吸收光量子之電子的能量，可超過其低限能量 hv_0，而會從金屬面放出，此時該電子所具有的超過其低限能量之能量 $hv - hv_0$，可轉變成為其動能 $\frac{1}{2}mv^2$。假設施加相反的電屏，而使光電流為零（即停止產生光電子）時所施加之反電壓為 ε，則上述的光電子之動能可表示為

$$\frac{1}{2}mv^2 = hv - hv_0 = \varepsilon e \tag{16-27}$$

上式中，m 為電子之質量，v 為光電子之速度，v 為入射光線之頻率，v_0 為常數，稱為**光電的低限頻率** (photoelectric threshold frequency)，hv_0 為該金屬之**功函數** (work function)，即自金屬的表面放出電子所需之最低的能量，等於該金屬之游離能。

由上式 (16-27) 得知，電壓 ε 相當於自電極 K 之金屬表面所放出電子之速度減為零，而不能抵達 W 電極時所需的電位差。因此，由停止產生光電流所需之最低的電壓 ε，對入射光線之頻率 v 作圖，可得斜率為 h/e 之直線，而由此斜率 h/e 與電子之電荷 e 的乘積，亦可求得 Planck 常數 h。

16-6 氫原子之光譜 (Spectra of Hydrogen Atom)

洞穴的輻射所放射之輻射線為連續的光譜，但加熱的氣體所放射之輻射線中，含不連續的光譜線，而氣體的分子之多數的光譜線均密集而**成帶** (bands)狀。灼熱的固體所放射之連續的光譜輻射線通過氣體時，其某些波長的輻射線會被氣體的分子吸收，而於其連續光譜輻射線的明亮背景中會出現**黑暗的線** (dark lines)，此即為該氣體分子之吸收的光譜線，此種吸收光譜圖中的黑暗光譜線之波長或頻率，與該氣體分子之放射光譜圖者完全相同。這些光譜線不能用古典的理論解釋，而其頻率一般可用二光譜項的差表示。

氫原子的原子核之外面只有一電子，而其光譜較為簡單，其於可見光的區域之光譜線如圖 16-4 所示。Balmer 於 1885 年，發現氫原子於可見光的區域之**放射光譜** (emission spectrum)，其光譜線之波長可用下列的簡單關係式表示，為

$$\frac{1}{\lambda} = \tilde{v} = \Re\left(\frac{1}{2^2} - \frac{1}{n_2^2}\right) \tag{16-28}$$

上式中，n_2 為大於 2 之正整數，$\Re$ 為 Rydberg 常數，等於 109,677.58 cm⁻¹。光譜線之波長可精確測定，所以可精確測得 $\Re$ 值。電子由於不同**能階** (energy level) 間的轉移而產生光譜線，由於光譜線之頻率 v 及波數 $\tilde{v}$ 均與能量成比例，因此，光譜常用頻率或波數表示。

上式 (16-28) 中，n_2 等於 2 時，其 $\tilde{v}$ 等於零，因此，n_2 不等於 2 而須大於 2，且 n_2 比 2 愈大其 $\tilde{v}$ 值愈大。當 n_2 較大時，其 $\tilde{v}$ 僅會隨 n_2 的增加而稍微增加，而於 n_2 趨近於無窮大時，其 $\tilde{v}$ 會趨近於極限值 $\frac{1}{4}\Re$。

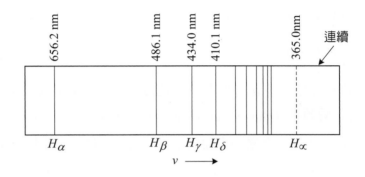

圖 16-4　氫原子的放射光譜中之 Balmer 系列光譜線。波長以奈米 (1 nm = 10⁻⁹ m) 表示，其光譜線用希臘字的記號表示，以便於後面的圖 16-5 中所示之對應能階的轉移對照

由於 Balmer 的成功發現而導致對於光譜線的進一步探索，並由此發現氫原子的光譜之其他的光譜線系。光譜線之波數一般可用下式表示為

$$\tilde{v} = \Re\left(\frac{1}{n_1^2} - \frac{1}{n_2^2}\right) \tag{16-29}$$

上式中，n_1 及 n_2 均為正的整數，而 n_2 大於 n_1。上式中的 $n_1 = 1$ 為於**紫外** (ultraviolet) 光的區域之 Lyman 系列光譜線，$n_1 = 3$ 為於**紅外** (infrared) 光的區域之 Paschen 系列光譜線，$n_1 = 4$ 同樣為紅外光的區域之 Brackett 系列光譜線，$n_1 = 5$ 亦同樣為紅外光的區域之 Pfund 系列光譜線。每一光譜線均可用 $\Re/n_1^2$ 與 $\Re/n_2^2$ 之二項的差表示。其他的原子之光譜線較為複雜，但其頻率或波數均如上，而一般均同樣可用二光譜項的差表示。由能量不滅的定律可瞭解此種觀念，而可用能量表示為

$$hv = E_2 - E_1 \tag{16-30}$$

上式中，E_2 為原子或分子放射光子 hv 前之能量，E_1 為放射後之能量。此式為所有各種光譜的光譜線之基本式。

16-7 Bohr 的學說 (Bohr's Theory)

　　Niels Bohr 於 1913 年，依據量子理論提出氫原子的模型，而成功地說明氫原子之光譜。Bohr 認為氫原子之中心為帶單位正電荷 $+e$ 的原子核，而一電子於原子核的周圍作圓周的迴轉運動以維持穩定的狀態。Bohr 假定電子之迴轉運動的軌道為圓形，而僅軌道的電子之**角動量** (angular momentum) 等於 $\hbar$ 之整數倍的圓形軌道，電子才能作穩定的迴轉運動，於此其 $\hbar$ 為 $h/2\pi$。同時 Bohr 假定原子內的電子沿著圍繞正電荷的原子核之軌道穩定運動時，電子會保持一定的能量而不吸收亦不放射能量，並由此導出**似氫原子** (hydrogenlike atom) 的能階之精確的式。

　　電子圍繞原子核作等速的圓周運動時，具有一定的**離心加速度** (centrifugal acceleration) v^2/r_n，其中的 v 為電子之速度，r_n 為圓形軌道之半徑。由 Newton 的第二運動定律，離心力等於質量與離心加速度的乘積 $m_e v^2/r_n$，其中的 m_e 為電子之質量。電子圍繞帶正電荷 Ze 的原子核運動時，電子與原子核間之 Coulomb 的靜電引力等於 Ze^2/r_n^2，其中的 e 為以靜電單位表示之電子的電荷。電子於圓形的軌道上作穩定的等速運動時，其離心力等於 Coulomb 的靜電引力，而可表示為

$$\frac{m_e v^2}{r_n} = \frac{Ze^2}{r_n^2} \tag{16-31a}$$

由上式可得，電子的運動之圓形軌道的半徑為

$$r_n = \frac{Ze^2}{m_e v^2} \tag{16-31b}$$

　　依據古典理論，可滿足上式 (16-31b) 之圓形軌道的半徑為連續的任意大小的半徑。然而，Bohr 認為滿足上式 (16-31b) 的條件之圓形軌道並非全部穩定，而追加假定僅滿足下列之量子條件的電子運動之軌道，電子才能作穩定的圓周運動。其所謂量子條件為動量 p 對座標 q 之一週的積分，須等於 Planck 常數的整數倍，而為

$$\oint p\,dq = nh, \quad n = 0,1,2,3,\cdots \tag{16-32}$$

上式中，n 為正的整數，q 為電子之圓周運動的座標，於此相當於角度 θ，電子之圓周運動的角動量 p 可表示為 $m_e r_n^2 \omega$，而電子作穩定的圓周運動時之角速度 $\omega = v/r_n$ 為一定。因此，由上式 (16-32) 之量子條件可得

$$\oint pdq = \int_0^{2\pi} m_e r_n^2 \omega d\theta = 2\pi m_e r_n^2 \omega = nh \tag{16-33}$$

由上式(16-33)，電子之角動量可表示為

$$m_e r_n^2 \omega = m_e r_n \upsilon = n\frac{h}{2\pi} \tag{16-34}$$

並由上式 (16-34) 可得，電子之角動量為 $h/2\pi$ 的整數倍。上式中之正整數 n，稱為**量子數** (quantum number)。由式 (16-31b) 與 (16-34) 消去 υ 可得，電子作穩定的圓周運動之軌道的半徑 r_n，可表示為

$$r_n = \frac{n^2 h^2}{4\pi^2 Z m_e e^2} \tag{16-35}$$

由上式得，軌道半徑 r_n 與量子數 n 之平方成比例。將上式 (16-35) 代入式 (16-34) 可得，電子之速度 υ 為

$$\upsilon = \frac{2\pi Z e^2}{nh} \tag{16-36}$$

即電子於圓形的軌道穩定運動時之速度與其量子數成反比。

對於氫原子，其 $Z=1$，而由式 (16-35) 可得，氫原子之 Bohr 軌道的半徑，可表示為

$$r_n = \frac{n^2 h^2}{4\pi^2 m_e e^2} \tag{16-37}$$

由此，氫原子之最小軌道 ($n=1$) 的半徑為 $r_1 = h^2/4\pi^2 m_e e^2 = 0.0529\,\text{nm}$，而量子數等於 n 之軌道的半徑為 $r_n = r_1 n^2 = 0.0529\,n^2\text{nm}$。於量子力學中常以 0.0529 nm 作為距離的單位，而稱此為**原子單位** (atomic unit，簡稱 a.u.)。

Bohr 的軌道上之電子的總能量 E_n，等於該電子之動能 T 與位能 V 的和，其中的動能 $T = \frac{1}{2}m_e \upsilon^2$，而原子核與電子間之 Coulomb 的引力 $F = \frac{Ze^2}{r_n^2}$，此等於位能 V 之 r_n 的負導數，即 $F = -dV/dr_n$。因此，電子之位能可表示為

$$V = \int_\infty^{r_n} \frac{Ze^2}{r^2} dr = -\frac{Ze^2}{r_n} \tag{16-38}$$

而電子之動能由式 (16-31a)，可表示為

$$T = \frac{1}{2}m_e \upsilon^2 = \frac{1}{2}\frac{Ze^2}{r_n} \tag{16-39}$$

所以**似氫原子** (hydngenlike atom) 之 Bohr 軌道的電子之總能量，可表示為

$$E_n = T + V = \frac{1}{2}\frac{Ze^2}{r_n} - \frac{Ze^2}{r_n} = -\frac{1}{2}\frac{Ze^2}{r_n} \tag{16-40}$$

將式 (16-35) 之軌道半徑 r_n 代入上式 (16-40)，可得

$$E_n = -\frac{2\pi^2 Z^2 m_e e^4}{h^2} \cdot \frac{1}{n^2} \tag{16-41}$$

由上式 (16-41) 得知，量子數 n 愈大其能量愈大。因此，由式 (16-35) 得 n 愈大時，電子之軌道的半徑愈大，而其能量 E_n 愈大。

依據古典力學，電子環繞原子核運動時，會連續放出輻射線。因此，電子之能量會隨著運動而逐漸減少，且其運行的軌道之半徑也會逐漸縮小，此與實際所得之光譜顯然不符。然而，由 Bohr 的氫原子模型，電子依式 (16-35) 所示的半徑之軌道運行時，電子可保持穩定的狀態而不會產生輻射。依據 Bohr 的學說，原子中的電子自某穩定的軌道轉移至另一穩定軌道之能量的變化，相當於其光譜中的輻射光譜線之能量。

似氫原子之電子自其較高的能量軌道 n_2，轉移至較低的能量軌道 n_1 時，所放射的輻射線之能量 $h\nu$（頻率 ν），由上式 (16-41) 可表示為

$$h\nu = E_{n_2} - E_{n_1} = \frac{2\pi^2 Z^2 m_e e^4}{h^2}\left(\frac{1}{n_1^2} - \frac{1}{n_2^2}\right) \tag{16-42}$$

因頻率等於光速除以波長，$\nu = c/\lambda$，故上式 (16-42) 亦可寫成

$$\frac{1}{\lambda} = \tilde{\nu} = \frac{2\pi^2 Z^2 m_e e^4}{ch^3}\left(\frac{1}{n_1^2} - \frac{1}{n_2^2}\right) \tag{16-43}$$

對於氫原子，$Z=1$。因此，由 Bohr 學說得，Rydberg 常數可表示為

$$\Re = \frac{2\pi^2 m_e e^4}{ch^3} \tag{16-44}$$

將各常數 m_e, e, c, h 等之數值代入上式 (16-44)，可得由光譜實測所得的完全相同之一致的 Rydberg 常數值，$\Re = 109{,}677.58 \text{ cm}^{-1}$。

圖 16-5 為根據 Bohr 學說之式 (16-43)，所計算電子於氫原子中之各能階。Lyman 系列的光譜線為，電子由量子數 $n_2 = 2,3,4,\cdots$ 之各軌道遷移至最低量子數 $n_1 = 1$ 的軌道時，所輻射之光譜線。Balmer 系列的光譜線為，電子由量子數 $n_2 = 3,4,5,\cdots$，遷移至 $n_1 = 2$ 的軌道時，所輻射之光譜線，其餘類推。圖之右側為以波數表示之能量。動能等於零之電子，自離原子核無窮遠處移至各軌道所輻射的光線之能量，可用圖 16-5 的右側之波數表示。光譜中的任一光譜線之波數 $\tilde{\nu}$，均可由圖之右側的二能階之波數的差求得。例如，Balmer 系列中之第二光譜線 β，為電子由第四軌道移至第二軌道所放射之光譜線，其波數等於 $27{,}420 - 6{,}855 = 20{,}565 \text{ cm}^{-1}$。

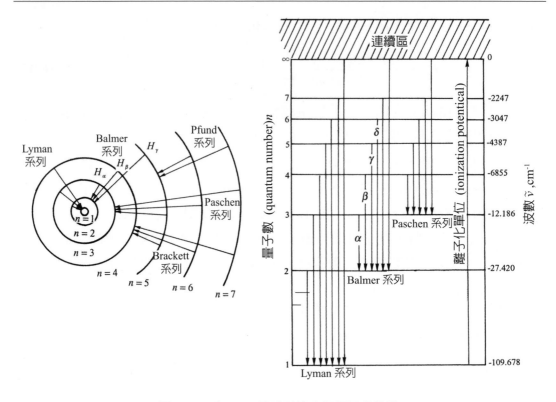

圖 16-5　由 Bohr 學說計算之氫原子的能階

　　具有動能的電子進入氫原子之某電子軌道時，其所放射的光譜線會超過其光譜線的收斂極限，此係因由電子之動能未被量子化，故電子遷移之能量的變化爲連續，而產生連續的輻射，如圖 16-4 所示，其 H_∞ 線之右側爲連續的光譜區域。光譜線系中之收斂極限的光譜線，相當於電子完全脫離原子核，而成動能爲零之**自由電子** (free electron)時所吸收的能量，此能量稱爲電子之游離能，或原子之離子化能或**離子化電位** (ionization potential)。

　　原子吸收光線時其中的電子吸收光子，而自較低能階的軌道遷移至較高能階的軌道，並產生**吸收光譜** (absorption spectrum)。

　　氦的原子內之二核外的電子，失去其中的一電子時，會成爲其光譜與氫原子之光譜類似的氦離子 He^+。氦元素之原子序 $Z=2$，而由式 (16-43) 可得，氦離子 He^+ 之各光譜線的頻率或波數均爲氫原子之四倍，而可表示爲 $\tilde{\nu} = 4\Re\left(\dfrac{1}{n_1^2} - \dfrac{1}{n_2^2}\right)$。離子 Li^{2+} 與 Be^{3+} 亦各只含有一軌道電子，而同樣可應用 Bohr 的學說計算其光譜線之頻率，即均可由式 (16-43) 計算其放射或吸收光譜中的各光譜線之波數，而可表示爲

$$\tilde{\nu} = \frac{1}{\lambda} = \Re Z^2 \left(\frac{1}{n_1^2} - \frac{1}{n_2^2} \right) \tag{16-45}$$

上式中，Z 對於離子 Li^{2+} 與 Be^{3+} 分別爲 3 與 4。

Bohr 的學說對於氫原子與似氫原子之光譜線的計算，雖然非常成功，但不能用以解釋其他的原子之光譜。Bohr 學說之缺點為，於古典力學中任意假定量子條件，一般認為其理論過份簡單而不充分。因此，由於探索更一般性的理論而發展有系統的量子力學，並對於氫原子的模型提出更完整的描述。

16-8　輻射線之似粒子性質
(Particlelike Properties of Radiation)

輻射線與物質作用時所顯示的性質類似粒子，如光電效應及 Compton 效應等。然而，輻射線於傳播時所顯現的性質似波，如**干擾** (interference) 及**繞射** (diffraction) 等。於光電效應之入射的光線被金屬的表面吸收時射出電子，而所射出的電子之最大動能與入射光線之強度無關，且入射光線之頻率低於金屬放光電子之低限的頻率時，自金屬表面不會射出光電子。Einstein 於 1905 年指出，雖然由光之古典理論無法解釋這些效應，但若視光線為濃縮的粒子之線束，即所謂**光子** (photon) 的線束傳遞其能量至物質時，則可解釋這些效應。Einstein 應用 Planck 較早對於洞穴之電磁輻射，假定輻射線的頻率 v 之能量為 Nhv，於此 $N = 0, 1, 2, \cdots$，為頻率 v 之光子數。Einstein 假定光子之能量 $E = hv$，並更進一步假定能量被**局限** (localized)，而頻率 v 之每一光子的能量等於 hv。

當入射的光線被金屬面吸收時，其一光子的能量 hv 會全部傳遞給予金屬之一電子。若該光子之能量足夠大而可穿過金屬面之**位能障礙** (potential barrier) 時，則自金屬面所射出的電子會具有某些動能。此時自金屬面所射出的電子之動能，與入射光子之頻率有關，而所射出的電子數與入射的光子數（即光之強度）有關。

Arthur Compton 於 1923 年研究 X-射線對於石墨之散射時，發現使用單色的入射 X-射線時，所散射的 X-射線中含有比原來的入射 X-射線之波長稍長的 X-射線。這些實驗結果可解釋為，入射的 X-射線之光子與石墨的電子碰撞而產生散射時，入射的光子之一部分的能量傳遞給電子，以增加其運動的速度並自石墨射出，而光子失去其一部分的能量，且於某特定的角度放射頻率較原入射的 X-射線之頻率小的光子，此現象稱為 Compton **效應** (Compton effect)。

Compton 效應如圖 16-6 所示，設波長 λ 之入射的 X-射線與物質中之電子作用，而散射波長 λ' 之二次的 X-射線，則 λ 與 λ' 間之關係（參閱附錄十）可表示為

$$\lambda' - \lambda = \frac{h}{mc}(1 - \cos\theta)$$

(16-46)

上式中，θ 為入射的 X-射線之方向與散射的二次 X-射線間之夾角，並曾經由實驗確認上式 (16-46) 所示的結果。

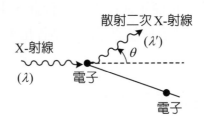

圖 16-6　Compton 效應

由上述的光電效應與 Compton 效應及許多其他的實驗結果，可證明輻射線的粒子學說，然而，利用此種想法尚無法解釋光線之干擾及繞射等的現象。於能量的關係式中使用頻率 v 以顯示光線是波，而於下節討論粒子之似波的性質。由此，電磁輻射線具有粒子與波之**二元的性質** (dual nature)，即於傳播時其行為像**波** (wave)，而與物質的作用時其行為像粒子。

16-9　粒子之似波性質 (Wavelike Properties of Particles)

光線之一些現象與性質，於古典的物理中可用波動解釋，而另一些實驗觀察的結果須用粒子解釋。由前節得知，電磁輻射線具有類似粒子之性質。於 1924 年，Louis de Broglie 於其博士論文中提示，輻射線之波與粒子的二元性亦可適用於物質，即物質與輻射線均可遵照同一的基本式。由此他建議，物質的粒子之總能量與輻射的光子之總能量，均可用 $E = hv$ 表示，而粒子與光子的兩者之**動量** (momentum) p 與波長 λ 間的關係，均可表示為

$$p = \frac{h}{\lambda} \tag{16-47}$$

上式為 de Broglie 之基本式。由粒子之動量 $p = mv$，依上式 (16-47) 所得之波長 λ，稱為 de Broglie 波長。Davisson 與 Germer 於 1928 年，以電子線束投射於鎳的結晶面上，而得到**繞射模樣圖** (diffraction pattern)，此顯示電子的粒子具有似波的性質，而其波長與動量成反比，且可用上式 (16-47) 表示，但僅小質量的微小粒子之波長，才會於 0.1 至 1 nm 之原子間的距離，產生繞射與**干擾** (interferense) 等的效應。

依據 Einstein 之相對論，微小粒子之能量 E，可用下式表示為

$$E = mc^2 \tag{16-48}$$

上式中，m 爲粒子之質量，c 爲光速。由 $E = hv$ 的關係式及上式 (16-48) 可得，$mc^2 = hv = hc / \lambda$。由此，光子之波長可表示爲

$$\lambda = \frac{h}{mc} = \frac{h}{p} \tag{16-49}$$

上式中，p 爲動量。對於速度 v 之微小的粒子，由上式得其波長爲 $\lambda = h / mv$。

於此須注意，由粒子的觀念之能量 E 及動量 p，可藉 Planck 常數 h 用波動的觀念之頻率 v 及波長 λ 表示。粒子（物質）與輻射線的兩者，通常雖均可使用粒子的模型與波動的模型表示，但大部分的實驗仍強調其似粒子或似波的本質。

下面考慮作圓周運動的微小粒子之相對的**物質波** (material wave)。粒子作**定常** (stationary) 的圓周運動之必需的條件爲，其物質波必需是定常的波，即其運動之圓周的長度，須等於其波長的整數倍，如圖 16-7 中之實線所示。若波長與此定常波的波長稍異，則此種波經幾次的振動會由於產生干擾而消失，如圖 16-7 中之點線所示。因此，能量亦必須爲某特定值而非任意的連續值。設微小的粒子作穩定常態的圓周運動之半徑爲 r，其物質波之波長爲 λ，則圓周的長度與波長的關係須爲

$$2\pi r = n\lambda \tag{16-50}$$

上式中，n 爲正的整數。將 de Broglie 波長之關係式，$\lambda = h / mv$，代入上式，可得

$$mvr = n\frac{h}{2\pi} \tag{16-51}$$

上式即爲前述的 Bohr 學說之量子條件 [式 (16-34)]

圖 16-7　於圓形的軌道運動的粒子所相對之物質波的定常振動

電子於電壓 V 伏特之動能爲，$m_e v^2 / 2 = eV / 300$，由此，$m_e^2 v^2 = m_e eV / 150$，而其物質波之波長，$\lambda = \frac{h}{m_e v} = h\left(\frac{150}{m_e eV}\right)^{1/2} = \frac{12.20}{V^{1/2}} \times 10^{-8}\,\text{cm}$。所以於 V = 100 伏特時，$\lambda = 122\,\text{Å}$，而於 V = 10000 伏特時，$\lambda = 0.122\,\text{Å}$。若 de Broglie 之物質波的觀念正確，則由電子或原子亦可得與 X-射線同樣的繞射現象。對此曾有許多的實驗證明，例如，Thomson (1928) 以電子的線束照射金箔時，得到類似 X-射線之 Debye-Scherrer 環之同心環的繞射圖。

例 16-3 試求一電子經 100 V 的電位加速時之 de Broglie 波長 λ

解 速度小於光速之電子的能量 E，可表示為

$$E = \frac{1}{2}m_e v^2 = \frac{1}{2}\frac{p^2}{m_e}$$

因此，其動量為

$$p = \sqrt{2m_e E}$$

電子之能量，$E = (1.602 \times 10^{-19} C)(100\ \text{V}) = 1.602 \times 10^{-17}\ \text{J}$

由此

$$p = \left[(2)(9.110 \times 10^{-31}\ \text{kg})(1.602 \times 10^{-17}\ \text{J})\right]^{1/2} = 5.403 \times 10^{-24}\ \text{kg m s}^{-1}$$

所以電子之 de Broglce 波長為

$$\lambda = \frac{h}{p} = \frac{6.626 \times 10^{-34}\ \text{J s}}{5.403 \times 10^{-24}\ \text{kg m s}^{-1}} = 1.226 \times 10^{-10}\ \text{m} = 0.1226\ \text{nm} \qquad \blacktriangleleft$$

16-10 Heisenberg 的不確定性原理
(Heisenberg Uncertainty Principle)

　　古典物理中的力學系之基本的法則與各種量均可精密量測，例如，一粒子之初位置與動量及所作用的力已知時，可精確計算該粒子於任何時間之位置與動量。古典物理中之量的量測，通常均需要系統與觀察者間的相互作用，而常假定於量測時，對於系統之擾亂可忽略或可以適當的方法計算。於 1927 年 Heisenberg 懷疑如電子、原子或分子等的微小粒子或系統，是否仍可應用此種同樣的方法量測。他指出於量測電子之位置與動量時，至少需要一光子撞擊該電子，因此，該電子之運動的速度與方向於其量測的過程中，由於 Compton 的效應而會產生改變。一般需用較短波長的光線才能精確量測電子之位置，然而，使用較高能量的光線(光子)時，電子由於受到較大能量之光子的作用，而其動量或位置可能會產生較大的偏離，因此，所量測電子之動量的不準確度會較大。依據 Heisenberg 的不確定性原理，電子之位置與動量之量測的不準確度，可用下式表示為

$$\Delta x \, \Delta p_x \geq \frac{\hbar}{2} \tag{16-52}$$

上式中，$\hbar = h/2\pi$，其中的 h 為 Planck 常數，Δp_x 為於 x 方向之動量的不準確度，而 Δx 為於 x 方向之位置的不準確度。

依據上式 (16-52) 之關係，微小的質點之動量與位置不能同時精確量測，此種結果並非測定儀器本身的缺陷，而是量測之本質上的基本限制。若欲精確測定電子或原子之位置，則無法同時精確測定其速度或動量。同理，若欲精確測定其動量，則無法同時精確測定其位置。Heisenberg 亦發現時間與能量之各不準確度間的關係，而可類似表示為

$$\Delta E \, \Delta t \geq \frac{\hbar}{2} \tag{16-53}$$

上式中，ΔE 為能量之不準確度，Δt 為時間之不準確度。因此，若某系之狀態不受時間的限制，即 $\Delta t = \infty$ 時，則可精確量測該系之能量的值，即此時該系於**恆定的狀態** (stationary state)。然而，若系之狀態受到時間的限制時，則其能量之測定的準確度會受到上式(16-53)的限制。

式 (16-52) 與 (16-53) 中之不準確度，並非由於實驗的量測儀器之實驗誤差，而是量測過程的基本限制。因這些式中的 Planck 常數 h 的數值很小，故對於**巨觀物體** (macroscopic objects) 之各種的量測，不能檢測到其不準確性，而可用古典力學圓滿地處理。然而，對於如電子、原子或分子等的微小粒子時，須應用 Heisenberg 的不確定性原理。

依據 Heisenberg 之不確定性原理的關係式，不能同時獲知原子內的軌道電子之精確的位置與其動量，或不能由實驗量得原子於某能量狀態之存在一定時間的精確能量。由此，從量子論的觀點不能確定，原子內的電子是否有 Bohr 學說的一定的運動軌道，而實際上，原子內的電子之存在或然率，可以原子核為中心之球對稱的擴散層表示。設以 ρ 表示電子之或然率密度，則於 $dx\,dy\,dz$ 的微小體積內可觀察到電子之或然率，可表示為 $\rho\,dx\,dy\,dz$，由於電子存在於總容積內之或然率等於 1，由此可表示為

$$\int \rho \, d\tau = 1 \tag{16-54}$$

上式中，$d\tau$ 代表微小的體積 $dx\,dy\,dz$。上式 (16-54) 即為或然率密度 ρ 之**規格化條件** (normalization condition)。

對於**自由的粒子** (free particle)，其能量 $E = p_x^2 / 2m$，而 $\Delta E = (p_x / m)\Delta p_x$ 及 $\Delta p_x = \Delta E \cdot m / p_x = \Delta E / v_x$。因 $v_x = \Delta x / \Delta t$，故 $\Delta x = v_x \Delta t$。將 Δp_x 與 Δx 等的關係式，代入式 (16-52) 可得式 (16-53)。

Heisenberg 之不準確度的關係式，可由 de Broglie 的式 (16-47)，$p = h / \lambda$，與 Einstein 的式，$E = h\nu$，及波動之關係合併導得，$\Delta x \Delta \tilde{\nu} \geq \frac{1}{4}\pi$ 與 $\Delta t \Delta \nu \geq \frac{1}{4}\pi$。因此，不確定性的原理具有波動與粒子之二元性，為動量與能量分別用 $p = h / \lambda$ 與 $E = h\nu$ 表示時之直接的結果。由於此不確定性，因此，量子力學之結果常用或然率表示。

例 16-4 激勵態之一原子於 10^{-9} s 內，自其激勵狀態遷移至**基底狀態** (ground state) 時放出波長 600 nm 的光子，試求其激勵狀態之能量的不準確度。若從基底的狀態量測其能量，則其不準確度的百分率為何？

解 原子於激勵狀態之時間的不準確度 Δt 為 10^{-9} s，由此，其激勵狀態之能量的不準確度 ΔE，可表示為

$$\Delta E \geq \frac{\hbar}{2\Delta t} = \frac{6.63 \times 10^{-34}\,\text{Js}}{4\pi(10^{-9}\,\text{s})} = 5.28 \times 10^{-26}\,\text{J}$$

其二狀態之能量的差值為

$$E = h\nu = \frac{(6.63 \times 10^{-34}\,\text{Js})(3 \times 10^8\,\text{ms}^{-1})}{600 \times 10^{-9}\,\text{m}} = 3.32 \times 10^{-19}\,\text{J}$$

因此，激勵的原子之能量的不準確度之百分率為

$$\frac{\Delta E}{E} \times 100\% = \frac{5.28 \times 10^{-26}\,\text{J}}{3.32 \times 10^{-19}\,\text{J}} \times 100\% = 1.6 \times 10^{-5}\%$$ ◀

16-11 Schrödinger 方程式 (Schrödinger Equation)

　　W. Heisenberg 與 Erwin Schrödinger 於 1926 年，分別以**量子力學** (quantum mechanics) 處理如原子與分子等的微小粒子之問題。Heinsenberg 採用**矩陣力學** (matrix mechanics)，而 Schrödinger 使用**波動力學** (wave mechanics) 的方法，此二種方法於外觀上雖然不相同，但所得的結論完全相同。於此僅討論由波動的觀念所得之 Schrödinger **的波動方程式** (Schrödinger wave equation)。

　　波長 λ 之定常的正弦波的振幅 ψ，可表示為

$$\psi = A \sin 2\pi \frac{x}{\lambda} \tag{16-55}$$

上式中，x 為空間的座標，常數 A 為波動之最大振幅或最大高度。上式 (16-55) 經二次的微分可得波動的方程式，為

$$\frac{d^2\psi}{dx^2} = -\frac{4\pi^2}{\lambda^2} A \cdot \sin 2\pi \frac{x}{\lambda} = -\frac{4\pi^2}{\lambda^2}\psi \tag{16-56}$$

　　質量 m 及速度 υ 之自由運動的微小粒子之動能，$T = \frac{1}{2}m\upsilon^2$，，將 de Broglie 的式 (16-47)，$m\upsilon = h/\lambda$，代入，可表示為

$$T = \frac{1}{2}m\upsilon^2 = \frac{1}{2m} \cdot \frac{h^2}{\lambda^2} \tag{16-57}$$

由式 (16-56) 與 (16-57) 消去 λ^2，可得自由運動的微小粒子之動能為

$$T = -\frac{h^2}{8\pi^2 m} \cdot \frac{1}{\psi} \cdot \frac{d^2\psi}{dx^2} \tag{16-58}$$

上式為 de Broglie 的式之變形。此式僅適用微小粒子於一定位能的空間之運動，而微小粒子之位能一定或等於零時，僅有動能 T。

微小的粒子於位能非一定的空間運動時，其動能 T 可用其總能量 E 與位能 V 的差表示，為

$$T = E - V \tag{16-59}$$

因此，對於一定的總能量 E 之系，由式 (16-58) 與 (16-59) 可得

$$E - V = -\frac{h^2}{8\pi^2 m} \cdot \frac{1}{\psi} \cdot \frac{d^2\psi}{dx^2} \tag{16-60}$$

上式為微小粒子於一次元的空間之 Schrödinger 方程式，而可改寫成

$$\frac{d^2\psi}{dx^2} + \frac{8\pi^2 m}{h^2}(E - V)\psi = 0 \tag{16-61a}$$

或

$$-\frac{\hbar^2}{2m}\frac{d^2\psi(x)}{dx^2} + V(x)\psi(x) = E\psi(x) \tag{16-61b}$$

上式中，$\psi(x)$ 為微小粒子之**波函數** (wave function)。此波函數 ψ 像電磁波之振幅，為包含**虛數的部分** (imaginary part)，$i = \sqrt{-1}$，之**複函數** (complex)。電磁波之波動的振幅之平方相當於其放射的強度，即為放出光子之密度。對於一次元空間的運動之單一粒子系，粒子於 x 與 $x + dx$ 間之或然率可用 $\psi^2 dx$ 表示。若 ψ 含有虛數 $\sqrt{-1}$ 時，則 ψ^2 用 $\psi\psi^*$ 替代，其中的 ψ^* 為 ψ 之**共軛複函數** (complex conjugate)，即函數 ψ 中之 i 以 $-i$ 替代。例如，$\psi = Ae^{i\phi}$ 時，$\psi^* = Ae^{-i\phi}$，所以 $\psi\psi^* = A^2$ 為正的實數。

對於質量 m 之單一粒子於三次元的空間之穩定態的運動，其**時間獨立** (time-independent) 之 Schödinger 的方程式，由上式 (16-61b) 可寫成

$$-\frac{\hbar^2}{2m}\left[\frac{\partial^2\psi(x,\ y,\ z)}{\partial x^2} + \frac{\partial^2\psi(x,\ y,\ z)}{\partial y^2} + \frac{\partial^2\psi(x,\ y,\ z)}{\partial z^2}\right]$$
$$+ V(x,y,\ z)\psi(x,y,z) = E\psi(x,\ y,\ z) \tag{16-62}$$

上式中，$\psi(x,y,z)$ 為粒子之波函數，$V(x,y,z)$ 為粒子之位能，此二者均為座標 (x,y,z) 之函數。上式 (16-62) 可用 Laplace **的運算子** (Laplacian operator)∇^2 寫成

$$-\frac{\hbar^2}{2m}\nabla^2\psi(x,y,z)+V(x,y,z)\psi(x,y,z)=E\psi(x,y,z) \qquad \textbf{(16-63)}$$

上式中的 Laplace 的運算子 ∇^2，為

$$\nabla^2 \equiv \frac{\partial^2}{\partial x^2}+\frac{\partial^2}{\partial y^2}+\frac{\partial^2}{\partial z^2} \qquad \textbf{(16-64)}$$

Born 於 1926 年，對波函數所代表之意義解釋為，波函數 ψ 與其共軛複函數 $\psi*$ 的乘積，等於或然率密度 p。若某一粒子沿 x 軸移動之波函數為 $\psi(x)$，則其於 x 軸的各位置之或然率的密度 $p(x)$ 等於 $\psi*(x)\psi(x)$，而粒子於 x 與 $x+dx$ 間之或然率為 $p(x)dx = \psi*(x)\psi(x)dx$。因此，粒子於 x_1 與 x_2 間之或然率可表示為

$$\int_{x_1}^{x_2}\psi*(x)\psi(x)dx \qquad \textbf{(16-65)}$$

因粒子於 $x=-\infty$ 至 $+\infty$ 間之或然率等於 1，由此，其波函數被**規格化** (normalized)，而可表示為

$$\int_{-\infty}^{\infty}\psi*(x)\psi(x)dx=1 \qquad \textbf{(16-66)}$$

某一粒子於三次元之空間運動時，其或然率的密度 $p(x,y,z)$ 可表示為

$$p(x,y,z)=\psi*(x,y,z)\psi(x,y,z) \qquad \textbf{(16-67)}$$

由此，粒子於 x 至 $x+dx$ 間，y 至 $y+dy$ 間，及 z 至 $z+dz$ 間之或然率為，$p(x,y,z)dx\,dy\,dz=\psi*(x,y,z)\psi(x,y,z)dx\,dy\,dz$，此或然率有時簡寫成 $\psi*\psi d\tau$，於此 $d\tau=dx\,dy\,dz$。由於波函數被規格化，而可寫成

$$\int_{-\infty}^{\infty}\int_{-\infty}^{\infty}\int_{-\infty}^{\infty}\psi*(x,y,z)\psi(x,y,z)dx\,dy\,dz=1 \qquad \textbf{(16-68)}$$

由於或然率密度等於波函數與其共軛波函數的乘積。因此，或然率密度經常為正的實數。例如，$\psi=a+ib$，而 $\psi*=a-ib$，其中的 a 與 b 均為實數，因此，$\psi*\psi = (a-ib)(a+ib)=a^2+b^2$，為正的實數。或然率密度有時用 $|\psi|^2$ 表示，此為 $\psi*\psi$ 之另一種的表示。

或然率的密度，$\psi*\psi$，須為**有限及單值** (finite and single valued)，而波函數具有一定之一般的性質。若波函數被規格化，則 $\psi*\psi$ 於全空間的積分須等於 1。因於每一點之或然率的密度均為單值，故於每一點之波函數亦須為單值。某些性質如動量，可由波函數之第一級的導數求得，由此，波函數需為連續。若波函數於某一點不連續，則波函數於該點之第一級導數為無限大。由於物理性質之值不可能無限大，因此，波函數需為連續。由於受到這些限制，因此，僅 Schrödinger 方程式之某些解具有其物理的意義。

由解 Schrödinger 的方程式可求得波函數 ψ，此時 ψ 於各位置需連續而爲有限的單值。因此，Schrödinger 的方程式往往僅對於某特定的能量值 E，才能解得其波函數 ψ，而此特定的能量值 E 稱爲**固有值** (eigenvalue)，其對應之波函數稱爲**固有函數** (eigen function)。

對於含許多粒子之系，其 Schrödinger 的方程式可寫成

$$\frac{1}{m_1}\left\{\frac{\partial^2 \psi}{\partial x_1^2}+\frac{\partial^2 \psi}{\partial y_1^2}+\frac{\partial^2 \psi}{\partial z_1^2}\right\}+\frac{1}{m_2}\left\{\frac{\partial^2 \psi}{\partial x_2^2}+\frac{\partial^2 \psi}{\partial y_2^2}+\frac{\partial^2 \psi}{\partial z_2^2}\right\}$$

$$+\cdots\cdots+\frac{8\pi^2}{h^2}(E-V)\psi=0 \tag{16-69}$$

其中的 $m_1, m_2, \cdots$ 爲各粒子之質量。

16-12 一次元的箱內之粒子
(Particle in a One-Dimensional Box)

原子或分子內的電子之相關的最簡單問題爲，電子於 x 軸方向的長度 a 之一次元的箱內運動之波函數的計算。設電子的位置 x，於 $0<x<a$ 內之位能 V 爲零，而於 $x<0$ 及 $x>a$ 時的之位能爲無窮大 $(V=\infty)$。

設粒子於一次元的箱內，即其位置於 $x=0$ 與 $x=a$ 間時之位能 $V=0$，則其運動之 Schrödinger 的方程式，由式 (16-61b) 可寫成

$$\frac{\hbar^2}{2m}\frac{d^2\psi(x)}{dx^2}+E\psi(x)=0 \tag{16-70}$$

上式中，粒子之能量 E 一定時，$2mE/\hbar^2$ 爲一定的值。此時上式 (16-70) 之一般的解爲

$$\psi(x)=A\sin\left(\frac{2mE}{\hbar^2}\right)^{1/2}x+B\cos\left(\frac{2mE}{\hbar^2}\right)^{1/2}x \tag{16-71}$$

上式 (16-71) 對 x 微分二次，可得上面的粒子於一次的箱內運動之 Schrödinger 的方程式 (16-70)，即

$$\frac{d^2\psi(x)}{dx^2}=-\left(\frac{2mE}{\hbar^2}\right)A\sin\left(\frac{2mE}{\hbar^2}\right)^{1/2}x-\left(\frac{2mE}{\hbar^2}\right)B\cos\left(\frac{2mE}{\hbar^2}\right)^{1/2}x$$

$$=-\frac{2mE}{\hbar^2}\psi(x) \tag{16-72}$$

由此可知，式 (16-71) 爲式 (16-70) 之解。因粒子僅能於一次元的箱內運動而不能跑出箱外，即此一次元的箱之外面 $(x<0,$ 及 $x>a)$ 的位能 V 爲無窮

大，由此，於箱的外面發現粒子之或然率爲零。由於波函數 $\psi(x)$ 須爲連續，因此，波函數 $\psi(x)$ 於 $x=0$ 及 $x=a$ 處均須爲零。將此邊界條件，$x=0$ 時 $\psi=0$，代入式 (16-71) 可得 $B=0$。由此，再將 $x=a$ 時 $\psi=0$ 之邊界條件，代入式 (16-71) 可得

$$\left(\frac{2mE}{\hbar^2}\right)^{1/2} a = n\pi \tag{16-73}$$

上式中，n 爲整數。於上式代入 $\hbar = h/2\pi$ 的關係，可得粒子於一次元的箱內運動之能量爲

$$E_n = \frac{n^2 h^2}{8ma^2} \tag{16-74}$$

由此得，粒子於 $x=0$ 與 $x=a$ 間運動時所具有之能量，僅爲上式 (16-74) 中的 n 爲整數之能量，然而，自由運動之一般的粒子，可具有任何的能量。上式 (16-74) 所示之不連續的能階，爲被局限的粒子之 Schrödinger 方程式的解之特性。若依據古典力學，則不能得到此種不連續的能階。由上式 (16-74) 得知，若一次元的箱之長度愈大（即 a 愈大），或粒子之質量愈大，則其能階之間隙愈小而能階愈密集。

箱內的粒子之能量通常不可能爲零，雖然 $n=0$ 時仍可滿足邊界條件，而由上式 (16-74) 得 $E=0$，但此時由式 (16-71) 得，於任何位置所對應之波函數均爲零。因此，粒子於一次元的箱內之最低的能量爲 $h^2/8ma^2$，此相當於上式 (16-74) 中之 $n=1$，此爲粒子被局限於某特定區域時的 "**零點能量** (zero-point energy)，或稱爲**基底態的能量** (ground state energy)"。若非如此，則會違背 Heisenberg 的不確定性原理。例如，粒子於長度 a 的一次元箱內之 $\Delta x \approx a$，而由 Heisenberg 的不確定性原理之式 (16-52)，可得 $\Delta p_x \approx \hbar/2a$，於此的符號 $\approx$ 表示大約相等。因此，$E = p^2/2m \approx \hbar^2/8a^2m$，此爲 $n=1$ 時之能量，其次高的能階之能量依序爲，此基底態能量之 4 倍 $(n=2)$ 與 9 倍 $(n=3)$ 等，其相對的波函數如圖 16-8(a) 所示，由此圖得其對應之波長等於 $2a/n$。圖 16-8(b) 爲箱內的粒子之或然率的密度 $\psi^*\psi$，由此圖得知，粒子於零點能階 $(n=1)$ 之最可能的位置爲箱子之中心的位置 $(x=a/2)$。

量子數 n 增加時，其或然率密度之振動會增加。當 n 甚大而趨近於無窮大時，僅能觀察到一定的或然率密度，此結果與由古典力學所得者相似，爲 Bohr 的**相當原理** (correspondence principle of Bohr) 之例，即量子數接近於無限大時，由量子力學所得的結果，接近於由古典力學所得的結果。由式 (16-74) 得一次元的箱內的粒子之最低能階 $(n=1)$ 的能量爲，$E_1 = h^2/8ma^2$，而第 n 能階之能量爲，$E_n = n^2 E_1$。由此，第 n 能階與第 $n+1$ 能階之能量的間隔，可表示爲

$$E_{n+1} - E_n = [(n+1)^2 - n^2]E_1 = (2n+1)E_1 \tag{16-75}$$

設一小鋼球之質量 m 為 $1\,\mathrm{g}$，一次元的箱之長度 a 為 $10\,\mathrm{cm}$，則由式 (16-74) 得 $n=1$ 之能量，$E_1 = h^2/8ma^2 = (6.626 \times 10^{-27}\,\mathrm{ergs})^2/8(1\,g)(10\,\mathrm{cm})^2 = 54.8 \times 10^{-56}\,\mathrm{erg}$。若小鋼球之速度為 $1\,\mathrm{cm\,s^{-1}}$，則其動能為，$\frac{1}{2}mv^2 = \frac{1}{2}(1\,\mathrm{g})(1\,\mathrm{cm\,s^{-1}})^2 = 0.5\,\mathrm{erg}$，所以其相當之量子數 n 為

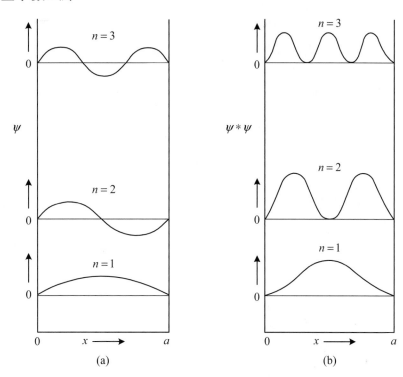

圖 16-8　一次元的箱內的粒子之最低的三能階 ($n = 1, 2, 3$)，(a) 為波函數 ψ，與 (b) 為或然率密度 $\psi * \psi$

$$n^2 = \frac{E_n}{E_1} = \frac{0.5\,\mathrm{erg}}{5.48 \times 10^{-56}\,\mathrm{erg}}6\,10^{55}$$

或

$$n = 3 \times 10^{27}$$

因此，由式 (16-75) 得其第 n 與第 $n+1$ 能階之能量的間隙為，$[2(3 \times 10^{27}) + 1]$ $(54.8 \times 10^{-56}\,\mathrm{erg}) \doteqdot 3 \times 10^{-28}\,\mathrm{erg}$，此值與其動能 $0.5\,\mathrm{erg}$ 比較甚小，而無法量測其第 n 與第 $n+1$ 的二能階之能量差，即小鋼球之動能沒有量子化而可具有任何的值。換言之，小鋼球之運動可藉古典力學處理。由此得知，箱之長度為若干厘米時，於箱內的小鋼球之各能階的間隔甚小，而其能量為連續。

對於原子內的電子，因電子之質量 m 為 $9.105 \times 10^{-28}\,\mathrm{g}$，而上述的箱之長度相當於原子的大小而約為 $10^{-8}\,\mathrm{cm}$，故其 $E_1 \doteqdot 5.5 \times 10^{-11}\,\mathrm{erg} \doteqdot 34\,\mathrm{eV}$，此相當於 X-

射線之能量，而其 $n=1$ 與 $n=2$ 的二能階間之能量差為，
$E_2 - E_1 = 2^2(34) - 34 = 102\,\text{eV}$。由此，當電子自第二能階移入第一能階時，會放射能量等於 $102\,\text{eV}$ 的量子。

　　式 (16-71) 中之常數 A，可由規格化的波函數計算。將式 (16-73) 及 $B=0$ 代入式 (16-71)，可得

$$\psi_n(x) = A\sin\frac{n\pi x}{a} \tag{16-76}$$

因粒子於 $x=0$ 與 $x=a$ 間之或然率為 1，故 $\psi*\psi$ 於此區域間之積分可表示為

$$1 = \int_0^a \psi*(x)\psi(x)dx = A^2\int_0^a \sin^2\frac{n\pi x}{a^2}dx = \frac{A^2 a}{\pi}\int_0^\pi \sin^2(n\alpha)d\alpha \tag{16-77}$$

上式中，$\alpha = \pi x/a$。因 ψ 為**實函數** (real function)，故 $\psi*\psi$ 可用 ψ^2 表示。上式中之積分的部分為

$$\int_0^\pi \sin^2(n\alpha)d\alpha = \frac{1}{2}\int_0^\pi (1-\cos 2n\alpha)d\alpha = \frac{\pi}{2} \tag{16-78}$$

因此，將上式代入式 (16-77) 可得，$A = (2/a)^{1/2}$。所以一次元的箱內的粒子之規格化波函數，由式 (16-76) 可表示為

$$\psi_n(x) = \left(\frac{2}{a}\right)^{1/2}\sin\frac{n\pi x}{a} \tag{16-79}$$

由上式，$n=1,2$ 與 3 所計算之 ψ 值與 x 的關係，如圖 16-8(a) 所示。

　　因波函數已被規格化，所以

$$\int_0^a \psi_n^*(x)\psi_n(x)dx = 1 \tag{16-80}$$

對於不同狀態的 n 與 $m(n \neq m)$ 所對應之波函數的關係，可表示為

$$\begin{aligned}
\int_0^a \psi_n^*(x)\psi_m(x)dx &= \frac{2}{a}\int_0^a \sin\frac{n\pi x}{a}\sin\frac{m\pi x}{a}dx \\
&= \frac{1}{a}\int_0^a \left[\cos\frac{(n-m)\pi x}{a} - \cos\frac{(n+m)\pi x}{a}\right]dx \\
&= \frac{1}{a}\left[\frac{a}{(n-m)\pi}\cdot\sin\frac{(n-m)\pi x}{a} - \frac{a}{(n+m)\pi}\cdot\sin\frac{(n+m)\pi x}{a}\right]_0^a \\
&= 0
\end{aligned} \tag{16-81}$$

此種波函數稱為互為**直交** (orthogonal)。上面的式 (16-80) 與 (16-81) 合併，可表示為

$$\int_{-\infty}^\infty \psi_n^*\psi_m dx = \delta_{nm} \tag{16-82a}$$

上式中，δ_{nm} 稱爲 Kronecker delta，其定義爲

$$\delta_{nm} = \begin{cases} 0 \ , & n \neq m \\ 1 \ , & n = m \end{cases} \tag{16-82b}$$

其中滿足式 (16-81) 之波函數，稱爲直交。系之不同能量所對應的 Schrödinger 方程式之解，通常爲直交。

例 16-5　試計算被局限於 0.3 nm 寬的**位能井** (potential well) 內的電子之基底狀態的能量

解　由式 (16-74) 可得

$$E = \frac{n^2 h^2}{8ma^2} = \frac{(1)^2 (6.626 \times 10^{-34} \text{ J s})^2}{8(9.110 \times 10^{-31} \text{ kg})(0.3 \times 10^{-9} \text{ m})^2} = 6.693 \times 10^{-19} \text{ J}$$

◀

$$= \frac{(6.693 \times 10^{-19} \text{ J})(6.022 \times 10^{23} \text{ mol}^{-1})}{(10^3 \text{ J kJ}^{-1})} = 403.1 \text{ kJ mol}^{-1}$$

16-13　三次元的箱內之粒子
(Particle in a Three-Dimensional Box)

一粒子於三邊的長度分別爲 a, b 及 c 的長方形箱內，設粒子於此箱內之位能爲零，而於箱的外部之位能爲無窮大，即粒子於 $0 < x < a, 0 < y < b, 0 < z < c$ 之位能 $V = 0$。因此，一粒子於此三次元的箱內運動之定態的 Schrödinger 方程式，由式 (16-62) 可寫成

$$-\frac{\hbar^2}{2m}\left[\frac{\partial^2 \psi(x,y,z)}{\partial x^2} + \frac{\partial^2 \psi(x,y,z)}{\partial y^2} + \frac{\partial^2 \psi(x,y,z)}{\partial z^2}\right] = E\psi(x,y,z) \tag{16-83}$$

此偏微分方程式利用變數的分離法，可分離成一組的普通微分方程式，而可分別求得其解。假設上式(16-83)的波函數 $\psi(x,y,z)$ 可分離成爲各僅含 x, y, z 之三函數 $X(x), Y(y), Z(z)$ 的乘積，即可表示爲

$$\psi(x,y,z) = X(x)Y(y)Z(z) \tag{16-84}$$

將上式代入式 (16-83) 並除以 $X(x)Y(y)Z(z)$，可得

$$-\frac{\hbar^2}{2m}\left[\frac{1}{X(x)}\frac{d^2 X(x)}{dx^2} + \frac{1}{Y(y)}\frac{d^2 Y(y)}{dy^2} + \frac{1}{Z(z)}\frac{d^2 Z(z)}{dz^2}\right] = E \tag{16-85}$$

上式中的箱內之粒子的能量 E，可用其於三座標軸 x, y 與 z 方向之各能量的分量 E_x, E_y 與 E_z 的和，表示爲

$$E = E_x + E_y + E_z \tag{16-86}$$

因函數 $X(x)$，$Y(y)$ 與 $Z(z)$ 各為互相可獨立變化之變數 x，y 與 z 的函數，故上式 (16-85) 可分離成為三普通的微分方程式。例如，y 與 z 各保持一定時，式 (16-85) 的左邊之第二與第三項各等於零，且因 E 為常數，故式 (16-85) 之第一項必須為常數 E_x，而由此可得下式 (16-87a)，同理，可得式 (16-87b) 與 (16-87c)。

$$-\frac{\hbar^2}{2m}\left[\frac{1}{X(x)}\frac{d^2 X(x)}{dx^2}\right] = E_x \tag{16-87a}$$

$$-\frac{\hbar^2}{2m}\left[\frac{1}{Y(y)}\frac{d^2 Y(y)}{dy^2}\right] = E_y \tag{16-87b}$$

$$-\frac{\hbar^2}{2m}\left[\frac{1}{Z(z)}\frac{d^2 Z(z)}{dz^2}\right] = E_z \tag{16-87c}$$

由此，偏微分方程式 (16-85) 可分離成為上面之三普通的微分方程式，而可容易解得其解。

上面的這些方程式 (16-87) 均與式 (16-70) 之形式類似，而可以同樣的方法分別得到其解，即

$$X(x) = A_x \sin\frac{n_x \pi x}{a} = \left(\frac{2}{a}\right)^{1/2} \sin\left(\frac{2mE_x}{\hbar^2}\right)^{1/2} x \tag{16-88a}$$

$$Y(y) = A_y \sin\frac{n_y \pi y}{b} = \left(\frac{2}{b}\right)^{1/2} \sin\left(\frac{2mE_y}{\hbar^2}\right)^{1/2} y \tag{16-88b}$$

$$Z(z) = A_z \sin\frac{n_z \pi z}{c} = \left(\frac{2}{c}\right)^{1/2} \sin\left(\frac{2mE_z}{\hbar^2}\right)^{1/2} z \tag{16-88c}$$

上面的各式中，a，b 及 c 分別為長方形的箱於 x，y 及 z 方向之邊長，n_x，n_y 及 n_z 分別為其量子數，而各為非零之整數，即每一坐標軸有其對應之量子數，又其中的 $A_x = (2/a)^{1/2}$，$A_y = (2/b)^{1/2}$ 及 $A_z = (2/c)^{1/2}$。因此，於 x，y 及 z 方向所容許之能量分別為

$$E_{n_x} = \frac{n_x^2 h^2}{8ma^2} \tag{16-89a}$$

$$E_{n_y} = \frac{n_y^2 h^2}{8mb^2} \tag{16-89b}$$

$$E_{n_z} = \frac{n_z^2 h^2}{8mc^2} \tag{16-89c}$$

由此，粒子於三次元的箱內之總能量為

$$E_{n_x , n_y , n_z} = E_{n_x} + E_{n_y} + E_{n_z} = \frac{h^2}{8m}\left(\frac{n_x^2}{a^2} + \frac{n_y^2}{b^2} + \frac{n_z^2}{c^2}\right) \tag{16-90}$$

粒子於三次元的箱內之對應的總波函數，可表示為

$$\psi(x , y , z)_{n_x , n_y , n_z} = X(x)Y(y)Z(z)$$

$$= \left(\frac{8}{abc}\right)^{1/2} \sin n_x \pi \frac{x}{a} \cdot \sin n_y \pi \frac{y}{b} \cdot \sin n_z \pi \frac{z}{c} \tag{16-91}$$

三次元的箱之任二邊的長度比均非整數時，由量子數 n_x , n_y 與 n_z 之各種的組合，可得不同能量的能階。若箱之有些邊長的比為整數，則由其三量子數之某些不同的組合，可得總能量相同的能階，此種能階稱為**退縮** (degenerate) 的能階，而其**退縮度** (degree of degeneracy) 等於該能階對應之獨立波函數的數目。例如，對於 $a = b = c$ 之立方形的箱，量子數 $n_x = 2$，$n_y = 1, n_z = 1$; $n_x = 1, n_y = 2, n_z = 1$；及 $n_x = 1, n_y = 1, n_z = 2$ 的三種狀態之波函數雖然各不相同，但此三種狀態之能量相同。所以此能階為退縮度等於 3 之退縮能階。

若二波函數所相對之能量相同，而為同一退縮能階，則此二波函數之任一**直線的組合** (linear combination)，亦必為該能階之波函數。設粒子於二邊長相等 (例如 $a = b$) 之長方形的箱內，而其量子數為 $n_x = 2, n_y = 1, n_z = 1$ 與 $n_x = 1, n_y = 2, n_z = 1$ 之二能態，則由式 (16-90) 可得其能量相同，即均為

$$E = \frac{h^2}{8m}\left(\frac{2^2}{a^2} + \frac{1^2}{a^2} + \frac{1^2}{c^2}\right) = \frac{5h^2}{8ma^2} + \frac{h^2}{8mc^2} \tag{16-92}$$

而其所對應之組合的波函數為

$$\psi(x , y , z) = \left(\frac{8}{a^2c}\right)^{1/2}\left[A_1 \sin\frac{2\pi x}{a} \sin\frac{\pi y}{a} \sin\frac{\pi z}{c} + A_2 \sin\frac{\pi x}{a} \sin\frac{2\pi y}{a} \sin\frac{\pi z}{c} \right] \tag{16-92}$$

對於立方形的箱內之粒子，因 $a = b = c$，所以其能量由式 (16-90) 可得，為

$$E_{n_x , n_y , n_z} = \frac{h^2}{8ma^2}(n_x^2 + n_y^2 + n_z^2) \tag{16-93}$$

其較低的能量狀態之能階與量子數的關係，如圖 16-9 所示。因其三座標軸各有零點能量，所以其零點能量為一次元的箱時之 3 倍，而第 2 能階為 $6h^2/8ma^2$，相當於量子數 (n_x , n_y , n_z) 為 $(2,1,1), (1,2,1), (1,1,2)$ 之三獨立的狀態，所以此能階為三重退縮。能階 $14h^2/8ma^2$ 為六重退縮，相當於量子數 $(3,2,1), (3,1,2), (2,1,3)$，$(2,3,1), (1,2,3)$ 及 $(1,3,2)$ 之六種狀態。

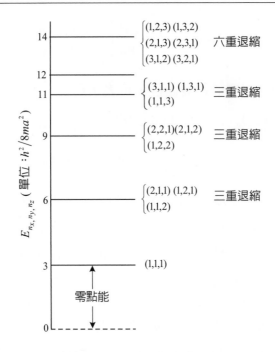

圖 16-9 邊長 a 之立方形的箱內的粒子之零點能量與各能階，及其各能階之退縮的情況

16-14 運算子 (Operators)

由於解某一系統之 Schrödinger 的方程式，可得該系統之波函數與其對應之允許的能階。系統之波函數通常含有該系統之全部的資訊，而由**運算子** (operator) 對波函數的運算，可得系統之相關的資訊。

以數學的運算子對於某一函數運算時，可能會得到與其原來函數相同的函數，或會轉變成為另外的函數。例如，以運算子 $\hat{A}$ 對某函數 $f(x)$ 運算，而轉變成為另外的函數 $g(x)$ 時，可寫成

$$\hat{A}f(x) = g(x) \tag{16-94}$$

運算子之種類很多，如乘常數 c 之運算子用 $\hat{c}$ 表示，乘 x 之運算子用 $\hat{x}$ 表示，對 x 微分之運算子 d/dx 用 $\hat{D}_x$ 表示。由此，$\hat{c}(x^2 + y^2) = cx^2 + cy^2$，$\hat{x}(x^2 + y^2) = x^3 + xy^2$，$\hat{D}_x(x^2 + y^2) = 2x$，$\hat{x}\hat{D}_x x^2 = x \cdot 2x = 2x^2$。

量子力學中之運算子，一般均為線性的運算子，例如

$$\hat{A}[f(x) + g(x)] = \hat{A}f(x) + \hat{A}g(x) \tag{16-95a}$$

及　　　　$$\hat{A}[cf(x)] = c\hat{A}f(x) \tag{16-95b}$$

而如開方根 "$\sqrt{}$" 為非線性的運算子。

運算子於量子力學中的物理量的計算很重要，每一可觀察的物理量均有其

相當之線性運算子。於量子力學為得到相當於某觀察量之運算子，通常首先以坐標 q_i（例如，直角坐標之 x, y, z）與動量 p_k 為變數，寫出該觀察量之古典方程式，然後依下列的規則轉變成為量子力學之相當的運算子。

由古典力學的函數轉變成為量子力學之相當運算子的規則如下：

1. **直角坐標** (cartesian coordinate) 之每一坐標 q，用該坐標之運算子 $\hat{q}$ 替代，即

$$\hat{q} = q \tag{16-96}$$

2. 線性動量之每一直角坐標的分量 p_q，用其運算子 $\hat{p}_q$ 替代，而運算子 $\hat{p}_q$ 可表示為

$$\hat{p}_q = \frac{\hbar}{i}\frac{\partial}{\partial q} = -i\hbar\frac{\partial}{\partial q} \tag{16-97}$$

能量之運算子為量子力學中之重要的運算子。對於位能僅為坐標之函數的系，其總能量 H 等於動能 T 與位能 V 的和，於此，能量用 H 表示，係因 H 為以位置與動量為獨立變數之函數，而非以位置與速度為變數之函數。Hamilton 於古典力學中使用動量以替代速度，此雖與牛頓力學完全相同，但具有可適用於較直角坐標複雜的坐標系之優點。此代表總能量的函數 H 稱為 Hamiltonian **函數** (Hamiltonian function)，而可表示為

$$H = T + V \tag{16-98}$$

對於質量為 m 之粒子的 Hamiltonian 函數，可表示為

$$H = \frac{1}{2m}(p_x^2 + p_y^2 + p_z^2) + V(x, y, z) \tag{16-99}$$

上式中，$V(x, y, z)$ 為以 x, y 與 z 為函數之位能。上式 (16-99) 中之 p_x^2, p_y^2 及 p_z^2 分別用運算子 $\hat{p}_x^2, \hat{p}_y^2$ 及 $\hat{p}_z^2$ 替代，並將式 (16-97) 的關係如 $\hat{p}_x^2 = -\hbar^2\partial^2/\partial x^2$ 等代入，可將古典的 Hamiltonian 函數 H，轉變成為量子力學的 Hamiltonian **運算子** (Hamiltonian operator) $\hat{H}$，即為

$$\hat{H} = -\frac{\hbar^2}{2m}\left(\frac{\partial^2}{\partial x^2} + \frac{\partial^2}{\partial y^2} + \frac{\partial^2}{\partial z^2}\right) + V(x, y, z) = -\frac{\hbar^2}{2m}\nabla^2 + V(x, y, z) \tag{16-100}$$

以運算子 $\hat{A}$ 對波函數 ψ_i 運算時，得常數 a_i 乘相同的波函數 ψ_i，$\hat{A}\psi_i = a_i\psi_i$ 時，該波函數 ψ_i 稱為運算子 $\hat{A}$ 之**固有函數** (eigen function)，而 a_i 稱為運算子 $\hat{A}$ 之**固有值** (eigenvalue)。若 $\hat{A}$ 為可觀察的物理量相當之運算子，則 a_i 為系統於波函數 ψ_i 的狀態之可觀察的物理量值。例如，以 Hamiltonian 運算子 $\hat{H}$ 對於**一粒子系** (one-particle system) 之波函數運算時，所得的固有值為該粒子之能量 E，而可表示為

$$\hat{H}\psi_i = E\psi_i \tag{16-101}$$

將式 (16-100) 之運算子 $\hat{H}$ 代入上式 (16-101)，可得如式 (16-62) 所示之一粒子系的 Schrödinger 方程式。

表 16-2　古典力學之可觀察的式與其對應的量子力學之運算子

可　觀　察　的　式		量　子　力　學　的　運　算　子	
名　　稱	符　　號	符　　號	運　　算
對於一次元系 (one-dimensional systems)			
位置 (position)	x	$\hat{x}$	乘以 x
位置的平方 (position squared)	x^2	$\hat{x}^2$	乘以 x^2
動量 (momentum)	p_x	$\hat{p}_x$	$\dfrac{\hbar}{i}\dfrac{\partial}{\partial x}$
動量的平方 (momentum squared)	p_x^2	$\hat{p}_x^2$	$-\hbar^2\dfrac{\partial^2}{\partial x^2}$
動能 (kinetic energy)	$T=\dfrac{p_x^2}{2m}$	$\hat{T}_x$	$-\dfrac{\hbar^2}{2m}\dfrac{\partial^2}{\partial x^2}$
位能 (potential energy)	$V(x)$	$\hat{V}(x)$	乘以 $V(x)$
總能量 (total cnergy)	$E=T_s+V(x)$	$\hat{H}$	$-\dfrac{\hbar^2}{2m}\dfrac{\partial^2}{\partial x^2}+V(x)$
對於三次元系 (three-dimensional systems)			
位置 (position)	r	$\hat{r}$	乘以 r
動量 (momenturm)	p	$\hat{p}$	$-i\hbar\left(\boldsymbol{i}\dfrac{\partial}{\partial x}+\boldsymbol{j}\dfrac{\partial}{\partial y}+\boldsymbol{k}\dfrac{\partial}{\partial z}\right)$
動能 (momentum)	T	$\hat{T}$	$-\dfrac{\hbar}{2m}\nabla^2=-\dfrac{\hbar^2}{2m}\left(\dfrac{\partial^2}{\partial x^2}+\dfrac{\partial^2}{\partial y^2}\cdot\right.$
位能 (potential energy)	$V(x,y,z)$	$\hat{V}(x,y,z)$	乘以 $V(x,y,z)$
總能量 (total energy)	$E=T+V$	$\hat{H}$	$-\dfrac{\hbar^2}{2m}\nabla^2+V(x,y,z)$
角動量 (angular momentum)	$\ell_x=yp_z-zp_y$	$\hat{L}_x$	$-i\hbar\left(y\dfrac{\partial}{\partial z}-z\dfrac{\partial}{\partial y}\right)$
	$\ell_y=zp_x-xp_z$	$\hat{L}_y$	$-i\hbar\left(z\dfrac{\partial}{\partial x}-x\dfrac{\partial}{\partial z}\right)$
	$\ell_z=xp_y-yp_x$	$\hat{L}_z$	$-i\hbar\left(x\dfrac{\partial}{\partial y}-y\dfrac{\partial}{\partial x}\right)$

註：自 D.A.McQuarrie, *Quantum Chemistry*. Mill Valley, CA: University Science Books, 1983.

　　利用上述之轉變的規則 1 與 2，可將可觀察的古典式轉變成為量子力學的運算子，而使用此運算子可計算其對應的的固有值。一些古典力學可觀察的式與其對應之量子力學的運算子，列於表 16-2。於後面的 16-18 節將以角動量為例，詳細說明其應用。

　　二運算子 $\hat{A}$ 與 $\hat{B}$ 的和，對於 x 之函數 $f(x)$ 運算時，可寫成

$$(\hat{A} + \hat{B})f(x) = \hat{A}f(x) + \hat{B}f(x) \tag{16-102}$$

而二運算子 $\hat{A}$ 與 $\hat{B}$ 的乘積，對於函數 $f(x)$ 運算時，可寫成

$$\hat{A}\hat{B}f(x) = \hat{A}[\hat{B}f(x)] \tag{16-103}$$

上式(16-103)表示對於 $f(x)$ 先用運算子 $\hat{B}$ 運算，然後使用運算子 $\hat{A}$ 運算。通常經由 $\hat{A}\hat{B}$ 的運算所得的結果，與經由 $\hat{B}\hat{A}$ 的運算所得的結果不相同。若經 $\hat{A}\hat{B}$ 與 $\hat{B}\hat{A}$ 的運算所得的結果相同，即 $\hat{A}\hat{B} = \hat{B}\hat{A}$ 時，稱此二運算子 $\hat{A}$ 與 $\hat{B}$ 為**交換** (commute)。運算子 $\hat{A}$ 與 $\hat{B}$ 之**交換子** (commutator) $[\hat{A}, \hat{B}]$ 的定義為，$[\hat{A}, \hat{B}] = \hat{A}\hat{B} - \hat{B}\hat{A}$，例如，設 $\hat{A} = x, \hat{B} = d/dx$，$f(x) = x^2$，則 $\hat{A}\hat{B}f(x) = x\dfrac{d}{dx}x^2 = 2x^2$，而 $\hat{B}\hat{A}f(x) = \dfrac{d}{dx}x \cdot x^2 = 3x^2$，此時因 $\hat{A}\hat{B} \neq \hat{B}\hat{A}$，故運算子 x 與 d/dx 為不可交換。

若運算子 $\hat{A}$ 與 $\hat{B}$ 可交換，則它們所代表的可觀察量可同時精確量測。若不可交換，則僅能同時量測至某準確度。例如，x 與 p_x 為不可交換，而由此導至 Heisenberg 的不確定性原理，$\Delta x \Delta p_x \geq \hbar/2$。

例 16-6 函數式 $f(x) = ce^{kx}$ 中之 c 及 k 均為常數。試證 $f(x) = ce^{kx}$ 為運算子 d/dx 之固有函數，並計算其固有值

解 因 $\dfrac{df(x)}{dx} = cke^{kx} = kf(x)$，故 $f(x)$ 為運算子 d/dx 之固有函數，而其固有值為 k ◀

例 16-7 試證二運算子 $\hat{A}$ 與 $\hat{B}$ 之所有的固有函數相同時，$\hat{A}$ 與 $\hat{B}$ 可互相交換

解 設固有函數 ψ_i 之 $\hat{A}$ 與 $\hat{B}$ 的固有值分別為 a 與 b，則

$$\hat{A}\psi_i = a_i\psi_i \quad 及 \quad \hat{B}\psi_i = b_i\psi_i$$

運算子 $\hat{A}\hat{B}$ 對固有函數 ψ_i 運算，得

$$\hat{A}\hat{B}\psi_i = \hat{A}(\hat{B}\psi_i) = \hat{A}b_i\psi_i = b_i\hat{A}\psi_i = b_ia_i\psi_i$$

運算子 $\hat{B}\hat{A}$ 對固有函數 ψ_i 運算，得

$$\hat{B}\hat{A}\psi_i = \hat{B}(\hat{A}\psi_i) = \hat{B}a_i\psi_i = a_i\hat{B}\psi_i = a_ib_i\psi_i$$

由上面的運算，運算子 $\hat{A}\hat{B}$ 與 $\hat{B}\hat{A}$ 對固有函數 ψ_i 運算所得的固有值 b_ia_i 與 a_ib_i 相等，所以 $\hat{A}$ 與 $\hat{B}$ 可互相交換。 ◀

16-15 預期值 (Expectation Values)

粒子存在於 x 坐標的位置之平均值 $\langle x \rangle$，可由粒子於 x 坐標的各位置之或然率密度 $p(x)$，利用下式計算，為

$$\langle x \rangle = \int_{-\infty}^{\infty} x\, p(x)\, dx = \int_{-\infty}^{\infty} \psi^*(x)\, x\, \psi(x)\, dx \tag{16-104}$$

上式中，$p(x)$ 以 $\psi^*(x)\psi(x)$ 代入，並於此二波函數 $\psi^*(x)$ 與 $\psi(x)$ 之中間寫 x，以符合擬求之實際的情況。平均值 $\langle x \rangle$ 或更正確的稱為**預期值** (expectation value)，其定義為對於波函數 $\psi(x)$ 均相同的許多系之集合的大系，由量測其於 x 座標之 x 值所得之一連串的 x 量測值的平均值。

同樣對於 x^2，與對於函數 $f(x)$ 等之預期值，可分別表示為

$$\langle x^2 \rangle = \int \psi^*(x)\, x^2\, \psi(x)\, dx \tag{16-105}$$

與

$$\langle f(x) \rangle = \int \psi^*(x)\, f(x)\, \psi(x)\, dx \tag{16-106}$$

對於可觀察的物理量 B 之預期值 $\langle B \rangle$，一般可由下式計算，即為

$$\langle B \rangle = \int \psi^* \hat{B}\, \psi\, dx\, dy\, dz \tag{16-107}$$

上式中，$\hat{B}$ 相當於可量測的觀察量 B 之線性運算子。通常由 B 依據前節所述之轉變規則 1 與 2，可得其運算子 $\hat{B}$。

若對函數 ψ 運用運算子 $\hat{B}$，而可得到如下式所示的常數 b_n 乘該函數 ψ，則該常數 b_n 即為函數 ψ 所描述的狀態之固有值，而可寫成

$$\hat{B}\psi = b_n \psi \tag{16-108}$$

此時其預期值等於固有值，且可表示為

$$\langle B \rangle = \int \psi^* \hat{B}\, \psi\, dx\, dy\, dz = \int \psi^* b_n \psi\, dx\, dy\, dz = b_n \int \psi^* \psi\, dx\, dy\, dz = b_n \tag{16-109}$$

上式 (16-109) 所表示之意義，為重覆量測 B 時，可得之相同的量測值。

例 16-8　一粒子於一次元的箱內之基底態，試求，(a)該粒子的動量 p_x 之預期值，及 (b) 該粒子的 p_x^2 之預期值

解　由式 (16-79)，$\psi(x) = \left(\dfrac{2}{a}\right)^{1/2} \sin\dfrac{\pi x}{a}$，及由式 (16-97)，$\hat{p}_x = -i\hbar\dfrac{d}{dx}$

(a) $\langle p_x \rangle = \displaystyle\int_0^a \left[\left(\dfrac{2}{a}\right)^{1/2} \sin\dfrac{\pi x}{a}\right]\left(-i\hbar\dfrac{d}{dx}\right)\left[\left(\dfrac{2}{a}\right)^{1/2} \sin\dfrac{\pi x}{a}\right] dx$

$= -i\hbar\left(\dfrac{2}{a}\right)\displaystyle\int_0^a \left(\sin\dfrac{\pi x}{a}\right)\left(\dfrac{\pi}{a}\right)\cos\dfrac{\pi x}{a}\, dx = -i\hbar\left(\dfrac{1}{a}\right)\sin^2\dfrac{\pi x}{a}\Big]_0^a = 0$

(b) $\hat{p}_x^2 = \hat{p}_x \cdot \hat{p}_x = \left(-i\hbar\dfrac{d}{dx}\right)\left(-i\hbar\dfrac{d}{dx}\right) = -\hbar^2\dfrac{d^2}{dx^2}$

$\langle p_x^2 \rangle = \dfrac{2}{a}\displaystyle\int_0^a \left(\sin\dfrac{\pi x}{a}\right)\left(-\hbar^2\dfrac{d^2}{dx^2}\right)\left(\sin\dfrac{\pi x}{a}\right) dx$

$= -\hbar^2\left(\dfrac{2}{a}\right)\displaystyle\int_0^a \left(\sin\dfrac{\pi x}{a}\right)\left(-\dfrac{\pi^2}{a^2}\right)\left(\sin\dfrac{\pi x}{a}\right) dx$

$= \dfrac{h^2}{2a^3}\displaystyle\int_0^a \sin^2\left(\dfrac{\pi x}{a}\right) dx = \dfrac{h^2}{2a^2}\dfrac{a}{2} = \dfrac{h^2}{4a^2}$

又 $p_x^2 = 2mE = 2m \cdot \dfrac{h^2}{8ma^2} = \dfrac{h^2}{4a^2}$ ，此值與上面的 $\langle p_x^2 \rangle$ 值相同。　◄

16-16　調和的振動子 (The Harmonic Oscillator)

爲瞭解分子之振動，於此以量子力學處理調和的振動子之振動。從量子力學的觀點考慮之前，先從古典的觀點考慮調和振動子的振動。調和的振動中的粒子恢復至其平衡位置所需之力量 F，與其自平衡位置之位移的距離成正比，而可表示爲

$$F = -kx \qquad (16\text{-}110)$$

上式中，x 爲自其平衡位置之位移的距離，k 爲**力常數** (force constant)。因自平衡位置之位移的距離 x，恢復至其平衡的位置之力 F 的方向，與其位移 x 之方向相反，故上式 (16-110) 之右邊的前面冠以負號。粒子於平衡位置 $x = 0$ 時，作用於粒子之力等於零。

此種振動子恢復至其平衡位置之力 F，可用其位能 V 之負的梯度表示，即

$$F = -\dfrac{\partial V}{\partial x} = -kx \qquad (16\text{-}111)$$

若於原點 $x = 0$（平衡的位置）之位能爲零，則上式經積分可得

$$V = \frac{1}{2} k x^2 \qquad\qquad\qquad (16\text{-}112)$$

由此，簡單的調和振動子之位能 V，對其位移 x 作圖，可得如圖 16-10(a) 所示之拋物線。一微小的粒子於無摩擦之**拋物形的井** (parabolic well) 內滑滾時，會作調和的**簡諧運動** (harmonic motion)，而當滑滾至最低點時其速度會達至最大而位能最小；且當滑滾至兩邊之較高點時，其動能會減小而轉變成位能。當粒子達至兩邊之最高點時，其速度會減低爲零，而其全部的能量會轉變成位能。

上式 (16-111) 中之力 F，通常可用粒子之質量與其加速度的乘積表示，而由此可得

$$m \frac{d^2 x}{dt^2} = -k x \qquad\qquad\qquad (16\text{-}113)$$

若時間 $t = 0$ 時其位置 $x = 0$，則此微分方程式之解（參閱附錄十一）可表示爲

$$x = a \sin \left(\frac{k}{m} \right)^{1/2} t = a \sin 2\pi v_0 t \qquad\qquad\qquad (16\text{-}114)$$

上式中

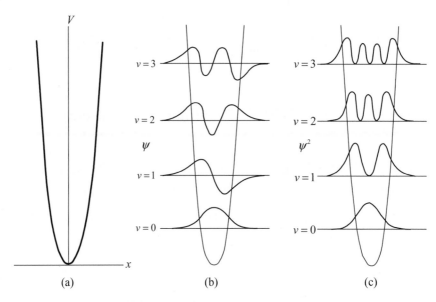

圖 16-10　(a) 古典的調和振動子之位能曲線，(b) 量子力學的調和振動子之波函數與其允許之能階，(c) 量子力學的調和振動子之或然率密度函數

$$v_0 = \frac{1}{2\pi} \left(\frac{k}{m} \right)^{1/2} \qquad\qquad\qquad (16\text{-}115)$$

爲**基本振動頻率** (fundamental vibration frequency)。調和的振動子之振動頻率與其振幅無關。

調和的**振動子之古典的 Hamiltonian 能量** (classical Hamiltonian) H，可用其動能與位能的和表示，爲

$$H = \frac{p_x^2}{2m} + \frac{1}{2}kx^2 \tag{16-116}$$

從量子力學的觀點處理調和的振動子時，上式中之 p_x 可用 $(i\hbar)(d/dx)$ 替代以得其 Hamiltonian 運算子。由此，調和的振動子之 Hamilton 運算子可表示為

$$\hat{H} = -\frac{\hbar^2}{2m}\frac{d^2}{dx^2} + \frac{1}{2}kx^2 \tag{16-117}$$

於式 (16-101) 中之 $\hat{H}$ 使用上式的運算子，則可得調和振動子之 Schrödinger 的方程式，而由此方程式可解得，所允許之各能階。將上式 (16-117) 之運算子代入式 (16-101) 可得

$$\left(-\frac{\hbar^2}{2m}\frac{d^2}{dx^2} + \frac{1}{2}kx^2\right)\psi = E\psi \tag{16-118}$$

而由上面的方程式 (16-118) 可解得，調和振動子之波函數與其對應的固有值 E，這些即為調和振動子之所容許的能階。

由解上式 (16-118) 可得，調和振動子之固有函數與其對應的固有值，分別為

$$\psi_0 = \frac{\gamma^{1/2}}{\pi^{1/4}}\exp\left(-\frac{\gamma^2 x^2}{2}\right) \qquad\qquad E_0 = \frac{1}{2}h\nu_0$$

$$\psi_1 = \frac{(2\gamma)^{1/2}}{\pi^{1/4}}\gamma x \exp\left(-\frac{\gamma^2 x^2}{2}\right) \qquad\qquad E_1 = \frac{3}{2}h\nu_0$$

$$\psi_2 = \left(\frac{1}{\pi^{1/4}}\right)\left(\frac{\gamma}{2}\right)^{1/2}(-1 + 2\gamma^2 x^2)\exp\left(-\frac{\gamma^2 x^2}{2}\right) \qquad E_2 = \frac{5}{2}h\nu_0$$

$$\vdots \qquad\qquad\qquad\qquad\qquad \vdots$$

$$\psi_\upsilon = \left(\frac{\gamma}{\pi^{1/2}2^n n!}\right)^{1/2}H_n(\gamma x)\exp\left(-\frac{\gamma^2 x^2}{2}\right) \qquad E_\upsilon = \left(\upsilon + \frac{1}{2}\right)h\nu_0 \tag{16-119}$$

其中 $\gamma^2 = (2\pi/h)\sqrt{km}$，而 γ 為調和振動子之自然參數，因其單位為長度之倒數，故 $\gamma^2 x^2$ 為無因次，$\nu_0 = (1/2\pi)\sqrt{k/m}$，為調和振動子之**古典的頻率** (classical frequency)，$H_n(\gamma x) = (-1)^n e^{\gamma^2 x^2}\dfrac{d^n e^{-(\gamma x)^2}}{d(\gamma x)^n}$，為 Hermite **多項式** (Hermite polynomial)。例如，$H_0(\gamma x) = 1$, $H_1(\gamma x) = 2\gamma x$，$H_2(\gamma x) = 4(\gamma x)^2 - 2$, $H_3(\gamma x) = 8(\gamma x)^3 - 12(\gamma x)$，$H_4(\gamma x) = 16(\gamma x)^4 - 48(\gamma x) + 12$，$\cdots$。

圖 16-10(b) 表示調和振動子之波函數及其所允許之等間隔的能階。由此得知，調和振動子依量子力學處理所得的結果，與以古典力學處理所得者不完全相同。依據古典力學，振動子可有任何的能量，但依據量子力學，其可能之能階可用上式表示，即為

$$E_v = \left(v + \frac{1}{2}\right) hv_0 \tag{16-120}$$

上式中，v 爲 $0,1,2,\cdots$ 等之振動量子數。依據古典力學，振動子可以靜止而其振幅可爲零，因此其能量可等於零。然而，依據量子力學，其所容許之最低能量爲，$E = \frac{1}{2}hv_0$（此時 $v=0$），此即爲其零點的能量。此表示於溫度降低至絕對零度時，仍會具有此能量。零點的能量亦可視爲 Heisenberg 的不確定性原理之自然的結果。若粒子於其原點靜止不動，則其 p_x 與 x 之不確定度 Δp_x 與 Δx 均爲零，此種結果顯然違背 Heisenberg 的不確定性原理，$\Delta p_x \Delta x \geq \hbar/2$。

上面所列之波函數均被規格化，而滿足前所述的規格化式 (16-66)。因波函數爲實數，而調和振動子於 x 坐標的 x 與 $x+dx$ 間之或然率，可寫成 $\psi^2 dx$。如圖 16-10(c) 所示爲其較低的四能階之或然率密度 ψ^2 與 x 的關係。其於基底狀態 ($v=0$) 之**最可能的距離** (most probable distance) 爲於其**位能井** (potential well) 之最低的位置，此與**古典的簡諧振動子** (simple harmonic oscillator) 於其**轉捩點** (turning point) 之滯留的時間最長，成爲明顯的對比。當量子數增加時，量子力學之或然率密度的函數會趨近於古典的調和振動子者，此爲 Bobr 的相當原理之一例，依據此原理，於量子數無限大時，由量子力學所得的結果會趨近於古典力學的結果。

由圖 16-10(c) 可發現，由量子力學所得之能階與拋物線相交，此表示於古典所允許的區域之外面，仍會有某一定的或然率可發現粒子的存在。粒子於這些界限的外面之或然率，可用其 ψ^2 的曲線於古典轉捩點之外面的面積表示。此種可穿過古典所不允許的區域（所謂鑿隧道）之結果，爲由量子力學所得結果的特性，此種效應稱爲**鑿隧道的效應** (tunneling effect)。

16-17　隧道效應 (Tunnel Effect)

將一高爾夫球放置於箱內，並釘緊其蓋子時，該球通常會永遠留存於箱內。然而，將一微小的粒子 (如電子) 放置於如原子大小之甚小的一次元的箱內時，若此一次元箱之長度 a 的外面（$x<0$ 及 $x>a$）之位能的障礙(高度)等於一定值 V_a，且於此箱內的微小粒子之能量 E 小於此位能障礙 V_a 時，則該微小粒子會永留存於此一次元箱內，而不會逃逸出此箱之外面，即其古典的或然率等於零，但由量子力學所得的結果則不然。此時該微小粒子會穿過一次元的箱之位能障礙 V_a，而逸出箱外之或然率雖然很小，但仍有可能會逃逸出此箱之外面。

設質量 m 及能量 E 的微小粒子，於能障厚度 δ 之一定位能障礙 V_a 的井內，如圖 16-11 所示。此位能井（或一次元箱）內之位能 V 與位置 x 的關係為，於 $0<x<a$ 時 $V=0$，於 $0>x>-\delta$ 及 $a+\delta>x>a$ 時 $V=V_a$，於 $x>a+\delta$ 及 $x<-\delta$ 時 $V=0$。此時該微小粒子之 Schrödinger 的方程式，由式 (16-61b) 可寫成

$$\frac{\hbar^2}{2m}\frac{d^2\psi}{dx^2}+(E-V)\psi=0 \tag{16-61}$$

此方程式之一般解為

$$\psi(x)=A\exp\left[(2\pi ix/h)\sqrt{2m(E-V)}\right] \tag{16-121}$$

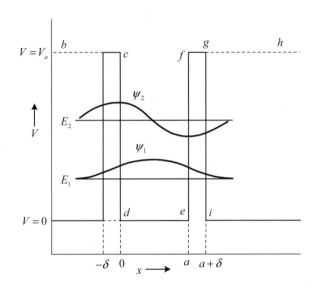

圖 16-11　式(16-122)之波函數 ψ 與 x 的關係 $(E<V_a)$，於 $0<x<a$ 時，$V=0<E<V_a$，於 $0>x>-\delta$ 及 $a+\delta>x>a$ 時，$V=V_a$，於 $x>a+\delta$ 及 $x<-\delta$ 時，$V=0$。

微小的粒子於一定位能之一次元的箱內 $(0<x<a)$ 時，$0<E<V_a$，此時其解與式 (16-71) 相似，亦可寫成複函數之指數的型式，$e^{i\theta}=\cos\theta+i\sin\theta$。微小的粒子於箱之位能障壁 $(a<x<a+\delta$ 及 $0>x>-\delta)$ 內時，$V_a>E$，此時上式 (16-121) 中的平方根內之 $2m(E-V_a)$ 為負，而可寫成

$$\psi(x)=A\exp\left[-(2\pi x/h)\sqrt{2m(V_a-E)}\right] \tag{16-122}$$

由上式得知，微小粒子於位能的障壁內之波函數 $\psi(x)$ 並非變成零，而多少會透入位能的障壁內。換言之，雖然 $E<V_a$，但於 $x<0$ 及 $x>a$ 之靠近位能障壁面的鄰近，微小的粒子之波函數 $\psi(x)$ 並非等於零，此表示於位能障壁的外面，仍有發現微小粒子（電子）之或然率，如圖 16-11 所示。

　　若位能的障壁並非如圖 16-11 中之 *bcdefgh* 所示的無限厚度，而如其右側 *efgi* 所示的位能障壁有一定的厚度 δ，則於 x 等於 $a+\delta$ 處之波函數 ψ，由上式

(16-122) 可得，並非等於零，此表示於 gi 的右側會有出現電子的或然率，即於 $cdef$ 的位能井內之電子，可能會鑿穿（非越過）位能的障壁 $efgi$ 而逸出。同理，亦可能會鑿穿左側的位能障壁而逸出。此種現象正如位能井內的微小粒子，穿過其位能障壁之隧道而逸出，此種現象稱為**隧道效應** (tunnel effect)。鑿穿位能的障壁之或然率，與其波函數式 (16-122) 之平方成比例，即與 $\exp[-(4\pi\delta/h)\sqrt{2m(V_a - E)}]$ 成正比。

　　許多重要的現象，均可用隧道效應說明，例如，放射性元素之 α **衰變** (α-decay)，此時其於原子核內之 α 粒子雖未具有超越其原子核之位能障礙的能量，但由於隧道效應，自該原子核仍可放射出 α 粒子，而其衰變速率與 α 粒子自原子核逸出之或然率（波函數之平方）成正比（參閱 22-4 節）。其他如許多電極的程序，均與電子之穿透過其電極表面的位能障壁之鑿隧道的效應有關。

16-18 角動量 (Angular Momentum)

　　量子力學中的一些有關**角動量** (angular momentum) 之例為：(1) 轉動的分子之角動量，(2) 軌道的電子之角動量，及 (3) 電子與一些原子核均有**內在的旋轉** (intrinsic spin) 之角動量。角動量是一種非常重要的性質，因為於孤立系中發生變化時，其角動量須守恆，於此節以一般的方法討論角動量。

　　質量 m 之粒子，圍繞距某一點之距離 r 轉動時，其角動量 L 可表示為

$$L = rmv = mr^2\omega = I\omega \tag{16-123}$$

上式中，v 為粒子之**線速度** (linear velocity)，$\omega = v/r$ 為角速度，而 $I = mr^2$ 為其**轉動慣量** (moment of inertia)。粒子之動能 T 可表示為

$$T = \frac{1}{2}mv^2 = \frac{1}{2}mr^2\omega^2 = \frac{1}{2}I\omega^2 \tag{16-124}$$

粒子之動能也可用其角動量 L 表示為

$$T = \frac{L^2}{2I} \tag{16-125}$$

　　於三次元的空間，角動量常用向量 **L** 表示。若質量 m 的粒子圍繞某定點 P 轉動之線速度為 **v**，則其角動量 **L** 可表示為

$$\mathbf{L} = \mathbf{r} \times m\mathbf{v} = \mathbf{r} \times \mathbf{p} \tag{16-126}$$

上式中，**r** 為粒子至定點 P 之距離的向量，**p** 為其**線動量的向量** (linear momentum vector)，即等於其質量與轉動之線速度的乘積，mv。向量 **L** 垂直於 **r**

與 **p** 所成的平面,而等於二向量 **r** 與 **p** 之**交叉乘積** (cross product) ,或**向量乘積** (vector product) **r×p**,其大小,$|\mathbf{r}||\mathbf{p}|\sin\theta$,的指向垂直於由 **r** 與 **p** 所定義之平面,其中的 θ 為 **r** 與 **p** 間之角度。向量 **r** 與 **p** 可分別用其分量及指向,沿正 x, y 與 z 的坐標軸之單位向量 **i** , **j** 與 **k** 的項表示,即為

$$\mathbf{r} = x\mathbf{i} + y\mathbf{j} + z\mathbf{k} \tag{16-127}$$

與

$$\mathbf{p} = p_x\mathbf{i} + p_y\mathbf{j} + p_z\mathbf{k} \tag{16-128}$$

向量 **r** 與 **p** 之交叉乘積,可方便由行列式計算 (參閱附錄六)。由此,角動量可表示為

$$\mathbf{L} = \mathbf{r} \times \mathbf{p} = \begin{vmatrix} \mathbf{i} & \mathbf{j} & \mathbf{k} \\ x & y & z \\ p_x & p_y & p_z \end{vmatrix}$$

$$= (yp_z - zp_y)\mathbf{i} + (zp_x - xp_z)\mathbf{j} + (xp_y - yp_x)\mathbf{k} \tag{16-129}$$

單一粒子圍繞固定的點轉動之古典的角動量,於坐標軸 x, y, z 的三方向之分量,可分別表示為

$$L_x = yp_z - zp_y \tag{16-130a}$$

$$L_y = zp_x - xp_z \tag{16-130b}$$

$$L_z = xp_y - yp_x \tag{16-130c}$$

其角動量之平方,可用其向量 **L** 自身之**矢量積** (scalar product) 表示,即為

$$\mathbf{L} \cdot \mathbf{L} = L^2 = L_x^2 + L_y^2 + L_z^2 \tag{16-131}$$

由此,角動量之平方為矢量 (參閱附錄六)。若無**力矩** (moment) 作用於粒子時,於古典力學中其角動量為一定,而其 L 與 T 於古典力學中均被允許可有任何的值。

角動量於量子力學中,可用其運算子表示,將上面的式 (16-130a),(16-130b) 與 (16-130c) 中之動量 p_x, p_y 與 p_z,用其各對應之量子力學的運算子 $\hat{p}_x, \hat{p}_y$ 與 $\hat{p}_z$ 替代,可得其角動量之量子力學的運算子,並將其中之 $\hat{p}_x, \hat{p}_y$ 與 $\hat{p}_z$ 分別用如 $\hat{p}_x = (\hbar/i)(\partial/\partial x)$ 等代入,可得

$$\hat{L}_x = -i\hbar\left(y\frac{\partial}{\partial z} - z\frac{\partial}{\partial y} \right) \tag{16-132a}$$

$$\hat{L}_y = -i\hbar\left(z\frac{\partial}{\partial x} - x\frac{\partial}{\partial z} \right) \tag{16-132b}$$

$$\hat{L}_z = -i\hbar\left(x\frac{\partial}{\partial y} - y\frac{\partial}{\partial x} \right) \tag{16-132c}$$

而角動量的平方之運算子,可寫成

$$\hat{L}^2 = |\hat{\mathbf{L}}|^2 = \hat{L} \cdot \hat{L} = \hat{L}_x^2 + \hat{L}_y^2 + \hat{L}_z^2 \qquad \textbf{(16-133)}$$

上面的各式 (16-132a)，(16-132b)，(16-132c) 與 (16-133) 中之角動量的運算子，一般用如圖 16-12 所示之**球面極坐標** (spherical polar coordinate) r, θ, ϕ 表示較為方便。

直角坐標 (x, y, z) 與球面極坐標 (r, θ, ϕ) 間之關係，由圖 16-12 可得

$$x = r \sin\theta \cos\phi \qquad \textbf{(16-134a)}$$

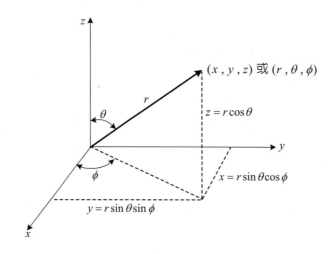

圖 16-12　直角坐標 (x, y, z) 與球面極坐標 (r, θ, ϕ) 之關係

$$y = r \sin\theta \sin\phi \qquad \textbf{(16-134b)}$$

$$z = r \cos\theta \qquad \textbf{(16-134c)}$$

上面的式 (16-132a) 至 (16-132c) 與 (16-133)，使用球面極坐標可寫成

$$\hat{L}_x = i\hbar \left(\sin\phi \frac{\partial}{\partial\theta} + \cot\theta \cos\phi \frac{\partial}{\partial\phi} \right) \qquad \textbf{(16-135a)}$$

$$\hat{L}_y = i\hbar \left(-\cos\phi \frac{\partial}{\partial\theta} + \cot\theta \sin\phi \frac{\partial}{\partial\phi} \right) \qquad \textbf{(16-135b)}$$

$$\hat{L}_z = -i\hbar \frac{\partial}{\partial\phi} \qquad \textbf{(16-135c)}$$

與

$$\hat{L}^2 = -\hbar^2 \left[\frac{1}{\sin\theta} \frac{\partial}{\partial\theta} \left(\sin\theta \frac{\partial}{\partial\theta} \right) + \frac{1}{\sin^2\theta} \frac{\partial^2}{\partial\phi^2} \right] \qquad \textbf{(16-136)}$$

上面各式中，$\hat{L}_x$ 與 $\hat{L}_y$，$\hat{L}_y$ 與 $\hat{L}_z$ 及 $\hat{L}_x$ 與 $\hat{L}_z$ 均互相不可交換，但 $\hat{L}_x$，$\hat{L}_y$ 及 $\hat{L}_z$ 與 $\hat{L}^2$ 均可交換。因此，可精確量測總角動量與其分量中之僅一分量。由此，若由量測得總角動量之大小，$|\mathbf{L}| = \sqrt{L^2} = \sqrt{L_x^2 + L_y^2 + L_z^2}$ 及 L_z，則不能精確

量測 L_x 或 L_y。此爲古典力學與量子力學之 Heisenberg 的不確定性原理的基本上不同之處。

　　因 $\hat{L}^2$ 與 $\hat{L}_z$ 可交換，而可構造此二運算子之固有函數的函數，若這些固有函數爲球調和，則可以 Y_{l,m_l} 表示爲

$$\hat{L}^2 Y_{l,m_l}(\theta,\phi) = l(l+1)\hbar^2 Y_{l,m_l}(\theta,\phi) \qquad l = 0,1,2,\cdots \tag{16-137}$$

$$\hat{L}_z Y_{l,m_l}(\theta,\phi) = m_l \hbar Y_{l,m_l}(\theta,\phi) \qquad m_l = -l,-l+1,\cdots,l-1,l \tag{16-138}$$

因此，角動量的平方之固有值 L^2，與角動量之 z 分量的固有值 L_z，可分別表示爲

$$L^2 = l(l+1)\hbar^2 \text{ 或 } L = \sqrt{l(l+1)}\ \hbar \qquad l = 0,1,2,\cdots \tag{16-139}$$

與

$$L_z = m_l \hbar \qquad m_l = -l,-l+1,\cdots,0,\cdots,l-1,l \tag{16-140}$$

上面的各式中之量子數 l，稱爲**角動量量子數** (angular momentum quantum number) 或**角量子數** (azimuthal quantum number)，m_l 稱爲**磁量子數** (magnetic quantum number)。於此因有 θ 與 ϕ 的二坐標，所以須有二量子數。於量子力學中，時常會出現式 (16-139) 與 (16-140)。於下節討論二粒子的剛性轉動體時，會再出現此二式，而於討論氫原子及光譜時，亦會使用此二式。

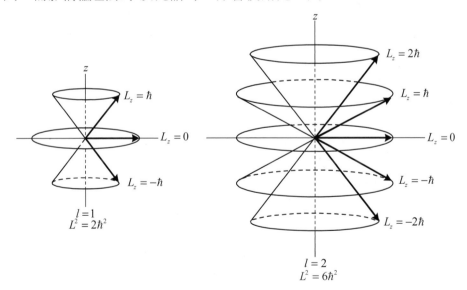

圖 16-13　$l=1$ 與 $l=2$ 之角動量向量之可能的取向

　　對於 $l=1$ 與 $l=2$ 時之**角動量向量** (angular momentum vector) **L**，於其某特殊方向之可能的**取向** (orientation)，如圖 16-13 所示，其 z 的方向可由作用的磁場決定。如圖示，因其於 x 與 y 方向的分量 L_x 與 L_y 均未知，故 **L** 僅能用圓錐體之表面描述。軌道角動量 **L** 之大小爲 $[l(l+1)]^{1/2}\hbar$，而其於某特殊方向之最大分

量 L_z 為 $l\hbar$。由此，角動量之大小 L 大於其 z 方向的分量，因此，角動量的向量不能指向所作用的磁場方向。此結果與 Heisenberg 的不確定性原理符合，若角動量的向量指向磁場的方向，則隱含軌道電子被局限於此方向之垂直的平面。

對於任何大小之角動量的向量，由於 m_l 有 $2l+1$ 的值。因此，無電場或磁場的作用時，其能階有 $2l+1$ 的**退縮度** (degeneracy)。

16-19 二粒子的剛性轉動體 (The Two-Particle Rigid Rotor)

相距 r_1+r_2 距離之二粒子的剛性轉動體之二粒子的質量各為 m_1 與 m_2，如圖 16-14 所示，此可代表二原子核間之距離為一定的一般之二原子的分子。此種二粒子的剛性轉動體之**移動** (translational) 及**轉動** (rotational) 的運動，可回歸成為分離的二粒子成為一粒體的問題，此種系之移動的運動，可用二粒子之總質量處理，而其轉動運動可假設為其**回歸質量** (reduced mass) μ 的假想粒子之轉動來處理。設二粒子之質量的中心為直角坐標系之原點，如圖 16-14 所示，由此可得

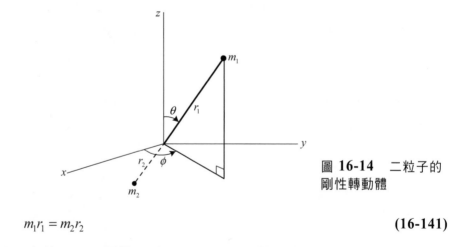

圖 **16-14** 二粒子的
剛性轉動體

$$m_1 r_1 = m_2 r_2 \qquad (16\text{-}141)$$

而二原子的分子之其二原子間的距離，可用其原子核間之平衡距離 R_e 表示，即為

$$r_1 + r_2 = R_e \qquad (16\text{-}142)$$

通過其質量中心而垂直其二原子核的軸之**轉動慣量** (moment of inertia) I，可表示為

$$I = m_1 r_1^2 + m_2 r_2^2 \qquad (16\text{-}143)$$

由上面的各式 (16-141)、(16-142) 及 (16-143)，消去 r_1 與 r_2，可得

$$I = \frac{R_e^2}{1/m_1 + 1/m_2} = \mu R_e^2 \tag{16-144}$$

其中的回歸質量 μ 爲

$$\mu = \frac{1}{1/m_1 + 1/m_2} = \frac{m_1 m_2}{m_1 + m_2} \tag{16-145}$$

剛性轉動體之動能，可用古典力學中對於質量點的轉動所導得之式 (16-125)，$T = L^2/2I$，表示。因此，二原子的分子之轉動的動能，由古典力學可表示爲

$$T = \frac{L^2}{2\mu R_e^2} \tag{16-146}$$

因剛性轉動體沒有位能，即其 $V = 0$，故其動能等於總能量，即 $T = E$，因此，古典的 Hamiltonian H，相當於其動能 T。應用古典的動能與其相對之量子力學的 Hamiltonian 運算子，由式 (16-100) 可得

$$\hat{H} = -\frac{\hbar^2}{2\mu} \nabla^2 \tag{16-147}$$

上式中之 Lplacian 運算子 ∇^2，使用球面的極坐標表示（參閱附錄十二）較爲方便，而可表示爲

$$\nabla^2 = \frac{1}{r^2}\frac{\partial}{\partial r}\left(r^2\frac{\partial}{\partial r}\right) + \frac{1}{r^2\sin^2\theta}\frac{\partial^2}{\partial\phi^2} + \frac{1}{r^2\sin\theta}\frac{\partial}{\partial\theta}\left(\sin\theta\frac{\partial}{\partial\theta}\right) \tag{16-148}$$

因剛性轉動體之二質量 m_1 與 m_2，離其原點之距離各爲一定，故上式中的 $r = R_e$，爲一定，而上式的運算子 ∇^2 中，對 r 之微分的項須爲零。因此，將上式 (16-148) 代入式 (16-147)，可得

$$\hat{H} = -\frac{\hbar^2}{2I}\left[\frac{1}{\sin\theta}\frac{\partial}{\partial\theta}\left(\sin\theta\frac{\partial}{\partial\theta}\right) + \frac{1}{\sin^2\theta}\frac{\partial^2}{\partial\phi^2}\right] \tag{16-149}$$

上式中，$I = \mu R_e^2$。剛性轉動體之波函數爲二角度 θ 與 ϕ 的函數。由解下列之 Schrödinger 的方程式 (16-150)，可得其固有值。

$$-\frac{\hbar^2}{2I}\left[\frac{1}{\sin\theta}\frac{\partial}{\partial\theta}\left(\sin\theta\frac{\partial}{\partial\theta}\right) + \frac{1}{\sin^2\theta}\frac{\partial^2}{\partial\phi^2}\right]Y(\theta,\phi) = EY(\theta,\phi) \tag{16-150}$$

上式爲標準的微分方程式，其解 $Y(\theta,\phi)$ 爲**球調和** (spherical harmonic) 函數，於此將其較前面之一些球調和函數列於表 16-3。由解上面的固有值方程式 (16-150) 須引入二量子數 l 與 m_l，而 m_l 爲 $-l$ 至 l 範圍之整數，其波函數 $Y_{l,m_l}(\theta,\phi)$ 可表示爲

$$\hat{H}Y_{l,m_l}(\theta,\phi) = \frac{l(l+1)\hbar^2}{2I}Y_{l,m_l}(\theta,\phi) \qquad (16\text{-}151)$$

因此,剛性轉動體之能量爲

表 16-3　式(16-150)的解之較前面的一些球調和函數

$Y_{0,0} = \dfrac{1}{(4\pi)^{1/2}}$	$Y_{2,0} = \left(\dfrac{5}{16\pi}\right)^{1/2}(3\cos^2\theta - 1)$
$Y_{1,0} = \left(\dfrac{3}{4\pi}\right)^{1/2}\cos\theta$	$Y_{2,1} = \left(\dfrac{15}{8\pi}\right)^{1/2}\sin\theta\cos\theta\,e^{i\phi}$
$Y_{1,1} = \left(\dfrac{3}{8\pi}\right)^{1/2}\sin\theta\,e^{i\phi}$	$Y_{2,-1} = \left(\dfrac{15}{8\pi}\right)^{1/2}\sin\theta\cos\theta\,e^{-i\phi}$
$Y_{1,-1} = \left(\dfrac{3}{8\pi}\right)^{1/2}\sin\theta\,e^{-i\phi}$	$Y_{2,2} = \left(\dfrac{15}{32\pi}\right)^{1/2}\sin^2\theta\,e^{2i\phi}$
	$Y_{2,-2} = \left(\dfrac{15}{32\pi}\right)^{1/2}\sin^2\theta\,e^{-2i\phi}$

$$E = \frac{l(l+1)\hbar^2}{2I} \qquad l = 0,1,2,\cdots \qquad (16\text{-}152)$$

於此須注意,對於轉動沒有零點的能量。由上式得知,剛性轉動體之能量與量子數 m_l 無關。

　　由量子力學,角動量之值的大小 L 被量子化,而可表示爲

$$L^2 = J(J+1)\hbar^2 \qquad J = 0,1,2,\cdots \qquad (16\text{-}153)$$

於上式中使用**轉動量子數** (rotational quantum number) J,以替代角動量量子數 l。剛性轉動之古典的動能,由式 (16-146) 可表示爲,$E = L^2/2I$,因此,二原子的分子之轉動的動能,由式 (16-146) 與 (16-153),可表示爲

$$E = \frac{L^2}{2\mu R_e^2} = \frac{\hbar^2}{2I}J(J+1) \qquad (16\text{-}151)$$

　　這些固有值所對應之固有函數,如上述爲球調和函數 Y_{l,m_l}。於處理轉動的能量之能階時,其磁量子數 m_l 以 M 替代,由此,$L_z = M\hbar$。由上式 (16-151),二原子的分子之轉動的能量僅與轉動量子數 J 有關,但其波函數與 J 及 M 有關 [參閱式 (16-137) 及 (16-138)]。因 M 值之範圍爲 $-J$ 至 J,故其轉動的能階爲 $(2J+1)$ 重退縮。

例 16-9 設 $H^{35}Cl$ 之平衡原子核間的距離 R_e，為 127.5 pm，H 與 ^{35}Cl 之原子質量分別為 1.007825×10^{-3} 與 34.96885×10^{-3} kg mol^{-1}。試求 (a) $H^{35}Cl$ 之回歸質量 μ 與轉動慣量 I，及 (b) 於狀態 $J = 1$ 之 L, L_z 及 E 的各值

解 (a) $\mu = \dfrac{(1.007825 \times 10^{-3} \text{ kg mol}^{-1})(34.96885 \times 10^{-3} \text{ kg mol}^{-1})}{[(1.007825 + 34.96885) \times 10^{-3} \text{ kg mol}^{-1}](6.022045 \times 10^{23} \text{ mol}^{-1})}$

$\qquad = 1.62668 \times 10^{-27}$ kg

$\qquad I = \mu R_e^2 = (1.627 \times 10^{-27} \text{ kg})(127.5 \times 10^{-12} \text{ m})^2 = 2.644 \times 10^{-47} \text{ kg m}^2$

(b) $L = \sqrt{J(J+1)} \, \hbar = \dfrac{\sqrt{2}(6.626176 \times 10^{-34} \text{ J s})}{2\pi} = 1.491414 \times 10^{-34} \text{ J s}$

$\qquad L_z = 0$ 或 $\pm \dfrac{1}{2\pi}(6.626176 \times 10^{-34} \text{ J s}) = \pm 1.054589 \times 10^{-34} \text{ J s}$

$\qquad E = \dfrac{\hbar^2}{2I} J(J+1) = \dfrac{(6.626176 \times 10^{-34} \text{ J s})^2 (2)}{8\pi^2 (2.644 \times 10^{-47} \text{ kg m}^2)} = 4.206 \times 10^{-22} \text{ J}$　◀

例 16-10 設系之波函數為 $N\cos\phi$，其中的 N 為**規格化常數** (normalization constant)。試求，(a) 於 z 方向之平均角動量 L_z，及 (b) 圍繞 z 軸轉動之動能 E

解 (a) $\hat{L}_z = i\hbar \dfrac{\partial}{\partial \phi}$

$\qquad L_z = N^2 \int_0^{2\pi} \cos\phi \left(-i\hbar \dfrac{\partial}{\partial \phi} \cos\phi \right) d\phi = -N^2 \int_0^{2\pi} \cos\phi \sin\phi \, d\phi = 0$

(b) 圍繞 z 軸轉動之動能的運算子為

$\qquad \dfrac{1}{2I} \hat{L}_z^2 = -\dfrac{\hbar^2}{2I} \dfrac{d^2}{d\phi^2}$

因 $\cos\phi$ 為固有值 $\hbar^2$ 之 $\hat{L}_z^2$ 的固有函數，即

$\qquad -\hbar^2 \dfrac{d^2}{d\phi^2} N\cos\phi = \hbar^2 (N\cos\phi)$

因此

$\qquad \dfrac{1}{2I} \hat{L}_z^2 \cos\phi = \dfrac{\hbar^2}{2I} \cos\phi = E_z \cos\phi$

所以

$\qquad E_z = \hbar^2 / 2I$　◀

習 題

1. 試求，洞穴的輻射之光譜線的濃度 M_λ 之最大的波長 λ_{max} 為 (a) 800 nm，及 (b) 400 nm 時之溫度，並求 (c) 洞穴於 25°C 時所輻射的輻射線之光譜線濃度，為最大之輻射線的波長 λ_{max}

   答 (a) 3623 K，(b) 7245 K，(c) 9.72 μm

2. 試求，Wien 的位移法則 [式 (16-17)] 中之常數值

   答 2.898×10^{-3} K m

3. 試計算，氫原子之 Paschen 系列的光譜線中，其第一與第三光譜線之波長

   答 $1.8756 , 1.0941\ \mu$m

4. 試求，氫原子內的電子自軌道 $n=100$ 移至軌道 $n=99$ 時，所放射的光譜線之波長

   答 4.49 cm

5. 試計算，一電子經 1000 V 的電位差之電場加速時，其所得之速度

   答 1.87×10^7 m s^{-1}

6. 電子經 1000 V 的電位差之電場加速，試計算， (a) 電子之 de Broglie 波長，及 (b) 這些電子撞擊固體時，所產生的 X-射線之波長

   答 (a) 0.0387 nm，(b) 1.24 nm

7. 試計算，於室溫運動的氫原子之**移動能量** (translational energy) 所相當之 de Broglie 波長

8. 波函數一般可用複函數，$\psi = A + iB$ 表示，其中的 $i = \sqrt{-1}$。試證其 $\psi^*\psi$ 為實數

9. 設一電子於長度 0.5 nm 之一次元的箱內，而於該箱的外面之位能障礙為無窮大。試計算，(a) 電子於該箱內的 $n=1$ 與 $n=2$ 的能階時之能量 （ 以 kJ mol^{-1} 表示 ），及 (b) 此電子自 $n=2$ 的能階移至 $n=1$ 的能階時，所放射的輻射線之波長 （ 以 nm 表示 ）

   答 (a) 145.1, 580.4 kJ mol^{-1}，(b) 274.7 nm

10. 氫原子於 25°C 的一次元箱內之能量等於 $\frac{3}{2}$kT。試計算，此一次元的箱之長度為， (a) 1 nm，及 (b) 1 cm 時之其量子數

    答 (a) 14，(b) 1.37×10^8

11. 一粒子於立方形的箱內，試求其最低的三能階之各退縮度

    答 1, 3, 3

12. 試證，函數 $\psi = 5e^{3x}$ 為運算子 d/dx 之固有函數，並求其固有值

     3

13. 試求，運算子 d/dx 對於函數 (a) $\cos x$，(b) e^{kx}，及 (c) e^{-ax^2} 之各運算的結果，並求其固有值

    (a) $-\sin x$，(b) ke^{kx}，(c) $-2axe^{-ax^2}$，僅 (b) 可得固有值 k

14. 試將調和振動子之基底狀態的波函數，代入其 Schrödinger 的方程式，以求其於基底狀態的能量

     $\dfrac{h}{4\pi}\sqrt{\dfrac{k}{m}}$

15. 於碘化氫的分子 HI 之**振動運動** (vibrational motion) 中，碘化氫中的碘原子因其質量較大，而保持穩定的狀態。假定其中的氫原子作調和的振動運動之**力常數** (force constant) k 為 $317\,\text{N m}^{-1}$，試求其**基本的振動頻率** (fundamental vibration frequency) v_0

    6.93×10^{13} s^{-1} —— $6.93 \times 10^{13}\,\text{s}^{-1}$

16. 試計算，移去氫原子之 $4p$ 軌道的電子所需之能量，並以 eV 及 kJ mol^{-1} 的能量單位表示之

    $82.047\,\text{kJ mol}^{-1}$

17. 氫原子 H 與重氫原子 D 之相對原子質量，分別為 1.007825 與 2.01410。試計算，於 H 及 D 的原子之 Balmer 系列的光譜線中，其各第一條光譜線之波長

    656.4696，656.292 nm

18. 已知 $^{23}\text{Na}^{35}\text{Cl}$ 之平衡核間的距離 R_e 為 236 pm。試求 $^{23}\text{Na}^{35}\text{Cl}$ 之**回歸質量** (reduced mass) 及其轉動慣量，並計算其於 $J=1$ 的狀態之 L, L_z 及 E 的值

    $2.303 \times 10^{-26}\,\text{kg}$, $1.283 \times 10^{-45}\,\text{kg m}^2$, $1.491 \times 10^{-34}\,\text{Js}$, 0 或 $\pm 1.054 \times 10^{-34}\,\text{Js}$, $1.734 \times 10^{-23}\,\text{J}$

第十七章

原子構造

　　於本章介紹原子之電子的構造，原子之波函數通常含原子之全部有關電子的性質的資訊，所以原子之波函數甚爲重要。氫原子及如 He^+, L^{2+}⋯ 等僅含一電子似氫的原子之波函數，一般均可以精確計算，但含二電子以上的原子之波函數，須使用近似的方法才可以計算。這些近似的方法雖繁雜，但利用電腦可得相當準確的結果。

　　原子內的電子軌道之概念很重要，因此，於本章對於似氫原子之 Schrödinger 的方程式，固有函數與或然率密度，軌道角動量及其電子構造等，作較詳細的討論，並介紹攝動法與變分法等近似的方法及 Pauli 的排斥原理。量子力學的重大成就之一爲，可洞察週期表之構造，及元素之物理與化學性質的週期性。於本章亦討論原子之游離電位與電子的親和性，及原子之光譜項等。

17-1 似氫原子之 Schrödinger 方程式
(The Schrödinger Equation for Hydrogenlike Atoms)

　　於氫的原子及如 He^+, Li^{2+}, Be^{3+} 等離子之似氫原子內，其一電子與原子核（質子）通常環繞其質量的**共同中心** (mutual center) 移動。因此，以量子力學處理這些原子的有關問題時，須使用電子與其原子核之**回歸質量** (reduced mass)，$\mu = m_e M_{nuc}/(m_e + M_{nuc})$。因原子核之質量 M_{nuc} 遠大於電子的質量 m_e，即 $M_{nuc} >> m_e$，故原子之回歸質量 μ 大約等於 m_e。氫原子之回歸質量 μ 與電子的質量 m_e 僅相差約 0.05%，而質量較大的似氫原子之回歸質量 μ，更接近於 m_e。因此，似氫原子之 Schrödinger 的方程式中之原子回歸質量 μ，常以電子的質量 m_e 替代。

　　似氫原子內的電子之移動，通常會受庫崙位能，$V(r) = -Ze^2/(4\pi e_0 r)$ $= -Ze^2/(4\pi e_0 \sqrt{x^2 + y^2 + z^2})$，的影響，其中的 r 爲電子與原子核間之距離，Z 爲原子核所帶之電荷數，對於氫原子，其 $Z = 1$。電子於離原子無窮遠處之位能爲零，因此，原子內的電子之位能爲負值。似氫原子之古典 Hamiltonian H，等於該系之能量，而可表示爲

$$H = \frac{1}{2m_e}(p_x^2 + p_y^2 + p_z^2) + V(r) \tag{17-1}$$

上式中，p_x, p_y 與 p_z 為電子之線性動量於坐標軸 x, y 與 z 等方向之分量。這些動量分別用其運算子替代時，上式 (17-1) 之古典 Hamiltonian H，可轉變成 Hamiltonian 運算子 $\hat{H}$，而可表示為

$$\hat{H} = -\frac{\hbar^2}{2m_e}\left(\frac{\partial^2}{\partial x^2} + \frac{\partial^2}{\partial y^2} + \frac{\partial^2}{\partial z^2}\right) + V(r) = -\frac{\hbar^2}{2m_e}\nabla^2 + V(r) \tag{17-2}$$

Schrödinger 的方程式常用 Hamiltonian 運算子 $\hat{H}$ 表示為

$$\hat{H}\psi = E\psi \tag{17-3}$$

似氫原子之 Schrödinger 的方程式，運用式 (17-2) 之 Hamiltonian 運算子 $\hat{H}$ 運算，可得似氫原子之能量的固有值 E，與其對應之固有函數 ψ。上面的微分方程式 (17-3) 利用變數的中分離法，可分離成每一方程式僅含一坐標變數的三普通的微分方程式。上式 (17-3) 之坐標的變數並非經常可以分離，例如，於直角坐標系，其變數無法分離，但於球面極坐標時，因位能僅與 r 有關，而與 θ 或 ϕ 等的角坐標無關，故其變數可以分離。

直角坐標 (x, y, z) 與球面極坐標 (r, θ, ϕ) 的關係，已如圖 16-12 及式 (16-134) 所示。使用球面極坐標時，Laplace 的運算子 ∇^2 可寫成（參閱附錄十二）

$$\nabla^2 = \frac{1}{r^2}\frac{\partial}{\partial r}\left(r^2\frac{\partial}{\partial r}\right) + \frac{1}{r^2\sin^2\theta}\frac{\partial^2}{\partial \phi^2} + \frac{1}{r^2\sin\theta}\frac{\partial}{\partial \theta}\left(\sin\theta\frac{\partial}{\partial \theta}\right) \tag{17-4}$$

將上式 (17-4) 代入式 (17-2)，Schrödinger 的方程式 (17-3) 可寫成

$$\frac{1}{r^2}\frac{\partial}{\partial r}\left(r^2\frac{\partial\psi}{\partial r}\right) + \frac{1}{r^2\sin^2\theta}\frac{\partial^2\psi}{\partial \phi^2} + \frac{1}{r^2\sin\theta}\frac{\partial}{\partial \theta}\left(\sin\theta\frac{\partial\psi}{\partial \theta}\right)$$
$$+ \frac{2m_e}{\hbar^2}[E - V(r)]\psi = 0 \tag{17-5}$$

事實上，電子與原子核均環繞其質量的共同中心移動，因此，上式中之 m_e 應以回歸質量 μ 替代。

由直角坐標轉變成球面極坐標的 Schrödinger 方程式 (17-5) 之解，$\psi(r, \theta, \phi)$，可用分離成各僅含變數 r, θ 與 ϕ 的函數之三函數 $R(r), \Theta(\theta)$ 與 $\Phi(\phi)$，的乘積表示，由此，其解可表示為

$$\psi(r, \theta, \phi) = R(r)\Theta(\theta)\Phi(\phi) \tag{17-6}$$

將上式 (17-6) 代入式 (17-5)，並其兩邊各除以 $R(r)\Theta(\theta)\Phi(\phi)$，可得

$$\frac{1}{r^2 R}\frac{d}{dr}\left(r^2\frac{dR}{dr}\right)+\frac{1}{\Phi r^2 \sin^2\theta}\frac{d^2\Phi}{d\phi^2}+\frac{1}{\Theta r^2 \sin\theta}\frac{d}{d\theta}\left(\sin\theta\frac{d\Theta}{d\theta}\right)$$

$$+\frac{2m_e}{\hbar^2}[E-V(r)]=0 \tag{17-7}$$

上式乘以 $r^2\sin^2\theta$ 時，其第二項會變成僅含獨立變數 ϕ 之函數，$\frac{1}{\Phi}\frac{d^2\Phi}{d\phi^2}$，而此項等於與獨立變數 ϕ 無關之其他各項的和。因此，由上式 (17-7) 可表示為

$$\frac{1}{\Phi}\frac{d^2\Phi}{d\phi^2}=-\frac{\sin^2\theta}{R}\frac{d}{dr}\left(r^2\frac{dR}{dr}\right)-\frac{\sin\theta}{\Theta}\frac{d}{d\theta}\left(\sin\theta\frac{d\Theta}{d\theta}\right)$$

$$-\frac{2m_e}{\hbar^2}r^2\sin^2\theta[E-V(r)] \tag{17-8}$$

上式之左邊與獨立變數 r 及 θ 無關，而其右邊與 ϕ 無關。因此，上式 (17-8) 之各邊均應等於常數，而此常數用 $-m_l^2$ 表示時，由上式可得

$$\frac{d^2\Phi}{d\phi^2}=-m_l^2\Phi \tag{17-9}$$

及

$$\frac{1}{R}\frac{d}{dr}\left(r^2\frac{dR}{dr}\right)+\frac{2m_e r^2}{\hbar^2}[E-V(r)]=\frac{m_l^2}{\sin^2\theta}-\frac{1}{\Theta\sin\theta}\frac{d}{d\theta}\left(\sin\theta\frac{d\Theta}{d\theta}\right) \tag{17-10}$$

由於上式 (17-10) 之左邊與 θ 無關，而右邊與 r 無關。因此，上式 (17-10) 之各邊亦應均等於常數。若此常數用 $l(l+1)$ 表示，則由上式 (17-10) 之右邊與左邊，可分別得

$$\frac{m_l^2\Theta}{\sin^2\theta}-\frac{1}{\sin\theta}\frac{d}{d\theta}\left(\sin\theta\frac{d\Theta}{d\theta}\right)=l(l+1)\Theta \tag{17-11}$$

與

$$\frac{1}{r^2}\frac{d}{dr}\left(r^2\frac{dR}{dr}\right)+\frac{2m_e}{\hbar^2}[E-V(r)]R=l(l+1)\frac{R}{r^2} \tag{17-12}$$

於是由分別解上面的微分方程式 (17-9)，(17-11) 及 (17-12)，可得偏微分方程式 (17-5) 之解。式 (17-9) 僅對於某些 m_l 的定值可得到其解，而將這些 m_l 值代入式 (17-11) 可發現僅某些 l 的定值，可得到式 (17-11) 之解。並將這些 l 值代入上式 (17-12) 時，可發現僅氫原子之某些一定的能量值 E，可被接受為上式 (17-12) 之解。由此，其所被允許之能量，可表示為

$$E_n=-\frac{m_e e^4 Z^2}{2(4\pi\epsilon_0)^2\hbar^2 n^2}=-\frac{Z^2}{2n^2}\frac{e^2}{4\pi\epsilon_0 a_0} \tag{17-13}$$

上式中，$n=1,2,3,\cdots$ 等，稱為**主量子數** (principal quantum number)。a_0 為 Bohr 的半徑，而可用下式表示，為

$$a_0 = \frac{\hbar^2 (4\pi\epsilon_0)}{m_e e^2} \tag{17-14}$$

似氫原子之能量,以原子核與電子間的距離爲無窮大時之能量設爲零,以作爲能量之量測的基準。因似氫原子中之電子的能量比自由電子的能量低,所以其能量爲負值。似氫原子中的電子之最低的能量 E_1,相當於其**基底狀態** (ground state) $n=1$ 之能量,而 $n=2,3,\cdots$ 等之狀態爲**激勵狀態** (excited states)。式 (17-13) 爲原子核的質量與電子質量的比爲無窮大的似氫原子之能量。於計算其他任何質量的原子核與電子之似氫原子的能量時,式 (17-13) 中之電子質量 m_e,應以該似氫原子之回歸質量 μ 替代。

氫原子於基底狀態之能量 E_1,可於式 (17-13) 中代入 $n=1, Z=1$ 及 $\hbar = h/2\pi$,而得

$$
\begin{aligned}
E_1 &= \frac{2\pi^2 m_e e^4}{(4\pi\epsilon_0)^2 h^2} \\
&= -\frac{2\pi^2 (9.109534 \times 10^{-31} \text{kg})(1.6021892 \times 10^{-19} \text{C})^4}{[4\pi(8.85418782 \times 10^{-12} \text{C}^2 \text{N}^{-1} \text{m}^{-2})]^2 (6.626176 \times 10^{-34} \text{Js})^2} \\
&= -2.179907 \times 10^{-18} \text{J}
\end{aligned}
\tag{17-15}
$$

因一電子經 $1\,\text{V}$ 的電位差加速所得之能量,或一電子通過 $1\,\text{V}$ 的電位差之能量爲 $1\,\text{eV}$,故 $1\,\text{eV} = (1.6021892 \times 10^{-19} \text{C})(1\,\text{V}) = 1.6021892 \times 10^{-19} \text{J}$,所以由上式 17-15,$E_1 = -2.17907 \times 10^{-18} J /(1.6021892 \times 10^{-19} \text{JeV}^{-1}) = -13.605698 \text{eV}$。因此,似氫原子之能量可表示爲

$$E_n = -\frac{Z^2}{n^2}\frac{E_h}{2} = -\frac{Z^2}{n^2}(13.605698\,\text{eV}) \tag{17-16}$$

上式中,E_h 爲二電子間的距離等於 Bohr 半徑時之位能,而稱爲 Hartree 能量。由式 (17-13) 與 (17-16),Hartree 能量 E_h 可表示爲

$$E_h = \frac{e^2}{4\pi\epsilon_0 a_0} \tag{17-17}$$

由上式,Hartree 能量 E_h 等於 $4.3598144 \times 10^{-18} \text{J}$ 或 $27.211608\,\text{eV}$(參閱例 17-1),而氫原子於基底狀態之能量 E_1,等於 $-E_h/2$。

原子核的電荷爲 Z 的一電子的似氫原子之能階,可用式 (17-13) 表示。因此,電子自能階 n_1 移至 n_2 之能量變化,所吸收或放射的光譜線之波數 $\tilde{v}$,可用下式表示爲

$$\tilde{v} = \frac{E_{n_2} - E_{n_1}}{hc} = \Re Z^2 \left(\frac{1}{n_1^2} - \frac{1}{n_2^2} \right) \tag{17-18}$$

上式中，氫之 Rydberg 常數 $\Re$ 為 $1.096776 \times 10^7 \, \text{m}^{-1}$，而無窮大質量的原子核之 Rydbery 常數 $\Re$，為 $1.097373177 \times 10^7 \, \text{m}^{-1}$。氦的離子 He^+ 之光譜線的頻率或波數，為氫原子之四倍。氫原子之 $1s$ 軌道電子的游離能為 $13.606 \, \text{eV}$，而氦的離子 He^+ 之游離能為，$2^2 \cdot 13.606 = 55.404 \, \text{eV}$，鋰的離子 Li^{+2} 為，$3^2 \cdot 13.606 = 122.454 \, \text{eV}$。

微分方程式 (17-9) 之解為

$$\Phi(\phi) = e^{im_l\phi} = \cos m_l\phi + i \sin m_l\phi \tag{17-19}$$

上式的固有函數須為單值，以滿足量子力學的要求，由此，$\Phi(\phi)$ 於 $\phi = 0$ 與 2π 時，須為同值。因此，$|m_l|$ 為整數時，由上式 (17-19) 可得

$$e^{im_l 0} = e^{im_l 2\pi} \tag{17-20a}$$

或

$$1 = \cos m_l 2\pi + i \sin m_l 2\pi \tag{17-20b}$$

所以　　　　$m_l = 0, \pm 1, \pm 2, \pm 3, \cdots$ \tag{17-21}

上式中，量子數 m_l 為表示於磁場的作用時，其軌道面的配向之量子數，而稱為**磁量子數** (magnetic quantum number)。**軌道的角動量** (orbital angular momentum) $\vec{l}$ 之 z 方向（磁場方向）的分量為，$m_l\hbar = m_l h / 2\pi$，如圖 17-1(b) 所示。**退縮能階** (degenerate energy level) 之任何的線性組合，亦是相同**固有值** (eigenvalue) 的 Hamiltonian **固有函數** (eigen function)。因此，通常採取組成其**複素數的波函數** (complex wave function) 式 (17-19) 之線組合的**實函數** (real function) 較為方便。而由此得

$$\Phi = \sin m_l\phi \quad 或 \quad \cos m_l\phi \tag{17-22}$$

由於式 (17-11) 中僅 l 為下列之數值時，才有可被接受的解，即

$$l = |m_l|, \ |m_l|+1, \ |m_l|+2, \ |m_l|+3, \cdots \tag{17-23}$$

上式之量子數 l，稱為**方位量子數** (azimuthal quantum number) 或**角動量量子數** (angular momentum quantum mumber)，此為表示軌道電子之角動量的大小之量子數。動量為具有大小及方向的向量，電子作軌道運動時之軌道角動量，與其軌道面成垂直的方向，如圖 17-1(a) 所示，此向量 $\vec{l}$ 之大小為 $\sqrt{l(l+1)} \cdot h / 2\pi$，但於簡單的計算時，常用 $lh/2\pi$ 表示。由此可決定軌道角動量之值，為方位量子數 l，而常用下列之對應的符號表示，為

$$
\begin{array}{cccc}
l = & 0 & 1 & 2 & 3 \\
符號 & s & p & d & f
\end{array}
$$

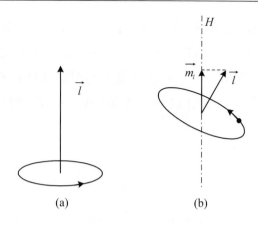

圖 17-1　(a) 軌道角運量，(b) 軌道面於磁場中之配向

主量子數 (principal quantum number) n，僅能有下列的值，即為

$$n = l+1, l+2, l+3, \cdots \tag{17-24}$$

因此，所允許的量子數之值，可表示為

$$n = 1, 2, 3, \cdots \tag{17-25}$$

$$l = 0, 1, 2, \cdots, (n-1) \tag{17-26}$$

$$m_l = 0, \pm 1, \pm 2, \cdots, \pm l \tag{17-27}$$

如上係表示，對於某主量子數 n，通常其 l 與 m_l 會有一些可能的值。換言之，對於某特定之能量值（固有值）會有某些對應的函數（固有函數）。由此，如三次元的箱內粒子之能階，可能會產生能階的**退縮** (degenerate)。似氫原子之波函數於無磁場或電場時之退縮數，對於 $n=1$ 為 1，對於 $n=2$ 為 4，對於 $n=3$ 為 9，……，或一般可用 n^2 表示。例如，$n=3$ 時，對於能量 E_3 之對應的波函數 ψ_{3,l,m_l} 之數目為 9，如表 17-1 所示。

表 17-1　主量子數 $n=1, 2, 3$ 時之方位量子數 l 與磁量子數 m_l

n	1	2		3		
l	0	0	1	0	1	2
m_l	0	0	−1　0　+1	0	−1　0　+1	−2　−1　0　+1　+2

例 17-1　相距 Bohr 半徑之二電子間的位能，稱為 Hartree 能量 (Hartree energy)，$E_h = e^2 / (4\epsilon_0 a_0)$。試計算 Hartree 能量 E_h 及 Bohr 半徑 a_0

解　$a_0 = \dfrac{h^2 (4\pi\epsilon_0)}{4\pi^2 m_e e^2} = \dfrac{h^2 \epsilon_0}{\pi m_e e^2} = 52.9177249 \,\text{pm}$

$$E_h = \frac{e^2}{4\pi\epsilon_0 a_0} = 4.3597482 \times 10^{-18} \,\text{J} = 27.211396 \,\text{eV}$$

氫原子於基底狀態之能量，由式 (17-14) 可表示為，$-E_h / 2$　◀

例 17-2　似氫原子之游離能或**離子化能** (ionization energy) E_i，等於將於基底狀態的電子，移至離原子核無限遠處所需之能量。試求 H，He^+，Li^{2+} 及 Be^{3+} 之游離能

解　游離能由式 (17-16)可表示為，$E_i = (13.606\,\text{eV})Z^2$，由此

$$E_{i,\text{H}} = 13.606\,\text{eV}$$

$$E_{i,\text{He}^+} = 2^2(13.606\,\text{eV}) = 54.424\,\text{eV}$$

$$E_{i,\text{Li}^{2+}} = 3^2(13.606\,\text{eV}) = 122.454\,\text{eV}$$

$$E_{i,\text{Be}^{3+}} = 4^2(13.606\,\text{eV}) = 217.696\,\text{eV}$$

◀

例 17-3　試寫出似氫原子之主量子數，$n = 1, 2, 3$ 及 4 的各能階之總退縮數 g_{total}

解　$n = 1, 2, 3$ 及 4 之可能的角動量之量子數 l，與磁量子數 m_l，及其各能階之退縮數 g，與總退縮數 g_{total} 如下表所示

n	l	m_l	g	g_{total}
1	0	0	1	1
2	0	0	1	4
	1	0, ±1	3	
3	0	0	1	9
	1	0, ±1	3	
	2	0, ±1, ±2	5	
4	0	0	1	16
	1	0, ±1	3	
	2	0, ±1, ±2	5	
	3	0, ±1, ±2, ±3	7	

由上表得，總退縮數與主量子數的關係，可表示為 $g_{\text{total}} = n^2$　◀

17-2　似氫原子之固有函數與或然率密度 (Eigenfunctions and Probability Densities for Hydrogenlike Atoms)

似氫原子之固有函數 $\psi_{n,l,m_l}(r, \theta, \phi)$，可用僅含變數 r 之函數 $R_{n,l}(r)$，與僅含變數 θ 之函數 $\Theta_{l,m_l}(\theta)$，及僅含變數 ϕ 之函數 $\Phi_{m_l}(\phi)$ 的三函數之乘積表示為

$$\psi_{n,l,m_l}(r, \theta, \phi) = R_{n,l}(r) \cdot \Theta_{l,m_l}(\theta) \cdot \Phi_{m_l}(\phi)$$
$$= R_{n,l}(r) \cdot Y_{l,m_l}(\theta, \phi) \tag{17-28}$$

上式中，於各函數之右下方，均註記其有相關的量子數。

似氫原子之主量子數，$n = 1, 2$ 及 3 之**波函數** (wave function) 列於表 17-2，於這些波函數，其 r 均以 Bohr 半徑 a_0 為單位表示。

表 17-2　似氫原子之波函數

n	l	m_l	波函數
1	0	0	$\psi_{1s} = \dfrac{1}{\sqrt{\pi}} \left(\dfrac{Z}{a_0} \right)^{3/2} e^{-\sigma}$
2	0	0	$\psi_{2s} = \dfrac{1}{4\sqrt{2\pi}} \left(\dfrac{Z}{a_0} \right)^{3/2} (2 - \sigma) e^{-\sigma/2}$
2	1	0	$\psi_{2p_z} = \dfrac{1}{4\sqrt{2\pi}} \left(\dfrac{Z}{a_0} \right)^{3/2} \sigma e^{-\sigma/2} \cos\theta$
2	1	±1	$\psi_{2p_x} = \dfrac{1}{4\sqrt{2\pi}} \left(\dfrac{Z}{a_0} \right)^{3/2} \sigma e^{-\sigma/2} \sin\theta \cos\phi$
			$\psi_{2p_y} = \dfrac{1}{4\sqrt{2\pi}} \left(\dfrac{Z}{a_0} \right)^{3/2} \sigma e^{-\sigma/2} \sin\theta \sin\phi$
3	0	0	$\psi_{3s} = \dfrac{1}{81\sqrt{3\pi}} \left(\dfrac{Z}{a_0} \right)^{3/2} (27 - 18\sigma + 2\sigma^2) e^{-\sigma/3}$
3	1	0	$\psi_{3p_z} = \dfrac{\sqrt{2}}{81\sqrt{\pi}} \left(\dfrac{Z}{a_0} \right)^{3/2} (6 - \sigma)\sigma e^{-\sigma/3} \cos\theta$
3	1	±1	$\psi_{3p_x} = \dfrac{\sqrt{2}}{81\sqrt{\pi}} \left(\dfrac{Z}{a_0} \right)^{3/2} (6 - \sigma)\sigma e^{-\sigma/3} \sin\theta \cos\phi$
			$\psi_{3p_y} = \dfrac{\sqrt{2}}{81\sqrt{\pi}} \left(\dfrac{Z}{a_0} \right)^{3/2} (6 - \sigma)\sigma e^{-\sigma/3} \sin\theta \sin\phi$
3	2	0	$\psi_{3d_{z^2}} = \dfrac{1}{81\sqrt{6\pi}} \left(\dfrac{Z}{a_0} \right)^{3/2} \sigma^2 e^{-\sigma/3} (3\cos^2\theta - 1)$
3	2	±1	$\psi_{3d_{xz}} = \dfrac{\sqrt{2}}{81\sqrt{\pi}} \left(\dfrac{Z}{a_0} \right)^{3/2} \sigma^2 e^{-\sigma/3} \sin\theta \cos\theta \cos\phi$
			$\psi_{3d_{yz}} = \dfrac{\sqrt{2}}{81\sqrt{\pi}} \left(\dfrac{Z}{a_0} \right)^{3/2} \sigma^2 e^{-\sigma/3} \sin\theta \cos\theta \sin\phi$
3	2	±2	$\psi_{3d_{x^2-y^2}} = \dfrac{1}{81\sqrt{\pi}} \left(\dfrac{Z}{a_0} \right)^{3/2} \sigma^2 e^{-\sigma/3} \sin^2\theta \cos 2\phi$
			$\psi_{3d_{xy}} = \dfrac{1}{81\sqrt{\pi}} \left(\dfrac{Z}{a_0} \right)^{3/2} \sigma^2 e^{-\sigma/3} \sin^2\theta \sin 2\phi$

註：$\sigma = \dfrac{Z}{a_0} r,$ $\qquad a_0 = \dfrac{\hbar^2 (4\pi\varepsilon_0)}{m_e e^2}$

於此，為瞭解這些波函數之本質，將其固有函數 $\psi_{n,l,m_l}(r, \theta, \phi)$ 分離成，僅含 r 的**徑函數** (radial function) $R_{n,l}(r)$，與含角度 θ 與 ϕ 的函數之 $Y_{l,m_l}(\theta, \phi) = \Theta_{l,m_l}(\theta) \cdot \Phi_{m_l}(\phi)$，分別處理。

似氫原子之徑函數 $R_{n,l}(r)$，與其主量子數 n，方位量子數 l 及原子核所帶的

電荷 Z 有關，而可用下式表示為

$$R_{n,l} = \left\{ \frac{4(n-l-1)!Z^3}{[(n+l)!]^3 n^4 a_0^3} \right\}^{1/2} \cdot e^{-\xi/2} \cdot \xi^l \cdot L_{n+l}^{2l+1}(\xi) \tag{17-29}$$

上式中，$\xi = 2Zr/na_0$，其中的 $a_0 = \dfrac{\hbar^2 (4\pi e_0)}{m_e e^2}$ [式 (17-14)] 為 Bohr 半徑，此為氫

原子於 1s 狀態時之電子與原子核（質子）間的**最可能距離** (most probable distance)。於考慮原子及分子的問題時，以 a_0 作為長度的單位較為方便。於**原子的單位** (atomic units) 中，此距離 a_0 稱為 1 Bohr。上式 (17-29) 中之函數 $L_{n+l}^{2l+1}(\xi)$ 為**聯合 Laguerre 多項式** (associated Laguerre polynomial)的函數，而可用下式表示為

$$L_{n+l}^{2l+1}(\xi) = \sum_{k=0}^{n-l-1} (-1)^{k+1} \frac{\{(n+l)!\}^2}{(n-l-1-k)!(2l+1+k)!k!} \xi^k \tag{17-30}$$

主量子數 n 等於 1 至 3 之動徑函數 $R_{n,l}(r)$，列於表 17-3。

　　為瞭解式 (17-29) 之具體的意義，將氫原子之一些規格化的徑函數 $R_{n,l}(r)$ 及徑向的或然率密度 $p_{n,l}(r)$，與 r 的關係，圖示於圖 17-2。由式 (17-29) 得知，徑函數 $R_{n,l}$ 內含有 e^{-Zr/na_0} 因子，其中的 n 為主量子數。於 Z 較大時，其波函數之**振幅** (amplitude) 會隨 r 的增加而較快速的減低，此顯示電子被帶較高正電荷的原子核吸引，而會較靠近於原子核。

表 17-3　主量子數 $n = 1 \sim 3$ 之動徑函數 $R_{n,l}(r)$

電子	n	l	$R_{n,l}(r)$
1s	1	0	$R_{1,0}(r) = \left(\dfrac{Z}{a_0}\right)^{3/2} \cdot 2e^{-\sigma/2}$
2s	2	0	$R_{2,0}(r) = \dfrac{1}{2\sqrt{2}}\left(\dfrac{Z}{a_0}\right)^{3/2} (2-\sigma)e^{-\sigma/2}$
2p	2	1	$R_{2,1}(r) = \dfrac{1}{2\sqrt{6}}\left(\dfrac{Z}{a_0}\right)^{3/2} \sigma e^{-\sigma/2}$
3s	3	0	$R_{3,0}(r) = \dfrac{1}{9\sqrt{3}}\left(\dfrac{Z}{a_0}\right)^{3/2} (6-6\sigma+\sigma^2)e^{-\sigma/2}$
3p	3	1	$R_{3,1}(r) = \dfrac{1}{9\sqrt{6}}\left(\dfrac{Z}{a_0}\right)^{3/2} (4-\sigma)\sigma e^{-\sigma/2}$
3d	3	2	$R_{3,2}(r) = \dfrac{1}{9\sqrt{30}}\left(\dfrac{Z}{a_0}\right)^{3/2} \sigma^2 e^{-\sigma/2}$

註：$\sigma = 2Zr/na_0$，$a_0 = \dfrac{\hbar^2 (4\pi e_0)}{m_e e^2}$

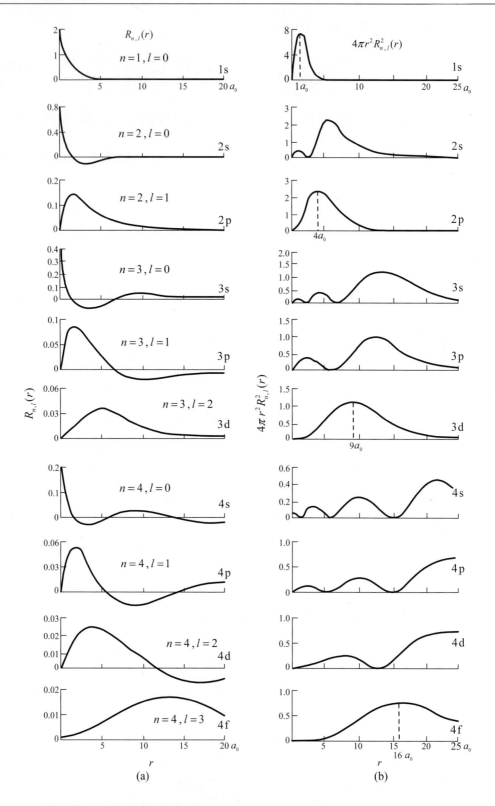

圖 17-2 氫原子內的電子之 (a) 徑函數 $R_{n,l}(r)$，及 (b) 徑向的或然率密度 $p_{n,l}(r) = 4\pi r^2 R_{n,l}^2(r)$

(自 D.A.Davies,Waves,Atoms,and Solids,Longman,London,1978)

　　氫原子之 s 軌道的波函數之徑向的 $R_{n,l}(r)$ 與 r 的關係，如圖 17-2 顯示，其電子之或然率密度於原子核處最大，而其各軌道的徑函數 $R_{n,l}(r)$，於 $r = 0$ 至 ∞ 間有 $(n-l-1)$ 處等於零。由此，其波函數 ψ 成**球形的節面** (spherical nodal surfaces)，而於這些球的節面處之電子的密度均等於零。由於這些節的存在，其 $1s$ 軌道須與 $2s$ 及其他的軌道成**直交** (orthogonal)（參閱 16-12 節），例如

$$\int \psi_{1s} \psi_{2s} d\tau = 0 \qquad\qquad (17\text{-}31)$$

上式中，$d\tau$ 表示體積。

　　依據量子力學，不能同時確定原子內的電子之位置與其動量，而僅能得知電子於某處出現的或然率。實際上，或然率密度比波函數更有實用的意義，於體積 $dx\,dy\,dz$ 內發現電子之或然率，可表示為 $\psi^*\psi\,dx\,dy\,dz$，其中的 $\psi^*\psi$ 為或然率密度。$\psi^*\psi$ 與 ψ 同樣可分離，而可表示為

$$\psi^*\psi = R^*R \cdot \Theta^*\Theta \cdot \Phi^*\Phi \qquad\qquad (17\text{-}32)$$

如前述，上式中的 R^*R 為與距離 r 有關之或然率密度，$\Theta^*\Theta \cdot \Phi^*\Phi$ 為**角方向的或然率密度** (angular probability density)。由圖 17-2(a)顯示，氫原子的 s 軌道之 $[R_{n,l}(r)]^2$ 於原子核為最大，而離原子核的距離 r 之軌道電子的或然率，等於 $[R_{n,l}(r)]^2$ 與其球殼體積 $4\pi r^2 dr$ 的乘積。因此，其電子於**徑向的或然率密度** (radial probability density) $p(r)$，可定義為

$$p(r) = 4\pi r^2 R_{n,l}^2(r) \qquad\qquad (17\text{-}33)$$

　　氫原子內的電子於一些軌道之徑向的或然率密度 $p(r)$，如圖 17-2(b) 所示。對於氫原子之 $1s$ 軌道，其徑向的或然率密度於 $r = a_0$ 處最大，此 a_0 為式 (17-14) 所示之 Bohr 半徑。由此，Bohr 半徑 a_0 為氫原子之 $1s$ 軌道的最可能半徑。氫原子之 $2s$ 電子的或然率密度，於約 $5a_0$ 處最大，而於 $r = 0, 2a_0$ 及 ∞ 處之或然率密度均接近於零。如圖 17-2(b) 所示，其 $1s, 2p, 3d$ 及 $4f$ 之各電子軌道，均形成 Bohr 理論之圓形的軌道，而其最大的或然率密度，分別於 $a_0, 4a_0, 9a_0$ 及 $16a_0$ 處，即於 Bohr 的圓形軌道處之電子的或然率最大。由圖 17-2(b) 亦可得知，最高的電子密度之圓形軌道的半徑，隨 n 的增加而增大。電子之軌道為橢圓形時，電子的或然率密度會有二以上的極大點。以上之討論並未考慮其角方向的因素 $\Theta(\theta)\Phi(\phi)$。

　　主量子數 n 增加時，電子移離原子核之距離會增大，軌道電子與原子核間之平均距離，可用其**預期值** (expectation value) $\langle r \rangle$ 表示為

$$\langle r \rangle_{n,l} = \int_0^\infty r\,p_{n,l}(r)\,dr \qquad\qquad (17\text{-}34)$$

或
$$\langle r \rangle_{n,l} = \frac{n^2 a_0}{Z}\left\{1 + \frac{1}{2}\left[1 - \frac{l(l+1)}{n^2}\right]\right\} \tag{17-35}$$

氫原子之 $1s$ 軌道的半徑之預期值為 $3a_0/2$。

以上僅考慮 $\psi^*\psi$ 之動徑的部分 R^*R，於下面討論其角度的部分。含坐標 ϕ 之方程式 (17-9) 的解，可表示為

$$\Phi_{m_l}(\phi) = \frac{1}{\sqrt{2\pi}} e^{im_l\phi} \tag{17-36}$$

此函數於 $\phi = 0$ 及 2π 須為同值，因此，磁量子數 m_l 須為 $0, \pm 1, \pm 2, \cdots$ 之整數。於 $m_l = 0$ 時，由上式 (17-36) 可得

$$\Phi_0^*\Phi_0 = \frac{1}{2\pi} \tag{17-37}$$

上式顯示磁量子數 $m_l = 0$ 時，於角度 ϕ 之或然率密度與其角度 ϕ 無關，即電子於 $\phi = 0$ 至 2π 的各角度之任何方向，其於 $d\phi$ 中之或然率均相同，如圖 17-3 之斜線所示，對於縱軸成旋轉對稱。磁量子數 $m_l = \pm 1$ 及 ± 2 時，其對應之函數 $\Phi_{m_l}(\phi)$ 可分別表示為

$$\Phi_1(\phi) = \frac{1}{\sqrt{2\pi}} e^{i\phi} \quad 或 \quad \Phi_1(\phi) = \frac{1}{\sqrt{\pi}}\cos\phi \tag{17-38a}$$

$$\Phi_{-1}(\phi) = \frac{1}{\sqrt{2\pi}} e^{-i\phi} \quad 或 \quad \Phi_{-1}(\phi) = \frac{1}{\sqrt{\pi}}\sin\phi \tag{17-38b}$$

$$\Phi_2(\phi) = \frac{1}{\sqrt{2\pi}} e^{i2\phi} \quad 或 \quad \Phi_2(\phi) = \frac{1}{\sqrt{\pi}}\cos 2\phi \tag{17-38c}$$

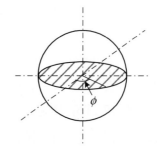

圖 17-3　$\Phi_0^* \cdot \Phi_0$

$$\Phi_{-2}(\phi) = \frac{1}{\sqrt{2\pi}} e^{-i2\phi} \quad 或 \quad \Phi_{-2}(\phi) = \frac{1}{\sqrt{\pi}}\sin 2\phi \tag{17-38d}$$

由解含角度 θ 之方程式 (17-11)，可得函數 $\Theta_{l,m_l}(\theta)$ 為

$$\Theta_{l,m_l}(\theta) = \sqrt{\frac{(2l+1)(l-m_l)!}{2(l+m_l)!}}\, P_l^{m_l}(\cos\theta) \tag{17-39}$$

上式 (17-39) 中的 $P_l(\cos\theta)$ 為 Legendre **多項式** (Legendre polynomial)，而以 x 替代 $\cos\theta$ 時，可寫成

$$P_l(x) = \frac{1}{2^l \, l!} \frac{d^l(x^2-1)^l}{dx^l} \tag{17-40}$$

上式 (17-39) 中的 $P_l^{m_l}(\cos\theta)$，表示 $P_l(\cos\theta)$ 經 $|m_l|$ 次的微分，而同樣以 x 替代 $\cos\theta$ 時，可寫成

$$P_l^{m_l}(x) = (1-x^2)^{|m_l|/2} \frac{d^{|m_l|}}{dx^{|m_l|}} P_l(x) \tag{17-41}$$

由此，$\Theta_{l,m_l}^* \cdot \Theta_{l,m_l}$ 的值因電子而異。對於 s 電子，p 電子及 d 電子之各種情況，分別說明於下。

　　對於 s 電子，$l=0$ 及 $m_l=0$，由此，其函數 $\Theta_{l,m_l}(\theta)$ 之平方可表示為

$$\Theta_{0,0}^2 = 1/2 \tag{17-42}$$

因此，由上式 (17-42) 得知，s 電子之 $\Theta_{0,0}^2$ 與角度 θ 無關，即 $\theta=0$ 至 π 的各方向之或然率密度均相等，如圖 17-4 所示。若同時考慮 ϕ 與 θ 時，則如圖 17-4 之半圓形的斜線部分環繞縱軸旋轉，而成為以原子核為中心的球形對稱，此球之橫斷面用斜影表示，如圖 17-5 所示。

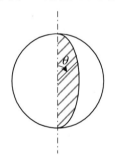

圖 17-4　s 電子之 $\Theta_{0,0}^*\Theta_{0,0}$

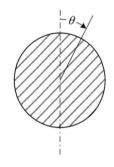

圖 17-5　s 電子之 $\Phi_0^*\Phi_0 \cdot \Theta_{0,0}^*\Theta_{0,0}$

　　對於 p 電子，其 $l=1$，$m_l=-1,0,+1$，而其函數 $\Theta_{l,m_l}(\theta)$ 之平方，可分別表示為

$$m_l=1 時，\qquad \Theta_{1,1}^2 = \frac{3}{4}\sin^2\theta \tag{17-43a}$$

及 $\qquad m_l=0 時，\qquad \Theta_{1,0}^2 = \frac{3}{2}\cos^2\theta \tag{17-43b}$

上式 (17-43) 之圖形，如圖 17-6(a) 所示。於考慮 ϕ 時，其 $m_l=+1,0$ 及 -1，而對於縱軸均為旋轉對稱，這些圖為其三次元的或然率密度圖形之橫斷面圖，即將這些圖各環繞其縱軸旋轉可得其三次元的或然率之圖形。於此需注意，電子並非僅存於劃斜線的部分，於此只是表示電子存在之角部分的或然率。電子存在之或然率，可用自中心點至圖上的各點之直線長度，以表示該方向之電子存

在的或然率。

於下面考慮 p 電子的軌道運動之**軌道模型** (orbital model)。將 Bohr 的理論之 $k \cdot h / 2\pi$ 中的 k^2，用 $l(l+1)$ 替代時，可得量子論之軌道角動量，而其軌道面之配向可由量子數 m_l 決定。由此，從量子力學的觀點所得之軌道的模型，如圖 17-6(b) 所示，而其軌道的面並非靜止，且以縱軸即磁場的方向為軸作歲差運動，即 $\vec{l}$ 為環繞縱軸作圓錐形的運動，如圖 17-7 所示。於圖 17-6(b) 中用點線表示者，為其相反側的軌道。

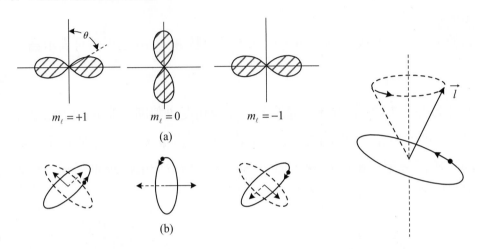

圖 17-6　p 電子之 Θ_{l,m_l}^2　　　　圖 17-7　軌道面之歲差運動

於 $m_l = l$ 與 $m_l = -l$ 時之 Φ_{m_l} 值，分別為 $e^{il\phi}$ 與 $e^{-il\phi}$，此即相當於軌道模型之正與反的方向的旋轉。

對於 d 電子，其 $l = 2$ 及 $m_l = -2, -1, 0, 1, 2$，而其函數 $\Theta_{l,m_l}(\theta)$ 之平方分別為

$$m_l = 2 \text{ 時} \quad \Theta_{2,2}^2 = \frac{15}{16}\sin^4\theta \tag{17-44a}$$

$$m_l = 1 \text{ 時} \quad \Theta_{2,1}^2 = \frac{15}{4}\sin^2\theta\cos^2\theta \tag{17-44b}$$

$$m_l = 0 \text{ 時} \quad \Theta_{2,0}^2 = \frac{10}{16}(9\cos^4\theta - 6\cos^2\theta + 1) \tag{17-44c}$$

上面的各式之圖形各如圖 17-8 所示。由此得知，p 電子與 d 電子之量子力學的軌道模型之趨向大約相同。

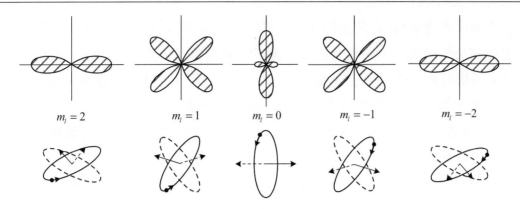

$$圖 17\text{-}8 \quad d \,電子之\, \Theta_{2,m_l}^2$$

方位量子數 l 等於 0 至 3 之函數 $\Theta_{l,m_l}(\theta)$ ，磁量子數 m_l 等於 $0, \pm 1, \pm 2, \pm 3$ 之函數 $\Phi_{m_l}(\phi)$ ，及角函數 $\Theta_{l,m_l}(\theta) \cdot \Phi_{m_l}(\phi)$ ，分別列於表 17-4。

表 17-4　方位量子數 $l = 0 \sim 3$ 之角函數

電子	l	m_l	規格化角波函數		
			$\Theta_{l,m_l}(\theta)$	$\Phi_{m_l}(\phi)$	$\Theta_{l,m_l} \cdot \Phi_{m_l}$
s	0	0	$\dfrac{1}{\sqrt{2}}$	$\dfrac{1}{\sqrt{2\pi}}$	$\dfrac{1}{2\sqrt{\pi}}$
p	1	0	$\sqrt{\dfrac{3}{2}}\cos\theta$	$\dfrac{1}{\sqrt{2\pi}}$	$\dfrac{1}{2}\sqrt{\dfrac{3}{\pi}}\cos\theta$
	1	±1	$\dfrac{\sqrt{3}}{2}\sin\theta$	$\dfrac{1}{\sqrt{2\pi}}e^{\pm i\phi}$	$\dfrac{1}{2}\sqrt{\dfrac{3}{2\pi}}\sin\theta \cdot e^{\pm i\phi}$
d	2	0	$\dfrac{\sqrt{10}}{4}(3\cos^2\theta - 1)$	$\dfrac{1}{\sqrt{2\pi}}$	$\dfrac{1}{4}\sqrt{\dfrac{5}{\pi}}(3\cos^2\theta - 1)$
	2	±1	$\dfrac{\sqrt{15}}{2}\sin\theta\cos\theta$	$\dfrac{1}{\sqrt{2\pi}}e^{\pm i\phi}$	$\dfrac{1}{2}\sqrt{\dfrac{15}{2\pi}}\sin\theta\cos\theta \cdot e^{\pm i\phi}$
	2	±2	$\dfrac{\sqrt{15}}{4}\sin^2\theta$	$\dfrac{1}{\sqrt{2\pi}}e^{\pm 2i\phi}$	$\dfrac{1}{2}\sqrt{\dfrac{15}{2\pi}}\sin^2\theta \cdot e^{\pm 2i\phi}$
f	3	0	$\dfrac{\sqrt{21}}{2}(5\cos^3\theta - 3\cos\theta)$	$\dfrac{1}{\sqrt{2\pi}}$	$\dfrac{1}{2}\sqrt{\dfrac{21}{2\pi}}(5\cos^3\theta - 3\cos\theta)$
	3	±1	$\dfrac{1}{4}\sqrt{\dfrac{21}{2}}\sin\theta(5\cos^2\theta - 1)$	$\dfrac{1}{\sqrt{2\pi}}e^{\pm i\phi}$	$\dfrac{1}{8}\sqrt{\dfrac{21}{\pi}}\sin\theta(5\cos^2\theta - 1)e^{\pm i\phi}$
	3	±2	$\dfrac{\sqrt{105}}{4}\sin^2\theta\cos\theta$	$\dfrac{1}{\sqrt{2\pi}}e^{\pm 2i\phi}$	$\dfrac{1}{4}\sqrt{\dfrac{10.5}{2\pi}}\sin^2\theta\cos\theta \cdot e^{\pm 2i\phi}$
	3	±3	$\dfrac{1}{4}\sqrt{\dfrac{35}{2}}\sin^3\theta$	$\dfrac{1}{\sqrt{2\pi}}e^{\pm 3i\phi}$	$\dfrac{1}{8}\sqrt{\dfrac{35}{\pi}}\sin^3\theta \cdot e^{\pm 3i\phi}$

上面僅考慮 $\psi^*\psi$ 之角度的部分，實際上，ψ 或 $\psi^*\psi$ 之圖形，應同時考慮其動徑部分與角部分，所以其實際的圖形應更為複雜。然而，由上述得知，電子並非沿環繞原子核之固定的 Bohr 軌道運動。實際上，電子之運動可擴大至全部的區域，且出現於某些地方之或然率較大，而於其另外的地方之或然率較小。電子於離 Bohr 軌道很遠處之出現的或然率雖然很小，但並不等於零，所以通常採用**電子雲** (electron cloud) 之想法，以表示電子出現的或然率。

圖 17-9 以立體的表面，表示電子的或然率密度之輪廓。例如，s 軌道 $(l=0)$ 之表面為球形（球對稱），其波函數與角度無關。p 軌道 $(l=1)$ 為二卵圓形的表面相接於原點，而沿一坐標軸配列。$2p$ 軌道 $(n=2, l=1)$ 為最簡單的 p 軌道，而其能量雖與 $2s$ 軌道的能量相同，但其電子的分佈之或然率顯然不同。$2p$ 軌道之電子分佈的或然率沿徑距離 r 而改變外，尚與角度有關且具有**方向性** (directional character)。p 軌道之波函數除與二角度 θ 與 ϕ 有關之外，尚具**軸對稱性** (axial symmetry)，並可分成磁量子數相異的三種軌道，$m_l = -1, 0$ 及 $+1$。

上面的三種磁量子數的 p 軌道之波函數，因其角度 ϕ 而異，而可表示為

$$m_l = 1時 \quad p_{m_l=1} \propto e^{i\phi} = \cos\phi + i\sin\phi \tag{17-45a}$$

$$m_l = 0時 \quad p_{m_l=0} = p_z，與角度 \phi 無關 \tag{17-45b}$$

$$m_l = -1時 \quad p_{m_l=-1} \propto e^{-i\phi} = \cos\phi - i\sin\phi \tag{17-45c}$$

而 p 軌道於 x 與 y 軸的波函數 p_x 與 p_y 各可表示為

$$p_x \propto p_{+1} + p_{-1} \propto 2\cos\phi \tag{17-46}$$

與
$$p_y \propto p_{+1} - p_{-1} \propto 2i\sin\phi \tag{17-47}$$

其 $p_z(m_l=0)$ 軌道之電子雲，以 z 軸為對稱軸成上下直立之啞鈴的形狀，p_x 軌道之電子雲，以 x 軸為對稱軸成左右橫列的啞鈴形狀，而 p_y 軌道之電子雲，以 y 軸為對稱軸成前後橫列的啞鈴形狀。由於這些軌道之指向的配列，導致化學鍵具有一定的方向性。無電場或磁場的作用時，於 p_x, p_y 與 p_z 軌道之 p 電子的能量均相同，而與其配向無關，即其能量僅由主量子數 n 決定。然而，於磁場中時，於 p_x, p_y 與 p_z 各軌道的電子之能量會稍異，此係各軌道對磁場之取向的不同所致，因此，m_l 稱為磁量子數。於無電場或磁場的作用下，氫原子之主量子數 $n=2$ 時，會有能量相同的四種狀態，即此能階為四重的退縮，而此四種狀態各有其對應的波函數。

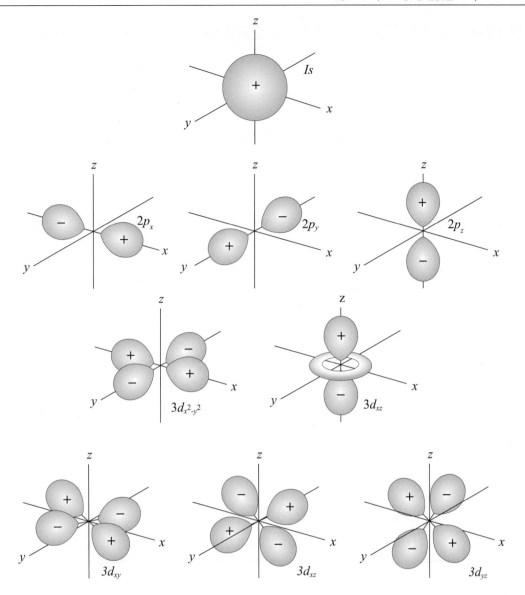

圖 17-9　一電子的原子之 $1s$, $2p$ 及 $3d$ 軌道之或然率 $\psi * \psi$ 的輪廓表面，圖上所示之 + 與 − 為
　　　　波函數之符號，而或然率密度經常均為正（自 Robert A.Alberty,Physical Chemistry.6th
　　　　ed.John Wiley&Sons.1983,New York）

　　　d 軌道之電子的或然率之分佈的外形更複雜，有五種獨立的 d 軌道，如圖
17-9 所示。電子之分佈的或然率密度，以 r,θ 與 ϕ 之函數表示時，需四次元的空
間。通常用點的密度以表示，於空中的某領域發現電子之或然率，於圖 17-9
中，或然率密度用波函數之平方，$\Theta^2\Phi^2 R^2$ ，表示，而均為正值。波函數之符
號，與其分子的結合之理論有甚為重要的關係。例如，於積分 $\int \psi_A \psi_B d\tau$ 中，
ψ_A 與 ψ_B 分別為二原子 A 與 B 之波函數，若 ψ_A 與 ψ_B 之符號相同，則表示其
結合**鍵** (bond) 的強度增加。若此積分為零，則表示對於鍵結合之形成無貢獻。
若波函數 ψ_A 與 ψ_B 之符號相反，則表示對於其鍵結合之形成，為負面的貢獻。

例 17-4 試以電子質量替代氫原子之**回歸質量** (reduced mass)，計算 Bohr 半徑

解

$$a_0 = \frac{h^2(4\pi\epsilon_0)}{4\pi^2 m_e e^2} = \frac{h^2 \epsilon_0}{\pi m_e e^2}$$

$$= \frac{(6.626176 \times 10^{-34}\,\text{Js})^2 (8.8541782 \times 10^{-12}\,\text{C}^2\text{N}^{-1}\text{m}^{-2})}{\pi (9.109534 \times 10^{-31}\,\text{kg})(1.6021892 \times 10^{-19}\,\text{C})^2}$$

$$= 5.29177 \times 10^{-11}\,\text{m} = 0.0529177\,\text{nm}$$ ◀

例 17-5 試求氫原子於 $1s$ 狀態之最可能的半徑（即其徑向的或然率密度最高之半徑）

解 由表 17-2 得，$\psi_{1s} = \dfrac{1}{\sqrt{\pi}}\left(\dfrac{1}{a_0}\right)^{3/2} e^{-r/a_0}$

由式 (17-3)，$p(r) = 4\pi r^2 \dfrac{1}{\pi a_0^3} e^{-2r/a_0}$，此式對 r 微分得

$$\frac{dp(r)}{dr} = \frac{8\pi r}{\pi a_0^3} e^{-2r/a_0} - \frac{8\pi r^2}{\pi a_0^4} e^{-2r/a_0} = \frac{8\pi r}{\pi a_0^3} e^{-2r/a_0}\left(1 - \frac{r}{a_0}\right) = 0$$

$\therefore r = a_0$：此為 Bohr 半徑 ◀

17-3 似氫原子之軌道角動量
(Orbital Angular Momentum of the Hydrogenlike Atom)

角動量之 x, y 與 z 方向的分量之運算子 $\hat{L}_x, \hat{L}_y$ 與 $\hat{L}_z$，及角動量之平方的運算子 $\hat{L}^2$，分別可用式 (16-135) 及式 (16-136) 表示。這些運算子對似氫原子之固有函數 ψ 運算，可得似氫原子的軌道角動量之 x, y 與 z 方向的分量之固有值，L_x, L_y 與 L_z，及角動量之固有值的平方 L^2；而以運算子 $\hat{L}^2$ 與 $\hat{L}_z$ 對函數 ψ 運算時，可得前章之式 (16-139) 與 (16-140)，而可表示為

$$\hat{L}^2 \psi = l(l+1)\hbar^2 \psi \tag{17-48}$$

與

$$\hat{L}_z \psi = m_l \hbar \psi \tag{17-49}$$

因此，角動量之固有值的平方 L^2，與角動量的固有值之 z 方向的分量 L_z，可分別表示為

$$L^2 = l(l+1)\hbar^2, \quad \text{或 } L = \sqrt{l(l+1)}\,\hbar, l = 0, 1, 2, \cdots \tag{17-50}$$

與

$$L_z = m_l \hbar, \quad m_l = -l, -l+1, 0, \cdots, l-1, l \tag{17-51}$$

所以 s 電子 ($l=0$) 之角動量 L 為 0，而 p 電子 ($l=1$) 與 d 電子 ($l=2$) 之角動量為 $\sqrt{2}\hbar$ 與 $\sqrt{6}\hbar$。角動量的量子數 $l=1$ 與 $l=2$ 之**角動量向量** (angular momentum vector) **L** 之可能的**取向** (orientation)，如圖 16-13 所示，而可由磁場的作用決定 z 的方向。

　　總角動量之大小 L，及於 z 方向之角動量的分量 L_z (z 為磁場之作用的方向) 被量子化，而軌道角動量於 x 與 y 之方向的分量 L_x 與 L_y 均未被量子化，因此，其大小不能確定。此與 Heisenberg 的不確定性原理的關係同樣，不能同時確定角動量之此二分量的精確值。於 z 方向作用磁場時，角動量向量之可能的取向，如圖 17-10 所示。於磁場方向之角動量的大小 L_z 為 $m_l \hbar$，而於 x 與 y 方向的角動量 L_x 與 L_y 之大小均未能確定。因此，總角動量有 z 方向之一定分量，而其於 x 與 y 方向之分量不能確定，即可用滿足式 (17-50) 與 (17-51) 之圓錐體的表面表示。

　　於無電場或磁場的作用時，因任一角動量的向量之大小，有 $2l+1$ 之 m_l 值，故其能階為 $2l+1$ 重的退縮。

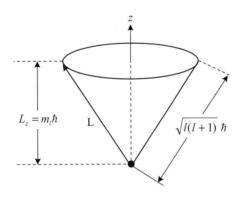

圖 17-10　磁場中被量子化的角動量向量 **L** 於 z 軸方向之取向，及角動量於磁場方向之被量子化的分量 L_z　（自 Robert A.Alberty,Physical Chemistry.6th ed.John Wiley&Sons.1983, New York）

　　由於電子之移動會產生電流，而由於電流會產生磁場。因此，電子圍繞靜止的原點 (原子核) 以速度 v 作半徑 r 之圓周運動時，其於原點產生之**磁誘導** (magnetic induction)，可表示為

$$\mathbf{B(r)} = -\frac{\mu_0}{4\pi}\frac{e(\mathbf{r} \times \mathbf{v})}{r^3} = -\frac{\mu_0}{4\pi}\cdot\frac{e\mathbf{L}}{m_e r^3} \tag{17-52}$$

上式中，角動量 $\mathbf{L} = m_e \mathbf{r} \times \mathbf{v}$，$\mu_0$ 為眞空的**磁導率** (magnetic permeability)，等於 $4\pi \times 10^{-7}\,\mathrm{NA}^{-2} = 4\pi \times 10^{-7}\,\mathrm{J\cdot s^2 C^{-2} m^{-1}}$。

一原子有軌道角動量 L 而伴有**磁偶極子矩** (magnetic dipole moment) μ_l 時，其磁偶極子矩於磁場 **B** 內之能量，可定義為 $E = -\mu \cdot B$，此關係與**電偶極子** (electric dipole) 於電場 **E** 內之能量，可用 $E = -\mu \cdot E$ 表示相似。**軌道磁偶極子矩** (orbital magnetic dipole moment) μ_l 與**軌道角動量** (orbital angular momentum) **L** 成比例，而對軌道角動量成**反平行** (antiparallel)，由此，可用下式表示為

$$\mu_l = -\frac{g_l e}{2m_e} L \tag{17-53}$$

上式中，$g_l = 1$ 為軌道的 g 因子，於此引進 g_l 以使上式 (17-53) 看起來，與後述的表示**電子的旋轉** (electron spin) 及**核的旋轉** (nuclear spin) 之式相似。因 $L = \sqrt{l(l+1)}\hbar$，故**軌道磁矩** (orbital magnetic moment) 之大小 μ_l，可用下式表示為

$$\mu_l = -\frac{eL}{2m_e} = -\frac{e\hbar}{2m_e}\sqrt{l(l+1)} = -\mu_B\sqrt{l(l+1)} \tag{17-54}$$

上式中

$$\mu_B = \frac{e\hbar}{2m_e} \tag{17-55}$$

為磁偶極子矩之**自然的單位** (natural unit)，稱為**波爾磁子** (Bohr magneton)。於 SI 單位中，$\mu_B = 9.274078 \times 10^{-24}\,\text{J T}^{-1}$（參閱例 17-6），其中的 $T = NA^{-1}m^{-1}$，稱為 tesla，為磁通量密度之 SI 單位，而等於 10^4 高斯 (G)。

具有軌道角動量之原子置於磁場內時，其能量與其磁偶極子矩於磁場之取向有關。因此，其於磁場的方向之能量，可由磁量子數 m_l 決定，而由於磁場的作用可去除，其由於 m_l 之 $(2l+1)$ 重的**退縮度** (degeneracy)。軌道磁矩於磁場方向之分量 $\mu_{l,z}$ 可表示為

$$\mu_{l,z} = -\frac{eL_z}{2m_e} = -\frac{e\hbar}{2m_e}m_l = -\mu_B m_l \tag{17-56}$$

上式中，磁量子數 m_l 為 $-l$ 至 $+l$ 之整數。磁場作用於具有軌道角動量的原子時，其能量可用，$E = \mu_{l,z}B$，表示，或可表示為

$$E = -\mu_B m_l B \tag{17-57}$$

上式中，m_l 稱為磁量子數。磁量子數 m_l 之能階於磁場的存在下，可分成 $2l+1$ 的不同 m_l 之副能階。

磁場對於具軌道角動量的原子之效應，可由**電子旋轉共振** (electron spin resonance) 之**磁化率** (magnetic susceptibility) 的測定，及由磁場的作用以分離其能階的光譜等研究得知。軌道磁矩之能階的光譜線於磁場中之分裂，稱為

Zeeman 效應 (Zeeman effect)，而由於電子之**內在的磁矩** (intrinsic magnetic moment) 而於電場中之能階的分裂現象，稱爲 Stark **效應** (Stark effect)。

例 17-6　試求，　(a) Bohr 磁子之值，(b) 似氫原子之 3d 電子的軌道角動量，及 (c) 原子放置於 1 T 的磁場時，其可能的能階之相對值

解 (a) 由式 (17-55)

$$\mu_B = \frac{e\hbar}{2m_e} = \frac{(1.6021892 \times 10^{-19}\,\text{C})(6.626176 \times 10^{-34}\,\text{Js})}{4\pi(9.109534 \times 10^{-31}\,\text{kg})}$$
$$= 9.274078 \times 10^{-24}\,\text{J T}^{-1}$$

其中的 T 表示 tesla，爲**磁通量密度** (magnetic flux density)，其 SI 單位爲 $\text{NA}^{-1}\text{m}^{-1} = \text{kg}\,\text{s}^{-2}\text{A}^{-1}$。磁偶極子矩之單位爲 A m^2，此與較常用的單位 J T^{-1} 相同。因此，Bohr 磁子之值，亦可寫成 $9.274078 \times 10^{-24}\,\text{A m}^2$。

(b) 因 $n = 3, l = 2, m_l = -2, -1, 0, 1, 2$，故由式 (17-50) 及 (17-51) 可得

$$L = \sqrt{l(l+1)}\hbar = \sqrt{2(2+1)}\,\hbar = \sqrt{6}\,\hbar$$
$$L_z = m_l\hbar = -2\hbar, -\hbar, 0, , \hbar, 2\hbar$$

(c) 由式 (17-57)

$$E = -\mu_B m_l B = -(9.2740 \times 10^{-24}\,\text{J T}^{-1})(1\,\text{T})m_l$$
於此，$m_l = 0, \pm 1, \pm 2$　　　　　　◀

17-4　電子的旋轉 (Electron Spin)

氫原子與鹼金屬的原子之光譜線以高解析度的分光儀觀測時，由其光譜線可顯示這些原子之**精細構造** (fine structure)。Goudsmit 與 Uhlenbeck 於 1925 年提出，電子除圍繞原子核公轉外，尚以其自身的軸旋轉，來解釋這些精細構造。帶負電荷的電子由於旋轉而有其**內在的角動量** (intrinsic angular momentum) **S**，與伴生的**磁偶極子矩** (magnetic dipole moment) $\boldsymbol{\mu}_s$。他們並進一步提倡，此種**旋轉角動量** (spin angular momentum) 之 z 方向的成分 $\mathbf{S}_z$，等於 $m_s\hbar$，於此其 m_s 爲第四種的量子數而有 $+\frac{1}{2}$ 或 $-\frac{1}{2}$ 值。Paul Dirac 於 1928 年，以相對的量子論處理一電子系之波動力學時，指出電子的旋轉爲理論所必需。然而，一電子系之電子的旋轉以**非相對的量子論** (nonrelativistic quantum theory) 處理時，必須另外增加電子之旋轉項的假設，而認爲電子的內在角動量，是由於電子的質量於其

軸的旋轉運動所致，此種想法實際上是不正確的。

於古典力學中，無類似之電子旋轉的角運量，因此，不能由古典 Hamiltonian 寫出電子旋轉的角動量之運算子。然而，其旋轉角動量之處理與軌道角動量之處理非常類似，由此，其旋轉角動量 **S** 與其 z 方向之成分的大小 S_z，可分別類似表示為

$$S = \sqrt{s(s+1)}\hbar = \frac{\sqrt{3}}{2}\hbar \qquad \text{其中的 } s = \frac{1}{2} \tag{17-58}$$

與

$$S_z = m_s\hbar \qquad m_s = \pm\frac{1}{2} \tag{17-59}$$

上面的式中，s 為電子旋轉之**旋轉量子數** (spin quantum number)，而等於單一值 $\frac{1}{2}$，其旋轉角動量的 z 成分之量子數 m_s，有二可能的固有值 $+\frac{1}{2}$ 與 $-\frac{1}{2}$，而此二量子數 $+\frac{1}{2}$ 與 $-\frac{1}{2}$，分別稱為 "**旋上** (spin up)" 與 "**旋下** (spin down)"。

於此陸續引進了旋轉角動量 **S** 與其 z 方向的成分 S_z 等新的量，而由這些量及其運算子 $\hat{S}$ 和 $\hat{S}_z$ 與由角動量所引入的量之比較，可幫助記憶所導入之這些新的量，其比較如表 17-5 所列示。

電子於磁場中之**旋轉角動量的向量** (spin angular momentum vector)，有二可能的取向，如圖 17-11 所示。此向量之大小為，$S = \left[\frac{1}{2}\left(1+\frac{1}{2}\right)\right]^{1/2}\hbar = \frac{\sqrt{3}}{2}\hbar$，其 z 方向之分量 S_z 為，$+\frac{1}{2}\hbar$ 或 $-\frac{1}{2}\hbar$，而無法獲知其於 x 及 y 方向之分量，S_x 及 S_y。

電子由於所帶的電荷及其內在的旋轉角動量，而有**磁偶極子矩** (magnetic dipole moment) $\boldsymbol{\mu}_s$，此與軌道角動量類似 (17-3 節)。電子之**磁力矩** (magnetic moment) 與其旋轉角動量 **S** 成比例，如式 (17-53) 可寫成

表 17-5　電子之軌道角動量與旋轉角動量

	軌道角動量	旋轉角動量
角動量向量	**L**	**S**
角動量向量之大小	$L = \sqrt{l(l+1)}\,\hbar$	$S = \sqrt{s(s+1)}\,\hbar$
角動量向量之 z 方向分量	$L_z = m_l\hbar$	$S_z = m_s\hbar$
角動量平方之運算子	$\hat{L}^2$	$\hat{S}^2$
角動量之 z 方向分量之運算子	$\hat{L}_z$	$\hat{S}_z$
量子數	$l(=1,2,\cdots)$	$s\ (=\frac{1}{2})$
z 方向分量之量子數	$m_l(=-l,-l+1,\cdots,0,\cdots,$ $+l-1,+l)$	$m_s\ (=\pm\frac{1}{2})$
磁偶極子矩向量	$\boldsymbol{\mu}_l$	$\boldsymbol{\mu}_s$

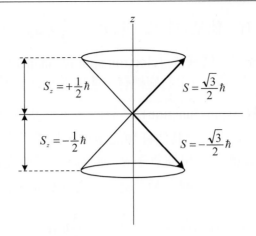

圖 17-11　電子於磁場中之旋轉角動量 **S** 的可能取向。旋轉角動量 **S** 之大小為 $[s(s+1)]^{1/2}\hbar$，
其中的 $s=\frac{1}{2}$ 為旋轉量子數，因此，$S=(\sqrt{3}/2)\hbar$，旋轉角動量的向量之 z 方向的成
分 S_z 為 $m_s\hbar$，其 z 方向的成分之旋轉量子數 m_s 為 $\pm\frac{1}{2}$
（自 Robert A.Alberty,Physical Chemistry.6th ed.John Wiley&Sons.1983, New York）

$$\mu_s = -\frac{g_e e}{2m_e}\mathbf{S} \tag{17-60}$$

上式中，g_e 為電子的 g 因子，等於 2.002322。磁偶極子矩之大小 μ_s，與電子旋
轉的角動量之大小 S 的關係，可表示為

$$\mu_s = -\frac{g_e e}{2m_e}S \tag{17-61}$$

將式 (17-58) 之 S 代入上式，可得

$$\mu_s = -\frac{g_e e}{2m_e}\frac{\sqrt{3}}{2}\hbar = -g_e\mu_B\frac{\sqrt{3}}{2} \tag{17-62}$$

上式中，$\mu_B = e\hbar/2m_e$ 為於上節所引入之 Bohr 磁子。

　　電子於磁場的作用方向之**磁力矩** (magnetic moment) 的分量，可表示為

$$\mu_{s,z} = -\frac{g_e e}{2m_e}S_z \tag{17-63}$$

上式中，S_z 為磁場的作用方向之旋轉角動量的分量。因 S_z 可用 $m_s\hbar$ 表示，所以
上式可寫成

$$\mu_{s,z} = -\frac{g_e e\hbar}{2m_e}m_s = -g_e\mu_B m_s \tag{17-64}$$

於磁場 B 中，電子的旋轉磁矩之能量 [參閱式 (17-57)] 可表示為

$$E_s = g_e\mu_B m_s B \tag{17-65}$$

電子於磁場中之旋轉有二能量的狀態，爲 $E_s = +\frac{1}{2}g_e\mu_B B$ 與 $-\frac{1}{2}g_e\mu_B B$，此二能階間之轉移，可由**電子的旋轉共振** (electron spin resonance) 之研究獲得。

　　如同軌道角動量之情況，電子的旋轉有一連串之運算子 $\hat{S}^2$, $\hat{S}_x$, $\hat{S}_y$, $\hat{S}_z$，而以這些運算子對於**旋轉函數** (spin function) 運算時，可得其固有值。因**旋轉的固有函數** (spin eigenfunctions) 沒有含其他種類之坐標，故電子之二可能的旋轉函數，用 α 與 β 表示。這些旋轉函數用運算子 $\hat{S}^2$ 運算時，可得旋轉角動量之平方值，而用運算子 $\hat{S}_z$ 運算時，可得旋轉角動量之 z 方向的分量，而可分別表示爲

$$\hat{S}^2\alpha = s(s+1)\hbar^2\alpha = \frac{1}{2}\left(\frac{1}{2}+1\right)\hbar^2\alpha = \frac{3}{4}\hbar^2\alpha \qquad \textbf{(17-66)}$$

$$\hat{S}^2\beta = s(s+1)\hbar^2\beta = \frac{1}{2}\left(\frac{1}{2}+1\right)\hbar^2\beta = \frac{3}{4}\hbar^2\beta \qquad \textbf{(17-67)}$$

$$\hat{S}_z\alpha = +\frac{1}{2}\hbar\alpha \qquad \textbf{(17-68)}$$

$$\hat{S}_z\beta = -\frac{1}{2}\hbar\beta \qquad \textbf{(17-69)}$$

運算子 $\hat{S}^2$ 及 $\hat{S}_z$ 與 Hamiltoinian 運算子 $\hat{H}$, $\hat{L}^2$ 及 $\hat{L}_z$ 等，均可**交換** (commute)，因此，旋轉角動量之大小，旋轉角動量之 z 方向的分量，能量，及軌道角動量之大小，與軌道角動量之 z 方向的分量等，均可同時有其**一定的值** (defonite values)。

　　似氫原子之完整的波函數，必須能顯示其電子的**旋轉狀態** (spin state)，因電子有二旋轉函數，所以對於氫原子應有既述之二倍的波函數，即對於前述之每一 ψ 函數，有 ψ_α 與 ψ_β 的函數。因此，對於氫原子之狀態的完整的敘述，需 n, l, m_l 與 m_s 的四種量子數，所以其能階之退縮度由 n^2 增爲 $2n^2$。

　　若原子有**軌道的角動量** (orbital angular momentum)，則有與其 **L** 大小成比例的**內部磁場** (internal magnetic field)，而電子與其**內在的旋轉磁矩** (intrinsic spin magnetic moment) $\boldsymbol{\mu}_s$，可假定於此內部的磁場中成不同的取向。由此，會影響原子之能量，此種對於能量的大小之影響，爲由於其電子的旋轉，而稱爲**旋轉 - 軌道的相互作用能量** (spin-orbit interaction energy)。此種作用的能量與電子之旋轉角動量與其軌道角動量的乘積成比例。於本章中所使用的 Hamiltoinians，沒有考慮電子之旋轉與其軌道運動間的作用。若考慮電子之旋轉 - 軌道之互相作用時，則其能階會產生小的遷移，而其**退縮的能階** (degenerate energy level) 可能會分離。

　　由於旋轉 - 軌道之相互作用的結果，電子之軌道角動量的向量 **L**，與其旋轉角動量的向量 **S**，不可各別獨立前行，而須於這些向量之和被量子化的情況下移動。電子由於軌道運動而有角動量 **L**，而由於旋轉而有旋轉角動量 **S**，如圖

17-12 所示。因此，其總角動量 **J** 可用二者的合成表示。於古典力學，此二向量可以任意的角度合成，然而，對於被量子化的原子系，這些角動量的合成僅限於某特定的角度，即其總角動量 J 被量子化，而定義爲

$$\mathbf{J} = \mathbf{L} + \mathbf{S} \qquad (17\text{-}70)$$

由於向量 **J** 圍繞 z 軸前行，而有固定的 z 方向之分量 J_z，而 **J** 之大小與其 z 方向的分量之大小，可用其量子數 j 與 m_j 分別表示，即爲

$$J = \sqrt{j(j+1)}\,\hbar \qquad (17\text{-}71)$$

與
$$J_z = m_j \hbar \qquad (17\text{-}72)$$

於此
$$m_j = -j, -j+1, \cdots, 0, \cdots, j-1, j \qquad (17\text{-}73)$$

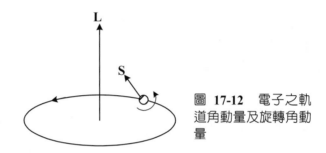

圖 17-12　電子之軌道角動量及旋轉角動量

上式中，j 稱爲**內量子數** (inner quantum number)，爲最大的 $l+s$ 與最小的 $|l-s|$ 之間各差 1 的數值，而可表示爲

$$於\ l \neq 0\ 時,\ j = l \pm s = l \pm \frac{1}{2} \qquad (17\text{-}74)$$

$$於\ l = 0\ 時,\ j = \frac{1}{2} \qquad (17\text{-}75)$$

似氫的原子於磁場中之總 Hamiltonian 運算子，可表示爲

$$\hat{H} = \hat{H}_0 + \frac{eB}{2m_e}\hat{L}_z + \frac{g_e eB}{2m_e}\hat{S}_z = \hat{H}_0 + \frac{eB}{2m_e}(\hat{L}_z + g_e\hat{S}_z) \qquad (17\text{-}76)$$

因此，$\hat{H}$ 於磁場中之固有值爲

$$E_{n,l,m_l,m_s} = \frac{m_e e^4 Z^2}{2(4\pi\epsilon_0)^2 \hbar^2 n^2} + \frac{eB\hbar}{2m_e}(m_l - g_e m_s) \qquad (17\text{-}77)$$

似氫原子之 2s 與 2p 軌道的狀態之能階，於磁場中之分離與其可能的光譜，如圖 17-13 所示。因 g_e 值甚接近 2，所以其 $m_l = 1$ 及 $m_s = -\frac{1}{2}$ 之狀態，與其 $m_l = -1$ 及 $m_s = +\frac{1}{2}$ 之狀態的能階，均幾乎各相同，即這些能階均爲二重退縮。

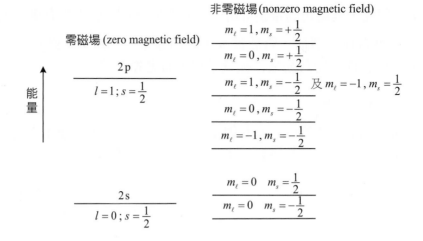

圖 17-13　含有軌道與旋轉角動量的似氫原子之 2s 與 2p 狀態的能量

17-5　攝動法 (Perturbation Method)

　　前述之箱子內的粒子、調和振動、剛性轉動體及似氫原子等的簡單系之 Schrödinger 的方程式，均可解得其精確解，然而，多電子的原子或分子等之 Schrödinger 的方程式均較爲複雜，而祇能採用**攝動法** (perturbation method) 或 **變分法** (variation method) 等的近似法，以求得其近似解。實際上，許多的化學系均甚難解得其波函數，因此，常假定該系之可能的波函數，以計算其對應的平均能量，作爲該系之能量。

　　常採用的攝動法，適用於解僅稍微偏離已知正確解的問題。例如，氫原子於無電場的作用時，其各狀態之精確的波函數與能量均已知，因此，氫原子於弱電場的作用時之能量，可由攝動法求得。

　　下面以於一次元的空間運動之一粒子系爲例說明攝動法。設無攝動的一粒子系之位能爲 V，而由於攝動使其位能變爲 V'，於此 V' 與 V 均爲坐標 x 之函數。由解無攝動的系之 Schrödinger 方程式，所得的波函數爲 $\psi_1, \psi_2, \psi_3, \cdots, \psi_n$，而其對應之能量分別爲 $E_1, E_2, E_3, \cdots, E_n$。若系之被規格化的波函數爲實數，且其狀態無重縮，則其波函數 ψ_n 之對應能量 E_n，由 Schrödinger 的方程式 (16-61)，可表示爲

$$E_n = \frac{1}{\psi_n}\left\{ -\frac{h^2}{8\pi^2 m} \cdot \frac{d^2\psi_n}{dx^2} + V \cdot \psi_n \right\} \tag{17-78}$$

由於攝動而對於波函數（或然率函數）所產生之效應甚小，由此可忽視其效應，而可假定 ψ_n 與 ψ_n^2 均不會受攝動的影響，此爲攝動法之本質上的特徵，而

於小的攝動時，常可得到良好的結果，所以攝動的系之能量由上式 (17-78) ，可表示爲

$$\frac{1}{\psi_n}\left\{-\frac{h^2}{8\pi^2 m}\cdot\frac{d^2\psi_n}{dx^2}+(V+V')\psi_n\right\} \tag{17-79}$$

上式之能量的大小，會隨粒子之位置 x 而改變。

　　波函數 ψ_n 爲於無攝動時之解，因此，使用式 (17-78) 之運算子，可得一定的能量值 E_n。然而，因 ψ_n 不是攝動系之眞正的解，故由上式 (17-79) 所得的能量，並非一定值，而由式 (17-79) 所計算之總能量會隨粒子之位置而改變。由粒子於各種的配位置由攝動法所得之各對應的能量，與其於該配位置之或然率的乘積，對於全空間的積分可得，該粒子之能量。

　　由上式 (17-79) 所得的粒子於各配位置之能量，與其或然率 ψ_n^2 的乘積，可表示爲

$$\frac{\psi_n^2}{\psi_n}\left\{-\frac{h^2}{8\pi^2 m}\cdot\frac{d^2\psi_n}{dx^2}+(V+V')\psi_n\right\}$$
$$=\psi_n\left\{-\frac{\hbar^2}{8\pi^2 m}\frac{d^2\psi_n}{dx^2}+(V+V')\psi_n\right\} \tag{17-80}$$

由式 (17-78) 所得的無攝動系之解爲 ψ_n。因此，上式(17-80)可化簡寫成

$$\psi_n\{E_n\psi_n+V'\psi_n\} \tag{17-81}$$

上式 (17-81) 對於全空間（一次元的空間 x）積分，可得

$$\int_{-\infty}^{+\infty}\psi_n E_n\psi_n\cdot dx+\int_{-\infty}^{+\infty}\psi_n V'\psi_n\cdot dx \tag{17-82}$$

因無攝動的系之能量 E_n 爲一定，故上式 (17-82) 可寫成

$$E_n\int_{-\infty}^{+\infty}\psi_n^2 dx+\int_{-\infty}^{+\infty}V'\psi_n^2 dx \tag{17-83}$$

上式中，ψ_n 爲規格化的波函數，即 $\int_{-\infty}^{+\infty}\psi_n^2 dx=1$，因此，由上式 (17-83) 可得，攝動的系之平均能量爲

$$\overline{E}_n=E_n+\int_{-\infty}^{+\infty}V'\psi_n^2\cdot dx \tag{17-84}$$

由此，攝動的系之平均能量 $\overline{E}_n$，與無攝動的系之能量 E_n 的差值 E_n'，可表示爲

$$E_n'=\overline{E}_n-E_n=\int_{-\infty}^{\infty}V'\psi_n^2 dx \tag{17-85}$$

由上式得知,攝動的能量 E_n' 等於,攝動各配位置之位能 V' 與其配位置之或然率 ψ_n^2 的乘積,對於全空間之積分。

若波函數 ψ_n 為虛數,則其 ψ_n^2 應以 $\psi_n \cdot \psi_n^*$ 替代。若 ψ_n 為實數而非規格化的函數時,則可設其規格化的函數為 $N \cdot \psi_n$,而可表示為

$$\int_{-\infty}^{+\infty} (N \cdot \psi_n)^2 \, dx = 1 \tag{17-86}$$

因其中的 N 為一定值,故由上式 (17-86) 可得

$$N^2 = \frac{1}{\int_{-\infty}^{+\infty} \psi_n^2 \cdot dx} \tag{17-87}$$

而式 (17-85) 可寫成

$$E_n' = \int_{-\infty}^{+\infty} V'(N \cdot \psi_n)^2 \, dx = N^2 \int_{-\infty}^{+\infty} V'\psi_n^2 dx = \frac{\int_{-\infty}^{+\infty} V'\psi_n^2 \cdot dx}{\int_{-\infty}^{+\infty} \psi_n^2 \cdot dx} \tag{17-88}$$

若波函數 ψ_n 為虛函數而非被規格化,則上式 (17-88) 可寫成

$$E_n' = \frac{\int_{-\infty}^{+\infty} V'\psi_n\psi_n^* \cdot dx}{\int_{-\infty}^{+\infty} \psi_n\psi_n^* \cdot dx} \tag{17-89}$$

上式 (17-89) 即為 E_n' 之一般式。

上述的攝動法之缺點為,假定波函數 (或然率函數) 不會由於攝動而改變,因此,許多攝動較大的情況,常無法得到滿意的結果,然而,有些情況可得到相當滿意的結果。例如,對於氦原子之基底狀態,其電子間的互相排斥,以攝動法計算該系之實際的能量 E_n' 時,較無攝動時之系的能量多 14%,此時所產生之攝動應不算小。攝動法之另一困難為無實驗之結果時,無法得知所計算的能量與實際能量的差異,而無法得知此近似法之準確性。

17-6 變分法 (Variation Method)

變分法為最重要的近似法之一,而由此方法可計算某能量固有值之上限值。此方法可由變分的定理導得,而對於基底狀態之能量的決定很有用,有時亦可用以計算於其他狀態之能量。

如上節於此考慮,一粒子之一次元的運動,設其規格化的波函數為 ψ,則粒子於任何位置之能量 E,可表示為

$$E = -\frac{1}{\psi}\left\{-\frac{h^2}{8\pi^2 m}\frac{d^2\psi}{dx^2} + V\psi\right\} \tag{17-90}$$

上式中，V 爲位能。粒子於各種配位置（狀態波函數 ψ）之可能的平均能量 $\bar{E}$，如同上節可得

$$\bar{E} = \int_{-\infty}^{\infty} \psi\left\{-\frac{h^2}{8\pi^2 m}\frac{d^2\psi}{dx^2} + V\psi\right\}dx \tag{17-91}$$

依據變分的定理，上式的 $\bar{E}$ 經常大於系之基底狀態的眞實能量。然而，由變分的定理無法得知，$\bar{E}$ 比其眞正的能量實際大多少，但有時對於某些系（例如，氦原子或氫分子），使用此方法可得相當滿意的能量値。

使用變分法時，通常於開始時先選含一或二以上的可調整的常數之波函數 ψ，且這些可調整的常數於開始時不予固定，而由式 (17-91) 決定其 $\bar{E}$ 値，由此，所得的 $\bar{E}$ 値亦爲含未決定的常數的函數。其次選取使 $\bar{E}$ 爲極小値之常數，因 $\bar{E}$ 値經常會大於精確的眞實能量，故可於所選擇的波函數形之限制內，得到接近於眞實能量的 $\bar{E}$ 値。變分法於最初所使用之波函數，須具有適當的柔軟性，而其所含的未定之常數愈多，所得之極小能量 $\bar{E}$ 會愈接近於眞實的能量。因此，變分法之最初的函數的選擇非常重要。由上所述，使用變分法可得相當的精確度，但此與其最初之函數的選擇技巧有密切的關係。若要所選擇的最初之函數具有較大的柔軟性，則所選擇的該函數須含較多的項。而將項數較多的函數代入上式 (17-91) 時，其積分的計算會較爲繁雜且費時，甚至有時無法計算。現在一般可使用高速的電腦演算，以縮短上式 (17-91) 之計算時間，因此，變分法顯得更爲重要。

如前節所述，最初所選用之波函數爲非規格化時，上式 (17-91) 應寫成

$$\bar{E} = \frac{\int_{-\infty}^{+\infty} \psi\left\{-\frac{h^2}{8\pi^2 m}\cdot\frac{d^2\psi}{dx^2} + V\psi\right\}dx}{\int_{-\infty}^{+\infty} \psi\psi dx} \tag{17-92}$$

若波函數 ψ 內含有虛數的項時，則上式 (17-92) 之分子與分母的積分項中之前面的 ψ，需用 $\psi*$ 替代。

綜合上面所述，若系有 Hamiltonian 運算子 $\hat{H}$，而 ψ 爲坐標 τ 之滿足**邊界條件** (boundary conditions) 的規格化函數，則由變分法一般可寫成

$$\int \psi* \hat{H}\psi d\tau \geq E_{gs} \tag{17-93}$$

上式中，E_{gs} 爲 Hamiltonian 運算子 $\hat{H}$ 之**真實的基底狀態的能量** (true ground-state energy)。若 ψ 爲基底狀態的固有函數，則上式 (17-93) 使用等號。然而，ψ 爲

使用近似的波函數時，所得之能量會大於基底狀態的能量，此時上式(17-93)應採用＞的不等號。**真實的固有函數** (true eigen function) 未知時，通常可設計一由函數 ϕ_i 之各項等的相加而成的**試驗波函數** (trial wave function) ψ，如下式 (17-94) 所示，此時所設計之每一函數 ϕ_i，均應遵照**正確的邊界條件** (correct boundary condition)，而可表示為

$$\psi = \sum c_i \phi_i \qquad\qquad\qquad\qquad \text{(17-94)}$$

由此，可將上式 (17-94) 之試驗波函數，代入於式 (17-93) 之計算。

上式 (17-94) 中之各常數 c_i，均為可調整的常數。通常由於改變這些常數，可得該組函數之可能的最低能量 E，而可表示為

$$E = \frac{\int \psi^* \hat{H} \psi d\tau}{\int \psi^* \psi d\tau} \qquad\qquad\qquad\qquad \text{(17-95)}$$

上式中之分母需使試驗的波函數規格化。由於解聯立方程式，$\partial E / \partial c_i = 0$ 等，可得最佳的各常數值 c_i，由於使用這些常數值之波函數，可由上式 (17-95) 得大於 E_{gs} 之能量。理論上，於增加試驗的波函數的柔軟性時，可得較接近於其基底狀態之真實的能量。於下節將使用變分法，以求氦原子之近似的能量。

例 17-7 一次元的箱內之粒子，於 $x = 0$ 及 $x = a$ 時之波函數 $\psi = 0$，滿足此邊界條件之規格化的試驗變分函數為，$\psi = \dfrac{\sqrt{30}}{a^{5/2}} x(a-x)$。試使用變分法，求此一次元箱內的粒子之基底狀態能量的上限值，並與由式 (16-73) 所得的真實值比較之

🅐 一次元箱內的粒子之 Hamiltonian 運算子為

$$\hat{H} = -\frac{\hbar^2}{2m}\frac{d^2}{dx^2} \qquad 0 \le x \le a$$

因此

$$\int_0^a \psi^* \hat{H} \psi\, dx = \frac{-30\hbar^2}{a^5 2m} \int_0^a (ax - x^2)\frac{d^2}{dx^2}(ax - x^2)dx$$

$$= -\frac{30\hbar^2}{a^5 m}\int_0^a (x^2 - ax)dx$$

$$= \left(-\frac{30}{a^5}\frac{\hbar^2}{m}\right)\left(-\frac{a^3}{6}\right) = \frac{5h^2}{4\pi^2 ma^2} \ge E_{gs}$$

由式 (16-73)所得的真實值為 $h^2 / 8ma^2$，其誤差的百分率為

$$誤差百分率 = \frac{(5/4\pi^2) - (1/8)}{(1/8)} \times 100\% = 1.3\%$$ ◄

17-7　氦原子 (Helium Atom)

　　氦的原子有二電子，而可使用如圖 17-14 所示的坐標，寫出其 Hamiltonian 運算子。於此僅考慮**似氦原子** (heliumlike atom) 的二電子之**內部的運動** (internal motion)，而忽略其原子核之動能。由此，其 Hamiltonian 運算子可寫成

$$\hat{H} = -\frac{\hbar^2}{2m_e}(\nabla_1^2 + \nabla_2^2) - \frac{1}{4\pi e_0}\left(\frac{Ze^2}{r_1} + \frac{Ze^2}{r_2} - \frac{e^2}{r_{12}}\right) \tag{17-96}$$

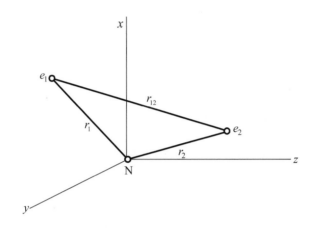

圖 17-14　氦原子內的二電子之坐標

上式中的 $Z=2$，r_1 與 r_2 分別為電子 1 與 2 各離原子核 N 之距離，r_{12} 為二電子間之距離，上式 (17-96) 的右邊之第一括號的項為二電子之動能的運算子，其次之括號內的前面二項為二電子各於**原子核場** (field of the nucleus) 中之位能，而最後的項為二電子間之位能。

　　於 Schrödinger 的方程式，$\hat{H}\psi = E\psi$，中，使用上式之 Hamiltonian 運算子時，可得似氦原子之波函數 ψ 與其對應之固有值 E。其波函數 ψ 為二電子之坐標 $(x_1, y_1, z_1, x_2, y_2, z_2)$ 的函數，由於二電子間之排斥項 $e^2/4\pi e_0 r_{12}$，而無法得到似氦原子之 Schrödinger 方程式的**解析解** (analytic solution)。因此，似氦的原子須使用近似法，以求其波函數與能量。對於似氦原子使用這些近似法時，可以相當高的精確度得到其波函數與能量。

　　首先可近似忽略其二電子間之相互的排斥項，$e^2/4\pi e_0 r_{12}$，即不考慮其電子間的互相作用。若系內含不互相作用的二粒子時，則其全系之 Hamiltonian 運算子，可用二獨立的粒子之 Hamiltonian 運算子的和表示，即為

$$\hat{H} = \hat{H}_1 + \hat{H}_2 \tag{17-97}$$

上式中，$\hat{H}_1$ 與 $\hat{H}_2$ 為二粒子 1 與 2 各別之 Hamiltonian 運算子。因此，假設二電子不互相作用時，其全系之近似的波函數，可寫成二獨立的粒子之波函數 ψ_1 與 ψ_2 的乘積。由此，其 Schrödinger 的方程式可分成，二電子之各別的二分離的方程式，而可分別寫成

$$\hat{H}_1\psi_1 = E_1\psi_1 \tag{17-98}$$

與
$$\hat{H}_2\psi_2 = E_2\psi_2 \tag{17-99}$$

而其全系之能量可用二電子之能量的和表示，為

$$E = E_1 + E_2 \tag{17-100}$$

不互相作用的二電子之 Hamiltonian 運算子，可分別表示成

$$\hat{H}_1 = -\frac{\hbar^2}{2m_e}\nabla_1^2 - \frac{Ze^2}{4\pi\epsilon_0 r_1} \tag{17-101}$$

與
$$\hat{H}_2 = -\frac{\hbar^2}{2m_e}\nabla_2^2 - \frac{Ze^2}{4\pi\epsilon_0 r_2} \tag{17-102}$$

由此所得的波函數 ψ_1 與 ψ_2，均為似氫原子之波函數 (表 17-2)，這些波函數為所謂的**軌道** (orbitals)。

氦原子之基底狀態的近似波函數，可用二 $1s$ 軌道的電子之波函數的乘積表示，為

$$\psi = \frac{1}{\pi^{1/2}}\left(\frac{Z}{a_0}\right)^{3/2}e^{-Zr_1/a_0} \cdot \frac{1}{\pi^{1/2}}\left(\frac{Z}{a_0}\right)^{3/2}e^{-Zr_2/a_0} \tag{17-103}$$

上式一般可縮寫成 $\psi = 1s(1)1s(2)$，其中的 (1) 與 (2) 分別代表電子 1 與 2。

使用上式 (17-103) 之近似波函數作為試驗函數，可計算氦原子核與其二電子間的距離，均為無限大時之氦原子的能量。此能量等於氦原子之第一與第二的**游離能** (ionization enegy) (參閱 17-14 節) 的和，其第一游離能為 24.6 eV，而第二游離能為 54.4 eV。因此，以氦原子核與其二電子間之各距離，均為無窮大時作為基準，對於氦原子所量測之基底態的能量為 − 79.0 eV。

能量 E_1 與 E_2 均為似氫的能量，而均可用式 (17-13) 表示。上面的近似波函數式 (17-103)，為運算子，$\hat{H}_1 + \hat{H}_2$，之固有函數，而其固有值等於氦離子之 $1s$ 軌道的能量之兩倍。對於基底狀態，因其 $n_1 = 1, n_2 = 1$ 及 $Z = 2$，故其 $E = E_1 + E_2 = 2E_{1s}$，所以由式 (17-16) 可得，$E_{1s} = Z^2(-13.6 \quad \text{eV})$，由此，$E = 2(2)^2(-13.6\,\text{eV}) = -108.8\,\text{eV}$。此能量的計算值與實驗值 −79.0 eV 的差距顯示，於此計算中不能忽略電子的相互排斥項，$e^2/4\pi e_0 r_{12}$。考慮此電子之相互排斥項時，使用變分法較為方便。二電子於近似波函數式 (17-103) 中之相互排斥

的能量為

$$\int dv_1 \int dv_2 \psi^* \left(\frac{e^2}{4\pi\epsilon_0 r_{12}} \right) \psi \tag{17-104}$$

由上式 (17-104) 之計算可得 37.6 eV。因此，氦原子之近似的總能量為 −108.8 eV + 37.6 eV = −71.2 eV，此值與其正確的值(實驗值) −79.0 eV 比較，相當接近。注意此近似值大於真實的值，並符合變分定理之要求。

　　氦原子之基底狀態的能量，使用變分法可得更精確的數值。式 (17-103) 之 $1s$ 軌道中，原子核之電荷 Z 可使用原子核之有效的電荷 Z' 替代，以作為**變分參數** (variational parameter)。因每一電子均會屏蔽另一電子之全部原子核的電荷之作用，所以式 (17-103) 中之 Z 須用 $Z'(<Z)$ 替代。

　　使用以 Z' 替代式 (17-103) 中的 Z 之近似波函數，代入式 (17-92) 計算包括電子的相互作用項，$e^2/4\pi\epsilon_0 r_{12}$，時之平均能量 E'，可得

$$E' = \frac{\iint (e^{-Z'r_1/a_0} \cdot e^{-Z'r_2/a_0}) \hat{H} (e^{-Z'r_1/a_0} e^{-Z'r_2/a_0}) d\tau_1 \tau_2}{\iint (e^{-Z'r_1/a_0} \cdot e^{-Z'r_2/a_0})^2 d\tau_1 \tau_2} \tag{17-105}$$

其中，Hamiltonian 的運算子 $\hat{H}$ 於式 (17-96) 中代入 $Z=2$，可表示為

$$\hat{H} = -\frac{\hbar^2}{2m_e}(\nabla_1^2 + \nabla_2^2) - \frac{2e^2}{4\pi\epsilon_0 r_1} - \frac{2e^2}{4\pi\epsilon_0 r_2} + \frac{e^2}{4\pi\epsilon_0 r_{12}} \tag{17-106}$$

由於 Laplace 的運算子以球的極坐標，可表示為

$$\nabla^2 = \frac{\partial^2}{\partial r^2} + \frac{2}{r}\cdot\frac{\partial}{\partial r} + \frac{1}{r^2}\frac{\partial^2}{\partial\theta^2} + \frac{1}{r^2}\frac{\cos\theta}{\sin\theta}\cdot\frac{\partial}{\partial\theta} + \frac{1}{r^2\sin\theta}\frac{\partial^2}{\partial\phi^2} \tag{17-107}$$

由此，上述的平均能量 E' 由式 (17-105) ，可用 Z' 之函數表示為

$$E' = \left[Z'^2 - 27\frac{Z'}{8} \right] \frac{e^2}{4\pi\epsilon_0 a_0} \tag{17-108}$$

設上式之微分等於零，則可得使 E' 為極小的最低能量之適當的 Z' 值。上式 (17-108) 對於 Z' 微分，可得

$$\frac{\partial E'}{\partial Z'} = \left(2Z' - \frac{27}{8} \right) \frac{e^2}{4\pi\epsilon_0 a_0} \tag{17-109}$$

由此，得 $Z'_{min} = 27/16$，而由式 (17-108) 可得，$E'_{min} = -77.5$ eV。此值更接近於其正確的值 −79.0 eV，其誤差約為 1.8%。因此，使能量極小的波函數之有效電荷 $Z' = 27/16$，此值僅較真正的電荷數 2 小 5/16。此為使用僅含一參數之變分法的結果，若使用含更多參數的近似波函數式時，可得更正確的結果，但其計算會更繁雜而需要更長的時間。

17-8 庖立的排斥原理 (Pauli Exclusion Principle)

於前節所討論的氦原子之基底狀態的波函數時,其考慮並非很完整,例如於其波函數中沒有包括二電子之旋轉的函數 (α 與 β)。然而,由磁實驗證實,電子會圍繞其旋轉的軸旋轉,而其旋轉的角動量值為 $+\frac{1}{2}\hbar$ 或 $-\frac{1}{2}\hbar$。設電子之旋轉的角動量為 $(+1/2)\hbar$ 之狀態的函數為 α,而 $(-1/2)\hbar$ 之狀態的函數為 β,則二電子 1 與 2 之四種旋轉的函數,可分別表示為

$$\alpha(1)\alpha(2),\ \beta(1)\beta(2),\ \alpha(1)\beta(2) \text{ 與 } \alpha(2)\beta(1) \tag{17-110}$$

事實上,其二電子完全相同而不能互相區別,然而,上面的式(17-110)中的後面之二旋轉函數,均穩含其二電子可以區別,因此,不能使用上式 (17-110) 中的後面之二旋轉函數。由此,不能互相區別的二電子之旋轉函數,由 Heisenberg 的不確定性原理,可寫成

$$\alpha(1)\alpha(2) \tag{17-111}$$

$$\beta(1)\beta(2) \tag{17-112}$$

$$2^{-1/2}[\alpha(1)\beta(2) + \beta(1)\alpha(2)] \tag{17-113}$$

與 $$2^{-1/2}[\alpha(1)\beta(2) - \beta(1)\alpha(2)] \tag{17-114}$$

於上面的式 (17-113) 與 (17-114) 中,$2^{-1/2}$ 為規格化的常數。式 (17-111) 為表示圍繞規定的旋轉軸之合成的旋轉角動量為 $+1\hbar$,式 (17-112) 表示其合成的旋轉角動量為 $-1\hbar$,而式 (17-113) 及 (17-114) 之合成的旋轉角動量均為零。

二電子互換時,前面的三函數式 (17-111) 至 (17-113) 均不會改變,由此,此三函數式對於電子之互換為**對象** (symmetric)。二電子互換時,上面的第四函數式 (17-114) 會改變其符號,此表示此函數式對於電子之互換,為**反對稱** (antisymmetric)。

由實驗發現,對於波函數含有**空間** (spatial) 與旋轉的二函數之電子,其任二電子互換時須為反對稱,此種事實於 1926 年由 Dirac 與 Heisenberg 所發現。然而,由 Pauli 引入 Pauli 原理的假定,並由**相對的量子場理論** (relativistic quantum field theory) 而導得,稱為 Pauli 的原理之所謂 Pauli **排斥原理** (Pauli exclusion principle)。Pauli 的排斥原理為 "對於任何電子系之波函數,互相交換其任二電子時,必須為反對稱",此 Pauli 的原理於化學的應用很有用,而常被敘述為,於一原子內不能有四種量子數 n, l, m_l 與 m_s 均各相同的二電子。

氦的原子之基底狀態如已述,可用 $1s(1)1s(2)$ 表示,此波函數為對稱,因

此，須乘**反對稱的旋轉函數** (antisymmetric spin function) ，以得反對稱之完整的波函數。由此，氦原子之基底狀態的完整波函數，可近似寫成

$$\psi = 1s(1)1s(2)2^{-1/2}[\alpha(1)\beta(2) - \alpha(2)\beta(1)] \tag{17-115}$$

Slater 於 1929 年，以數學的方法，將滿足反對稱的需求之近似波函數，寫成**行列式** (determinant)。於此 Stater 的行列式中，其同一**列** (column) 之元素包含相同的**旋轉 - 軌道** (spin-orbital)，而行列式的同一**行** (row)之元素的包含相同的電子。因此，氦原子之基底狀態的波函數之近似式 (17-115) 可寫成

$$\psi = \frac{1}{\sqrt{2}} \begin{vmatrix} 1s(1)\alpha(1) & 1s(1)\beta(1) \\ 1s(2)\alpha(2) & 1s(2)\beta(2) \end{vmatrix} \tag{17-116}$$

於上面之 Slater 的行列式中，自動提供了 Pauli 原理的要求，即一原子或分子中，不能有全部的量子數各相同的二電子。若行列式中之二行或二列相同，則該行列式等於零而會消失。行列式之另外有用的性質為，其中的二行或二列互相交換時，會改變該行列式之符號，此表示以行列式表示之波函數，會自動滿足 Pauli 的原理。

於 Hamiltonian 運算子中，沒有包含旋轉的項，所以旋轉不會改變上節之能量的計算值。然而，對於氦原子之激勵狀態及鋰原子，必須考慮其電子的旋轉，此為因 Pauli 的原理，而非因於 Hamiltonian 運算子中含有關旋轉的項。

半整數的旋轉 $\left(s = \frac{1}{2}, \frac{3}{2}, \cdots\right)$ 粒子之波函數，均須為反對稱，因這些粒子必須遵照所謂 Fermi-Dirac 統計，故稱為費米粒子或**費米子** (fermions)，整數的旋轉 $(s = 0, 1, 2, \cdots)$ 粒子之波函數，均須為對稱，因這些粒子須遵照所謂 Bose-Einstein 統計之不同的統計法則，故稱為**波司子** (bosons)。

例 17-8 試證，氦的原子之基底狀態的 Slater 行列式 (17-116) ，為 $\hat{S}_{z,\text{tot}} = \hat{S}_{z,1} + \hat{S}_{z,2}$ 之固有函數，並求其固有值

解 由於

$$\hat{S}_z \alpha = +\frac{1}{2}\hbar\alpha$$

$$\hat{S}_z \beta = -\frac{1}{2}\hbar\beta$$

氦的原子之基底狀態的波函數為

$$\psi = 1s(1)1s(2)2^{-1/2}[\alpha(1)\beta(2) - \alpha(2)\beta(1)]$$

由此可得

$$\hat{S}_{z,1}\psi = 1s(1)1s(2)2^{-1/2}\left[\beta(2)\frac{1}{2}\hbar\alpha(1) + \alpha(2)\frac{1}{2}\hbar\beta(1)\right]$$

$$\hat{S}_{z,2}\psi = 1s(1)1s(2)2^{-1/2}\left[-\alpha(1)\frac{1}{2}\hbar\beta(2) - \beta(1)\frac{1}{2}\hbar\alpha(2)\right]$$

$$\hat{S}_{z,tot}\psi = \hat{S}_{z,1}\psi + \hat{S}_{z,2}\psi = 0$$

因此，旋轉之 z 方向的分量之固有值為零。 ◄

17-9 氦之第一激勵狀態 (First Excited State of Helium)

由前述得知，含二電子的原子（氦原子）之波函數，可近似用二似氫之波函數 $1s$（軌道）的乘積表示。由此，氦之第一激勵狀態的波函數，可近似用似氫之波函數 $1s$ 與 $2s$ 的乘積表示。其**空間的波函數** (spatial wave function) $\psi = 1s(1)2s(2)$，隱含其二電子可以區別，然而，氦原子內之二電子，實際不能互相區別。因此，氦原子之第一激勵態的波函數，須用下列的二式之一表示

$$\psi_a = 2^{-1/2}[1s(1)2s(2) + 1s(2)2s(1)] \tag{17-117}$$

$$\psi_b = 2^{-1/2}[1s(1)2s(2) - 1s(2)2s(1)] \tag{17-118}$$

其中的第一式(17-117)之函數 ψ_a 為對稱，第二式(17-118)之函數 ψ_b 為反對稱。然而，其任一情況之或然率密度 ψ^2，均不會由於交換電子而改變。以 ψ_a 與 ψ_b 表示之二激勵狀態，有不同的對應之能量，而以波函數 ψ_b 表示的激勵態之能量較低，其以 ψ_b 表示的狀態之能量的實驗值約為 $-59.2\,\text{eV}$，而以 ψ_a 表示的狀態之能量值約為 $-58.4\,\text{eV}$。

對於氦原子之第一激勵狀態，將電子之**旋轉** (spin) 併入上式(17-118)之其空間的波函數時，因其空間的波函數為**反對稱** (antisymmetric)，故須乘以對稱的**旋轉函數** (symmetric spin functions)。因其對稱的旋轉函數有三，所以氦之第一激勵狀態的波函數可表示為

$$\psi_1 = 2^{-1/2}[1s(1)2s(2) - 1s(2)2s(1)]\alpha(1)\alpha(2) \tag{17-119}$$

$$\psi_2 = 2^{-1/2}[1s(1)2s(2) - 1s(2)2s(1)][\alpha(1)\beta(2) + \beta(1)\alpha(2)] \tag{17-120}$$

及 $$\psi_3 = 2^{-1/2}[1s(1)2s(2) - 1s(2)2s(1)]\beta(1)\beta(2) \tag{17-121}$$

由此，氦之第一激勵狀態為**三重態** (triplet state)，於無磁場的作用時，有 3 的**退縮度** (degeneracy)，而於磁場的作用時，氦之第一激勵狀態會分裂成三能階。因二電子之旋轉量子數的和為 1，所以於磁場中的**淨旋轉** (net spin)的，取向可為此三者之一。**旋轉角動量** (spin angular momentum) 之 z 方向的分量，可為

$+\hbar$, 0, 及 $-\hbar$，因此，原子於磁場中可有三的能量值。氦原子於基底狀態之電子通常會配成對，而其電子之旋轉的和爲零，因此，其基底狀態爲**單重態** (singlet state)。

由於式 (17-117) 之波函數 ψ_a 的空間函數爲對稱，因此，須乘以反對稱的旋轉函數，以得反對稱的總波函數，爲

$$\psi = 2^{-1}[1s(1)2s(2) + 1s(2)2s(1)][\alpha(1)\beta(2) - \beta(1)\alpha(2)] \qquad \textbf{(17-122)}$$

氦原子之第二激勵狀態爲單一的狀態。因其 $l = 0$ 及旋轉之總 z 方向的分量亦爲零，所以此狀態於磁場中不會分裂。

17-10　鋰原子 (Lithium Atom)

Pauli 的排斥原理對於氫原子汲有影響，但對於氦原子，則由於其第一激勵狀態爲三重態，而會有微小的影響。然而，Pauli 的原理對於鋰原子之量子力學的處理，有顯著的影響。由 Pauli 的原理得，$1s$ 的軌道僅允許有二電子，而第三電子必須存於 $2s$ 的軌道。遵照 17-8 節所述的程序，鋰原子於基底狀態之波函數，可寫成如下的 Slater 行列式，爲

$$\psi = 6^{-1/2} \begin{vmatrix} 1s(1)\alpha(1) & 1s(1)\beta(1) & 2s(1)\alpha(1) \\ 1s(2)\alpha(2) & 1s(2)\beta(2) & 2s(2)\alpha(2) \\ 1s(3)\alpha(3) & 1s(3)\beta(3) & 2s(3)\alpha(3) \end{vmatrix}$$

$$= 6^{-1/2}[1s(1)\alpha(1)1s(2)\beta(2)2s(3)\alpha(3) - 1s(1)\alpha(1)1s(3)\beta(3)2s(2)\alpha(2)$$
$$- 1s(1)\beta(1)1s(2)\alpha(2)2s(3)\alpha(3) + 1s(1)\beta(1)1s(3)\alpha(3)2s(2)\alpha(2)$$
$$+ 2s(1)\alpha(1)1s(2)\alpha(2)1s(3)\beta(3) - 2s(1)\alpha(1)1s(3)\alpha(3)1s(2)\beta(2)] \qquad \textbf{(17-123)}$$

上式(17-123)與 He 之第一激勵狀態的行列式對比，此波函數不能寫成**空間的函數** (spatial function) 與**旋轉函數** (spin function) 的乘積。由於此行列式之最後列可寫成 β 以替代 α，因此，鋰原子之基底狀態爲**雙重的退縮** (doubly degenerate)。

上式 (17-123) 以變分法處理時，因電子會部分遮蔽原子核之 3+ 的電荷，故其 $1s$ 的函數中之原子核的電荷 Z，可用 Z_1 替代，而 $2s$ 的函數中之 Z 可用 Z_2 替代。由變分法的處理得，$Z_1 = 2.69$ 及 $Z_2 = 1.78$，而其**變分的能量** (variational energy) 爲 -201.2 eV，此與由實驗所得之基底態的能量 -203.48 eV 比較，相當接近，此由實驗所得的其基底狀態的能量值，爲其三游離電位 (表 17-9)，-5.392，-75.368 與 -122.451 eV 的和。

上面的波函數爲由近似的處理所決定的波函數，而非含電子間的排斥項，$(e^2/r_{12} + e^2/r_{13} + e^2/r_{23})/4\pi e_0$，之其 Schrödinger 方程式的精確波函數。

17-11 Hartree-Fock 的自一貫力場法
(Hartree-Fock Self-Consistent-Field Method)

由解含一電子系之 Schrödinger 的方程式，可得其波函數之精確解。然而，多電子的原子之 Hamiltonian 運算子過於複雜，因此，只能藉各種近似的方法，求得其近似的波函數。Hartree 於 1928 年倡導以**自一貫力場** (self-consistent-field, 簡稱 SCF) 的方法，計算任何的原子之基底態的波函數與其能量。

原子內之每一電子，於原子核的引力及其他的電子之排斥力所形成之平均的力場中運動。若 Schrödinger 的方程式中之電子間的排斥項可忽視，則含 n 電子的原子之 Schrödinger 的方程式，可分離成 n 的僅含一電子之似氫原子的方程式。依此方法所得的波函數，等於 n 的似氫原子之電子的波函數（軌道）的乘積，這樣的計算結果僅爲其近似的結果。似氫原子之電子軌道的計算時，使用原子核的全部電荷 Z，但對於原子之較外層的電子，因其原子核的電荷受其較內層的電子之遮屏，所以其所受原子核的作用之有效電荷會較小。

Hartree 使用變分法，並以含待測的參數（例如，有效核電荷）之 g_i 函數的 n 軌道之乘積，爲**變分函數** (variation function) ϕ，即

$$\phi = g_1(r_1, \theta_1, \phi_1)g_2(r_2, \theta_2, \phi_2)\cdots\cdots g_n(r_n, \theta_n, \phi_n) \tag{17-124}$$

而於上面的變分函數中之每一軌道 $g_i(r_i, \theta_i, \phi_i)$，以**徑因子** (radial factor) $h_i(r_i)$ 與**球調和的** (spherical harmonic) 函數 $Y_{l_i, m_{l_i}}(\theta_i, \phi_i)$ 的乘積表示，即爲

$$g_i(r_i, \theta_i, \phi_i) = h_i(r_i)Y_{l_i, m_{l_i}}(\theta_i, \phi_i) \tag{17-125}$$

由於多電子的原子之 Schrödinger 的方程式中之位能，爲近似球形的對稱，因此，於上式中使用球調和的函數。例如，**填充的殼** (filled shells) 通常爲球形的對稱。

Hartree 之處裡的程序爲，首先預估軌道 $g_1, g_2, \cdots, g_n$ 之函數的形式，因原子之波函數爲這些軌道的乘積，故原子之 Schrödinger 的方程式，可分離成如下式的形式之 n 方程式

$$\left[-\frac{\hbar^2}{2m}\nabla_i^2 + V(r_i)\right]g_i = \epsilon_i g_i \tag{17-126}$$

上式中，ϵ_i 爲電子 i 之軌道的能量。以逐次的近似法解上面的這些方程式，可得任一電子 i 之位能函數 $V(r_i)$，而此係假定其他之所有電子的電荷均被移除，並形成球形的對稱的電荷雲而得。以此法所得的第一電子之軌道 g_1，可用以改進

第二電子的 Schrödinger 方程式中之位能的函數 $V(r_2)$，以得第二電子之改進的軌道 g_2。此種處裡的程序繼續運用於全部的 n 電子，然後又回至第一電子，並如上述的程序重新再開始計算。此種方法之改進軌道的計算，繼續至其軌道中不再有電荷爲止。於是，由這些軌道的乘積可得，原子之 Hartree 的**自一貫力場的波函數** (self-consistent-field wave function)。

Hartree 由於每一軌道不能有二以上的電子，而認定電子的旋轉及 Pauli 的原理，然而，於他的波函數中沒有含電子的旋轉，及於電子互相交換時不會形成**反對稱** (antisymmetric)。由此，Fock 與 Slater 於 1930 年指出，須使用旋轉軌道，及採取旋轉軌道之乘積的**反對稱之線性的組合** (antisymmetric linear combiuations)，依此法實施之自一貫力場的計算，即爲所謂 Hartree-Fock 的計算。

以 Hartree-Fock 的方法，對於氫原子計算所得之徑向的電子密度，如圖 17-15 所示。對於各主量子數 n，其電子之或然率密度會濃縮於其半徑之甚狹小的範圍，然而，與似氫原子相比，其徑向的電子之或然率密度，與角動量的量子數 l 有關。主量子數 n 相同的一組軌道，稱爲**殼** (shell)，而相同的 n 值中其 l 值相同之同一組的軌道，稱爲**副殼** (subshell)，因軌道包含相同的角度之影響，如似氫原子之波函數，故副殼亦稱謂如 $1s, 2s, 2p, 3s, \cdots$ 等的軌道。

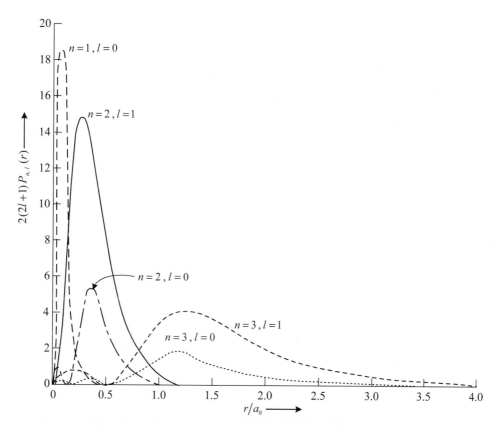

圖 17-15 以 Hartree-Fock 法計算所得氫原子之徑向的電子或然率密度 (自 R. Eisberg and R. Resnick, Quantum Physics, Wiley, Now York, 1974)

　　由理論的計算所得，中性原子之軌道能量與原子序的關係，如圖 17-16 所示。將有效電荷 Z_{eff} 替代式 (17-123) 中之 Z 時，可計算得 Hartree-Fock 軌道之近似能量值。如前述對於氫的原子使用變分法時，由於其原子中的其他電子的屏蔽，其原子核的有效電荷會小於其原子序所示的電荷量。由於其外層的電子受其內層的電子的屏蔽，由此，其能量與氫原子之基底態的能量，不會有大的差異。

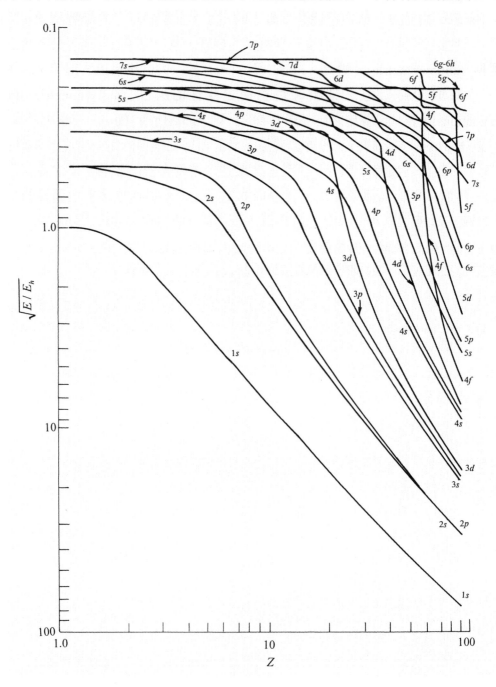

圖 17-16　近似軌道之能量與原子序 Z 的關係　[R. Latter, Phys, Rev. **99**, 510 (1955)]

原子序（原子核的電荷）增加時，其原子核與電子間之吸引力會增加，因此，其較內層的軌道之能量，為較負的值。由於原子核附近的 p 電子之或然率的密度較低，且其所受原子核之吸引力較小，所以 p 軌道之能量較 s 軌道者高（較小的負值）。離原子核甚近之 s 軌道，因沒有內層的電子之屏蔽，所以其能量較低（例如，較大的負位能）。

圖 17-16 為由式 (17-16) 之形式，以 $(E/E_h)^{1/2}$ 對 Z 所作之圖，其中的 E_h 為 Hartree 能量，此為二電子相離 Bohr 半徑的距離時之位能 [式 (17-17)]，即等於 $4.3598144 \times 10^{-18}$ J 或 27.211608 eV。電子的 ns 與 np 的軌道之能量的差值，比 np 與 nd 的軌道之能量的差值小，即 ns 軌道與 np 軌道較為相互靠近。對於某些 Z 值，其 $4s$ 軌道之能量較其 $3d$ 軌道者小（即更負的值），因此，於 $4s$ 軌道填滿電子後，才會於 $3d$ 軌道填入電子。

由 Hantree-Fock 法，對原子計算所得之能量值，與其實驗值的偏差通常在 1% 以內，由此法可提供電子之間的平均相互作用，而非其瞬間的相互作用。電子通常趨向於互相相離，此種**電子的相互關係** (electron correlation)之**能量，等於**其精確的能量與 Hartree-Fork 能量間的差異。此能量約為**電子伏特** (electron volt) 的程度或更大的數值，而此對於能量之變化的計算已會產生足夠大的影響，例如，反應之焓值變化的計算。

使用變分的近似法，由電子的瞬間之相互作用的效應可得，包含**激勵組態** (excited configuration) 的試驗波函數，此即為所謂**組態的相互作用** (configuration interaction)的方法。於變分法中，使用含較多組態的波函數，可得較接近於真實之波函數。

17-12　週期表與 Aufbau 原理
(Periodic Table and Aufbau Principle)

原子之核外的電子數等於其原子序。原子內之各電子均於最安定的狀態時，稱此原子於基底狀態。例如，似氫原子僅有一電子，而此電子於 $1s$ 的軌道時，其狀態最安定。對於多電子之各種原子，由光譜的實驗證實，其全部的電子並非均在 $1s$ 的軌道。事實上，原子之化學性質及分光性質等均隨原子序的增加而成週期性的變化。

由原子的量子論，可解釋週期表的構成。原子之狀態由四種量子數 n, l, m_l 及 m_s 的電子之狀態決定。依照 Pauli 的排斥原理，一原子中不能有二或二以上之狀態完全相同的電子，即於一原子內不能有四種量子數均各相同的電子。換言之，一原子中僅有一電子，屬於一組的量子數 n, l, m_l 及 m_s 的狀態。電子之可能的量子狀態，由 Pauli 的排斥原理，列如表 17-6 所示。

表 17-6　電子之量子狀態

主量子數 n 殼	1 K	2 L		3 M			4 N			
方位量子數 l 副殼	0 s	0 s	1 p	0 s	1 p	2 d	0 s	1 p	2 d	3 f
磁量子數 m_l	0	0	1 0 −1	0	1 0 −1	2 1 0 −1 −2	0	1 0 −1	2 1 0 −1 −2	3 2 1 0 −1 −2 −3
旋轉量子數 m_s	⇅	⇅	⇅ ⇅ ⇅	⇅	⇅ ⇅ ⇅	⇅ ⇅ ⇅ ⇅ ⇅	⇅	⇅ ⇅ ⇅	⇅ ⇅ ⇅ ⇅ ⇅	⇅ ⇅ ⇅ ⇅ ⇅ ⇅ ⇅
副殼之填滿的 電子數	2	2	6	2	6	10	2	6	10	14
殼之填滿的電 子數 n^2	2	8		18			32			

註：於旋轉量子數的↑符號表示 $m_s = 1/2$，而↓符號表示 $m_s = -1/2$

　　由 Bohr 的理論，於原子內主量子數 n 相同之電子，均在相同之一定半徑的軌道上，此軌道通常稱爲**殼** (shell)，而 $n = 1, 2, 3, 4$ 之殼分別稱爲 K, L, M, N 殼。由於 $n > l$，所以主量子數 $n = 1$ 時，其方位量子數 l 僅能等於 0，由此，其磁量子數 $m_l = 0$，而旋轉量子數 m_s 爲 $+1/2$ 與 $-1/2$，並分別用↑與↓的符號表示。

　　主量子數 $n = 2$ 時，其方位量子數 l 可等於 1 與 0。於 l 等於 0 時，同上述 $m_l = 0$，而 m_s 爲 $+1/2$ 與 $-1/2$。於 l 等於 1 時，m_l 爲 $-1, 0, +1$，而對於各 m_l 之 m_s 均各爲 $+1/2$ 與 $-1/2$。由 Pauli 的排斥原理，各電子均各有其特定的量子數 (n, l, m_l, m_s)。原子內的不同電子之四種量子數中，至少會有一量子數不相同。

　　原子內的電子軌道之大小與形狀，由其量子數 n 與 l 決定，而由 m_l 決定其軌道面之取向，即於磁場中有 m_l 的軌道取向，且於各軌道中有旋轉方向相反的二電子。於主量子數 n 的殼 $(K, L, M, N, \cdots)$ 中之 $l = 0, 1, 2, 3 \cdots, n-1$ 的殼，分別稱爲 $s, p, d, f, \cdots$ 的**副殼** (subshell)。於主殼與副殼中所能容納的電子數，如表 17-6 所示，於 n 的主殼中所能容納的電子數爲 $2n^2$，而於其副殼中所能容納的電子數爲 $2(2l+1)$。由表 17-6 得知，s 電子的不同量子數之組合數爲 2，p 電子的不同量子數之組合數爲 6，d 電子的不同量子數之組合數爲 10，f 電子的不同量子數之組合數爲 14。

　　基底狀態的原子之電子數，等於其原子序，而其電子依 Pauli 原理，由最低的能階依次配置於各軌道，以保持最低的能量狀態。如此，原子之核外的電子於各軌道中之配置，隨原子序的增加而作規則性的配置，所以元素之性質亦隨原子序的增加，而作週期性的變化。

　　週期表中之各元素的原子內之電子，均由最低能階依序配置於其各軌道，而每一軌道可容納旋轉方向相反的二電子。若有數種能量相同的**同等軌道** (equivalent orbitals) 時，則電子於這些軌道中之配置，會依據下面的 Hund **法則**

(Hund's rule) ，趨向於彼此遠離，以減低電子間的相互排斥。

　　Hund 的法則為 ，(1) 若電子數等於或少於能量相同的同等軌道數時，則電子分別配置於不同的軌道，(2) 若原子中的二（或更多）電子配置於二（或更多）相同能量之同等的軌道時，則於基底狀態之電子的旋轉方向必為平行。Hund 的法則可用以決定，電子於各軌道間的分佈。圖 17-17 為元素碳至氟之各種原子的軌道中之電子的配置情形，以表示 Hund 法則的應用。基底狀態的碳原子與氮原子之外殼電子，依據 Hund 法則 (1) ，均各配置於不同的 $2p$ 軌道，而這些電子之旋轉方向依據 Hund 法則 (2) ，均相同，由此，此二原子各具有**淨旋轉** (net spin)。

　　鋰至氖 $(Li, Be, B, C, N, O, F, Ne)$ 的八種元素中，因氖原子之 $n=2$ 的殼內有 8 個電子，故其結構最穩定。如圖 17-17 所示，元素 N, O 及 F 等的原子，分別接受 3, 2 及 1 個的電子時，會分別形成離子 N^{3-}, O^{2-} 及 F^{1-} 等，而這些離子之電子結構，均與氖原子之電子結構相同。

　　原子內的各軌道之電子的配置情形，稱為**電子組態** (electron configuration)。原子之基底態的電子組態，為原子內的電子自原子之最低能量的副殼，依序置入其各殼，達至原子中之電子數時，電子於該原子內的各殼之分佈的狀態，此種狀態之建立的程序原則，稱為 **aufbau 建造** (building-up) 原理。原子之電子組態為，於 $1s, 2s, 2p, \cdots$ 等符號的右上角，以數字表示各軌道中之電子數。例如，於基底狀態的氫以 $1s$，氦以 $1s^2$，鋰以 $1s^2 2s$，硼以 $1s^2 2s^2 2p$，鈉以 $1s^2 2s^2 2p^6 3s$，表示其各電子組態。碳原子之電子組態為 $1s^2 2s^2 2p^2$，依據 Hund 的法則，其 $2p$ 的二電子，分別配置於分離的二軌道，即其此 $2p$ 的二電子之磁量子數 m_l 不相同。

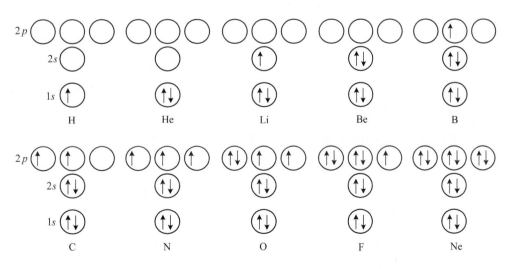

圖 17-17　原子內的電子依 Hund 法則，配置於各軌道之情形

　　鈉原子內之結合最弱的電子為其 $3s$ 電子，此電子與帶 +11 正電荷的其原子核間之作用，由於被其較內層軌道的其他 10 個電子 ($1s^2 2s^2 2p^6$) 所**屏蔽** (shielded)。因此，對於其最外層的 $3s$ 電子而言，原子核之有效電荷僅為+1，所以 Na 原子與氫原子相似，事實上，鈉及其他鹼金屬的原子之光譜，與氫原子之光譜類似。

　　各元素的原子於基底狀態之電子組態，如表 17-7 所示，其中的符號 [He], [Ne], [Ar], [Xe] 及 [Rn] 等，分別表示其各元素的原子之**密閉殼** (closed shell) 的電子組態。

　　由元素的原子之電子組態，可說明各元素之物理與化學性質的週期性變化，以元素的原子之電子組態表示的週期表，如圖 17-18 所示。於此週期表顯示**鑭系的稀土金屬** (lanthanides) (原子序 58 至 71) 及**錒系** (actinides) 的遷移元素 (原子序 90 至 103)，均各有類似的化學性質。

　　氫原子內之電子的能量，僅與主量子數 n 有關，但是對於多電子的原子，因其較內層軌道的電子會遮蔽其較外層軌道電子所受原子核之正電荷的作用，並由於此**遮蔽的效應** (screening effect) 而導至主量子數 n 之 s 軌道的能量，較 p 軌道的能量低，及 p 軌道的能量較 d 軌道者低。如上述於 p 軌道的電子之能量，比 s 軌道者相對高，係因 p 電子離原子核較遠距離的時間較長，故其所受原子核的吸引較 s 軌道的電子弱。此種能階的分離，因原子之種類的不同而異，各種電子軌道之相對的能量，如圖 17-18 所示。

　　如圖 17-18 所示，氬原子內的 $3s$ 與 $3p$ 副殼均已填滿，而其下一元素之鉀原子所增加的電子須填入其 $4s$ 副殼。由 Hartree-Fock 的計算顯示，原子序 19 的鉀原子之 $4s$ 軌道，較其 $3d$ 軌道具有較負的能量，而原子序 21 的**鈧** (scandium) 原子之 $3d$ 軌道，較其 $4p$ 軌道具有較負的能量。自鈧至鋅 (原子序 21 至 30) 的元素為**過渡元素** (transition elements)，這些元素除均有**氬殼** (argon core) 外，其餘的電子均依序填入 $3d$ 軌道，而這些元素的原子之最外的 $4s$ 軌道之電子數均保持 1 或 2。過渡元素之外層軌道的電子數保持一定，而其電子依原子序逐次填入其不飽和的內殼電子軌道，此與一般元素的原子之電子，自內層向外層的軌道依序填入的情況不同。過渡元素一般具有二或更多種的原子價，而通常生成帶色的化合物，其熔點與硬度較高而具有磁性與反應觸媒的活性。事實上，鈧原子之 $3d$ 軌道的能量，較其 $4s$ 軌道的能量低，因此，其第一離子化，$Sc \rightarrow Sc^+ + e^-$，相當於其 $4s$ 軌道的電子之游離。

表 17-7　各種元素的原子於基底狀態下之電子組態

元素	原子序	K 1s	L 2s	L 2p	M 3s	M 3p	M 3d	N 4s	N 4p	N 4d	N 4f	O 5s	O 5p	O 5d	P 6s	P 6p	P 6d	Q 7s	電子組態	基底狀態之光譜項
H	1	1																	$1s$	$^2S_{1/2}$
He	2	2																	$1s^2$	$^1S_0$
Li	3	2	1																$[\text{He}]2s$	$^2S_{1/2}$
Be	4	2	2																$[\text{He}]2s^2$	$^1S_0$
B	5	2	2	1															$[\text{He}]2s^2 2p$	$^2P_{1/2}$
C	6	2	2	2															$[\text{He}]2s^2 2p^2$	$^3P_0$
N	7	2	2	3															$[\text{He}]2s^2 2p^3$	$^4S_{3/2}$
O	8	2	2	4															$[\text{He}]2s^2 2p^4$	$^3P_2$
F	9	2	2	5															$[\text{He}]2s^2 2p^5$	$^2P_{3/2}$
Ne	10	2	2	6															$[\text{He}]2s^2 2p^6$	$^1S_0$
Na	11	2	2	6	1														$[\text{Ne}]3s$	$^2S_{1/2}$
Mg	12	2	2	6	2														$[\text{Ne}]3s^2$	$^1S_0$
Al	13	2	2	6	2	1													$[\text{Ne}]3s^2 3p$	$^2P_{1/2}$
Si	14	2	2	6	2	2													$[\text{Ne}]3s^2 3p^2$	$^3P_0$
P	15	2	2	6	2	3													$[\text{Ne}]3s^2 3p^3$	$^4S_{3/2}$
S	16	2	2	6	2	4													$[\text{Ne}]3s^2 3p^4$	$^3P_2$
Cl	17	2	2	6	2	5													$[\text{Ne}]3s^2 3p^5$	$^2P_{3/2}$
Ar	18	2	2	6	2	6													$[\text{Ne}]3s^2 3p^6$	$^1S_0$
K	19	2	2	6	2	6		1											$[\text{Ar}]4s$	$^2S_{1/2}$
Ca	20	2	2	6	2	6		2											$[\text{Ar}]4s^2$	$^1S_0$
Sc	21	2	2	6	2	6	1	2											$[\text{Ar}]4s^2 3d$	$^2D_{3/2}$
Ti	22	2	2	6	2	6	2	2											$[\text{Ar}]4s^2 3d^2$	$^3F_2$
V	23	2	2	6	2	6	3	2											$[\text{Ar}]4s^2 3d^3$	$^4F_{3/2}$
Cr	24	2	2	6	2	6	4	1											$[\text{Ar}]4s^2 3d^4$	$^7S_3$
Mn	25	2	2	6	2	6	5	2											$[\text{Ar}]4s^2 3d^5$	$^6S_{5/2}$
Fe	26	2	2	6	2	6	6	2											$[\text{Ar}]4s^2 3d^6$	$^5D_4$
Co	27	2	2	6	2	6	7	2											$[\text{Ar}]4s^2 3d^7$	$^4F_{9/2}$
Ni	28	2	2	6	2	6	8	2											$[\text{Ar}]4s^2 3d^8$	$^3F_4$
Cu	29	2	2	6	2	6	10	1											$[\text{Ar}]4s\,3d^{10}$	$^2S_{1/2}$
Zn	30	2	2	6	2	6	10	2											$[\text{Ar}]4s^2 3d^{10}$	$^1S_0$
Ga	31	2	2	6	2	6	10	2	1										$[\text{Ar}]4s^2 3d^{10} 4p$	$^2P_{1/2}$
Ge	32	2	2	6	2	6	10	2	2										$[\text{Ar}]4s^2 3d^{10} 4p^2$	$^3P_0$
As	33	2	2	6	2	6	10	2	3										$[\text{Ar}]4s^2 3d^{10} 4p^3$	$^4S_{3/2}$
Se	34	2	2	6	2	6	10	2	4										$[\text{Ar}]4s^2 3d^{10} 4p^4$	$^3P_2$
Br	35	2	2	6	2	6	10	2	5										$[\text{Ar}]4s^2 3d^{10} 4p^5$	$^2P_{3/2}$
Kr	36	2	2	6	2	6	10	2	6										$[\text{Ar}]4s^2 3d^{10} 4p^6$	$^1S_0$

註：
- Na–Ar 的 K、L 殼層共 10 個電子為氖殼 (neon core)。
- K–Ni 的內殼共 18 個電子為氩殼 (argon core)；此區 $3d$、$4s$ 填充者為過渡元素 (↑)。
- Cu–Kr 的內殼共 28 個電子，即 $1s\cdots3d$ (↓)。

元素	原子序	K 1s	L 2s	2p	M 3s	3p	3d	N 4s	4p	4d	4f	O 5s	5p	5d	P 6s	6p	6d	Q 7s	電子組態	基底狀態之光譜項
Rb	37	2	2	6	2	6	10	2	6			1							$[Kr]5s$	$^2S_{1/2}$
Sr	38											2							$[Kr]5s^2$	$^1S_0$
Y	39									1		2		↑					$[Kr]5s^24d$	$^2D_{3/2}$
Zr	40									2		2							$[Kr]5s^24d^2$	$^3F_2$
Nb	41									4		1							$[Kr]5s4d^4$	$^6D_{1/2}$
Mo	42					36				5		1							$[Kr]5s4d^5$	$^7S_3$
Te	43									6		1							$[Kr]5s4d^6$	$^6S_{5/2}$
Ru	44			氪殼 (krypton core)						7		1							$[Kr]5s4d^7$	$^5F_5$
Rh	45									8		1							$[Kr]5s4d^8$	$^4F_{9/2}$
Pd	46									10									$[Kr]4d^{10}$	$^1S_0$
Ag	47	2	2	6	2	6	10	2	6	10		1							$[Kr]5s4d^{10}$	$^2S_{1/2}$
Cd	48											2		↓					$[Kr]5s^24d^{10}$	$^1S_0$
In	49											2	1						$[Kr]5s^24d^{10}5p$	$^2P_{1/2}$
Sn	50					46						2	2						$[Kr]5s^24d^{10}5p^2$	$^3P_0$
Sb	51											2	3						$[Kr]5s^24d^{10}5p^3$	$^4S_{3/2}$
Te	52					$1s\cdots4d$						2	4						$[Kr]5s^24d^{10}5p^4$	$^3P_2$
I	53	2	2	6	2	6	10	2	6	10		2	5						$[Kr]5s^24d^{10}5p^5$	$^2P_{3/2}$
Xe	54											2	6						$[Kr]5s^24d^{10}5p^6$	$^1S_0$
Cs	55	2	2	6	2	6	10	2	6	10		2	6		1				$[Xe]6s$	$^2S_{1/2}$
Ba	56					54									2				$[Xe]6s^2$	$^1S_0$
La	57			氙殼 (xenon core)										1	2	↑			$[Xe]6s^25d$	$^2D_{3/2}$
Ce	58	2	2	6	2	6	10	2	6	10	1	2	6	1	2				$[Xe]6s^24f5d$	$^3H_5$
Pr	59										3				2	鑭			$[Xe]6s^24f^3$	$^4I_{9/2}$
Nd	60										4				2	系			$[Xe]6s^24f^4$	$^5I_4$
Pm	61										5				2	稀			$[Xe]6s^24f^5$	$^6H_{5/2}$
Sm	62										6				2				$[Xe]6s^24f^6$	$^7F_0$
Eu	63										7				2	稀			$[Xe]6s^24f^7$	$^8S_{7/2}$
Gd	64					46					7	8		1	2	土			$[Xe]6s^24f^75d$	$^9D_2$
Tb	65										8			1	2	土			$[Xe]6s^24f^85d$	$(^8H_{17/2})$
Ds	66					$1s\cdots4d$					9	5s 5p		1	2	金			$[Xe]6s^24f^95d$	$(^7K_{10})$
Ho	67										10			1	2	金			$[Xe]6s^24f^{10}5d$	$(^6L_{21/2})$
Er	68										11			1	2				$[Xe]6s^24f^{11}5d$	$(^5L_{10})$
Tm	69										13				2	屬			$[Xe]6s^24f^{13}$	$^2F_{7/2}$
Yb	70										14				2				$[Xe]6s^24f^{14}$	$^1S_0$
Lu	71										14			1	2	↓			$[Xe]6s^24f^{14}5d$	$^2D_{3/2}$
Hf	72	2	2	6	2	6	10	2	6	10	14	2	6	2	2				$[Xe]6s^24f^{14}5d^2$	$^3F_2$

註：
- Y(39)～Pd(46) 之 5d 欄標示「過渡元素」（↑ 於 Y，↓ 於 Cd）。
- La(57)～Lu(71) 之 6p 欄標示「鑭系稀土金屬」（↑ 於 La，↓ 於 Lu）。

元素	原子序	K	L		M			N				O				P			Q	電子組態	基底狀態之光譜項
		1s	2s	2p	3s	3p	3d	4s	4p	4d	4f	5s	5p	5d	5f	6s	6p	6d	7s		
Ta	73													3		2				$[\text{Xe}]6s^2 4f^{14} 5d^3$	$^4F_{3/2}$
W	74						68							4		2				$[\text{Xe}]6s^2 4f^{14} 5d^4$	$^5D_0$
Re	75													5		2				$[\text{Xe}]6s^2 4f^{14} 5d^5$	$^6S_{5/2}$
Os	76						$1s\cdots 5p$							6		2				$[\text{Xe}]6s^2 4f^{14} 5d^6$	$^5D_4$
Ir	77													7		2				$[\text{Xe}]6s^2 4f^{14} 5d^7$	$^4F_{9/2}$
Pt	78													9		1				$[\text{Xe}]6s 4f^{14} 5d^9$	$^3D_3$
Au	79	2	2	6	2	6	10	2	6	10	14	2	6	10		1				$[\text{Xe}]6s 4f^{14} 5d^{10}$	$^2S_{1/2}$
Hg	80															2				$[\text{Xe}]6s^2 4f^{14} 5d^{10}$	$^1S_0$
Tl	81															2	1			$[\text{Xe}]6s^2 4f^{14} 5d^{10} 6p$	$^2P_{1/2}$
Pb	82						78									2	2			$[\text{Xe}]6s^2 4f^{14} 5d^{10} 6p^2$	$^3P_0$
Bi	83															2	3			$[\text{Xe}]6s^2 4f^{14} 5d^{10} 6p^3$	$^4S_{3/2}$
Po	84						$1s\cdots 5d$									2	4			$[\text{Xe}]6s^2 4f^{14} 5d^{10} 6p^4$	$^3P_2$
At	85															2	5			$[\text{Xe}]6s^2 4f^{14} 5d^{10} 6p^5$	$(^3P_{3/2})$
Rn	86															2	6			$[\text{Xe}]6s^2 4f^{14} 5d^{10} 6p^6$	$^1S_0$
Fr	87	2	2	6	2	6	10	2	6	10	14	2	6	10		2	6		1	$[\text{Rn}]7s$	$^2S_{1/2}$
Ra	88							86 氦殼 (radon core)											2	$[\text{Rn}]7s^2$	$^1S_0$
Ac	89																	1	2	$[\text{Rn}]7s^2 6d$	$^2D_{3/2}$
Th	90	2	2	6	2	6	10	2	6	10	14	2	6	10		2	6	2	2	$[\text{Rn}]7s^2 6d^2$	$^3F_2$
Pa	91																	3	2	$[\text{Rn}]7s^2 6d^3$	$(^4F_2)$
U	92						78								3	8		1	2	$[\text{Rn}]7s^2 6d 5f^3$	
Np	93														4			1	2	$[\text{Rn}]7s^2 6d 5f^4$	
Pu	94														5			1	2	$[\text{Rn}]7s^2 6d 5f^5$	
Am	95						$1s\cdots 5d$								6			1	2	$[\text{Rn}]7s^2 6d 5f^6$	
Cm	96														7	6s 6p		1	2	$[\text{Rn}]7s^2 6d 5f^7$	
Bk	97	2	2	6	2	6	10	2	6	10	14	2	6	10	8	2	6	1	2	$[\text{Rn}]7s^2 6d 5f^8$	
Cf	98														9			1	2	$[\text{Rn}]7s^2 6d 5f^9$	
Es	99						78								10	8		1	2	$[\text{Rn}]7s^2 6d 5f^{10}$	
Fm	100														11			1	2	$[\text{Rn}]7s^2 6d 5f^{11}$	
Md	101						$1s\cdots 5d$								12	6s 6p		1	2	$[\text{Rn}]7s^2 6d 5f^{12}$	
No	102														13			1	2	$[\text{Rn}]7s^2 6d 5f^{13}$	
Lw	103														14			1	2	$[\text{Rn}]7s^2 6d 5f^{14}$	

（右側自 Ac 至 Lw 以上下箭頭標示「錒系列元素」）

　　於**鑭** (lanthanum, La，原子序 57) 元素的原子有一電子填入時，會填入其 5d 的軌道，而其下一元素的**鈰** (cerium) Ce (58) 時，卻會填入其 4f 的軌道。鑭系列的稀土金屬元素 (原子序 57-71)，由鑭元素(La)開始，有 14 個電子依序填入 4f 軌道，而這些元素之化學性質，大多取決於其較**外層的價電子** (outer valence electron)，所以這些元素之性質均相似。於**錒** (actinium, Ac，89) 元素，亦同樣有類似的情況，於錒系列的元素 (89 至 103)，電子自 6d 軌道開始填入，但於其 6d 殼沒有完全填滿，電子就依序填入 5f 的軌道，如表 17-7 所示。

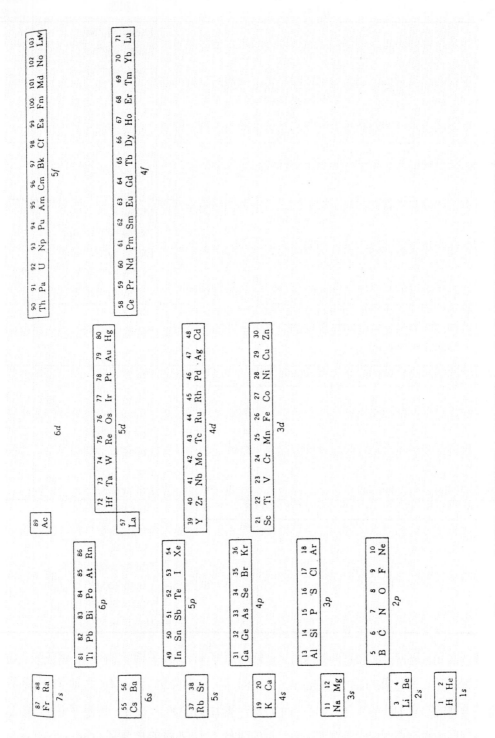

圖 17-18 以原子之電子組態表示的週期表，垂直的位置表示電子軌道之相對的能量

17-13 離子化電位 (Ionization Potential)

　　自氣態的原子或分子移去其內的一電子所需之最低能量,稱為**游離能或離子化能量** (ionization energy),而此能量之相當的電位,稱為**游離電位或離子化電位** (ionization potential)。通常將真空管內的電熱絲經由通電加熱所放出之電子,經由電熱絲與**柵電極** (grid) 間之電壓的加速,並撞擊欲測氣態原子或分子,以測定該氣體之游離電位。若於電熱絲與柵電極間經加速之電子沒有得到足夠的動能,而僅能使所撞擊的原子或分子內之電子,自某一能階移至另一較高的能階時,此種撞擊稱為**彈性** (elastic) 撞擊。若逐次增加電熱絲與柵電極間之電位,以使被加速的電子獲得足夠的能量時,則會激勵其一軌道電子自某一能階,移至未被電子填滿的較高能階,而此被激勵的原子之電子,重回其基底狀態的能階時,會放出螢光。當電熱絲與柵電極間之電位繼續增加時,會放射新的光譜線,而放射此種光譜線所需的電位,稱為**共振電位** (resonance potential)。此時加速電子所需之電位 ϕ,與所放射光線之頻率 ν 間的關係,可表示為

$$\phi e = h\nu \tag{17-127}$$

上式中,e 為電子所帶之電荷,h 為 Planck 常數。

　　加速電子之電位超過原子或分子之游離電位時,電子會從原子或分子游離,且由於游離的電子之能量沒有被量子化,而可具有連續的任何能量,此即為前章所述原子項的收斂極限 (參閱 16-6 節),因此,原子或離子之游離電位可由其光譜數據計算。游離電位亦可由**光電子的光譜** (photoelectron spectroscopy) 測定。帶一正電荷的離子被較高能量的電子撞擊時,會進一步放出其第二、第三、⋯⋯的電子,而繼續產生離子化,此為其第二、第三、⋯⋯游離電位。原子可有與其電子數目相同的游離能,其第一游離能與第二游離能所對應的反應,可分別表示為

$$A = A^+ + e^- \tag{17-128}$$

與　　　　　　$$A^+ = A^{2+} + e^- \tag{17-129}$$

　　氫之游離電位,可於式 (16-41) 中代入 $Z=1$ 及 $n=1$,而計得其 $E_1 = -2.177 \times 10^{-11}$ erg $= -13.59$ eV,即對於氫原子作用 13.51 eV 的能量時,氫原子會逸出其內的一電子而生成氫離子。週期表的前面 39 種元素之第一游離電位,列於表 17-8。氣態原子之第一游離電位與原子序的關係,如圖 17-19 所示。因電子依軌道能量的順序,逐次填充於其軌道殼中,所以游離電位與原子序的關係,顯示週期性的變化。於週期表的各週期中,惰性氣體之游離電位最

高，而鹼金屬原子之游離電位最低。

表 17-8 原子之第一游離電位

原子序	元素	第一游離電位 (eV)	軌道半徑，pm	原子序	元素	第一游離電位 (eV)	軌道半徑，pm	原子序	元素	第一游離電位 (eV)	軌道半徑，pm
1	H	13.505	52.9	14	Si	8.149	106.8	27	Co	7.86	118.1
2	He	24.580	29.1	15	P	11.00	91.9	28	Ni	7.633	113.9
3	Li	5.390	158.6	16	S	10.357	81.0	29	Cu	7.723	119.1
4	Be	9.320	104.0	17	Cl	13.01	72.5	30	Zn	9.391	106.5
5	B	8.296	77.6	18	Ar	15.755	65.9	31	Ga	6.00	125.4
6	C	11.264	62.0	19	K	4.339	216.2	32	Ge	8.13	109.0
7	N	14.54	52.1	20	Ca	6.111	169.0	33	As	10.00	100.1
8	O	13.614	45.0	21	Sc	6.56	157.0	34	Se	9.750	91.8
9	F	17.42	39.6	22	Ti	6.83	147.7	35	Br	11.84	85.1
10	Ne	21.559	35.4	23	V	6.74	140.1	36	Kr	13.996	79.5
11	Na	5.138	171.3	24	Cr	6.76	145.3	37	Rb	4.17	
12	Mg	7.644	127.9	25	Mn	7.432	127.8	38	Sr	5.69	
13	Al	5.984	131.2	26	Fe	7.896	122.7	39	Y	6.5	

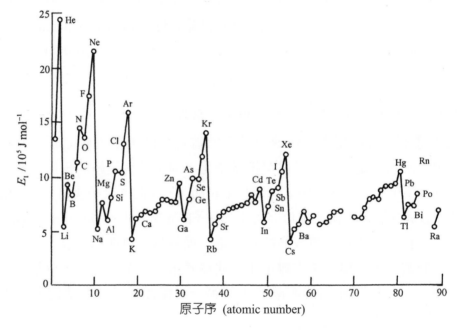

圖 17-19 原子之游離電位的週期性
(自 Principles of Physical Chemistry, by R.M.Rosenberg)

　　鹼金屬原子之最外層軌道僅有一電子，因原子核的正電荷被其較內層軌道的電子所屏蔽，故其原子核的有效電荷較低。因此，鹼金屬的原子之外層軌道的電子，所受其原子核之吸引力的作用較小，而較容易產生離子化。鹼金屬系列之各種元素的原子之最外殼軌道，各僅含一電子，而其最外殼軌道之半徑，依鋰 (lithium, Li)、鈉 (sodium, Na)、鉀 (potassium)、銣 (rubidium)、及銫 (cesium) 的順序逐次增加，所以其游離電位依其順序逐次減低。

第 17 章　原子構造　| **17-51**

週期表的前面二十種元素之原子的**逐次游離電位** (successive ionization potentials)，列於表 17-9。表中的第 I 列為中性的原子之第一游離電位，第 II 列為游離第二電子之電位，即為一價的離子之游離電位，或原子之第二游離電位。餘此類推。

表 17-9　原子序 1 至 20 的二十種元素的原子之逐次游離電位

原子序	元素	游離 電 位 (eV)					
		I	II	III	IV	V	VI
1	H	13.548					
2	He	24.587	54.416				
3	Li	5.392	75.638	122.451			
4	Be	9.322	18.211	153.893	217.713		
5	B	9.298	25.154	37.930	259.368	340.217	
6	C	11.264	24.383	47.887	64.492	392.077	489.981
7	N	14.54	29.6	47.4	77.4	97.9	
8	O	13.614	35.2	54.9	77.4	113.9	
9	F	17.42	34.9	62.7	87.3	114.3	
10	Ne	21.559	40.9	63.9	96.4	125.8	
11	Na	5.138	47.3	71.7	98.9	138.6	
12	Mg	7.644	15.0	80.2	109.3	141.2	
13	Al	5.984	18.8	28.5	120.0	153.6	
14	Si	8.149	16.4	33.5	45.2	165.9	
15	P	11.00	19.7	30.2	51.4	65.0	
16	S	10.357	23.4	35.1	47.1	(72)	
17	Cl	13.01	23.7	39.9	53.5	67.8	
18	Ar	15.755	27.5	40.7	61	78	
19	K	4.339	31.7	45.5	60.6	(83)	
20	Ca	6.111	11.9	51.0	67	84.0	

由表 17-9 得知，自原子之愈內層的軌道釋出電子所需之能量愈大。由比較 Li, Be, B, 與 Na, Mg, Al 等各元素的原子之游離電位可得知，Li, Na 等元素之原子，較容易釋出其第一個電子，但於釋出其第二個電子時，需要相當大的能量。然而，Be 與 Mg 等元素的原子，較易釋出其第一與第二電子，但很難釋出其第三個電子，且需要相當大的能量，而 B 與 Al 等元素的原子，甚難釋出其第四個電子。因此，鹼金屬容易游離成一價的陽離子，鹼土類金屬易游離成二價的陽離子，土類金屬易游離成三價的陽離子，而均不易游離成其各價數更高的陽離子。於表 17-9 中，各元素之游離電位成階梯性的大變化之數值的下面，均各劃橫的點線表示，此階梯性的變化與元素之原子價有關。

17-14 電子親和性 (Electron Affinity)

　　鹵素族的原子之游離電位較大，幾乎與惰性氣體相同，如表 17-8 所示。鹵素族的原子之最外層軌道有 7 個電子，而各電子離其原子核之距離大略相同，以致原子核的正電荷不會完全被其內層軌道的電子所屏遮。因此，其電子較不容易自原子游離，且其最外層軌道較容易從外獲得一電子，以形成穩定的負離子。此種自外界獲得電子，以補足其外殼軌道中的電子缺額，並形成負離子的趨勢，稱為**電子親和性** (electron affinity)。

　　因鹵素族的原子之最外層軌道缺少一電子，以成為完整安定的充滿電子軌道，故容易自外面獲得一電子成為完整的外殼，例如，氯原子 Cl(g) 之電子親和性，可表示為

$$Cl(g) + e^- = Cl^-(g) \quad \Delta H_{0K}^\circ = -347 \text{ kJ mol}^{-1} = \frac{-347 \text{ kJ mol}^{-1}}{96.485 \text{ kJ mol}^{-1} \text{eV}^{-1}}$$
$$= -3.613 \text{ eV} \tag{17-130}$$

電子親和性 (electron affinity) EA，可定義為，相當於原子內添加一電子的過程所釋出之能量，例如，Cl(g) 之電子親和性由上式 (17-130)，為 3.613 eV，氟、氯、溴與碘等元素的原子之電子親和性，分別為 3.39, 3.614, 3.49 與 3.19 eV。使用 Hartree-Fock 的方法，可計算原子及其負離子的電子親和性。如表 17-10 所示，一些原子之電子親和性為負值，表示其負離子較其原子與電子不穩定。

表 17-10　一些原子之電子親和性（單位：eV）

H(g)	0.75415		
He(g)	(−0.22)	Ne(g)	(−0.30)
Li(g)	0.602	Na(g)	0.548
Be(g)	(−2.5)	Mg(g)	(−2.4)
B(g)	0.86	Al(g)	0.52
C(g)	1.27	Si(g)	1.24
N(g)	0	P(g)	0.77
O(g)	1.465	S(g)	2.077
F(g)	3.39	Cl(g)	3.614

註：括弧內之數值為計算值

(自 Robert A Alberty, Physical Chemistry 6th ed, John Wiley&Sons, 1983, New York)

17-15　多電子的原子之角動量
(Angular Momentum of Many-Electron Atoms)

　　原子具有**總軌道角動量** (total orbital angular momentum) **L** 與**總旋轉角動量** (total spin angular momentum) **S**，而原子或分子之這些性質的值均須守恆，因此，除原子或分子受外力的作用外，其角動量不會改變。上述的這些守恆的量之量子力學的運算子，與 Hamiltonian 運算子可交換，由此，$\hat{L}^2$, $\hat{L}_z$, $\hat{S}^2$ 及 $\hat{S}_z$ 等均與 $\hat{H}$ 可交換，且由這些運算子，以通常的方法可得到其各固有值，而可分別表示為

$$\hat{L}^2\psi = \hbar^2 L(L+1)\psi \tag{17-131}$$

$$\hat{L}_z\psi = \hbar M_L\psi \tag{17-132}$$

$$\hat{S}^2\psi = \hbar^2 S(S+1)\psi \tag{17-133}$$

$$\hat{S}_z\psi = \hbar M_S\psi \tag{17-134}$$

本節所用之各種符號，列於表 17-11。

表 17-11　多電子原子之角動量

	軌道角動量		旋轉角動量		總角動量
	電子	原子	電子	原子	原子
角動量向量	l_i	$\mathbf{L} = \sum l_i$	$\mathbf{s}_i$	$\mathbf{S} = \sum \mathbf{s}_i$	$\mathbf{J} = \mathbf{L} + \mathbf{S}$
角動量向量之 z 方向的分量	l_{zi}	$L_z = \sum l_{zi}$	s_{zi}	$S_z = \sum s_{zi}$	$J_z = L_z + S_z$
角動量之量子數	$l_i(0, 1, 2, \cdots)$	$L = l_1 + l_2, l_1 + l_2 - 1, \cdots, \|l_1 - l_2\|$	s_i $(\frac{1}{2})$	$S = s_1 + s_2, s_1 + s_2 - 1, \cdots, \|s_1 - s_1\|$	$J = L + S, L + S - 1, \cdots, \|L - S\|$
z 方向的分量之量子數(磁量子數)	m_{li} $(-l_i, \cdots, +l_i)$	$M_L = \sum m_{li}$ $(-L, \cdots, +L)$	m_{si} $(\pm\frac{1}{2})$	$M_S = \sum m_{si}$ $(-S, \cdots, +S)$	$M_J = M_L + M_S$ $(-J, \cdots, +J)$

　　原子之軌道角動量與旋轉角動量，均分別由其各個別的電子之貢獻所合成。因角動量為向量，故可用其各個別的電子之貢獻的向量之和表示。電子之角動量通常用小寫的字體表示，而原子之角動量用大寫的字體表示。由此，原子之角動量一般表示為

$$\mathbf{L} = \sum_i l_i \tag{17-135}$$

上式之向量的和，如圖 17-20 所示。原子之總軌道角動量之 z 方向的分量 L_z，等於其各個別電子的軌道角動量之 z 成分的**矢量和** (scalar sum)，如圖 17-20 所示，而可表示為

$$L_z = \sum_i l_{z_i} \tag{17-136}$$

由 16-18 節得知，單一電子之角動量的 z 方向分量，與其磁量子數 m_l 成比例，即為 $L_z = m_l \hbar$。將此關係應用於含多電子的原子時，原子之軌道角動量可用其磁量子數 M_L 表示，所以 $L_z = M_L \hbar$。單一電子之軌道角動量的 z 方向之分量為，$l_{z_i} = m_{li} \hbar$，其中的 m_{li} 為其第 i 電子之磁量子數。將此二關係代入上式 (17-136)，可得

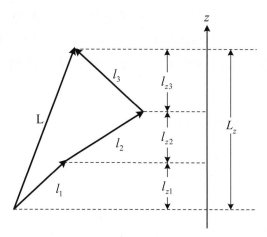

圖 17-20　角動量的向量之和的示意圖。角動量的向量等於其各向量的和，而於 z 方向的分量等於其矢量和

$$M_L = \sum_i m_{li} \tag{17-137}$$

上式中的原子之磁量子數 M_L，可為 $-L, \cdots, +L$，而與其於磁場中之**配向** (orientation) 有關，於此 L 為原子之**軌道角動量的量子數** (orbital angular momentum quantum number)。對於含二電子之原子，當其二軌道的角動量同方向而成直線時，可得 L 之最大值，而當其二軌道角動量的方向相反且成一直線時，可得最小值。二電子之軌道角動量的量子數，分別用 l_1 與 l_2 表示時，原子之軌道角動量的量子數 L，可有下列的數值，為

$$L = l_1 + l_2, l_1 + l_2 - 1, \cdots, |l_1 - l_2| \tag{17-138}$$

原子含有二以上的電子時，仍可逐次應用上式的關係。

較輕的原子之總旋轉角動量 $\mathbf{S}$，等於其各個別電子之旋轉角動量 $\mathbf{s}_i$ 的向量和，而可表示為

$$\mathbf{S} = \sum_i \mathbf{s}_i \tag{17-139}$$

原子之總旋轉角動量的 z 方向分量 S_z，為其各個別電子之旋轉角動量的 z 方向分量 s_{z_i} 之矢量和，而可表示為

$$S_z = \sum_i s_{z_i} \tag{17-140}$$

如前面的式 (17-59) 所示，第 i 電子對於總旋轉角動量之 z 方向分量的貢獻 s_{z_i}，與第 i 電子之量子數 m_{s_i} 成比例，即 $s_{z_i} = m_{s_i}\hbar$。由此，原子之總旋轉角動量之 z 方向的分量 S_z，與其全原子之 z 方向的旋轉量子數 M_S 成比例，即 $S_z = M_S \hbar$。因此，由上式 (17-140) 可得

$$M_S = \sum m_{s_i} \tag{17-141}$$

上式中，M_S 之值為 $-S, \cdots, +S$，與原子之總旋轉角動量於磁場中之配向有關。對於含二電子的原子，其二電子之旋轉方向相同即成平行時，其旋轉量子數 S 為最大，而旋轉方向相反時其 S 為最小。若二電子之旋轉量子數分別用 s_1 與 s_2 表示，則此二電子的原子之旋轉量子數 S 之可能的值為

$$S = s_1 + s_2 , s_1 + s_2 - 1 , \cdots , |s_1 - s_2| \tag{17-142}$$

對於二電子之原子，其 $S = 1$ 或 0。

　　原子之總角動量 **J**，為其中的各電子之軌道角動量 l_i 與旋轉角動量 s_i 之向量的和。此總角動量 **J** 如其他的角動量同樣亦被量子化，而其量子數 J 僅為整數及**半-整數** (half-integer) ，此量子數 J 的值等於原子內的各電子之個別的軌道角動量量子數與旋轉量子數的和。因不同的角動量狀態之能量不相同，故於此僅考慮其總角動量的量子數 J。由於電子間之靜電的相排斥強度，由其電荷的分佈狀況而定，且此與軌道量子數 l_i 與 m_{li} 有關，由此，此效應稱為**軌道-軌道** (orbital-orbital) ，或縮寫為 ll 的相互作用。原子的狀態須遵照 Pauli 的排斥原理，由於其軌道的狀態通常結合旋轉的狀態，而間接產生由 s_i 與 s_{z_i} 決定的**旋轉-旋轉** (spin-spin) 之相互作用，此效應即為旋轉 - 旋轉或稱為 ss 的相互作用。這些效應之外，亦有**旋轉-軌道** (spin-orbital) 或稱為 ls 的相互作用。

　　不同的原子狀態之相對的能量，與上述各電子之 ll , ss 與 ls 等的相互作用之相對的強度有關。對於較輕的原子($Z < 40$)，其 ls 的相互作用，顯然較其 ll 與 ss 二者的各相互作用弱。由式 (17-135)可得，電子軌道的相互作用所得之總軌道角動量為 **L**，同時由式 (17-139) 可得，旋轉的相互作用所得之旋轉角動量為 **S**。因此，較弱之 ls 的相互作用可認為，係由於 **L** 與 **S** 的**偶合** (coupling) 而得總角動量 **J**，而可表示為

$$\mathbf{J} = \mathbf{L} + \mathbf{S} \tag{17-143}$$

於此，向量 **J** 於磁場中之 z 方向的分量，可表示為

$$J_z = L_z + S_z \tag{17-144}$$

原子之總角動量的量子數 J，可有下式所示之各值，即

$$J = L + S , L + S - 1 , \cdots , |L - S|$$ (17-145)

而總磁量子數 M_J 為

$$M_J = M_L + M_S$$ (17-146)

上式中的 M_J 可有 $-J , \cdots , +J$ 之值。此種情況稱為 LS 偶合，或 Russell-Saunders 偶合。

17-16 原子的光譜項符號 (Atomic Spectra Term Symbols)

似氫原子內的電子之波函數，可用 n , l , m_l 與 m_s 的四種量子數表示，此四種量子數，亦可用以表示**多電子的原子** (multi-electron atom) 內之電子的波函數。多電子的原子內之電子，通常會受其原子核的吸引力，及其他的電子的排斥力之作用。原子內的各電子之各角動量量子數 l 的合成向量，等於全原子之總角動量的量子數 L，因原子內部之**密閉殼** (closed shell) 的各電子之合成角動量為零，故上述的合成向量，不包含原子之內殼的飽和軌道之角動量的量子數。

原子內的各電子之旋轉量子數的合成向量，即為其全原子之旋轉量子數 S。若 S 與 L 皆非零，則其量子化的合成向量，相當於其總角動量的量子數 J。若 $L > S$，則總角動量的量子數 J，可取 $L + S , L + S - 1 , \cdots , L - S$ 等。若 $S > L$，則 J 可取 $L + S , \quad L + S - 1 , \cdots , S - L$ 中之任一數值。

各元素的原子於其各基底狀態之電子組態，如表 17-7 所示。於此表中因未表示電子之旋轉及軌道角動量的向量如何加成，故其基底狀態的描述不完整。一般的一些 L , S 與 J 等量子數不同的原子狀態，用單一電子組態表示，而這些狀態各有不同的能量。然而，原子狀態可依照其量子數 L , S 與 J 分類，而用如下列形式的**原子項符號** (atomic term symbols) 表示，為

$$^{2S+1}L_J$$ (17-147)

上式之原子項的符號中，原子之軌道角動量的量子數 L 為 0, 1, 2, 3, 4 之各整數值，並分別以 S , P , D , F , H 之字母表示，此如似氫原子內的電子之角動量的量子數 $l = 0 , 1 , 2 , 3 , \cdots$ 等，用 $s , p , d , f , \cdots$ 等表示。例如，基底狀態的氫原子之電子狀態為 $1s^1$，而其 $S = \frac{1}{2} , L = 0 , J = \frac{1}{2}$，可用 "$^2 S_{1/2}$" 的符號表示。若氫原子之電子受**激勵** (excited) 移至 $2p^1$ 的狀態，則其 $S = \frac{1}{2} , L = 1 , J = \frac{1}{2}$ 或 $\frac{3}{2}$，此時其原子狀態可用 "$^2 P_{1/2}$" 或 "$^2 P_{3/2}$" 的符號表示。氫原子內之電子於室溫下，自其基底狀態激勵至 $2p$ 軌道的或然率甚低。氦原子於基底狀態 $(1s^2)$ 時，其二電子之旋轉的方向相反，而 $S = 0$ 及 $L = 0$，由此，其 $J = 0$，所以其電子狀態

可用 "$^1S_0$" 的符號表示。各種元素的原子於基底狀態之光譜項，如表 17-7 所示。原子項的符號之左上標表示其**旋轉的多重度** (spin multiplicity)，而其 1, 2, 3…等，分別表示單重、雙重、三重態……等。

　　較重的原子之**旋轉 - 軌道的偶合** (spin-orbit coupling) 會變成，較其軌道 - 軌道的偶合及旋轉 - 旋轉的偶合之二者均甚強，此時須使用不同的偶合模式 (如 jj 偶合)表示，而其各個別的電子之**總角動量** (total angular momenta) ，須表示爲 $j_i = l_i + s_i$。因此，由 $J = \sum j_i$，可得其總角動量。中等原子序 Z 的原子之情況相當複雜，而沒有適當的近似法可使用，然而，Hamiltonian 運算子之固有函數，仍爲 $\hat{J}^2$ 之固有函數。於此，僅考慮 LS 的**偶合模式** (coupling scheme)，此對於週期表的前二排原子之光譜，與化學性質的闡明很有用。

例 17-8　試寫出氦之原子項的符號

解　因氦之電子組態爲 $1s^2$，其二電子之磁量子數 m_{l_i} 均爲零。由於氦原子之二電子成對，且其一電子之旋轉的 z 方向的分量之量子數 m_{s_i} 爲 $+\frac{1}{2}$，而另一電子爲 $-\frac{1}{2}$，由此，可表示如下

m_{l_1}	m_{s_1}	m_{l_2}	m_{s_2}	M_L	M_S	M_J
0	$+\frac{1}{2}$	0	$-\frac{1}{2}$	0	0	0

因其 $M_L = 0$，而僅有一可能的狀態，故氦原子之總軌道角動量的量子數 L，須等於零。同理，因其 $M_S = 0$，故氦原子之總旋轉角動量的量子數 S，須等於零。因此，由於 $M_J = M_L + M_S = 0$，故氦原子之總角動量的量子數 J 爲零，所以其原子項的符號，可表示爲 $^1S_0$。　◀

　　由前例 17-8 得，因**密閉殼** (closed shell) 的各電子之個別角動量的向量和爲零，故密閉殼對於原子的軌道或旋轉角動量均沒有貢獻，因此，可由其價電子決定其原子項的符號。依據氦原子之例，密閉殼之外面僅有 ns^2 的其他原子之原子項的符號，亦均用 $^1S_0$ 表示。例如，表 17-7 中之 Be, Mg 及 Ca 等元素所示，其密閉殼對於原子的軌道或旋轉角動量均沒有貢獻，因此，其原子項的符號均與惰性氣體者相同，均用 $^1S_0$ 表示。

例 17-9 試寫出鋰與硼的原子於最低能量的狀態下之原子項的符號

解 鋰與硼的原子於其密閉殼之外面，均各有一電子，而其原子項的符號可能相同。鋰的原子有一 $2s$ 電子，而其 $l = 0$，故其磁量子數 m_l 亦須為零，即

$$
\begin{array}{ccccc}
m_l & m_s & M_L & M_S & M_J \\
0 & \pm\dfrac{1}{2} & 0 & \pm\dfrac{1}{2} & \pm\dfrac{1}{2}
\end{array}
$$

由此，其 $L = 0$，$S = \dfrac{1}{2}$，而 $J = \dfrac{1}{2}$，所以其原子項的符號為 $^2S_{1/2}$

硼的原子有一 p 電子，所以

$$
\begin{array}{ccccc}
m_l & m_s & M_L & M_S & M_J \\
0 & \pm\dfrac{1}{2} & 0 & \pm\dfrac{1}{2} & \pm\dfrac{1}{2} \\
\pm 1 & \pm\dfrac{1}{2} & \pm 1 & \pm\dfrac{1}{2} & \pm\dfrac{1}{2}, \pm\dfrac{3}{2}
\end{array}
$$

由此，其 $L = 1$，$S = \dfrac{1}{2}$，而 $J = \dfrac{3}{2}, \dfrac{1}{2}$。所以有二可能的原子項符號，為 $^2P_{3/2}$ 及 $^2P_{1/2}$。 ◀

由前例 17-9 得知，某一組態之原子可能有幾種的狀態。各種原子項所對應之原子的能位雖可以計算，但相當耗時，然而，德國的光譜學者 Hund，對於原子之基底狀態的組態，綜合下列的三實驗法則，以確認其最低的能位。

1. 基底組態的**最大多重度** (maximum multiplicity) $(2S+1)$ 項之能量最低。
2. 對於相同之多重度的能階，其最大 L 值的能階之能量最低。
3. 對於相同之 S 與 L 的能階，其最低能量的能階與其**副殼** (subshell) 的填滿程度有關。
   a. 若副殼僅填入其滿電子數的一半以下的電子時，則其最小的 J 值之狀態最為穩定。
   b. 若副殼填入其滿電子數的一半以上的電子時，則其最大的 J 值之狀態為最穩定的狀態。

因此，依照法則 3a，於例 17-9 中所討論的硼原子之基底狀態，應為 $^2P_{1/2}$。

1. 試使用氫原子之**回歸質量** (reduced mass)，計算其 Bohr 半徑

   答　0.0529465 nm

2. 似氫原子之 1s 能階的 Schödinger 方程式，可簡化寫成

$$\frac{1}{r^2}\frac{\partial}{\partial r}\left(r^2\frac{\partial \psi}{\partial r}\right)+\frac{8\pi^2 m_e}{h^2}\left(E+\frac{Ze^2}{4\pi e_0 r}\right)\psi = 0$$

   試使用其 ψ_{1s} 函數，求其基底狀態之能量的式

   答　$E=-\dfrac{2\pi^2 m_e^4 Z^2}{h^2(4\pi e_0)^2}$

3. 試求似氫原子之主量子數為，　(a) $n=1$，(b) $n=2$，及　(c) $n=3$ 時之其軌道的各退縮度

   答　(a) 2，(b) 8，(c) 18

4. 試證，似氫原子之 1s 軌道的電子與其原子核（質子）間之最可能的距離，為 a_0/Z。其中的 a_0 為 Bohr 半徑，Z 為原子核所帶之正電荷數

5. 試使用式 (17-35) 計算，似氫原子於 1s 的能階之電子與其原子核（質子）間之平均距離

   答　79 pm

6. 試計算，氫原子之 (a) 2s 軌道的電子，及 (b) 2p 軌道的電子，離其原子核之各平均距離

   答　(a) 317.5 pm，(b)　264.6 pm

7. 試計算，似氫原子之 2p 電子的軌道角動量，及其 L_z 之可能值

   答　$1.491\times10^{-34}, \pm1.054\times10^{-34}$ Js

8. 試使用附錄的表 A2-2 之數據，計算氫原子 H(g) 於溫度 0 K 游離，

   $H(g)=H^+(g)+e^-$，時之游離能

   答　13.598529 eV

9. 試寫出，$H^-, Li^+, O^{2-}, F^-, Na^+$ 及 Mg^{2+} 等離子之電子組態

   答　$1s^2, 1s^2, 1s^2 2s^2 2p^6, 1s^2 2s^2 2p^6, 1s^2 2s^2 2p^6, 1s^2 2s^2 2p^6$

10. 試寫出，原子之 $1s, 2s, 2p, 3s, 3p$ 及 $3d$ 等各軌道，所各能容納的電子數

    答　2, 2, 6, 2, 6, 10

11. 氫原子之第一游離電位為 13.60 eV，試計算動能為零之自由電子，移入氫原子之內層的軌道時，所放出的光線之波長

    答　91.18 nm

12. 由附錄的表 A2-2，$H^-(g)$ 於 0 K 之生成焓值為 143.264 kJ mol^{-1}，試求 H(g) 之電子親和力

    答 0.7542 eV

13. 試計算，自氫原子之 (a) 6s，(b) 4p，(c) 3d，及 (d) 4f軌道等，釋出電子所需之各能量

    答 (a) 36.47，(b) 82.05，(c) 145.9，(d) 82.05 kJ mol^{-1}

14. 試計算，He^+, Li^{2+}, Be^{3+}, B^{4+} 及 C^{5+} 等離子之各游離電位

    答 $E/V = 54.44, 122.49, 217.76, 340.25, 489.96$

第十八章

分子的電子構造

由量子力學可瞭解化學結合之本質，並預估簡單分子之構造與性質。原子之外殼的電子數未達飽和時，會失去或獲得若干的電子，以完成**八隅體** (octet)。一原子提供電子給予另一原子時，會分別生成帶正電荷與負電荷的二種離子，並藉其間之靜電的吸引力而生成離子的結合。G.N. Lowis 於 1916 年，以二原子間之共有的電子對，描述分子內的二原子間之共價結合，此時其二原子之共有的電子對，使其各原子形成穩定的電子組態。這些只是對於化學結合提供了定性的圖繪，而無法定量計算其結合的能量。

Heitler 與 London 於 1927 年使用**價鍵法** (valence bond method)，首先成功的由量子力學解釋氫分子之化學鍵。使用分子軌道法可解釋化學結合，及簡單的分子之電子構造，並可相當正確的計算，及預估分子之能階、結合鍵的角度、鍵距、偶極子矩及光譜等。對於較一電子多的分子，可使用近似的方法計算，而這些近似的計算，對於分子的電子構造、化學性質及分子光譜的瞭解，均有幫助。

18-1　二原子的分子之解離能
(Discociation Energies of Diatomic Molecules)

大多數的二原子的分子，其一原子自無限遠處靠近其另一原子，並形成穩定之二原子的分子時，其能量首先會由於其二原子間的互相吸引，而隨其二原子核間的距離之縮短而減小，然而，於其二原子間的距離很近時，其二原子會產生互相排斥，由此，其能量經一極小值後會迅速上升，而其位能 $E(R)$ 與二原子核間之距離 R 的關係如圖 18-1 所示。二靜止的原子間之距離接近無窮大(即 $R \to \infty$)時，其能量為零，而於平衡原子核間之距離 R_e 時，其位能 $E(R)$ 最小，此時其二原子之間不會互相吸引亦不會互相排斥。分子之二原子於平衡距離 R_e 時之位能，與二原子相離無限遠時之能量的差，稱為該二原子分子之**平衡解離能** (equilibrium dissociation energy) D_e，或稱為其位能**井的深度** (well depth)，此為由解二原子的分子之 Schuödinger 方程式，直接求得之解離能，而與**光譜的解離**

能 (spectroscopic dissociation energy) D_o 有些區別。光譜的解離能 D_o 如圖 18-1 所示,為於基底的振動狀態之二原子分子,解離成為二原子所需之能量。

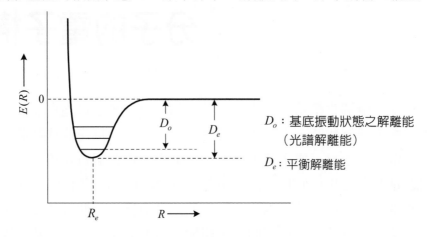

圖 18-1　二原子的分子之位能 $E(R)$ 與其原子核間的距離 R 之關係

依據 Heisenbergy 的不確定性原理 (16-10 節),二原子的分子於絕對零度時,尚有振動能階 $\upsilon = 0$ 之振動能。二原子的分子之平衡解離能 D_e,與其光譜解離能 D_o 間之關係,可表示為

$$D_e = D_o + \frac{1}{2}hw_o \qquad\qquad (18\text{-}1)$$

上式中,w_o 為於**基底狀態之振動頻率** (ground state vibrational frequency)。

於表 18-1 所示者,為 H_2^+ 與 H_2 之二種解離能 D_o 與 D_e,此表中之能量用 eV, cm^{-1} 及 $kJ\ mol^{-1}$ 等單位表示。其於紫外光、可視光、及紅外光等區域之光譜的量測,常用波長或波數表示,而於理論計算時,常用 eV 的單位表示。

基底狀態的 H_2 與 H_2^+ 之位能曲線,如圖 18-2 所示,其於此圖中之能量,以氫分子之基底狀態為基準。於此圖中標示出,二質子及二電子互離無窮遠,即 $2H^+ + 2e^-$,時之能量。氫分子之游離量 E_{i,H_2},為 H_2 分子中之一電子移離 H_2^+ 無窮遠所需之能量,可精確表示為

$$H_2(g) = H_2^+(g) + e^- \qquad E_{i,H_2} = 15.4259\ eV \qquad (18\text{-}2)$$

由此,H_2 與 H_2^+ 之**零點能階** (zero point levels) 分離 15.4259 eV,如圖 18-2 所示。

表 18-1　$H_2^+(g)$ 與 $H_2(g)$ 之解離能及 $H_2(g)$ 與 $H(g)$ 之游離能 E_i

		eV	cm^{-1}	kJ mol^{-1}
H_2^+	D_o	2.65079	21,380	255.760
	$\frac{1}{2}hw_o$	0.142	1,147	13.701
	D_e	2.793	22,527	269.481
H_2	D_o	4.47797	36,117	432.055
	$\frac{1}{2}hw_o$	0.2703	2,180	26.080
	D_e	4.7483	38,297	461.486
游離能	E_{i,H_2}	15.4259	124,417	1488.361
	$E_{i,H}$	13.605396	109,677.6	1312.035

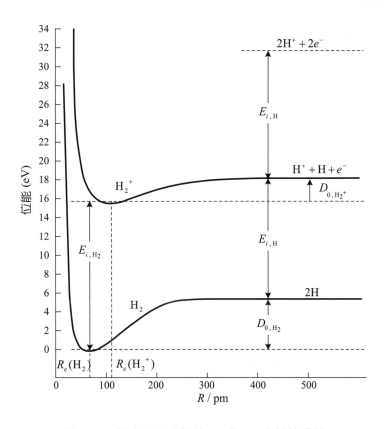

圖 18-2　基底電子狀態的 H_2 與 H_2^+ 之位能曲線

　　H_2 與 H_2^+ 之其各原子核的位置，各於其**無窮遠原子核間距離** (infinite internuclear distance) 處之位能的差，等於基底狀態的氫原子之游離能 $E_{i,H}$。氫原子於基底狀態之游離能，可由式 (17-15) 計得，為

$$H(g) = H^+(g) + e^- \qquad E_{i,H} = 13.605698 \text{ eV} \qquad (18\text{-}3)$$

而由圖 18-2 可得

$$E_{i,H_2} + D_{o,H_2^+} = D_{o,H_2} + E_{i,H} \qquad (18\text{-}4)$$

因上式中的 D_{o,H_2^+} 不容易量測，故可使用上式 (18-4) 的關係式，計算 D_{o,H_2^+} 之精確的值，爲

$$
\begin{aligned}
D_{o,H_2^+} &= D_{o,H_2} + E_{i,H} - E_{i,H_2} \\
&= 36,117\ \text{cm} + (13,606\ \text{eV})(8065.478\ \text{cm}^{-1}\ \text{eV}^{-1}) \\
&\quad - 124,417\ \text{cm}^{-1} \\
&= 21,377\ \text{cm}^{-1}
\end{aligned}
$$

(18-5)

例 18-1 試求，(a) eV 與 cm^{-1}，及 (b) eV 與 kJ mol^{-1} 之間的關係

解 (a) $1\,\text{eV} = \dfrac{Ee}{hc} = \dfrac{(1V)(1.6021892 \times 10^{-19}\,\text{C})}{(6.626176 \times 10^{-34}\,\text{Js})(2.99792458 \times 10^{10}\,\text{cm s}^{-1})} = 8065.478\ \text{cm}^{-1}$

(b) $1\,\text{eV} = EeN_A$ ◀

$\qquad = (1V)(1.6021892 \times 10^{-19}\,\text{C})(6.022045 \times 10^{-23}\,\text{mol}^{-1})(10^{-3}\,\text{kJ}\cdot\text{J}^{-1})$

$\qquad = 96,484.55\ \text{kJ mol}^{-1}$

例 18-2 試由 H_2 之光譜解離能 D_{o,H_2}，及 H 與 H_2 之游離電位 $E_{i,H}$ 與 E_{i,H_2}，計算 H_2^+ 之光譜解離能 D_{o,H_2^+}

解 由式 (18-5) 及表 18-1 之數據，可得

$$
\begin{aligned}
D_{o,H_2^+} &= D_{o,H_2} + E_{i,H} - E_{i,H_2} = 4.47797 + 13.605396 - 15.4259 \\
&= 2.6578\ \text{eV} \ \text{或} \ 255.73\ \text{kJ mol}^{-1}
\end{aligned}
$$
◀

18-2 Born-Oppenheimer 的近似
(The Born-Oppenheimer Approximation)

由解分子之 Schrödinger 的方程式，$\hat{H}\psi = E\psi$，可得分子有關之全部的資訊，然而，簡單的分子，甚至最簡單的氫分子離子 H_2^+，其 Hamiltonian 的運算子 $\hat{H}$，均非常複雜。Born 與 Oppenheimer 指出，原子核之質量爲電子的質量之千倍以上，而原子核之移動與電子的運動比較非常慢。因此，考慮分子中之電子的運動時，其原子核可視爲固定於穩定的位置，而可近似解其 Schrödinger 方程式。例如，對於氫分子之離子 H_2^+，可假設其二氫的原子核 A 與 B 間之距離 R 固定，而對此原子核間的距離 R，計算電子之波函數 ψ_{elect} 與其能量的固有值 $E(R)$。此時可用一系列之核間的距離重覆計算，以得 R 爲函數之位能 $E(R)$。

對於氫分子之離子 H_2^+，其 Schrödinger 的方程式可表示爲

$$
\hat{H}\psi(r_A, r_B, R) = E\psi(r_A, r_B, R)
$$

(18-6)

氫分子的離子之 Hamiltonian 運算子，可寫成

$$\hat{H} = -\frac{\hbar}{2M}(\nabla_A^2 + \nabla_B^2) - \frac{\hbar^2}{2m}\nabla_e^2 - \frac{e^2}{4\pi\epsilon_0}\left(\frac{1}{r_A} + \frac{1}{r_B} - \frac{1}{R}\right) \tag{18-7}$$

上式中，M 為每一氫原子核之質量，m 為電子之質量，r_A 及 r_B 分別為電子與質子(氫的原子核)A 及 B 間之距離，R 為二質子 A 與 B 間之距離。依照 Born-Oppenheimer 的近似，原子核與電子的運動可分離。因此，分子之 Hamiltonian 運算子 $\hat{H}$，可寫成

$$\hat{H} = \hat{H}_{\text{nucl}} + \hat{H}_e \tag{18-8}$$

上式中，$\hat{H}_{\text{nucl}}$ 為包含原子核的運動之動能項，而 $\hat{H}_e$ 為包含電子的運動之動能與位能的項。於 Born-Oppenheimer 的近似，分子之波函數可寫成，核的運動之波函數 $\psi_{\text{nucl}}(R)$，與電子於固定的核距離 R 間之運動的波函數 $\psi_e(r,R)$ 的乘積，而可表示為

$$\psi = \psi_{\text{nucl}}(R)\psi_e(r,R) \tag{18-9}$$

於此，r 代表全部的原子核–電子及電子–電子間之距離。分子之電子的能量 $E(R)$ 僅為原子核間的距離 R 之函數，而可表示為

$$\hat{H}_e \psi_e(r,R) = E(R)\psi_e(r,R) \tag{18-10}$$

對於氫分子之離子 H_2^+，其電子的運動之 Hamiltonian 運算子，可表示為

$$\hat{H}_e = -\frac{\hbar^2}{2m}\nabla_e^2 - \frac{e^2}{4\pi\epsilon_0}\left(\frac{1}{r_A} + \frac{1}{r_B} - \frac{1}{R}\right) \tag{18-11}$$

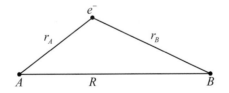

圖 18-3　　H_2^+ 之坐標，其中的 A 與 B 表示其二質子(氫原子核)

於此，H_2^+ 之電子與其二原子核 A 及 B 之坐標，用圖 18-3 定義。上式中的右邊之第一項，為電子之動能的運算子，其餘之前面的二項為電子與原子核 A 及 B 間之靜電的吸引作用的項，而最後一項為其二原子核間之靜電的排斥作用的項。於計算 $E(R)$ 的值時，原子核 A 與 B 間之距離 R 保持一定為常數，即原子核間之排斥項 $e^2/4\pi\epsilon_0 R$，不會影響波函數。因此，去除上式 (18-11) 中的原子核間之排斥項較為方便，由此，電子之 Hamiltonian 運算子，可由上式 (18-11) 改寫成

$$\hat{H}_e = -\frac{\hbar^2}{2m}\nabla_e^2 - \frac{e^2}{4\pi\epsilon_0}\left(\frac{1}{r_A}+\frac{1}{r_B}\right) \tag{18-12}$$

而電子之 Schrödinger 的方程式,可表示爲

$$\hat{H}_e\psi(r,R) = E_e(R)\psi(r,R) \tag{18-13}$$

所以氫分子的離子 H_2^+ 之總能量爲

$$E(R) = E_e(R) + \frac{e^2}{4\pi\epsilon_0 R} \tag{18-14}$$

上式 (18-14) 爲,沒有考慮分子整體之移動、振動、與轉動時之 H_2^+ 的總能量。

事實上,對於各 R 值可由式 (18-13)解得,以 R 之函數表示的各對應之不同電子狀態的能量 $E_e(R)$。最低能量之電子狀態稱爲基底狀態,而較高能量之狀態稱爲激勵狀態。對於 H_2 的分子,其基底狀態的能量 $E_e(R)$ 之形狀,如圖 18-1 所示。對於較多電子之其他的二原子分子,其電子的 Hamiltonian 運算子所含之項,類似式 (18-7),但含更多的電子–電子之靜電排斥的項,此時其 Hamiltonian 運算子雖較式 (18-7) 複雜,但其穩定的二原子分子之基底狀態能量的形狀,仍與圖 18-1 類同。

於 Born-Oppenheimer 的近似含示,原子核於由電子運動決定的位能 $E_e(R)$ 中移動,因此,原子核的運動之 Schrödinger 方程式,可寫成

$$\left[-\frac{\hbar}{2M}(\nabla_A^2 + \nabla_B^2) + E_e(R)\right]\psi_{nucl}(R) = E_{nucl}\psi_{nucl}(R) \tag{18-15}$$

上式中,E_{nucl} 爲原子核的運動之能量,即包括其移動、轉動、與振動等運動之能量。原子核的運動之波函數 $\psi_{nucl}(R)$,爲其移動、轉動、與振動等運動之各波函數的乘積。

18-3 氫分子的離子 (The Hydrogen Molecule Ion)

最簡單分子的離子 H_2^+ 之電子的 Schrödinger 方程式 (18-13),可精確解得其解,而可得其各種的原子核間距離之一系列的 $E_e(R)$ 值,因此,由式 (18-14) 可得,一系列的 H_2^+ 之 $E(R)$ 值。由於基底電子狀態的 H_2^+ 離子解離成,$R = \infty$ 之質子(氫原子核或 H^+)與基底狀態的氫原子,因此,由式 (18-14) 及式 (17-13),及如圖 18-4 所示,$E_e(\infty) = E(\infty) = -\frac{1}{2}E_h$,於此 $E_h = \frac{e^2}{4\pi\epsilon_0 a_0} = 27.2113961 \text{ eV}$,爲 Hartree 能量單位,$a_0$ 爲 Bohr 半徑。於 $R = 0$ 時,$E(0)$ 須等於基底態的氦離子

He$^+$ 之能量，因於 $R = 0$ 時， H$_2^+$ 如氦的離子，而其原子核的二質子與電子間之吸引的作用相同，因此， $E_e(0) = \frac{-1}{2}E_h(2)^2 = -2E_h$。如圖 18-4 所示，能量 $E(R)$ 為 R 之函數，於此 $E(R)$ 包括原子核間的相排斥及電子之能量，而此 $E(R)$ 的曲線之最低處的平衡距離 R_e 為 0.106 nm，此與其眞實的值（參閱 18-6 節之表 18-3）符合，由位能曲線之最低點的量測之解離能 D_e，為 2.793 eV（269.483 kJ mol^{-1}）。

對於氫分子的離子 H$_2^+$ 之電子的 Schrödinger 方程式，雖可解得精確解，然而，對於較多的電子或原子核時須使用近似法。於此使用以氫原子之原子軌道作為基礎，以得到 H$_2^+$ 之**簡單分子軌道的方法** (simple molecular orbital method)。此法稱爲**原子軌道之線性的組合** (linear combination of atomic orbitals) 方法，或簡稱 LCAO 法。

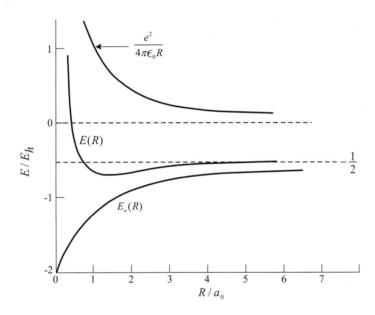

圖 18-4　基底狀態的 H$_2^+$ 之電子能量（自 I.N. Levine, Quantum Chemistry, 2nd ed., 1974, Allyn and Bacon, Inc., Boston)

於此考慮 H$_2^+$ 之分子軌道的接近方法，設二質子離開很遠，而每一質子有 1s 軌道之一電子。由此，H$_2^+$ 之電子的波函數，可近似表示為

$$\psi = c_1 1s_A + c_2 1s_B \tag{18-16}$$

於此，$1s_A$ 與 $1s_B$ 分別表示，質子 A 與 B 之規格化的 1s 波函數，而 c_1 與 c_2 為擬由變分法（17-6 節）求得之常數。此波函數爲原子軌道之線性的組合，而稱爲 LCAO 函數。

變分的能量 (variational energy) E，可表示爲

$$E = \frac{\int \psi^* \hat{H} \psi \, d\tau}{\int \psi^* \psi \, d\tau} = \frac{\int [c_1 1s_A + c_2 1s_B] \hat{H} [c_1 1s_A + c_2 1s_B] d\tau}{\int [c_1 1s_A + c_2 1s_B]^2 d\tau}$$

$$= \frac{c_1^2 \int 1s_A \hat{H} 1s_A d\tau + c_1 c_2 \int 1s_B \hat{H} 1s_A d\tau + c_1 c_2 \int 1s_A \hat{H} 1s_B d\tau + c_2^2 \int 1s_B \hat{H} 1s_B d\tau}{c_1^2 \int 1s_A 1s_A d\tau + 2c_1 c_2 \int 1s_A 1s_B d\tau + c_2^2 \int 1s_B 1s_B d\tau}$$

$$= \frac{c_1^2 H_{AA} + 2c_1 c_2 H_{AB} + c_2^2 H_{BB}}{c_1^2 S_{AA} + 2c_1 c_2 S_{AB} + c_2^2 S_{BB}} = \frac{c_1^2 H_{AA} + 2c_1 c_2 H_{AB} + c_2^2 H_{BB}}{c_1^2 + 2c_1 c_2 S + c_2^2} \tag{18-17}$$

由於二原子核 A 與 B 相同，因此，於上式中使用下列的符號：

$$H_{AA} = \int 1s_A \hat{H} 1s_A d\tau = \int 1s_B \hat{H} 1s_B d\tau = H_{BB} \tag{18-18}$$

$$H_{AB} = \int 1s_A \hat{H} 1s_B d\tau = \int 1s_B \hat{H} 1s_A d\tau \tag{18-19}$$

$$S_{AA} = \int 1s_A 1s_A d\tau = \int 1s_B 1s_B d\tau = S_{BB} = 1 \tag{18-20}$$

$$S_{AB} = \int 1s_A 1s_B d\tau = \int 1s_B 1s_A d\tau = S_{BA} = S \tag{18-21}$$

其中，S 所代表之積分爲**重疊的積分** (overlap integral)。依照變分法，式 (18-16) 中之最佳的 c_1 與 c_2 值，須使變分能量 E 爲最低。因此，由式 (18-17) 對於 c_1 與 c_2 偏微分，並設 $\partial E / \partial c_1 = 0$ 及 $\partial E / 2c_2 = 0$，即可求得 E 之最小值。由此可得

$$\frac{\partial E}{\partial c_1} = \frac{(2c_1 H_{AA} + 2c_2 H_{AB})(c_1^2 + 2c_1 c_2 S + c_2^2)}{(c_1^2 + 2c_1 c_2 S + c_2^2)^2}$$

$$- \frac{(2c_1 + 2c_2 S)(c_1^2 H_{AA} + 2c_1 c_2 H_{AB} + c_2^2 H_{BB})}{(c_1^2 + 2c_1 c_2 S + c_2^2)^2}$$

$$= (2c_1 H_{AA} + 2c_2 H_{AB}) - \frac{(2c_1 + 2c_2 S)(c_1^2 H_{AA} + 2c_1 c_2 H_{AA} + c_2^2 H_{BB})}{c_1^2 + 2c_1 c_2 S + c_2^2}$$

$$= \frac{2c_1(H_{AA} - E) + 2c_2(H_{AB} - SE)}{c_1^2 + 2c_1 c_2 S + c_2^2} = 0 \tag{18-22}$$

及

$$\frac{\partial E}{\partial c_2} = \frac{2c_1(H_{AB} - SE) + 2c_2(H_{BB} - E)}{c_1^2 + 2c_1 c_2 S + c_2^2} = 0 \tag{18-23}$$

因此，由上面的式 (18-22) 與 (18-23)，可得

$$c_1(H_{AA} - E) + c_2(H_{AB} - SE) = 0 \tag{18-24}$$

與
$$c_1(H_{AB} - SE) + c_2(H_{BB} - E) = 0 \tag{18-25}$$

而由解上面的二聯立方程式，即可求得 c_1 與 c_2 值。由於上面的聯立方程式 (18-24) 與 (18-25)，僅其 c_1 與 c_2 的係數之下列的行列式等於零時，可得其解，即

$$\begin{vmatrix} H_{AA} - E & H_{AB} - SE \\ H_{AB} - SE & H_{BB} - E \end{vmatrix} = 0 \tag{18-26}$$

此式為**永年行列式** (secular determinant)。由解此二次方程式 (18-26) ，可得其二解 E_g 與 E_u ，為

$$E_g = \frac{H_{AA} + H_{AB}}{1 + S} \tag{18-27}$$

與
$$E_u = \frac{H_{AA} - H_{AB}}{1 - S} \tag{18-28}$$

上式中的積分 H_{AA} ，稱為**庫倫積分** (Coulomb integral)，因 H_{AA} 與單一氫原子之能量的差，正好等於屬於原子核 A 的電子與原子核 B 之庫倫的相互作用，由於此庫倫的作用為相互吸引，而對於 H_{AA} 之貢獻為負。由於單一氫原子之能量亦為負，所以 H_{AA} 為負的值。上面的式中之積分 H_{AB} 稱為**共鳴積分** (resonance integral)。

將式 (18-27) 或 (18-28) 代入式 (18-24) 時，可得

$$c_1 = c_2 \quad 或 \quad c_1 = -c_2 \tag{18-29}$$

將此關係代入式 (18-16)，可得

$$\psi = c_1(1s_A \pm 1s_B) \tag{18-30}$$

而由規格化的條件，可得

$$\begin{aligned} 1 = \int \psi^2 d\tau &= c_1^2 \int (1s_A \pm 1s_B)^2 d\tau \\ &= c_1^2 \left(\int 1s_A^2 d\tau \pm 2\int 1s_A 1s_B d\tau + \int 1s_B^2 d\tau \right) \\ &= c_1^2(2 \pm 2S) = 2c_1^2(1 \pm S) \end{aligned} \tag{18-31}$$

由此得

$$c_1 = \frac{1}{[2(1 \pm S)]^{1/2}} \tag{18-32}$$

因此，E_g 與 E_u 之對應的波函數，可分別表示為

$$\psi_g = \frac{1}{[2(1+S)]^{1/2}} (1s_A + 1s_B) \tag{18-33}$$

與
$$\psi_u = \frac{1}{[2(1-S)]^{1/2}} (1s_A - 1s_B) \tag{18-34}$$

其中，ψ_g 為 $\sigma_g 1s$ 軌道，而 ψ_u 為 $\sigma_u^* 1s$ 軌道。由於氫分子的離子 H_2^+ 之對稱性，其二質子之軌道的分量為**等重** (weighted equally)，而電子不專屬於其中之某一原子核。因 H_2^+ 為對稱，故圍繞其中心之電子密度須為對稱，此表示式 (18-16) 中之 $|c_1|$ 與 $|c_2|$ 必須相同，因此，$c_1^2 = c_2^2$ 或 $c_1 = \pm c_2$ 。

一分子有對稱的中心而經由其對稱中心反轉時，若其波函數之符號不會改變，即 $\psi(x,y,z)=\psi(-x,-y,-z)$ 時，則此波函數 ψ 稱為具有**偶對等性** (even parity)，而以符號 ψ_g 表示，其下標 "g" 為德語的 "gerade"（偶性）之簡寫。若波函數之符號改變，即 $\psi(x,y,z)=-\psi(-x,-y,-z)$ 時，則此波函數 ψ 稱為具有**奇對等性** (odd parity)，而以 ψ_u 表示，其下標 "u" 為 "ungerade"（奇性）之簡寫。由此，ψ_g 為 $\sigma_g 1s$ 的軌道，而 ψ_u 為 $\sigma_u^* 1s$ 的軌道之波函數。

於沿其二原子核的連線之**電子的或然率密度** (electron probability density) ψ_g^2 與 ψ_u^2，如圖 18-5 所示。並由式 (18-33) 與 (18-34) 得其波函數之平方，為

$$\psi_g^2 = \frac{1}{2(1+S)}[(1s_A)^2 + 2(1s_A)(1s_B) + (1s_B)^2] \tag{18-35}$$

與

$$\psi_u^2 = \frac{1}{2(1-S)}[(1s_A)^2 - 2(1s_A)(1s_B) + (1s_B)^2] \tag{18-36}$$

上式(18-35)與(18-36)分別表示，原子核間之電子密度以 ψ_g^2 增加，與以 ψ_u^2 減小。事實上，於 ψ_u^2 中的平分其二質子連線之中間的平面之電子密度為零，即於二質子之中間有一無電子存在的**節** (node)。於 ψ_g 中有 $1s_A$ 與 $1s_B$ 之間的**建設性的干擾** (constructive interference)，而於 ψ_u 中有**破壞性的干擾** (destructive interference)。H_2^+ 之基底態的波函數為 ψ_g，由於其二質子間所形成之電子密度 ψ_g^2，而生成**鍵結合** (bonding)。此軌道沿原子核的軸為對稱，而稱為 σ (sigma) 軌道。此軌道為偶性對稱，而由二 $1s$ 軌道所合成，並以 $\sigma_g 1s$ 的符號表示。由於其能量比二原子離開無窮遠時之能量低，由此，稱為**結合的軌道** (bonding orbital)。

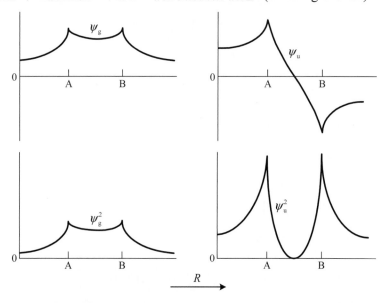

圖 18-5　氫分子的離子之分子軌道函數 ψ_g 與 ψ_u，及其或然率密度 ψ_g^2 與 ψ_u^2 (A 與 B 為原子核之位置)

電子狀態之波函數為 ψ_u 之 H_2^+ 的能量，較解離的氫分子之離子 H_2^+ ($H + H^+$) 的能量大，而會立即產生解離，故此分子軌道稱為**反結合軌道** (antibonding orbital)。此反結合的軌道係環繞原子核的軸，而成為對稱，以 $\sigma_u 1s$ 的符號表示。對於全部的 R，其 ψ_u 之能量均大於 ψ_g 之能量，因此，其 H_{AB} 須為負的值。

對於不同的 R 值，由式 (18-27) 中所示之各積分所計得的 E_g 值，會顯示一極小值，因此，由此非常簡單的**分子軌道理論** (molecular orbital theory)，可解釋 H_2^+ 中之鍵結合，並由此得 $R_e = 0.123\,nm$（實際為 $0.106\,nm$）及 $D_e = 1.77\,eV$（實際為 $2.793\,eV$）。由使用含更多項的波函數，及含較多的可調整參數之變分法，可計算得更佳的結果。然而，由此簡單的計算可顯示，電子密度於原子核間的區域推積時，會產生如 $\sigma_g 1s$ 軌道之結合，而電子密度於此區域推離時，不會產生如 $\sigma_u^* 1s$ 軌道的分子結合。二原子互相靠近而形成分子時之其軌道的合成，如圖 18-6 所示。

氫分子的離子 H_2^+ 之二原子核，互相靠近 ($R \to 0$) 時，會形成**聯合的原子** (united atom)，此時 H_2^+ 與 He^+ 同樣，為帶 +2 電荷的原子核與一電子的聯合原子。當 $R \to 0$ 時，ψ_g 之二峰會合併形成 He^+ 之 $1s$ 狀態。由此可以想像，由分離的原子 H(1s) 的連續轉移，形成聯合原子之極限的 $He^+(1s)$ 時，此二狀態稱為**相互關連** (correlated) 的狀態。

當 $R \to 0$ 時，ψ_u 中的二峰會合併成為 He^+ 之 $2p$ 狀態。由於分離的原子 H(1s) 與 $H^+(2p)$ 互相關連，而形成二原子核間有節面的 ψ_u，因此，聯合原子的波函數有節面穿過原子核，此相當於軸指向之 H–H 鍵的 He^+ 之 $2p$ 軌道。

圖 18-6(a) 表示二 $1s$ 軌道（或二 ns 軌道）互相靠近時，其軌道會產生重疊，而形成鍵結合。圖 18-6(b) 表示，與原子核軸成垂直的 p 軌道，與一 s 軌道互相靠近時，由於 p 軌道之正的耳朵與 s 軌道的重疊部分，與 p 軌道之負的耳朵與 s 軌道的重疊部分，正好可互相抵消，因此，其重疊的部分為零，而不會產生鍵結合。圖 18-6(c) 與 (d) 表示，二平行的 p 軌道靠近一起時，會產生鍵結合，例如，圖 (d) 所形成的軌道，有垂直於紙面而含原子核軸的**節面** (nodal plane)（此平面的各位置之波函數均為零），此種軌道稱為 π 軌道。此結合軌道轉換時會改變其符號，所以為**奇性對稱** (ungerade) $\pi_u 2p$，而反結合軌道為**偶性對稱** (gerade) $\pi_g 2p$。注意另有由垂直於紙面的 $2p$ 軌道所形成之完全類似的一對軌道，而這一對軌道垂直於紙面。因此，π 軌道為**雙重的退縮** (doubly degenerate)。

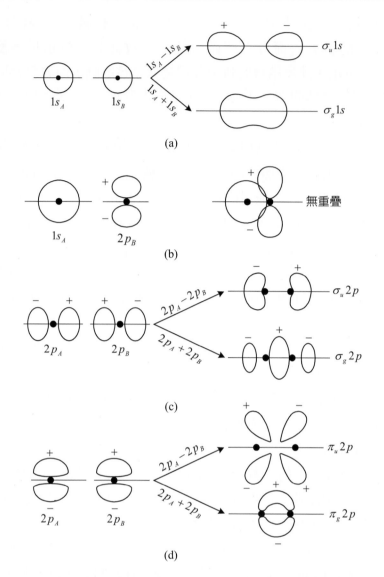

圖 18-6　由原子軌道對形成的分子之軌道對（黑點表示原子核 A 與 B)

　　似氫軌道之此種合成的過程，可繼續至較高的**軌道角動量的量子數** (orbital angular momentum quantum number) l。**一電子的分子軌道** (one-electron molecular orbitals)，可依照沿其**原子核間的軸** (internuclear axis) 之角動量的量子數 λ 分類。二原子的分子中的電子之**軸角動量** (axial angular momentum)，一般可寫成

$$L_z = \pm \lambda \hbar \qquad\qquad (18\text{-}37)$$

上式中，λ 相當於原子的 m_l 之絕對值。仿照原子軌道的分類，依 $l = 0, 1, 2, 3, \cdots$，分類成 $s, p, d, f, \cdots$ 軌道。於此，對於二原子的分子之一電子軌道的 λ 值，分別用希臘字表示為

$$\lambda : \quad 0 \quad 1 \quad 2 \quad 3$$
$$軌道 : \quad \sigma \quad \pi \quad \delta \quad \phi$$

　　各種二原子的分子之電子結構，如同原子，依這些**原子軌道–分子軌道之線性組合** (Linear Combination of Atomic Orbitial-Molecalar Orbitals) LCAO-MO 的能量之增加的順序，於每一軌道同時放置二電子，此與於第十七章所述之原子的 aufbau 程序（參閱 17-12 節）相同。同種類的原子核之二原子的分子之軌道的順序，大約如圖 18-7 所示。其能階之順序與原子核之原子序數及其核間的距離有關。此圖所示者為二原子軌道組合形成二分子軌道，其一軌道之能量比原來的原子軌道之能量低，而另一軌道之能量比原來者高。對於聯合的原子之軌道，首先寫其對應原子軌道的符號，而其後面寫其 λ 值的符號，例如，H_2^+ 的軌道為 ψ_g 與 ψ_u，而分別寫成 $1s\,\sigma_g$ 與 $1s\sigma_u^*$。從分離的原子接近時，首先寫 λ 值的符號而其後面寫對應原子軌道，例如，ψ_g 寫成 $\sigma_g 1s$ 與 ψ_u 寫成 $\sigma_u^* 1s$。H_2^+ 之激勵態為其電子被激勵至較高的能階的狀態，H_2^+ 於基底狀態及一些激勵狀之位能曲線，如圖 18-8 所示。

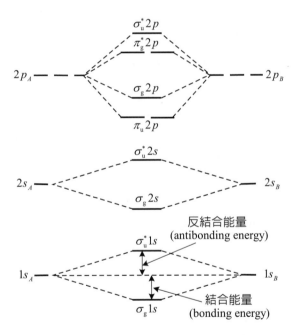

圖 18-7　同種類原子核的二原子分子之最低能量的分子軌道之示意圖

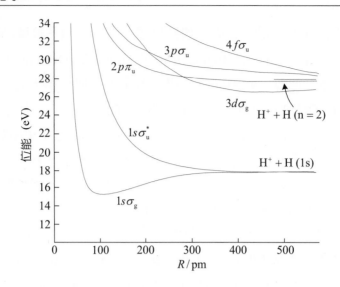

圖 18-8　H_2^+ 之基底激勵態，其能量以氫分子之基底狀態為基準 (自 T. Sharp, "Potential Energy Diagram for Molecular Hydrogen and Its Ions" In Atomic Data, Vol. 2, p 119. New York: Academic, 1971).

 ## 18-4　氫分子之分子軌道的描述 (The Molecular Orbital Description of the Hydrogen Molecule)

　　對於多電子的原子或分子，通常均假定其中的每一電子，皆於其他的電子所形成之平均力場中移動，例如由 H_2^+ 至 H_2，於此使用氫原子至氦原子 (17-7 節) 的相同接近方法，討論氫分子之電子軌道。

　　氫分子之電子的 Hamiltonian 運算子，由 Born-Oppenheimer 近似可寫成

$$\hat{H} = -\frac{\hbar^2}{2m}(\nabla_1^2 + \nabla_2^2) + \frac{e^2}{4\pi\epsilon_0}\left(-\frac{1}{r_{A1}} - \frac{1}{r_{A2}} - \frac{1}{r_{B1}} - \frac{1}{r_{B2}} + \frac{1}{r_{12}}\right) + \frac{e^2}{4\pi\epsilon_0 R} \quad \textbf{(18-38)}$$

其坐標之定義如圖 18-9 所示。

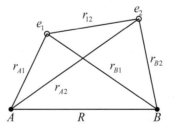

圖 18-9　氫分子之電子坐標，A 與 B 代表二質子

　　於電子之 Schrödinger 方程式式 (18-13) 中，使用氫分子之電子的 Hamiltonian 運算子的式 (18-38) 時，由於其中的 $1/r_{12}$ 的項而無法得到精確的解。因此，需使用**原子軌道–分子軌道之線性組合** (Linear Combination of Atomic Orbital-Molecular Orbitals) 的方法，簡稱 LCAO-MO 法，以得其近似解。依據

LCAO-MO 法，旋轉方向相反的二電子，置入 $\sigma_g 1s$ 軌道而形成氫分子。因此，可假定每一電子各屬於指定的一軌道，而氫分子之電子的波函數 ψ_{MO} ，等於其二電子 1 與 2 之波函數 $\psi_i(1)$ 與 $\psi_j(2)$ 的乘積，而可表示為

$$\psi_{MO} = \psi_i(1)\psi_j(2) \tag{18-39}$$

上式中，波函數之下標 i 與 j ，表示二電子 1 與 2 各屬於不同的軌道。依照 Pauli 的原理 (17-8 節)，被指定於某**空間軌道** (spatial orbitial) 之二電子的旋轉方向相反。因此，其第一近似可假定，基底狀態的氫分子之二電子，均置入 H_2^+ 所發展而成的 $1\sigma_g$ 軌道。由此，H_2 之電子組態可表示為 $(1\sigma_g)^2$ ，此與 He 之電子組態用 $(1s)^2$ 表示相似。

電子 1 於 $1\sigma_g$ 的分子軌道中之波函數，由式 (18-33) 可表示為

$$1\sigma_g(1) = \frac{1}{[2(1+S)]^{1/2}}[1s_A(1) + 1s_B(1)] \tag{18-40}$$

由於二電子之旋轉的方向相反，即其一電子屬於 $1\sigma_g\alpha$ 的旋轉軌道，而另一屬於 $1\sigma_g\beta$ 的旋轉軌道。滿足反對稱需求之氦原子的波函數，由 17-7 節，可用 Slater 行列式 (17-114) 表示。於此應用同樣的想法，基底態的氫分子之近似波函數，由 Slater 行列式可表示為

$$\psi_{MO}[(1\sigma_g)^2] = \frac{1}{\sqrt{2}} \begin{vmatrix} 1\sigma_g(1)\alpha(1) & 1\sigma_g(1)\beta(1) \\ 1\sigma_g(2)\alpha(2) & 1\sigma_g(2)\beta(2) \end{vmatrix} \tag{18-41a}$$

由此可得，氫分子於其基底狀態之波函數為

$$\psi_{MO}[(1\sigma_g)^2] = (2)^{-1/2}[1\sigma_g(1)1\sigma_g(2)\alpha(1)\beta(2) - 1\sigma_g(1)1\sigma_g(2)\beta(1)\alpha(2)]$$
$$= \frac{(1/2)^{1/2}[1s_A(1)+1s_B(1)][1s_A(2)+1s_B(2)][\alpha(1)\beta(2) - \beta(1)\alpha(2)]}{2(1+S_{AB})} \tag{18-41b}$$

氫分子之能量的近似值，可使用 Hamiltonian 運算子 [式 (18-38)]，對此波函數計算其期待值而得，由此，可表示為

$$E = \int \psi_{MO}^*[(1\sigma_g)^2]\hat{H}_e \psi_{MO}[(1\sigma_g)^2]d\tau \tag{18-42}$$

電子 1 屬於原子核 A 之氫原子的波函數為 $1s_A(1)$ ，而其固有值為 E_0 ，於是由式 (17-2) 與 (17-3)，可表示為

$$\left(-\frac{\hbar^2}{2m}\nabla_1^2 - \frac{e^2}{4\pi\epsilon_0 r_{A1}}\right)1s_A(1) = E_0 1s_A(1) \tag{18-43}$$

同樣，對於電子 2 屬於原子核 B 之氫原子的波函數 $1s_B(2)$ ，可表示為

$$\left(-\frac{\hbar^2}{2m}\nabla_2^2 - \frac{e^2}{4\pi\epsilon_0 r_{B2}}\right)1s_B(2) = E_0 1s_B(2) \tag{18-44}$$

於此，首先考慮式 (18-18) 之積分 H_{AA}，而可表示為

$$H_{AA} = \iint 1s_A(1)1s_B(2)\left[-\frac{\hbar^2}{2m}(\nabla_1^2 + \nabla_2^2)\right.$$
$$\left.-\frac{e^2}{4\pi\epsilon_0}\left(\frac{1}{r_{A1}} + \frac{1}{r_{A2}} + \frac{1}{r_{B1}} + \frac{1}{r_{B2}} - \frac{1}{r_{12}} - \frac{1}{R}\right)\right]1s_A(1)1s_B(2)d\tau_1 d\tau_2 \quad \textbf{(18-45)}$$

將式 (18-43) 與 (18-44) 代入上式 (18-45)，可得

$$H_{AA} = \iint 1s_A(1)1s_B(2)\left[2E_0 + \frac{e^2}{4\pi\epsilon_0}\left(\frac{1}{R} + \frac{1}{r_{12}} - \frac{1}{r_{A2}} - \frac{1}{r_{B1}}\right)\right]$$
$$1s_A(1)1s_B(2)d\tau_1 d\tau_2 \quad \textbf{(18-46)}$$

因上式中的 $1s_A(1)$ 與 $1s_B(2)$ 均規格化，故上式 (18-46) 可寫成

$$H_{AA} = 2E_0 + \iint \frac{e^2}{4\pi\epsilon_0}\left(\frac{1}{R} + \frac{1}{r_{12}} - \frac{1}{r_{A2}} - \frac{1}{r_{B1}}\right)[1s_A(1)]^2[1s_B(2)]^2 d\tau_1 d\tau_2 \quad \textbf{(18-47)}$$

設上式(18-47)的右邊之積分項為 Q，即可用下式表示為

$$Q = \frac{e^2}{4\pi\epsilon_0 R} + \iint \frac{e^2}{4\pi\epsilon_0 r_{12}}[1s_A(1)]^2[1s_B(2)]^2 d\tau_1 d\tau_2$$
$$-\iint \frac{e^2}{4\pi\epsilon_0}\left(\frac{1}{r_{A2}} + \frac{1}{r_{B1}}\right)[1s_A(1)]^2[1s_B(2)]^2 d\tau_1 d\tau_2 \quad \textbf{(18-48)}$$

上式中的第一項為，二原子核間的 Coulomb 排斥力，第二項為二電子間的排斥力，第三項中之 $\int \frac{e^2}{4\pi\epsilon_0 r_{A2}}[1s_B(2)]^2 d\tau_2$ 為，屬於原子核 B 之電子 2 與原子核 A 間的 Coulomb 吸引力，$\int \frac{e^2}{4\pi\epsilon_0 r_{B1}}[1s_A(1)]^2 d\tau_1$ 為，屬於原子核 A 之電子 1 與原子核 B 間的 Coulomb 吸引力之能量。因此，上式 (18-48) 之 Q，稱為 Coulomb **積分** (Coulomb integral)。

對於式 (18-19) 之積分 H_{AB}，可表示為

$$H_{AB} = \iint 1s_A(1)1s_B(2)\left[-\frac{\hbar^2}{2m}(\nabla_1^2 + \nabla_2^2) - \frac{e^2}{4\pi\epsilon_0}\left(\frac{1}{r_{A1}} + \frac{1}{r_{A2}} + \frac{1}{r_{B1}} + \frac{1}{r_{B2}} - \frac{1}{r_{12}} - \frac{1}{R}\right)\right]$$
$$1s_A(2)1s_B(1)d\tau_1 d\tau_2 \quad \textbf{(18-49)}$$

同前面的式 (18-43) 與 (18-44)，電子 2 屬於原子核 A 的氫原子，及電子 1 屬於原子核 B 的氫原子之波動方程式，可分別表示為

$$\left(-2\frac{\hbar^2}{2m}\nabla_2^2 - \frac{e^2}{4\pi\epsilon_0 r_{A2}}\right)1s_A(2) = E_0 1s_A(2) \quad \textbf{(18-50)}$$

及

$$\left(-2\frac{\hbar^2}{2m}\nabla_1^2 - \frac{e^2}{4\pi\epsilon_0 r_{B1}}\right)1s_B(1) = E_0 1s_B(1) \tag{18-51}$$

將式 (18-50) 與 (18-51) 代入式 (18-49)，可得

$$
\begin{aligned}
H_{AB} &= \iint 1s_A(1)1s_B(2)\left[2E_0 + \frac{e^2}{4\pi\epsilon_0}\left(\frac{1}{R}+\frac{1}{r_{12}}-\frac{1}{r_{A1}}-\frac{1}{r_{B2}}\right)\right]1s_A(2)1s_B(1)d\tau_1 d\tau_2 \\
&= 2E_0 \iint 1s_A(1)1s_B(2)1s_A(2)1s_B(1)d\tau_1 d\tau_2 \\
&\quad + \iint \frac{e^2}{4\pi\epsilon_0}\left(\frac{1}{R}+\frac{1}{r_{12}}-\frac{1}{r_{A1}}-\frac{1}{r_{B2}}\right)1s_A(1)1s_B(2)1s_A(2)1s_B(1)d\tau_1 d\tau_2 \tag{18-52}
\end{aligned}
$$

上式之第一項含重疊積分 S。設上式之第二項的積分為 J，則上式 (18-52) 可寫成

$$H_{AB} = 2E_0 S + J \tag{18-53}$$

上式中之 J 含電子 1 與 2 之狀態交換，稱為**交換積分** (exchange integral)。

　　將所導得的式 (18-47) 之 $H_{AA} = 2E_0 + Q$，與上式 (18-53) 之 H_{AB}，代入式 (18-27) 及 (18-28)，可分別得

$$E_g = 2E_0 + \frac{Q+J}{1+S} \tag{18-54}$$

及

$$E_u = 2E_0 + \frac{Q-J}{1-S} \tag{18-55}$$

由計算得 Q, J, S 等之積分時，可由上式 (18-54) 與 (18-55) 求得，固有值 E_g 與 E_u。由於 Q, J, S 等之積分均可用核間距離 R 的函數表示，因此，實際計算之 E_g, E_u 值與 R 的關係，可如圖 18-10 所示，其中的 E_u 曲線表示，二原子靠近時產生排斥，而不能形成安定的分子，E_g 的曲線表示，二原子靠近核間距離 R_0 時，會形成安定的分子。

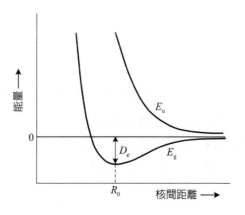

圖 18-10　氫分子之能量曲線

使用式 (18-36) 之 Hamiltonian 運算子與式 (18-41) 之波函數,由式 (18-42) 計算氫分子之近似能量時,由積分所得的能量 E 之式相當複雜,但使用式 (18-47) 與 (18-48) 時,其 E 值可簡化寫成

$$E = 2E_0 + \frac{e^2}{4\pi\epsilon_0 R} - 積分 \tag{18-56}$$

上式 (18-56) 之右邊的第一項,為二氫原子相離無窮遠時之電子能量,第二項為二原子核之靜電排斥能量,第三項為各種電荷分佈之互相間作用的系列積分。由系列之核間距離計得的積分,可由上式 (18-56) 求得分子之位能曲線。由此所得的能量最小之核間距離為 84 pm(實驗值為 74.1 pm),而所計得之解離能為 $D_e = 255$ kJ mol^{-1}(實驗值為 458 kJ mol^{-1})。

以上所述者為沒有考慮電子之旋轉。若考慮電子的旋轉時,則其總固有波函數 ψ_{total} 依前面所述,可近似用其位置坐標之固有函數 ψ_{coord} 與旋轉之固有函數 ψ_{spin} 的乘積,表示為

$$\psi_{total} = \psi_{coord} \cdot \psi_{spin} \tag{18-57}$$

依據 Pauli 的排斥原理,總固有波函數對於電子之交換須為逆對稱。二電子之旋轉為同方向平行即 ↑↑ 時,其 ψ_{spin} 為對稱,因此,ψ_{coord} 須為逆對稱。同樣,電子之旋轉為逆對稱 ↑↓ 時,ψ_{coord} 須為對稱,這些結果列於表 18-2。前述的 E_g [式 (18-54)] 為,電子之旋轉為逆對稱 ↑↓ 時之值,而 E_u 為對稱 ↑↑ 時之值。如前述於 ↑↑ 時雖不能形成安定的分子,而其光譜項為 $^3\Sigma$(參閱下節 18-5),但由光譜得知,確有此種實在的狀態。

表 18-2　電子之旋轉與波函數之對稱性的關係

旋轉	ψ_{total}	ψ_{spin}	ψ_{coord}
↑↑	逆對稱	對稱	逆對稱
↑↓	逆對稱	逆對稱	對稱

由上得知,形成安定的氫分子之二電子,其旋轉為反方向。Heitler 與 London 考慮此相反方向旋轉的二電子之互相交換的構造,即 $H_A\uparrow\downarrow H_B$ 與 $H_A\downarrow\uparrow H_B$,而得 J 項之能量,此相當於氫分子之波函數用式 (18-16) 表示,此稱為 $1s_A$ 與 $1s_B$ 的**共振** (resonance),即由於 $H_A\uparrow\downarrow H_B$ 與 $H_A\downarrow\uparrow H_B$ 的構造共振而形成氫分子。此並非表示,此二種構造互相轉變,而是形成此二種構造的中間形態,以降低其能量而安定化。此種之降低的能量,稱為共振能量。此外,亦考慮電子 1 與 2 集中於同一原子核的離子構造,即 $H_A^+ H_B^-$ 與 $H_A^- H_B^+$ 的共振,而由此計算所得之能量,更接近於實測值,所以 J 項之積分亦稱為共振積分。

18-5　氫分子之價鍵的描述 (The Valence Bond Description of the Hydrogen Molecule)

　　Heitler 與 London 於 1927 年，發展使用**二電子函數** (two-electron functions) 以表示**電子對的鍵** (electron pair bond)，此為化學鍵之首先的量子力學處理方法。由於氫分子解離時，成為二分離的 $1s$ H 原子，因此，氫分子 H_2 之價鍵波函數的建立，為由觀察其氫原子核間的距離於無窮大，即 $R \rightarrow \infty$ 時，其波函數須接近於 $1s_A(1)1s_B(2)$ 的形式，其中的 $1s_A(1)$ 為電子 1 屬於核 A 的 $1s$ 軌道的波函數，而 $1s_B(2)$ 為電子 2 屬於核 B 的 $1s$ 軌道的波函數。波函數 ψ 之平方，為該系之**或然率密度函數** (probability density function)，即等於二或然率密度 $[1s_A(1)]^2$ 與 $[1s_B(2)]^2$ 的乘積。因此，發現電子 1 於某體積內，而電子 2 於另外的特定體積內之或然率，應等於此二或然率的乘積。

　　產生電子對鍵的二原子互相靠近時，除其二電子相同而不能區別外，該系仍可繼續用上述的波函數描述。由於各電子之無法區別的性質，其波函數似可用二電子之波函數的和正確表示，即為

$$\psi_{VB} = 1s_A(1)1s_B(2) + 1s_A(2)1s_B(1) \tag{18-58}$$

此波函數為 Heitler-London 於 1927 年，得到 H_2 之合理解離能的理論值之最初的處理基礎。

　　二氫原子互相靠近時，由於其二電子通常無法區別，因此，氫分子之基底態的近似波函數，可由近似波函數式 (18-41b) 中之**空間部分** (spatial part) 的乘積，$[1s_A(1) + 1s_B(1)][1s_A(2) + 1s_B(2)]$，而得

$$1s_A(1)1s_A(2) + 1s_A(1)1s_B(2) + 1s_B(1)1s_A(2) + 1s_B(1)1s_B(2) \tag{18-59}$$

上式中之第一項與最後項之和，相當於氫分子形成**離子的結合** (ionic bonding)，如 $H_A^- H_B^+$ 與 $H_A^+ H_B^-$，而第二項與第三項之和，相當於各原子核之電子軌道中各有一電子的組態，而稱為**同極性** (homopolar) 的項。此分子軌道的波函數式表示，於 $R = \infty$ 時，50% 為 H^+ 與 H^-，而 50% 為 $H + H$。此種結論顯然不正確，而其不正確性可由於下式(18-60)中引入**可變係數** (variable coefficients) c_1 與 c_2 而減低，即

$$\psi = c_1(R)\psi_{\text{covalent}} + c_2(R)\psi_{\text{ionic}} \tag{18-60}$$

上式中的共價結合的波函數 ψ_{covelent} 與離子結合的波函數 ψ_{ion}，可分別表示為

$$\psi_{\text{covalent}} = 1s_A(1)1s_B(2) + 1s_A(2)1s_B(1) \tag{18-61}$$

與

$$\psi_{\text{ionic}} = 1s_A(1)1s_A(2) + 1s_B(1)1s_B(2) \tag{18-62}$$

由於使用變分法，可決定於各 R 值之式 (18-60) 中的 c_1 與 c_2 值。因此，由於使用含變分參數之函數，由式 (18-60) 可得更佳的結果，為 $R_e = 74.9$ pm（實驗值為 74.1 pm）與 $D_e = 386$ kJ mol^{-1}（實驗值為 458 kJ mol^{-1}）。

增加使用之原子軌道的數目時，可得到較佳的結果。例如，由於增加 $2s$ 與 $2p_z$ 軌道而引入更多的變分參數，而由於使用這些參數可以得到原子軌道的 Hartree-Fock 自一貫力場 (17-11 節)，並可有系統地求得其結果。

下列形式的電子之 Schiödinger 方程式

$$\hat{H}_{\text{eff}} \psi_i = E_i \psi_i \tag{18-63}$$

其中，$\hat{H}_{\text{eff}}$ 為有效的一電子之 Hamiltonian 運算子，ψ_i 為分子的第 i 電子之軌道波函數，E_i 為第 i 電子之軌道能量，將上式使用於 17-11 節所述的對原子之**反覆計算方法** (iterative method)，可求得**自一貫分子軌道** (self-consistent molecular orbitals)。這些 Hartree-Fock 波函數，不能適當關聯不同旋轉方向的電子的運動，然而，由於使用分子之不同電子組態函數的線性組合波函數，可得以改進。例如，**兩倍的激勵組態** (doubly excited configuration) $(1\sigma_u)^2$，因有相同的對稱，故可加入於分子軌道。Kolos 與 Wolniewicz [J. Chem, Phys. **41**, 3663 (1964); **48**, 3672 (1968); **49**, 404 (1968)] 使用含 100 項的波函數，而得 $D_0 = 36117.8$ cm^{-1}（實際的觀察值為 36117.3 cm^{-1}），及得 H_2 之核間距離 R_e 的理論值，為 74.140 pm（由光譜量測之實驗值為 74.139 pm）。

氫分子有許多的激勵電子態，其一些較低的位能曲線，如圖 18-11 所示。有些激勵態之能量曲線，形成井形的形狀，而可用 Rydberg 式 (16-29) 表示，這些狀態稱為 Rydberg 狀態。由於 H_2^+ 有穩定的基底狀態，而於某些距離有一軌道電子。因此，其 Rydberg 狀態的電子軌道，圍繞此正電荷 H_2^+。

氫分子或任何的二原子分子之狀態，均可用與 17-13 節之原子光譜項符號類似之分子項表示。於二原子的分子，由於電子之軌道角動量的偶合，而得合成**軌道的角動量** (orbital angular momentum) L，而由於電子之旋轉動量的結合，而得合成的**旋轉角動量** (spin angular momentum) S。軌道角動量之沿分子軸的分量，可表示為

$$M_L = m_1 + m_2 + \cdots \tag{18-64}$$

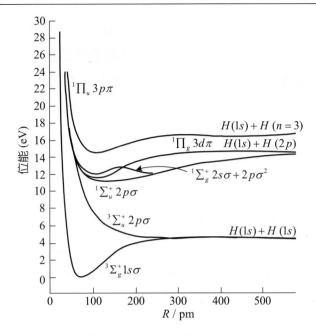

圖 18-11　H_2 之基底態與激勵態的位能曲線（自 T. Sharp, "Potential Energy Diagram for Molecular Hydrogen and Its Ions." In Atomic Data, Vol. 2, p.119. New York: Academic, 1971）

其中，對於 σ 軌道，其 $m_i = 0$，對於 π 軌道，$m_i = \pm 1$，餘此類推。由 M_L 之絕對值所定義的量子數 Λ，可類似原子項的符號，用下列的符號表示，為

$$\Lambda \quad = 0 \quad 1 \quad 2 \quad 3 \quad \cdots$$
$$符號 \quad = \Sigma \quad \Pi \quad \Delta \quad \Phi \quad \cdots$$

二原子的分子之狀態的重複度，可用 $2S+1$ 表示，其中的 S 為分子中的電子之旋轉的和。因此，分子之**項符號** (term symbols) 可表示為

$$^{2S+1}\Lambda \tag{18-65}$$

　　氫分子於基底狀態之 σ 軌道有二電子，為 $m_1 = 0, m_2 = 0$，而其 $M_L = 0$。由此其 $\Lambda = 0$，因此，氫分子於 Σ 的狀態。因其二電子之旋轉方向相反，故 $S = 0$，所以其分子項的符號為 $^1\Sigma$，為**單一重的** sigma 狀態 (singlet sigma state)。

　　於分子項符號 Σ 的右上角之正 (+) 或負 (−) 的符號，表示波函數於含核間的軸之平面中之反射的行為（性質），正號表示波函數經此過程不會改變，而負號表示波函數於此平面中之反射會改變其符號。若二原子的分子有對稱之中心，則其 Σ 符號的右下角，以 g 或 u 表示，軌道之偶或奇性**對等性** (parity)。如於 18-3 節所述，軌道之偶或奇對等性，可由觀察其反轉對稱性決定。當軌道之某點經分子中心反轉至等距離時，若其二點之符號相同，則此軌道為**偶性對稱** (gerade)。多電子的分子之偶奇性，可由每一軌道之 g 或 u 形成的乘積，使用 $g \times g = g$, $g \times u = u$ 及 $u \times u = g$ 的關係，以得其偶奇性。

二原子的分子有四種角動量,其中的電子軌道的角動量 L 與電子旋轉的角動量 S 之兩種,已討論過。另外的兩種爲**核旋轉的角動量** (nuclear spin angular momentum) I 與**核構架** (nuclear-framework) 的轉動運動之角動量 N,而這些角動量於 Hamiltonian 運算子中,爲由小的項偶合。對於較低質量的二原子分子,其**旋轉–軌道偶合** (spin-orbit coupling) 弱。L 與 S 沿原子核軸之分量 $\Lambda\hbar$ 與 $\Sigma\hbar$ 的相加,而形成沿該軸之總角動量的分量 $\Omega\hbar$,而其量子數 Ω 可用 $|\Lambda+\Sigma|$ 表示。

18-6 同種核的二原子分子之電子組態 (Electron Configurations of Homonuclear Diatomic Molecules)

分子軌道的接近 (molecular orbitat approach) 的方法,具有分子可用其關連的軌道之項依序描述的優點,於每一軌道含旋轉方向相反的二電子,而每一電子可用一電子的波函數表示。這些軌道如 18-3 節所述,可用 H_2^+ 之分子的狀態命名,即這些軌道可依圍繞原子核軸之轉動波函數的量子數 λ 分類。

多電子的原子之能階,與主量子數 n 及角動量的量子數 l 有關,所以**同種核的二原子分子** (homonuclear diatomic molecule) 之關連圖,一般比 H_2^+ (圖 18-8) 與 H_2 分子所示者複雜,例如,$2s$ 與 $2p$ 的狀態有不同的能量。同種核之二原子的分子之關連圖,如圖 18-12 所示,其左邊爲同種核的二原子分子的**聯合原子** (united atom) 之能階,右邊爲分離的二原子之能量和的能階。例如,$^2\mathrm{He}$ 爲 H_2 之聯合原子,而 $^{28}\mathrm{Si}$ 爲 N_2 之聯合原子。圖 18-12 爲將聯合原子的原子核拉開,而形成平衡核間距離的分離原子之**關連圖** (correlation diagram)。於此所示的關連圖爲,聯合原子與分離的二原子之能階間的連線,其角動量 (l 與 λ) 及**格** (parity)(g 或 u) 均各保持守恆。聯合原子的電子軌道依能量的增加順序,以 $1s\sigma_g, 2s\sigma_g, 2p\sigma_u, \cdots$ 等符號標示,而所生成分離的二原子之電子軌道,以 $1\sigma_g, 1\sigma_u, 2\sigma_g\cdots$ 等符號標示。於此,沒有標記 $s, p, d, \cdots$ 的理由,係因於聯合原子與分離的二原子中,含有不同的角動量的量子數,例如,$2p\sigma_u$ 與 $\sigma_u 1s$ 的關連。

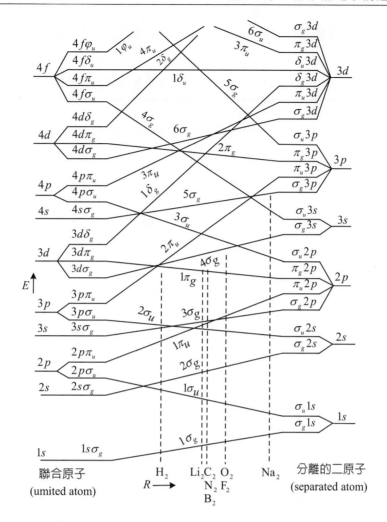

圖 18-12　同種核的二原子分子之關連圖 (R.S. Berry, S.A. Rice, and J. Ross, Physical Chemistry. New York: Wiley, 1980)，斷線表示所示分子之軌道的正確順序

　　同種核的二原子分子之一連的電子結構，可由此關連圖 18-12，使用 Aufbau 原理得到，即電子成對依序置入能量增加的順序之軌道。注意軌道之能量的順序，因二原子核間的距離 R 而異，於 σ 的能階可配置二電子，而於 π 或 δ 的能階可配置四電子 （ 因其 $L_z = \pm\lambda\hbar$ ，而成為二退縮的軌道 ）。週期表的第一行之同種核的二原子分子於基底態之**電子組態** (electron configuration)，如表 18-3 所示。許多電子的分子之較內部的電子，趨向濃縮於其原子核的周圍，而僅其少部分的電子用以形成結合鍵。表 18-3 所示之電子組態，並非表示其實際的穩定分子之狀態。原子核間之電子密度所形成的軌道，為所謂**結合軌道** (bonding orbitals)，這些結合軌道為 $1\sigma_g , 2\sigma_g , 1\pi_u , 3\sigma_g , \cdots$ 等。原子核間有節的**平面** (nodal plane) 的軌道，為**反結合的軌道** (antibonding orbital) (18-3 節)，由此， $1\sigma_u , 2\sigma_u , 1\pi_g$ ，及 $3\sigma_u$ 等為反結合的軌道。注意同種核的二原子分子的軌道均成對，且其中之一為**結合** (bonding) ，而另一為**反結合** (antibonding)的軌道。結

合軌道的電子之**結合能力** (bonding power)，通常較反結合軌道的電子之反結合能力稍弱。

表 18-3　同種核的二原子分子及其離子之基底狀態

分子	電子數	電子組態 (configuration)	項符號 (term symbols)	結合程序 (bond order)	平衡核間距離 R_e / pm	平衡解離能，D_e EV	平衡解離能，D_e kJ mol^{-1}
H_2^+	1	$(1\sigma_g)$	$^2\Sigma_g$	$\frac{1}{2}$	106.0	2.793	269.483
H_2	2	$(1\sigma_g)^2$	$^1\Sigma_g$	1	74.12	4.7483	458.135
He_2^+	3	$(1\sigma_g)^2(1\sigma_u)$	$^2\Sigma_u$	$\frac{1}{2}$	108.0	2.5	238
He_2	4	$(1\sigma_g)^2(1\sigma_u)^2$		0	—	—	—
Li_2	6	$[He_2](2\sigma_g)^2$	$^1\Sigma_g$	1	267.3	1.14	110.0
Be_2	8	$[He_2](2\sigma_g)^2(2\sigma_u)^2$		0	—	—	—
B_2	10	$[Be_2](1\pi_u)^2$	$^3\Sigma_g$	1	158.9	~3.0	~290
C_2	12	$[Be_2](1\pi_u)^4$	$^1\Sigma_g$	2	124.2	6.36	613.8
N_2^+	13	$[Be_2](1\pi_u)^4(3\sigma_g)$	$^2\Sigma_g$	$2\frac{1}{2}$	111.6	8.86	854.8
N_2	14	$[Be_2](1\pi_u)^4(3\sigma_g)^2$	$^1\Sigma_g$	3	109.4	9.902	955.42
O_2^+	15	$[N_2](1\pi_g)$	$^2\Pi_g$	$2\frac{1}{2}$	112.27	6.77	653.1
O_2	16	$[N_2](1\pi_g)^2$	$^3\Sigma_g$	2	120.74	5.213	502.9
F_2	18	$[N_2](1\pi_g)^4$	$^1\Sigma_g$	1	143.5	1.34	118.8
Ne_2	20	$[N_2](1\pi_g)^4(3\sigma_u)^2$		0	—	—	—

　　於此定義**結合的程序** (bond order)，結合的程序大約與結合之強度成比例。結合的程序等於，電子之**結合對** (bonding pairs) 的數減**反結合對** (antibonding pairs) 的數。結合的程序 1, 2 及 3，相當於通常所謂的**單** (single) 鍵，**雙** (double) 鍵及**參** (triple) 鍵。下面依序逐次討論，第一列的元素之同種核的二原子分子。

　　He_2^+：氦分子的離子 He_2^+ 中之第三電子於反結合的軌道，而於結合的軌道有二電子，因此，離子 He_2^+ 有淨結合。於**電弧** (electric arcs) 中可觀察到此離子。

　　He_2：依照簡單的分子軌道理論，於 He_2 中的一對電子占據 $1\sigma_g$ 軌道，而另一對電子占據 $1\sigma_u$ 軌道。因其結合與反結合之二軌道均填滿，所以其能量與二孤立的氦原子比較並沒有減少，而不會形成穩定的 He_2 分子。

　　Li_2：於 Li_2 中，其較 He_2 多的一對電子會填入 $2\sigma_g$ 的軌道，因此，於其二原子核間有一單鍵的結合。因 Li_2 之鍵結合甚弱，所以鋰金屬的蒸氣為單原子的鋰。

　　Be_2：於 Be_2 中，其較 Li_2 多的一對電子會填入 $2\sigma_u$ 的反結合軌道。因此，如 He_2 的情況，其結合與反結合之二軌道均填滿，而與孤立的 Be 原子比較，不會形成穩定的 Be_2 分子。

B_2：　依照圖 18-12 所示，於 B_2 中其較 Be_2 多的一對電子，會填入 $1\pi_u$ 的軌道。因此，會形成單一鍵的結合，而其二原子的分子 B_2，相當穩定。由其光譜的量測顯示，其基底狀態為**三重態** (triplet state)，所以其較外層的二電子在不同的 $1\pi_u$ 軌道。依照 Hund 的法則，若有相同能量的幾個軌道，則電子須分置於這些同能量的不同軌道。由此，因有二不成對的電子，故其基底狀態為三重態。

C_2：　於 C_2 中，其較 B_2 多的二電子，分別填入**二半空** (half-vacant) 的 $1\pi_u$ 結合軌道。因此，C_2 有四電子在結合軌道，而這些軌道沒有被其對應的反結合軌道的電子抵補。由此，因 C_2 之結合的程序為 2，而與 B_2 之結合程序為 1 比較，C_2 較 B_2 有較穩固的結合及較小的核間距離。

　　　雖然碳於高溫的氣體中，有較多的 C_2 存在，但亦有其他種類如 $C_3, C_4\cdots$ 等的存在。碳於固態中形成網狀的結構 (鑽石及石墨)，而非如 C_2，並發現有如 C_{60} 及 C_{70} 之穩定的分子種。這些現象係因其 $1\pi_u$ 與 $3\sigma_g$ 的能量甚靠近，而分子 C_2 容易升至**激勵的組態** (excited configuration)，$[Be](1\pi_u)^3(3\sigma_g)$。因此，此分子中之不成對的電子，會進一步與碳原子形成鍵結合，以補償激勵的能量。

N_2：　於 N_2 中，其較 C_2 多的一對電子，會填滿 $3\sigma_g$ 鍵的結合軌道。因此，N_2 有單一重的基底狀態及參鍵的結合。N_2 由於此種強的鍵結合，而形成二原子的分子，為短核間距離的很穩定的分子，氮的氣體可凝結形成分子結晶。N_2 之第一激勵態比其基底態高 6.2 eV。注意於圖 18-12 中，由 N_2 至 O_2 之 $1\pi_u$ 與 $3\sigma_g$ 軌道的順序變化。

O_2：　依照簡單的分子軌道理論，於 O_2 中，其較 N_2 多的一對電子，會填入 $1\pi_g$ 的軌道。因 $1\pi_g$ 軌道有二重的退縮，故此二電子可填入相同或不同的軌道。若填入相同的軌道，則形成單**一重態** (singlet)，若分別填入不同的二軌道，則形成三重態。如原子的情況由 Hund 的法則預估，因三重態的能量較低，故 O_2 中的電子會填入不同的軌道，而平行旋轉。因此，基底狀態的 O_2 之旋轉等於 1，為**順磁性** (paramagnetic)。此為 MO 理論的預言之早期的成就之一。

F_2：　於 F_2 中，其較 O_2 多的二電子會填滿 $1\pi_g$ 的軌道，所以其基底態為單一重態。因於其二 $1\pi_g$ 反結合的軌道中之電子對，可大約抵消其結合軌道中的二電子對的結合，故其結合較 O_2 弱，而其核間的距離較大。

Ne_2：於 Ne_2 中，其 $3\sigma_u$ 的軌道被填滿，所以反結合的效應抵消結合的效應，而不會形成穩定的分子。

　　雖然以同樣的方法，可建造**異種核的二原子分子** (heteronuclear diatomic

molecules) 之關連圖，但其二原子中之能階，可能有相當明顯的差異。由於鍵結合中所含的二原子之原子軌道，須爲相同的 $\sigma, \pi, \cdots$ 之性質，及其能量不可相差太大。由於異種核的二原子分子中的電子，與同種核的二原子分子中的電子比較，較局限於圍繞其中的一原子核，因此，異種核的二原子分子均具有**偶極子矩** (dipole moment) (18-15 節)，而於極端的情況時，甚至會形成離子化的分子 (18-13 節)。分子中的不同原子，對於電子之親和性的差異，一般可用**電陰性** (electronegativity) (18-12 節) 表示。

 ## 18-7 二原子的分子之分子軌道
(Molecular Orbitals for Diatomic Molecules)

由分子軌道與價鍵的理論得，二原子的軌道之相重疊的部分愈多，其產生結合的**化學鍵** (chemical bond) 愈強。二原子互相接近時，其電子雲會互相重疊，此時由於其內殼的電子雲間，及其二帶正電荷核間的各互相排斥，所以靠近的二原子會產生互相排斥。同種核的二原子分子之二原子的軌道爲等值，然而，異種核的二原子分子之二原子核所帶的正電荷不相同，而其二波函數 ψ_1 與 ψ_2 之係數不相同。因此，其波函數通常可用下式表示，爲

$$\psi = c_1\psi_1 + c_2\psi_2 \tag{18-66}$$

由於異種核的二原分子之共有電子對，會被電子親和力較強的原子核吸引，所以其二原子共享電子的程度不同，而會具有若干的離子性。

二原子之軌道於下列的情形時，可結合形成分子軌道：(1) 原子 1 的波函數 ψ_1 與原子 2 的波函數 ψ_2 之各對應的能量相差不多，(2) 波函數 ψ_1 與 ψ_2 之重疊的部分多，(3) 波函數 ψ_1 與 ψ_2，對分子軸具有相同的對稱性。由於 p 軌道比 s 軌道離原子核較遠，由此，就特定的鍵距而言，p 軌道之重疊度較 s 軌道者高。因此，較常看到 p 軌道間的結合。

原子軌道 a 與原子軌道 b 結合時，通常會形成兩種分子軌道，其一爲結合的軌道，另一爲反結合的軌道，如圖 18-13 所示。對於核間軸對稱的軌道，稱爲 σ 鍵，於圖中所示者，爲由二 s 軌道或二 p 軌道相疊形成的 σ 鍵之情形。二 p 軌道垂直於結合鍵的方向時，其二軌道會於**節面** (nodal plane) 之兩側重疊，如圖 18-13(c) 所示。此種結合鍵，於 p 軌道的節面之上面與下面的電子密度較大。若重疊部分於核間軸之上方與下方，則此軸必在其對稱的面，此種鍵稱爲 π 鍵。

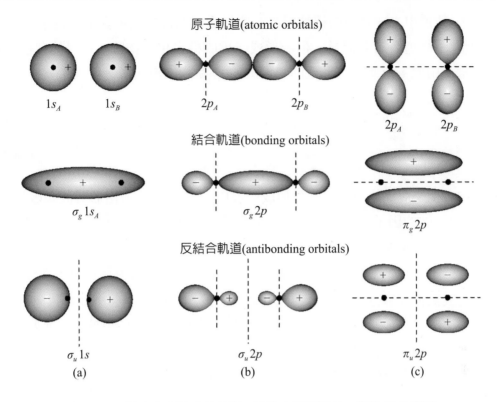

原子軌道(atomic orbitals)

$1s_A$　　$1s_B$　　$2p_A$　　$2p_B$　　$2p_A$　　$2p_B$

結合軌道(bonding orbitals)

$\sigma_g 1s_A$　　$\sigma_g 2p$　　$\pi_g 2p$

反結合軌道(antibonding orbitals)

$\sigma_u 1s$　　$\sigma_u 2p$　　$\pi_u 2p$

(a)　　　　　(b)　　　　　(c)

圖 18-13　結合與反結合的軌道 (黑點表示原子核，斷數代表節面)

18-8　混成軌道 (Hybrid Orbitals)

　　化學的結合能 (chemical bond energies) 等於分子之**基底態能量** (ground state energy) 與其分子內各原子之基底態能量的和之差。化學的結合能可分成，於基底態的各原子激勵至激勵態，及於激勵態的各原子相互作用生成分子的二步驟來考慮。若各原子相互作用生成分子所減小之能量，較各原子自基底態激勵至激勵態所需的能量大時，則可生成穩定的化學結合鍵或簡稱化學鍵。

　　價鍵法 (valence bond method) 爲基於鍵結合的二原子之原子軌道的重疊，而形成化學鍵的觀念，於此加入**混成軌道** (hybrid orbitals) 的觀念時，可得簡單分子中的原子結合鍵間之**鍵角度** (bond angles)。混成軌道爲一原子之原子軌道與某一定角度的另外原子之原子軌道間的線性組合。下面以 BeH_2 , BH_3 , CH_4 , NH_3 及 H_2O 等分子爲例，說明這些化學結合鍵的觀念。

　　線形的分子 H－Be－H 之二 Be-H 結合鍵間的鍵角度爲180°。其中的鈹 (Be) 原子之基底態的電子組態爲 $1s^2 2s^2$，而因其 $2s$ 與 $2p_x$ 的軌道之主量子數相同，因此，其能量相差不大，故其一電子容易由 $2s$ 的軌道激勵至 $2p_x$ 的軌道而形成 $1s^2 2s^1 2p_x$ 的電子組態。BeH_2 分子中的 Be-H 鍵之方向性，可用鈹原子之 $2s$ 軌

道與其 $2p$ 軌道中之一軌道的線性組合,所形成的二混成軌道表示。電子由 $2s$ 軌道激勵至 $2p$ 軌道時需要能量,但於形成二鍵的穩定化合物時,可得比此能量較大的能量。由此,依此方法形成的二混成的 sp 軌道之波函數,可表示為

$$\psi_{sp(\mathrm{i})} = \frac{1}{\sqrt{2}}(2s + 2p_x) \tag{18-67}$$

與

$$\psi_{sp(\mathrm{ii})} = \frac{1}{\sqrt{2}}(2s - 2p_x) \tag{18-68}$$

於上式中,由 s 與 p 軌道的混合而形成二混成 sp 的軌道,並由於其波函數的規格化導出 $1/\sqrt{2}$ 的因子。於此由於使用鈹原子之 s 軌道與 p 軌道,而得二混成軌道。當 s 軌道與 p_x 軌道混成時,需記住 p_x 軌道於原子核之一側為正號,而於另一側為負號。由於 $2s$ 軌道之徑函數的波**節** (node) 內側之軌道為負值,而外側為正值,且其節面甚靠近原子核,所以此區域對於結合的貢獻甚小而可以忽略。混成軌道 $\psi_{sp(\mathrm{i})}$ 中的 s 與 p 軌道之電子雲,於原子核之一側互相抵消,而於原子核之另一側相輔(加)成,如圖 18-14 所示。結合鍵的方向與其二軌道之電子雲的相輔之側面的方向相同,此種電子雲的非對稱性,對於結合之價鍵的方向性具有重要的意義。例如,電子雲於原子核之右側相輔時,表示電子存在於原子核的右側之或然率增大,因此,於其原子核右側,會與其他原子的電子雲形成結合鍵。圖 18-14 所表示者,為由 s 與 p 軌道的混合所形成的混成的軌道,其中的一混成軌道用實線,而另一用虛線表示。圖中的 $\psi_{sp(\mathrm{ii})}$ 軌道與 $\psi_{sp(\mathrm{i})}$ 軌道為同等,而其結合價鍵的方向相反,即指向左側。由於這些軌道之**葉** (lobes) 沿 x 軸延伸之距離,較 $2s$ 與 $2p_x$ 軌道者大,因此,於 BeH_2 的分子內,其混成軌道與二氫原子之 $1s$ 軌道重疊的部分較多。

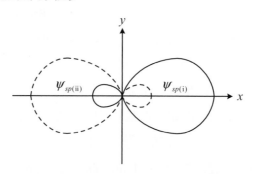

圖 18-14　由一 s 軌道與一 p 軌道所混成之二 sp 混成軌道(其中的一混成軌道用實線表示,另一用虛線表示)

上述的這些混成軌道,與二質子之 $1s_A$ 與 $1s_B$ 軌道的結合,而得到下列的二 $Be-H$ 鍵軌道的波函數 ψ 與 ψ',可分別表示為

$$\psi = c_1 1s_A + c_2 \psi_{sp(\mathrm{i})} \tag{18-69}$$

$$\psi' = c_1' 1s_B + c_2' \psi_{sp(\text{ii})} \tag{18-70}$$

依據價鍵的理論 (valence bond theory)，BeH_2 分子由於鈹原子之二 sp 混成軌道，與二氫原子之 $1s$ 軌道的重疊而穩定，而此不包括鈹原子的 $1s^2$ 電子。

　　分子 BH_3 中之三 B－H 鍵於同一的平面，而 H－B－H 之鍵角度爲120°。硼原子之基底態的電子組態爲 $1s^2 2s^2 2p$，其一 $2s$ 電子轉移至 $2p$ 軌道時，形成 $1s^2 2s^1 2p_x^1 2p^1$ 的電子組態。此時並由其一 $2s$ 軌道與二 $2p$ 軌道混合，而形成三 sp^2 的混成軌道，且於 p 軌道的平面上互成120° 的方向。由硼之下列的三混成軌道，可形成 BH_3 之三同等的 B－H 鍵，硼之三混成軌道的波函數，可表示爲

$$\psi_{sp^2(\text{i})} = \frac{1}{\sqrt{3}} 2s + \sqrt{\frac{2}{3}} 2p_z \tag{18-71}$$

$$\psi_{sp^2(\text{ii})} = \frac{1}{\sqrt{3}} 2s - \frac{1}{\sqrt{6}} 2p_z + \frac{1}{\sqrt{2}} 2p_x \tag{18-72}$$

$$\psi_{sp^2(\text{iii})} = \frac{1}{\sqrt{3}} 2s - \frac{1}{\sqrt{6}} 2p_z - \frac{1}{\sqrt{2}} 2p_x \tag{18-73}$$

上面的這些波函數，均規格化而**直交** (orthogonal)。將 p_z 與 p_x 軌道之角度的部分代入，可得於一平面上而其葉的指向互爲120° 的三 sp^2 混成軌道，如圖 18-15 所示。

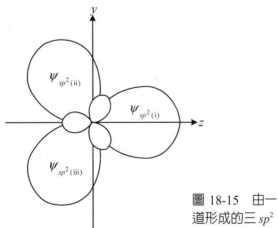

圖 18-15　由一 s 軌道與二 p 軌道形成的三 sp^2 混成軌道

碳原子之基底電子組態爲 $1s^2 2s^2 2p^2$，由其 $2s$ 軌道之一電子轉移至 $2p$ 軌道而形成 $1s^2 2s 2p^3$ 的狀態，此時之電子組態爲 $1s^2 2s 2p_x 2p_y 2p_z$，即有四不成對的價電子而爲四價。因此，碳原子之四外層的價電子，形成下列的四同等的 sp^3 混成軌道，而可表示爲

$$\psi_{sp^3(\text{i})} = \frac{1}{\sqrt{4}} (2s + 2p_x + 2p_y + 2p_z) \tag{18-74}$$

$$\psi_{sp^3(\text{ii})} = \frac{1}{\sqrt{4}} (2s - 2p_x - 2p_y + 2p_z) \tag{18-75}$$

$$\psi_{sp^3(iii)} = \frac{1}{\sqrt{4}}(2s + 2p_x - 2p_y - 2p_z) \qquad \textbf{(18-76)}$$

$$\psi_{sp^3(iv)} = \frac{1}{\sqrt{4}}(2s - 2p_x + 2p_y - 2p_z) \qquad \textbf{(18-77)}$$

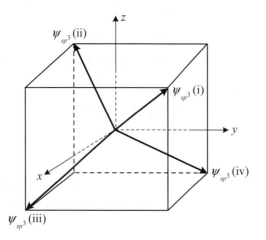

表 18-4　一些 sp^3 結合之實例

物　質	結合角	實測值
C_3H_8	$C - C - C$	110°31′
$C(CH_3)_3Cl$	$C - C - C$	111°30′
$CHCl_3$	$Cl - C - Cl$	112°
CH_2Cl_2	$Cl - C - Cl$	112°
CH_2F_2	$F - C - F$	110°
$SiHCl_3$	$Cl - Si - Cl$	110°

圖 18-16　由一 s 軌道與三 p 軌道所形成的四 sp^3 混成軌道之方向

上述的這些**正交規格的軌道** (orthonormal orbitals) 自正四面體的中心之碳原子指向其四角頂，由此，CH_4 分子中之 C–H 結合鍵的角度皆為 109°28′，如圖 18-16 所示。這些混合的四**混成 sp^3 軌道** (hybrid sp^3 orbitals) 之電子，與氫或其他元素可形成 σ 鍵的結合。一些 sp^3 結合之實例，如表 18-4 所示，不僅 C 原子之 $2s2p^3$ 的四混成軌道可形成四面體的結合，Si 之 $3s3p^3$，Ge 之 $4s4p^3$，Sn 之 $5s5p^3$ 等的四混成軌道，亦同樣可形成四面體的結合。

18-9　π 鍵 (π Bonds)

　　碳原子之四個價電子中的一 s 電子，有時會與其二 p 電子混合形成，於一平面上互成 120° 之三同等的 sp^2 混成軌道。由此，如乙烯、苯及芳香族的碳化氫等化合物中之 C 與 C 的結合，為 $sp^2 - sp^2$ 的結合，而 C 與 H 的結合為 $sp^2 - s$ 的結合，而此 C–C 的 $sp^2 - sp^2$ 結合及二 C–H 的 $sp^2 - s$ 結合，於一平面上互相成 120° 的角度。這些結合的電子雲，於其結合軸的方向成軸對稱，此種單鍵的結合稱為 σ 型的結合或 σ 鍵 (σ bond)。然而，如乙烯中之碳原子尚剩一 p 電子，而此 p 電子軌道之分佈方向，與所形成之 σ 鍵的平面及其分子的軸均成直角。因此，其相鄰的二碳原子之未混成的 p 軌道會重疊，而於其 p 軌道的方向產生結合，由此，其電子雲的分佈與 σ 鍵的平面及分子軸均成直角，而於分子軸形成**節面** (nodal plane)，此種結合稱為 π 型的結合或 π 鍵 (π bond)。乙烯之結合如圖 18-17 所示，其二碳的原子間，由 σ 與 π 的兩種結合而形成二重結合（雙鍵），而其二碳原子各再與二氫原子形成二 σ 鍵（sp^2-s 結合）的單鍵結合。

　　不飽和的碳化氫之電子組態，可藉 π 軌道說明。乙烯之 H–C–H 的鍵角度為117°，可視為其各碳原子有三 sp^2 的混成軌道，於一平面上且各互成約120°，其餘的未參與混成之 p 軌道，垂直於含此三 sp^2 混成軌道的平面，而其二碳原子的各 sp^2 混成軌道之一互相重疊形成 σ 鍵。二碳原子之未混成的 p 軌道互相重疊，形成垂直於含其三 σ 鍵及二碳核的平面之 π 鍵的棒狀軌道，如圖 18-17 所示。

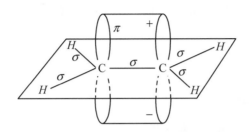

圖 18-17　乙烯 (C_2H_4) 分子中之鍵結合

　　乙炔，H–C≡C–H，為線狀的分子，其中的二碳原子各有二 sp 混成軌道及二 p 軌道。其二碳原子的各一 sp 混成軌道重疊形成 σ 鍵，而各碳之另一 sp 混成軌道，各與一氫原子結合形成 σ 鍵。其各碳原子所剩餘之二 p 軌道電子，各互相重疊形成二 π 鍵，而此二 π 軌道均對於 x 軸方向的 σ 鍵，分別沿 y 與 z 軸的方向延伸。因此，乙炔的分子之二碳原子間的三鍵中之一為 σ 鍵，其餘的二為 π 鍵，如圖 18-18 所示。

　　二氧化碳 CO_2 之 O–C–O 的結合，為成一直線的 sp 結合，而所形成的二 O–C 的 sp 結合之外，其 O 與 C 所剩餘之二 p 電子各形成 π 結合。此二 π 結合均含分子軸而分佈於互成直角的面上。其他的一些化合物之 π 結合，如圖 18-18 所示。

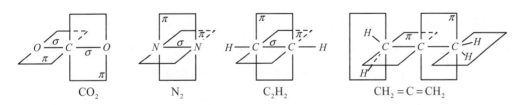

圖 18-18　一些化合物之 π 結合

　　苯的分子中之各碳原子之三 sp^2 混成軌道，與其相鄰接的二碳原子及一氫原子各形成 σ 鍵，如圖 18-19(a) 所示。設以 xy 的面為分子面，由於苯之各碳原子皆各剩一 p_z 軌道的電子，而此六 p_z 軌道之電子雲垂直於苯環之分子面，且於其上下結合成 π 軌道。此六 p_z 的原子軌道本可結合成六分子軌道，然而，於基底

態的苯分子中之六 π 電子，僅佔其三最低能量的分子軌道。通常 π 電子不隸屬於其任何的某碳原子，而可於容許的範圍內自由移動，因此，π 軌道為**非局限性的軌道** (nonlocalized orbital)，苯的分子有三組各與苯分子的平面成直角分佈的 π 結合，如圖 18-19(b) 所示。苯分子中之 C–C 鍵的鍵長度為 1.39Å，此較 C 與 C 之單鍵（鍵長 1.54Å）的長度短，而較雙鍵（鍵長 1.34Å）的鍵長度長，約相當於單鍵與雙鍵之中間的長度。由於苯的分子之碳與碳間的結合，為單鍵 C–C 的結合與雙鍵 C＝C 的結合間的共振，而改變其碳原子間的間隔。σ 型的結合之 C–C 結合的能量約為 335 kJ mol^{-1}，而 π 結合之 C–C 結合的結合能為 251 kJ mol^{-1}，由此，π 結合比 σ 結合稍弱。

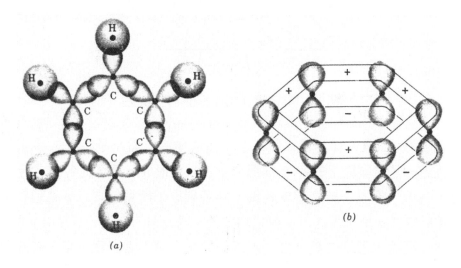

(a)   (b)

圖 18-19 (a) 苯之 σ 鍵 (b) 苯之 π 軌道

18-10 配位結合 (Coordination Bonding)

對於如 NH$_3$ 及 H$_2$O 等分子之鍵結合，須用**孤獨對電子** (lone-pair electrons) 的觀念說明。氨分子中的氮原子之基底態的電子組態為 $1s^2 2s^2 2p_x^1 2p_y^1 2p_z^1$，如碳原子可形成四 sp^3 的混成軌道，此時 N 原子的二個**價電子** (valence electron) 須配置於其四 sp^3 混成軌道之一軌道，而其剩餘的三 sp^3 軌道可用以與氫原子結合。因此，NH$_3$ 的分子形成鍵角 109° 的**四面體構造** (tetrahedral structure)，而此四面體之一頂點，含有其沒有與 原子結合之孤獨的電子對（非共有電子對），且其方向指向其所結合的氫原子之反側，如圖 18-20(a) 所示，由實驗的實際測得之鍵角為 107°。氨的分子由於此種孤獨的電子對，而能與**有空軌道** (vacant orbitals) 的金屬離子結合生成複離子。氨分子之此孤獨的電子對，與質子 H$^+$ 結合時形成 NH$_4^+$ 的離子，而可表示為

$$H:\overset{\cdot\cdot}{\underset{H}{N}}: \ + H^+ \ \longrightarrow \ \left[H:\overset{H}{\underset{H}{N}}:H \right]^+ \ 或 \ H-\overset{H}{\underset{H}{N}}\rightarrow H \tag{18-78}$$

上式中，由 N 與 H 的原子共有之電子對所形成的**共價結合** (covalent bonding)，用 H：N 或 H－N 表示。於反應式 (18-78) 所示，NH_3 中的 N 原子之外圍的八電子中的六電子，為由氮原子與其結合的三氫原子，各分別提供一電子共有，並形成三共有電子對的 N－H 共價結合，而剩餘的二電子專屬於 N 的原子，此種專屬於某原子之電子對，稱為孤獨的電子對。含有孤獨電子對的氨分子與氫離子 H^+ 結合時，此孤獨電子對會由 N 與 H 的二原子所共有，此種由一原子提供一孤獨電子對形成的結合，稱為**配位結合** (coordination bonding)，此種配位結合用箭號→表示。

水的分子與上述的氨分子類同，基底態的氧原子之電子組態為 $1s^2 2s^2 2p_x^2 2p_y^1 2p_z^1$，其一 p 軌道 p_x 完全飽和，而其餘的二 p 軌道 p_y 與 p_z 內各僅有 1 電子。因此，此二含不成對電子之 p 軌道，必形成互相直交以構成穩定的結構。由此，氧原子的 p_y 與 p_z 軌道的電子各與氫原子的 $1s$ 電子結合形成共價鍵時，似應形成 $90°$ 的鍵角。然而，因氧原子之三 $2p$ 軌道與 $2s$ 軌道混成四 sp^3 的軌道，並形成互為 $109°$ 的四面體，而其中的二混成軌道與氫原子之 $1s$ 軌道結合形成 H_2O，及其餘的二軌道均各有一對的非共有電子對，指向所結合的氫原子之相反的方向，如圖 18-20(b) 所示。由於氧原子之二孤獨電子對的相互排斥，因此，H_2O 的分子形成 HOH 鍵角為 $109°$ 之四面體，由實驗所得的鍵角為 $104°$，H_2O 之孤獨的電子對可用以結合其他的原子。此孤獨電子對於水中其與鄰接的水分子之氫原子作用，而形成**氫鍵** (hydrogen bond)，並由此導至水之一些異常的性質。

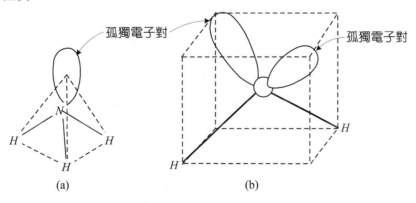

圖 18-20　(a) NH_3 之孤獨電子對，(b) H_2O 之孤獨電子對

　　由於 d 軌道之混成可得其他各種幾何排列的結合鍵。通常僅限於由外界供給足夠的能量時，始能產生 d 軌道的混成。Fe、Pd、Pt 等族的原子之 $n=3,4,5$ 的 d 電子參與結合，而形成特定的結合角。例如，$PtCl_6K_2$ 及 $PtCl_6(NH_4)_2$ 等錯鹽中的錯離子 $[PtCl_6]^{2-}$ 與 K^+ 及 $(NH_4)^+$ 等離子的結合，此錯離子 $[PtCl_6]^{2-}$ 中之 Pt 原子的電子組態為 $5d^9 6s$，而於 Pt 原子添加二電子形成 Pt^{2-} 離子時之電子組態為，於其 $5d$ 軌道中之三軌道有成對的電子，而於其 $5d$ 之另二軌道、$6s$ 的軌道及 $6p$ 之三軌道等，各有一不成對的電子，即可表示為

$$Pt^{2-}: \overset{5d}{\textcircled{\uparrow\downarrow}\ \textcircled{\uparrow\downarrow}\ \textcircled{\uparrow\downarrow}\ \textcircled{\uparrow}\ \textcircled{\uparrow}} \qquad \overset{6s}{\textcircled{\uparrow}} \qquad \overset{6p}{\textcircled{\uparrow}\ \textcircled{\uparrow}\ \textcircled{\uparrow}}$$

上面的 $5d, 6s, 6p$ 軌道之主量子數 n 雖然不相同，但這些軌道的能階幾乎相等。因此，其固有函數可混成，而其新混成的固有函數之方向，為由正八面體的中心指向其各頂點，如圖 18-21(a) 所示。此種結合稱為 d^2sp^3 的結合，而形成**八面體的鍵結合**(octahedral bond)，且實際屬於此種結合之錯離子的種類很多，例如，$[Fe(CN)_6]^{3-}$,$[Fe(CN)_6]^{4-}$,$[Co(CN)_6]^{3-}$,　$[Co(NH_3)_6]^{2+}$,$[PdCl_6]^{2-}$ 等。

　　對於 $BaNi(CN)_4 \cdot 4H_2O$ 及 $K_2Ni(CN)_4 \cdot H_2O$ 等之 $[Ni(CN)_4]^{2-}$ 錯離子，其中心之 Ni^{2-} 離子有 12 電子，其電子的配置為

$$Ni^{2-}: \overset{3d}{\textcircled{\uparrow\downarrow}\ \textcircled{\uparrow\downarrow}\ \textcircled{\uparrow\downarrow}\ \textcircled{\uparrow\downarrow}\ \textcircled{\uparrow}} \qquad \overset{4s}{\textcircled{\uparrow}} \qquad \overset{4p}{\textcircled{\uparrow}\ \textcircled{\uparrow}\ \textcircled{\ }}$$

其中的不成對的電子之 $3d, 4s$ 及二 $4p$ 等四軌道，混成四 dsp^2 的混成軌道，而由平面的正方形之中心向其各頂點方向產生結合，如圖 18-21(b) 所示。此稱為 dsp^2 的結合或**正方形平面的鍵結合**(square planar bond)，如 $[PtCl_4]^{2-}$，$[PdCl_4]^{2-}$，$[Pd(CN)_4]^{2-}$ 均屬此種結合。

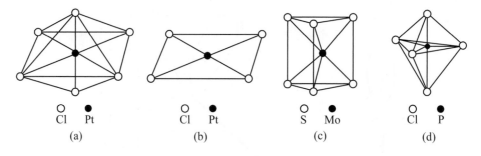

圖 18-21　由 d 軌道的混成所得結合鍵之幾何排列，(a) d^2sp^3 八面體結合：$[PtCl_6]^{2-}$ 或 SF_6，(b) dsp^2 平面正方形結合：$[PtCl_4]^{2-}$ 或 $BaNi(CN)_4 \cdot 4H_2O, K_2Ni(CN)_4 \cdot H_2O$ 等錯鹽的錯離子 $[Ni(CN)_4]^{2-}$，(c) d^4sp 三角柱結合：MoS_2 或 WS_2，(d) dsp^3 三角雙錐結合：PCl_5

於如 MoS_2 與 WS_2 的甚少例中，其 Mo 或 W 與六個的 S 原子結合，為由 d^4sp 混成的**三角柱** (trigonal prism) 之中心的 Mo，與其六頂點之 S 結合，如圖 18-21(c) 所示。

於 PCl_5，PF_5，PCl_2F_3 等例中之五價 P 原子的結合，為由於 dsp^3 混成之**三角雙錐體** (trigonal bipyramid) 之中心的 P 原子，與其頂點之 Cl 的結合，如圖 18-21(d) 所示。

上面所述的 $[PtCl_6]^{2-}$ 及 $[Ni(CN)_4]^{2-}$ 之中心的金屬離子 Pt^{2-} 及 Ni^{2-}，於考慮其電子配置時，雖可圓滿說明其結合的結果，但對於 Pt 及 Ni 之價數的狀況卻不甚清楚。若用配位結合說明時，則 $[PtCl_6]^{2-}$ 之中心的金屬 Pt 為四價，由於 Pt^{4+} 之原子價電子之配置為

由此，其周圍的六 Cl^- 離子（ $:\ddot{C}l:$ ）之孤獨電子對與 Pt^{4+} 結合，以填滿由其 $5d$ 之二軌道、$6s$ 軌道及 $6p$ 之三軌道，而成的六 d^2sp^3 之空的混成軌道。

如上同樣考慮 $K_3[Fe(CN)_6]$ 及 $K_4[Fe(CN)_6]$ 之結合時，其中的 $+3$ 價及 $+2$ 價的鐵離子 Fe^{3+} 及 Fe^{2+} 之電子配置，分別為

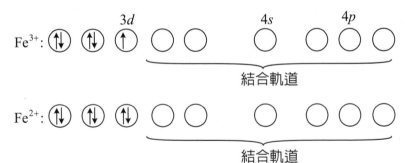

此時與鐵離子結合之電子，為 CN^-($:C::N:$) 之孤獨的電子對，於 Fe^{3+} 的離子時，其錯離子為 $[Fe(CN)_6]^{3-}$，而 Fe^{2+} 時其錯離子為 $[Fe(CN)_6]^{4-}$。

18-11 鍵半徑 (Bond Radii)

由量子力學計算所得之原子間的距離，與實測所得之值相當吻合，但原子間的距離之計算不容易，且已報告之實測數值亦有限。由實驗得知，不同種類的二原子以共價鍵結合時，各原子之共價鍵的半徑各等於一定的特定值，而與分子內所含的其他原子之種類及物理狀態等無關。對於同一類型之共價鍵，其二原子間之結合鍵距，等於該二原子之鍵半徑的和，例如，二原子 A 與 B 之 A–B 鍵距，為其二同種類原子的 A–A 鍵與 B–B 鍵之各結合鍵距之和的一半。大多數的有機化合物中之 C–C 單鍵之鍵距，與其於鑽石中之值 1.54Å 相同，由此，碳的單鍵之鍵半徑為，1.540Å /2 = 0.77Å。因 Cl–Cl 結合鍵之鍵距為 1.98Å，故 C–Cl 結合鍵之鍵距等於，0.77 + 1.98 / 2 = 1.76Å。同理，由於碳的參鍵 C≡C 之鍵距為 1.20Å，因此，碳的參鍵之鍵半徑為 1.20 / 2 = 0.60Å，其他的原子亦同樣各有其一定的結合鍵半徑。於表 18-5 列出，依據各種化合物推算所得之各種原子的結合鍵半徑。實際上，原子之**有效半徑** (effective radius)，仍受其結構、環境、及於分子內與其他原子所形成的結合鍵之性質等的若干影響。

離子結合的鍵半徑 (ionic bond radius) 與**共價結合的鍵半徑** (covalent bond radius) 不同。二原子由於其間之 van der Waals 力的作用，可靠近的最小距離，稱為 van der Waals 半徑，一些離子結合的鍵半徑與 van der Wassls 半徑之數值，分別列於表 18-6 與表 18-7，由這些結合鍵的半徑的相加，可得分子或結晶等之實際的原子間距離。

表 18-5　原子之共價鍵的半徑（單位：Å）

	H
單鍵半徑 (single-bond d radius)	0.30

	Li	Be	B	C	N	O	F
單鍵半徑	1.34	1.07	0.89	0.772	0.70	0.66	0.64
雙鍵半徑 (double-bond radius)				0.667	0.60	0.56	
參鍵半徑 (triple-bond radius)				0.603	0.547	0.50	

	Na	Mg	Al	Si	P	S	Cl
單鍵半徑	1.54	1.40	1.26	1.17	1.10	1.04	0.99
雙鍵半徑				1.07	1.00	0.94	0.89
參鍵半徑				1.00	0.93	0.87	

	K	Cu	Zn	Ga	Ge	As	Se	Br
單鍵半徑	1.96	1.35	1.31	1.26	1.22	1.21	1.17	1.14
雙鍵半徑					1.12	1.11	1.07	1.04

	Rb	Ag	Cd	In	Sn	Sb	Te	I
單鍵半徑	2.11	1.53	1.48	1.44	1.40	1.41	1.37	1.33
雙鍵半徑					1.30	1.31	1.27	1.23

	Cs	Au	Hg	Tl	Pb	Bi
單鍵半徑	2.25	1.50	1.48	1.47	1.46	1.46

表 18-6　離子之結合半徑（惰性氣體構造之離子）（單位：Å）

			H^{1-}	Li^{1+}	Be^{2+}	B^{3+}	C^{4+}	N^{5+}	O^{6+}	F^{7+}
			2.08	0.60	0.31	0.20	0.15	0.11	0.09	0.07
C^{4-}	N^{3-}	O^{2-}	F^{1-}	Na^{1+}	Mg^{2+}	Al^{3+}	Si^{4+}	P^{5+}	S^{6+}	Cl^{7+}
2.60	1.71	1.40	1.36	0.95	0.65	0.50	0.41	0.34	0.29	0.26
Si^{4+}	P^{3-}	S^{2-}	Cl^{1-}	K^{1+}	Ca^{2+}	Sc^{3+}	Ti^{4+}	V^{5+}	Cr^{b+}	Mn^{7+}
2.71	2.12	1.84	1.81	1.33	0.99	0.81	0.41	0.59	0.52	0.46
				Cu^{1+}	Zn^{2+}	Ga^{3+}	Ge^{4+}	As^{5+}	Se^{6+}	Br^{7+}
				0.96	0.74	0.62	0.53	0.47	0.42	0.39
Ge^{4-}	As^{3-}	Se^{2-}	Br^{1-}	Rb^{1+}	Sr^{2+}	Y^{3+}	Zn^{4+}	Nb^{5+}	Mo^{6+}	
2.72	2.22	1.98	1.95	1.48	1.13	0.90	0.80	0.70	0.62	
				Ag^{1+}	Cd^{2+}	In^{3+}	Sn^{4+}	Sb^{5+}	Te^{6+}	I^{7+}
				1.26	0.97	0.81	0.71	0.62	0.56	0.50
Sn^{4-}	Sb^{3-}	Te^{2-}	I^{1-}	Cs^{1+}	Ba^{2+}	La^{3+}	Ce^{4+}			
2.94	2.45	2.21	2.16	1.69	1.35	1.15	1.01			
				Au^{1+}	Hg^{2+}	Tl^{3+}	Pb^{4+}	Bi^{5+}		
				1.37	1.10	0.95	0.84	0.74		

表 18-7　van der Waals 半徑（單位：Å）

H	N	O	F
1.2	1.5	1.40	1.35
	P	S	Cl
	1.9	1.85	1.80
	As	Se	Br
	2.0	2.00	1.95
	Sb	Te	I
	2.2	2.20	2.15

18-12 電陰性 (Electronegativity)

由於分子內的不同種類之原子，對於電子之親和力的不相同，由此，不同種類的原子對於所形成的結合鍵之共有電子對的分享程度不相同，而導致該分子具有**偶極子矩** (dipole moment)。於類似的原子 A 與 B 間之結合，因原子 A 與 B 對於電子之吸引的性質大略相同，故其 $A-B$ 結合之離子性很小。原子對於其結合鍵中的電子對之吸引的趨勢，一般可用其**電陰性** (electronegativity) 表示。二原子 A 與 B 之電陰性相差愈大，通常其結合的離子性會愈大。

電陰性與前述之電子親和性 (17-14 節) 不完全相同。原子 X 之電子親和性 F 的定義為，$X + e^- \rightarrow X^- + F$，即相當於原子 X 與電子 e^- 反應產生離子 X^- 時之反應熱，而其 F 愈大，表示所生成的離子 X^- 愈安定。分子中的原子吸引電子成為較陰性之趨勢有許多估算的方法，例如，分子 AB 中之電陰性，可由其 A^+B^- 與 A^-B^+ 之相對穩定性的量測而得，其此二種結構 A^+B^- 與 A^-B^+ 之能量差，可表示為

$$E_{(A^+B^-)} - E_{(A^-B^+)} = (E_{i,A} - E_{ea,B}) - (E_{i,B} - E_{ea,A})$$
$$= (E_{i,A} + E_{ea,A}) - (E_{i,B} + E_{ea,B}) \tag{18-79}$$

上式中，E_i 為離子化電位或離子化能 (表 17-9)，而 E_{ea} 為電子親和性 (表 17-10)。由 Mulliken 定義，原子 A 與 B 間之**電陰性差** (electnonegativity difference) 為，$\frac{1}{2}[E_{(A^+B^-)} - E_{(A^-B^+)}]$。由此，原子之電陰性可定義為，$\frac{1}{2}(E_i + E_{ea})$。原子之電陰性與其**價狀態** (valence state) 有關，而所使用的游離電位與電子親和性，並非原子於其基底態之數值。

Pauling 發現 $A-B$ 鍵為極性時，$A-B$ 鍵之**鍵能** (bond energy) 大於 $A-A$ 鍵與 $B-B$ 鍵之鍵能的平均值。Pauling 由於此觀察，而建議以 x 表示電陰性，即 A 與 B 之電陰性 x_A 與 x_B 的差 $|x_A - x_B|$ 愈大，其離子性愈強。Pauling 定義 A 與 B 之電陰性的差為，$0.050 (\Delta_{AB} / \text{kJ mol}^{-1})^{1/2}$，其中之 Δ_{AB} 為

$$\Delta_{AB} = E_{(A-B)} - \frac{1}{2}[E_{(A-A)} + E_{(B-B)}] \tag{18-80}$$

上式中，$E_{(A-B)}, E_{(A-A)}$ 及 $E_{(B-B)}$ 為其相對的各種鍵之解離能。Pauling 並將氫原子 H 之電陰性，設定為 2.1。由 Mulliken 的指標之數值 (eV) 除以 3.17，可得 Pauling 指標之數值，雖然不完全吻合，但尚可得相對一致的結果。

氟的原子為所有元素中電陰性最強的原子，其 Pauling 的指標為 4.0，而**銫** (cesium) 的原子為電陰性最弱的原子，其 Pauling 的指標為 0.7。一些元素的原

子之電陰性，以週期表的位置順序，列於表 18-8。表中註記*符號者為 Gordy 所得之數值。由此表得知，對於鹵素元素，因其原子核之電荷被其全部的電子所屏蔽的程度，自上而下逐次增加，因此，其電陰性自上而下依序逐次減弱。鹼金屬的原子失去其較外層的電子之趨勢很大，由此，其電陰性較低。表中各**列** (column) 之各元素的原子核，距其外層電子的距離由上而下逐次增加，而其各內層的電子對於其原子核的電荷之**有效屏蔽** (effective screening)，亦由上而下依序逐次增加，因此，其電陰性隨之逐次遞減。

表 18-8　一些元素之電陰性度 (Pauling 的指標 x)

				H 2.1								
Li 1.0		Be 1.5		B 2.0			C 2.5			N 3.0	O 3.5	F 4.0
Na 0.9		Mg 1.2		Al 1.5			Si 1.8			P 2.1	S 2.5	Cl 3.0
K 0.8		Ca 1.0				Sc 1.3			Ti 1.6			
	Cu* 2.2		Zn* 1.2		Ga* 1.4			Ge 1.7		As 2.0	Se 2.4	Br 2.8
Rb 0.8		Sr 1.0				Y 1.3			Zr 1.6			
	Ag* 1.8		Cd* 1.1		In* 1.4			Sn 1.7		Sb 1.8	Te 2.1	I 2.5
Cs 0.7		Ba 0.9										
	Au* 3.1		Hg* 1.0		Tl* 1.3			Pb* 1.5		Bi* 1.8		

　　由元素的原子之電陰性，可推定其結合鍵之離子性與共價性。電陰性相差很大的二元素，如鹵素的原子與鹼金屬的原子結合時，電子幾乎完全移至較高電陰性的鹵素原子，而形成離子鍵。二元素之電陰性相接近或相等時，一般會形成共價鍵的結合，例如，碳的電陰性居於中間的位置，因此，可與週期表中的其鄰近的各元素生成共價鍵。若二元素之電陰性有顯著的差別，則會形成極性的結合鍵，如氯化鈉中的鈉與氯形成離子鍵。大多數的化學鍵中之二原子，各對其結合的電子對之享有的程度，通常均不完全相同，所以許多結合鍵常具有某些離子性，而具有偶極子矩 (18-15 節)。

18-13　離子結合 (Ionic Bonding)

　　電陰性接近的原子結合時，通常會形成共價鍵。不同電陰性的原子結合時，其結合的電子一般會自電陰性較低的原子，移至較高的原子。若二原子之電陰性相差甚為懸殊時，則其結合的電子會完全移至電陰性較高的原子，而形成**離子鍵** (ionic bond)。例如，氣態的氯化鉀之偶極子矩很大，此顯示鉀原子帶正的電荷，氯原子帶負電荷，而形成離子的鍵結合。

形成離子鍵結合的二原子之互相作用的能量 E_R，可由 Coulomb 定律 [式 (9-2)] 計算。二離子由於 Coulomb 的吸引力而互相接近時，由於靠近時所產生的排斥力與其相互吸引力的平衡，而會達至平衡的位置。當二離子之電荷雲開始重疊時，其**短程的排斥能量** (short range repulsion energy) 會迅速增加，此時之排斥能量可用經驗式，$b \exp(-aR)$，表示。因此，二原子的分子之位能 E_R，可近似表示為

$$E_R = \frac{Q_1 Q_2}{4\pi\epsilon_0 R} + be^{-aR} \tag{18-81}$$

上式中，R 為二原子間之距離，b 與 a 為由實驗推定之常數。二離子於充分靠近時，上式的右邊之後面的項會變成較重要。上式 (18-81) 所表示之能量為，對於分離的離子之量測的能量，實際上須考慮每一離子的電場，極化其他離子之電子雲，所產生的吸引能量之效應，然而，於接近平衡距離 R_e 時，其短程的排斥能量與極化能量均很小，因此，分子之解離能，一般僅考慮其 Colomb 吸引項，即可得很好的近似值。

上式 (18-81) 應用於分子解離成離子時，其解離系之基底狀態為原子而非離子，因此，分子解離成原子之解離能 D_e，可表示為

$$D_{e(MX \to M+X)} = D_{e(MX \to M^+ + X^-)} - E_{i,M} + E_{ea,X} \tag{18-82}$$

上式中，$D_{e(MX \to M^+ + X^-)}$ 為分子解離成離子之解離能，$E_{i,M}$ 為金屬的原子之**游離能** (ionization energy)，$E_{ea,X}$ 為非金屬的原子之電子親和性。因金屬原子之最低的游離電位，大於非金屬原子之最高的電子親和性，所以 $D_{e(MX \to M+X)}$ 小於 $D_{e(MX \to M^+ + X^-)}$。因此，MX 解離成 M 與 X 的原子間的距離，大於其 MX 的原子 M 與 X 之原子核間的距離成為 $M + X$ 時，該系會由於電子從 X^- 移至 M^+ 而減少其能量。

離子與具有偶極子矩的分子間，亦會形成**靜電的結合鍵** (electrostatic bonds)。例如，複離子 $[Ni(NH_3)_4]^{2+}$ 含有**離子–偶極子型** (ion-dipole type) 的靜電結合鍵。離子亦可藉其靜電感應的作用，誘發中性的分子成為**誘導偶極子** (induce dipole)，以形成**離子–誘導偶極子** (ion-induced dipole) 的結合鍵，例如，$I^- + I_2 = I_3^-$。

例 18-3　氣態的 NaCl 分子之平衡核間的距離為 0.2361 nm，及 NaCl(g) 解離成原子之解離能為 4.29 eV。試求 NaCl 解離成離子時之解離能，並與由 Coulomb 定律所得的數值比較之

 由式(18-82)及表 17-8 與表 17-10 中之數據得

$$D_{e(\text{NaCl}\to\text{Na}^+ + \text{Cl}^-)} = D_{e(\text{NaCl}\to\text{Na}+\text{Cl})} + E_{i,\text{Na}} - E_{ea,\text{Cl}}$$

$$= 4.29 + 5.14 - 3.61 = 5.82\text{eV}$$

若僅使用式 (18-81) 之 Coulomb 吸引項，則可得

$$D_{e(\text{NaCl}\to\text{Na}^+ + \text{Cl}^-)} = \frac{Q_1 Q_2}{4\pi\epsilon_0 R_e} = \frac{(1.602\times10^{-19}C)^2}{4\pi(8.854\times10^{-12}C^2 N^{-1} m^{-2})(0.2361\times10^{-9}m)}$$

$$= \frac{9.77\times10^{-19}\text{J}}{1.602\times10^{-19}\text{JeV}^{-1}} = 6.10\text{eV}$$

由此，僅使用 Coulomb 的吸引項時，其值與上面的計算值相差 0.28 eV ◄

18-14　氫　鍵 (Hydrogen Bonds)

氧的原子之基底態的電子組態為 $1s^2 2s^2 2p_x^2 2p_y^1 2p_z^1$，由於氧原子之三 $2p$ 軌道與 $2s$ 軌道混合成為四 sp^3 的混成軌道，且互成鍵角為 109° 的四面體，而其中的二混成軌道各與氫原子之 $1s$ 軌道結合成為 H_2O，其餘的二混成軌道各為非共有的孤獨電子對，並指向其所結合的氫原子之相反的方向，如圖 18-20(b) 所示。由於此二孤獨的電子對之相互排斥，以致使 HOH 的鍵角減小為 104.5° (實測值)。

氫原子只有一 $1s$ 軌道，而僅能形成一共價鍵，即氫原子提供一電子與氧的原子之一 sp^3 混成軌道的電子，形成共價鍵的結合，而所餘的 H 原子核（質子）之直徑甚小，及其靜電場甚強，而常被如孤獨電子對的高負電荷所吸引。因此，氧的原子與其鄰接的水分子之氫原子間，會形成**氫鍵** (hydrogen bond) 的結合。通常氫原子之原子核衹能與電陰性較強的原子，如氟、氧及氮等形成氫鍵。氫的原子核與氟的原子會生成極強的氫鍵結合，與氧的原子生成的氫鍵強度次之，而與氮的原子生成的氫鍵較弱。由此，氟化氫的離子 $[HF_2]^-$ 之氫鍵的結合非常強。

水的分子中由於氧原子之孤獨電子對，與其鄰接之水分子的氫原子間形成氫鍵，而導致水具有異常的性質。於冰中其每一氧原子均與四氫原子生成結合鍵，其中之二為共價鍵而另二為氫鍵，並形成四面體的配置，如圖 18-22 所示。

於冰中沿其中的氧原子之各孤獨電子對的方向，各形成氫鍵的結合。液態的水由於其中的氫鍵之生成，其沸點遠高於週期表中的同列元素之**氫化物** (hydrides)，例如，H_2O 之沸點為100°C，H_2S 之沸點為 −60.2°C，H_2Se 為 −42°C，而 H_2Te 為 −1.8°C。由比較這些化合物之熔點或蒸發熱等，亦可發現類似前述沸點的現象。液態水中之氫鍵結合較弱，通常藉蒸發的操作就可以破壞，然而，如甲酸與乙酸等其內的氫鍵結合較強，因此，其蒸氣通常會形成雙分子，如圖 18-23 所示。**苯甲酸** (benzoic acid) 與其他種類的**羧酸** (carboxylic acid)，於苯或四氯化碳等的非極性溶劑中，會生成**二聚體** (dimer)。**鄰位水楊酸** (ortho solicylic acid) 可生成**分子內的氫鍵結合** (intermolecular hydrogen bond)，而含此種鍵的鄰位水楊酸於游離氫離子時，趨向於放出其**羧基** (carboxyl group) 之氫離子，因此，OH 基與 COOH 相鄰的鄰位水楊酸，較**間位** (meta) 與**對位** (para) 等之其同素**異構物** (isomers) 的酸性強。

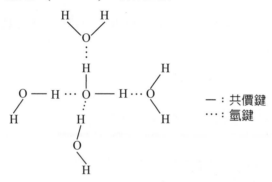

圖 18-22　冰中的水分子之配位情形

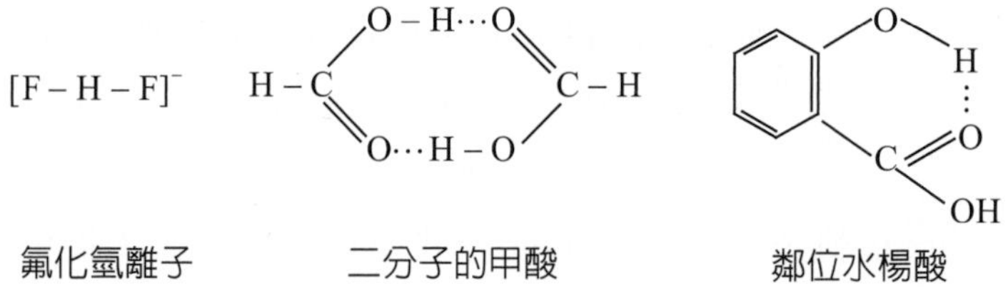

　　―：共價鍵
　　⋯：氫鍵

[F – H – F]⁻ 　氟化氫離子　　二分子的甲酸　　鄰位水楊酸

圖 18-23　一些氫鍵結合之實例

　　蛋白質的分子中及由**聚肽** (polypeptides) 所生成之 α **螺旋** (α-helix) 結構的穩定度，端賴其中之 N 與 O 的原子間所形成的氫鍵，此種結構內的螺旋線之一迴轉中，有三氫鍵的結合。由兩股的雙螺旋結合而成的脫氧核酸 (DNA) 中，亦含有氫鍵的結合，此種核酸對於遺傳**原質** (genes) 之作用的支配甚為重要。

18-15 偶極子矩 (Dipole Moment)

一正電荷 $+q$ 與一負電荷 $-q$ 之間的距離爲 r 時，其**偶極子矩** (dipole moment) 的大小可表示爲，$\mu = qr$。偶極子矩爲自負電荷指向正電荷的向量，其大小等於 $|\mu|$，偶極子矩之 SI 單位爲 C m，其中的 C 爲庫崙。

一群的**點電荷** (point charge) q_i 之偶極子矩，可表示爲

$$\mu = \sum_i r_i\, q_i \tag{18-83}$$

上式中，r_i 爲自**原點** (origin) 至電荷 q_i 之距離的向量。對於電荷的分佈爲 $\rho(x, y, z)$ 之偶極子矩，可定義爲

$$\mu = \iiint r(x, y, z)\, \rho(x, y, z)\, dx\, dy\, dz \tag{18-84}$$

對於**零總電荷** (zero total charge) 的分佈，其偶極子矩等於其正電荷或負電荷的分佈之絕對電荷，與其二電荷的各分佈中心間之距離的向量之乘積，即可表示爲

$$\mu = Q^+ r = |Q^-| r \tag{18-85}$$

二點電荷 $+e$ 與 $-e$ 之相隔距離爲 r 時，其偶極子矩等於 er，由此，一電子與一單位的正電荷相距 1Å 時之偶極子矩爲，$(4.80321\times10^{10}\,\text{esu})(10^{-8}\,\text{cm})$ $=4.80321\times10^{-18}\,\text{esu cm}$，爲記念 Debye 對於此方面的貢獻，偶極子矩有時使用**德拜單位** (Debye unit) D 表示，即 $10^{-18}\,\text{esu cm}$ 等於一德拜單位，而寫成 $1D$。因質子所帶之電荷爲 $4.80321\times10^{-10}\,\text{esu}$ 或 $1.60217733\times10^{-19}\,C$，故德拜 D 可用 SI 的單位表示爲

$$\frac{(10^{-18}\,\text{esu cm})(1.60217733\times10^{-19}\,C)(10^{-2}\,\text{m cm}^{-1})}{(4.80321\times10^{-10}\,\text{esu})} = 3.33564\times10^{-30}\,C\,\text{m}$$

同種類原子核的二原子分子之二原子，由於其對電子之共享度相等，因此，其偶極子矩爲零。異種原子核的二原子分子，因其二原子之電陰性不相同，故有偶極子矩。

二不同的原子結合時，其鍵結合的電子通常會偏向電陰性較高的原子，因此，其電陰性較低的另一原子會帶正的電，所以其分子具有**極性** (polar character)。

例 18-4 假設 NaCl 中的 Na 與 Cl 所帶之電荷相等，且其電荷的大小等於質子所帶的電荷，而 Na⁺ 與 Cl⁻ 所帶之電荷符號相反，及其二原子核間之平衡距離為 280 pm。試計算氣態 NaCl 之偶極子矩

解 由式(18-85)得

$$\mu = Qr = (1.602 \times 10^{-19}\,C)(280 \times 10^{-12}\,\text{m}) = 45 \times 10^{-30}\,C\,\text{m}$$ ◀

18-16 介電常數 (Dielectric Constant)

　　平行板的電容器 (prarallel plate capacitor) 之**電容** (capacitance) C，等於其一板上的電荷與其板間的電位差之比值。電容之單位為庫崙/伏特，此單位稱為**法拉** (farad) F，即 $1F = 1\,C/V$。

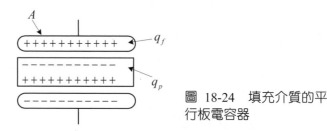

圖 18-24　填充介質的平行板電容器

　　於電容器之二平行的電極板間放置**絕緣物質** (insulating material) 的介質時，該介質之負電荷會趨向正的極板，而正電荷會趨向負的極板，因此，電容器之電容會由於介質表面顯現的淨電荷之增加而增加，如圖 18-24 所示。由於這些表面電荷的結果，電容器之二平行極板間有介質存在時之電場，會比相同的電容器之二平行板間無介質存在時的電場減低。由於電容等於其一極板上的電荷，與其二極板間的電位差之比，且其二極板間之電位差，由於介質的存在而減低，因此，電容會由於其二極板間之介質的存在而增加。

　　介質之**介電常數** (dielectric constant) κ 的定義為，於電容器內填滿介質時之電容 C_d，與該電容器抽成真空時之電容 C 的比，而可表示為

$$\kappa = \frac{C_d}{C} \tag{18-86}$$

由此，真空之介電常數為 1。物質之介電常數的大小，與溫度及所用的交流電場之頻率有關。一些氣體及液體之介電常數，列於表 18-9，這些數值為於頻率足夠低，而改變電場時仍保持平衡時的數據。

　　介質之**電誘導率** (electrical permittivity) ϵ，可表示為 $\epsilon = \kappa \epsilon_0$，其中的 ϵ_0 為真空之誘導率。

　　於圖 18-24 中，電容器之極板上的**自由電荷** (free charge) 用 q_f 表示，而介

質的表面上之**極化電荷** (polarization charge) 用 q_p 表示。表面之極化電荷的電荷密度，即為所謂**電極化** (electric polarization)。**極化的向量** (polarization vector) P ，與表面成垂直，而自介質之**負的表面電荷** (negative surface charges) 指向正的表面電荷。極化的向量之單位為 $C m^{-2}$ 或 $C m/m^3$，即相當於單位容積之**電偶極子矩** (electric dipole moment)。極化的向量之大小與所作用的電場強度成比例。

表 18-9　一些氣體及液體之介電常數 κ

氣體 (1 bar)	於 0°C	液　體	於 20°C
氫	1.000272	已烷	1.874
氬	1.000545	苯	2.283
空氣（無 CO_2 存在）	1.000567	甲苯	2.387
二氧化碳	1.00098	氯苯	5.94
氯化氫	1.0046	氨	15.5
氨	1.0072	丙酮	21.4
水（110°C 之水蒸氣）	1.0126	甲醇	33.1
		水	80

於此為得到極化 P、介電常數 κ 與電場強度 E 間的關係，引入**電移位向量** (electric displacement vector) D，電移位向量之定義為

$$D = \epsilon_0 E + P \tag{18-87}$$

上面的電移位之單位為 $C m^{-2}$。由於電容器內填充介質時，其電容器的極板上仍會保持相同的自由電荷，因此，電移位向量不會改變。電容器內無介質的存在時，其電移位向量可表示為

$$D = \epsilon_0 E_0 \tag{18-88}$$

上式中，E_0 為電容器內無介質時之其二極板間的電場強度。於其二極板之間填充介質時，其電移位向量 D 不會改變。因此，由式 (18-87) 與 (18-88) 合併，可寫成

$$D = \epsilon_0 E_0 = \epsilon_0 E + P \tag{18-89}$$

由於介質的極化之電荷與電容器的極板上之電荷的符號相反，因此，所減低的電場等於無介質存在時之電場除以其介電常數。由此得，$E = E_0 / \kappa$，將此關係代入上式 (18-89)，可得

$$P = \epsilon_0 E(\kappa - 1) \tag{18-90}$$

當電場作用於試樣時，須要時間以達成**平衡極化** (equilibrium polarization)。由此，介電常數為頻率有關的量，而由於使用**靜電場** (static field)，或變化甚慢的電場，可使其極化於任何的時間均保持平衡值。

18-17 極 化 (Polarization)

分子之極化須考慮其**方位極化** (orientation polarization)、**電子的極化** (electronic polarization)、及**振動的極化** (vibrational polarization) 等三種。其中的方位極化為由於其**永久偶極子** (permanent dipoles) 之**部分的整齊排列** (partial alignment)，如圖 18-25 所示，具有永久偶極子的分子，由於其熱運動的**失方位效應** (disorienting effect)，而於電場中不會完全排成同一的方向。Debye 依據 Boltzmann 分佈的法則，計算偶極子於電場中排成同一方向之程度。作用於分子之電場，可用所謂**內電場** (internal field) E_i 表示，而偶極子於其內電場$_i$中之能量，可表示為 $-\mu \cdot E_i$，其中的 μ 為分子之**永久偶極子矩向量** (permanent dipole moment vector)，而**點** (dot) 為所謂**點乘積** (dot product)，例如 $-\mu \cdot E_i = -\mu E_i \cos\theta$，其中的 θ 為二向量 μ 與 E_i 間之夾角。若偶極子於電場內之能量小於 kT，則於電場內之氣體的每分子，於該電場方向之平均偶極矩的貢獻，可用 $\mu^2 E_i / 3kT$ 表示，其中的 E_i 為較少的永久偶極子之內電場的大小，k 為 Boltzmann 常數。於溫度上升時其熱攪動較為激烈，由此，其方位會按照電場之方向。

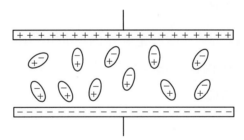

圖 18-25 含有偶極分子之電容器

對於極化之第二種貢獻，為分子內之電子由於電場的感應，而產生對於其相對核之平均位置的位移。此種電子的貢獻與溫度無關，而與電場的強度成正比，即可表示為 $\alpha_e E_i$，此比例常數 α_e 稱為**分子的電子平均極化率** (mean molecular electronic polarizability)。分子之極化率隨分子的方向而異，其**平均極化率** (mean polarizabiltiy) 為分子對於電場之所有可能的取向之平均值，分子因其熱運動而可能有各種的取向，故通常使用平均極化率表示。極化率 α 之單位為，偶極子矩除以電場的強度，即為 $Cm/Vm^{-1} = C^2m^2/J$。不同的分子由於電子雲的**歪扭** (distortion)，而會產生甚大的極化差距。

對於極化之第三種的貢獻 $\alpha_v E_i$ 為，分子由於電場的作用而產生其**核構架之變形** (deformation of nuclear skeleton)，其中的比例常數 α_v 稱為**分子的振動平均極化率** (mean molecular vibrational polarizability)，而 α_v 與溫度無關。

包含上述的三種貢獻之總極化的大小 **P**，等於電場方向之平均力矩與單位容積之分子數，N/V，的乘積，而可表示為

$$\mathbf{P} = \frac{N}{V}\left(\frac{\mu^2}{3kT} + \alpha_e + \alpha_v\right)\mathbf{E}_i \tag{18-91}$$

通常甚難獲知，**平均內電場** (average internal field) 或局部電場的強度 E_i。由於極性分子之濃度低時，E_i 可表示為，$E_i = E(\kappa+2)/3$，其中的 E_i 為內電場，E 為所施加之電場。因此，利用此關係可消去上式 (18-91) 中之 E_i，及由式 (18-90) 與式 (18-91) 消去 **P**，並將 $N/V = N_A\rho/M$ 的關係代入，可得

$$\mathscr{P} = \frac{\kappa-1}{\kappa+2}\frac{M}{\rho} = \frac{N_A}{3\epsilon_0}\left(\frac{\mu^2}{3kT} + \alpha_e + \alpha_v\right) \tag{18-92}$$

上式中的 $\mathscr{P}$，稱為**莫耳極化** (molar polarization)，ρ 為密度，而 M 為莫耳質量。上式(18-92)對於稀薄的氣體可正確適用，而對於微極性的液體，可得其大約的值，但由於採用 $E_i = E(\kappa+2)/3$ 的近似式，因此，對於高介電常數的液體不能適用。於上式 (18-92) 曾忽略**短矩** (short-range) 的分子間之相互作用，而 Onsage 與 Kirkwood 曾發展較複雜的理論，以處理這些效應。

18-18　氣態分子之偶極子矩
(Dipole Moments of Gaseous Molecules)

方位極化 (orientation polarization) 與絕對溫度有關，由氣體分子於一連串的溫度下之介電常數 κ 的量測，可計算該氣體分子之**極化率** (polarizability) $\alpha_e + \alpha_v$，與其偶極子矩 μ。氣態的分子通常相離很遠，而不會相互誘生偶極子矩。

由氣態分子於一些溫度之介電常數 κ，與氣體密度的量測，及由式 (18-92) 可計算其對應之總莫耳極化 $\mathscr{P}$，而可得氣態分子之偶極子矩。依據式 (18-92)，以 $\mathscr{P}$ 對 $1/T$ 作圖，可得斜率為 $N_A\mu^2/9k\epsilon_0$ 之直線，及截距 $N_A(\alpha_e+\alpha_v)/3\epsilon_0$。圖 18-26 為 Sanger 對於甲烷之各種氯取代化合物，量測所得之莫耳極化 $\mathscr{P}$，對絕對溫度之倒數的作圖。對於如 CH_4 與 CCl_4 等對稱的分子，其所得之直線斜的率為零，此結果顯示這些分子無永久偶極子矩。由於氯原子之電陰性的特性，偶極子之負的端有氯原子的分子，如 CH_3Cl, CH_2Cl_2 與 $CHCl_3$ 等，均有永久偶極子矩，

而於此三種的甲烷之氯取代化合物的分子中，CH_3Cl 之偶極子矩最大。一些化合物的氣態分子之偶極子矩，列於表 18-10。

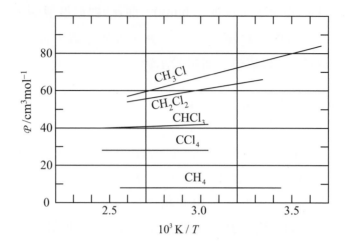

圖 18-26 　甲烷之氯取代各種化合物的莫耳極化與絕對溫度之倒數的關係
[R.Sanger, Physik Z, 27, 562(1926)]

表 **18-10** 　一些氣態分子之偶極子矩 $(\mu / 10^{-30}\,C\,m)$

氣態分子	$(\mu / 10^{-30})\,C\,m$	氣態分子	$(\mu / 10^{-30})\,C\,m$	氣態分子	$(\mu / 10^{-30})\,C\,m$
$AgClO_4$	15.7	C_6H_5Cl	5.17	SO_2	5.37
$C_6H_5NO_2$	13.2	C_6H_5OH	5.67	HCl	3.44
$(CH_3)_2CO$	9.3	C_2H_5OH	5.67	HBr	2.64
H_2O	6.14	$C_6H_5NH_2$	5.20	HI	1.00
CH_4	0	NH_3	4.87	N_2O	0.47
CH_3Cl	6.17	H_2S	3.67	CO	0.40
CH_3Br	4.84	H_2	0	CS_2	0
CH_3I	4.50	Cl_2	0	C_2H_4	0
CH_2Cl_2	5.30	CO_2	0	C_2H_6	0
$CHCl_3$	3.84	$C_6H_5CH_3$	1.33	C_6H_6	0
CCl_4	0				

　　典型的極性物質之介電常數隨頻率的變化，如圖 18-27 所示。於低的頻率時，式 (18-92) 之右邊的各項，對於介電常數均有貢獻，而頻率增加至**無線電波之頻率** (radio-frequency) 以上的範圍時，因分子於電場的逆轉之前無充分的時間配位，因此，此時其介電常數 κ 會減小，而其方位極化可忽略不計。於其介電常數以 κ_∞ 標記的區域，其極化率由振動的極化率 α_v 與電子的極化率 α_e 等項構成。介電常數於紅外光與紫外光之吸收光譜線的鄰近，會顯示分散。

　　Maxwell 提示，以電容器量測之介電常數 κ，與對於光線之折射率 n，於此二者的量測均使用相同的頻率時，其間的關係可表示為

$$\kappa = n^2 \tag{18-93}$$

於極高頻率之介電常數 κ，可由其折射率 n 之測定值計算。電子於高頻率的交流電場內之移動的速度非常快，此時僅電子會隨電場運動，而分子之振動可忽略。因此，於可視光與紫外光的區域內，僅電子的極化率 α_e 會對極化率有貢獻。

由溶質於非極性溶劑的稀薄溶液之介電常數與密度的量測，可測定非極性溶劑中的溶質之偶極子矩。由折射率之量測，可用以計算**分子的電子極化率** (molecular electronic polarizability) α_e。

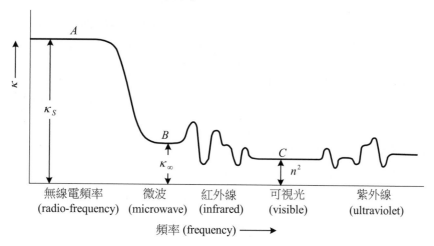

圖 18-27　典型極性物質之介電常數隨頻率的變化

18-19　凡得瓦力 (Van Der Waals Forces)

分子間之距離足夠大至其電子雲不會重疊時，其分子間仍會有互相吸引的力。於討論 van der Waals 的狀態方程式時，已論及這些吸引力與氣體的凝結有密切的關係。分子帶有淨電荷時，於某分子間距離之分子的互相作用，可用 Coulomb 的式表示，即其相互作用之能量與分子間的距離 R 成反比。離子與偶極子間之相互作用的能量，隨 R^{-2} 而變化。於某一定角度的二偶極子間之相互作用的能量，隨其間的距離之負三次方 R^{-3} 而改變。然而，氣體中的偶極分子間之相互作用，使其彼此間趨於成為不規則方位的配向，而其互相作用的能量，隨其間的距離之負六次方 R^{-6} 而改變，即可用下式表示為

$$\langle V(R) \rangle = -\frac{2}{3kT}\left(\frac{\mu_A \mu_B}{4\pi\epsilon_0}\right)^2 \frac{1}{R^6} \tag{18-94}$$

上式中，μ_A 與 μ_B 為二分子 A 與 B 之永久偶極子矩。上式 (18-94) 為由統計力學所得，其二偶極子於各種相對的方向配位之相互作用的平均之能量。二偶極子於較高的溫度時由於不規則的熱運動，其相互間的吸引作用會較小，而其排

列較爲不整齊。

　　偶極子的分子亦會誘導另外的分子中之偶極子矩，因此，由於偶極子與**誘導的偶極子** (induce dipole) 間之吸引，而會產生吸引的能量，此能量隨其間的距離之負六次方 R^{-6} 而改變，並可用下式表示爲

$$\langle V_{\mathrm{ind}}(R)\rangle = -\frac{\alpha_A \mu_A^2 + \alpha_B \mu_B^2}{(4\pi\epsilon_0)^2 R^6} \tag{18-95}$$

二分子 A 與 B 之極化率 α_A 與 α_B 愈大，其上述的效應愈大。

　　上面的二式 (18-94) 與 (18-95) 爲由古典的靜電作用而得。事實上，不管分子是否有永久的電荷或偶極子矩，於上面的二式應再加上，其二分子之間所發生的量子力學之**長程吸引的相互作用** (long-range attractive interaction)，此爲 F.London 於 1930 年，依據量子力學所提出之所謂**分散力** (dispersion force)，以描述中性分子間的作用，因此，此分散力亦稱爲 London **力** (London force)。分子中之電子通常會不斷地運動，而分子於瞬間之平均電荷雖然爲零，但由於其正與負的電荷之平均重心，於此瞬間不一定會完全重疊，因而分子會具有**瞬間的偶極子矩** (instantaneous dipole moment)。分子之瞬間偶極子矩會誘導其鄰近的其他分子，形成相反方向的誘導偶極子，由此，其於此時間之平均的相互作用不等於零。此種分散力之相互作用的能量，可近似表示爲

$$V(R) = -\frac{3}{2}\left(\frac{h v_A v_B}{v_A + v_B}\right)\frac{\alpha_A \alpha_B}{(4\pi\epsilon_0)^4}\cdot\frac{1}{R^6} \tag{18-96}$$

上式中的 v_A 與 v_B，各約等於分子 A 與 B 之**第一電子轉移** (first electronic transitions) 的頻率，而 α_A 與 α_B 各爲其極化率。小的分子之分散能，於 0.5 nm 約爲 $2\times10^{-3}\,\mathrm{eV}$，而於 1 nm 約爲 $3\times10^{-3}\,\mathrm{eV}$，但極化較大的分子之互相作用，比極化較小的分子之互相作用強。

　　凡得瓦力 (van der Waals force)爲，中性的分子間之吸引力之一般的項，及包含偶極子–偶極子所產生之相互的作用力 [式 (18-94)]，偶極子–誘導偶極子所產生之相互的作用力 [式 (18-95)]，與分散力 [式 (18-96)]。

習　題

1. 由表 18-3 得，N_2 之平衡解離能 D_e 爲 955.42 kJ mol^{-1}，N_2 之**基本振動頻率** (fundamental vibration frequency) 爲 2331 cm^{-1}。試計算 N_2 之光譜解離能 D_0，並以 kJ mol^{-1} 的單位表示之

　答　942 kJ mol^{-1}

2. 試導，式 (18-33) 及 (18-34) 中之規格化常數值

3. 基底狀態的 H_2^+ 之 $R_e = 106$ pm，試繪基底狀態的 H_2^+ 之 ψ_g 及 ψ_u，與其原子核間的距離之關係圖

　答　參閱圖 18-5

4. 基底狀態的 H_2^+ 之 $R_e = 106$ pm，試繪基底狀態的 H_2^+ 之 ψ_g^2 及 ψ_u^2，與其原子核間的距離之關係圖

5. 設忽略二原子的分子之其原子核間的排斥，$Z_A Z_B e^2 / 4\pi\epsilon_0 R_{AB}$，時之 Hamiltonian 運算子爲 $\hat{H}$，而固有值 E 之運算子 $\hat{H}$ 的固有函數爲 ψ。試求運算子，$\hat{H} + Z_A Z_B e^2 / 4\pi\epsilon_0 R_{AB}$ 之固有值 E'

　答　$E' = E + Z_A Z_B e^2 / 4\pi\epsilon_0 R_{AB}$

6. 二原子的分子之**鍵結合的程序** (bond order) 之定義爲，$\frac{1}{2}(N - N^*)$，其中的 N 爲結合的分子軌道之電子數，N^* 爲反結合的軌道之電子數。試計算 H_2^+, N_2^+, N_2 及 O_2 等之鍵結合的程序

　答　$\frac{1}{2}, \frac{5}{2}, 3, 2$

7. 試求下列各種分子 (a) 乙烯，(b) 乙烷，(c) 丁二烯，及 (d) 苯等，各於其 σ 與 π 等的結合軌道所含之電子數

　答　(a) $10\sigma, 2\pi$，(b) $14\sigma, 0\pi$，(c) $18\sigma, 4\pi$，(d) $24\sigma, 6\pi$

8. 氣態的 KF(g) 之解離能 D_e 爲 5.18 eV，其偶極子矩爲 28.7×10^{-30} C m，K(g) 之游離電位爲 4.34 eV，F(g) 之電子親和性爲 3.40 eV，KF(g) 之其平衡二原子核間的距離爲 0.217 nm。假設其結合爲完全的離子結合，試計算 KF(g) 之解離能及其偶極子矩

　答　5.70 eV，34.7×10^{-30} C m

9. 試簡要說明，(a) 離子結合，(b) 共價結合，(c) 配位結合，及 (d) 氫鍵

10. 試舉例說明，sp, sp^2, sp^3 及 dsp^2 等各種混成軌道之形成

11. 何謂 σ 鍵，π 鍵，及**孤獨的電子對** (lone-pair electrons)

12. 試由電陰性解釋，於表 18-10 所列的 HCl, HBr, 及 HI 等之偶極子矩的相對大小

    答 電陰性以 I, Br, Cl 之順序增加。因 HCl 中的鹵素之負電荷較 HI 中者大，故其偶極子矩較大

13. 氨的分子之莫耳極化 $\mathscr{P}$，隨溫度之變化如下

$t°C$	19.1	35.9	59.9	113.9	139.9	172.9
$\mathscr{P}$ cm^{3}mol^{-1}	57.57	55.01	51.22	44.99	42.51	39.59

    試求氨分子之偶極子矩

    答 5.28×10^{-30} C m

14. 氣態的 NH_3 於 1 bar 及 292.2 K 之介電常數為 1.00720，而於同壓力及 446.0 K 之介電常數為 1.00324。試計算其偶極子矩 μ 及極化率 α

    答 5.28×10^{-30} C m, 2.36×10^{-40} C m / Vm^{-1}

15. 氣態的氯化鈉 NaCl(g) 之平衡的原子核間距離為 0.2361 nm。試計算其偶極子矩，其實際的值為 3.003×10^{-29} C m，並解釋其差值所表示的意義

    答 3.78×10^{-29} C m，二離子互相極化

第十九章

分 子 光 譜

各種物質受到光（電磁波）的照射，或由於加熱時，均會吸收或放射其特性的光譜線，前者爲吸收光譜，後者爲放射光譜。於光譜學主要研究，物質與電磁輻射間的相互作用。原子光譜爲原子內的電子從某一能階轉移至另一能階時產生的線光譜。分子光譜包括分子內的原子之轉動與振動能階的轉移，及電子之能階的轉移所產生的光譜，因此，分子光譜比原子光譜甚爲複雜。由分子之轉動光譜的研究，可得其轉動慣量、其內的原子間之距離與角度等有關的資料。由振動光譜可得基本振動的頻率與力常數，及其位能曲線之形狀。由電子光譜可得電子的能階及解離能等資訊。分子光譜爲瞭解分子之構造及能階的有用科技。各種形式之光譜的轉移，均受選擇律的限制。

19-1 基礎觀念 (Basic Ideas)

分子於某量子狀態之性質，可藉其波函數與能量表示。一孤立的分子自能量 E_1 之量子的狀態，轉移至能量 E_2 之另一狀態時，會放出或吸收光子 (photon) 以維持其能量的守恆。此時所放出或吸收的光子之頻率 v，與其二狀態間之能量差有關，而光子之能量，$\epsilon = hv$，可用下式的 Bohr 關係表示，爲

$$hv = hc\tilde{v} = |E_1 - E_2| \tag{19-1}$$

上式中，c 爲光速，$\tilde{v}$ 爲波長 λ 之倒數，$\tilde{v} = 1/\lambda$，即等於單位長度之**波數** (wave number)，其 SI 的單位爲 m^{-1}，通常用 cm^{-1} 表示。若 $E_1 > E_2$，則放出光子，而 $E_1 < E_2$ 時，表示吸收光子。由光子之頻率的範圍或電磁光譜，可區分成如表 16-1 所示之各種區域。由光子之頻率的量測，可得有關分子之**固有狀態** (eigenstate)，此爲**分子光譜學** (molecular spectroscopy) 之主要的研究範疇。

由分子於吸收或放出光子的過程，所產生的光譜線之頻率，可得知該分子之能量狀態的轉移之種類。**無線電波頻率** (radio-frequency) 的區域之能量甚低，相當於原子核的旋轉狀態間的轉移。於**微波** (microwave) 的區域之能量，會產生分子中的不成對電子之旋轉狀態間的轉移，及原子之轉動狀態間的轉移。於紅外光區域之能量，會產生分子中的原子之振動狀態間的轉移，此時可能會含其轉動狀態的轉移。於可視光與紫外光的區域之能量，會產生電子之狀

態的轉移，此時可能會含其原子之振動與轉動狀態的變化。於遠紫外光與 X-射線的區域之能量，可產生分子之離子化或解離。

分子光譜通常不涉及分子之**移動能** (translational energy) 的改變，而僅與分子 "內部" 之能量的變化有關。分子於某狀態之內能 E，由其**轉動能** (rotational energy) E_r，**振動能** (ribrational energy) E_v，及**電子的能量** (electronic energy) E_e 所構成，即可表示為

$$E = E_r + E_v + E_e \tag{19-2}$$

孤立的分子之狀態，可用一連串的量子數表示，分子於吸收或放出光子之過程中，其轉動狀態、振動狀態與電子的狀態會產生變化。例如，於基底電子狀態及零振動狀態的二原子分子，有一定的轉動能，此分子吸收一光子升至其激勵電子態時，可能會產生某些振動能與轉動能的變化。分子之能階產生轉移時，會吸收或放射光子，但此時之其能階的轉移，須滿足**選擇律** (selection rule)。當分子放射或吸收頻率 v 的單一光子，而自某狀態轉移至另一狀態時，其能量變化間的關係，由式 (19-1) 可寫成

$$hv = (E_r' - E_r'') + (E_v' - E_v'') + (E_e' - E_e'') \tag{19-3}$$

上式中，E 之右上角的**單撇** (single prime) "′" 表示較高的能態，雙撇 " ″ " 表示較低的能態。

電子之能階間的能量差，遠大於原子之振動能階間的能量差，而原子之振動能階間的能量差，遠大於原子之轉動能階間的能量差，而一般可表示為

$$(E_e' - E_e'') \gg (E_v' - E_v'') \gg (E_r' - E_r'') \tag{19-4}$$

因此，於不同的光譜區域可分別產生純轉動、振動、及電子光譜。

於無虞線電波頻率的區域之光子的能量甚低，但此能量可使物質於磁場中產生原子核之旋轉狀態的變化。於微波的區域，具有不成對電子的物質於磁場中，會產生電子的旋轉狀態的變化，及氣體分子會產生轉動能階的轉移。於紅外光區域之光子的吸收，會產生伴有轉動能變化的振動能之變化。於可見光及紫外光的區域，會產生伴有振動及轉動能變化的電子能量之變化。電子能量的變化，包括所謂結合價鍵、電子的鬆弛等變化。於遠紫外 X-射線的區域，其能量足夠將於其較內層的電子，轉移至較外層的較高能量之能階，及產生分子的離子化與解離等。

19-2 核的運動之 Schödinger 方程式
(Schödinger Equation for Nuclear Motion)

於 18-2 節以 Born-Oppenheimer 的近似法，並將分子分離成原子核與電子的
二部分，以處理分子之 Hamiltonian 運算子 $\hat{H}$。因此，分子之波函數可寫成原子
核的運動之波函數 $\psi_{\text{nucl}}(R)$，與電子運動之波函數 $\psi_e(r, R)$ 的乘積，於此 R 表示
其全部之原子核的坐標，而 r 表示全部之電子的坐標。由此，得電子的運動之
Schödinger 方程式 (18-10)，及核的運動之 Schrödinger 方程式。核的運動之
Schrödinger 方程式可寫成

$$\hat{H}_{\text{nucl}}\psi_{\text{nucl}}(R) = [E - E(R)]\psi_{\text{nucl}}(R) \tag{19-5}$$

上式中，E 為總能量，而 $E(R)$ 如 18-2 節之式 (18-14) 所示，為 $E_e(R)$ 與 $1/R$ 項
的和，並將全部的這些項相加，可得核運動的位能函數。上式中的 $\hat{H}_{\text{nucl}}$ 為核運
動之動能的運算子，而 $E - E(R)$ 為原子核之動能。於無外加的電場或磁場時，
上式中之位能項 $E(R)$，僅與原子核的相對位置有關，而與分子於空間之位置或
配向無關。

動能的運算子包含質量中心之動能（分子之移動能），轉動運動之動能及
振動運動之動能。因此，分子之核運動的 Hamiltonian 運算子 $\hat{H}_{\text{nucl}}$，可用移動、
轉動及振動等運動之運算子 $\hat{H}_t$, $\hat{H}_r$ 及 $\hat{H}_v$ 的和，表示為

$$\hat{H}_{\text{nucl}} = \hat{H}_t + \hat{H}_r + \hat{H}_v \tag{19-6}$$

上式中，移動及轉動之 Hamiltonian 運算子，僅含動能的項，而振動之
Hamiltonian 運算子，包含與原子核間之距離有關的位能 $E(R)$，這些原子核間之
距離，即為分子之**振動坐標** (vibrational coordinates)。

因此，原子核之波函數，可用其移動、轉動及振動之三波函數的乘積，表
示為

$$\psi_{\text{nucl}} = \psi_t\psi_r\psi_v \tag{19-7}$$

此三項的運動之 Schrödinger 方程式，可分別表示為

$$\hat{H}_t\psi_t = E_t\psi_t \tag{19-8}$$

$$\hat{H}_r\psi_r = E_r\psi_r \tag{19-9}$$

$$\hat{H}_v\psi_v = E_v\psi_v \tag{19-10}$$

移動的波函數 ψ_t 為,質量等於分子質量的**自由粒子** (free particle) (或粒子於甚大的箱內) 之移動的波函數。此移動波函數之**移動的固有值** (translational eigenvalues) 之間隔甚為靠近,而於分子的光譜中不能偵察到,所以於此討論中忽略分子之移動。

含 N 原子的分子中之 N 原子的位置,需用總坐標數 $3N$ 的坐標描述。然而,於描述分子內部的運動時,不須知道其於空間的位置。由於分子之質量中心的位置,可由三坐標決定,因此,分子內的原子之轉動與振動,由總坐標數 $3N$ 減去 3,而剩 $3N-3$ 的坐標決定。分子之轉動運動須用分子於坐標系中之取向描述。二原子或線狀的分子於坐標系之取向,須用二的角度表示,所以分子內的各原子之振動運動,可用..的坐標表示。非線狀的多原子分子於坐標系之取向,須用三的角度表示,因此,非線狀分子內的各原子之振動運動,可用 $3N-6$ 的坐標描述,此為分子內部之原子的**振動自由度** (vibrational degree of freedom)。

對於二原子的分子,其轉動之 Hamiltonian 運算子 $\hat{H}_r$ 僅與其二角度 θ 與 ϕ 有關,而其振動之 Hamiltonian 運算子 $\hat{H}_v$,僅與其原子核間之距離 R 有關。對於多原子的分子,其振動之 $\hat{H}_v$ 較為複雜,即非線狀的分子與 $3N-6$ 的坐標有關,而線狀分子與 $3N-5$ 的坐標有關。由二原子的分子之轉動運動的 Schrödinger 方程式,可得球形的調和函數 $Y_{l,m_l}(\theta,\phi)$,此與於氫原子所討論者有關 [參閱式 (16-137) 與 (16-138)]。二原子分子之振動運動的 Schrödinger 方程式,可寫成

$$\left[-\frac{h^2}{2\mu}\frac{d^2}{dR^2} + E(R) \right] \psi_v = E_v \psi_v \tag{19-11}$$

此式與調和振動子之式 (16-118) 甚為類似。

19-3　二原子的分子之轉動光譜
(Rotational Spectra of Diatomic Molecules)

設質量 m 之質量點沿半徑 r 的圓周轉動之速度為 v,則該質量點之每秒的轉數為 $v/2\pi r$,而其轉動的角速度 ω 等於其每秒之轉動的弧度,即 $\omega = 2\pi(v/2\pi r) = v/r$。因此,質量點 m 之動能可表示為

$$E = \frac{1}{2}mv^2 = \frac{1}{2}mr^2\omega^2 = \frac{1}{2}I\omega^2 \tag{19-12}$$

上式中,$I = mr^2$,為慣性力矩或稱為**轉動慣量** (moment of inertia)。

　　剛體的二原子分子 (rigid diatomic molecule) 之二原子的質量 m_1 與 m_2，各距離其質量中心 r_1 與 r_2，而圍繞其分子之質量中心轉動時，其二原子之轉動角速度相等，即 $\omega = v_1/r_1 = v_2/r_2$，因此，其轉動之能量由上式 (19-12)，可表示爲

$$E = \frac{1}{2}m_1v_1^2 + \frac{1}{2}m_2v_2^2 = \frac{1}{2}(m_1r_1^2 + m_2r_2^2)\omega^2 = \frac{1}{2}I\omega^2 \qquad \text{(19-13)}$$

上式中，I 爲二原子的分子之轉動慣量，而可表示爲

$$I = m_1r_1^2 + m_2r_2^2 \qquad \text{(19-14)}$$

二原子的分子之轉動慣量，通常以其二原子間之距離，$r = r_1 + r_2$，表示較爲方便。由圖 19-1 所示之質量中心的位置之平衡，可得

$$r_1m_1 = r_2m_2 \qquad \text{(19-15)}$$

由上式 (19-15) 與 $r = r_1 + r_2$，可解得

$$r_1 = \frac{m_2}{m_1 + m_2}r \qquad \text{(19-16)}$$

$$r_2 = \frac{m_1}{m_1 + m_2}r \qquad \text{(19-17)}$$

將式 (19-16) 與 (19-17) 代入式 (19-14)，可得

$$I = \frac{r^2}{1/m_1 + 1/m_2} = \mu r^2 \qquad \text{(19-18)}$$

上式中的 μ 爲**回歸質量** (reduced mass)，而可用下式表示爲

$$\frac{1}{\mu} = \frac{1}{m_1} + \frac{1}{m_2} \qquad \text{(19-19a)}$$

或

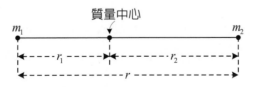

圖 19-1　二原子的分子之質量中心

$$\mu = \frac{1}{1/m_1 + 1/m_2} = \frac{m_1m_2}{m_1 + m_2} \qquad \text{(19-19b)}$$

　　二原子的分子之轉動的 Schrödinger 方程式，與**二粒子的剛性轉動體** (two-particle rigid rotor) (16-19 節)，及氫原子之**角方程式** (angular equation) (17-2

節) 相同。分子的轉動之波函數爲球調和函數 $Y_{J, M_J}(\theta, \phi)$,而含有分子的轉動之二量子數 J 與 M_J,其能量固有值可表示爲

$$E_r = \frac{\hbar^2}{2I}J(J+1), \quad J = 0, 1, 2, \cdots$$
$$M_J = -J, -(J-1), \cdots, 0, \cdots, +(J-1), +J \tag{19-20}$$

上式中,I 爲慣性力矩 (轉動慣量),J 爲角動量的量子數。因轉動的能量與 M_J 無關,所以轉動能階有 $(2J+1)$ 重的退縮。

於光譜中之能階,通常以頻率 v (能量除以 h) 或波數 $\tilde{v}$ (能量除以 hc) 表示,此通常稱爲能階的**項值** (term values)。以頻率或波數表示之轉動能階,分別用**轉動的項值** (rotational term values) F_J 或 $\tilde{F}_J$ 表示,而用頻率表示時,上式 (19-20) 可寫成

$$F_J = \frac{E_r}{h} = \frac{J(J+1)h}{8\pi^2 I} = J(J+1)B \tag{19-21}$$

上式中的 B,代表原子核之平衡組態的**轉動常數** (rotational constant),爲

$$B = \frac{h}{8\pi^2 I} \tag{19-22}$$

使用波數表示轉動的項值 $\tilde{F}_J$ 時,式 (19-20) 可寫成

$$\tilde{F}_J = \frac{E_r}{hc} = \frac{J(J+1)h}{8\pi^2 I c} = J(J+1)\tilde{B} \tag{19-23}$$

上式中之轉動常數 $\tilde{B}$ 爲

$$\tilde{B} = \frac{h}{8\pi^2 I c} \tag{19-24}$$

項值通常用 cm^{-1} 表示,但其 SI 單位爲 m^{-1}。上式中的 $\tilde{B}$ 之單位爲 m^{-1},故須乘 $10^{-2} m \, cm^{-1}$ 以轉變成 cm^{-1} 較爲方便。圖 19-2 爲以轉動常數之項,$J(J+1)B$,表示之剛體的二原子分子之轉動能階,及 $\Delta J = 1$ 之吸收光譜。於其右側列記各能階之能量與其分佈之相對的**分子數** (relative populations)。對於剛性的轉動體,其轉動之能量無最大的值,然而,對於實際的分子,其轉動之能量須小於其鍵能。轉動的能階間之能量差,相當於微波或紅外光區域的光譜之頻率。

事實上,轉動的偶極子所產生之**震動電場** (oscillating electric field) ,能與光波之振動的電場相互作用,由此,分子須有永久的電偶極子矩,才會由於分子之轉動產生輻射線的吸收或放射。如 H_2 與 N_2 等同種核的二原子分子,因無偶極子矩而均不會與低頻率的光線之電磁場互相作用,所以這些分子沒有純的轉動光譜,而如 HCl 與 CH_3Cl 等分子,因有偶極子矩而均有純的轉動光譜。

　　電偶極子輻射 (electric dipole radiation) 僅允許某一定能量的能階之轉移，且其轉動能階間之轉移受**選擇律** (selection rule)，$\Delta J = \pm 1$，的限制。此選擇律，$\Delta J = \pm 1$，係由於其角動量於放射或吸收的過程中之守恆，而於吸收時，$\Delta J = +1$，於放射時，$\Delta J = -1$。

　　二相鄰的轉動能階間的轉移之轉動的項差 $\Delta_1 \widetilde{F}_{J+1/2}$，由式 (19-23) 可表示為

$$\Delta_1 \widetilde{F}_{J+1/2} = \widetilde{F}_{J+1} - \widetilde{F}_J = [(J+1)(J+2) - J(J+1)]\widetilde{B} = 2(J+1)\widetilde{B} \qquad \textbf{(19-25)}$$

上式中，J 為較低能階之轉動量子數。轉動的項差通常用所吸收或放射的輻射線之波數表示。於圖 19-2 之轉動光譜中，其逐次的轉動光譜線之頻率以 $2B, 4B, 6B, \cdots$ 表示，由此，得等間隔 $2B$ 之連串的光譜線。不同的**同位素取代的分子** (isotopically substituted molecule) 之轉動慣量不同，因此，可發現含有同位素取代的分子有分離的連串的光譜線。

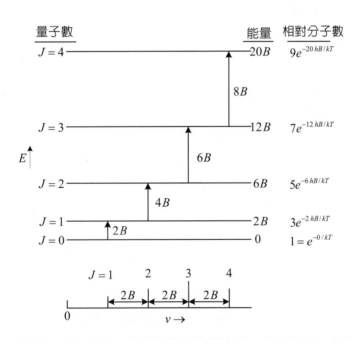

圖 19-2　剛體的二原子分子之轉動能階與 $\Delta J = 1$ 之吸收光譜

　　於上面假設二原子的分子為剛性的轉動體，但事實上不然。二原子的分子之轉動運動的速度增加時，其化學結合鍵會伸張，而其轉動的能階由於轉動慣量的增加，會較為靠近。因此，於式 (19-23) 須加入有關的項，而可寫成

$$\widetilde{F}_J = \frac{E_r}{hc} = \widetilde{B}J(J+1) - \widetilde{D}J^2(J+1)^2 \qquad \textbf{(19-26)}$$

上式中，$\widetilde{D}$ 為**離心的歪扭常數** (centrifugal distortion constant)。將此加入式 (19-25) 中之 $\widetilde{F}_{J+1}$ 與 $\widetilde{F}_J$ 的項時，可寫成

$$\Delta_1 \widetilde{F}_{J+1/2} = 2\widetilde{B}(J+1) - 4\widetilde{D}(J+1)^3 \qquad \textbf{(19-27)}$$

二原子的分子之轉動慣量，亦與其振動的狀態有關。因分子於室溫時，通常在其**基底振動的狀態** (ground vibrational state)，所以考慮分子之純轉動的光譜時，不必考慮其振動。然而，於考慮其**振動–轉動光譜** (vibration-rotation spectra)時，須使用式 (19-26) 之擴充式。

例 19-1 分子 $H^{35}Cl$ 之平均的核距為 1.275Å，H 與 ^{35}Cl 之原子量分別為 1.008 與 34.98。試計算 $H^{35}Cl$ 之回歸質量與轉動慣量

解 由式 (19-19b) 得

$$\mu = \frac{(1.008)(34.98)}{(1.008+34.98)(6.023\times10^{23})} = 1.628\times10^{-24}\,g$$

由式 (19-18) 得

$$I = \mu R_e^2 = (1.628\times10^{-24}\,g)(1.275\times10^{-8}\,cm)^2 = 2.647\times10^{-40}\,g\,cm^2 \qquad \blacktriangleleft$$

例 19-2 試計算 $H^{35}Cl$ 之轉動量子數 J 的變化為， (a) 自 0 至 1，(b) 自 1 至 2，(c) 自 2 至 3，及 (d) 自 8 至 9 時，所產生的純轉動光譜線之波長

解 由例 19-1 得，$H^{35}Cl$ 之轉動慣量 I 為，$2.647\times10^{-40}\,g\,cm^2$。由式 (19-25) 及 (19-24) 得

$$\Delta_1 \widetilde{F}_{J+1/2} = \frac{h(J+1)}{4\pi^2 I c}$$

$$= \frac{(6.626\times10^{-27}\,erg\,s)(J+1)}{4\pi^2(2.647\times10^{-40}\,g\,cm^2)(2.998\times10^{10}\,cm\,s^{-1})}$$

$$= 21.2(J+1)cm^{-1}$$

由此可得，(a)，(b)，(c)及(d)的各結果如下表所示

	J	$\Delta_1 \widetilde{F}_{J+1/2} = \widetilde{\nu}$, cm^{-1}	$\lambda = 10^4/\widetilde{\nu}$, μm
(a)	0	21.2 cm^{-1}	473 μ
(b)	1	42.4	236
(c)	2	63.6	157
(d)	8	109.8	52.5

$\blacktriangleleft$

例 19-3 氯化氫 $H^{35}Cl$ 之純轉動吸收光譜線之波數，可用下式表示為

$$\tilde{\nu} = (20.794 \text{ cm}^{-1})(J+1) - (0.000164 \text{ cm}^{-1})(J+1)^3$$

上式中，J 為較低能量狀態之量子數。試求 $H^{35}Cl$ 之核間的距離，及其離心的歪扭常數 $\tilde{D}$

解 由式 (19-27)，$\tilde{B} = 20.794 \text{ cm}^{-1} / 2 = 10.397 \text{ cm}^{-1} = 1039.7 \text{ m}^{-1}$

由式 (19-24)，$\tilde{B} = \dfrac{h}{8\pi^2 cI} = \dfrac{h}{8\pi^2 c\mu R_e^2}$，由此可得

$$R_e = \left(\frac{h}{8\pi^2 c\mu\tilde{B}} \right)^{1/2}$$

$$= \left[\frac{6.626 \times 10^{-34} \, Js}{8\pi^2 (2.998 \times 10^8 \, \text{m s}^{-1})(1.628 \times 10^{-27} \, \text{kg})(1039.7 \, \text{m}^{-1})} \right]^{1/2}$$

$$= 129 \text{ pm}$$

$$\tilde{D} = \frac{1}{4}(0.000164 \text{ cm}^{-1}) = 4.1 \times 10^{-5} \text{ cm}^{-1} \qquad \blacktriangleleft$$

19-4　轉動光譜線之強度 (Intensities of Rotational Lines)

具有**永久偶極子矩** (permanent dipole moment) 的分子吸收電磁輻射的光子時，會自其某一能階轉移至較高的能階。依古典的理論，轉動偶極子會產生交流電場，並放射電磁輻射線。如 H_2 及 N_2 等的對稱分子，因無偶極子矩而不會與光線之電磁場作用，因此，這些分子沒有純轉動的光譜。然而，如 HCl 與 CH_3Cl 等非對稱的分子，有偶極子矩且可與光之電磁場作用，而有純的轉動光譜。分子是否具有偶極子矩，與其對稱性有關。

轉動的吸收光譜線之相對的強度，與其初態的能階之相對的分子數有關。於熱平衡下的第 i 能階狀態之分子數 N_i，可用 Boltzmann 的分佈表示，即為

$$N_i = \frac{g_i \epsilon^{-\epsilon_i/kT}}{\sum\limits_i g_i \epsilon^{-\epsilon_i/kT}} \tag{19-28}$$

上式中，g_i 為第 i 能階之**退縮度** (degeneracy)，ϵ_i 為第 i 能階之轉動能。如前述，角動量於特定方向之分量等於 $M_J \hbar$，於此，M_J 值可有 $J, (J-1), \cdots, 0, \cdots -J$ 等的值，其中的 J 為轉動量子數。因此，量子數 J 有 $2J+1$ 的不同狀態。於無外施的電場或磁場時，這些各種**副能階** (sublelels) 之能量均相同，所以第 J 能階有

$2J+1$ 的縮重度。

於無外施的電場或磁場時之轉動能，由式 (19-21) 或 (19-23) 可用，$\epsilon_i = hJ(J+1)B$ 或 $hcJ(J+1)\tilde{B}$ 表示。因此，於第 J 轉動能階之分子數 N_J，由上式 (19-28) 可寫成

$$N_J = K(2J+1)e^{-[hJ(J+1)B]/kT} \tag{19-29}$$

上式中，$K = (\sum_i g_i \epsilon^{-\epsilon_i/kT})^{-1}$。依據上式 (19-29)，於低轉動量子數 J 的能階之分子數，隨量子數 J 的增加而增加，由於上式 (19-29) 之右邊的指數項的關係，於 J 能階之分子數增至最高值後，會反而隨 J 的增加而遞減。於圖 19-2 之底部所標記之 J 值，為二狀態的轉移時之其較高的狀態之轉動量子數，各光譜線之強度（長度），與其轉移的較低狀態之分子數成比例。

具有較大轉動慣量 I 的分子之轉動的能量較小，實際上其轉動能量較 kT 猶小。於其 $e^{-\epsilon_i/kT}$ 與 1 有明顯的差距之前，其量子數 J 已經成為相當大。由於 $\epsilon_J \ll kT$ 時，$e^{-\epsilon_J/kT} \approx 1$，因此，小的量子數 J 之分子數 N_J，與縮重度成比例。

二原子的分子放置於電場中時之具轉動光譜線會產生分裂，此種轉動的 Stark 效應，係由於分子的偶極子矩與電場之相互作用所致。

同種原子核的二原子分子雖然無**永久電偶極子矩** (permanent electric dipole moments) ，而無純的轉動光譜，但這些分子會顯示轉動 Raman 光譜，且這些分子之電子與振動光譜，會顯示其**轉動的精細構造** (rotational fine structure)。

19-5 多原子的分子之轉動光譜
(Rotational Spectra of Polyatomic Molecules)

於茲假設多原子的分子內之各結合鍵的長度及角度均為固定，且各等於其平均值之剛體的構架，以處理**多原子的分子** (polyatomic molecule) 之純轉動光譜。多原子的分子圍繞穿過其分子質量中心的特定軸之轉動慣量 I，等於其內的各原子核圍繞該軸之**力矩** (moment) 的和，而可表示為

$$I = \sum_i m_i R_i^2 \tag{19-30}$$

上式中，R_i 為分子內的質量 m_i 之原子核 i，距其轉動軸之垂直的距離。

多原子的分子之**轉動**，可用其對於互相垂直的三座標軸，所取之相對轉動慣量的項表示。分子圍繞其 z 軸之力矩，可表示為

$$I_z = \sum_i m_i(x_i^2 + y_i^2) \tag{19-31}$$

同樣可類似定義，圍繞 x 與 y 軸之力矩 I_x 與 I_y。於此之外，其三**慣性之乘積** (products of inertia) ，可定義如

$$I_{xy} = I_{yx} = \sum_i m_i x_i y_i \tag{19-32}$$

對於任何的剛體分子，可選擇一組通過其質量中心，而全部的慣性乘積均消失的互相垂直的三坐標軸，此三坐標軸稱為**主坐標軸** (principal axes)，而圍繞這些主坐標軸之轉動慣量，稱為**主轉動慣量或主慣性力矩** (principal moments of inertia)，I_a , I_b 與 I_c。這些主坐標軸對於分子為固定，並分別表示為 a, b 與 c，而分子以這些固定的主座標軸為軸轉動。圍繞這些固定的轉動軸之主轉動慣量，以 $I_a \leq I_b \leq I_c$ 的順序標記。通常由檢視分子之對稱性，以指定其轉動的主坐標軸。

分子依其主轉動慣量分類，如表 19-1 所示。若其分子之三主轉動慣量均各相等，則該分子為**球形的陀螺** (spherical top)。若其二主轉動慣量相等，則該分子為**對稱的陀螺** (symmetric top)。若二較大的主轉動慣量相等，則分子為**橢圓陀螺** (prolate top)，若其較小的二主轉動慣量相等，則分子為**扁圓陀螺** (oblate top)。若其三主轉動慣量均各不相等，則分子為**不對稱的陀螺** (asymmetric top)。

表 19-1　依據轉動慣量之多原子分子的分類

轉動慣量	轉動子之形式	實　例
$I_b = I_c$　$I_a = 0$	線狀	HCN
$I_a = I_b = I_c$	球形陀螺	CH_4 , SF_6 , UF_6
$I_a < I_b = I_c$	橢圓 ⎫對稱陀螺	CH_3Cl
$I_a = I_b < I_c$	扁圓 ⎭	C_6H_6
$I_a \neq I_b \neq I_c$	不對稱陀螺	CH_2Cl_2 , H_2O

多原子的分子之轉動運動的量子力學之 Hamiltonian 運算子，可由古典力學的能量寫成其角動量的運算子而得。由古典的角動量轉變成量子力學的運算子，而可得量子力學的 Hamiltonian 運算子，由此，可解所得之其 Schrödinger 的方程式。

於古典力學中，一自由度的轉動體之轉動能量，為

$$E_r = \frac{1}{2} I\omega^2 = \frac{(I\omega)^2}{2I} = \frac{L^2}{2I} \tag{19-33}$$

上式中，ω 為以 radians / 秒的單位表示之角速度，I 為轉動慣量，L 為角動量。對於三次元的轉動之物體，其古典的轉動運動之能量，可表示為

$$E_r = \frac{1}{2} I_{xx}\omega_x^2 + \frac{1}{2} I_{yy}\omega_y^2 + \frac{1}{2} I_{zz}\omega_z^2 \tag{19-34}$$

上式中之角動量用，$L_q = I_{qq}\omega_q$ 表示，以便將上式轉變成量子力學的表示式，其下標的 q 代表方向，因此，上式 (19-34) 可寫成

$$E_r = \frac{L_x^2}{2I_{xx}} + \frac{L_y^2}{2I_{yy}} + \frac{L_z^2}{2I_{zz}} \tag{19-35}$$

上式中，圍繞其三主坐標軸之總角動量的各分量，分別爲

$$L_x = I_{xx}\omega_x \tag{19-36}$$
$$L_y = I_{yy}\omega_y \tag{19-37}$$
$$L_z = I_{zz}\omega_z \tag{19-38}$$

而其總角動量可表示爲

$$L^2 = L_x^2 + L_y^2 + L_z^2 \tag{19-39}$$

球形的陀螺、線狀分子、對稱的陀螺及不對稱的陀螺等四類分子之轉動能量，可分別表示如下：

1. 球形的陀螺分子

對於球形的陀螺，其 $I_{xx} = I_{yy} = I_{zz} = I$，而由式 (19-35) 可寫成

$$E_r = \frac{(L_x^2 + L_y^2 + L_z^2)}{2I} = \frac{L^2}{2I} \tag{19-40}$$

上式中之角動量的平方，以其量子力學的表示，$L^2 = J(J+1)\hbar^2$，代入，可得其量子力學表示的轉動能，爲

$$E = \frac{J(J+1)\hbar^2}{2I} \qquad J = 0, 1, 2, \cdots \tag{19-41}$$

由此，球形的陀螺分子之轉動的能階，與二原子的分子之轉動的能階相同。然而，因球形陀螺的分子沒有偶極子矩，故沒有純的轉動光譜，而有轉動的微細構造的振動與電子光譜。

對稱的四面體的分子，如 CH_4 之轉動慣量爲

$$I = \frac{8}{3}mR^2 \tag{19-42}$$

上式中，R 爲鍵長，m 爲排列成四面體的四原子之每一原子的質量。

2. 線狀分子

對於線狀分子，其 $I_{yy} = I_{xx}$，而 $I_{zz} = 0$。因此，其 L_z 必爲零，而式 (19-35) 可寫成

$$E_r = \frac{L_y^2 + L_x^2}{2I_{xx}} = \frac{L^2}{2I_{xx}} \tag{19-43}$$

對於線狀的多原子分子，其轉動項 F_J 之式，與前面所述的二原子分子者相同。

3. **對稱的陀螺分子**

對稱的陀螺分子如 NH_3 及 CH_3Cl，這些分子之 I_{xx} 與 I_{yy} 相同，但其 I_{zz} 不相同，並用 $I_{||}$ 表示與軸平行的轉動慣量 (I_{zz})，而用 $I_{\perp}$ 表示與軸垂直的轉動慣量 (I_{xx} 與 I_{yy})。由此，其古典的轉動之能量，可表示為

$$E_r = \frac{L_x^2 + L_y^2}{2I_{\perp}} + \frac{L_z^2}{2I_{||}} \tag{19-44}$$

上式可用角動量之大小，$L^2 = L_x^2 + L_y^2 + L_z^2$，的項表示，而可寫成

$$E_r = \left(\frac{1}{2I_{\perp}}\right)(L_x^2 + L_y^2 + L_z^2) - \left(\frac{1}{2I_{\perp}}\right)L_z^2 + \left(\frac{1}{2I_{||}}\right)L_z^2$$
$$= \left(\frac{1}{2I_{\perp}}\right)L^2 + \left[\left(\frac{1}{2I_{||}}\right) - \left(\frac{1}{2I_{\perp}}\right)\right]L_z^2 \tag{19-45}$$

將 $L^2 = J(J+1)\hbar^2$ [如式 (16-139)] 及 $L_z^2 = K^2\hbar^2$ [如式 (16-140)] 代入上式，可得以量子力學表示的能量。由於 $L_z^2 = K^2\hbar^2$ 之代入，而可得圍繞任一軸之角動量的分量，其所受量子力學的限制為 $K\hbar$，於此 $K = 0, \pm 1, \cdots, \pm J$。因此，上式 (19-45) 可寫成

$$E_r = \left(\frac{1}{2I_{\perp}}\right)J(J+1)\hbar^2 + \left[\left(\frac{1}{2I_{||}}\right) - \left(\frac{1}{2I_{\perp}}\right)\right]K^2\hbar^2 \tag{19-46}$$

上式中，$J = 0, 1, 2, \cdots$，而 $K = 0, \pm 1, \pm 2, \cdots, \pm J$。由於上式 (19-46) 用以計算，以頻率表示之轉動能量，因此，通常寫成

$$F_{JK} = \frac{E_{JK}}{hc} = BJ(J+1) + (A-B)K^2 \tag{19-47}$$

其中

$$B = \frac{\hbar}{4\pi c \, I_{\perp}} \quad 及 \quad A = \frac{\hbar}{4\pi c \, I_{||}} \tag{19-48}$$

圍繞對稱軸轉動之角動量，沿其對稱的陀螺軸的分量，可由量子數 K 決定。當 $K = 0$ 時，表示圍繞對稱軸無轉動，而圍繞與對稱軸成垂直的軸轉動，此為 end-over-end 的轉動。當 K 為其最大值 $+J$ 或 $-J$ 時，分子之轉動大多為圍繞對稱軸的轉動。

對稱的陀螺分子之偶極子的向量為沿其主軸的取向,而其量子數 K 不會改變,因此,對稱的陀螺分子之轉動光譜的特有選擇律為,$\Delta J = \pm 1$ 與 $\Delta K = 0$。輻射線之電磁場可影響偶極子的轉動,但因垂直於主軸沒有偶極子矩,故不會影響圍繞主軸的分子轉動。

4. 不對稱的陀螺分子

不對稱的陀螺分子之三主轉動慣量,均各不相等,即 $I_a \neq I_b \neq I_c$,因此,式 (19-35) 不能化簡,而沒有以 J 與 K 項表示的轉動能階之簡單式。

由分子之純的轉動光譜,可精確計算結合的鍵長與結合鍵的角度。由多原子的分子之光譜,至多只能得其三主轉動慣量,但因多原子的分子包含的鍵長與結合鍵的角度,通常超過三,故其研究須以不同的同位素取代的分子,並假定以同位素取代之不同的分子,有相同的鍵長與結合鍵的角度。若考慮同位素的影響時,則需解許多數的聯立方程式,才能得其各原子核間的距離與結合鍵的角度。

於微波區域之光子的能量甚小,而僅能激勵純轉動能階的變化,因此,其吸收光譜為純的轉動光譜。依據氣體之微波的吸收光譜,可計算氣體分子之轉動慣量。

依據 Heisenberg 的不確定性原理,$\Delta E \Delta t \geq \hbar / 2$,所量測的能階之精確度,與分子於該能階之時間成反比。因此,為得到氣體之顯明的轉動光譜線,須保持充分低的壓力,以使其相碰撞間的平均時間較其轉動的週期長。微波光譜通常須於 10 Pa 以下的低壓下測定,以減少由於碰撞導致之**擴寬的效應** (broadening effects)。

氣體的分子於電場中,由於其偶極子矩與電場間的作用,其於微波的光譜線會產生分裂,此為所謂 Stark 效應。因此種光譜線之分裂與分子之永久偶極子矩成比例,故由此光譜,可推定分子之偶極子矩之大小。

低壓的微波光譜線,一般均甚為明銳,由此,其轉動頻率可測至 1 ppm。由於分子之轉動慣量可精確測定,故由轉動光譜可精確計算,分子之鍵長與鍵角度,表 19-2 為由微波光譜之測定所得,一些分子之鍵長與鍵角度。

表 19-2　由微波光譜之測定所得，一些分子之鍵長與鍵角度

物　質		鍵　長，Å		鍵角度
二原子分子 (diatomic molecules)				
CO		1.2823		
BrCl		2.138		
NaCl		2.3606		
線狀多原子分子 (linear polyatomic molecules)				
HCN	CH	1.064		
	CN	1.156		
NNO	NN	1.126		
	NO	1.191		
NC ≡ CCN	CH	1.057		
	C – C	1.382		
	C ≡ C	1.203		
	CN	1.157		
對稱陀螺分子 (symmetric top molecules)				
CH_3Cl	CH	1.10	HCH	110°
	CCl	1.782		
$CH_3C ≡ CH$	CH_3	1.097	HCH	108°
	C ≡ C	1.207		
	C – C	1.460		
	≡ CH	1.056		
NH_3	NH	1.016	HNH	107°
不對稱陀螺分子 (asymmetric top molecules)				
SO_3	SO	1.433	OSO	119.33°
CH_2O	CH	1.12	HCH	118°
	CO	1.21		
CH_2Cl_2	CH	1.068	HCH	112°
	CCl	1.7724	ClCCl	111°

19-6　二原子的分子之振動光譜
(Vibrational Spectra of Diatomic Molecules)

　　二原子的分子之振動運動的 Schrödinger 方程式，包含於分子各不同位置之位能函數 $E(R)$。於前章曾討論過的 H_2^+ 及 H_2 之位能函數的形狀，原則上，由解式 (19-11) 可得振動運動之波函數與固有值，然而，實際上非常困難，由此，通常使用位能函數 $E(R)$ 之各種的近似。例如，位能函數之最低位能的區域之部分，與振動光譜的關係最為重要。

　　二原子的分子之位能曲線並非正確的拋物線，而僅於原子核間之平衡距離 R_e 的附近部分，近似拋物線。氫分子之位能隨其核間距離的變化情形，如圖 19-3 所示，其二原子於平衡核間距離時之位能為零，而其於最低位能區域之位

能曲線接近拋物線，由此，其位能可近似表示爲

$$E(R) = \frac{1}{2}k(R - R_e)^2 \tag{19-49}$$

上式中，k 爲**力常數** (force constant)，R 爲原子核間之距離，R_e 爲平衡原子核間之距離。

於 16-16 節已討論，遵照此位能函數的**簡單調和振動子** (simple harmonic oscillator) 之 Schrödinger 方程式，並解得其能階爲

$$E_v = \left(v + \frac{1}{2}\right)hv \quad v = 0, 1, 2, \cdots \tag{19-50}$$

上式中，v 爲振動量子數，$v = (1/2\pi)(k/\mu)^{1/2}$，爲**基本振動頻率** (fundamental vibration frequency)，而 μ 爲二原子分子之**回歸質量** (reduced mass)。

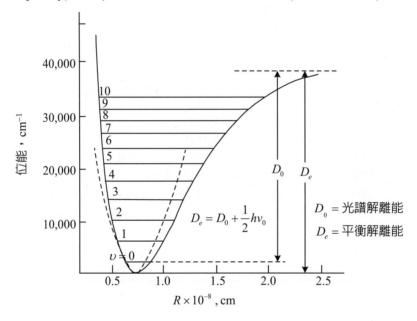

圖 19-3　二原子分子 (H_2) 之位能曲線

能量於標準光譜常用波數表示，因此，振動部分之能量通常用波數，並以振動項 $\tilde{G}_v$ 表示較爲方便。振動項爲上式 (19-50) 之 E_v 除以 hc，而可表示爲

$$\tilde{G}_v = \frac{E_v}{hc} = \left(v + \frac{1}{2}\right)\tilde{\omega}_e \tag{19-51}$$

於振動光譜中使用符號 $\tilde{\omega}_e$ 以替代 $\tilde{v} = v/c$，由此上式中，$\tilde{\omega}_e = (1/2\pi c)(k/\mu)^{1/2}$，此即爲以波數表示之基本振動頻率。於此近似得，調和振動子之各能階的間隔的爲等間隔。

二原子的分子之古典基本振動頻率 v 如式 (16-115)，爲以 m 替代二原子分子之回歸質量 μ。設二原子的分子之二原子的質量分別爲 m_1 與 m_2，而二原子與

質量中心之距離分別爲 R_1 與 R_2，則其原子核間之距離 R 等於 $R_1 + R_2$。由質量中心之位置的平衡，可得

$$R_1 m_1 = R_2 m_2 \qquad (19\text{-}52)$$

由上式 (19-52) 與，$R = R_1 + R_2$，可解得

$$R_1 = \frac{m_2}{m_1 + m_2} R \qquad (19\text{-}53)$$

與

$$R_2 = \frac{m_1}{m_1 + m_2} R \qquad (19\text{-}54)$$

二原子的分子之二原子，於其平衡核間距離之力，等於 $m_1 a_1 = m_2 a_2$，其中的 a_1 爲原子核 1 之加速度，a_2 爲原子核 2 之加速度。由上式 (19-53) 與 (19-54)，分別對時間的二次微分，可得

$$a_1 = \frac{d^2 R_1}{dt^2} = \frac{m_2}{m_1 + m_2} \frac{d^2 R}{dt^2} \qquad (19\text{-}55)$$

與

$$a_2 = \frac{d^2 R_2}{dt^2} = \frac{m_1}{m_1 + m_2} \frac{d^2 R}{dt^2} \qquad (19\text{-}56)$$

因此，由 $m_1 a_1 = m_2 a_2$，二原子回至其平衡核間距離之力，可表示爲

$$力 = \frac{m_1 m_2}{m_1 + m_2} \frac{d^2 R}{dt} = \mu \frac{d^2 R}{dt^2} = \mu \frac{d^2 (R - R_e)}{dt^2} \qquad (19\text{-}57)$$

上式中，R_e 爲平衡二原子核間之距離，而 μ 爲回歸質量。因吸引的力或排斥的力，$-k\ (R - R_e)$，與上式 (19-57) 之力相等，故可得

$$\frac{d^2 (R - R_e)}{dt^2} = -\frac{k}{\mu}(R - R_e) \qquad (19\text{-}58)$$

若二原子核間之距離 R，比其平衡原子核間之距離 R_e 小，則其二原子會相排斥，若二原子核間之距離比 R_e 大，則其二原子會相吸引。二原子之相吸引爲基於**電子的結合** (electronic bonding)，而相排斥爲基於**內層電子殼** (inner electronic shells) 的重疊，及原子核的相排斥之作用。

由上式 (19-58) 與式 (16-113) 比較，可得上式 (19-58) 之一般解爲

$$(R - R_e) = a \sin\left(\frac{k}{\mu}\right)^{1/2} t \qquad (19\text{-}59)$$

上式中，a 爲自其平衡核間距離之**最大的位移** (maximum displacement)。設二原子分子之基本振動頻率爲 v 時，上式可寫成

$$(R - R_e) = a \sin 2\pi v t \qquad (19\text{-}60)$$

因此，其中的 v 之定義為

$$v = \frac{1}{2\pi}\left(\frac{k}{\mu}\right)^{1/2} \tag{19-61}$$

由上式得，二原子的分子之基本振動頻率 v，與力常數及分子之回歸質量有關。簡單的調和振動子之可能的能階，已如 16-16 節所示。

二原子的分子之振動頻率，通常於近紅外線的範圍，為 $1000\ cm^{-1}$ 的程度。氫的原子或強**結合鍵** (strong bonds) 的二原子分子之振動頻率，通常比 $1000\ cm^{-1}$ 高，而重的原子或弱結合鍵的二原子分子之振動頻率，一般比 $1000\ cm^{-1}$ 低。然而，二原子的分子並非必須有紅外線的吸收光譜。

於僅分子之原子核間的距離改變（振動）時，會產生偶極子矩變化的分子，而於其振動能階的轉移時，會放射或吸收電磁輻射線。由分子之偶極子矩的變化，可提供分子與電磁輻射線間之相互作用的機制。**同種原子核** (homonuclear) 的二原子分子如 H_2，N_2 等，於其任何的鍵長時之偶極子矩均為零，因此，不會顯示振動的光譜。一般的**異種原子核** (heteronuclear) 之二原子分子，視其原子核間之距離的大小，而有特定的偶極子矩值，由此會顯示其振動的光譜。

對於偶極子矩隨其核間的距離，成線性變化的調和振動子，由其振動能階間的轉移之量子力學的處理，得其振動光譜的選擇律為

$$\Delta v = \pm 1 \tag{19-62}$$

上式中，於吸收時，$\Delta v = +1$，而於放射時，$\Delta v = -1$。因此，對於基底狀態的分子，若分子為調和振動子，則其吸收光譜為單一的振動光譜線。然而，真實的二原子分子並非調和振動子，而上述的選擇律不能完全適用，尤其於高能態時是如此。此時除選擇律所允許的轉移之外，尚有選擇律不允許的額外之轉移，而所觀察的相當於 $\Delta v = +2$，$3, \cdots$ 等轉移的**倍頻率光譜線** (overtone lines)，而其強度一般較為微弱。

另一顯示不適合以調和振動子近似，表示二原子分子的指標，為依據調和振動子的模型，可有無限數目之振動能階，然而，二原子分子之振動能階的數目為有限。氫分子於解離前之基底振動能階的上面有十四的能階，而其能階之間隔隨振動量子數的增加而逐漸靠近。如圖 19-3 所示。

正確形式的位能函數 $E(R)$ 之 Shrödinger 的方程式，一般不容易解。由於僅對於最低位能附近之性質較為重要而特別感興趣，因此，位能函數 $E(R)$ 於其平衡核間距離 R_e 的附近，以 Taylor 系列展開，表示為

$$E(R) = E(R_e) + \left(\frac{dE}{dR}\right)_{R_e} (R - R_e) + \frac{1}{2}\left(\frac{d^2E}{dR^2}\right)_{R_e} (R - R_e)^2$$

$$+ \frac{1}{3!}\left(\frac{d^3E}{dR^3}\right)_{R_e} (R - R_e)^3 + \cdots \tag{19-63}$$

上式的右邊之第一項為常數，相當於平衡核間距離時之能量。於位能曲線之最低點時，其第二項為零，即 $(dE/dR)_{R_e} = 0$。因此，於位能曲線的最低點之能量為零，即 $E(R_e) = 0$ 時，而上式 (19-63) 可寫成

$$E(R) = \frac{1}{2}\left(\frac{d^2E}{dR^2}\right)_{R_e} (R - R_e)^2 + \frac{1}{3!}\left(\frac{d^3E}{dR^3}\right)_{R_e} (R - R_e)^3 + \cdots$$

$$= \frac{1}{2}k(R - R_e)^2 + \frac{1}{6}k'(R - R_e)^3 + \cdots \tag{19-64}$$

上式中，k 與 k' 為力常數。忽略上面的位能函數式 (19-64) 之三次項後面的各項，解其 Schrödinger 方程式可得其振動能階，而可表示為

$$\tilde{G}_\upsilon = \tilde{\omega}_e\left(\upsilon + \frac{1}{2}\right) - \tilde{\omega}_e x_e\left(\upsilon + \frac{1}{2}\right)^2 + \tilde{\omega}_e y_e\left(\upsilon + \frac{1}{2}\right)^3 \tag{19-65}$$

上式中，$\tilde{\omega}_e$ 為以波數表示之假設的**調和振動頻率** (hypothetical harmonic vibration frequency)，x_e 與 y_e 為**非調和性常數** (anharmonicity constants)，而 $\upsilon = 0, 1, 2, \cdots$。

　　HCl 之振動的吸收光譜如圖 19-4 所表示，其最強的吸收帶於波長 3.46 μm 處，於 1.76 μm 處有較弱的吸收帶，而於 1.20 μm 處之吸收最弱。因 $H^{35}Cl$ 的分子於室溫時，其於 $\upsilon = 1$ 對 $\upsilon = 0$ 的振動狀態之平衡分佈比，為 8.9×10^{-7}，故於 $\upsilon = 1$ 的分子不會產生有意義的吸收。

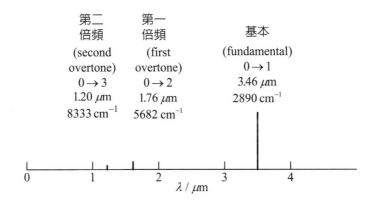

圖 19-4　HCl 之振動吸收光譜

　　上面的振動能量的式 (19-65) 中之係數 $\tilde{\omega}_e$ 與 $\tilde{\omega}_e x_e$，可按表 19-3 所示的方法推定。其第二列爲所觀察的**帶中心** (band centers) 之波數，第三列爲逐次光譜線之波數差，此爲所謂**第一差量** (first difference)，即等於狀態 $v+1$ 與 v 間之振動項的差，而用 $\Delta\tilde{G}_{v+\frac{1}{2}}$ 表示爲

$$\Delta\tilde{G}_{v+\frac{1}{2}} \equiv \tilde{G}_{v+1} - \tilde{G}_v \tag{19-66}$$

將式 (19-65) 代入上式 (19-66) 並忽略較高次的項，可得

$$\Delta\tilde{G}_{v+\frac{1}{2}} = \tilde{\omega}_e - 2\tilde{\omega}_e x_e(v+1) \tag{19-67}$$

表 19-3　　$H^{35}Cl$ 振動帶之帶中心

轉移	$\tilde{G}_v / \text{cm}^{-1}$	$\Delta\tilde{G}_{v+\frac{1}{2}} / \text{cm}^{-1}$	$\Delta^2\tilde{G}_{v+1} / \text{cm}^{-1}$
$v = 0 \to 0$	0		
		2885.98	
$v = 0 \to 1$	2,885.98		−103.98
		2782.00	
$v = 0 \to 2$	5,667.98		−103.20
		2678.80	
$v = 0 \to 3$	8,346.98		−102.77
		2576.03	
$v = 0 \to 4$	10,992.81		−102.65
		2473.38	
$v = 0 \to 5$	13,396.19		

註：自 D.H.Rank, D.P. Eastman, B.S.Rao, and T.A.Wiggins, J. Opt Soc. Am., 52, 1 (1962)

於上式中，下標中之 v 爲其二能階之較低的能階。

　　表 19-3 之最後列爲**第二差量** (second difference) $\Delta^2\tilde{G}_{v+1}$，其定義爲

$$\Delta^2\tilde{G}_{v+1} \equiv \Delta\tilde{G}_{v+\frac{3}{2}} - \Delta\tilde{G}_{v+\frac{1}{2}} \tag{19-68}$$

將式 (19-67) 代入上式 (19-68)，可得

$$\Delta^2\tilde{G}_{v+1} \equiv -2\tilde{\omega}_e x_e \tag{19-69}$$

由表 19.3 中之第二差量 $\Delta^2\tilde{G}_{v+1}$，可得非調和常數 $\tilde{\omega}_e x_e$，等於 $103.0 \text{ cm}^{-1} / 2 = 51.5$ cm^{-1}。由這些帶中心所計得的 $\tilde{\omega}_e$ 之平均值，爲 2998.2 cm^{-1}。一些二原子的分子之振動參數列於表 19-4 (19-7 節)。

　　於第十八章的 18-1 節曾討論，H_2^+ 與 H_2 之平衡解離能 D_e，與其光譜解離能 D_0 間之差異。二原子的分子之基底態 $(v=0)$ 的能量，依據式 (19-65) 可寫成

$$\tilde{G}_0 = \frac{\tilde{\omega}_e}{2} - \frac{\tilde{\omega}_e x_e}{4} + \frac{\tilde{\omega}_e y_e}{8} \tag{19-70}$$

因此，由式 (18-1)，$D_e = D_0 + \frac{1}{2}hv_0$，其中的 v_0 爲基底振動頻率，而平衡解離能 D_e 由上式 (19-70)，可表示爲

$$D_e = D_0 + \frac{\tilde{\omega}_e}{2} - \frac{\tilde{\omega}_e x_e}{4} + \frac{\tilde{\omega}_e y_e}{8} \tag{19-71}$$

對於 $^1H^1H$，其 $\tilde{\omega}_e, \tilde{\omega}_e x_e$，及 $\tilde{\omega}_e y_e$ 之值分別為 4401.21, 121.33, 及 0.813 cm^{-1}。因此，其零點能量 $\tilde{G}_0 = 4401.21/2 - 121.33/4 + 0.813/8 = 2170\,cm^{-1}$，此為於表 18-1 中所用之數值。然而，$H_2$ 沒有紅外線的光譜，其數值為由其他的方法所測定。

　　式 (19-63) 中之 Taylor 系列，僅代表二原子的分子之位能曲線，於其最低位能之附近的位能函數。對於整個的 R 值範圍之位能函數，Morse 於 1929 年，建議用下列的位能函數表示為

$$V(R) = D_e \{1 - \exp[-a(R - R_e)]\}^2 \tag{19-72}$$

上述於 $R \to \infty$ 時，位能 V 接近平衡解離能 D_e，而於 $R = R_e$ 時，位能等於零。由解對於 Morse 位能之 Schrödinger 的方程式，可得其對應項的值，而可表示為

$$\tilde{G}_v = a \left(\frac{\hbar D_e}{\pi c \mu}\right)^{1/2} \left(v + \frac{1}{2}\right) - \left(\frac{\hbar a^2}{4\pi c \mu}\right)\left(v + \frac{1}{2}\right)^2 \tag{19-73}$$

比較此式 (19-73) 與式 (19-65)，可得

$$\tilde{\omega}_e = a \left(\frac{\hbar D_e}{\pi c \mu}\right)^{1/2} \tag{19-74}$$

與

$$\tilde{\omega}_e x = \frac{\hbar a^2}{4\pi c \mu} \tag{19-75}$$

因此，若由振動光譜求得二原子的分子之 $\tilde{\omega}_e x$，則由上面的二式可消去其中的 a，而得其平衡解離能為

$$D_e = \frac{\tilde{\omega}_e}{4 x_e} \tag{19-76}$$

因 Morse 式並不能代表，整個 R 範圍的正確位能曲線，所以此並非精確的方法。但於僅知分子之振動光譜時，此法仍有用。

例 **19-4**　已知 $H^{35}Cl$ 之基本振動頻率為 $8.667 \times 10^{13}\,s^{-1}$，其回歸質量 μ 為 $1.627 \times 10^{-27}\,kg$。試計算力常數 k

解　$k = (2\pi v)^2 \mu = (2\pi\,8.667 \times 10^{13}\,s^{-1})^2 (1.627 \times 10^{-27}\,kg)$
$\qquad = 483\,kg\,s^{-2} = 483\,Nm^{-1}$　◀

例 **19-5** HCl 的分子之基本振動頻率為 $8.66 \times 10^{13} \, s^{-1}$。試計算於室溫下，其於 $\upsilon = 2$ 與 $\upsilon = 1$ 之分子的**平衡比** (equilibrium ratio)

 $\Delta e = h\upsilon_0 = (6.62 \times 10^{-27} \, erg \, s^{-1})(8.66 \times 10^{13} \, s^{-1}) = 57.4 \times 10^{-14} \, erg$

$kT = (1.38 \times 10^{-16} \, erg \, K^{-1})(298 \, K) = 4.11 \times 10^{-14} \, erg$

$N_{\upsilon=2} / N_{\upsilon=1} = e^{-h\upsilon_0/kT} = e^{-57.4/4.11} = 8.9 \times 10^{-7}$

例 **19-6** 試依據表 19-3 中之 $H^{35}Cl$ 的數據，計算，(a) 其光譜參數 $\tilde{\omega}_e x_e$ 與 $\tilde{\omega}_e$ 值，及 (b) 其零點能量

解 (a) 由表 19-3 中之第二差量，得其非調和常數為

$\tilde{\omega}_e x_e = 103.0 \, cm^{-1} / 2 = 51.5 \, cm^{-1}$

由第一差量計得，其 $\tilde{\omega}_e$ 值為 $2988.2 \, cm^{-1}$

(b) 由式 (19-65) 得，$H^{35}Cl$ 之零點能量為

$$\tilde{G}_0 = (2998.2 \, cm^{-1})\left(\frac{1}{2}\right) - (51.5 \, cm^{-1})\left(\frac{1}{2}\right)^2 = 1486.2 \, cm^{-1}$$

19-7 二原子的分子之振動　轉動光譜
(Vibration-Rotation Spectra of Diatomic Molecules)

二原子的分子之振動光譜，使用高解析度的光譜儀觀測時，可發現這些分子之許多微細的構造。氣態的 HCl 之基本振動的光譜帶，如圖 19-5 所示，這些為自振動量子數 $\upsilon = 0$ 轉移至 $\upsilon = 1$，所產生的振動－轉動的吸收光譜線。對於轉動量子數之選擇律為 $\Delta J = \pm 1$，而振動光譜帶之 P **枝帶** (branch) 中的光譜線為 $\Delta J = -1$，振動光譜帶之 R 枝帶中的光譜線為 $\Delta J = +1$。振動光譜帶之 Q 枝帶，為相當於 $\Delta J = 0$ 的光譜線，通常禁止此種 $\Delta J = 0$ 的轉移，而僅少數的二原子分子如 NO，於基底狀態有電子角動量時，可有 $\Delta J = 0$ 之振動光譜的 Q 枝帶。

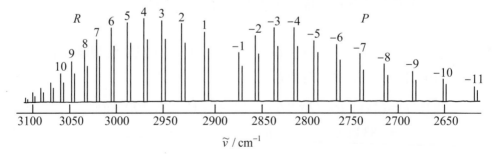

圖 **19-5** HCl 之基本振動光譜帶 $(\upsilon = 0 \to 1)$。雙峰係由於 HCl 中的 $H^{35}Cl$ 與 $H^{37}Cl$ 之存在量為 75% 與 25%，其中的整數為式 (19-78) 中之 m 值（自 A.R.H. Cole, Table of Wavenumbers for the Calibration of Infrared Spectrometer, 2nd ed Pergamon Press, 1977）

　　分子自振動量子數 v 與轉動量子數 J 之狀態，轉移至另一狀態時，其振動量子數 v 之變化依據調和振動子的選擇律，$\Delta v = \pm 1$，而其轉動量子數 J 可改變 ± 1，或維持相同，其可能的狀態轉移如圖 19-6 所示。這些光譜帶中之光譜線的強度，表示其原始轉動狀態之**熱分子數** (thermal populations)。

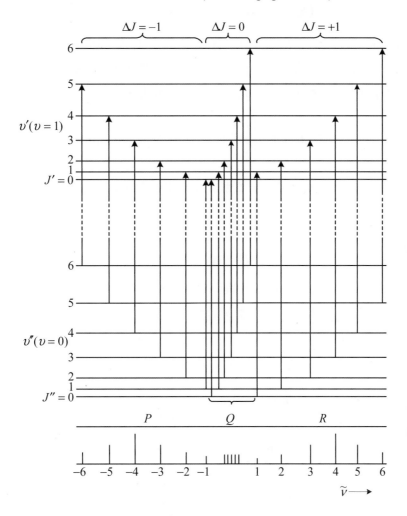

圖 19-6　二原子的分子之振動能階，自 $v''(v=0)$ 至 $v'(v=1)$ 間的轉移所允許的轉動能階之轉移，所觀察的振動–轉動光譜。於圖的底部所示的光譜線之所註記的數字為其 m 值，光譜線之相對高度表示其吸收的相對強度

　　圖 19-6 中的各能階之能量，可用下式表示為

$$E_{v,J} / hc = G_v + F_{v,J} = \left(v + \frac{1}{2} \right) \widetilde{\omega}_e - \left(v + \frac{1}{2} \right)^2 \widetilde{\omega}_e x_e + B_v J(J+1) \qquad \textbf{(19-77)}$$

上式中，前面的二項為式 (19-65) 中的振動項值之前面的二項，第三項為式 (19-26) 中的轉動項值之第一項。於此，因轉動常數 B_v 為振動量子數 v 之函數，故於 B_v 之下標加註 v。

設於振動能階 $v''(v=0)$ 與 $v'(v=1)$ 中之各轉動量子數 J ，分別用 J'' 與 J' 表示，則自 v'',J'' 的狀態轉移至 v',J' 的狀態所產生的光譜之波數 $\tilde{v}$ ，可表示為

$$\tilde{v} = \frac{E'-E''}{hc} = \tilde{v}_0 + B'_v J'(J'+1) - B''_v J''(J''+1)$$
$$= \tilde{v}_0 + (B'_v + B''_v)m + (B'_v - B''_v)m^2 \tag{19-78}$$

上式中， $m=\pm1,\pm2,\cdots$ 。 R 枝部中之光譜線為，上式 (19-78) 中的 $m=1,2,3,\cdots$ （例如， $m=J'=J''+1$ ）而得， P 枝部中之光譜線為， $m=-1,-2,-3,\cdots$ （例如， $m=-J''$ ）而得。 $\tilde{v}_0$ 為迷失的光譜線，而可表示為

$$\tilde{v}_0 = (v'-v'')\tilde{\omega}_e - \left[\left(v'+\frac{1}{2}\right)^2 - \left(v''+\frac{1}{2}\right)^2\right]x_e\tilde{\omega}_e \tag{19-79}$$

若於較低的 B''_v 與較高的 B'_v 之振動能階的轉動常數值相同，則以波數表示的光譜線之間隔相等。然而，因二原子的分子之位能曲線並非完全符合拋物線，而其平均核間之距離，隨其振動量子數的增加而增加。因此， $B'_v - B''_v$ 為負值，而於 R 枝部中之轉動光譜線的間隔，隨 m 值的增加而減小。同樣， P 枝部中之轉動光譜線的間隔，隨 m 之愈負的值而增加。於圖 19-5 之 HCl 的基本紅外光吸收光譜，明顯地顯示這些特徵。由此，於較高的振動狀態時，其轉動常數 B_v 較小，此如位能曲線 $E(R)$ 之形狀，其振動狀態愈高，其轉動慣量與 R_e 均愈大。轉動常數與振動量子數之關係，一般可用下式表示，為

$$B_v = B_e - \alpha_e\left(v+\frac{1}{2}\right) \tag{19-80}$$

上式中， α_e 為**振動–轉動偶合的常數** (vibration-rotation coupling constant)。

對於振動–轉動的光譜帶，應用式 (19-78) 可得 B'_v , B''_v ，及 $\tilde{v}_0$ 的數值。然後使用式 (19-80) 可求得 B_e 與 α_v 的值。因 x_e 已於 19-6 節測定，故最後可由 $\tilde{v}_0$ 計算 $\tilde{\omega}_e$ 的值。

於表 19-4 列出一些二原子的分子與其一些電子激勵態之振動與轉動的常數，表中對於基底態之相對的電子能量，用 T_e 表示。

表 19-4　一些二原子的分子之常數

狀態 (state)		T_e / cm⁻¹	ω_e / cm⁻¹	$\omega_e x_e$ / cm⁻¹	B_e / cm⁻¹	α_e / cm⁻¹	R_e / pm	$\dfrac{N_A\mu}{10^{-3}\,\text{kg mol}^{-1}}$	D_0 / eV	E_i / eV
⁹Br₂	¹Σ_g⁺	0	325.321	1.077	0.082107	3.187×10^{-4}	228.10	39.459 166	1.9707	10.52
²C₂	¹Σ_g⁺	0	1854.71	13.34	1.8198	0.0176	124.25	6.000 000	6.21	12.15
²C¹H	²Π_r	0	2858.5	63.0	14.457	0.534	111.99	0.929 741	3.46	10.64
⁵Cl₂	¹Σ_g⁺	0	559.7	2.67	0.2439	1.4×10^{-3}	198.8	17.484 427	2.47937	11.50
²C¹⁶O	¹Σ⁺	0	2169.814	13.288	1.931281	0.017504	112.832	6.856 209	11.09	14.01
H₂	¹Σ_g⁺	0	4401.21	121.34	60.853	3.062	74.144	0.503 913	4.4781	15.43
	¹Σ_u⁺	91700	1358.09	20.888	20.015	1.1845	129.28			
H⁸¹Br	¹Σ⁺	0	2648.98	45.218	8.46488	0.23328	141.443	0.995 427	3.758	11.67
H³⁵Cl	¹Σ⁺	0	2990.95	52.819	10.5934	0.30718	127.455	0.979 593	4.434	12.75
H¹²⁷I	¹Σ⁺	0	2309.01	39.644	6.4264	0.1689	160.916	0.999 884	3.054	10.38
²⁷I₂	¹Σ_g⁺	0	214.50	0.614	0.03737	1.13×10^{-4}	266.6	63.452 238	1.54238	9.311
⁹K³⁵Cl	¹Σ⁺	0	281	1.30	0.128635	7.89×10^{-4}	266.665	18.429 176	4.34	8.44
⁴N₂	¹Σ_g⁺	0	2358.57	14.324	1.99824	0.017318	109.769	7.001 537	9.759	15.58
	³Π_g	59619	1733.39	14.122	1.6375	0.0179	121.26			
	³Π_u	89136	2047.18	28.445	1.8247	0.0187	114.87			
³Na³⁵Cl	¹Σ⁺	0	366	2.0	0.218063	1.62×10^{-3}	236.08	13.870 687	4.23	8.9
⁴N¹⁶O　$\Omega=\tfrac{1}{2}$	²Π_r	119.82	1904.04	14.100	1.72	0.0182				
$\Omega=\tfrac{3}{2}$		0	1904.20	14.075	1.67	0.0171	115.077	7.466 433	6.496	9.26
⁶O₂	³Σ_g⁻	0	1580.19	11.98	1.44563	0.0159	120.752	7.997 458	5.115	12.07
	¹Δ_g	7918.1	1483.5	12.9	1.4264	0.0171	121.56			
⁶O¹H	³Σ_u⁻	49793.3	709.31	10.65	0.8190	0.01206	160.43			
	²Π_i	0	3737.76	84.811	18.911	0.7242	96.966	0.948 087	4.392	12.9

來源：K.P.Huber and G. Herzberg, *Molecular Spectra and Molecular Structure IV, Constants of Diatomic Molecules*. New York: Van Nostrand, 1979.

例 19-7　試計算 H³⁵Cl 於 300 K 之基底振態狀態的前面五轉動能階之相對的分子數

解　依據表 19-4，$B_e = 10.5934\ \text{cm}^{-1}$，$\alpha_e = 0.30718\ \text{cm}^{-1}$，對於 $v = 0$，由式 (19-80) 可得，

$$B_v = 10.5934\ \text{cm}^{-1} - (0.3072\ \text{cm}^{-1})/2 = 10.4398\ \text{cm}^{-1}$$

因

$$\frac{N_J}{N_0} = (2J+1)e^{-hcJ(J+1)B_v/kT}$$

其中的 N_0 為，$J = 0$ 的狀態之分子數。首先計算下列的因子

$$\frac{hcB_v}{kT} = \frac{(6.626\times10^{-34}\ \text{J s})(2.998\times10^{8}\ \text{m s}^{-1})(10.44\ \text{cm}^{-1})(10^{2}\ \text{cm m}^{-1})}{(1.3806\times10^{-23}\ \text{J K}^{-1})(300\ \text{K})}$$

$$= 5.007\times10^{-2}$$

對於 $J = 1$

$$\frac{N_1}{N_0} = 3e^{-2(5.007 \times 10^{-2})} = 2.71$$

對於 $J = 0, 1, 2, 3, 4$ 及 5 之相對的分子數分佈，各為 $1.00, 2.71, 3.70, \ 3.84, 3.31$ 及 2.45，此與圖 19-5 吻合。 ◄

19-8 多原子的分子之振動光譜
(Vibrational Spectra of Polyatomic Molecules)

二原子的分子或線狀的多原子分子，需 $3N - 5$ 的坐標，而非線狀的多原子分子，需 $3N - 6$ 的坐標，以描述分子之**內部的運動** (internal motion)，其中的 N 為分子中之原子核數。例如，二原子的分子需一振動坐標 R，如 CO_2 的線狀三原子的分子需 4，H_2O 的非線狀三原子的分子需 3，而 NH_3, CH_4 及 N_2O_4 等分子，分別需 6, 9, 及 12 之獨立振動的坐標。

多原子的分子之內部的運動，包括振動與**內部的轉動** (internal rotation)。若環繞某結合鍵之內部的轉動有明顯的位能障礙，則分子會於其平均位置的附近振動。例如，乙烯 $CH_2 = CH_2$，對於其內部的轉動有很大的位能障壁，因此，僅有環繞其 $C = C$ 鍵的小振動。同樣，如乙烷 $CH_3 - CH_3$，於室溫之位能障壁甚小，因此，於室溫可自由內轉。

多原子的分子之振動運動非常複雜，但其全部之振動運動的型式，可用所謂**振動之標準方式** (normal modes of vibration) 的簡單運動描述。振動之標準方式的數目，等於獨立振動之坐標數。例如，二原子分子之振動的坐標數為 $3N - 5 = 1$，即其振動自由度等於 1，而有 1 標準的振動方式。對於如 CO_2 之線狀的三原子分子，$3N - 5 = 4$，而有 4 標準振動的方式。

於振動之標準方式中，其各原子核同時穿過其運動之極限的同相移動。各原子核之振動運動的標準方式，為其質量中心沒有移動，而分子的整體沒有轉動。其每一振動的標準方式各有其特有的振動頻率，有時某些振動的方式有相同的振動頻率，此種方式稱為**退動化的方式** (degeneratc modes)。分子之任一振動運動，均可用各種標準振動方式中之振動的和表示。

對於如 CO_2 之線狀的三原子分子，$3N - 5 = 4$，而有四標準方式的振動，其中之二方式為，對稱與非對稱的**伸張振動** (stretching vibrations)，另二方式為不同振動面的**彎曲振動** (bending vibrations)，其中之差別僅為，互相垂直的二振動面，由此，其振動為退化的振動，這些振動之標準方式如圖 19-7 的(a) 所示。由圖中所示之波數得知，其伸張振動比彎曲振動有較高的頻率，此為其原子間之鍵長的伸張，比鍵角度的彎曲需較大的力之必然的結果。

　　於圖 19-7 中之移動向量，表示各原子核之運動的方向與其運動的**相對振幅** (relative amplitude)，分子之對稱限制其標準振動的方式。分子的振動之標準方式，對於分子中之全部的對稱元素，可對稱或非對稱。

　　於 CO_2 之四標準振動的方式中，其對稱的伸張振動不會顯現於其紅外光光譜中，但其他方式的振動均會於其紅外光光譜中顯現，此因 CO_2 於其平衡狀態為對稱，而沒有偶極子矩，故不會產生對稱的伸張振動。不對稱的伸張振動與彎曲振動，均會產生偶極子矩的變化。

　　如 H_2O 的非線狀三原子分子，$3N-6=3$，有三標準振動的方式，且這些方式的振動均為紅外光活性，而會於紅外光光譜中顯現，這些振動的標準方式，如圖 19-7(b) 所示。

　　氣體之紅外光光譜，較根據其基本振動分析所推測者複雜，此為於紅外光光譜中，含基本振動頻率，倍頻 (overtone，基本頻率之倍數) 及基本頻率的組合等。因此，較複雜的分子之基本頻率的判認較為困難。

　　水蒸氣 H_2O 之最強的光譜帶之頻率以 cm^{-1} 表示，並列於表 19-5，於表中所列的光譜中，**倍頻** (overtones) 及基本頻率的組合之光譜帶較弱。因其振動並非完全調和，故其倍頻並非恰為其基本頻率的整數倍，而其組合亦非恰等於其各基本頻率之和。

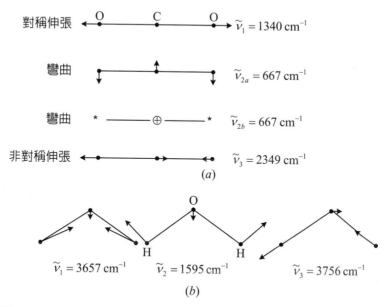

圖 19-7　(a) 對稱的線狀三原子分子 CO_2 之振動的標準方式，(b) 非線狀的三原子分子 H_2O 之振動的標準方式

表 19-5　水蒸氣 H_2O 之紅外光光譜帶

$\tilde{v}$ / cm^{-1}	強　度	解　　釋	
1595.0	很強	$\tilde{v}_2$	基本振動頻率
3151.4	中等	$2\tilde{v}_2$	倍頻
3651.7	強	$\tilde{v}_1$	基本振動頻率
3755.8	很強	$\tilde{v}_3$	基本振動頻率
5332.0	中等	$\tilde{v}_2 + \tilde{v}_3$	組合
6874	弱	$2\tilde{v}_2 + \tilde{v}_3$	組合

　　若分子之位能爲**二次方** (quadratic)，而使用標準的坐標描述其振動時，則其 Schrödinger 方程式可分離成爲，其標準振動方式數之分離的方程式，而每一分離的方程式之固有值，可表示爲

$$E_i = \left(v_i + \frac{1}{2} \right) h v_i \tag{19-81}$$

所以分子之總振動能，可表示爲

$$E_v = \sum_i \left(v_i + \frac{1}{2} \right) h v_i \tag{19-82}$$

　　多原子的分子之振動光譜，對於分子之種類與純度的鑑定很有用。分子之基本振動與其幾何形狀及分子內的各原子之作用有關，因此，不同種類之分子，有不同的基本振動，且有不同的紅外線光譜。於實際的應用上，將許多化合物之紅外光譜線編列成爲如**指紋** (fingerprints) 使用。分子內之各官能基或原子群，各有其獨特之吸收光譜帶，有些原子群之吸收波長，由於分子內之其餘部分的構造而會稍有變異。一些官能基之紅外線吸收光譜帶，列於表 19-6。

表 19-6　一些官能基之紅外光吸收光譜帶

官能基	$\tilde{v}$ / cm^{-1}	官能基	$\tilde{v}$ / cm^{-1}
O–H st. (伸張)	3800~3000	N–H (bent) (彎曲)	1650~1550
N–H st.	3500~3100	C–H bent	1475~1375
C–H st.	3100~2750	C=C st.	1675~1573
S–H st.	2600~2500	C–C (芳香類) st.	1650~1550
C=O (酮類) st.	1725~1650	C–O st.	1300~1100

　　分子之紅外光譜係由其某些區域之吸收所組成，分述於下：

1. 氫原子的伸張振動之吸收區域爲 3700 ~ 2500 cm^{-1}，因氫原子之質量小，故其這些振動發生於高的頻率。若 OH 基不包括於氫鍵的結合，則該 OH 基之頻率通常於 3600 ~ 3700 cm^{-1} 的範圍，氫鍵會使此頻率降 300 ~ 1000 cm^{-1} 或更多。NH 之吸收範圍爲 3300 ~ 3400 cm^{-1}，而 CH 之吸收範圍爲 2850 至 3000 cm^{-1}。氫原子所結合之原子愈重，其吸收之頻率會增高愈多，如

SiH , PH ，與 SH 之吸收頻率，大約於 2200 ， 2400，與 2500 cm⁻¹ 。

2. **參－鍵** (triple-bond) 之吸收區域為 2500~2000 cm⁻¹，因參鍵有大的力常數，故於高頻率處產生吸收。$C \equiv C$ 通常於 2050 至 2300 cm⁻¹ 間產生吸收，但其吸收可能由於分子的對稱而減弱或消失。$C \equiv N$ 基於 2200~2300 cm⁻¹ 附近產生吸收。

3. **雙－鍵** (double-bond) 之吸收區域為 2000~1600 cm⁻¹。芳香類的取代化合物之吸收帶於 2000~1600 cm⁻¹ 的範圍，而可作為取代位置的指標。**酮** (ketones)、**醛** (aldehyde)、**酸** (acid)、**醯胺** (amide)、及 **碳酸鹽** (carbonates) 等之 **羰基** (carbonyl group)，$C = O$，於 1700 cm⁻¹ 附近有強的吸收。**烯烴類** (olefins)的 $C = C$，於 1650 cm⁻¹ 產生吸收，$C–N–H$ 鍵之 **彎曲** (bending) 的振動，亦於此區域產生吸收。

4. **單－鍵** (single-bond) 之伸張與彎曲的振動之吸收區域，為 500~1700 cm⁻¹。於此區域之吸收，並非針對某特殊的官能基，而於類似的分子之間有不同的指紋圖，由此，為有用的 "**指紋 (fingerprint)**" 區。有機化合物由於對氫之結合鍵的彎曲運動，因此，於 1300 至 1475 cm⁻¹ 間之區域常有吸收峰。烯烴及芳香類由於其 CH 基的偏離 **平面的彎曲運動** (out-of-plane bending motion)，而常於 700 與 1000 cm⁻¹ 間產生吸收。

19-9　二原子的分子之電子光譜
(Electronic Spectra of Diatomic Molecules)

　　分子由於電子之能階間的轉移，會導至於可見光與紫外光的區域，產生吸收或放射的光譜。分子吸收或放射真空紫外光的區域之電磁輻射線時，會產生其電子結構的變化。分子內之電子狀態間的轉移，常伴分子內的原子之轉動與振動狀態間的轉移，因此，其光譜非常複雜。

　　分子由於與電磁輻射線的相互作用，而自某一電子狀態轉移至另一狀態時，通常會產生分子之電子的光譜。無振動或振動–轉動光譜的 **同種核二原子的分子** (homonuclear diatomic molecul)，於其電子光譜中常顯示其振動與轉動的構造。

　　如前述，二原子的分子由於其分子內的二原子的振動，而改變其原子核間的距離，並產生振動能階的變化，同時也由於以其質量中心為中心之轉動運動，而產生轉動能階的變化。分子之轉動能階的間隔，一般比其振動能階者小，而電子之能量的間隔比振動能階的間隔大。二原子的分子之能階如圖 19-8 所示，其中的 E 為於基底狀態 n 之能量，於此忽略零點能量。分子於基底狀態振動時，有振動量子數 $v=1,2,3,\cdots$ 所示之振動能階。因分子於振動之同時亦會轉動，故於其振動能階中有各種轉動能階，圖 19-8 之左側所示者，為轉動能階之轉動量子數 $J=0,1,2,3,\cdots$。

分子之中至少有一電子，自基底態 n 轉移至能量較高的軌道時，該分子成為電子的激勵狀態 n'，而其能量自 E 增加至 E'，此激勵狀態的分子亦與基底狀態的情況同樣，有以振動量子數 v' 及轉動量子數 J' 表示的各種振動及轉動的能階。因此，較大的分子之電子於能量不同的狀態間轉移時，其光譜由於甚多光譜線之密集，而顯現寬闊的吸收帶。例如於圖 19-8 中，自 n' 能階轉移至 n 能階時，會放射電子的帶光譜，於此圖中僅顯示基底狀態 n 及其一激勵電子狀態 n' 中之各種振動與轉動的能階，事實上，尚有 $n'',n''',\cdots$ 等許多的激勵狀態。

不僅極性的分子可觀測到上述的那些能階間的轉移，而非極性的分子亦同樣能觀測到。分子內的各電子之狀態，均含有多數的振動及轉動的狀態。電子的狀態產生變化時，其振動及轉動之量子數 v 及 J，一般亦會有不同的變化，因此，分子之電子光譜相當複雜，而含有振動及轉動的微細構造。設電子的狀態 n 與 n' 所屬之振動量子數為 v 與 v'，轉動量子數為 J 與 J'，則於電子光譜中其振動量子數之變化 $v-v'$，沒有選擇律的限制，但其轉動量子數之變化 $J-J'$，除遵照選擇律 $J-J'=\pm1$ 之外，亦容許 $J-J'=0$ 的變化。

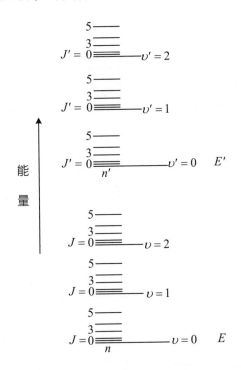

圖 19-8　二原子的分子之能階

電子光譜中的任一吸收光譜帶之光譜線，均隨波數的增加而逐漸密集，而於其**收斂極限** (convergence limit) 的波數以上的區域，會產生連續的吸收光譜。由電子的光譜中之收斂極限的波數，可計算分子於該電子能階時之解離能。原子光譜中之連續的吸收光譜線，為由於電子的游離，然而，分子光譜中之連續的吸收光譜線，為由於分子中的原子之振動能量過高，而產生解離成為中性的原子。

分子於紫外光區域產生吸收時之幾種電子的轉移，如圖 19-9 所示，其中的曲線 N 表示，分子於基底態之位能曲線。當分子吸收光子轉移至較高的電子能階，而於此較高的能階之位能曲線中，有最低點的穩定激勵態者以曲線 A 表示，而無最低點的不穩定激勵態者，以曲線 C 表示。當分子被激勵至不穩定的激勵態，或穩定的激勵態之解離能階以上時，分子會產生解離。Franck-Condon 提出重要的原理 (下節 19-10)，解釋分子之電子光譜。

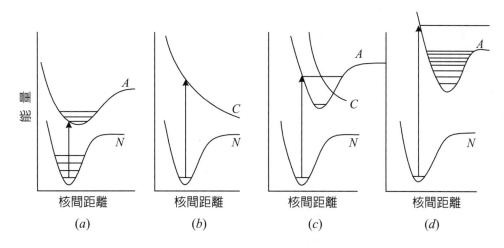

圖 19-9　電子的吸收光譜之產生，(a) 自基底態 N 激勵至穩定的激勵態 A 時，不會產生解離，為不連續光譜，(b) 激勵至不穩定的激勵態 C 時，分子立即產生解離，為連續光譜，(c) 激勵至穩定的激勵態 A，而再轉移至不穩定的激勵態 C，為解離前期光譜 (predissociation spectrum)，(d) 激勵至穩定的激勵態 A 之解離能以上的能階，為連續光譜

19-10　Franck-Condon 的原理 (Franck-Condon Principle)

Franck 與 Condon 指出；(1) 基底態的分子中之電子，吸收光子移至激勵態的轉移速率，與其原子核之振動比較甚為快速，因此，其原子核間之距離及原子核之動量，於此電子的轉移過程中，可假設固定不會改變。(2) 依據古典理論，於原子核間的距離為最大或最小之二極端的狀態時，其原子核之振動速度最小，因此，原子核於此二極端狀態的位置附近時，發生電子轉移的或然率最

高。然而依據量子力，於零點能階之**最可能的核間距離** (most probable internuclear distance) 為，原子核於平均核間距離的位置之距離。由於原子核於此位置時之振動速度最大，因此，基底狀態的分子常於此平均核間距離處，發生電子的轉移。電子轉移之或然率密度，隨振動量子數的增加而逐漸接近其古典值，即於二極端處之振動或然率密度最高。

由上述的 Franck-Condon 原理，於位能對原子核間距離的圖中，分子內的各振動狀態之電子轉移，可用垂直線表示。

圖 19-9(a) 為於基底態的分子吸收光子，轉移至穩定的激勵態，且分子於此轉移時保存所吸收光子之能量，而不會產生解離。分子於此轉移過程中，由於吸收特定能量的光子而可有各種振動變化，但其每一振動能階轉移之轉動量子數的變化，受選擇律 $\Delta J = \pm 1$ 的限制，即其二轉動量子數不得相等，而產生吸收光譜帶。

圖 19-9(b) 為於基底態的分子吸收光子，且激勵至不穩定的激勵態 C，而此激勵態 C 之位能曲線中無最低點及振動能階。因此，分子吸收光子激發至此種不穩定的激勵態時，會立即產生解離。由於分子產生解離時所生成的原子，可具有任意的動能，因此，可觀測到連續的光譜而無不連續的光譜線。

圖 19-9(c) 為分子自基底態 N，激勵至能量較高的穩定激勵態 A，而因此較高能量的穩定激勵態 A 與不穩定的位能曲線 C 相交，因此，激勵態的分子於經振動時，有機會由穩定激勵態 A 轉移至不穩定態 C。此時若分子於激勵態 A 之較低的振動能階，則不能轉變成解離態 C，因此，其於此時的光譜為不連續的光譜線。分子於 A 之較低的振動能階吸收光量子激勵至充分高的振動能階時，會轉移至不穩定態 C 而產生解離。此時其解離所生成的**斷片** (fragments) 之能量由於沒有顯著的量子化，而具有不同量的動能，因此，其光譜線不明顯。此種於特定區域中之廣而疏的光譜線，稱為前解離光譜 (predissociation spectrum)，而此種解離稍前的激發，稱為**前解離** (predissociation)。

圖 19-9(d) 為分子吸收光子激勵至激勵態 A，但由於所吸收的光子之能量甚大，而被激勵的分子之能階超過其解離能，因此，該分子會解離成為具不同動能的斷片，而得連續的光譜。

二原子的分子之激勵態的最低位能之原子核間的距離，與其基底態者接近時之其二位能曲線的電子吸收光譜帶的結構，如圖 19-10(a) 所示。二原子的分子於其基底態吸收輻射線時，幾乎與 16-16 節所述的調和振動子類似，於平衡核間距離處吸收輻射線，因此，其電子的轉移可用，從基底電子狀態之 $v = 0$ 的能階之平均核間距離處，所繪的垂直線表示，於此電子的轉移，其振動量子數可有任何的變化。若分子之基底態與激勵態的二位能曲線之形狀類似時，則其 0-0 的轉移最強，其光譜的示意圖如圖 19-10(a) 之右側所示。

　　二原子的分子之最常見的電子吸收光譜，如圖 19-10(b) 所示，此情況之激勵態的最低能量之核間的距離，比其基底電子狀態的最低能量之核間的距離大。此種情況因於激勵態之 $v'=3$ 能階中的或然率密度於 R_e 較大，而此 R_e 為基底電子狀態之振動零點能階之平衡核間距離，故其最可能的轉移為，自 $v=0$ 轉移至 $v'=3$。若分子之能量升至其解離的能量以上，則其吸收光譜為連續，而分子會於其振動的週期中產生解離。分子之能量從其分離的能階轉移至連續的能階，稱為**收斂極限** (convergence limit)。若激勵態的位能曲線，移至圖 19-10(b) 所示之更右方，則其吸收光譜帶之相當大的部分，會成為連續。

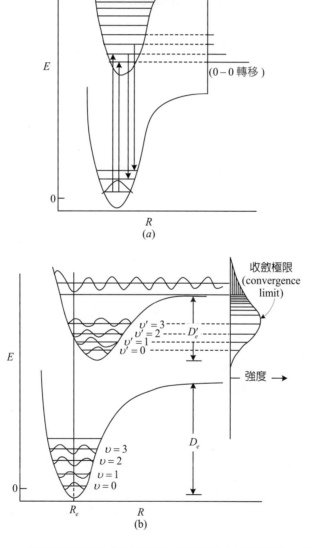

圖 19-10　(a) 二原子的分子之激勵態的最低能量之核間距離，與其基底態者幾乎接近時之位能曲線及吸收光譜，(b) 激勵態的最低能量之核間距離比其基底態者大時之位能曲線及吸收光譜 (自 W.A.Guillory, Introdction to Molecular Structure and Sepectroscopy, Allyn and Bacon, Inc., Boston, 1977)

通常由電子的光譜，可正確推定分子之解離能，即由其收斂極限可計算其解離能。因二原子的分子可能解離成激勵態的原子，故從其連續放射或吸收光譜的極限，計算分子之解離能時，必須知道其所生成的原子之能量狀態。由分離的二原子，於無窮大核間距離之各種位能曲線，近似所得之各能量，相當於分離的二原子之不同的激勵能量。分子之解離所生成的原子，可能於激勵電子狀態，因此，須減去原子之激勵能量，以得分子解離成基底態原子之解離能。

由紫外光光譜可正確測定，氧的分子 O_2 之解離能，其連續吸收發生於波長 175.8 nm （56,877 cm^{-1}），此為其吸收光譜帶之收斂極限。氧的分子解離所生成的二氧原子之一，於能量高於基底態 15,868 cm^{-1} 的激勵態，而另一氧原子於基底態。因此，解離成基底態的二原子之解離能，等於 56,877 − 15,868 = 41,009 cm^{-1}，或相當於 7.05 − 1.97 = 5.08 eV。

通常從基底電子狀態的最低振動能階，產生分子之解離，然而，對於如 I_2 的較重之二原子的分子，於室溫時會佔據其基底電子狀態之一些較低的振動能階，因此，此種分子於其振動的激勵態時可能會發生解離。

19-11 多原子的分子之電子光譜
(Electronic Spectra of Polyatomic Molecules)

電子於可視光與紫外光的區域之轉移，而產生吸收光譜。許多的不飽和有機化合物及無機過渡金屬複合物的分子，由於其內的電子之占有與非占有的軌道間之能量差很小，因此，於可視光的區域會產生光之吸收。飽和的有機分子（如 C_2H_6）通常須吸取較大的能量，才能使電子自占有的軌道（單鍵）躍升至非占有的軌道，而於真空紫外光的區域產生光之吸收。對於有機化合物，此種電子的轉移包括基底態的**非結合** (nonbonding) σ 與 π 軌道中之電子，躍升至激勵態的 σ^* 與 π^* 等**反結合軌道** (antibonding orbitals)，例如，乙烯發生 $\pi \rightarrow \pi^*$ 的轉移之波長，約為 180 nm。沒有形成結合鍵的電子用 n 的符號表示，而這些電子沒有其隨屬之反結合軌道。

因 $\sigma \rightarrow \sigma^*$ 的轉移所需的能量通常很高，故於真空紫外光的區域會產生吸收。因此，飽和的碳烴類化合物及其全部的**價殼電子** (valence shell electrons) 均用於單鍵結合的其他各種化合物，於通常的紫外光或可視光的區域，不產生光的吸收。

含**無結合的電子** (nonbonding electrons) 之氧、氮、硫、或鹵素等原子之有機化合物，由於其 $n \rightarrow \sigma^*$ 的轉移，會產生紫外光的吸收。例如，甲醇的蒸氣於 183 nm 的波長，產生**莫耳吸收係數** (molar absorption coefficient) 150 L $mol^{-1}cm^{-1}$ 之最大的吸收。

如 $C=C$, $C=O$, $-N=N-$, 及 $-N=O$ 等的**基團** (groups)，於波長較 180 nm 長之波長處產生吸收，由此，這些基團稱為**發色基** (chromophore)。這些基團產生吸收之波長與強度，為這些基團之特性。例如，$C=C$ 的雙鍵通常於波長 180 至 190 nm，產生莫耳吸收係數約為 $10^4 \, L \, mol^{-1} cm^{-1}$ 之最大的吸收，酮與醛之 $C=O$，通常於波長 270 至 290 nm 產生莫耳吸收係數為 $10 \sim 30 \, L \, mol^{-1} cm^{-1}$ 之最大吸收。某些染料產生很強的電子吸收光譜，而其於溶液中之莫耳吸收係數高達 $10^5 \, L \, mol^{-1} cm^{-1}$。

不飽和的分子可產生，$n \to \pi^*$ 與 $\pi \to \pi^*$ 的轉移。最熟知的情況之一為，醛與酮之**羰基的吸收** (carbonyl absorption)，其較強的吸收光譜帶約於 180 nm，為由於 $\pi \to \pi^*$ 的轉移，而其較弱的吸收光譜帶約於 285 nm，為由於 $n \to \pi^*$ 的轉移。分子之其餘部分的構造，亦會影響其吸收強度與最大吸收之波長，但相同的發色基之系列化合物，通常顯示相同的紫外光吸收光譜。當其發色基被二或更多的單鍵隔離時，其效應通常會顯示**加成性** (additive)。然而，若這些為雙鍵與單鍵交插的**共軛分子** (conjugated molecule)，則因其 π 電子擴展至四原子的中心，故會呈現顯著的非加成性的效應，而其吸收光譜帶通常會位移，而向較長的波長移 15 至 45 nm。於共軛分子的化合物系中，加入較不飽和的基團化合物時，其 $\pi \to \pi^*$ 的轉移所需的能量較小，而其最大吸收的波長會位移至較長的波長處，且其莫耳吸收係數會增加。**單環的芳香基** (single-ring aromatics) 於波長 250 nm 附近，萘 (naphthalenes) 於 300 nm 附近，蒽 (anthracenes) 與菲 (phenanthrenes) 於 360 nm 附近，各會產生光的吸收。

19-12　自由電子模式 (Free-Electron Model)

對於**共軛雙鍵** (conjugated double bonds) 的分子如 $R(CH=CH)_n R'$，發現其電子的吸收帶會隨共軛雙鍵數的增加而移向較長的波長。依據自由電子之模式，由這些分子之 π 電子，可大約定量計算這些分子之吸收頻率。電子轉移之最低的能量，為使電子自其**最高填充的能階** (highest filled level) 升至**最低非填充的能階** (lowest unfilled level) 所需之能量。共軛雙鍵的化合物的系中之每一碳原子，均有於同一平面的三 σ 鍵，而其每一 σ 鍵含該碳原子之較外層的一電子，於此平面之上面與下面為 π 的軌道系。

每一碳原子對於 π 軌道系各提供一電子，但這些電子均可於連串的 π 軌道系之全區域內自由移動，而非局限於某碳的原子。於自由電子的模式中，假定 π 軌道系為一**均勻位能** (uniform potential) 的區域，而於系統之外的位能急速升至無窮大，即如**方形井的位能** (square-well potential)。由此，對於 π 電子之可能

的能階 E，可用局限於一次元方向移動之粒子的能量 (16-12 節) 表示，即為

$$E = \frac{n^2 h^2}{8 m_e a^2} \qquad\qquad (19\text{-}83)$$

上式中，一次元箱之長度 a，通常取兩端的碳原子間之**鏈鎖的長度** (length of chain)，加一或二的結合**鍵長度** (bond length)。

因由每一碳原子提供一電子，形成 π 軌道的電子，因此，每一能階有二 π 電子，其中之一為 $+\frac{1}{2}$ 旋轉，另一為 $-\frac{1}{2}$ 旋轉，而自最低的能階開始填充。對於完全的**共軛碳化氫** (conjugated hydrocarbon) 分子，其 π 電子的數目為偶數，而最高填充能階之量子數 $n = N/2$，於此 N 為 π 電子的數目，即等於分子內所包含之碳的原子數。一電子從最高填充的能階，激勵至量子數 $n' = N/2+1$ 之次較高能階時，此二能階間之能量差 ΔE，可表示為

$$\Delta E = \frac{h^2}{8 m_e a^2}(n'^2 - n^2) = \frac{h^2}{8 m_e a^2}\left[\left(\frac{N}{2}+1\right)^2 - \left(\frac{N}{2}\right)^2\right] = \frac{h^2}{8 m_e a^2}(N+1) \quad (19\text{-}84)$$

而此吸收頻率以波數，可表示為

$$\tilde{v} = \frac{\Delta E}{hc} = \frac{h(N+1)}{8 c m_e a^2} \qquad\qquad (19\text{-}85)$$

例 19-8 於辛四烯 (octatetraene, C_8H_{10}) 的分子內，含連串的四共軛雙鍵，而其 π 鍵系之長度約為 0.95 nm。試計算其最低吸收頻率

解 由式 (19-85)，其中的 $N=8$，由此

$$\tilde{v} = \frac{h(N+1)}{8 c m_e a^2} = \frac{(6.62\times10^{-34}\,\text{J s})(9)(10^{-2}\,m\,cm^{-1})}{8(3\times10^8\,m\,s^{-1})(9.110\times10^{-31}\,kg)(0.95\times10^{-9}\,m)^2}$$

$$= 30{,}200\,\text{cm}^{-1}$$

所觀測的吸收帶為於頻率 33,100 cm^{-1}。 ◄

19-13 拉曼光譜 (Raman Spectra)

光線通過液體或氣體時，光線之一小部分會產生**散射** (scatter)。然而，光線通過**完整的結晶固體** (perfect crystalline solid) 時，由其某一結晶單元所散射的光線會與其對稱位置的另外結晶單元所散射的光線，產生干擾而消失。**單色的光** (monochromatic light) 被分子散射時，其**散射的光子** (scattered photon) 之大部分的頻率，與入射的光線之頻率相同，此稱為**彈性的散射** (elastic scattering) 或

Rayleigh 散射。Smekal 於 1923 年預估，這些散射的光子可能由於**非彈性的散射** (inelastic scattering)而有其他的頻率。Raman 於 1928 年，由實驗觀測到此種非彈性的散射。

　　Raman 使用強烈的汞燈（波長 4358A）光源，研究各種有機分子的光散射時，發現有些散射光之波長，與入射光之波長有顯著的差異。例如，苯使用波數 $\tilde{v}_0$ 的入射光照射時，於其散射光中發現除入射光的波數 $\tilde{v}_0$ 之外，尚有 $\tilde{v}_0 \pm 3063$，$\tilde{v}_0 \pm 3046$，$\tilde{v}_0 \pm 1597$，$\tilde{v}_0 \pm 1181$，$\tilde{v}_0 \pm 992$，$\tilde{v}_0 \pm 852$，$\tilde{v}_0 \pm 607$ 等波數的散射光，其中與入射光的波數相同之波數 $\tilde{v}_0$，即為 Rayleigh 散射光，而一群其他的波數可用 $\tilde{v}_0 \pm \Delta\tilde{v}$ 表示，其中的 $\Delta\tilde{v}$ 為使光線產生散射的分子所特有，而與入射光之波數 $\tilde{v}_0$ 無關。此現象稱為 Raman **效應** (Raman effect)，而 $\Delta\tilde{v}$ 稱為 Raman **位移** (Raman displacement)。

　　非彈性的散射所產生的散射光之強度，通常小於入射光的強度之 10^{-6}，因此，須使用強的光源，才能偵測到弱的 Raman 光譜線。因散射光之頻率與入射光的頻率，通常僅相差 $10 \sim 4000 \ \text{cm}^{-1}$，故需使用單色的入射光，以偵測 Raman 光譜線。

　　量測 Raman 光譜之實驗裝置，如圖 19-11 所示。強烈的**雷射** (laser) 光經試樣之散射的光，焦集於光譜儀之**細縫** (slit)，並經**光增倍管** (photomultiplier) 的增大以量測，散射光的各波長之強度。使用 He–Ne 雷射的 632.8 nm 單色入射光，所得 CCl_4 的液體之 Raman 光譜線，如圖 19-12 所示，於此圖顯示一些 Raman 光譜線之頻率，比原來的入射光譜線高，而一些比原來者低，其中比原來的頻率低之散射光譜線，稱為 Stokes 線，而比原來的頻率高之散射光譜線，稱為**反-Stokes 線** (anti-Stokes lines)。對於散射的分子，入射光損失能量時，產生 Stokes 線，而入射光獲得能量時，產生反-Stokes 線。對於任一允許的轉移，均有 Stokes 線與反-Stokes 線，然而，由 Boltzmann 的分佈得知，於較高能態之分子數通常相對的少，因此，反-Stokes 線通常較 Stokes 線弱。

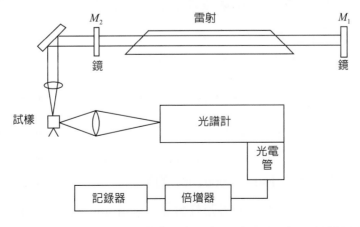

圖 19-11　Raman 光譜之量測裝置，其中的 M_1 與 M_2 為得到雷射所需的鏡

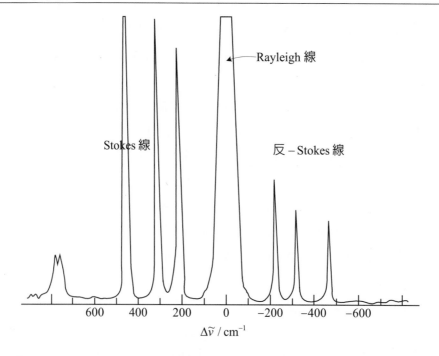

圖 19-12　使用 He – Ne 雷射所得的 CCl_4 液態之 Raman 光譜，這些 Raman 頻率係使用波長 632.8 nm 的入射光線所量測

　　Raman 散射與螢光或磷光不同，試樣於入射光之波長，對於入射光不需有吸收帶。換言之，任何波長的光均可用以研究 Raman 效應。然而，被照射的物質於入射光之頻率的附近有吸收光譜線時，會加強其 Raman 散射，此稱為**共振 Raman 效應** (resonance Raman effect)。因入射光僅會加強特殊的發色基之振動，故共振 Raman 光譜，主要由於特殊的發色基之附近的共振電子之轉移。

　　入射光與散射光間之頻率的變化可視為，由於入射光與產生散射的分子間之能量的交換。入射的光子之能量 $h\nu$，不足以使分子轉移至其激勵的電子態時，光子會被吸收而誘導於基底電子態之低振動與轉動能階的分子，產生分子內的振盪。若分子吸收光子 $h\nu$，且自能量 E'' 的能階轉移至另一能量 E' 的能階，而散射頻率 ν' 之散射光，則依能量不滅的關係可得

$$h\nu + E'' = h\nu' + E' \tag{19-86}$$

上式中，ν 為入射光之頻率。上式經重排可寫成

$$E' - E'' = h(\nu - \nu') = h\Delta\nu_R = hc\Delta\tilde{\nu}_R \tag{19-87}$$

由上式中之頻率的移動 $\Delta\tilde{\nu}_R$，可量測分子內的二能階間之能量差。此頻率的位移 $\nu - \nu'$，稱為 Raman **移位** (Raman shifts) $\Delta\nu_R$，或 $\Delta\tilde{\nu}_R$。對於轉動變化較小的振動變化，這些移位通常於 100 至 $4000\,cm^{-1}$ 的範圍。

　　將於各方向之性質均相同的**等方性分子** (isotropic molecule)，放置於電場 **E** 中時，此分子中被誘導之偶極子矩 $\boldsymbol{\mu}$，可表示為

$$\mu = \alpha \mathbf{E} \quad 或 \quad \mu = \alpha E \qquad (19\text{-}88)$$

上式中，向量 $\boldsymbol{\mu}$ 與 $\mathbf{E}$ 的指向為同一方向，而**極化率** (polarizability) α 為**矢量** (scalar)。由頻率 v_0 的**電磁輻射** (electromagnetic radiation) 產生之電場強度，為

$$E = E^\circ \cos 2\pi v_0 t \qquad (19\text{-}89)$$

上式中，E° 為電場之**振幅** (amplitude)。極化率 α 的分子於此電場中，被誘導的偶極子矩隨時間的變化，為

$$\mu = \alpha E^\circ \cos 2\pi v_0 t \qquad (19\text{-}90)$$

而由於此**震動的偶極子矩** (oscillating dipole moment) ，產生與入射光相同頻率的放射光 (Rayleigh 散射)。

　　若分子由於以 v_k 的頻率振動或轉動，則該分子之極化率 α 隨時間的變化，可表示為

$$\alpha = \alpha_0 + (\Delta\alpha)\cos 2\pi v_k t \qquad (19\text{-}91)$$

上式中，α_0 為**平衡極化率** (equilibrium polarizability)，而 $\Delta\alpha$ 為其最大的變化量。將上式代入式 (19-90) ，可寫成

$$\begin{aligned}
\mu &= [\alpha_0 + (\Delta\alpha)\cos 2\pi v_k t] E^\circ \cos 2\pi v_0 t \\
&= \alpha_0 E^\circ \cos 2\pi v_0 t + \frac{1}{2}(\Delta\alpha)E^\circ[\cos 2\pi(v_0 + v_k)t \\
&\quad + \cos 2\pi(v_0 - v_k)t]
\end{aligned} \qquad (19\text{-}92)$$

上式之最後的形式為，使用 $\cos\alpha \cdot \cos\beta = \frac{1}{2}[\cos(\alpha+\beta)+\cos(\alpha-\beta)]$ 的關係而得。由上式之右邊的三項，可分別提供 Rayleigh 散射 (v_0) ，反-Stokes 線 $(v_0 + v_k)$ ，及 Stokes 線 $(v_0 - v_k)$ 之古典的詮釋。

　　一般的分子為**非等方** (nonisotropic) 性，因此，於某特定的方向作用電場 $\mathbf{E}$ 時，會誘導不同方向的極子矩 $\boldsymbol{\mu}$。於此種情況，α 為**張緊量** (tensor)，而**誘導的偶極子矩** (induced dipole moment) 可表示為

$$\boldsymbol{\mu} = \boldsymbol{\alpha}\,\mathbf{E} \qquad (19\text{-}93)$$

上式可用下列的行列式，表示為

$$\begin{bmatrix} \mu_x \\ \mu_y \\ \mu_z \end{bmatrix} = \begin{bmatrix} \alpha_{xx} & \alpha_{xy} & \alpha_{xz} \\ \alpha_{yx} & \alpha_{yy} & \alpha_{yz} \\ \alpha_{zx} & \alpha_{zy} & \alpha_{zz} \end{bmatrix} \begin{bmatrix} E_x \\ E_y \\ E_z \end{bmatrix} \qquad (19\text{-}94)$$

上式(19-94)相當於下列的代數式組，為

$$\mu_x = \alpha_{xx} E_x + \alpha_{xy} E_y + \alpha_{xz} E_z \qquad (19\text{-}95a)$$

$$\mu_y = \alpha_{yx} E_x + \alpha_{yy} E_y + \alpha_{yz} E_z \tag{19-95b}$$

$$\mu_z = \alpha_{zx} E_x + \alpha_{zy} E_y + \alpha_{zz} E_z \tag{19-95c}$$

由此，誘導的偶極子矩 $\boldsymbol{\mu}$ 之每一分量 (μ_x, μ_y, μ_z)，與電場 $\mathbf{E}$ 之每一分量 $(E_x, E_y,\ E_z)$ 有關。因 $\alpha_{xy} = \alpha_{yx}$，$\alpha_{xz} = \alpha_{zx}$，及 $\alpha_{yz} = \alpha_{zy}$，故上式 (19-94) 之九極化率係數中，僅六係數為獨立。

　　Raman 散射為，入射的光子被分子吸收而於**單一量子程序** (single quantum process) 中，自分子放出剩餘能量的光子之**二光子程序** (two-photon process)，因此，Raman 效應之量子力學的選擇律，比純轉動及振動的光譜者複雜。

　　於 Raman 光譜中，會使其出現分子的某特定振動，必須該特定的振動可改變分子之極化率 α。若由於振動會產生極化率的變化，則會改變於此振動頻率之**誘導力矩** (induced moment)。由此，可容易瞭解此項選擇律的理由。同種核的二原子分子於振動時，其極化率會改變，因此，這些分子雖無紅外光的光譜，但有**振動的** Raman **光譜線** (vibrational Raman lines)。

　　調和振動子中的振動 Raman 效應之選擇律，可表示為

$$\Delta \upsilon = \pm 1 \tag{19-96}$$

振動的轉移常件選擇律，$\Delta J = 0, \pm 2$，之轉動 Raman 的轉移。由同種核的二原子分子之振動 Raman 光譜，可求得其力常數與轉動常數。

　　依據對於具有對稱中心的分子之**相互排斥法則** (mutual exclusion rule)，於紅外光的區域可產生的**基本轉移** (fundamental transitions) ，於 Raman 的散射中是不被允許，其相反亦同。對於無對稱中心的分子，通常僅其某些方式的轉移，會於紅外光的區域顯現紅外光活性，其中有些僅為 Raman 活性，有些其二者均為活性，而有些二者均為不活性。因此，由 Raman 與紅外光譜所得的數據，常可互相互補。

　　若分子之極化率與其**方位** (orientation) 有關，則會顯示純轉動的 Raman 光譜。因此，同種核的二原子分子顯示純轉動的 Raman 光譜，但如 CH_4 及 SF_6 等球形陀螺的分子，則不顯示純轉動的 Raman 光譜。

　　由轉動的 Raman 光譜可得，同種核的二原子分子之轉動慣量，而由此可精確決定其原子核間之距離。線狀分子之轉動 Raman 的轉移之選擇律，為

$$\Delta J = 0,\ \pm 2 \tag{19-97}$$

　　若分子自轉動狀態 J''，轉移至較高的轉動狀態 J'，則其 Raman 轉移 $\Delta \tilde{v}_R$，可表示為

$$\Delta \tilde{v}_R = \tilde{B} J'(J' + 1) - \tilde{B} J''(J'' + 1) \tag{19-98}$$

線狀分子之轉動 Raman 光譜中的 Stokes 線 ($\Delta J = 2$) 之頻率，於上式中代入 $J' = J'' + 2$，可得

$$\Delta \widetilde{v}_R = \widetilde{B}[(J'' + 2)(J'' + 3) - J''(J'' + 1)] = 2\widetilde{B}(2J'' + 3) \qquad \textbf{(19-99)}$$

這些於較**激勵線** (exciting line) 低的頻率處，出現的 Stokes 線為 S 枝 (S branch)，而這些線之相對的強度，由其原始狀態之分子數決定。

於轉動的 Raman 光譜中的反-Staokes 線 ($\Delta J = -2$) 之頻率，可表示為

$$\Delta \widetilde{v}_R = -2\widetilde{B}(2J'' - 1) \qquad J'' \geq 2 \qquad \textbf{(19-100)}$$

於左邊的較高頻率處出現的光譜線，為 O 枝 (O branch)。對於其 $\Delta J = 0$ 者，稱為 Q 枝 (Q branch)。上述的 $S, Q,$ 與 O 枝對應於紅外光譜之 $P, Q,$ 與 R 枝。

二氧化碳之純轉動的 Raman 光譜，如圖 19-13 所示。因其**轉動的分裂** (rotational splitting) 之能量，與 kT 比較小，故有多數的原始密集之轉動態。

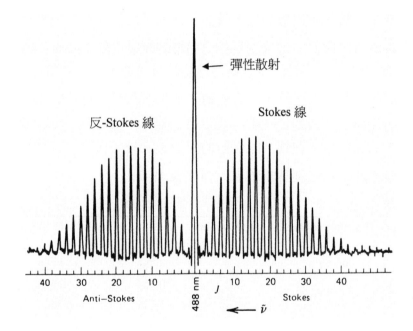

圖 **19-13**　CO_2 之純轉動 Raman 光譜，橫坐標的數字為較低的量子狀態之量子數（自 B.P. Straughan and S.Walker, Spectroscopy, Vol 2, Landon: Chapman & Hall, Ltd, 1976)

19-14　核的磁共振 (Nuclear Magnetic Resonance, NMR)

原子核的磁共振 (nuclear magnetic resonance) 係利用原子核之磁性，藉觀測原子核之磁力矩與磁場間的相互作用，以推定分子內的各原子核之相對位置。

構成原子核的質子與中子，各有**旋轉角動量** (spin angular momentum)，而均有其各自的旋轉1/2。某原子核之旋轉，為構成該原子核的各質子與中子之旋轉的相加結果，因此，原子核之旋轉通常為整數或半整數 (如1/2, 3/2, 5/2, …,)。**氘的原子核** (deuterium nucleus) 含一質子與一中子，其旋轉視其內的質子與中子之排列為平行(↑↑) 或反平行 (↑↓)，而可為 1 或 0。由測定發現氘的核於其核的基底狀態之旋轉為 1，由此，證實氘的核內之質子與中子的旋轉為平行。

質子數與中子數均為偶數的原子核如 ^{12}C 與 ^{16}O 等，由於其核內之全部的質子與中子均成對，因此，這些原子核之總**核旋轉量子數** (nuclear spin quantum number) I，均等於零。一般的原子核之核旋轉量子數 I，可為整數或半整數。全部的奇數的核子數之原子核，均有旋轉，而偶數的核子數中之奇數質子數的原子核，亦有旋轉。奇數的核子數的原子核之旋轉，通常為該奇數乘以1/2，而偶數的核子數的原子核之旋轉，除奇數的質子數之原子核外，可能為 1, 2, 3, … 等的整數。一些原子核之旋轉量子數，列於表 19-7。

表 19-7　一些原子核之磁性質

原子核	存量度 (abundance) %	旋轉 (spin) I	g_N	NMR頻率 (frequency)，於 1.4094 T 之 MHz
^1H	99.99	$\frac{1}{2}$	5.585	42.5759
^2D	0.01	1	0.857	6.53566
^7Li	92.5	$\frac{3}{2}$	2.171	16.546
^{13}C	1.11	$\frac{1}{2}$	1.405	10.7054
^{14}N	99.6	1	0.403	3.0756
^{15}N	0.4	$\frac{1}{2}$	−0.567	4.3142
^{17}O	0.04	$\frac{5}{2}$	−0.757	5.772
^{19}F	100	$\frac{1}{2}$	5.257	40.0541
^{23}Na	100	$\frac{3}{2}$	1.478	11.262
^{31}P	100	$\frac{1}{2}$	2.2634	17.238
^{33}S	0.74	$\frac{3}{2}$	0.4289	3.266

所有的原子核依其旋轉的淨結果，可分成三大類: (1) 旋轉為 0 者，其質子數與中子數均為偶數，如 ^4_2He, $^{12}_6C$, $^{32}_{16}O$, 及 $^{32}_{16}S$ 等，此類原子核不會產生 NMR

的信號，而對於來自其他原子核的 NMR 信號，亦不會產生干擾。(2) 旋轉為半整數者，而此種原子核中之質子數或中子數為奇數，如 $^{1}_{1}H$，$^{11}_{5}B$，$^{19}_{9}F$，$^{31}_{15}P$，$^{35}_{17}Cl$ 及 $^{79}_{35}Br$ 等。(3) 旋轉為整數者，而此種原子核中之質子數與中子數均為奇數，如 $^{2}_{1}H$ 及 $^{14}_{7}N$ 等。

原子核之**旋轉角動量** (spin angular momentum) 用 I 表示，其旋轉量子數用 I 表示，此通常簡稱為旋轉，而原子核的旋轉角動量之 z 向的分量，用 I_z 表示。原子核之旋轉角動量 I 的大小 $|I|$，與其旋轉 I 有關，同樣電子之旋轉角動量 S 與其旋轉 s 有關，如式 (17-58)所示，由此，I^2 之固有值為 $I(I+1)\hbar^2$，而原子核之旋轉角動量的大小，可表示為

$$|I|=\sqrt{I(I+1)}\hbar \qquad (19\text{-}101)$$

旋轉角動量之 z 向的分量之大小 I_z，與量子數 m_I 有關，而可表示為

$$I_z=m_I\hbar \qquad m_I=-I,-I+1,\cdots,I-1,I \qquad (19\text{-}102)$$

由於 z 向的分量之量子數 m_I，可有 $-I$ 至 I 的值，由此，角動量之 z 向的分量，於磁場中可有 $2I+1$ 的不同值，而無磁場的存在時，這些狀態之能量均相同，因此，原子核有 $2I+1$ 之等間隔的能階。質子之旋轉為 $1/2$，於磁場中有二的狀態，其低能量的狀態與磁場成同一線 ($m_I=+1/2$)，而高能量的狀態與磁場相反 ($m_I=-1/2$)。氮原子的同位素 ^{14}N 的原子核之 $I=1$，因此，於磁場中，$m_I=-1,0,1$。

下面考慮具有旋轉的原子核之**磁偶極子矩** (magnetic dipole moment)，及於磁場中之其能階。此與 17-4 節所討論的電子之**磁力矩** (magnetic moment)，有密切的關係。由於原子核所帶的電荷，及其旋轉的角動量，原子核有與旋轉角動量 I 成比例的磁偶極子矩 μ (參閱 17-3 節中的原子之軌道磁偶極子矩)，而可表示為

$$\mu=-\frac{g_N e}{2m_p}I \qquad (19\text{-}103)$$

上式中，g_N 為原子核的 g 因子，而 m_p 為質子之質量 (參考對於電子之式 17-61)。磁力矩與角動量同樣，具有平行或反平行之向量的性質，因此，原子核的 g 因子可有負的值。電子的 g 因子曾由理論計得，但原子核的 g 因子之精確值，須由實驗求得。一些原子核之 g_N 值，及其旋轉量子數 I 與**同位素的存量度** (isotopic abundances)，列於表 19-7。

將式 (19-101) 代入上式 (19-103)，可得原子核之磁力矩的大小與其旋轉量子數間的關係為

$$|\boldsymbol{\mu}| = \frac{|g_N|e\hbar}{2m_p}\sqrt{I(I+1)} = |g_N|\mu_N\sqrt{I(I+1)} \qquad \textbf{(19-104)}$$

其中

$$\mu_N = \frac{e\hbar}{2m_p} \qquad \textbf{(19-105)}$$

上式中，μ_N 為**原子核的磁偶極子矩** (nuclear magnetic dipole moment) 之**基礎單位** (basic unit)，而稱為**核磁子** (nuclear magneton)。

原子核之磁力矩於磁場作用方向之分量 μ_z，為

$$\mu_z = \frac{|g_N|e}{2m_p}I_z \qquad \textbf{(19-106)}$$

上式中，I_z 為旋轉角動量於磁場方向之分量。由於 I_z 可由式 (19-102) 表示為 $m_I\hbar$，因此

$$\mu_z = \frac{|g_N|e\hbar}{2m_p}m_I = |g_N|\mu_N m_I \qquad \textbf{(19-107)}$$

如同於誘導式 (17-57) 之解釋，於磁場內的**磁偶極子** (magnetic dipole) 之能量可表示為，$E = \boldsymbol{\mu} \cdot \boldsymbol{B}$。於磁場 B 內的核磁偶極子(nuclear magnetic dipole)之能量，可表示為

$$E = |g_N|\mu_N m_I B \qquad m_I = -I, \cdots, +I \qquad \textbf{(19-108)}$$

因此，具有旋轉的原子核於磁場之能量，為於這些 $2I+1$ 能階中之一，頻率相當於這些能階間隔的電磁輻射線，可使該原子核於這些能階之間產生轉移，此現象稱為**核磁共振** (nuclear magnetic resonance, NMR)。含有**不成對的電子** (unpaired electrons) 系之電子，於類似的 $2S+1$ 能階間的轉移，稱為**電子旋轉共振** (electron spin resonance, ESR)。這些於能階間之轉移，不像前述的其他形式的光譜，其能階的轉移為由於輻射線之振動電場與系統之**電偶極子矩** (electric dipole moment) 的相互作用所誘導，而於**磁共振光譜** (magnetic resonance spectroscopy) 為，由於輻射線之振動磁場與系統之**磁偶極子矩** (magnetic dipole moment) 間的相互作用，而這些作用稱為**磁偶極子轉移** (magnetic dipole transitions)。

磁偶極子的轉移之選擇律為，$\Delta m_I = \pm 1$，由此，其相鄰能階間之轉移的能量，$\Delta E = |g_N|\mu_N B$，而於 NMR 轉移中所吸收或放射之電磁輻射線之頻率 v，可表示為

$$v = \frac{|g_N|\mu_N B}{h} \qquad \textbf{(19-109)}$$

因其能階之各間隔均相等，故有**單一的 NMR 頻率** (single NMR frequency)。圖 19-14 表示質子之能階所受**磁通量密度** (magnetic flux density) 的影響。當質子

之磁力矩(magnetic moment)與磁場平行時，質子於其較低的旋轉能階(spin level)，而於 z 方向之旋轉的分量爲 $+1/2$。質子於較上面的能階時，其磁力矩與磁場爲反平行(antiparallel)，而 $m_I = -1/2$。

目前有磁通量密度相當於 60, 100, 220，及 300 MHz 頻率之市販的質子 NMR 光譜儀。

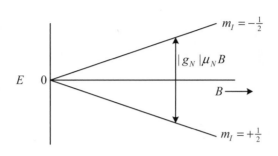

圖 19-14　質子於磁場中之能階

例 **19-9**　試計算核磁子 μ_N 之值

解　$\mu_N = \dfrac{e\hbar}{2m_p} = \dfrac{(1.6021892 \times 10^{-19}\,C)(6.626176 \times 10^{-34}\,J\,s)}{4\pi(1.6726485 \times 10^{-27}\,kg)}$

$\quad\quad = 5.050824 \times 10^{-27}\,J\,T^{-1}$

核磁子爲 Bohr 磁子之 $1/1836$　◀

例 **19-10**　試計算，質子之前行頻率 (precessional frequency) 為 220 MHz 所需之磁場強度

解　由式 (19-109) 及由表 19-7，質子之 $g_N = 5.585$，由此可得，所需的磁場強度爲

$B = \dfrac{h\nu}{g_N\mu_N} = \dfrac{(6.6262 \times 10^{-34}\,J\,s)(220 \times 10^6\,s^{-1})}{(5.585)(5.050824 \times 10^{-27}\,J\,T^{-1})} = 5.1678\,T$　◀

習　題

1. 大多數的化學反應之活化能的範圍為 40 至 400 kJ mol^{-1}。試計算 40 與 400 kJ mol^{-1} 的活化能所相當之 (a) 波數，(b) 波長（以 nm 表示），及 (c) eV

   答 (a) 3343, 33,430 cm^{-1}，(b) 2991, 299.1 nm，(c) 0.415, 4.15 eV

2. 分子 D^{35}Cl 之平衡核間距離 $R_e = 0.1275$ nm，試計算 D^{35}Cl 之回歸質量及轉動慣量

   答 3.162×10^{-27} kg，5.141×10^{-47} kg m^2

3. 試計算，D^{35}Cl 的轉動轉移，$J = 0 \rightarrow 1$，所產生之光譜線，以波數與波長表示之

   答 10.89 cm^{-1}，0.09183 cm

4. 一氧化碳 ^{12}C^{16}O 之原子核間的距離為 112.83 pm，試計算 ^{12}C^{16}O 之純轉動光譜的首先四光譜線之波數

   答 (a) 3.864，7.727，11.591，15.456 cm^{-1}

5. 二氧化碳，^{16}O $= ^{12}$C $= ^{16}$O，之轉動慣量為 7.167×10^{-46} kg m^2。(a) 試計算 CO$_2$ 分子中之 CO 鍵的鍵長 R_{CO}，(b) 假設由於同位素之取代，不會改變其鍵長 R_{CO}，試計算 ^{18}O$=^{12}$C$=^{18}$O 與 ^{16}O$=^{13}$C$=^{16}$O 之各轉動慣量

   答 (a) 0.1162 nm，(b) 8.071×10^{-46}，7.167×10^{-46} kg m^2

6. 分子 HI 之遠紅外光譜，含有一連串的 $\Delta \tilde{v} = 12.8$ cm^{-1} 之等間隔的光譜線。試計算 HI 分子之 (a) 轉動慣量，及 (b) 原子核間的距離

   答 (a) 4.37×10^{-47} kg m^2，(b) 0.163 nm

7. 試計算，25°C 之**熱能量** (thermal energy) kT 所相當之波數與波長

   答 207 cm^{-1}，4.83×10^{-3} cm

8. 分子 H^{35}Cl 之基本振動頻率，為 8.667×10^{13} s^{-1}。假設 H^{35}Cl 與 H^{37}Cl 的 H $-$ Cl 鍵之力常數相同，試求 H^{37}Cl 與 H^{35}Cl 之紅外線吸收光譜之間隔

   答 2.6 nm

9. 試計算，H$_2$(g) 分子與 Cl$_2$(g) 的分子於室溫下，其各於 $v = 1$ 的轉動狀態之分率

   答 6.84×10^{-10}，6.83×10^{-2}

10. 試求 (a) SO$_2$ (bent 彎曲)，(b) H$_2$O$_2$ (bent)，(c) HC ≡ CH（線狀），及 (d) C$_6$H$_6$ 等分子，其各分子之振動基本方式數

    答 (a) 3，(b) 6，(c) 7，(d) 30

11. 試列出，　(a) Ne，(b) N_2，(c) CO_2，及　(d) CH_2O 等分子，其各分子之移動、轉動，及振動之自由度

　答　(a) 3，0，0，(b) 3，2，1，(c) 3，2，4，(d) 3，3，6

12. 以汞之 435.8 nm 的光譜線照射 CCl_4 時，於波長 439.6，444.6 及 450.7 nm 等處得到 Raman 線。試計算，(a) CCl_4 之 Raman 頻率（以波數表示），及 (b) 於紅外光的區域可能產生吸收之波長（以 μm 表示）

　答　(a) $\tilde{v}_R / cm^{-1}$: 214，312，454，759，(b) $\lambda / \mu m$: 46.8，32.0，22.0，13.2

13. 試計算，CO_2 分子之首先的四 Stokes 線之 Raman 移位 (Raman shifts)

　答　2.3436，3.9060，5.4684，7.0308 cm^{-1}

14. 分子 $H_2(g)$ 之光譜解離能為 4.4763 eV，其基本振動頻率為 4395.24 cm^{-1}。設分子 $D_2(g)$ 之力常數，與 $H_2(g)$ 的分子之力常數相同，試計算分子 $D_2(g)$ 之光譜解離能

　答　4.5560 eV

15. 碘的分子 I_2 解離成一基底態的原子與一激勵態的原子，碘之光譜的**收斂極限** (convergence limit) 波長為 499.5 nm。試計算(a)，碘的分子解離成為，一正常態與一激勵態的原子之解離能。(b) 碘的原子之最低激勵能為 0.94 eV，此激勵能量，試以 $KJ.mol^{-1}$ 的單位表示之，及(c)，碘的分子解離成二正常態的原子之解離熱，由熱化學的數據所得之解離熱為 144.4 $kJ\ mol^{-1}$

　答　(a) 239.5，(b) 90.7，(c) 148.8 $kJ\ mol^{-1}$

第二十章

光　化　學

　　分子吸收特定波長的光線時，會產生分子之電子的激勵態，而此激勵態可轉移至另外的狀態，及反應生成另外的分子。分子之電子的激勵態與其基底態比較，有不同的電子分佈及原子核的組態，電子激勵態的分子比其基底態的分子有較高的能量，所以電子激勵態的分子與其基底態的分子比較，容易自發轉變成較多的生成物。光化學反應之活化與一般的熱反應有很大的不相同，光化學反應通常有較多的選擇性，熱反應所需的活化能，通常來自分子間之不規則的連續碰撞，而光化學反應之活化能，爲由於分子吸收光量子。

　　由螢光及磷光之研究，可得分子於激勵狀態之有用的動力資訊，通常使用**量子產率** (quantum yield) 表示，分子吸收光線所產生某物理或化學變化之效率。光合作用爲 CO_2 與 H_2O 的分子，吸收光線轉變成葡萄糖的單元，而產生如澱粉之複雜的光化學反應，於此總反應之反應程序中，通常需要吸收幾個光量子的能量。於本章介紹光化學之法則，狀態能量圖，螢光，磷光、分子間過程，化學反應之量子產率，及光敏化反應、閃光的光分解、發光、光合成等各種光化學反應的程序。

20-1　光化學之法則 (Laws of Photochemistry)

　　光線照射於某系統時，其入射的光線之一部分會被系統吸收，而其另外的部分會透過、反射或散射。光化學有二基本的法則，其第一法則爲 Grotthus (1817 年) –Draper (1843 年) 法則，即僅被反應系吸收之光，才會產生光化學反應，此並非表示所吸收的光，一定會產生化學反應。若所吸收的光線之部分或全部的能量，沒有被利用於產生化學反應，則可能會以熱能量的方式逸散。

　　光化學之第二法則爲，光化學之當量法則，此由 Stark 與 Einstein 於 1908-1912 年間所提出，即某一分子或原子 A 吸收一光量子 $h\nu$ 時，會激發至其激勵態 A^*，此程序可表示爲

$$A + h\nu \rightarrow A^*$$

(20-1)

因此，一莫耳的光子可激勵一莫耳的分子。一莫耳的光子等於 Avogadro 數 N_A 的光子，稱爲光當量或一**愛因斯坦** (einstein)。一愛因斯坦的光子之能量等於

$N_A h\nu$，此能量有時稱爲愛因斯坦。對於極端強烈的電磁輻射線如**雷射線束** (laser beam)，分子可能會同時吸收兩個光子，而可表示爲

$$A + 2h\nu \rightarrow A^{**} \tag{20-2}$$

分子吸收光子時，可能會導至產生一或更多的某些不同的程序，例如，產生**螢光** (fluorescence, F)，**磷光** (phosphorescence, P)等，而能量可能會轉移至另外的分子或化學反應等。這些各種程序之收率，通常用**量子產率** (quantum yield) ϕ 表示，對於某一程序之量子產率 ϕ，其定義爲

$$\phi = \frac{經由某程序反應之分子數}{吸收之光量子數} \tag{20-3}$$

量子產率亦可用下式表示，爲

$$\phi = \frac{程序之速率}{輻射線之吸收速率} = \frac{程序（或反應）之速率}{I_a} \tag{20-4}$$

上式中，I_a 爲所吸收電磁輻射線之強度，通常以單位面積於單位時間內所吸收之能量表示，於光化學反應，I_a 通常用系於單位時間內所吸收的光子之莫耳數表示。單位時間內所吸收的光子之莫耳數，等於單位時間內所吸收之能量除以 $N_A h\nu$。

若氣體或溶液對於入射光之吸收甚強，則僅於入射光照射的鄰近表面，會發生反應。若氣體或溶液對於光之吸收較爲微弱，則僅入射光的一部分會被吸收，而於整體的容積內產生反應。

光化學反應之反應速率，與所吸收的光之強度 I_a 成比例，而其比例常數即爲該反應之量子產率 ϕ。因此，對於反應

$$A + 2B = C \tag{20-5}$$

其反應速率 r，可寫成

$$r = -\frac{d(A)}{dt} = -\frac{1}{2}\frac{d(B)}{dt} = \frac{d(C)}{dt} = \phi I_a \tag{20-6}$$

上式中，反應之量子產率與反應物無關。因此，量子產率 ϕ 等於，反應速率 r 除以所吸收的光線之強度 I_a，即可表示爲

$$\phi = \frac{r}{I_a} \tag{20-7}$$

從分子的觀點，量子產率爲反應之分子數除以所吸收的光子數。量子收率亦可用以表示，螢光及磷光等之放射速率。

　　螢光或磷光之量子產率，通常比 1 甚小，然而，對於分子吸收光而產生游離基，並進行鏈鎖反應的自發反應，其量子產率通常非常大。

　　分子吸收光子而直接發生的反應，稱為**最初的或原初的反應** (primary reaction)，而由此原初的反應所產生的產物繼續發生的反應，稱為後續的反應或**副的反應** (secondary reaction)。若分子吸收光線發生原初的反應，而繼續產生後續的反應時，則由一光子可能會產生一以上分子的反應。反之，若由原初的反應所產生的分子，不但沒有發生後續的反應，且由原初的反應所產生的分子之一部分，由於逆反應而轉回成為原來的分子，則此時之反應的分子數會小於 1，而其反應之量子產率亦會小於 1。因此，化學反應之量子產率，可能由比 1 小的分數至甚大的數。若吸收光線而產生可開始鏈鎖反應的游離基時，則其量子產率可能會非常的大。對於一般的**原初的程序** (primary processes)，其量子產率通常小於 1，即 $\phi \le 1.0$。

　　例如，氯與氫的混合氣體，經藍色光的照射時，其內的氯分子吸收一光子而產生鏈鎖反應，由此，其內的非常多的氯分子會產生反應。設吸收一光子而有 3000 的氯分子產生反應時，則其量子產率為 3000，於此例中，由 3000 的氯分子，顯然會生成 6000 的氯化氫分子，所以對於氯化氫而言，其量子產率為 6000。

例 20-1　設輻射強度 50 W 之雷射，所產生之 400 nm 的單色輻射線，被容積 0.5 L 之反應混合物完全吸收，試計算於 10 分內被吸收的光子之莫耳數，及其吸收光線之強度 I_a 值

解

$$\frac{E\lambda}{N_A hc} = \frac{(50Js^{-1})(600s)(400\times10^{-9}\,m)}{(6.022\times10^{23}\,mol^{-1})(6.626\times10^{-34}\,Js)(2.998\times10^{8}\,ms^{-1})}$$

$$= 0.100mol$$

$$= 0.100einstein$$

$$I_a = \frac{0.100\ mol}{(10\ min)(60\ s\ min^{-1})(0.5\ L)} = 3.33\times10^{-4}\ mol\ L^{-1}s^{-1} \quad \blacktriangleleft$$

例 20-2　桂皮酸 (cinnamic acid) 與溴於 30.6°C 下，由於 435.8 nm 的藍色光的照射，而產生**光溴化** (photobromination) 反應，生成**二溴化桂皮酸** (dibromocinnamic acid)。此反應系於光強度 $1.4\times10^{-3}\,J\,s^{-1}$ 下曝光 1105 秒時，消耗 0.075 毫莫耳之溴。設此反應系的溶液之吸光率為 80.1%，試計算其量子產率

(解) $E = \dfrac{N_A hc}{\lambda} = \dfrac{(6.022 \times 10^{23}\,\mathrm{mol}^{-1})(6.626 \times 10^{-34}\,\mathrm{Js})(2.998 \times 10^8\,\mathrm{ms}^{-1})}{(4.358 \times 10^{-7}\,\mathrm{m})}$

$\qquad\qquad = 2.74 \times 10^5\,\mathrm{Jmol}^{-1}$

所吸收的光子之莫耳數 $= \dfrac{(1.4 \times 10^{-3}\,\mathrm{Js}^{-1})(0.801)(1105\,\mathrm{s})}{(2.74 \times 10^5\,\mathrm{Jmol}^{-1})}$

$\qquad\qquad\qquad\qquad\quad = 4.52 \times 10^{-6}\,\mathrm{mol}$

反應之 Br_2 的莫耳數 $= 7.5 \times 10^{-5}\,\mathrm{mol}$

所以量子產率 $\phi = \dfrac{7.5 \times 10^{-5}}{4.52 \times 10^{-6}} = 16.6$　◀

例 20-3　氯的分子之**光化學解離** (photochemical dissociation)，$Cl_2 + h\nu \xrightleftharpoons[k_{-1}]{I_a} 2Cl$，由於其解離的氯原子的再結合，而達至穩定的狀態。試導於穩定狀態時之氯原子之濃度式

(解) 反應速率式可表示為

$$-\dfrac{d(Cl_2)}{dt} = \dfrac{1}{2}\dfrac{d(Cl)}{dt} = I_a - k_{-1}(Cl)^2$$

於穩定狀態時，$d(Cl)/dt = 0$，所以

$$(Cl) = \left(\dfrac{I_a}{k_{-1}}\right)^{1/2}$$　◀

20-2　光之吸收 (Absorption of Light)

　　單一波長的光稱為**單色光** (monochromatic lighit)，單色光通過可吸收該波長的光之物質時，由於被吸收而其強度會隨所通過的物質之厚度的增加而逐減。對於厚度甚薄的試料，光子被吸收之或然率，與試料中的吸收光之分子的濃度，及光所通過的試料之厚度成正比。設某特定波長的光之強度 I，通過試料的厚度 dx 所減少的強度為 dI，則其間的關係可表示為

$$\dfrac{dI}{dx} = -kI \tag{20-8}$$

上式中，k 為該試料物質之特有常數，而稱為**吸光係數** (absorption coefficient)。上式自 $x=0$ 積分至 $x=d$，可得

$$I = I_0 e^{-kd} \tag{20-9}$$

其中，I_0 為於 $x = 0$ 處之入射光的強度，I 為於厚度 d 處之光的強度，上式稱為 Lambert **法則** (Lambert's law)。

上式 (20-9) 亦可改寫成

$$I = I_0 \cdot 10^{-\varepsilon d} \tag{20-10}$$

上式中，$\varepsilon = k / 2.303 = 0.4343k$，稱為 Bunsen 之**消光係數** (extinction coefficient)，$I / I_0 = T$，稱為光**透明度** (transparency)，其倒數，$I_0 / I = 1 / T$，即為物質之光**不透明度** (opacity)，而，$\log(I_0 / I)$，為**吸光度** (absorbancy) A_s，或稱為**光學密度** (optical density)。

Lambert 法則僅對於單色光可適用，而消光係數 ε 因光的波長 λ 而異。例如，氯於 18°C，1 atm 下之消光係數，$\varepsilon = \dfrac{1}{d}\log(I_0 / I)$，與吸收的光之波長的關係，如圖 20-1 所示。

通過溶液之光線的強度 I，與通過溶劑之光線的強度 I_0 的比 I / I_0，稱為**透光率** (transmittance)，而由測定溶液於各波長的光之透光率，可繪製**吸收光譜** (absorption spectrum) 的圖，而由其吸收光譜帶及光譜線之位置與強度，可確認溶液內所溶解的物質之種類及其純度，且由透光率的量測，可定量分析溶液內所溶解的物質之濃度。

溶液或氣體之吸光係數 k 或消光係數 ε，與其內之光的吸收物質之濃度成比例，此稱為 Beer **法則** (Beer's law)，而可表示為

$$k = \alpha c \tag{20-11}$$

或

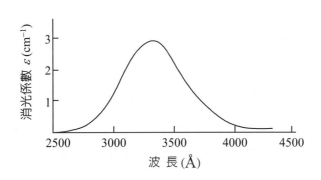

圖 20-1　氯於 18°C，1 atm 下之吸光係數與光之波長的關係

$$\varepsilon = \varepsilon_m c \tag{20-12}$$

因此，將式 (20-11) 與式 (19-12) 分別代入式 (20-9) 與 (20-10)，可分別寫成

$$I = I_0 e^{-\alpha cd} \tag{20-13}$$

與

$$I = I_0 \cdot 10^{-\varepsilon_m cd} \tag{20-14}$$

上面的式中，α 與 ε_m 分別稱爲**莫耳吸光係數** (molar absorption coefficient) 或**吸光指數** (aborbancy index) 與**莫耳消光係數** (molar extinction coefficient)。於上面的式中，厚度 d 之單位爲 cm，濃度 c 之單位爲 mol L^{-1}，而 ε_m 之單位爲 L mol^{-1}cm^{-1}，稱爲**莫耳吸光指數** (molar absorbancy index)。於式 (20-13) 中採用 SI 單位時，c 爲 mol m^{-3}，d 爲 m，而 α 之單位爲 m^{2}mol^{-1}。上面的式 (20-13) 與 (20-14) 稱爲 Beer-Lambert 法則，而上式 (20-14) 常寫成

$$\log \frac{I_0}{I} = A_s = \varepsilon_m cd \tag{20-15}$$

對於經光的照射而不會產生化學變化的均勻物質，其對於光之吸收，一般可用 Lambert 法則表示。因莫耳吸光指數與波長有關，故 Beer-Lambert 法則，僅對於一定波長的光之吸收可以成立，因此，照射的光線不是單色光時，Beer-Lambert 法則不成立。於改變溶液的濃度或於溶液內加入其他的物質時，可能由於產生聚合、解離、形成錯合離子等的化學變化，或產生溶媒和及強電解質的離子間之作用等的物理變化，其吸收光之分子的狀態會產生變化，以致使其莫耳吸光係數產生變化。

對於均可獨立吸收光的物質之混合物，其吸光度 A_s 可表示爲

$$\log \left(\frac{I_0}{I} \right) = A_s = (\varepsilon_{m,1} c_1 + \varepsilon_{m,2} c_2 + \cdots)d \tag{20-16}$$

上式中，$c_1, c_2, \cdots$ 等分別爲，混合物內的莫耳吸光係數或消光係數爲 $\varepsilon_{m,1}, \varepsilon_{m,2}, \cdots$ 等各物質之濃度。對於含已知 n 種成分的混合物，可於光線之 n 種的波長分別量測其吸光度，以分析其內所含各成分之濃度。因各種成分的物質，於光線之 n 種的波長之各莫耳吸光係數均已知，所以由解 n 的聯立線性方程式，可求得混合物內的各種成分物質之濃度。

裝塡反應性物質的容器，經光線的照射時，設光線之照射面積爲 S，則容器內的反應性物質於單位時間內所吸收之光量 A，可表示爲

$$A = S(I_0 - I) = SI_0(1 - e^{-\alpha cd}) \tag{20-17}$$

若容器內的反應性物質對於光之吸收甚強，則上式中的 αcd 甚大，而 $e^{-\alpha cd}$ 會趨近於零，此時上式 (20-17) 可簡化成

$$A \fallingdotseq SI_0 \tag{20-18}$$

若上述的反應性物質對於光之吸收甚弱，則其 αcd 甚小，此時式(20-17)中的 $e^{-\alpha cd}$，可用下式表示爲

$$e^{-\alpha cd} = 1 - \alpha cd + \frac{(\alpha cd)^2}{1 \cdot 2} - \cdots \qquad (20\text{-}19)$$

上式省略其第三項以後的各較高次項，代入式 (20-17) 可得

$$A \fallingdotseq SI_0 \alpha cd \qquad (20\text{-}20)$$

因上述的容器之容積 $V = Sd$，所以上式 (20-20) 可寫成

$$A \fallingdotseq VI_0 \alpha c \qquad (20\text{-}21)$$

由上式得知，對於光之吸收甚弱的反應性物質時，吸收之光量 A 與吸收物質之濃度 c 成比例。

例 20-4　濃度 $5 \times 10^{-4} \, \text{mol L}^{-1}$ 之反丁烯二酸二鈉 (disodium fumarate) 的水溶液，於 25°C 之 1–cm 厚度的吸光槽，對波長 250 nm 的單色光之透過百分率為 19.2%。試計算其吸光度 A_s 與莫耳吸光係數 ε_m。若於 10–cm 厚度的吸光槽內填充 $1.75 \times 10^{-5} \, \text{mol L}^{-1}$ 的溶液，則其對於上述單色光之透過百分率為何？

解
$$A_s = \log\left(\frac{I_0}{I}\right) = \log\frac{100}{19.2} = 0.717$$

$$\varepsilon_m = \frac{A_s}{cd} = \frac{0.717}{(5 \times 10^{-4} \, \text{molL}^{-1})(1\text{cm})} = 1.43 \times 10^3 \, \text{Lmol}^{-1}\text{cm}^{-1}$$

$$\log\left(\frac{I_0}{I}\right) = \varepsilon_m cd = (1.43 \times 10^3 \, \text{Lmol}^{-1}\text{cm}^{-1})(1.75 \times 10^{-5} \, \text{molL}^{-1})(10\text{cm})$$
$$= 0.251$$

$$\frac{I_0}{I} = 1.782 \qquad \therefore \frac{I}{I_0} \times 100\% = 56.1\% \qquad \blacktriangleleft$$

20-3　狀態能量圖 (State Energy Diagrams)

由第 18 章得知，分子可有一些不同的電子狀態，而這些狀態可用其能量及**總旋轉角動量** (total spin angular momentum) 的大小 S 描述。於相同狀態的二電子之旋轉方向相反，而成**旋轉對** (spin pair)，因此，其總旋轉角動量 S 為零，而其**重複性** (multiplicity) $(2S+1)$ 等於 1，而稱為**單重態** (singlet state)，通常以 S_0 表示。若二電子於不同的分子軌道，則二電子可能有相同方向的旋轉，此時其總旋轉角動量，$S = \frac{1}{2} + \frac{1}{2} = 1$，而其重複性為 $2S+1 = 3$，稱為**三重態** (triplet state)。

　　大多數的有機分子於基底狀態時，其電子成對而爲單重態，由此，其基底電子狀態均用 S_0 表示。當分子於基底電子狀態吸收光子而激勵至激勵狀態時，其總旋轉角動量必需保持相同，即不會發生有電子之旋轉方向變化的光吸收，此稱爲**旋轉守恆定律** (spin conservation law)。由於**電偶極子轉移** (electric dipole transition) 中，電子之旋轉角動量不會產生變化。由此，分子於基底電子狀態 S_0 吸收一光子時，其狀態可升至幾種較高的**單重電子態** (singlet electronic states) S_1, S_2, S_3… 等中之一，而此時實際上，幾乎不會發生違反旋轉守恆定律的光吸收，例如，S_0 (基底單重態) $+h\nu \rightarrow T_1$ (激勵三重態)，於此種狀態轉移發生的光吸收，其吸收亦非常弱。分子之基底狀態 S_0 的一電子，吸收光子移至較高能量軌道之激勵狀態 S_1 時可表示爲 S_0 (基底單重態) $+h\nu \rightarrow S_1$ (激勵單重態)，此時其各狀態的能量如圖 17-2 所示。根據**韓德法則** (Hund's rule)，三重態 (T_1) 之能量比對應的單重態 (S_1) 之能量低。由於激勵單重態 S_1 之二電子，於不同的軌道，而不受 Pauli 排斥原理的限制，因此，其中的一電子之旋轉轉變成能量較低的三重態 T_1。激勵的分子於單重態時，其二電子占空間之同一區域，而其排斥力較大，然而，於三重態時，其二電子之相互排斥力較小，而於能量上較爲安定。

　　對於每一單重激勵態 $(S_1, S_2, S_3$ 等$)$，有其對應的三重態 $(T_1, T_2, T_3$ 等$)$，因二電子於三重態之旋轉方向相同，且二電子之相距的距離較大，而減小電子間的相互排斥，故於三重態之能量通常較其對應的單重態之能量低，於圖 20-2 中僅顯示第一激勵單重態 S_1 及其對應之三重態 T_1。當一分子吸收光子激勵 (E) 至激勵狀態之某些振動能階後，通常會很快失去其振動能，而直接移至該電子狀態的零振動能階，於圖中這些**振動的鬆弛** (vibrational relaxation, VR) 過程之一，如從 S_1 之 $v' = 2$ 至 $v' = 0$ 的轉移，用波狀的垂直線表示，此爲**非輻射性的程序** (nonradiative process)。

　　被激勵的分子可經由**無輻射轉移** (radiationless transition)，很快失去其激勵的能量，而轉移至同重態之較低能量的電子狀態，此種同旋轉角動量狀態間之非輻射性轉移的程序（如 $S_1 \rightsquigarrow S_0$，$S_2 \rightsquigarrow S_1$ 或 $T_2 \rightsquigarrow T_1$），稱爲**內部的轉換** (internal conversion)，而用其簡寫 IC 表示。於此種過程中，自較高的電子態經**等能量的轉移** (isoenergetic transition)，至較低電子態之上方的振動能階，此種過程通常於 10^{-11}s 內發生。於圖 20-2 中，以水平的波狀線表示內部的轉換，圖中的左方之垂直的波狀線表示，隨其內部的轉換 (IC) 後，經由振動鬆弛 (VR) 的過程至其基底振動狀態 S_0。

　　激勵的單重態分子 (S_1)，亦可放射**螢光** (fluorescence, F) 回至基底狀態 (S_0)，或進行**系間橫越** (intersystem crossing, ISC) 至三重態 T_1。系間橫越爲不同的重態間之無輻射的轉移，如 $S_1 \rightsquigarrow T_1$ 或 $T_1 \rightsquigarrow S_0$。因於系間橫越的過程中，

包含**旋轉交換** (spin interchange)，故此過程快至其速率常數為內部的轉換之 10^{-2} 至 10^{-6}。內部的轉換及系間橫越之速率，與所包含的狀態間之能量分離等一些因素有關，能量的分離愈大其速率愈低。

　　如圖 20-2 所示，三重態的分子 T_1 可能放射**磷光** (phosphorescence, P)，或進行系間橫越 (ISC) 至 S_0 的狀態。於同重態間之轉移 (如單重態—單重態的轉移，或三重態—三重態的轉移) 所放射的輻射線，稱為螢光，而不同的重態間之轉移 (如三重態—單重態的轉移) 所放射的輻射線，稱為磷光。因不同的重態間之輻射轉移，為量子力學之第一近似所不允許，故磷光之生命期通常較螢光者長。螢光放射之壽命約為 10^{-8} 秒，而磷光放射之壽命大於 10^{-4} 秒。

　　光激勵的分子 (photoexcited molecules)，於不發生化學反應及無**熄滅物** (quenchers) 的存在之情況下，可能會發生**分子間的過程** (intermoleuclar processes)，簡化表示於圖 20-3。這些過程均為第一級的速率過程，圖上所示者為其第一級速率常數的通常範圍。因振動鬆弛 (VR) 的過程，通常發生的非常快，故於此圖上沒有包含振動鬆弛的過程。

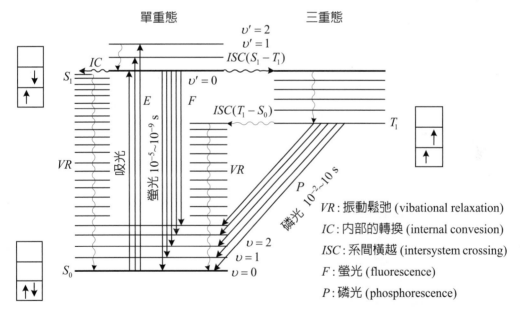

圖 20-2　分子吸收輻射線產生各種分子間的程序之分子狀態圖。實線表示輻射程序，波狀的線表示非輻射程序，長方形內所示者為電子能階與電子之旋轉 (自 B.P. Straughan and S.Walker, Spectroscopy, Vol. 3, Chapman and Hall Ltd., London, 1976)

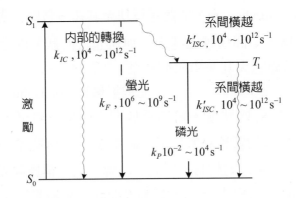

圖 20-3　分子經光激勵可能發生之分子過程的簡化圖。圖中所示的數值為各種過程之速率常數的範圍（自 C.H.J.Wells, Introduction to Molecular Photochemistry, Chapman and Hall Ltd., London, 1972)

　　一定強度的光線照射於物質而達至平衡時，其中間體之生成速率與消失的速率相等。若所吸收之光線的強度 I_a，用單位時間內於單位體積所吸收的光子之莫耳數表示，則單重激勵態 S_1 之穩定狀態的濃度 (S_1)，與 I_a 的關係可用下式表示，爲

$$I_a = k_{IC}(S_1) + k_F(S_1) + k_{ISC}(S_1) \qquad (20\text{-}22)$$

而由上式可得，(S_1) 爲

$$(S_1) = \frac{I_a}{k_{IC} + k_F + k_{ISC}} \qquad (20\text{-}23)$$

對於三重態 T_1 之穩定狀態速率式，爲

$$k_{ISC}(S_1) = k'_{ISC}(T_1) + k_P(T_1) \qquad (20\text{-}24)$$

而由上式解得，T_1 之穩定狀態濃度爲

$$(T_1) = \frac{k_{ISC}(S_1)}{k'_{ISC} + k_P} \qquad (20\text{-}25)$$

將式 (20-23) 代入上式，可得

$$(T_1) = \frac{k_{ISC}I_a}{(k'_{ISC} + k_P)(k_{IC} + k_F + k_{ISC})} \qquad (20\text{-}26)$$

20-4 螢　光 (Fluorescence)

　　分子自激勵的單重態 (或三重態) 回至基底單重態 (或三重態) 時，會自發放射光線，此時所放射的光線，稱為螢光，例如，$S_1 \rightarrow S_0 + hv$，$S_2 \rightarrow S_1 + hv$，$S_2 \rightarrow S_0 + hv$，$T_2 \rightarrow T_1 + hv$ 等。此時沒有電子旋轉的變化，而分子由其激勵至放出光子間之時間非常短，約為 $10^{-6} \sim 10^{-9}$ s。

　　分子由其激勵單重態自發放射光子之或然率，可由其基底態與激勵態之波函數計算，亦可由量測的**吸收係數** (absorption coefficients) 計算。若分子之自發放射螢光，為其激勵狀態之唯一的失活化之形式，則其螢光之**壽命期** (lifetime) 可表示為

$$\tau_0 = \frac{1}{k_F} \tag{20-27}$$

上式中，τ_0 稱為螢光之**輻射壽命** (radiative lifetime)，k_F 為其第一級速率常數。輻射壽命 τ_0，一般與**莫耳吸光指數** (molar absorbancy index) ε_m 成反比，而可表示為

$$\tau_0 = \frac{10^{-4}\,\mathrm{L\,mol^{-1}cm^{-1}s}}{\varepsilon_m} \tag{20-28}$$

上式中，莫耳吸光指數 ε_m 之單位為 $\mathrm{L\,mol^{-1}cm^{-1}}$。因此，對於 $\varepsilon_m = 10^5\,\mathrm{L\,mol^{-1}cm^{-1}}$ 之強的吸光化合物，其自然輻射的壽命期約為 10^{-9} s，而對於 $\varepsilon_m = 10^{-2}\,\mathrm{L\,mol^{-1}cm^{-1}}$ 之較弱的吸光化合物，其自然輻射的壽命約為 10^{-2} s。

　　由於激勵的單重態有其他之**失活化過程** (deactivation processes)，因此，所觀察的激勵單重態之壽命期 τ_s，通常比其輻射壽命期 τ_0 小。激勵單重態 S_1 之**衰變** (decay) 速率由圖 20-3，可表示為

$$-\frac{d(S_1)}{dt} = (k_{IC} + k_F + k_{ISC})(S_1) \tag{20-29}$$

由此，激勵單重態之壽命期 τ_s，可表示為

$$\tau_s = \frac{1}{k_{IC} + k_F + k_{ISC}} \tag{20-30}$$

　　由於螢光之強度與激勵狀態之濃度成比例，所以於實驗室由觀測，經短時間 ($\ll \tau_s$) 的閃光激勵後之螢光強度的衰變，可量測激勵的單重態之壽命 τ_s。於室溫的溶液內之一些有機分子的激勵單重態的壽命，列於表 20-1。

表 20-1 溶液內的一些有機分子，於室溫之螢光壽命與量子產率

	溶　　劑	單重態的壽命 $\tau_s\ 10^{-9}$ s	螢光量子產率，ϕ_F	螢光輻射壽命 $\tau_0\ 10^{-9}$ s
苯 (benzene)	己烷 (hexane)	26	0.07	370
萘 (naphthalene)	己烷 (hexane)	106	0.38	280
蒽 (anthacene)	苯 (benzene)	4	0.24	17
葉綠素 a (chlorophyll a)	甲醇 (methanol)	6.9	0.28	25
葉綠素 b (chlorophyll b)	甲醇 (methanol)	5.9	0.08	74
曙紅 (eosin)	水 (water)	4.7	0.15	31

註：R.B.Cundall and A.Gilbert, Photochemistry, Thomas Nelson, London, 1970.

螢光之量子產率 ϕ_F ，等於螢光速率 $k_F(S_1)$ 與其激勵單重態 S_1 之失活化總速率，$(k_{IC} + k_F + k_{ISC})(S_1)$ ，的比，而可表示為

$$\phi_F = \frac{k_F}{k_{IC} + k_F + k_{ISC}} \tag{20-31}$$

上式為無**熄滅劑** (quenching agent) 的存在或無化學反應時之螢光量子產率，將式 (20-27) 與 (20-30) 代入上式 (20-31)，可得

$$\phi_F = \frac{\tau_s}{\tau_0} \tag{20-32}$$

因此，由激勵單重態之壽命 τ_s 與其螢光之量子產率 ϕ_F 的量測，可計算螢光之輻射壽命 τ_0 。表 20-1 中之 τ_0 為以此方法計得之螢光輻射壽命。內部轉換之量子產率 ϕ_{IC} ，與系間橫越之量子產率 ϕ_{ISC} ，可分別表示為

$$\phi_{IC} = \frac{k_{IC}}{k_{IC} + k_F + k_{ISC}} \tag{20-33}$$

與

$$\phi_{ISC} = \frac{k_{ISC}}{k_{IC} + k_F + k_{ISC}} \tag{20-34}$$

由式 (20-31)，(20-33) 及 (20-34) 相加，可得

$$\phi_F + \phi_{IC} + \phi_{ISC} = 1 \tag{20-35}$$

　　若螢光單純為激勵態的分子之自發放射的光，則其強度的分佈應與吸收光譜相同。然而，如圖 20-4 所示，若基底狀態與激勵狀態之振動能階的間隔相類似，則吸收光譜與螢光光譜間的關係，近似 "**鏡映像** (mirror image)"。

　　由於初狀態與終狀態之溶媒合的情況不相同，由此，其吸光與螢光之光譜中的 0−0 **光譜帶** (band) 會稍有差異。如圖 20-5 所示，由於吸光過程之激勵態未與溶劑達成平衡，及螢光過程之基底態未與溶劑達成平衡，所以 0−0 的**螢光轉移** (fluorence transition) 之能量，較 0−0 的**吸光轉移** (absorption transition) 者低。

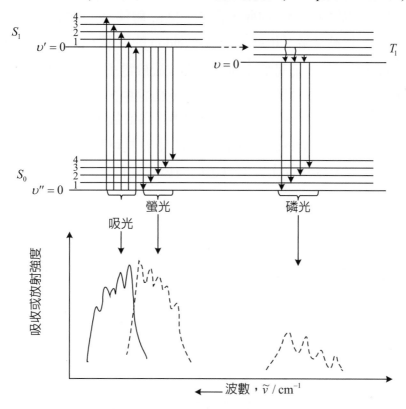

圖 20-4　光之吸收、螢光及磷光光譜之構成圖（自 E.F.H.Brittain, W.O.George, and C.H.J.Wells, Introduction of Molecular Spectroscopy, Academic Press, New York, 1970)

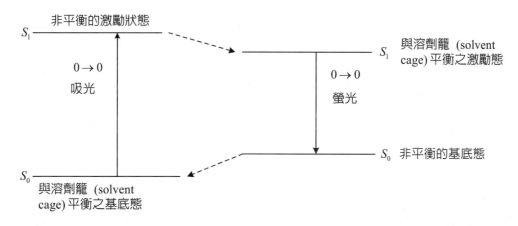

圖 20-5　溶質–溶劑平衡對於 0−0 的吸光轉移與 0−0 的螢光轉移之能量差異的影響（自 C.H.J. Wells, Introduction to Molecular Photochemistry, Chapman and Hald Ltd., Landon, 1972)

螢光光譜可用二原子的分子為例說明，二原子的分子於基底態 S_0 與其第一激勵單重態 S_1 之位能曲線，及振動能階，如圖 20-6(a) 所示。當分子吸收光子自基底態 S_0 移至激勵態 S_1 後，激勵態的分子由於**內部的轉換** (internal conversion)，很快移至最低振動的能階。由於激勵態之原子核間的距離，較其基底態者大，及其位能曲線之位置的移動，因此，當分子自 S_1 轉移至 S_0 的能位時，分子幾乎移至 S_0 之較高的振動能階。依據 Franck-Condon 的原理，由於電子之移動的速度比原子核的移動甚快，而可假定原子核之位置於電子的轉移時不會改變。因此，其轉移於位能對原子核間距離所繪之位能曲線中，可用垂直的線表示。圖 20-6(a) 表示，自 $v'=0$ 至 $v''=3$ 的 0→3 的轉移為最強。

某些螢光染料被近紫外光，或日光中的短波長**可見光** (visible light) 活化時，會放射可視光，而此螢光與由白色的布所反射的光線相加，可使布顯現更白的白色。

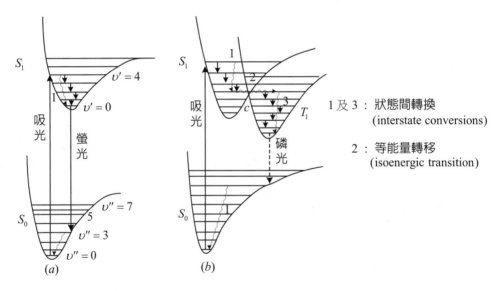

圖 20-6　(a) 二原子分子之吸光與螢光 ($S_1 \rightarrow S_0 + h\nu$)，(b) 二原子分子之吸光與其於三重態之磷光 ($T_1 \rightarrow S_0 + h\nu$) (自 J. C. Davis, Advanced Physical Chemistry, The Ronald Press CO, New York, 1965)

20-5　磷　光 (Phosphorescence)

　　分子自三重態 T_1 之最低的振動能階，至其單重態 S_0 之各振動能階的輻射轉移時，會放射磷光，磷光的光譜與螢光的光譜相似，如圖 20-4 所示。由於 T_1 狀態之能量較 S_1 狀態的能量低，所以可於較螢光光譜較長的波長處，觀察到磷光的光譜。

　　二原子的分子之磷光光譜，如圖 20-6(b) 所示。分子於其激勵的單重態 S_1 損失其振動能的期間中，若其激勵單重態 S_1 與三重態 T_1 等所相當之振動能，與其核間距離的關係之二位能曲線相交於 c，則分子於激勵單重態 S_1 損失振動能的期間中，可能於 c 產生，由狀態 S_1 轉移至狀態 T_1 的等能量轉移，如圖中的波狀橫線 2 所示，並於 T_1 狀態連續損失如圖中之 3 所示的振動能。此時其二原子核間的距離，等於此二位能曲線之相交處 c 所示的距離，而相對的不會互相移動，且其二狀態 S_1 與 T_1 之能量相同。雖然**選擇律** (selection rule) 不允許不同的重態間之轉移，但於此種條件下發生 $S_1 \rightsquigarrow T_1$ 轉移的或然率仍很高，而於 T_1 狀態以內部轉換繼續損失其振動能，如圖所示。由於三重態之壽命較長，因此，會緩慢放射磷光輻射，而回到基底狀態 S_0。

　　由圖 20-3 可看出，若自狀態 S_1 至 T_1 之系間橫越的速率常數 k_{ISC} 足夠大，則於狀態 T_1 會存有可觀之濃度。由於三重態的分子與單重態的分子比較，有較長的壽命期，所以進行化學反應之或然率較高。

　　對於圖 20-3 所示之 T_1 的三重狀態，其磷光的壽命 τ_{T_1} 為

$$\tau_{T_1} = \frac{1}{k_P + k'_{ISC}} \tag{20-36}$$

由於磷光之量子產率 ϕ_P，可表示為

$$\phi_P = \frac{\text{放射磷光之速率}}{\text{吸收輻射線之速率}} = \frac{k_P(T_1)}{I_a} \tag{20-37}$$

將式 (20-26) 之穩定狀態的濃度 (T_1) 代入上式 (20-37)，可得磷光之量子產率為

$$\phi_P = \frac{k_P k_{ISC}}{(k'_{ISC} + k_P)(k_{IC} + k_F + k_{ISC})} \tag{20-38}$$

20-6 熄 滅 (Quenching)

溶液或氣體中之激勵態分子，可能由於其他分子的存在，而會很快失去活化，此種使激勵態的分子失去活化的物質，稱為**熄滅劑** (quenching agent)，用 Q 表示。三重態的分子與熄滅劑反應之反應速率常數，可由磷光之熄滅的速率測定求得。於無熄滅劑的存在下，三重態的分子之穩定狀態的濃度，可用式 (20-25) 表示。由於有熄滅劑存在時會增加三重態的分子與熄滅劑的反應途徑，由此，此時的三重態分子之穩定狀態濃度，可表示為

$$(T_1) = \frac{k_{ISC}(S_1)}{k_P + k'_{ISC} + k_Q(Q)} \tag{20-39}$$

將式 (20-23) 之 (S_1) 代入上式，可得三重態的分子之穩定狀態濃度，為

$$(T_1) = \frac{k_{ISC}I_a}{[k_P + k'_{ISC} + k_Q(Q)](k_{IC} + k_F + k_{ISC})} \tag{20-40}$$

於無熄滅劑的存在時，磷光之量子產率可用式 (20-38) 表示。設於熄滅劑的存在下之磷光量子產率為 $\phi_{P(Q)}$，則由將上式 (20-40) 代入式 (19-37) 可得，熄滅劑存在時之磷光量子產率，為

$$\phi_{P(Q)} = \frac{k_P k_{ISC}}{[k_P + k'_{ISC} + k_Q(Q)](k_{IC} + k_F + k_{ISC})} \tag{20-41}$$

而由式 (20-38) 除以上式 (20-41)，可得無熄滅劑與熄滅劑存在時之量子產率的比，為

$$\frac{\phi_P}{\phi_{P(Q)}} = \frac{k_P + k'_{ISC} + k_Q(Q)}{k_P + k'_{ISC}} = 1 + k_Q \tau_{T_1}(Q) \tag{20-42}$$

上式中，τ_{T_1} 為如式 (20-36) 所定義之磷光壽命。

無熄滅劑的存在時之磷光強度 I_P，與熄滅劑存在時之磷光強度 $I_{P(Q)}$ 的比，與其各量子產率的比成比例。因此，由上式可寫成

$$\frac{I_P}{I_{P(Q)}} = 1 + k_Q \tau_{T_1}(Q) \tag{20-43}$$

此式即為 Stern-Volmer 式。通常由於激勵狀態的分子之熄滅，會產生熄滅劑之**激勵的電子狀態** (excited electronic state)。

20-7 分子間的過程 (Intermolecular Processes)

　　激勵態的分子可進行一些不同類型之反應，而激勵態的分子與其他的分子之化學反應，通常會伴隨激勵態分子的**失活化** (deactivation)，此稱為激勵態被**熄滅** (quenched)。激勵態的分子（提供者 D）被第二分子（接受者 A）熄滅時，隨激勵態分子 D 的失活化，而分子 A 會成為電子激勵態，此種**熄滅的過程** (quenching process) 為所謂**電子的能量移轉** (electronic energy transfer)。通常僅甚微量不純物（熄滅劑）的存在，就會使激勵態的分子失活化，因此，於光化學反應所用化學品及溶劑等，均需經小心純化。例如，氧的分子與激勵態分子之反應很快，其反應速率常數 $k = 10^9 \sim 10^{10}$　$Lmol^{-1}s^{-1}$，因此，於研究溶液中的反應時，其溶液需預先通入如氮等的不活性氣體，以去除溶液中所溶解的氧。

　　電子能量之移轉過程，可分成**輻射傳遞** (radiative tansfer)，**短程傳遞** (short-range transfer)，或**長—程共振傳遞** (long-range resonance transfer) 等過程。激勵態的分子 D 於輻射傳遞過程所放射的輻射線被**接受者** (acceptor) A 吸收，而成為電子激勵態的分子 $A*$，其反應可表示為

$$D* \rightarrow D + h\nu \tag{20-44}$$

$$A + h\nu \rightarrow A* \tag{20-45}$$

　　於上面的反應，提供者 D 與接受者 A 間的距離，接近至碰撞直徑時，會發生短程的能量傳遞。因發生能量傳遞的距離，通常稍大於碰撞直徑，故 D 與 A 於上面的反應中實際上不需要發生碰撞。依據 Wigner 的**旋轉守恆法則** (spin conservation rule)，於電子能量的傳遞中，其相互作用的分子對之總旋轉角動量須保持不變。像**光譜的選擇律** (spectroscopic selection rule)，此法則並非絕對，但它是重要的導引準則。於此僅考慮 S_0, S_1 及 T_1 的狀態，因此，由此法則所限制的短程能量傳遞，為

$$D*(S_1) + A(S_0) \rightarrow D(S_0) + A*(S_1) \tag{20-46}$$

$$D*(T_1) + A(S_0) \rightarrow D(S_0) + A*(T_1) \tag{20-47}$$

上式中，D 為提供的分子，而 A 為接受的分子。此種第二類型的短程能量傳遞之實例，為

[3]苯甲醛 (benzaldehyde)（於 366 nm 被激勵）+
萘 (naphthalene)（於 366 nm 不吸收）→ 苯甲醛 + [3]萘（放射磷光）(20-48)

上面反應的能量傳遞過程之效率，與其所包括的狀態之相對能量有關。若 D 之激勵狀態的能量，較 A 之激勵狀態的能量大，則其效率會相對地高。此種類型之能量的傳遞，可由 $A*(S_1)$ 的螢光輻射，或由 D 之直接激勵產生之 $A*(T_1)$ 的磷光輻射之偵測而獲知，此時 A 不會吸收光線移至 $A*(T_1)$。

於長程能量傳遞，提供者 D 與接受者 A 之分子間的距離，遠大於其碰撞直徑，此種能量的傳遞之效率，與提供分子 D 之放射光譜，和接受分子 A 之吸收光譜的**重疊程度** (extent of overlap) 有關。除非允許**衰變過程** (decay process) $D* \to D$，及激勵過程 $A \to A*$ 等的電子傳遞，否則其能量傳遞的效率不大。因此，大部分之類似的長程能量傳遞過程，可表示為

$$D*(S_1) + A(S_0) \to D(S_0) + A*(S_1) \tag{20-49}$$

$$D*(T_1) + A(S_0) \to D(S_0) + A*(T_1) \tag{20-50}$$

於適宜的環境下，可發生超過 5 至 10 nm 的相隔距離之能量的傳遞，而其速率常數為 $10^{10} \sim 10^{11}\,\mathrm{L\ mol^{-1}s^{-1}}$。

於有接受者 A 之存在，及無 A 存在的情況下，量測三重態之壽命可求得，能量自提供者 D 傳遞至接受者 A 之速率常數 k_{ET}。若提供者 D 之三重態，單由於其磷光，$T_1 \rightsquigarrow S_0$，的**系間橫越** (intersystem crossing)，及提供者 D 與接受者 A 的二分子反應等而失活化，則 D 的三重態之壽命，可表示為

$$\tau_{ET} = \frac{1}{k_P + k'_{ISC} + k_{ET}(A)} \tag{20-51}$$

因於無接受者 A 存在時之壽命 τ，可用式 (20-36) 表示，故取上式 (20-51) 之倒數，並將式 (20-36) 代入，可得

$$\frac{1}{\tau_{ET}} = \frac{1}{\tau} + k_{ET}(A) \tag{20-52}$$

事實上，由上式的關係所得之第二級速率常數 k_{ET}，等於**擴散控制的反應** (diffusion controlled reaction) (14-3 節) 所期待的值，於此表示提供者 D 與接受者 A 互相擴散靠近一起時，會立即發生能量的傳遞。

20-8　光敏化反應 (Photosensitized Reaction)

分子間的熄滅過程 (intermolecular quenching processes) 為**光敏化反應** (photosensitized reaction) 之關鍵的步驟。於光敏化的反應中其一分子吸收光，而與另外的分子進行實際的反應，此時吸收光的分子之物質稱為**光敏化劑** (sensitizer)。於光化學反應中，光敏化劑僅為光能量之間接的**傳遞體** (carrier)。電子能量的傳遞通常

為，光敏化反應之重要的反應機制。

一氧化碳與氧之混合氣體，於室溫下照射 350~450 nm 附近的波長之光線時，不會發生反應，然而，於此系內添加小量的 Cl_2，並同樣照射波長 350~450 nm 附近之光線時，一氧化碳與氧會以相當快的速率，發生如下式所示的反應

$$2CO + O_2 \rightarrow 2CO_2 \tag{20-53}$$

此時實際上，於上式的反應系內所添加之小量的 Cl_2，沒有直接參與反應，且於反應中亦沒有消耗，而僅吸收光的能量使反應順利進行。因此，Cl_2 為上面的光敏化反應 (20-53) 之光敏化劑。

氫的分子 H_2 不吸收 253.7 nm 波長的光，而不會發生解離。若於氫氣內添加小量的汞蒸氣 Hg 時，則由於 Hg 會吸收 253.7 nm 波長的光，成為激勵態的汞蒸氣 Hg^*，而此激勵態的汞蒸氣與 H_2 的分子碰撞時，H_2 的分子會產生解離而成為氫原子，其反應可表示為

$$Hg + h\nu \rightarrow Hg^* \tag{20-54}$$

$$Hg^* + H_2 \rightarrow Hg + 2H \tag{20-55}$$

反應 (20-55) 亦被認為，可能發生如，$Hg^* + H_2 \rightarrow HgH + H$，的反應，而所生成的 HgH 之解離能很小，由此，HgH 立即產生分解。由於氫不吸收 253.7 nm 波長的輻射線，而對此波長的光線為透明，因此，於此反應中汞為光敏化劑，而於此光敏化反應所生成的氫原子，可還原金屬的氧化物、一氧化氮、一氧化碳及其他的化合物。激勵態的汞原子不但可使氫的分子產生分解，亦能分解氨及其他的有機化合物。

於碳化氫的化合物中添加汞蒸氣光敏劑時，亦會產生光化學反應，但飽和碳化氫與不飽和碳化氫之初期的反應過程有顯著的差異。對於飽和碳化氫，其分子與激勵態的汞原子 Hg^* 反應，而切斷 C–H 鍵並產生自由基，其反應如下式，為

$$Hg^* + C_2H_6 \rightarrow Hg + C_2H_5 + H \tag{20-56}$$

對於不飽和的碳化氫，通常會生成激勵態的分子，其反應如下式，為

$$Hg^* + C_2H_4 \rightarrow Hg + C_2H_4^* \tag{20-57}$$

上式中之激勵態的分子，可能為三重態，而此激勵態的分子之一部分，可能由於與通常的分子碰撞而失活化，而另一部分會發生分解，並產生 H 或 H_2。

氫的分子之解離反應，不僅汞蒸氣可作為光敏化劑，而於添加鎘蒸氣或氙 (Xe) 等時，亦有類似的作用，但於添加氙時，需照射 146.9 nm 波長的光線，氫

的分子才會產生解離反應，其反應為

$$Xe + h\nu \rightarrow Xe^* \tag{20-58}$$

$$Xe^* + H_2 \rightarrow Xe + H + H \tag{20-59}$$

順-丁烯二酸 (maleic acid) 的水溶液，經波長 207~313 nm 的光線之照射時，會產生下式所示的異構化反應，即

$$順 - 丁烯二酸 + h\nu \rightarrow 反 - 丁烯二酸 \tag{20-60}$$

上式 (20-60) 之量子產率，隨溫度與照射光線之波長而異，其於 18°C 之量子產率約為 0.03~0.05。順-丁烯二酸的分子由於吸收光，而激發其內的 π 電子，由此，其雙鍵的結合減弱，而較容易於其結合鍵的周圍轉動，因此，產生如下式的異構化反應，即

$$\tag{20-61}$$

溴的分子 Br_2 於上式的異構化反應，作為光敏化劑，而於 436~546 nm 的長波長發生上面的異構化。Eggert 等以 CCl_4 為溶劑，於 21°C 測定此光敏化反應之量子產率，而對於 436 nm 波長的光線得 295，對於 546 nm 波長的光線得 155。對於此反應的反應機制可認為，分子 Br_2 吸收光產生解離所生成的 Br 原子，與順-丁烯二酸的分子作用使其雙鍵展開成單鍵，而較容易於此單鍵的周圍轉動。

照相底片之感光乳劑中所含的溴化銀（其內含少量的碘化銀），對於紅色與綠色的光線均不會感光，但於該感光乳劑中添加適當量的有機色素分子時，可使該照相底片對於綠色或紅色的光產生感光，此時所添加的有機色素分子，即為光敏化劑。葉綠素為植物體內的碳水化合物之**光合成** (photosynthesis) 的光敏化劑。

20-9 化學反應與其量子產率

(Chemical Reactions and their Quantum Yields)

　　激勵態的分子進行化學反應時，可於所討論的簡單反應機制，加入另外的反應步驟。設激勵態的分子（於此假定為 T_1）與反應物 R 之二分子的反應速率常數為 k_R，則其反應及反應速率 r，可表示為

$$T_1 + R \rightarrow \text{穩定生成物}, \qquad r = k_R(T_1)(R) \tag{20-62}$$

上式中之 k_R 為反應速率常數。T_1 之穩定狀態的濃度由式 (20-40)，可寫成

$$(T_1) = \frac{k_{ISC}I_a}{[k_P + k'_{ISC} + k_R(R)](k_{IC} + k_F + k_{ISC})} \tag{20-63}$$

上式中，(R) 為反應物 R 之濃度，而 I_a 為反應系於單位時間內，其單位容積所吸收的光子之莫耳數。因此，由反應(20-62)所產生的穩定生成物之量子產率，可表示為

$$\phi = \frac{k_R(T_1)(R)}{I_a} \tag{20-64}$$

將式 (20-63) 代入上式 (20-64)，並經重排可得

$$\frac{1}{\phi} = \frac{k_F + k_{IC} + k_{ISC}}{k_{ISC}} \left[1 + \frac{k_P + k'_{ISC}}{k_R(R)} \right] \tag{20-65}$$

由上式得知，於求得簡單的反應機制之 k_R 值前，需測定許多反應速率常數，由此，上式 (20-65) 實際上不實用。量子產率通常由所吸收之光量子數與反應的分子數之測定，可由式 (20-3) 直接求得，此時不需要使用速率常數值。

　　量子產率之測定，通常需要量測光之強度，通常使用由一連串的**熱電偶** (thermocouple)，與一組經黑化處理其接頭連接的**熱電堆** (thermopile)，以便吸收全部的輻射線並轉變成熱，而其另一組接頭經保護以免受光的照射，並藉**檢流計** (galvanometer) 量測此二組接頭之溫度差。檢流計之讀數可藉美國標準局之**標準碳絲燈炮** (standard carbon-filament lamp) 校正，以換算成每秒投射於單位平方米的熱電堆上之輻射線的焦耳數，$J\,m^{-2}s^{-1}$。

　　輻射線之吸收量，亦可使用化學**光量計** (actinometer) 量測，即由測定化學變化的量，以推定所吸收之光量。光量計內的光化學反應之量子產率，可預先藉熱電堆測定。一些光化學反應之量子產率，列於表 20-2。

表 20-2　一些光化學反應於室溫之量子產率

	反　應	波長範圍，nm	量子產率，ϕ
1.	$2HI \rightarrow H_2 + I_2$	300~280	2
2.	$C_{14}H_{10} \rightleftharpoons \frac{1}{2}(C_{14}H_{10})_2$	<360	0~1
3.	$2NO_2 \rightarrow 2NO + O_2$	>435 366	0 2
4.	$CH_3CHO \rightarrow CO + CH_4(+C_2H_6 + H_2)$	310 253.7	0.5 1
5.	$(CH_3)_2CO \rightarrow CO + C_2H_6(+CH_4)$	<330	0.2
6.	$NH_3 \rightarrow \frac{1}{2}N_2 + \frac{3}{2}H_2$	210	0.2
7.	$H_2C_2O_4(+UO_2^{2+}) \rightarrow CO + CO_2 + H_2O(+UO_2^{2+})$	430~250	0.5~0.6
8.	$Cl_2 + H_2 \rightarrow 2HCl$	400	10^5
9.	$Co(CN)_6^{3-} + H_2O \rightarrow Co(CN)_5(OH_2)^{2-} + CN^-$	313	0.3
10.	$Br_2 + C_6H_5CH = CHCOOH \rightarrow C_6H_5CHBr\,CHBrCOOH$	<550	1~100
11.	$CO + Cl_2 \rightarrow COCl_2$	400~436	1000

自 W. A. Noyes, Jr. and P. A. Leighton, Photochemistry of Gases, Reinhold Publishing Corp, New York, 1941

　　表 20-2 中之反應 1，不拘壓力的高低，於液態或溶解於己烷的溶液中，於光的波長 280 至 300 nm 的範圍之量子產率 ϕ 均相同，而隨其**原始過程** (primary process)，$HI + h\nu = H + I$，之後，產生反應，$H + HI = H_2 + I$，與，$I + I = I_2$，因此，每吸收一光子時，產生二分子的 HI 之分解。反應 2 為蒽 (anthracene) 之**二分子化的反應** (dimerization)，其反應初期之量子產率為 1，但由於生成物的累積會發生逆向之熱反應，而減低生成物的產量。反應 3 之生成物中，含 NO 與 O_2 之外尚伴生 N_2O_4，而 N_2O_4 由於吸收一些 366 nm 波長的光，由此，經內部的篩選修正，而得反應 3 於波長 366 nm 之量子產率為 2，其反應為 $NO_2 + h\nu = NO_2^*$，及 $NO_2^* + NO_2 = 2NO + O_2$，其中的星號*代表激勵態的分子。於吸收 435 nm 及較長的波長之輻射線時，不會發生此反應。

　　反應 4 於較短的波長時，其反應之量子產率較大，此反應於 300°C 之量子產率 ϕ，大於 300，此表示由於吸收光而最初所產生之游離基，可於較高的溫度進行鏈鎖反應。由於此鏈鎖反應內所含的各反應於室溫時，其進行的速率不夠快而無法偵測。雖然有於反應式之括號內所示的生成物之存在，但其存在量很小。

　　量子產率之實驗測定，為偵測鏈鎖反應之很好的方法，若吸收一光子而產生許多分子的生成物之反應，則顯然為鏈鎖反應，即於此種反應之生成物，可促進其他的分子發生反應。

反應 5 表示，分子內之某特殊的結合鍵吸收光線時，不一定會產生該結合鍵之斷裂的反應例。像丙酮及其他的脂肪族酮之 C＝O 鍵，為**發色基** (chromophore)，而可吸收波長約 280 nm 的紫外光，此時由於 C＝O 的鍵很強而不會斷裂產生原子的氧，因此，所吸收的能量會使鄰近較弱的 –C– 鍵產生斷裂，並生成甲基游離基與**乙醯基** (acetyl) 游離基，由此，其反應為

$$\begin{matrix} CH_3 \\ CH_3 \end{matrix} \!\!> C = O + h v \rightarrow CH_3 \cdot \; + \; CH_3\dot{C}=0 \qquad\qquad (20\text{-}66)$$

由上式的反應所生成之乙醯基的游離基，可產生**羰基解離** (decarbonylate) 而生成 CO 與 CH$_3$，或可與游離基 CH$_3\cdot$ 反應回至原來的丙酮，且二甲基游離基 CH$_3\cdot$ 亦可產生**偶合** (coupling) 而生成乙烷。

反應 6 為氨之**光解** (photolysis) 分裂而產生氫原子 H，由於其一部分的分裂之產物會再結合，由此，其量子產率不大。此反應之量子產率隨壓力而改變，而於 0.6 至 0.7 Pa 的壓力間達至最高值。

反應 7 為光敏化反應。草酸由於 UO$_2^{2+}$ 離子的敏化而產生光分解，此反應之再現性很好，適合作為**化學光量計** (chemical actinometer)。於草酸鈾醯的光量計中，其有色的鈾醯離子吸收光，而其所吸收的能量轉移至無色的草酸而產生分解。鈾醯離子於整個的反應過程中沒有變化，而可無限地繼續作為敏化劑使用。事實上，所添加的無色草酸會增加鈾醯離子之莫耳吸光係數，此顯示其間形成錯合物。對於光敏化的作用，通常其間需形成**化學錯合物** (chemical complex)。常用的草酸鈾醯光量計，為含 0.01 mol L^{-1} 的硫酸鈾醯與 0.05 mol L^{-1} 的草酸溶液，其於每吸收 254~435 nm 波長之一光子，可分解 0.57 的草酸分子。

反應 8 為鏈鎖反應之最著名的反應例。每吸收一光子時，約有 10^5 的分子產生反應，而所產生的氫與氯的原子會進一步反應，生成氯化氫的分子。由量測每吸收一光子所產生之 HCl 的分子數，可量測此鏈鎖反應中所含之平均分子數。此反應為由閃光起始的反應，而可能會導至爆炸性的快速反應。

反應 9 為激勵態的分子之增強反應性的反應例。不活性的錯合離子 Co(CN)$_6^{3-}$，可以鉀鹽的形態自沸水回收。然而，其水溶液於 25°C 下照射 313 nm 波長之輻射線時，生成 Co(CN)$_5$(OH$_2$)$^{2-}$ 之量子產率為 0.30。於此反應條件之其激勵態的壽命小於 10^{-10} s，其基底態之速率常數的粗略估計為 10^{-6} s^{-1}，由此，其激勵態之反應性大於基底狀態的 10^{16} 倍以上。於光化學反應的領域，常會發現如此種情況的反應性之增加。

反應 10 為桂皮酸添加溴之鏈鎖反應，其鏈鎖反應之鏈鎖長度，視溫度、溴之濃度及溶解的氧量而定。此反應可分成不受溫度影響的**原始光過程** (primary photoprocess)，與受溫度影響的**後續熱反應** (subsequent thermal reaction) 之二部分。若能去除所溶解的氧量以減少鏈鎖的中斷，則其量子產率可達至數百或

更高。

　　反應 11 之量子產率，隨一氧化碳與氯之壓力而變化，此反應類似一般的鏈鎖反應，對於不純物非常敏感。

例 20-4　碘化氫吸收 253.7 nm 的波長之光能量 3070 J 時，1.30×10^{-2} mol 的 HI 產生光解反應，$2HI \rightarrow H_2 + I_2$，試求此光解反應之量子產率

解　波長 253.7 nm 的光子之能量為

$$hv = hc / \lambda = (6.626 \times 10^{-34} \text{ J s})(2.998 \times 10^{8} \text{ m s}^{-1}) / (253.7 \times 10^{-9} \text{ m})$$
$$= 7.83 \times 10^{-19} \text{ J}$$

分子 HI 所吸收之光子數 $= (3070 \text{ J}) / (7.83 \times 10^{-19} \text{ J}) = 3.92 \times 10^{21}$

所以量子產率為

$$\phi = \frac{(1.30 \times 10^{-2} \text{ mol})(6.022 \times 10^{23} \text{ mol}^{-1})}{3.92 \times 10^{21}} = 1.99$$

◀

20-10　閃光光解 (Flash Photolysis)

　　於一般的光化學反應中，所存在的激勵態分子之濃度很低，因此，於其研究中，通常不能直接觀測激勵態的分子，然而，使用強烈的閃光時，可得高濃度之激勵態分子。由經一排的**氣體放電管** (gas-discharge tube) 之電容器的放電，可得甚短的期間（約 10^{-5} s）之數千焦耳的高能量閃光，此種閃光非常強而可得，於數微秒 (μs) 的約 50 MW 之功率，因此反應管內的全部分子可能全部被激勵，而大部分的分子均會解離成**自由基** (free radicals) 與原子。近年來，於**閃光光解** (flash photolysis) 常使用，高功率的**脈波雷射光源** (pulsed laser light source)。

　　閃光光解法對於激勵態之光譜，與其**衰退動力學** (decay kinetics) 的研究很有用。激勵態的分子或自由基之消失的速率，可藉**示波器** (oscilloscope) 與**光電池** (photocell) 及**光增倍器** (photomultiplier)，量測其**單色的透過光** (monochromatic transmitted light) 之增強速率。由於使用**分光光度計** (spectrophotometer) 量測，**照射容器** (illuminated cell) 內的激勵態分子或自由基所吸收的光線之波長，可推定如 NH_2, ClO, 及 CH_3 等游離基之吸收光譜。光化學反應之不穩定的中間體之濃度的另外測定方法，為於充分低溫的非活化性介質，如甚低溫度的凍結之惰性稀有氣體中，以光譜研究其光化學反應之中間體，此時於光化學反應所生成的不穩定中間體，於此種條件下會變成堅硬，而具有較長的壽命期以便研究。

20-11　發　光 (Luminescence)

　　物體於某一定的溫度時，均會放射於該溫度特有之光譜分佈的輻射線，此種輻射稱為**熱輻射** (heat radiation) 或**溫度輻射** (temperature radiation)。然而，許多物體於受光線、陰極線與其他粒子線的照射，或發生化學及物理等變化時，均會放射光線，此種現象稱為**發光** (luminescences)。這些發光與熱輻射不同，通常不會伴隨其所放射光線而放出高的熱量，而稱為**冷光** (cold light)。

　　一些物質受到光線的照射時，於停止光線的照射時立即 (10^{-8} 秒～數分之一秒) 停止發光之螢光，及仍持續發光某些時間 (數分之一秒～數小時) 之磷光，均稱為**光發光** (photo-luminescence)。螢光與磷光分別如於 20-4 與 20-5 節所述，可由分子受光線的照射所生成的激勵態分子之電子轉移的方式區分。

　　於含放射螢光的分子之系中，添加小量的其他物質時，可能會減弱其螢光之強度，此種現象稱為螢光之**消光或熄滅** (quenching)。此熄滅的機制可能為，所添加物質 A 之分子與放射螢光之分子碰撞時，被奪取其應以螢光放射的能量，而成為激勵態 A^*，而此 A^* 可能會產生化學反應或放射光線，其中後者所放射的光線，稱為**增敏化螢光** (sensitized fluorescence)。例如，汞與鉈 (thallium) 之混合蒸氣，用波長 253.7 nm 的汞線照射時，可得汞之螢光與鉈之螢光光譜，其反應機制為

$$\left.\begin{array}{l} Hg + h\nu \rightarrow Hg^* \\ Hg^* \rightarrow Hg + h\nu \end{array}\right\} \tag{20-67}$$

與
$$\left.\begin{array}{l} Hg^* + Tl \rightarrow Hg + Tl^* \\ Tl^* \rightarrow Tl + h\nu \end{array}\right\} \tag{20-68}$$

上式中，於元素的右上角之星號 $*$ ，表示其激勵態。Tl 的原子本身不會由於波長 253.7 nm 之光線的照射而放射螢光，但由於汞原子之增敏化的作用才會放射螢光。

　　螢石 (fluorite, CaF_2) 或某些寶石，經稍微的加熱時均會發射光線，此種現象稱為**熱發光** (thermoluminescence)。物體互相摩擦時亦會發光，此稱為**摩擦發光** (triboluminescence)。例如，水晶等之摩擦、打碎冰糖、拉離粘著的絕緣膠帶等，均會產生發光的現象。於液態空氣中倒入水，並急速生成冰的結晶時亦會發光，此稱為**結晶發光** (crystalloluminescence)，此種急速生成結晶發光之一部分，為由於所生成之冰結晶的摩擦，由此，亦可屬於摩擦發光。

伴隨化學反應所放射之光，稱為**化學發光** (chemiluminescence)。基底狀態之反應物轉變成激勵態的生成物，如反應，$A \to B^*$，時，其反應的 Gibbs 能減小，於是其電子激勵態的生成物 B^*，會放射光線成為穩定態。因此，此化學發光可表示成 $A \to B^* \to B + hv$，而此正為光化學反應，$B + hv \to B^* \to A$，之逆向的反應。化學發光有許多的有機化合物之反應例如，包含**基質** (substrate) 與氧分子的氧化反應。例如，**對-溴苯基溴化鎂** (magnesium p-bromophenyl bromide) 於乙醚溶液內之氧化反應，會產生顯著的化學發光，而此溶液於空氣中曝光時，於日光中可看到帶綠色的藍光。其他如含有某種細菌的**朽木** (decaying wood) 之氧化，螢光蟲體內所含**螢蟲素** (luciferin, $C_{11}H_8N_2O_3S_2$) 之氧化，及黃磷之氧化等，均會產生化學發光。

輻射線對於結晶體的效應，如以 X-射線照射鹼金屬鹵化物的晶體時，會產生其特徵的彩色，例如，氯化鈉會呈顯黃色，而氯化鉀會呈顯藍色，這些顯色的現象係由於，晶體受 X-射線的照射所擊出之電子，被晶體格子內的負離子"空位"捉捕時，所產生之光線的吸收。當被照射的晶體經加熱時，其所放出被捉捕的電子，會於回至較低的能階時放射光線，此稱為熱發光。晶體經緩慢的加熱時，會於各特定的溫度放射一連串的光線，此時以其放射光線之強度，對溫度作圖，所得的曲線之特性，與其**曝光** (radiation exposure) 的程度、所存在的雜質、及其他因素等有關。某些礦物質如**石灰石** (limestones) 及螢石等，因其內含有百萬分之幾的極微量放射性鈾，故沒有經實驗室的曝光，亦會顯示其熱發光的性質，而這些礦物質，均已連續放射其放射線若干**地質學年** (geological ages)。

20-12　照相術 (Photography)

氯化銀或溴化銀的微粒，分散於水膠溶液中的乳膠，經短暫的曝光後，浸漬於含如**焦性沒食子酸** (pyrogallic acid) 的溫和還原劑的溶液中時，其曝光部分的銀離子會比其未曝光部分的銀離子，較快速被還原成為金屬銀。照相底片為於聚酯或醋酸纖維的薄膜上，均勻塗佈含多量鹵化銀微粒的乳膠，經乾燥而成的感光性膠膜片。將此感光性的膠片裝於照相機內，對準標的物體或景點經曝光後，浸入顯影溶液中時，其曝光部分的溴化銀會迅速被還原成黑色的金屬銀，而未曝光或曝光不充分部分的溴化銀，於短的時間內不會被還原，而可溶解於硫代硫酸鈉的溶液。因此，曝光的照相底片經顯影的程序，會產生黑色濃度與吸收光量成比例，即其影像與標的物相反的攝影像的負片。

　　照相底片之曝光較弱部分的溴化銀，並非其每一顆溴化銀的粒子於顯影液中，會部分還原成黑色的金屬銀，而是其感光的溴化銀完全還原成金屬銀，而未感光者仍保存溴化銀的形態，因此，較淡的黑色係因溴化銀還原成銀之粒子數較少。以顯微鏡觀察曝光的溴化銀粒子之顯影可得知，並非粒子的全表面同時產生還原，而是由曝光所產生之一點或數點開始還原，這些點稱為**顯影中心** (development center) 或**還原中心** (reduction center)，亦稱為**潛像核** (latent image speck)。

　　由於光量子撞擊晶體格子內的**感光點** (sensitive spot)，使其鹵化銀還原成**銀核** (nucleus of silver)，而此銀核繼續成長成為潛像。這些感光點係由鹵化銀的乳膠中，所含特別容易感光的極微量之硫化銀 (Ag_2S) 所形成，而由於增加照相底片之感光點的數目，由此可增加其感光的速度。

　　N.F. Mott 與 R.W. Gurner 於 1938 年，提出潛像之生成的理論。溴化銀的晶體於吸光之初期（原始）的反應過程為

$$Br^- + h\nu \rightarrow Br + e^- \tag{20-69}$$

由上式的反應而游離的電子，獲得充分的能量時，會於晶體的格子內移動而顯示電導性，且其感光點最後由於捕獲游離的電子，而帶負的電荷，因此，會吸引格子間隙的銀離子 Ag^+，而使 Ag^+ 的離子於感光點還原成銀原子，其反應為

$$Ag^+ + e^- \rightarrow Ag \tag{20-70}$$

如上面所述之反應的反覆，而形成銀核並逐次成長增大。於曝光之前其生成還原銀核處之性質，與其他部分之結晶性質不同，此種特定的場所稱為**感光核** (sensitivity speck)，而感光核的密集之處，稱為**敏感光中心** (sensitivity center)。另一方面，感光乳膠內的 Br^- 離子由於光線的作用失去電子，而生成 Br 原子移至結晶的外部，且此溴原子 Br 於移至結晶的外部之前，再與電子產生結合而生成 Br^- 離子之可能性不大。

　　溴化銀的乳膠，僅對於紫外光與較短波長的可見光會感光，而對於 500 nm 以上的長波長光線不會感光。若於其內添加適當的紅色染料如**二賽安寧** (dicyanin)，則可使乳膠底片之感光波長，增至 1300~1400 nm 的紅色光，此時所添加的染料，稱為光敏化或**增感染料** (sensitizing dye)，此種增加其紅色的感光之紅增感光底片，稱為**汎色底片**或**金色底片** (panchromatic plate)。此為光敏化作用之一實例。最常用之賽安寧的結構式，為

其中的 Y 爲硫元素 S，亦可爲 CH = CH , O, Se,或 C(CH$_3$)$_2$ 等，X 爲碘元素 I 或其他的鹵素原子， $n = 0, 1 , 2 , \cdots$,而 $-(CH = CH)-$ 之鏈長隨 n 之增加而增長，且愈易吸收長波長的光。

於照相的乳膠中添加少量的增感色素時，由於這些色素被溴化銀的粒子吸附，而可吸收波長 500 nm 以上之長波長的光，以增廣乳劑之感光波長的範圍。

 ## 20-13　同溫大氣層中的臭氧層
(The Ozone Layer in the Stratosphere)

同溫大氣層中的臭氧之生成，爲光化穩定狀態之一重要的例。由於太陽的光線中所含的紫外輻射線，對於地球表面上的許多生命，會造成重大的傷害，且因臭氧可吸收紫外輻射線，因此，同溫大氣層中的臭氧層之形成，對於保護生命及安全均很重要。同溫大氣層中的臭氧之生成及破壞的機制，如下面的反應式所示，可表示爲

$$O_2 + h\nu \xrightarrow{\kappa_{O_2}} 2O \qquad\qquad \textbf{(20-71)}$$

$$O + O_2 + M \xrightarrow{k_2} O_3 + M \qquad\qquad \textbf{(20-72)}$$

$$O_3 + h\nu \xrightarrow{\kappa_{O_3}} O_2 + O \qquad\qquad \textbf{(20-73)}$$

$$O_3 + O \xrightarrow{k_4} 2O_2 \qquad\qquad \textbf{(20-74)}$$

其中， κ_{O_2} 與 κ_{O_3} 爲， O_2 與 O_3 之**光解離常數** (photodissociation constants)。通常僅波長低於 242 nm 的輻射線，會產生上面的反應之第一步驟 (20-71) 的光解反應，而由第二步驟的**三體反應** (three-body reaction) (20-72)可產生臭氧。臭氧由於 190~300 nm 波長範圍之輻射線，會產生上面反應機制之第三步驟 (20-73) 所示的光分解反應，而由此會產生臭氧層的破壞，因此，此反應步驟亦爲保護臭氧層之重要的步驟。第四步驟 (20-74) 爲緩慢的反應。於同溫的大氣層中，氧的原子與第三物體產生再結合生成 O_2 之速率非常慢而可忽略。於上面的反應機制中，吸收太陽輻射線的第一及第三步驟的反應達至穩定狀態時，大氣中的臭氧之濃度會達至穩定態的濃度，而由下列可計算其於穩定態時之濃度。

由上面的反應機制，臭氧的濃度之變化速率，可表示爲

$$\frac{d(O_3)}{dt} = k_2 (O)(O_2)(M) - \kappa_{O_3} (O_3) - k_4 (O)(O_3) \qquad\qquad \textbf{(20-75)}$$

上式中， κ_{O_3} 爲臭氧之光解離係數。光解離係數爲分子由於吸收光線，而於每秒解離之或然率，即可由下式計算

$$\kappa = \int_0^\infty \phi_{\tilde{v}} I_{\tilde{v}} \sigma_{\tilde{v}} d\tilde{v} \tag{20-76}$$

上式中，$\phi_{\tilde{v}}$ 爲分子由於波數 $\tilde{v}$ 的太陽光線產生解離之量子產率，$I_{\tilde{v}}$ 爲以每單位面積每單位時間，以每波數之量子數目表示的太陽光線之強度，而 $\sigma_{\tilde{v}}$ 爲分子對於波數 $\tilde{v}$ 的太陽光線之**吸收截面積** (absorption cross section)。由此，$I_{\tilde{v}}$ 之 SI 單位爲 $m^{-1}s^{-1}$，而 κ 之 SI 單位爲 s^{-1}。

　　由於大氣中所存在氧的原子之濃度甚低，而可假定於穩定的狀態時，氧的原子之濃度變化的速率爲零。因此，由反應式 (20-71) 至 (20-74) 之反應機制，可寫成

$$\frac{d(O)}{dt} = 2\kappa_{O_2}(O_2) - k_2(O)(O_2)(M) + \kappa_{O_3}(O_3) - k_4(O)(O_3) = 0 \tag{20-77}$$

由式 (20-75) 與上式 (20-77) 相加，可得

$$\frac{d(O_3)}{dt} = 2\kappa_{O_2}(O_2) - 2k_4(O)(O_3) \tag{20-78}$$

由實驗得知，$\kappa_{O_3}(O_3) \gg \kappa_{O_2}(O_2)$ 及 $k_2(O)(O_2)(M) \gg k_4(O)(O_3)$，因此，可忽略式 (20-77) 中之第一及第四項，而可寫成

$$\kappa_{O_3}(O_3) \cong k_2(O)(O_2)(M) \tag{20-79}$$

將上式之關係代入式 (20-78)，可得

$$\frac{d(O_3)}{dt} = 2\kappa_{O_2}(O_2) - \frac{2k_4\kappa_{O_3}(O_3)^2}{k_2(O_2)(M)} \tag{20-80}$$

由此，可得 O_3 之穩定狀態的濃度 $(O_3)_{ss}$，爲

$$(O_3)_{ss} = (O_2)\left[\frac{k_2\kappa_{O_2}(M)}{k_4\kappa_{O_3}}\right]^{1/2} \tag{20-81}$$

因 κ_{O_2} 隨海拔高度的增加而增加，而氧之濃度 (O_2) 隨高度的增加而減小，所以於約 20 km 海拔高度之同溫大氣層中，應有最大的穩定狀態的臭氧之濃度。然而，上式 (20-81) 僅爲大約值，因於許多反應中均含有臭氧，而其中的某些反應，可能會影響環境之某些催化循環反應。

　　於 1960 年代的末期，發現氧化氮對於前述的反應 (20-74)有催化的作用，而可表示爲

$$NO + O_3 \rightarrow NO_2 + O_2 \tag{20-82a}$$
$$\underline{+)\quad NO_2 + O \rightarrow NO + O_2} \tag{20-82b}$$
$$O_3 + O \rightarrow 2O_2 \tag{20-82}$$

　　於 1970 年代的中期，發現氯氟化碳等化合物，對於臭氧層之光解反應，$CFCl_3 + h\nu \rightarrow CFCl_2 + Cl$ 及 $CF_2Cl_2 + h\nu \rightarrow CF_2Cl + Cl$，所生成的氯原子，亦會催化臭氧的分解，其反應可表示爲

$$Cl + O_3 \rightarrow ClO + O_2 \qquad\qquad (20\text{-}83a)$$
$$+)\quad ClO + O \rightarrow Cl + O_2 \qquad\qquad (20\text{-}83b)$$
$$\overline{\rule{0pt}{0pt}\hspace{5cm}}$$
$$O_3 + O \rightarrow 2O_2 \qquad\qquad (20\text{-}83)$$

基於此反應機制之各反應的定量計算，及於南極上空的"**臭氧空洞** (ozone hole)"之發現，而導致國際上對於 $CFCl_3$ 及 CF_2Cl_2 等之生產及使用的控管。如反應式 (20-83) 的一些循環反應，曾引起大家的強烈興趣，並用以計算同溫大氣層中的各種氟氯化碳之壽命。Paul Crutzen, Mario J. Molina，及 F. Sherwood Rowland 等人，曾由於此主題的研究成果，而榮獲 1995 年的諾貝爾化學獎。

20-14　光合成 (Photosynthesis)

　　植物自空氣中所吸收的二氧化碳，及自土壤中吸收的水與養分（肥料），藉日光的照射而合成碳水化合物、脂肪與蛋白質等。例如，CO_2 與 H_2O 由於日光的照射，經**光合成** (photosynthesis) 而轉變成澱粉的葡萄醣部分之初期反應，可表示爲

$$CO_2 + H_2O \xrightarrow[\text{(8 個光子)}]{\text{日光}} (CH_2O) + O_2 \qquad\qquad \textbf{(20-84)}$$

於上式中，(CH_2O) 爲代表六分之一的葡萄醣。此反應於植物的綠細胞之**葉綠體** (chloroplasts of green cells) 內發生，爲包括許多酶觸媒步驟的反應。葉綠體含**葉綠素 a** (chlorophyll a)、葉綠素 b、**胡蘿蔔素** (carotenes)、**電子傳遞體** (electron carriers) 及酶，並有**內部的薄膜** (internal membranes) 以隔離反應物。葉綠素 a 與 b 爲綠色含鎂的複合有機化合物，且含有單鍵與雙鍵交替的網狀結構，而可吸收紅、藍及少量的綠色光，其於可視光的區域有莫耳**吸光指數** (absorbancy index) 大於 $10^5\,L\,mol^{-1}cm^{-1}$ 之強的吸收帶。光合成之第一步驟爲，葉綠素的分子吸收日光，而其所吸收的光子之能量，自葉綠素的分子轉移至另外的分子，並直至所謂**反應中心** (reaction center) 的位置。葉綠素於植物體內的光合成反應中的作用，爲該反應之光增感劑。

　　於光合成的反應中，水被氧化及低莫耳質量的蛋白質 Ferredoxin (Fd) 被還原，而於每吸收八個光子時生成一分子的氧，其反應爲

$$2H_2O + 4Fd^{3+} \xrightarrow{\text{8 個光子}} 4H^+ + O_2 + 4Fd^{2+} \qquad\qquad \textbf{(20-85)}$$

於上式的電子傳遞的反應之同時，三分子的 ADP 會轉變成 ATP。因此，上式 (20-85) 的反應，實際上應寫成

$$4Fd^{3+} + 3ADP^{3-} + 3P^{2-} \xrightarrow{\text{8個光子}} 4Fd^{2+} + 3ATP^{4-} + O_2 + H_2O + H^+ \tag{20-86}$$

一些量的還原 Ferredoxin Fd^{2+} 於下面的 "**暗 (dark) 反應**" (20-87) 中，與 ATP^{4-} 反應，使一莫耳的 CO_2 還原成葡萄糖的部分 (CH_2O)，此反應通常經一連串的步驟進行，而可寫成

$$3ATP^{4-} + 4Fd^{2+} + CO_2 + 2H_2O + H^+ = (CH_2O) + 3ADP^{3-} + 3P^{2-} + 4Fd^{3+} \tag{20-87}$$

由反應 (20-86) 與 (20-87) 相加可得反應 (20-85)。由葉綠體的存在，藉幾個可視光範圍的光子可進行完成，需要 230 nm 波長的紫外光的一光子始能進行的反應。

Calvin 使用半衰期 5568 年的 ^{14}C 為追踪劑，研究植物體內的光合成。植物於吸收含有追踪劑 $^{14}CO_2$ 的二氧化碳，並以 Geiger **計數管** (Geiger counter) 或照相膠片的感光，以追踪植物體內所生成化合物中所含的 ^{14}C。由此實驗發現於沒有日光的照射時，植物亦會吸收 CO_2，而由於日光的照射會加速植物對 CO_2 的吸收速率，且於光合成開始的 30 秒就生成三種脂肪酸，四種胺基酸及若干種的糖磷酸酯。光合成之初期的反應顯示，磷酸鹽於光合成的過程中，扮演甚為重要的角色，並獲知由磷酸與 CO_2 及 H_2O 生成 2-磷酸甘油酸。Calvin 認為，由 2-磷酸甘油酸可生成如圖 20-7 所示的各種化合物。

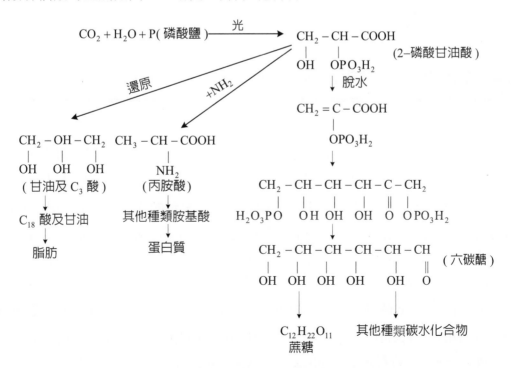

圖 20-7　由 2-磷酸甘油酸生成各種化合物之反應途徑

以前一般認為，植物所放出的氧為其所吸收的 CO_2 中之氧，但由使用追蹤劑 [18]O 的研究結果得知，植物所放出的氧是來自 H_2O 分子中之氧。於植物內由水分子所得的氫，利用所吸收的光之能量，可使二分子的 CO_2 還原成乙醛，且此乙醛可能與磷酸反應生成磷酸乙烯，$CH_2 = CHOPO_3H_2$，而此繼續與 CO_2 及 H_2O 反應，生成 2-磷酸甘油酸，其反應可表示為

$$CH_2 = CHOPO_3H_2 + CO_2 + H_2O \rightarrow \underset{\underset{OH \quad\quad OPO_3H_2}{|\qquad\quad|}}{CH_2 - CH - COOH} \tag{20-88}$$

上式的反應所生成的 2-磷酸甘油酸，於碳水化合物、脂肪或蛋白質之生成過程中，會放出磷酸根，而此於初期反應，可再繼續重覆使用。

例 20-5 設反應 (20-84) 之能量的變化為 $477\ kJ\ mol^{-1}$，太陽的光線供給於地球表面上之波長 400 至 700 nm 的能量，相當於 575 nm 波長所供給之能量。試求由太陽的光線產生光合成之理論最大的能量效率

解 $E = N_A h v = N_A hc / \lambda$

$$= \frac{(6.022 \times 10^{23}\ mol^{-1})(6.626 \times 10^{-34}\ Js)(2.998 \times 10^{8}\ ms^{-1})}{(575 \times 10^{-9}\ m)(10^3\ JkJ^{-1})}$$

$$= 208\ kJmol^{-1}$$

所以由太陽的光線產生光合成之理論效率

$$= \frac{477\ kJ\ mol^{-1}}{(8)(208\ kJ\ mol^{-1})} = 0.29 \qquad \blacktriangleleft$$

20-15 光電化電池 (Photoelectrochemical Cells)

光電化電池為，藉吸收的光能量產生電化學反應的電化電池。氫-氧的燃料電池（參閱 9-18 節）於 25°C 之標準電動勢為 1.229V，於此計算係假定可逆的過程，因此，水於 25°C 電解時需供給之最低電位為 1.229V。實際上由於過電位，水於此可逆電壓不會產生電解。如圖 20-8 所示的光電化電池中，其**陽極** (anode) 吸收光線以供給水之電解所需的能量，而所吸收的光能量之全部或部分，轉變成 $H_2(g) + \frac{1}{2}O_2(g)$ 形式的化學能貯存，或以電能的形式消失，此與所使用的陽極材料之性質有關。以 n-型的半導體 TiO_2 為陽極，於電極間的電位 0.25V下，照射紫外光時水會產生電解。於此光電化電池中 TiO_2 為**光助劑** (photoassistance agent)，而作為光之受體並成為由激勵能轉成化學反應的管道。此電池之**光能量的貯存效率** (optical energy storage efficiency)，可表示為

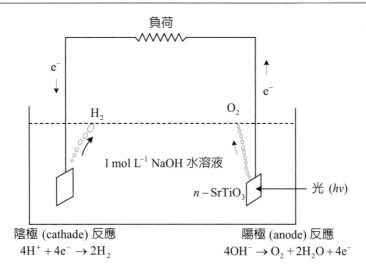

圖 20-8　水電解成 H_2 與 O_2 之光電化電池

$$\text{效率} = \frac{(\text{以 } H_2 \text{ 貯存之能量}) - (\text{由能源供給之能量})}{(\text{吸收光之能量})} \times 100\% \qquad \textbf{(20-89)}$$

使用 TiO_2 的陽電極所得之效率約為百分之幾，而使用 $SrTiO_3$ 的陽極與紫外光時，可得較高的效率，其由光能轉變成化學能量之效率，大於其他的**人造光-化學的轉換機器** (photo-chemical conversion derice)。

　　半導體 CdTe 中的能階，使 CdTe 適合作為可見光之**光助陽極** (photoassistance anode)，但此電極材料需使用穩定的電解液，否則會產生分解。當使用穩定的電解液時，其所吸收的光能量可直接轉變成為電能，而非以 $H_2(g) + \frac{1}{2}O_2(g)$ 的化學能之形式貯存。

1. 某化學反應之激勵能為 $126 \, kJ \, mol^{-1}$，試求此能量所相當的 (a) 波數，(b) 波長，(c) 頻率，及 (d) 電子伏特 (eV)

　　答　(a) $10,500 \, cm^{-1}$，(b) $952 \, nm$，(c) $3.16 \times 10^{14} \, s^{-1}$，(d) $1.31 \, eV$

2. 試求強度 0.1 W 之波長 560 nm 的雷射，於 1 小時內所產生此波長之莫耳光子數

　　答　$1.7 \times 10^{-3} \, mol$

3. 含氫與氯的混合氣體的 $100-cm^3$ 容器，經波長 400 nm 之光線的照射時，其中的氯每秒所吸收的光能量為 $11 \times 10^{-7}\,J$。此混合氣體經此波長的光照射 1 min 時，其中的氯之分壓自 27.3 kPa 降至 20.8 kPa（均為修正至 0°C 時之壓力），試求其量子產率

答 2.6×10^6

4. 氣態的丙酮受波長 313 nm 的單色光之照射時，產生如下式的分解反應

$$(CH_3)_2CO \rightarrow C_2H_6 + CO$$

而丙酮的蒸氣吸收 91.5% 之入射光的能量。於容積 59 cm³ 的反應槽內填充丙酮的蒸氣，並於反應溫度 56.7°C 經波長 313 nm 的單色光照射 7 hr 時，反應槽內之壓力自 102.16 kPa 變為 104.42 kPa。設入射光之能量為 $48.1 \times 10^{-4}\,J\,s^{-1}$，試求其量子產率

答 0.17

5. 含溴與**桂皮酸** (cinnamic acid) 的四氯化碳溶液，受波長 436 nm 的光線照射時，其內的溴與桂皮酸反應生成**二溴桂皮酸** (cinnamic acid dibromide)。設此溶液每單位時間所吸收之平均能量為 $19.2 \times 10^{-4}\,J\,s^{-1}$，而此溶液經波長 436 nm 的光線照射 900 s 時，其中之溴分子的含量減少 3.83×10^{19} 的分子。(a) 試求其量子產率，(b) 此反應是否含鏈鎖的反應？

答 (a) 10.1，(b) 是

6. 氣態的 HI 分子吸收波長 253.7 nm 的光線時，產生光解而生成 $H_2 + I_2$ 之量子產率為 2。設 HI 的分子吸收 300 J 之此波長的光，試求 HI 的分子產生分解之莫耳數

答 $1.27 \times 10^{-3}\,mol$

7. 苯於 25°C 之螢光量子產率為 0.070，其激勵態之壽命為 26 ns，試計算其輻射壽命 τ_0

答 370 ns

8. 含染料的溶液以波長 400 nm 的光線照射時，產生穩定濃度的三重態分子。假設照射的光線完全被吸收，而三重態分子之產率為 0.9，且其三重態分子之壽命為 $20 \times 10^{-6}\,s$。試求保持 $5 \times 10^{-6}\,mol\,L^{-1}$ 的穩定三重態分子之濃度，所需之光的強度，試以瓦特 (W) 的單位表示

答 83 kW

9. 假設草酸鈾醯的光量計，可完全吸收波長 254 至 435 nm 間的全部光線之能量。此光量計含 20 cm³ 之 0.05 mol L⁻¹ 的草酸及 0.01 mol L⁻¹ 的硫酸鈾醯之溶液，而其量子產率 $\phi = 0.57$。此光量計經紫外光照射 2 hr 後，需用 34 cm³ 的過錳酸鉀 (KMnO₄) 溶液滴定其溶液中之草酸，而未經照射的同體積 (20 cm³) 的溶液，需用 40 cm³ 的過錳酸鉀溶液滴定其中之草酸。若上述的波長範圍之平均能量相當於波長 350 nm 之能量，則於此實驗中每秒所吸收之能量爲若干焦耳

     $1.25 \times 10^{-2}\,J$

10. 丙酮於波長 300 nm 的光線照射時產生光解離，$(CH_3)_2 CO = C_2H_6 + CO$，而其量子產率爲 0.2。設所吸收的波長 300-nm 之能量爲 $10^{-2}\,J\,s^{-1}$，試求每秒所生成的 CO 之莫耳數

     $5 \times 10^{-9}\,mol\,s^{-1}$

11. 光氣之光氧化反應，$2COCl_2 + O_2 = 2CO_2 + 2Cl_2$，之反應機制爲

    $$COCl_2 + h\nu \xrightarrow{k_1} COCl + Cl$$
    $$COCl + O_2 \xrightarrow{k_2} CO_2 + ClO$$
    $$COCl_2 + ClO \xrightarrow{k_3} CO_2 + Cl_2 + Cl$$
    $$COCl + Cl_2 \xrightarrow{k_4} COCl_2 + Cl$$
    $$Cl + Cl \xrightarrow{k_5} Cl_2$$

    試導光氣之光氧化反應的速率式

     $\dfrac{d(CO_2)}{dt} = \dfrac{k\,I_0(COCl_2)}{1 + k'(Cl_2)/(O_2)}$，其中 I_0 爲光線強度，$k = 2$，$k' = k_4/k_2$

12. 地球之表面的某地，於中午時所受太陽之照射的強度爲 4.2 J cm⁻² min⁻¹。試計算其所相當之最大**輸出功力** (power output)，試以 Wm⁻² 的單位表示之

     $700\,Wm^{-2}$

13. 反應，$H_2O(l) = H_2(g) + \dfrac{1}{2}O_2(g)$，之莫耳反應 Gibbs 能，$\Delta_r G° = 237.2\,kJ\,mol^{-1}$。試計算水於 25°C 經光的照射時，以**一光子電化程序** (one-photon electrochemical process)，分解成標準狀態的 $H_2(g)$ 與 $\dfrac{1}{2}O_2(g)$ 時之最長的光波長

     504 nm

第二十一章

晶 體 結 構

　　Röentgen 於 1895 年發明 X-射線，由於 X-射線之波長約等於晶體內的原子 (格子)間距離，von Laue 於 1912 年預言，晶體可作為 X-射線的三次元**繞射光柵** (diffraction grating)，而由 X-射線的繞射法，可獲知晶體內之原子、分子或離子等的位置。Friederick 與 Knipping 由實驗的觀察證實，晶體對於 X-射線確會產生預期的繞射。W.L.Bragg 於 1913 年，以單色光替代含多種波長之**多色的輻射線** (poly-chromatic radiation) 進行實驗，而改進 Laue 的實驗，並對 Laue 由實驗所得之散射學說，提供更具物理意義的解釋。Bragg 測定 NaCl, CsCl, 及 ZnS 等許多簡單晶體的結構，而從單晶體的 X-射線繞射法，發展成為獲知固態內的原子排列之最有效的方法。自 1950 年代開始，由於高速電腦的發展，得以處理 X-射線的甚大之數據，因此，X-射線繞射法可用以決定，如蛋白質等複雜化合物之構造。於本章首先介紹晶體之對稱性，其次討論 X-射線繞射及一些晶體之結構。

21-1　結晶的固體 (Crystalline Solid)

　　固體由於其內的分子之相互間的作用力大，而具有一定的體積、形狀及**剛性** (rigidity)，且通常需要較大的能量，才能改變其形狀。固體的物質一般依其形狀，可分類成**結晶形的固體** (crystalline solid) 與**無定形的固體** (amorphous solid) 兩種。前者簡稱為**晶體** (crystals)，而通常具有一定的幾何形狀及一定的熔點，例如，食鹽、金鋼石或**鑽石** (diamond) 及水晶等。後者雖具一定的形狀及硬度，但無一定的幾何形構造與熔點，此類物質可視為一種粘度極大的過冷液體，例如，玻璃或橡膠等，經加熱時會逐漸軟化，且最後會熔解而沒有一定的熔點。再者，無定形的固體物質均具**同方向性** (isotropic)，其於任何方向之**折射率** (refractive index)、電導度及硬度等均各相同，此種現象均與氣體及液體類同。晶體則不然，具**方向異性** (anisotropic)，其折射率、電導度及硬度，均因量測之方向的不同而不同。

　　晶體之方向異性顯示，晶體是由原子、分子、或離子等於三次元的空間，依特定的規律作有秩序的重複排列而成。如圖 21-1 所示，由兩種原子組成的晶

21-1

體，其**剪應力** (shear stress) 因方向的不同而異，於其垂直的方向均含同一種的原子，而於斜的方向含兩種不同的原子，因此，造成於各方向之方向異性的特質。氣體及液體由於其原子或分子，均任意排列而可自由移動，所以於各方向之性質均相同，爲方向同性。

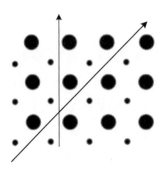

圖 21-1　晶體之方向異性

晶體有時因溫度、壓力等條件的不同，而形成兩種以上的結晶形狀，此種現象稱爲**同質異像**或**多形性** (polymorphism)，如碳元素有金剛石與**石墨** (graphite) 等二種的同素**異性體** (allotropes)。

21-2　格子點與單位晶格 (Lattice Points and Unit Cells)

晶體爲由構成其結構的基礎單位 (basis 或 motif)，於三次元的空間依特定的規律，經重複排列的建構而成。晶體的結構之重複的基礎單位爲原子、分子、或離子，亦可能是特定的一群原子或分子所成的集團。若於每一基礎單位之所在位置各置一點，而這些點稱爲**格子點** (lattice point)，則由這組格子點所形成的該晶體之**空間格子** (space lattice)，簡稱爲**格子** (lattice)，而於二次元的平面之格子，稱爲**平面格子** (plane lattice)。例如，圖 21-2 所示者，爲 8 種不同花樣的壁紙，其中的 (a) 與 (e) 之基礎單位均相同皆爲╲；(b) 與 (f) 之基礎單位均相同皆爲☺；(c) 與 (g) 之基礎單位均相同皆爲✖；(d) 與 (h) 之基礎單位均相同皆爲●。由圖 21-2 之 (a), (b), (c) 及 (d) 可得，圖 21-3(a) 之格子，而由圖 21-2 之 (e), (f), (g) 及 (h) 可得，圖 21-3(b) 之平面格子。

空間格子由許多的格子點所組成，這些格子點表示，晶體中具有相同外在環境之**基礎單位** (basis unit) 所占有的位置。於此須強調空間格子與晶體的結構並不完全相同，空間格子只是該晶體結構的幾何摘要，而於其每一格子點放置相同的基礎單位群，才能顯現該晶體之結構。

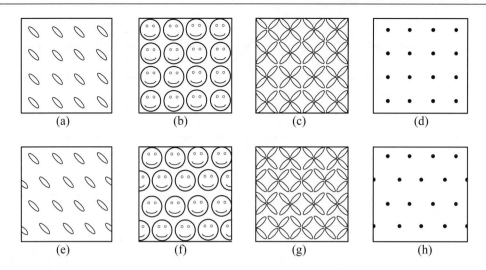

圖 21-2 8 種花樣的壁紙。(a) 與 (e) 之基礎單位皆為�；(b) 與 (f) 之基礎單位皆為☺；(c) 與 (g) 之基礎單位皆為✗；(d) 與 (h) 之基礎單位皆為●

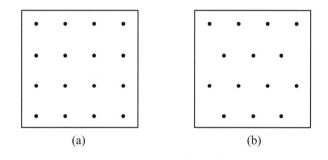

圖 21-3 於圖 21-2 之每一重複單位各置一點時，由圖 21-2(a), (b), (c) 及 (d) 得 -(a) 之格子，而由圖 21-2(e), (f), (g) 及 (h) 得 (b) 之平面格子

　　晶體的空間格子之格子點用直線連接時，可分割成許多相等的平行六面體，此種平行六面體稱為**單位晶格** (unit cell)。將一空間格子分解成單位晶格的方式，可能不只一種，於結晶學通常選擇，於最小的體積中具最大對稱性的單位晶格。此具最大對稱性之要求，因含所選擇的單位晶格，須其邊互相垂直之數目為最多者。單位晶格為可表現該晶體結構之整體對稱性的最小重複單位。於此以二次元的平面格子為例說明，如圖 21-3(a) 所示的平面格子，以直線連接其格子點時，可分割成許多種類之相等的平行四邊形，分別如圖 21-4(a), (b) 及 (c) 所示之三種形式的單位晶格，而選擇其中具最大對稱性者 (c) 為單位晶格。其相鄰的單位晶格必須共有邊及角點；而相鄰的單位晶格必須是**相同的** (identical)單位晶格，即其相鄰的單位晶格之大小、形狀、及方向，須均各相同且固定。

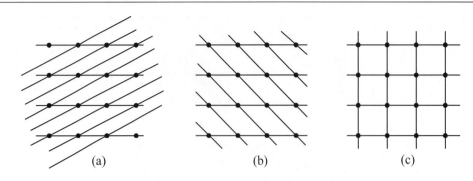

(a)   (b)   (c)

圖 21-4　將圖 21-3(a) 之格子點以直線連接所得的三種形式之單位晶格，其中 (c) 為具最大對稱的單位晶格

　　晶體之表面效應可以忽略時，整個晶體中的每一重複單位之環境皆相同，而均有相同的結構與**空間方位** (spatial orientation)，且其組成與整個晶體之**化學式量的組成** (stoichiometric composition) 相同。例如，NaCl 的晶體之基礎單位為，由一 Na^+ 與一 Cl^- 的離子所組成，如圖 21-5 所示。Cu 的晶體之基礎單位為，由單一 Cu 的原子所組成，如圖 21-6 所示。Zn 的晶體之基礎單位為，由二 Zn 的原子所組成，如圖 21-7 所示。乾冰的晶體之基礎單位為，由四個空間指向均不同的四 CO_2 分子所組成，如圖 21-8 所示。金剛石的晶體之基礎單位由二 C 原子所組成，其中的每一 C 的原子皆被該 C 原子為中心的四面體之四頂點的 C 原子所環繞，但是組成基礎單位中之一 C 原子，與其周圍的四 C 原子所形成的共價鍵，於空間之指向與另一 C 原子與其周圍的四 C 原子所形成的共價鍵之指向不同，如圖 21-9 所示。

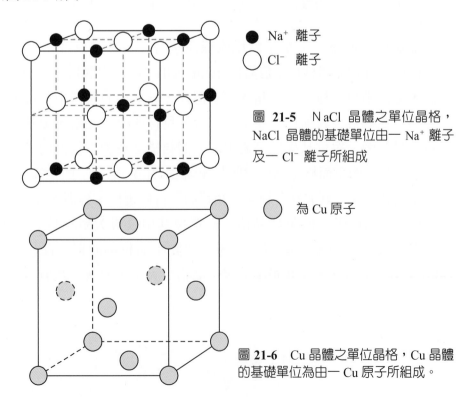

● Na^+ 離子
○ Cl^- 離子

圖 21-5　NaCl 晶體之單位晶格，NaCl 晶體的基礎單位由一 Na^+ 離子及一 Cl^- 離子所組成

為 Cu 原子

圖 21-6　Cu 晶體之單位晶格，Cu 晶體的基礎單位為由一 Cu 原子所組成。

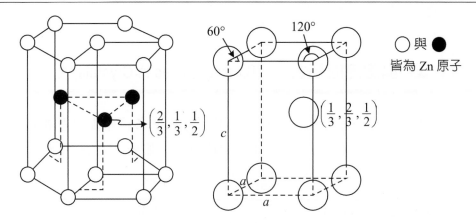

圖 21-7　Zn 晶體之單位晶格，Zn 晶體的基礎單位為由二 Zn 原子所組成（左圖自 Ira N.Levine, *Physical Chemistry*, 5th ed. McGraw-Hill (2002). 右圖自 Anthony R.West, *Basic Solid Chemistry*, 2nd ed. John Wiley & Sons (1999)）

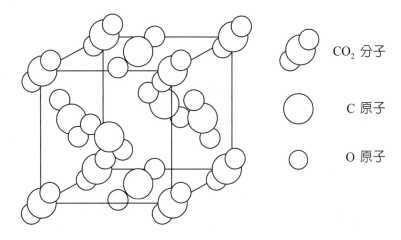

圖 21-8　CO_2 晶體之單位晶格，CO_2 晶體的基礎單位為由四個空間指向均不相同的 CO_2 分子所組成（自 N.Levine, *Physical Chemistry*, 5th ed. McGraw-Hill (2002)）

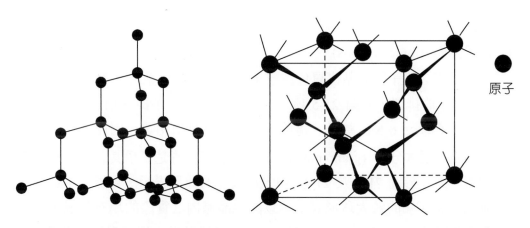

圖 21-9　金剛石晶體之單位晶格，金剛石晶體的基礎單位為由二 C 原子所組成，此二 C 原子中之一 C 原子與其周圍的四 C 原子所形成的共價鍵，於空間之指向與另一 C 原子的四共價鍵的指向不同

21-3　晶體內的結合力 (Binding Forces in Crystals)

晶體之電導度、硬度等物理性質，由於晶體內的各格子點之互相結合力的不同而異。晶體按其結合力的不同，可分類成五類，如表 21-1 所示。

表 21-1　由結合力之結晶體的分類

晶　體	格子點之基礎單位粒子	粒子間之結合力	實　例	結合能量* kJ mol⁻¹	特　性
離子晶體	離子	離子鍵	NaCl LiF	753 1004	由於離子之移動，於室溫之電導度小，於高溫之電導度較大，其物性脆且硬，熔點高，熱傳導性差
共價網狀晶體	原子	共價鍵	金剛石 硼	約 711 481	硬度大，熔點非常高，純質之電導度小
金屬晶體	金屬原子或離子	金屬鍵	Na Fe	109 40	電導度大，熱傳導性良好，具延展性
分子晶體	分子	弱的偶極子間引力或 van der Waals 力	A CH_4 及大多數有機化合物	7.53 10.04	硬度小，熔點低，壓縮性大，熱傳導性及電導性均差
氫鍵結合晶體	分子	氫鍵	冰 HF	50.2 29.3	非常軟，熔點低

* 一莫耳的結晶體分離成原子、分子或離子所需之能量

表 21-1 為依據單位粒子間之結合力的不同，將晶體分類成五種不同的類型，實際上有些結晶介於其中之二類型的中間。對各種類型的晶體，分別簡要說明如下：

1. **離子晶體** (ionic crystals)

此種晶體之格子點的基礎單位為離子。例如，氯化鈉的晶體之 Na⁺ 離子與 Cl⁻ 離子的排列，如圖 21-5 所示，其一 Na⁺ 離子鄰接 6 Cl⁻ 離子，同樣一 Cl⁻ 離子鄰接 6 Na⁺ 離子，這些離子間的距離均相等，因此，整個結晶體可視為一**巨大分子** (giant molecule)。為了容易清楚表示其各離子間的相關位置，離子於圖 21-5 及 21-10 中，用較小的球形表示，實際上，這些離子應以互相接觸的較大球形表示，以顯現晶體內之實際的填充狀況，及其**原子填充因子** (atomic packing factor)。這些球形之半徑稱為**離子半徑** (ionic radius)，而由於其陰離子與陽離子間之靜電吸引力，構成離子鍵。

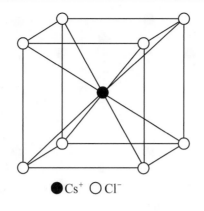

●Cs⁺ ○Cl⁻

圖 **21-10** CsCl 離子晶體

如圖 21-7 所示，結晶 CsCl 亦爲離子晶體，其中的 Cs^+ 與 Cl^- 離子之周圍，均各鄰接 8 個帶異種電荷的離子，即於 CsCl 結晶體中，其 Cs^+ 與 Cl^- 的離子之配位數 (coordination number) 均各等於 8，而 NaCl 結晶中的 Na^+ 與 Cl^- 離子之配位數均爲 6。雖然此二種晶體同樣爲鹼金屬氯化物，但由於其陽離子半徑 r_c 與陰離子半徑 r_a 的比之不同，而產生此種配位數的差異。離子間之 Caulomb 的作用力，本來沒有方向性，但由於異種電荷離子間的吸引力，及同種電荷離子間的排斥力，而形成此種安定性的配置。此種離子格子點的晶格，稱爲**離子格子** (ionic lattice)。

2. **共價結合的晶體** (covalent crystals)

此種晶體之基礎單位的粒子爲原子，而其相鄰的基礎單位的粒子，以共價結合形成結晶體。於離子結合時，其相鄰接離子之中間部分的電子密度較小，而共價結合時，其共價鍵共用的電子，侷限於形成共價鍵之相鄰二原子間，因此，其電子密度稍大而具方向性。例如，金剛石形成如圖 21-9 所示型式的單位晶格，以任一碳原子爲中心，其周圍有四個碳的原子，而形成正四面體的四頂點，且該碳原子位於此正四面體的重心位置。各碳原子以同樣的方式與其鄰接的原子結合，而形成三次元的巨大網狀結構，因此，其結晶的整體可視爲一巨大的碳分子。

實際上，許多晶體之單位粒子間的結合，均介於純離子鍵與共價鍵之間，即具有部分的離子鍵及部分的共價鍵之性質。實在的結晶如 AgF, AgCl 及 AgBr 等之結晶格子，均與 NaCl 的結晶相同，但 Ag^+ 離子產生之分極，隨著其對應的陰離子的增大而增強，因此，陰離子之陰電荷隨著陰離子的增大移向 Ag^+ 離子，而形成近於共價的結合。由分光學的研究得知，碘化銀的結晶之結合並非離子結合，而是由原子所形成的原子間結合，碘化銀的結晶與上述的其他鹵化銀不同，而形成如圖 21-11 所示的硫化鋅型的結晶格子。各種鹵化銀於水中之溶解度，以 AgF, AgCl, AgBr 至 AgI 的順序逐次減少，而共價鍵的性質以 AgF, AgCl, AgBr 至 AgI 的順序逐次增加。

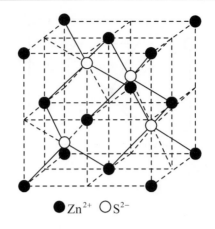

Zn^{2+} ○S^{2-}

圖 **21-11** 硫化鋅結晶體的
晶格

3. **金屬晶體** (metal crystals)

金屬一般具有良好的電導度性，例如，去除價電子的鹼金屬陽離子，通常
形成規則的配列，而價電子於這些金屬陽離子間自由移動。這些自由移動
的電子稱為**自由電子** (free electron)，而金屬陽離子由於這些自由電子之移
動，而互相結合。此種金屬陽離子與自由電子間的 Coulomb 靜電引力，稱
為金屬鍵。

前述的金剛石為一碳原子鄰接四碳原子，而對此鄰接的四碳原子，各提供
一共價鍵。然而，鹼金屬為體心立方體的結構，一原子對其鄰接的八個原
子，僅提供一價電子形成結合。一般認為如鐵的過渡元素金屬，有共價結
合型的作用力，而具較大的結合能。例如，鎢之內層電子殼的電子亦參與
結合，因此，其結合的能量較大，約為 879 kJ mol^{-1}。

金屬之**延展性** (ductility) 除受此種型式之結合力的影響之外，與其結晶格
子之類型亦有關。例如，Cu, Ag, Ni 等之晶型均為最密的面心立方體，較其
他的結晶格子型之 Cr 與 W 等，容易延展。金屬之變形加工時，金屬內的
原子排列密度最大之格子面間會產生滑動，例如，立方最密結構之**滑動面**
(slip plane) 為 (111) 的平面。由於立方最密的結晶體，較其他的結晶格
子型者有較多的滑動面，由此，此種結晶於加工時，可於其結晶內之各種
方向產生滑動，此為其具有延展性的理由之一。

4. **分子晶體** (molecular crystals)

不活性的氣體或化學上飽和的分子，於溫度降至甚低時，由於其 van der
Waals 力而結合形成結晶，此種結晶稱為分子結晶。因分子結晶之基礎單位
間的結合力，為較弱的分子間吸引力，故其熔解成為液體時之熔點，較低而
其沸點亦較低。

5. **氫鍵結合的晶體** (hydrogenbonded crystals)

冰的結晶屬於此種氫鍵結合的晶體，為分子的結晶體。冰之構造與如圖 21-12 所示的鱗石英或**鱗矽石** (tridymite) 的構造，此圖中之 Si 原子以 O 的原子替代，及 O 原子以 H 的原子替代，則可得冰之構造。然而，冰之 H 原子並非位於 O 的原子間之正中央的位置，而偏向其中的一 O 的原子，且其一 O 的原子被其鄰近的四 O 的原子包圍，而形成正四面體，氧的原子間之距離為 2.76 Å，而各氧原子與氫原子互相結合。氫原子之位置離其一氧的原子 0.95 Å，而離另一氧的原子 1.81 Å。

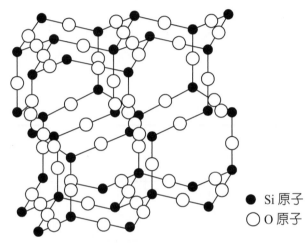

● Si 原子
○ O 原子

圖 21-12　β 鱗矽石之構造

21-4　對稱元素與對稱操作
(Symmetry Elements and Symmetry Operations)

結晶體的外形大多具有幾何學的對稱性，若一分子或結構經一**對稱操作** (symmetry operation) 後，與其原形完全相同，則該分子或結構擁有該**對稱元素** (symmetry element)。對稱元素之標示，有**結晶學** (crystallography) 常用之 Hermann-Mauguin 系統及**光譜學** (spectroscopy) 常用之 Schönflies 系統的二種，此二種系統之對稱元素的符號，如表 21-2 所示。此二系統的建構皆非常完整，研究結晶的學者常使用**空間對稱元素** (space symmetry elements)，而光譜學者則不使用此種對稱元素。由於研究光譜學者比結晶學者，較多機會使用點對稱元素 (point symmetry elements)。因此，通常此二大系統均並行使用。

表 21-2　Hermann-Mauguin 系統與 Schönflies 系統之各種對稱元素及其符號

	對稱元素	Hermann-Mauguin 符號（結晶學）	Schönflies 符號（光譜學）
點對稱元素	鏡面或對稱面	m	$\sigma_v, \sigma_h, \sigma_d$
	轉動軸	$n = 2, 3, 4, 6$	C_n (C_2, C_3, 等等)
	旋轉反轉軸	$\bar{n}$ ($= 1, 2$, 等等)	－
	不適當的旋轉（旋轉-映射）軸	－	S_n (S_1, S_2, 等等)
	對稱中心或反轉中心	$\bar{1}$	i
空間對稱元素	螺旋軸	$2_1, 3_1$ 等等	－
	滑移面	a, b, c, d, n	－

　　結晶之對稱性雖有許多型式，但均由如對稱中心、對稱面、對稱軸等的對稱元素之組合而成。常用以描述分子之對稱的七種對稱元素，及其操作之定義，如表 21-3 所示。

表 21-3　對稱元素與其操作

對稱元素與其操作之符號	對稱元素	操作
i	對稱中心 (center of symmetry) 或反轉中心 (inversion center)	由對稱中心的某一側投射至另一側的相等距離，即以結晶內之某一點為原點，其 (x, y, z) 有對應之 $(-x, -y, -z)$
C_n	對稱軸 (symmetry axis) 或適當轉動軸 (proper rotation axis)	分子或結構沿 C_n 軸反時鐘方向轉動 $2\pi/n$（或 $360°/n$）時，可得完全相等的分子或結構，稱此分子或結構具該對稱元素之 n 重轉動軸 (n-fold rotation axis)
σ_h	垂直於主 C_n 軸（最高對稱之適當軸）的水平對稱平面 (horizontal symmetry plane)	經由對稱平面（鏡面）的映射可得完全相同的分子或結構
σ_v	含主 C_n 軸的垂直對稱面 (vertical symmetry plane)	經由對稱平面的映射可得完全相同的分子或結構
σ_d	含主 C_n 軸的對角對稱斜面 (diagonal symmetry plane)，此平面將二水平 C_2 軸所成的角平分，而垂直於最高對稱的主 C_n 軸	經由對稱平面的映射可得完全相同的分子或結構
S_n	不適當轉動軸 (improper rotation axis) 亦稱為轉動-反射軸 (rotation-reflection axis)	沿 S_n 軸反時鐘方向轉動 $2\pi/n$，隨後對垂直於軸之平面反射，即隨 C_n 軸轉動後沿 σ_h 鏡面的組合操作，可得完全相同的分子或結構。例如乙烷分子有 S_6 軸，CH_4 分子有三 S_4 軸
E	同一對稱元素 (identity element)	系統經操作不會改變

　　若晶體於經對稱操作時，其中有一點沒有移動，則該點爲點對稱元素。若一分子或結構之兩半經由一鏡面的映射，可得與原來的位向完全相等不可區分之分子或結構，則稱此分子或結構擁有**鏡面** (mirror plane) 對稱元素 m。例如，CH_4 的分子中有 6 個對稱鏡面，其中之一鏡面如圖 21-13 所示，包含氫原子 H_1 與 H_2 及 C 原子垂直於紙面，而平分由二氫原子 H_3 及 H_4 與 C 的原子所成的角，$\angle H_3 - C - H_4$；且 C 的原子及 H_1 與 H_2 的氫原子均於此鏡面上，而不受**映射** (reflection) 操作的影響，而 H_3 與 H_4 的氫原子於此映射操作中，互相交換其位置。其餘的 5 對稱鏡面分別爲，包含 H_1 與 H_3 及 C；H_1 與 H_4 及 C，H_2 與 H_3 及 C，H_2 與 H_4 及 C，H_3 與 H_4 及 C 等原子的 5 平面。如圖 21-14 所示，SiO_2 的晶體之 SiO_4 四面體的結構中，亦有如上述同樣的 6 對稱鏡面。

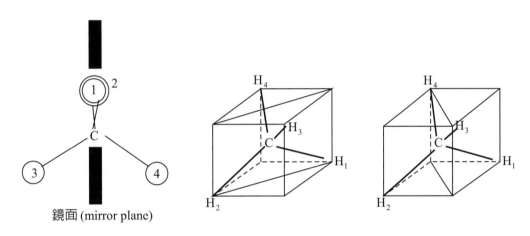

圖 21-13　CH_4 的分子中之對稱鏡面，其中有 6 對稱鏡面

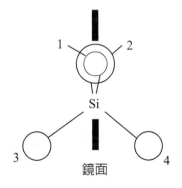

圖 21-14　SiO_2 晶體之 SiO_4 四面體的結構中，有 6 個對稱鏡面

(自 Anthony R.West, *Basic Solid Chemistry*, 2nd ed., John Wiley & Sons (1999).Fig. 1.5(a))

　　若某分子或結構以一轉動軸每轉動 360°/n 時，會產生一位向完全相等的分子或結構，則稱此分子或結構擁有 n 重轉動軸 (n-fold rotation axis) 的對稱元素，而此對稱操作重複 n 次後，可得其原來的組態。例如，CH_4 的分子沿其中的一 C－H 鍵轉動軸每轉動 120° 時，可發現分子中的各原子之位置，與其原來

者不可區分,如圖 21-15(a) 所示,因此,CH_4 的分子擁有 4 三重轉動軸 C_3 之對稱元素。此外,CH_4 的分子也擁有二重轉動軸 C_2 之對稱元素,此為通過 CH_4 分子中的 C 原子,而平分角 $\angle H-C-H$ 的轉動軸,如圖 21-15(b) 所示,以二重轉動軸各轉動 $180°$ 時,可發現分子中的各原子之位置,與其原來的位置相同,由此,CH_4 的分子有 3 二重轉動軸 C_2。

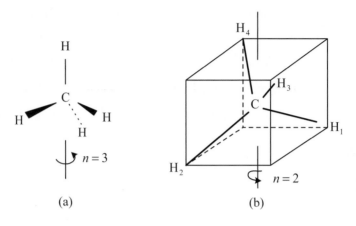

(a)　　　　(b)

圖 21-15　CH_4 的分子擁有 (a) 三重轉動軸 C_3,$n=3$,及 (b) 二重轉動軸 C_2,$n=2$ 之對稱元素

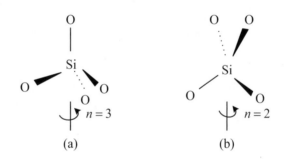

(a)　　　　(b)

圖 21-16　SiO_2 的晶體之 SiO_4 的四面體結構中,有 (a) 三重轉動軸 $n=3$,及 (b) 二重轉動軸 $n=2$ 之對稱元素 (自 Anthony R.West, *Basic Solid Chemistry*, 2nd ed., John Wiley & Sons (1999).Fig. 1.5(c).)

於 SiO_2 的晶體之 SiO_4 的四面體結構中,沿 Si–O 鍵之轉動軸每轉動 $120°$ 時,可發現此結構中的各原子之位置,與其原來的位置相同,如圖 21-16(a) 所示,因此,SiO_2 有三重旋轉軸 $C_3(n=3)$ 的對稱元素,而其 SiO_4 的四面體結構之每一 Si–O 鍵,有同樣的三重轉動軸,因此,擁有 4 三重轉動軸。SiO_2 的晶體之 SiO_4 的四面體結構中也有如圖 21-16(b) 所示的二重轉動軸。

　　晶體可擁有 $n=1,2,3,4$，及 6 的轉動對稱軸 C_1,C_2,C_3,C_4 及 C_6，但從來沒有被觀察發現，具有 $n=5$ 或 7 的轉動對稱性之晶體。此並非表示，分子沒有五重轉動對稱軸的結晶狀態，而是其結晶整體，無法表現出五重轉動對稱性。由圖 21-17(a) 可看出，無法以等邊五角形堆排出一完整的平面層，因此，個別的等邊五角形雖擁有五重對稱性，但由等邊五角形的規則排列，卻不具有五重轉動對稱性，而如圖 21-17(b) 所示，具六重轉動軸的等邊六角形，可堆排成完整的平面層，因此，個別的等邊六角形及由其規則排列出的整體結果，均具有六重轉動對稱性。

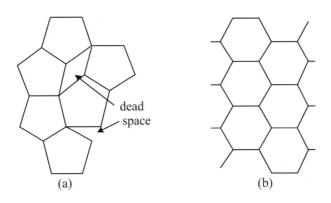

圖 21-17　(a) 由五角形無法組合形成一完整的平面層；(b) 由六角形可形成完整的平面層（自 Anthony R.West, *Basic Solid Chemistry*, 2nd ed., John Wiley & Sons (1999). Fig. 1.4(c)(d).）

　　對稱中心 (center of symmetry) 或**反轉中心** (center of inversion) 是一個點。若某一分子或結構之所有各點，與對稱中心之連線延長至等距離的另一端的各點，可得與其原來不可區分的位向完全相等的分子或結構；也即將某一分子或結構之任一部分，經一對稱中心的映射，可於另一邊發現完全對等的環境時，稱此分子或結構擁有對稱中心或反轉中心的對稱元素。例如，**交叉型的乙烷分子** (staggered conformation of ethane molecule) 擁有一對稱中心，但此對稱中心不是乙烷分子中的任一原子，而是其二碳原子之連線的中心點，如圖 21-18(a) 所示。Al_2O_3 的晶體之 AlO_6 的八面體結構擁有一對稱中心，而此對稱中心為 Al 的原子，如圖 21-18(b) 所示。若從其任一氧的原子畫一直線至對稱中心 Al 的原子，並延伸至 Al 原子之另一邊的等距離處，則可發現一氧的原子。然而 SiO_2 的晶體的 SiO_4 的四面體結構，沒有如上述的對稱中心。

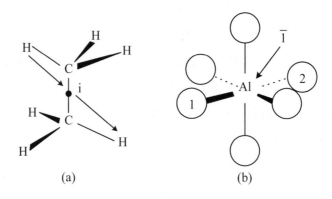

(a)   (b)

圖 21-18 (a) 交叉型的乙烷分子有一對稱中心；(b) Al_2O_3 的晶體之 AlO_6 的八面體結構中有一對稱中心，而此對稱中心為 Al 的原子（自 Anthony R. West, *Basic Solid Chemistry*, 2nd ed., John Wiley & Sons (1999). Fig. 1.5(b).)

21-5 晶體中的轉動對稱 (Rotational Symmetry in Crystals)

晶體**格子** (lattice) 可有不同型式之**轉動對稱** (rotational symmetry)，換言之，格子經轉動 $360°/n$ 的角度時，可將其格子帶至同等的位置。於晶體中僅可能有一、二、三、四與**六重** (six-fold) 的轉動對稱軸，然而，單一的分子可能有 1 至無限重的轉動軸。此可用圖 21-19 證明，於此圖中所示之格子有 n 重對稱轉動軸，而其**格子點** (lattice point) A_1, A_2, A_3 與 A_4 各相隔距離 a。由於假定對稱，格子圍繞任一格子點轉動角度 $\alpha = 2\pi/n$ 時，可得與原來的格子不能區別的相同格子。因此，圍繞 A_3 順時鐘的方向轉動角度 α，與圍繞 A_2 順時鐘的方向轉動角度 α 時，須於 B_1 與 B_2 有格子點。由於線 B_1B_2 與 A_1A_4 平行，且 B_1 與 B_2 之相隔距離須為 a 之整數倍，而以 ka 表示，其中的 k 為整數。由此可得

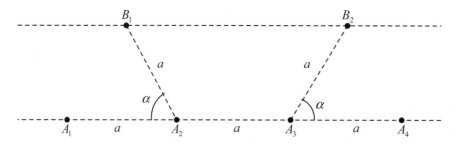

圖 21-19 晶體中的 n 重對稱旋轉軸之限制

$$a + 2a\cos\alpha = ka \qquad \cos\alpha = \frac{N}{2} \tag{21-1}$$

上式中，$N = k - 1$，而僅 α 之角度爲 $0°, 60°, 90°, 120°, 180,$ 及 $360°$ 時，可滿足上式 (21-1)，此表示格子僅可能有一、二、三、四或六重的轉動對稱。這些轉動軸於**點－群對稱** (point-group symmetry) 分別用，C_1, C_2, C_3, C_4，與 C_6 表示，但**結晶學者** (crystallographers) 常使用 Hermann-Mauguin 系統或國際慣用的符號，而這些轉動軸於此系統，用 1, 2, 3, 4, 與 6 的數字表示。

於討論**不適當的轉動** (improper rotation) 時，常使用**旋轉映射** (rotary reflection)，但光譜學者常使用的 Schönflies 系統中，n **重不適當的轉動軸** (n-fold improper rotation axis) ，或稱爲 n **重旋轉-映射軸** (n-fold alternating axis) S_n 的對稱操作，爲結合 n 重轉動及垂直於該轉動軸的平面之映射(reflection)的操作，即先繞此軸轉動 $\frac{360°}{n}$，然後垂直該轉動平面**映射** (reflection)。例如，交叉型的乙烷分子具有 S_6 的旋轉-映射軸，如圖 21-20 所示，CH_4 的分子擁有 3 四重不適當的轉動軸 S_4，其中之一如圖 21-21 所示。CH_4 的分子首先對 S_4 的軸轉動 $\frac{360°}{4} = 90°$，此時氫原子 H_2 旋轉至 2′ 的位置，接著經由垂直於該旋轉軸，且通過 C 原子之平面的**映射** (reflection)，將 2′ 轉移至位置 3；同理，於此 S_4 的轉動-映射軸的對稱操作中，氫原子 1 轉移至位置 4，氫原子 3 轉移至位置 1，及氫原子 4 轉移至位置 2，因此，可得一與原來的結構位向完全相同的不可區分之結構。

結晶學者所採用的 Hermann-Mauguin 系統中之**旋轉反轉軸** (rotary inversion axis) $\bar{n}$ 的對稱操作，是結合 n 重旋轉軸及對稱中心的操作，即先經 n 重旋轉軸旋轉 $\frac{360°}{n}$，再經中心點之**反轉** (inversion) 的操作。若某一結構經此旋轉反轉軸對稱的操作後，可得與原來的結構位向完全相同的不可區分之結構，則稱此結構具 n 重旋轉反轉軸之對稱元素，而用 $\bar{n}$（ 如 $\bar{1}, \bar{2}, \bar{3}, \bar{4}$ 與 $\bar{6}$）的符號表示。於 SiO_2 晶體的 SiO_4 的四面體結構中，有四重旋轉反轉軸 $\bar{4}$，如圖 21-22 所示，首先沿著 $\bar{4}$ 的軸旋轉 $\frac{360°}{4} = 90°$，將氧原子 2 旋轉至 2′ 的位置，再經由中心 Si 的原子反轉操作，將 2′ 轉移至位置 3；同理，於此 $\bar{4}$ 的旋轉反轉軸的對稱操作中，氧原子 1 轉移至位置 4，氧原子 4 轉移至位置 2，氧原子 3 轉移至位置 1，因此，可得到一與原來的結構位向完全相同的不可區分的結構。此 SiO_4 的四面體結構擁有 3 四重反轉軸。

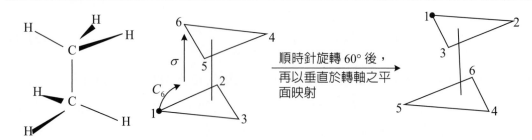

圖 21-20　交叉型的乙烷分子擁有六重不適當轉動軸 S_6

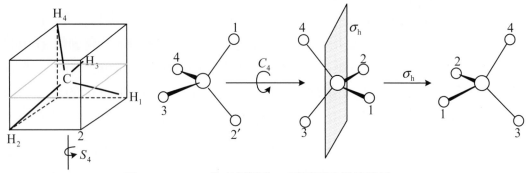

圖 21-21　CH_4 的分子擁有 3 四重不適當轉動軸 S_4

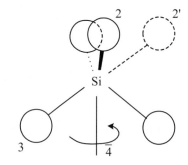

圖 21-22　SiO_2 的晶體之 SiO_4 的四面體結構中之四重反轉對稱軸 $\bar{4}$（自 Anthony R.West, *Basic Solid Chemistry*, 2nd ed., John Wiley & Sons (1999). Fig. 1.5(c))

　　單一重反轉軸 (one-fold inversion axis) $\bar{1}$，相當於一**反轉** (inversion) 的對稱中心 i；**二重反轉軸** (two-fold inversion axis) $\bar{2}$，相當於垂直此軸的**鏡面** (mirror plane)，三重反轉軸 $\bar{3}$ 相當於，**三重旋轉** (threefold rotation) 與**反轉** (inversion) 的和，六重反轉軸 $\bar{6}$ 相當於，三重軸與一鏡面。於此須注意經由**轉動-反轉** (rotary-inversion) 的操作，可使一物體轉變成**鏡虛像** (mirror image)。於 Herman-Mauguin 系統，鏡面用 m 表示，而垂直於 n **重軸** (n-fold axis) 之鏡面表示為 n/m。

大小有限的分子只能擁有對稱元素，而晶體除有點對稱元素之外，可擁有空間對稱元素。於空間的對稱操作中，**平行的轉移步驟** (transition steps)為其對稱操作的一部分；其對稱元素包括**螺旋軸** (screw axis) 與**滑移面** (glide plane) 等。於此省略，對空間的對稱作進一步的討論。

21-6 晶體系與晶體格子 (Crystal Systems and Crystal Lattice)

分子或離子之飽和溶液經冷卻而析出一定形狀的結晶時，如果分子或離子偏向**析積** (deposit)於某一結晶面，則該結晶面會快速的擴大成長，因此，分子或離子之最容易析積的結晶面之面積最大，且由於析積速率的變化有時會改變所生成晶體的形狀。例如，自氯化鈉的水溶液所生成之氯化鈉的晶體為立方體，然而，自含 15% 的尿素之氯化鈉水溶液所生成之氯化鈉的結晶，形成八面體的晶體。由於尿素較易析積並形成八面體，而氯化鈉的析積比尿素較為緩慢，所以晶體形成八面體。

有些晶體的生成如**樹木狀的生長** (dendritic growth) ，而生成外觀美麗的結晶。例如，雪花為冰之各種形狀的六角對稱晶體，由於六角之尖端處較易發散熱量，所以冰的晶體較易於六角之尖端處析積生長。

晶體之結晶面，可用三次元空間之 $x, y,$ 及 z 的三軸表示，通常選擇結晶體之主要結晶面之相交的線為軸。主要的結晶面與這些軸 $x, y,$ 及 z 相交之長度，即為其空間格子之單位晶格的邊長，分別用 $a, b,$ 及 c 表示，而各晶格的邊長 $a, b,$ 及 c 間之夾角，分別用 $\alpha, \beta,$ 及 γ 表示，其中的 α 為邊長 b 與 c 間之夾角，β 為邊長 a 與 c 間之夾角，γ 為邊長 a 與 b 間之夾角。單位晶格之 $a, b, c, \alpha, \beta,$ 及 γ 為，晶體之所謂**晶格參數** (lattice parameters)，如圖 21-23 所示。實際上，晶體之單位晶格的大小與形狀，由於單位向量 $a, b,$ 及 c 之選擇方式的不同而異。於二次元的平面之單位晶格，形成平行四邊形，如圖 21-24 所示，為於平面上的格子點之三種單位晶格的選擇方式。

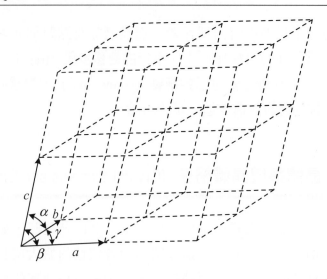

圖 21-23　空間格子之單位晶格的邊長 a, b 及 c，與其各邊間的夾角 α, β 及 γ

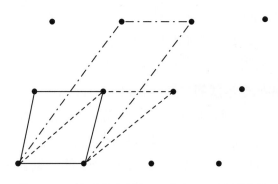

圖 21-24　於平面上的格子點之三種單位晶格

　　理論上，特定的三單位向量 a, b, c 的格子之選擇的方式數為無限，通常依據晶體之對稱性，選定最適當的單位向量。結晶由其晶體之形態可分成，**三斜** (triclinic) 晶系，**單斜** (monoclinic) 晶系，**斜方** (orthorhombic) 晶系，**長方** (tetragonal) 晶系，**菱形** (rhombohedral) 晶系或稱**三角** (trigonal) 晶系，**六方** (hexagonal) 晶系，及**立方** (cubic) 晶系等七大**晶系** (crystal system)。此七大晶系的最初，雖然依其對稱元素分類，但後來依單位晶格之邊長，及其各邊間的夾角之關係定義。各結晶系之單位晶格的幾何形狀（單位晶格之軸及夾角），及其最低的對稱性，列於表 21-4。

表 21-4 七大晶系之幾何形狀及其所需之最低對稱性

結晶系	單位晶格之軸與夾角	需要的最低對稱元素	Bravais 格子 (lattice) 的類型*	實 例
立方晶系 (cubic)	$a=b=c$ $\alpha=\beta=\gamma=90°$	4 三重旋轉軸 C_3	P, I, F	金，銀，氟化鈣，NaCl，金剛石，硫化鋅
長方晶系 (tatragonal)	$a=b\neq c$ $\alpha=\beta=\gamma=90°$	1 四重旋轉軸 C_4	P, I	SnO_2（錫石）鎢酸鉛
斜方晶系 (orthorhombic)	$a\neq b\neq c$ $\alpha=\beta=\gamma=90°$	3 互相垂直的二重旋轉軸 C_2 或鏡面	P, C, I, F	斜方晶硫，硝酸鉀，硫酸鋇，硫酸鉀
單斜晶系 (monoclinic)	$a\neq b\neq c$ $\alpha=\gamma=90°$ $\beta\neq90°$	1 二重旋轉軸 C_2 或沿 b 方向之鏡面	P, C	硫，石膏 $Na_2B_4O_7 \cdot 10\,H_2O$（硼砂）
六方晶系 (hexagonal)	$a=b\neq c$ $\alpha=\beta=90°$ $\gamma=120°$	1 六重旋轉軸 C_6	P	鋅，鎘，鎂，石英，辰砂
三角晶系 (trigonal)	（菱形晶體）$a=b=c$ $\alpha=\beta=\gamma\neq90°$	1 三重旋轉軸 C_3 沿菱形面體之對角線方向	R	砷，銻，鉍，方解石菱苦土礦，硝酸鈉
或菱形晶系 (rhombohedral)	（六方晶體）$a=b\neq c$ $\alpha=\beta=90°$ $\gamma=120°$			
三斜晶系 (trichinic)	$a\neq b\neq c$ $\alpha\neq\beta\neq\gamma\neq90°$	無	P	$CuSO_4 \cdot 5\,H_2O$，H_3BO_3 重鉻酸鉀

* P 表示原始或簡單 (primitive) 格子，I 表示體心 (body centered) 格子，F 表示面心 (face centered) 格子，R 表示菱形面體 (rhombohedral)，C 表示 C 頂心的格子 (C-centered lattice)，為由邊長 a 與 b 所成的二相對面之中心的位置，各有一格子點。

單位晶格的幾何形狀，係該單位晶格所具有之對稱元素的結果，而非由於其幾何形狀的分類之單位晶格。例如，立方單位晶格有 4 三重對稱軸，而這些三重對稱軸與立方體之對角線平行；由於此 4 三重對稱軸為立方晶系之對稱要素，因此，立方單位晶格之條件為，$a=b=c$ 及 $\alpha=\beta=\gamma=90°$。於表 21-4 列出各結晶系之對稱要素。對於大部分的結晶系，除了表 21-4 所列之對稱要素外，另外有其他的對稱元素。例如，立方晶體除有 4 三重旋轉對稱軸以外，還有其他的對稱元素如圖 21-25 所示，包括穿過立方體相對的二面之中心的 3 四重旋轉軸，及 3 二重旋轉軸，穿過立方體的相對二邊中心點的 6 二重轉動軸，切過立方體的相對二面中間的 3 鏡面，切過立方體的相對二邊的 6 鏡面，穿過立方體的相對二面中心的 3 四重反轉軸，及 3 二重反轉軸，穿過立方體之對角的 4 三重反轉軸，穿過立方體的相對二邊之中心點的 6 二重反轉軸，及對稱中心。

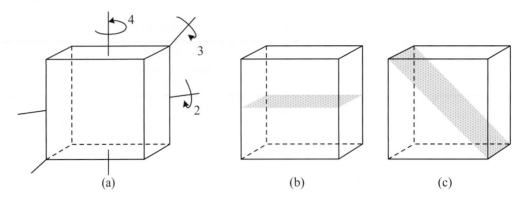

圖 21-25　一立方體之二重、三重、四重軸 (a) ，及鏡面 (b) 與 (c)
自 Anthony R.West, *Basic Solid Chemistry*, 2nd ed., John Wiley & Sons (1999).

　　長方晶系有 1 四重旋轉軸，此可視爲一立方體沿其中的一主軸擠壓，或拉長後所得的結果，因此，失去立方體所有的三重旋轉軸，及其中的 2 四重旋轉軸。如圖 21-26 所示，CaC_2 爲長方晶系之一例，CaC_2 的晶體結構類似 NaCl 的晶體結構，但是其 C_2^{2-} 的**離子** (carbide ion) 爲雪茄狀而非球形，因此，其單位晶格中之一邊的長度，比其另外的二邊之長度長。

　　三角晶系之特徵爲，有 1 三重旋轉軸。三角單位晶格的形狀，可由將一立方體沿該立方體之一對角線拉伸，或壓縮而得，如圖 21-27 所示。平行於該對角線方向之三重旋轉軸仍保留，但沿其他對角線的另外 3 三重旋轉軸消失，其單位晶格之三邊的長度仍維持相同，而其三邊間之夾角仍彼此相等，但不等於 $90°$。

　　斜方晶系之單位晶格，像一鞋盒，其三邊的夾角皆爲 $90°$，但三邊之長度均不相等。直角晶系有 3 互相垂直的鏡面，或 3 互相垂直的二重旋轉軸。

　　單斜單位晶格可由，斜方單位晶格的**上面** (top face) 相對於其**底面** (bottom face)，沿平行於其中一邊的方向，施以**剪力** (shearing) 而得，如圖 21-28 所示。此時其中的一夾角不再是 $90°$，而仍保留一鏡面及 1 二重旋轉軸外，其他的對稱性均消失不見。單斜單位晶格中之一主軸，仍維持與其他的二主軸互相垂直，此獨特的主軸一般爲 b 軸，而 $\alpha = \gamma = 90°$, $\beta \neq 90°$。

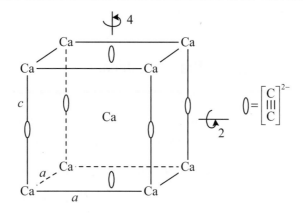

圖 21-26　CaC_2 的晶體之長方單位晶格，其雪茄狀的 carbide ion 與 c 軸成平行排列　自 Anthony R.West, *Basic Solid Chemistry*, 2nd ed,. John Wiley & Sons (1999).

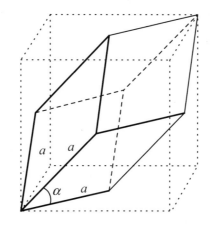

圖 21-27　拉伸或壓縮立方單位晶格之一對角線，可得三角單位晶格 自 Anthony R. West, *Basic Solid Chemistry*, 2nd ed. John wiley & Sons (1999).

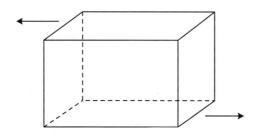

圖 21-28　斜方單位晶格的上面與其相對的底面，沿平行其中的一邊方向 施以剪力，可得單斜單位晶格

　　三斜晶系不具有任何的對稱要素，其單位晶格之邊長各不相等，而其夾角 均互不相等，也不等於 90°。

21-7 Bravais 格子 (Bravais Lattices)

　　Bravais 於 1848 年提示，七大晶系中有 14 種的不同種類的**空間格子** (space lattices)，這些空間格子稱為 Bravais **格子** (Bravais lattice)。於表 21-4 所列的各種晶系之 Bravais 格子的類型，如圖 21-29 所示，由晶體的外觀看不出其 Bravais 格子的型式，此點與晶系之情形不同。晶體內之每一格子點，僅代表其**重複的單位** (repeating unit)，而並不表示於各格子點一定有原子或分子。

　　單位晶格或格子中之八個角的位置，各有一格子點者，稱為**原始晶格或原始格子** (primitive lattice)，或稱為**簡單晶格** (simple lattice) P。於 14 種的 Bravais 格子中，有 7 種屬於原始晶格。**體心晶格** (body-centered lattice) 以英文的字母 I 表示，採自其德文 innenzentrierte 之字首，其單位格子之八個角的位置，及內部的體心位置，各有一格子點。**面心晶格** (face-centered lattice) 以英文的字母 F 表示，其單位格子之八個角及六個面的中心位置，各有一格子點。**頂心晶格** (end-centered lattice) 用 C 表示，除於其單位格子之八個角各有一格子點外，其相對之二晶面的中心位置，也各有一格子點；其中由邊 b 與 c 所成的二相對面之各中心位置，各有一格子點者，稱為 A **心的格子** (A-centered lattice)；由邊 a 與 c 所成的二相對面之各中心位置，各有一格子點者，稱為 B **心的格子** (B-centered lattice)；由邊 a 與 b 所成的二相對面之各中心位置，各有一格子點者，稱為 C **心的格子** (C-centered lattice)。七大晶系與這四種格子類型 (P, I, F 及 C)，共產生 14 種的 Bravais 晶格，其中的 6 種屬於原始晶格 P，1 種屬於菱形晶系之原始晶格 R，3 種屬於體心晶格 I，2 種屬於面心晶格 F，及 2 種屬於頂心晶格 C。

　　於表 21-4 中，有些晶系缺少某些晶格類型之原因有二：(1) 於該晶系中出現該晶格的類型時，會違反該晶系之對稱要素，例如，立方晶系中不能有 C **心的格子** (C-centered lattice)，因 C **心的立方晶格** (C-centered cubic lattice) 不具有，立方晶系所必須具備的三重對稱軸。(2) 晶格的類型可以另一種體積較小的單位晶格表示，例如，任一面心長方晶格，皆可以體心長方單位晶格表示，而其單位晶格的體積減半時，仍保有長方晶系所該具有的對稱要素。因此，沒有面心長方晶格的存在。任一面心立方晶格，雖均可以體心長方單位晶格表示，而該體心長方單位晶格的體積，僅為面心立方單位晶格的一半；然而，體心長方單位晶格不具有，面心立方單位晶格所擁有的三重旋轉軸，也就是長方單位晶格不能包括，立方晶格之全部的立方對稱性。

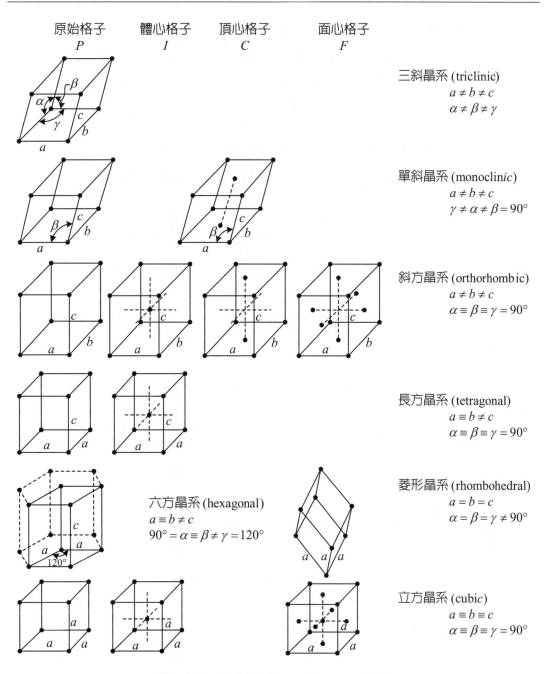

原始格子 P　　體心格子 I　　頂心格子 C　　面心格子 F

三斜晶系 (triclinic)
$a \neq b \neq c$
$\alpha \neq \beta \neq \gamma$

單斜晶系 (monoclinic)
$a \neq b \neq c$
$\gamma \neq \alpha \neq \beta = 90°$

斜方晶系 (orthorhombic)
$a \neq b \neq c$
$\alpha \equiv \beta \equiv \gamma = 90°$

長方晶系 (tetragonal)
$a \equiv b \neq c$
$\alpha \equiv \beta \equiv \gamma = 90°$

六方晶系 (hexagonal)
$a \equiv b \neq c$
$90° = \alpha \equiv \beta \neq \gamma = 120°$

菱形晶系 (rhombohedral)
$a = b = c$
$\alpha = \beta = \gamma \neq 90°$

立方晶系 (cubic)
$a \equiv b \equiv c$
$\alpha \equiv \beta \equiv \gamma = 90°$

圖 21-29　七大晶系之 14 種 Bravais 格子

　　雖然可以原始單位晶格描述任何晶體的結構，但此單位晶格比另一晶系之
非原始單位晶格的對稱性低。因此，通常選擇對稱性較高的晶系之非原始單位
晶格，以描述該晶體的結構。以圖 21-30(a) 所示的二次元之有心的格子為例，
該二次元之平面格子可被分割成各種形式的單位晶格，如圖 21-30(b) 所示的原
始單位晶格，或如圖 21-30(c) 所示的二次元面心長方單位晶格；但由於長方形
之對稱性，比一般的平行四邊形的對稱性高，因此，選擇具較大對稱性的圖 21-
30 之 (c) 者，為單位晶格。

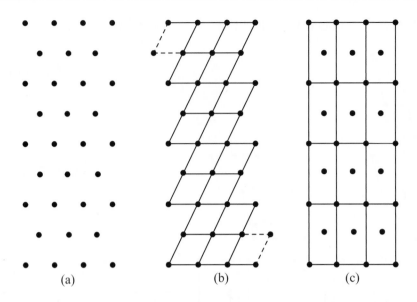

圖 21-30　圖 (a) 之二次元平面格子雖然可以 (b) 之原始單位晶格描述，但其對稱性比 (c) 之面心長方單位晶格的對稱性低，因此，選擇具較大對稱性的 (c) 者為單位晶格

21-8　晶體的面與米勒指數(Crystal Planes and Miller Indices)

晶體內的任一格子點之位置，均可用以該晶體內的一晶格點之位置作為原點 $(0,0,0)$，而以該單位晶格之三邊長 a, b, c 作為三座標軸之長度單位，所建立的座標系標記。此種座標系之三座標軸，不一定互相垂直，而其互相間的夾角，與單位晶格之各邊的夾角相同，即分別為 α, β, 及 γ，如圖 21-23 所示。由此，單位晶格內的任一點位置，均可用單位晶格之邊長 a, b, c 等的分率表示。例如，單位晶格之體心格子點的座標為 $(1/2, 1/2, 1/2)$；由單位晶格的邊 a 與 b 所形成的晶體面之面心格子點的座標為 $(1/2, 1/2, 0)$。**單位晶格** (unit cell) 之八個角的位置，可分別用座標 $(1,0,0), (1,1,1), (1,0,1), (1,1,0), (1,1,0)$, $(0,0,1), (0,1,1), (0,1,0)$ 及 $(0,0,0)$ 表示。晶體內之各格子只是代表其重複的單位，而不一定全部需被原子或分子所佔據。

晶體內的格子點 1 (x_1, y_1, z_1) 與格子點 2 (x_2, y_2, z_2) 間之距離 L，可表示為

$$L = [(x_1 - x_2)^2 a^2 + (y_1 - y_2)^2 b^2 + (z_1 - z_2)^2 c^2 + 2(x_1 - x_2)(y_1 - y_2)ab\cos\gamma$$
$$+ 2(y_1 - y_2)(z_1 - z_2)bc\cos\alpha + 2(z_1 - z_2)(x_1 - x_2)ca\cos\beta]^{1/2} \qquad \textbf{(21-2)}$$

上式中，γ 為 a 與 b 之夾角，α 為 b 與 c 之夾角，β 為 c 與 a 之夾角。對於立方晶體，其 $\alpha = \beta = \gamma = 9°$ 及 $a = b = c$，由此，上式可簡化成

$$L = a[(x_2 - x_1)^2 + (y_2 - y_1)^2 + (z_2 - z_1)^2]^{1/2} \qquad \textbf{(21-3)}$$

而其單位格子之體積 V，可表示爲

$$V = abc(1 - \cos^2\alpha - \cos^2\beta - \cos^2\gamma + 2\cos\alpha\cos\beta\cos\gamma)^{1/2} \qquad \textbf{(21-4)}$$

若單位格子爲立方體、斜方體或長方體時，其 $\alpha = \beta = \gamma = 90°$，此時其單位格子之體積，可由上式 (21-4) 簡化成，$V = abc$。

　　設晶體之一晶面與三座標軸各相交於 A, B, C，則自原點 O 至 A, B, C 之長度，可分別以 a, b, c 爲長度的單位，表示爲 $OA/a, OB/b, OC/c$。**米勒** (Miller) 以這些長度分率的倒數，$a/OA = h, b/OB = k, c/OC = l$，標記該晶體之晶面，這些長度分率的倒數 hkl，稱爲該晶面之**米勒指數** (Miller indices)，如圖 21-31 所示，該晶面標記爲 (hkl)。

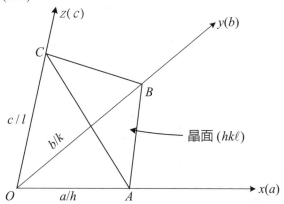

圖 21-31　晶體之三邊 a,b,c 爲座標軸之晶面 (hkl)

　　Miller 指數 (hkl) 的晶面表示，該晶體內的相鄰二晶面間之垂直距離均相同的一群平行的晶面，而這些平行的晶面間之垂直距離，稱爲 d-間隔 (d-spacing) d_{hkl}。如果一晶面與一晶軸平行，則此晶面與該晶軸相交於無限遠處，因此，其 Miller 指數等於 ∞ 的倒數，即爲 0。Miller 指數 (nh, nk, nl) 之晶面群，爲各平行於晶面 (hkl) 之晶面群，而此群的晶面間之垂直距離，爲 $d_{nh,nk,nl} = d_{hkl}/n$。因此，Miller 指數不可乘以或除以某一共同的數，否則，其所得的 Miller 指數爲代表另一組位向相同，而相鄰的二晶面之垂直距離不同的另一群平行的晶面，例如，晶面 (200) 與 (100) 爲晶面間之垂直距離不同的二組平行的晶面群。

　　由 a 與 b 爲二軸所成的晶面上的格子點，貫連平行於 c 軸之格子點，可繪若干的平行之晶面群，如圖 21-32 所示。圖之左下角所示的一組晶面群 (210)，於 a 軸之一格子的距離 a 間有二晶面，於 b 軸之一格子的距離 b 間有一晶面，而其各晶面均平行於 c 軸，由此，此組晶面之 Miller 指數表示爲 (210)。負的 Miller 指數於其指數的上方，繪一橫線以表示負的符號，例如，圖右上角所示的一組晶面群之 Miller 指數爲 $(1\bar{1}0)$，其指數上面之負的符號表示，晶面於該軸之截距對原點爲負的值。

　　晶體之晶面通常為，原子或分子之高密度的平面，即為低 Miller 指數的平面。一組平行晶面 (hkl) 之相鄰的二晶面間的垂直距離 $d_{hk\ell}$，與晶格參數 $a,b,c,\alpha,\beta,\gamma$ 間的關係，可表示為

$$d_{hkl} = V[h^2b^2c^2\sin^2\alpha + k^2a^2c^2\sin^2\beta + l^2a^2b^2\sin^2\gamma$$
$$+ 2hlab^2c(\cos\alpha\cos\gamma - \cos\beta) + 2hkabc^2(\cos\alpha\cos\beta - \cos\gamma)$$
$$+ 2kla^2bc(\cos\beta\cos\gamma - \cos\alpha)]^{-1/2} \qquad \textbf{(21-5)}$$

上式中，V 為單位晶格之體積，可用式 (21-4) 表示。對於各軸互相垂直的單位晶格 $(\alpha=\beta=\gamma=90°)$，如立方體、斜方體、及長方體的單位晶格，其任一組平行晶面 (hkl) 與其晶格參數 a,b,c 間的關係，由上式 (21-5) 可簡化成

$$\frac{1}{d_{hkl}} = \left(\frac{h^2}{a^2} + \frac{k^2}{b^2} + \frac{l^2}{c^2}\right)^{1/2} \qquad \textbf{(21-6)}$$

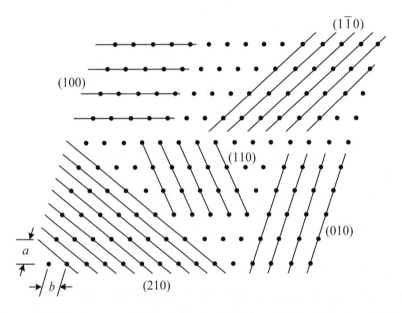

圖 21-32　於軸 a 與 b 所成平面上的格子點，貫連平行於 c 軸之格子點所繪的若干平行之晶面群

　　六方晶系的座標系統，可用包含四主軸的**米勒-布拉維斯坐標系統** (Miller-Bravais coordinate system) 表示，其坐標系統如圖 21-33 所示，其中的 a_1, a_2 與 a_3 均於同一平面且互成 120°，而 z 軸垂直於此平面，其晶面除以三整數 (hkl) 表示外，可用所謂**米勒-布拉維斯** (Miller-Bravais) 指數 $(hkil)$ 的四指數表示。六方晶系的四米勒-布拉維斯指數中之前面的三指數，並非完全獨立，而其彼此間存在一簡單的數學關係式，即 $h+k=-i$。

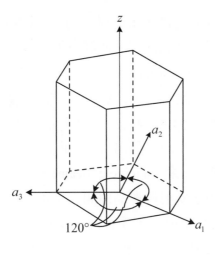

圖 **21-33** 六方晶系之座標系統
（米勒-布拉維斯坐標系統）
自 William D. Callister, Jr.,
Materials Science and Engineering, An Introduction, 6th ed., John Wiley & Sons (2003)

　　立方晶系中的 (100), (010), (001), ($\bar{1}$00), (0$\bar{1}$0) 與 (00$\bar{1}$) 等晶面組上，原子彼此間之相對關係、對稱性、排列方式及單位面積之**原子數**或平面密度 (planar density)，皆完全相同。從對稱的觀點，這些平面組在結晶學上完全相等，因此，結晶學上相當的平面組集合一起成為**平面族** (family)，而此集體以大括號標示為 {100}。例如，於立方晶系中，其 (111), ($\bar{1}$11), (1$\bar{1}$1), (11$\bar{1}$), ($\bar{1}\bar{1}$1), ($\bar{1}$1$\bar{1}$), (1$\bar{1}\bar{1}$) 與 ($\bar{1}\bar{1}\bar{1}$) 的平面，均屬於 {111} 的平面族。於立方晶系中不管其指數的次序或符號如何，其指數的數字相同的平面均為同一相當的平面族。例如，立方晶系中之 (1$\bar{2}$3) 與 ($\bar{3}$12) 皆屬於 {123} 的平面族，然而，其他晶系中通常不會有此種情形。例如，長方晶系之 {100} 的平面族，只包括 (100), (010), ($\bar{1}$00) 與 (0$\bar{1}$0) 等的平面組，而 (001) 與 (00$\bar{1}$) 的二平面組，於結晶學上不相當於 (100) 的平面組。

21-9　X- 射線繞射法 (X-Ray Diffraction Methods)

　　光線通過與其波長相同大小的細縫之間隔**光柵** (grating) 時，會產生繞射，由此，von Laue 於 1912 年預言，晶體可作為 X-射線之繞射的立體光柵。於陰極管內的燈絲，由於通電加熱所放出的熱電子，經電場的加速並衝擊陽極的金屬靶時，該金屬靶之內層軌道的電子，會被激勵轉移至較高能階，而其內層軌道會產生空位，因此，其於較高能階軌道的電子移入添補該空位時，會產生其**特性的光譜線** (characteristic lines)。例如，銅的金屬靶會產生波長 15.4 nm 的明亮 K_α 之特性 X-射線外，尚由於衝擊靶的電子之快速的減速而產生連續波長之 X-射線，此稱為**白色 X-射線** (white X-rays)。實際上衝擊金屬靶的電子之大部分的動能會轉變成熱量，而僅其 1% 以下的動能，會轉變成為 X-射線。X-射線為波長 5~25 nm 之電磁波。

　　晶體之晶格如光柵，而其內之電子可使射入的 X-射線產生散射。Bragg 指出，此種現象可想為，X-射線於晶體內的晶面群產生反射。一定的晶面群 (*hkl*) 對於特定的單色 X-射線，僅於某一定的角度產生反射，且此角度與 X-射線之波長及晶體之相鄰晶面間的垂直距離有關，而此三變量間之關係，可用所謂 Bragg 式 (Bragg equation) 表示。如圖 21-34 所示，其平行的各水平線代表，晶體內的晶面群 (*hkl*) 之各晶面層，其間隔的距離為 d_{hkl}，而圖上所示的平面 $x-x'$ 垂直於平行的單色 X-射線之**入射的光束** (uncident beam)，平面 yy' 垂直於**反射光束** (reflected beam)。於改變入射的 X-射線與晶面間之夾角 θ 時，僅於平面 yy' 的反射波為**同相** (in phase) 之入射 X-射線，才會得以反射，即由不同的晶面 AA' 與 BB'，各於 P 與 Q 產生的反射之 X-射線，於平面 xx' 與 yy' 間之行程的差，$\overline{SQ}+\overline{QT}$，須等於 X-射線之波長的整數倍，即可表示為

$$\overline{SQ}+\overline{QT} = n\lambda \tag{21-7}$$

上式中，λ 為 X-射線之波長，n 為正的整數。由於 $\sin\theta = \overline{SQ}/d_{hkl} = \overline{QT}/d_{hkl}$，將此關係代入上式(21-7)，可得

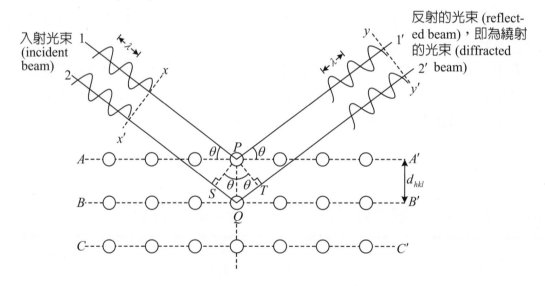

圖 21-34　Bragg 式 $n\lambda = 2d_{hkl}\sin\theta$ 之證明

$$2d_{hkl} \sin\theta = n\lambda \tag{21-8}$$

此 Bragg 式 (21-8) 表示，某一定波長 λ 之 X-射線投射於晶體時，可得其晶面間的距離與產生最強反射之入射角度 θ 間的關係。若 X-射線之波長 λ 比 $2d_{hkl}$ 長，則上式 (21-8) 對於 n 為無解，即**無繞射** (no diffraction)，因此，入射的光束通過晶體時，不會於散射中心之平面產生繞射。若 $\lambda << d_{hkl}$，則入射的 X-射線會產生甚小角度的繞射。Bragg 式不能顯示各種繞射光束之強度，而繞射光束之強度，與每一晶體格子中之原子排列及性質有關。

對於晶體面群之相當於 $n=1$ 的反射，稱為**第一級反射** (first-order reflection)，而相當於 $n=2$ 的反射，稱為**第二級反射** (second-order reflection)，其餘類推，而其每一逐級的反射，均顯示相當大的角度差。研討 X-射線之反射時，常設上式 (21-8) 中之 $n=1$，而考慮間隔一半的**晶格距離** (lattice distance) 之另一晶面群的第二級反射，由此，上式 (21-8) 可寫成

$$\lambda = 2\left(\frac{d_{hkl}}{n}\right) \sin\theta = 2d_{nh,nk,nl} \sin\theta \tag{21-9}$$

上式中，$d_{nh,nk,nl}$ 為 Miller 指數 (nh, nk, nl) 之相鄰晶面間的垂直距離。晶體的晶面 (nh, nk, nl) 與晶面 hkl 平行，而 (nh, nk, nl) 的晶面間之距離，等於 hkl 的晶面間之距離的 n 分之一，即 $d_{nh,nk,nl} = d_{hkl}/n$。

於 X-射線之繞射的實驗中，藉轉動定向排列的**單結晶** (oriented single crystal)，可改變 X-射線之入射角，而由以**計數器** (counter) 所量測各反射角之 X-射線的強度，可測定 X-射線的繞射之角度。於 X-射線的照相方法，將照相軟片裝設使其隨晶體的轉動而轉動，由此，可得單結晶之 X-射線的繞射。

平行的 X-射線投射於含各種配向的微小晶體粉末之粉末繞射方法，較一定配向的單一大結晶之 X-射線散射的方法方便，此方法由 Hull 發明後，經 Debye 與 Scherrer 的設計而成，而稱為**粉末法** (powder methcod)，如圖 21-35 所示，此方法於環狀的照相軟片上可攝得晶體之 X-射線的反射**模樣圖** (pattern)。若使用粗糙的晶體粒子的試樣時，則可得由類似**斑點的環** (rings of spots) 所構成的**粉末模樣圖** (powder pattern)，而其每一斑點為由適當取向的晶粒所生成。若使用甚為微細的晶粒時，則由各不同晶面反射產生之許多反射光束的斑點，會於照相軟片上產生連續的**弧群** (arcs)。設其繞射像的中心至某弧之距離為 x，而環狀照相軟片之半徑為 r，則 $2\pi r$ 相當於 $360°$ 的全周圍之反射，由此可得，$2\pi r / x = 360/2\theta$，並依此計算 θ 後，可由上式 (21-9) 計算得，晶體之晶面間的距離 d_{hkl}。

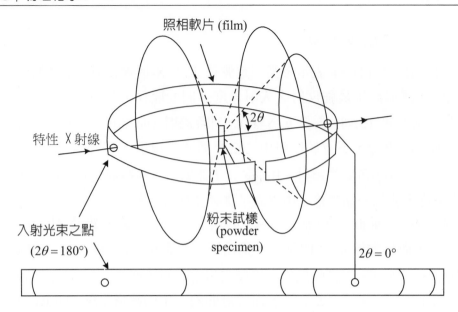

圖 21-35　Debye-Scherrer 粉末繞射法

表 21-5　一些常用金屬靶之特性 X-射線之波長

金屬靶 (target)	$K\alpha_1$	$K\alpha_2$	$K\overline{\alpha}$*	濾材 (filter)
Cr	2.2896	2.2935	2.2909	V
Fe	1.9360	1.9339	1.9373	Mn
Cu	1.5405	1.5443	1.5418	Ni
Mo	0.7093	0.7135	0.7107	Nb
Ag	0.5594	0.5638	0.5608	Pd

* $\overline{\alpha}$ 為 α_1 與 α_2 之 intensity-weighted 的平均值

一些常用金屬靶之特性 X-射線的波長列於表 21-5。

21-10　立方晶格 (Cubic Lattices)

　　立方晶系為最簡單的晶系，於此對於立方晶系作較詳細的討論。立方晶系有**原始** (primitive) 立方格子，**體心** (body centered) 立方格子，及**面心** (face centered) 立方格子等三種，而均各具有立方體之全部對稱性的 Bravais 格子，如圖 21-36 所示。由於這些 Bravais 格子均有立方體之對稱性，因此，由顯微鏡的檢查，不能區分這些晶體的格子。

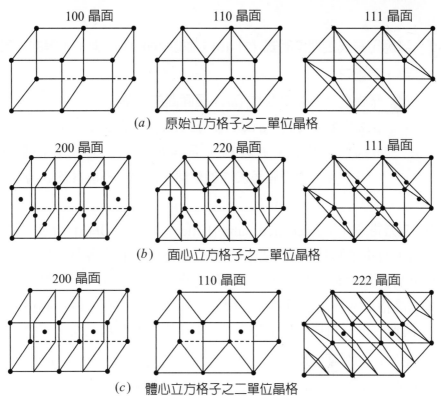

圖 21-36 立方格子之各種晶面

於圖 21-36(a) 所示之各**原始立方格子** (primitive cubic lattice) 中，其立方體的各角處以黑點表示的格子點，爲原子、離子、分子、或某一種重複結構的單位，於圖中例示 $100, 110$，與 111 等三種反射晶面。立方晶體內的 Miller 指數較高之各晶面均較爲密接，依據式 (21-8) 可知，由立方晶體內之 $100, 110$ 與 111 等這些晶面，產生最小角反射之 θ 較大。

於 $a = b = c$ 的立方晶體中，Miller 指數爲 h, k, l 的晶面群之相鄰的晶面間的垂直距離 d_{hkl}，由式 (21-6) 可寫成

$$d_{hkl} = \frac{a}{\sqrt{h^2 + k^2 + l^2}} \tag{21-10}$$

上式中，a 爲單位晶格之邊長。於上式中將 h, k，與 l 代表之 $0, 1, 2, 3, \cdots$ 數字代入，可得立方晶體之該晶面群的相鄰晶面間的垂直距離。

例 21-1 試應用畢氏定理證明式 (21-10)，並以 100, 110, 與 111 等的各晶面群，驗證之

解 原始立方晶體之各種 (hkl) 晶面間的距離 d_{hkl} 為，
$a, a/\sqrt{2}, a/\sqrt{3}, \ a/\sqrt{4}, a/\sqrt{5}, a/\sqrt{6}$，及 $a/\sqrt{8}$ 等，而其中沒有 $a/\sqrt{7}$。因 h, k, l 等為，各等於 $0, 1, 2, 3, \cdots$ 等的數字，而 $h^2 + k^2 + l^2$ 中沒有等於 7 的數值，故 d_{hkl} 不能等於 $a/\sqrt{7}$。 ◀

　　面心的立方格子 (face-centered cubic lattice) 如圖 21-36(b) 所示，其單位晶格除於各角處有格子點外，單位晶格之每一晶面的中心均各有一格子點。由於其每一單位晶格有六面心格子點與八角頂的格子點，而每一面心格子點均為鄰接的二單位晶格之共有晶面所共有，因此，每單位晶格有三個面心格子點，即 $\frac{1}{2} \times 6 = 3$；同理，每一角頂的格子點為鄰接的八單位晶格所共有，因此，每單位晶格佔八個之 1/8 的角頂格子點，即相當於每單位晶格有一角頂格子點，即 $\frac{1}{8} \times 8 = 1$。由此，面心立方晶格之每單位晶格有四格子點。每單位晶格之四格子點的相當位置為，$x, y, z; \frac{1}{2} + x, \frac{1}{2} + y, z; \frac{1}{2} + x, y, \frac{1}{2} + z; x, \frac{1}{2} + \ y, \frac{1}{2} + z$ 等，這些四等值的位置亦可表示為，$000 + xyz; \frac{1}{2}\frac{1}{2}0 + xyz; \frac{1}{2}0\frac{1}{2} + xyz; 0\frac{1}{2}\frac{1}{2} + \ xyz$。NaCl 的晶體為面心立方晶格 (如圖 21-39)，而可視為其所有的格子點被 Na^+ 離子占據，因此，每單位晶格有四 Na^+ 的離子，由於其 12 **晶格邊** (cell edges) 上，與其單位晶格之中心，各有 Cl^- 的離子，而每一晶格邊為鄰接的 4 單位晶格所共有，因此，每單位晶格有四 Cl^- 的離子，即 $12 \times \frac{1}{4} + 1 = 4$。此四 Na^+ 的離子與四 Cl^- 的離子之位置，分別如下：

四 Na^+ 離子： $\quad 000; \quad \frac{1}{2}\frac{1}{2}0; \quad \frac{1}{2}0\frac{1}{2}; \quad 0\frac{1}{2}\frac{1}{2}$

四 Cl^- 離子： $\quad \frac{1}{2}00; \quad 0\frac{1}{2}0; \quad 00\frac{1}{2}; \quad \frac{1}{2}\frac{1}{2}\frac{1}{2}$

　　氯化鈉與各種晶系之面心晶體，其 Miller 指數 hkl 非全部為偶數或奇數之各種晶面，而皆不會產生反射，因此，僅能觀察到其 111, 200, 220, 311, 222, 400, 331, 420 等晶面的反射。由數學可證明，自面心晶體散射之 X-射線，係由於對稱關係的原子之相當格子點，位於 $000; \frac{1}{2}\frac{1}{2}0; \frac{1}{2}0\frac{1}{2}; 0\frac{1}{2}\frac{1}{2}$，而其指數全部為偶數或奇數，因此，由這些晶面之反射均完全同相，而可相輔得清晰的繞射像。然而，自其他的 hkl 晶面反射之 X-射線的波長，與自其前面及後面的晶面所反射者，相差半波長，因此，會互相產生干涉而消失。所以由面心立方晶體之粉末所得的繞射模樣圖，及式 (21-10) 可得，出現反射的 hkl 晶面之晶面的間隔 d_{hkl} 為，

$a/\sqrt{3}$，$a/\sqrt{4}$，$a/\sqrt{8}$，$a/\sqrt{11}$，$a/\sqrt{12}$，$a/\sqrt{16}$，$a/\sqrt{19}$，及 $a/\sqrt{20}$ 等。

　　體心的格子 (body-centered lattice) 之每單位晶格，有**移轉位的對稱** (translational sysnenetry) 關聯的二位置，x , y , z 與 $\frac{1}{2}+x , \frac{1}{2}+y , \frac{1}{2}+z$。因此，其每單位晶格於 $0,0,0$ 與 $\frac{1}{2},\frac{1}{2},\frac{1}{2}$ 處，有相同環境的二格子點，如圖 21-36(c) 所示。由體心晶體之繞射數據的分析顯示，自Miller 指數之和，$h+k+l$ 為奇數的晶面 hkl，不能觀察到其反射。此表示自指數的和為偶數的體心單位晶格中的每原子之散射，與其對應的體心相當原子所散射者，完全同相而互相加強；若指數的和為奇數，則其位相差為 $180°$，而互相干涉消失或減弱。由此，體心立方格子之晶面的間隔為，$a/\sqrt{2}$，$a/\sqrt{4}$，$a/\sqrt{6}$，$a/\sqrt{8}$ 等，而這些分別各相當於 $(110),(200),(211),(220)$ 等晶面群之晶面間的距離。

　　三種立方晶體之對於 X-射線的反射，總括如圖 21-37 所示，其中以垂直線表示所相當入射角之反射。真實的晶體之反射角，視其單位晶格之邊長 a，與投射 X-射線之波長 λ 而定。於此為便於圖示，任取原始立方晶體之 λ/a 的比為 0.500，體心立方晶體之 λ/a 的比為 0.353，面心立方晶體之 λ/a 的比為 0.289。如圖 21-37 所示，由於各種立方晶體之各垂直線間的間隔於定性上不相同，因此，可藉**繞射模樣圖** (diffraction patterns) 區別各種立方晶體。原始立方晶體之粉末繞射的模樣圖中，於其第六垂直線 211 之後面有一**空隙** (gap)。體心立方晶體之粉末繞射的模樣圖中，無此空隙。面心立方晶體之粉末繞射的模樣圖中，其首先之二垂直線 111 與 200 較密接，第三垂直線 220 孤立，而其次的二垂直線 311 與 222 又較密接。由此，應用粉末之 X 射線的繞射模樣圖可以推定，立方晶體為原始、體心或面心晶體。

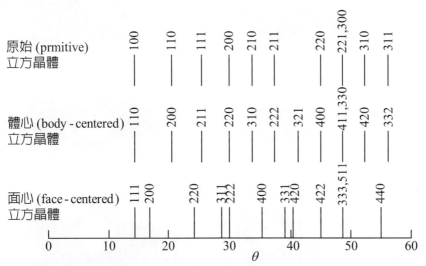

圖 21-37　立方晶體之 Miller 指數與 X-射線之入射角 θ 的關係，於此圖中任選 λ/a 的比值，以使各種晶體之第一反射角皆相同，對於原始立方晶體，$\lambda/a = 0.500$；體心立方晶體，$\lambda/a = 0.353$；面心立方晶體，$\lambda/a = 0.289$

21-11 立方晶體的粉末模樣圖
(Powder Patterns for Cubic Crystals)

三種立方晶體的物質，NaCl, KCl 與 NH₄Cl 之粉末模樣圖，如圖 21-38 所示。由此圖與圖 21-37 比較可知，氯化鈉的反射相當於面心立方格子的晶面之反射，因其 100 晶面之反射遺失，因此，使用 Bragg 式計算所得之晶面的間隔，沒有等於單位晶格之邊長 a。然而，可由其任一反射角，使用式 (21-8) 與 (21-9) 計算其邊長 a，而由此所得的氯化鈉之 a 值為 56.4 nm。

由上面發現，氯化鈉的面心立方格子之構成單位，可能是由氯化鈉的分子，或由等數目的鈉離子與氯離子所構成的立方格子。若其立方格子為由氯化鈉的分子所構成，則該格子之全部的單位必須相同，而由較詳細的理論考量顯示，其第一級、第二級、及第三級的 X-射線之反射強度，應依序逐次減弱。此結果對於 200, 400, 與 600 的晶面的反射是正確，但對於 111, 222, 333, …等晶面的反射則不然。由圖 21-38 可看出，其 111 晶面的反射很弱，222 晶面的反射強，而 333 晶面的反射消失不見。這些事實表示，其格子之格子點為由離子所構成。

於圖 21-39，以虛線連接鈉離子成正方形，表示其面心格子點為鈉的離子。於晶面之任何部分連接氯離子，皆能繪成類似的正方形，由此顯示，氯離子位於鈉離子所成的晶格邊之中間，而氯離子與鈉離子之間隔，等於晶格之邊長的一半之長度。

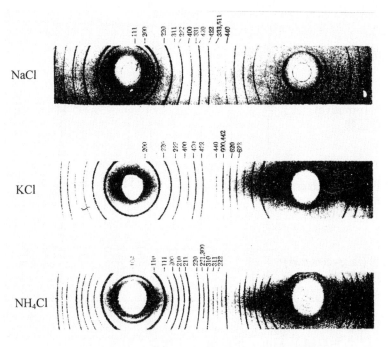

圖 21-38　立方晶體之 X-射線粉末模樣圖 (X-射線的光束從右邊的孔進入而自左邊的孔出)

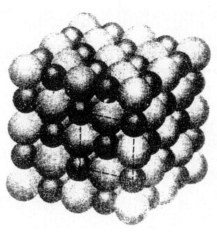

圖 21-39 氯化鈉之面心格子：小球代表鈉離子，大球代表氯離子，每一 Na⁺ 離子被六 Cl⁻ 離子圍繞，而每一 Cl⁻ 離子被六 Na⁺ 離子圍繞

　　圖 21-39 經進一步的詳細考察時，可發現氯化鈉的晶體之對角線方向的 (111) 晶面內，各只含鈉離子或氯離子，因此，其(222) 晶面為鈉離子與氯離子交互排列的晶面群。於此須記住如圖 21-34 所示，X-射線於二連續的離子層產生反射時，其間之二行程的距離差，等於其反射輻射線之波長時的角度之入射線，會發生極大的反射。若經由二連續的氯離子面反射的某特定角度射線之行程相差一波長，則由介於其間相等距離的二連續鈉離子面，反射的射線行程相差半波長，而會產生**干擾** (interference)。然而，由於氯離子比鈉離子有較多的電子，而對於 X-射線之散射較有效，因此，事實上不會完全產生干涉。由於自氯離子與鈉離子面的 (222) 晶面的產生之反射，相差整波長，因此，不會發生干涉的現象，而自 (222) 晶面的反射會互相加強。自 (333) 晶面的反射相當於二組反射面之反射相差半波長，而會產生干涉的現象，且由於此干涉加上自然較弱的第三級光譜，而導至非常弱的反射。

　　圖 21-38 所示的氯化鉀之粉末模樣圖，外觀上為原始立方格子，此結果令人驚奇，因其結構像氯化鈉應為面心立方格子，然而，氯離子與鉀離子皆有氬原子的電子結構，而此二種離子對於 X-射線之散散能力幾乎完全相等，因此，其反射甚似簡單的立方結構。反射強度之較精確的測定顯示，氯化鉀實際形成面心立方格子。

　　圖 21-38 所示氯化銨之粉末模樣圖，為原始立方格子。若其單位晶格的角為氯離子，則銨離子位於單位晶格之中心，但因各離子並非相同，故氯化銨的晶體非體心立方體。

　　粉末照射的技術雖被廣泛應用作為化合物的指紋，但僅限用於決定立方晶系、六方晶系，及長方晶系等的簡單晶體結構之原子排列。通常使用**單結晶的 X-射線技術** (single crystal X-ray technigues) ，測定原子之排列較為方便，X-射線的繞射之主要優點為，可提供結構之直接獨特的訊息。

21-12 離子半徑與原子半徑 (Ion Radii and Atom Radii)

由立方晶體之晶面的間隔,與其對於 X-射線之反射強度,得知該立方晶體為原始、面心,或體心的晶格後,由其 X-射線之反射的角度使用 Bragg 法則,可計算其單位晶格 (unit cell) 之大小。單位晶格之體積與晶體之密度間有簡單的關係,由於單位晶格的質量可表示為 nM/N_A,其中的 n 為單位晶格內的莫耳質量 M 之分子數,N_A 為 Avogadro 常數,由此,完整晶體 (perfect crystal) 之密度 ρ,可表示為

$$\rho = \frac{nM}{N_A V} \tag{21-11}$$

上式中,V 為單位晶格之體積。由此,Avogadro 常數 N_A 值,可由晶體之密度、相對原子質量、及單位格子之長度,使用上式(21-11)計算。例如,由矽之這些量的精確測定值,以此方法測定之 Avogadro 常數,$N_A = 6.0220976(63) \times 10^{-23}\,\text{mol}^{-1}$。

對於如 NaCl 結構的離子性化合物 MX,由於其離子沿單位晶格的邊相接,因此,其離子的半徑與單位晶格的邊長 a 間的關係,可表示為

$$a = 2(R_+ + R_-) \tag{21-12}$$

上式中,R_+ 與 R_- 分別表示其正離子與負離子之半徑。由於離子沿其單位晶格之晶面的對角線不能重疊,所以

$$(4R_-)^2 \le 2a^2 \tag{21-13}$$

及

$$(4R_+)^2 \le 2a^2 \tag{21-14}$$

由此可得

$$a \ge 2\sqrt{2}\,R_- \quad 及 \quad a \ge 2\sqrt{2}\,R_+ \tag{21-15}$$

因此,由式 (21-12) 可得

$$2(R_+ + R_-) \ge 2\sqrt{2}\,R_- \tag{21-16}$$

或

$$R_+ / R_- \ge \sqrt{2} - 1 = 0.414 \tag{21-17}$$

例如,對於 LiCl 的晶體,其 $R_{Li^+} / R_{Cl^-} = 0.331$ (參閱表 21-6),由此,LiCl 的晶體不會有 NaCl 晶體的結構。

一些元素之原子的半徑與其離子的半徑,列於表 21-6。於週期表的每一列之離子的半徑,均隨其軌道電子之數目的增加而增加。原子核間之距離比某一定

值小時，其排斥力會隨原子核間之距離的減小而迅速增加，因此，離子於不同的晶體中之其半徑幾乎均相同。

表 21-6　一些晶體結構之數據[a]

原子序	元素	結構[b]	原子半徑/pm	離子	離子半徑/pm[c]
3	Li	b.c.c.	152	Li^+	60
4	Be	c.p.h.	112	Be^{2+}	31
5	C(金剛石)	立方體 (cubic)	77		
8	O			O^{2-}	140
9	F			F^-	136
11	Na	b.c.c.	186	Na^+	95
12	Mg	c.p.h.	161	Mg^{2+}	65
13	Al	f.c.c	143.1	Al^{3+}	53
14	Si	cubic (diamond)	118	Si^{4+}	41
17	Cl			Cl^-	181
19	K	b.c.c.	232	K^+	133
20	Ca	f.c.c.	197	Ca^{2+}	99
22	Ti	c.p.h.	144.5	Ti^{4+}	61
24	Cr	b.c.c.	124.9		
26	Fe	b.c.c	124.1	Fe^{2+}	80
27	Co	c.p.h.	125.3	Fe^{3+}	64
28	Ni	f.c.c.	124.6	Ni^{2+}	69
29	Cu	f.c.c.	127.8	Cu^+	96
30	Zn	c.p.h.	133.2	Zn^{2+}	74
32	Ge	cubic (diamond)	128	Ge^{4+}	53
35	Br			Br^-	195
37	Rb	b.c.c.	245	Rb^+	148
42	Mo	b.c.c.	136.3		
47	Ag	f.c.c.	144.5		
48	Cd	c.p.h.	149		
53	I	orthorhombic	136	I^-	216
55	Cs	b.c.c.	263	Cs^+	169
73	Ta	b.c.c.	143		
74	W	b.c.c.	137.1		
78	Pt	f.c.c.	138.7	Pt^{4+}	65
79	Au	f.c.c.	144.2		
82	Pb	f.c.c.	175		

註：(a) A.Kelly and G.W.Groves, Crystallography and Crystal Defects, Adison Wesley Publ, Co., Reading, Mass, (1970). 及 William D.Callister, Jr., Materials Science and Engrneering, An Introduction, 6th ed., John Wiley & Sons (2003)

(b) b.c.c. (body centered cubic)=體心立方體，c.p.h. (close-packed hexagonal)=最密充填六方晶體，f.c.c (face-centered cubic)=面心立方晶體。

(c) 離子半徑與鄰接相反符號的離子之數目有關，即與其 coordination number 有關，表上為相當於其 coordination number 6 之數據，coordination number 為 4 時，其半徑會減少 7%，coordination number 為 8 時，其半徑會增加 3%，coordination number 為 12 時，其半徑會增加 6%。

　　以某種形式之共價鍵（單價、雙價等）結合的二原子間的距離，於不相同的分子中幾乎相同，因此，二原子間之距離可用二原子之鍵半徑的和表示。許多化合物之 C－C 結合鍵的鍵距等於 154 pm，因此，碳的單鍵之半徑為 77 pm。因乙炔中的 C≡C 結合鍵的鍵距等於 120 pm，故碳的參鍵之半徑為 60 pm。由許多化合物之鍵距，得如表 21-7 所示，各元素的原子之各種共價鍵的半徑，這些數據可用以預估分子的結構。然而，原子之有效半徑，與所考慮之分子中的結合鍵之性質，及分子之環境有部分的關係。

表 21-7　原子之共價半徑 (covalent radii)（單位為 pm)

	H	C	N	O	F
單鍵半徑 (single-bond radius)	30	77.2	70	66	64
雙鍵半徑 (double-bond radius)		66.7	60	56	
三鍵半徑 (triple-bond radius)		60.3			
	Si	P	S	Cl	
單鍵半徑 (single-bond radius)	117	110	104	99	
雙鍵半徑 (double-bond radius)	107	100	94	89	
三鍵半徑 (triple-bond radius)	100	93	87		
	Ge	As	Se	Br	
單鍵半徑 (single-bond radius)	122	121	117	114	
雙鍵半徑 (double-bond radius)	112	111	107	104	
	Sn	Sb	Te	I	
單鍵半徑 (single-bond radius)	140	141	137	133	
雙鍵半徑 (double-bond radius)	130	131	127	123	

註：自 L.Pauling, The Nature of the Chemical Bond, Cornell Univesity Press, Ithaca, N.Y., 1960.

例 21-2　氯化鈉於 25°C 之密度為 $2.163 \times 10^3 \, kg \, m^{-3}$。由鈀的靶產生之 58.1 pm 波長的 X-射線，對氯化鈉之 (200) 的晶面，產生 5.91° 角度的反射，試求氯化鈉晶體的單位晶格內之鈉離子與氯離子的數目

解 由 Bragg 法則得

$$d_{200} = \frac{\lambda}{2 \sin \theta} = \frac{58.1 \, pm}{2 \sin 5.9°} = 282 \, pm$$

氯化鈉之 (200) 晶面間的距離，等於其單位晶格之邊長的一半，由此，將 $a = 2d_{200} = 564 \, pm$ 代入式 (21-11)，可得

$$n = \frac{(2.163 \times 10^3 \, kg\,m^{-3})(6.02205 \times 10^{23} \, mol^{-1})(564 \times 10^{-12} \, m)^3}{(58.443 \times 10^{-3} \, kg\,mol^{-1})} = 3.999$$

由此，於氯化鈉的單位晶格內，含有 4 鈉離子與 4 氯離子。　◀

例 **21-3**　鉀的晶體為體心立方格子，其密度等於 $0.856 \times 10^3 \, \text{kg m}^{-3}$。試求 (a) 單位晶格之邊長 a，及其 (200), (110) 與 (222) 的各晶面間之距離，及 (b) 鉀的原子間之最接近距離，與鉀原子的半徑

解　(a) 由式 (21-11) 得

$$a^3 = \frac{2(39.102 \times 10^{-3} \, \text{kg mol}^{-1})}{(0.856 \times 10^3 \, \text{kg m}^{-3})(6.02205 \times 10^{23} \, \text{mol}^{-1})}$$

$$\therefore \, a = 533.3 \times 10^{-12} \, \text{m} = 533.3 \, \text{pm}$$

而由式 (21-10) 得

對於 (200) 晶面，　$d_{200} = 533.3 / \sqrt{4} = 266.7 \, \text{pm}$
對於 (100) 晶面，　$d_{110} = 533.3 / \sqrt{2} = 377.1 \, \text{pm}$
對於 (222) 晶面，　$d_{222} = 533.3 / \sqrt{12} = 154.0 \, \text{pm}$

(b)　$(2r)^2 = \left(\dfrac{a}{2}\right)^2 + \left(\dfrac{a}{2}\right)^2 + \left(\dfrac{a}{2}\right)^2$

由此得，$2r = 461.9 \, \text{pm}$　$\therefore r = 231 \, \text{pm}$　◀

21-13　球體之最密充填 (Close Packing of Spheres)

　　原子之鍵結合沒有很強的方向性時，其最低能量之結構爲，每一原子均被最大數目的鄰近原子圍繞。於此考慮同樣大小的球體，堆積成**最密充填** (close-packed) 結構的方法。球體 A 於一平面上排列時，通常會自動排列成爲，每球的周圍的有六球圍繞的六角形，如圖 21-40(a) 所示。於此第一層的上方之**凹陷** (hollows) 位置，各放置球時形成其第二層，如圖 21-40(b) 顯示，此時其第一層上方的所有凹陷的位置，並未全部放置球。因此，其第三層的球有二種方式的放置方法，若其第三層的球放置於第一層球 A 的直上方，則形成如圖 21-41 所示的 ABA **層序** (layer sequence) 的結構，此種程序連續進行而形成 ABABAB⋯ 排列的充填，此稱爲**六角最密充填** (hexagonal close packing 或 closed-packed hexgonal)，簡稱爲 c.p.h.。此種堆積與單位晶格間的相對關係，如圖 21-41 所示。

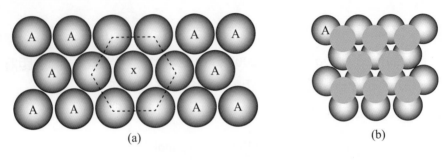

圖 21-40　六角形排列

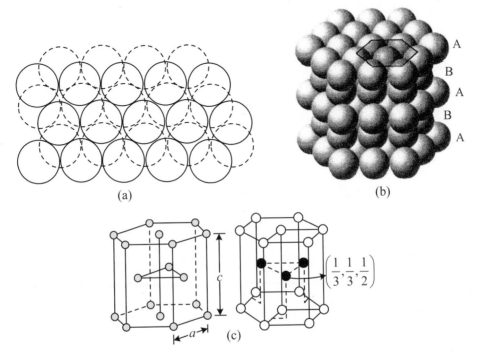

圖 21-41　六角最密充填（ABABAB…堆排方式），自 William D.Callister, Jr., Materials Science and Engineering, An Introduction, 6th ed., John Wiley & Sons (2003).

　　若第三層的球放置於第二層 B 球之凹陷的位置，及第一層 A 球之凹陷位置的上方，則形成如圖 21-42(b) 及 (c) 所示的 ABC 層序的結構，連續此種堆積方法時，其第四層與第一層的排列相同，第五層與第二層相同，第六層與第三層相同。依此方式繼續往上堆積，可得 ABCABC…層序，而形成單位立方體晶格之八個角，各有一原子，及其六面的中心位置各有一原子的**面心立方** (face-centered cubic) 晶體結構，簡稱為 f.c.c.。此種堆排的方式為，半徑相同的球體之最密堆積的方式，由此種堆排的方式所得之晶體結構，為屬於立方晶系，而稱為**立方最密充填** (cubic closed-packed)，簡稱 c.c.p.。此種立方最密充填之基礎平面為，面心立方晶體的 (111) 晶面，而平行於 f.c.c. 之晶面族 {111}。此種堆積與單位晶格的相對關係，如圖 21-42 所示。

於此計算圖 21-42 的(c)，(d) 及 (e) 所示之立方最密充塡面心立方晶體中，其一個球所佔的體積。**單位晶格** (unit cell) 之晶面對角線的長度爲 $\sqrt{2}\,a$，而互相接觸之球的半徑爲 $(\sqrt{2}/4)a$，如圖 21-42(d) 所示。由於每單位晶格內，有 $4\left(\frac{1}{8}\times 8+\frac{1}{2}\times 6\right)$ 個的球，所以每一球所佔的體積之分率，可表示爲

$$\frac{4\left(\frac{4}{3}\pi\right)\left(\frac{\sqrt{2}}{4}a\right)^{3}}{a^{3}}=0.7405 \tag{21-18}$$

於立方最密充塡之每一球的鄰近有 12 球，其中的六個於同一層，三個於其上面的層，而另三個於其下面的層。金屬與惰性氣體常形成立方最密充塡的結構。

若第三層的球放置於第一層球的直上方，則形成如圖 21-41 所示的六角(方)的最密充塡，此時其第四層的球會正好於第二層球之直上方，其餘類推。此如同立方最密充塡的情況，每一球有 12 鄰接的球，而每一球所佔的體積之分率亦爲 0.7405，且於單位晶格內有二原子，其座標爲 (000) 與 $\left(\frac{1}{3}\frac{1}{3}\frac{1}{2}\right)$。

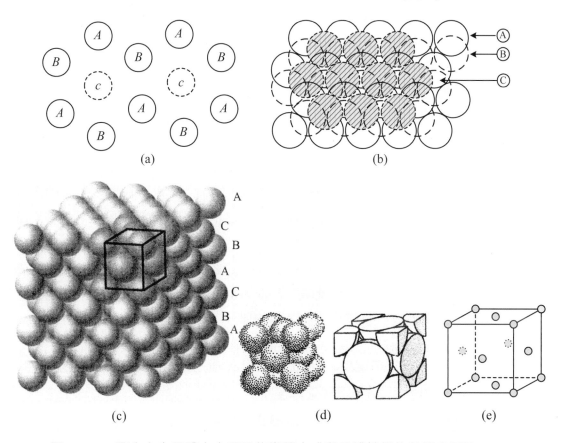

(a)　　　　　　　　　　(b)

(c)　　　　　　(d)　　　　　　(e)

圖 21-42　面心立方晶體中之原子的堆積方式與晶體結構的各種表示法，自 William D.Callister, Jr., *Materials Science and Engineering, An Introduction*, 6th ed. John Wiley & Sone (2003).

　　單位晶格之大小，用球之半徑 r 表示時，$a = b = 2r, c = 4\sqrt{2}\,r/\sqrt{3}$，而 $c/a = 2\sqrt{2}/\sqrt{3} = 1.633$。一些金屬為六角(方)最密充填的結構，但其 c/a 的比與其理想比值 1.633，有少許的偏差，此顯示其原子並非完全的球形。

　　六角(方)最密充填 ABABAB…，與立方最密充填 ABCABC…為，相同的二最密充填方法，因此，其每一球之環境，與其他全部球的環境均完全相同，然而，如 ABCAB ABCAB…的充填方法時，其每一球之環境不完全相同，理論上可有無窮多的其他最密充填的方法。

　　許多晶體的結構含有二形式的原子，其一形式為原子形成最密充填的結構，而另一形式為原子填置於最密充填球間的**間隙** (interstices)。最密充填球間有**四面體的位** (tetrahedral sites) 與**八面體的位** (octahedral sites) 之二種間隙位置。一個球放置於其他三個球上面的凹陷的位置時，如圖 21-42(a) 所示，其四個球的中心各位於**四面體** (tetrahedron) 的頂點，而此四面體之中心為填球存在的空間，此稱為四面體的位。最密充填結構的每一球，與其下層的三個球及上層的三個球接觸，所以每一球有 2 四面體的位。因此，若 X 的原子形成最密充填的結構，而 Y 的原子小至只適合填置於四面體的位，則化合物 XY_2 適合形成此種結構，而其一半被化合物 XY 所佔據。對於佔據四面體的位，而不會攪亂最密充填格子之較小球的半徑，須小於較大球的半徑的 0.225。

　　最密充填結構的另一種形式之位置為八面體的位，此中心被於八面體之頂點的六個球所圍繞。於最密充填結構中，每一球有 1 八面體位，因此，此種結構適合形成 XY 型的化合物，適合八面體位的 Y 原子半徑，須小於較大球的半徑之 0.414。

　　雖然大多數的金屬元素為，形成六角(方)最密充填或立方最密充填的結構之結晶體，而僅一些形成非最密充填結構的體心立方的排列，其每一原子的周圍有等距離的八鄰近的原子，而沿立方軸的方向之稍外側，尚有六原子，且其距離均為最鄰近者之 1.15 倍。

　　大多數的**過渡金屬** (transition metals) 之**碳化物** (carbides)，**氮化物** (nitrides)，**硼化物** (borides) 及**氫化物** (hydrides)等，均於金屬原子所構成的最密充填的結構之間隙部位，有較小的非金屬的原子。

例 21-4　鎂於 25°C 形成邊長 $a = 320.9$ pm 的六角(方)最密充填結晶，試求鎂的金屬之密度與鎂的原子之半徑

　　解　因 $a = b, \alpha = \beta = 90°$，故由式 (21-4) 可得

$$V = a^2 c (1 - \cos^2 \gamma)^{1/2} = a^2 c \sin \gamma$$

　　因 $c = 1.633a$，$\gamma = 120°$，及 $a = 320.9 \times 10^{-12}$ m，代入上式得

$$V = 1.633(320.9 \times 10^{-12}\,\text{m})^3 \sin 120° = 4.673 \times 10^{-29}\,\text{m}^3$$

由式 (21-11) 得，密度為

$$\rho = \frac{2(24.305 \times 10^{-3}\,\text{kg mol}^{-1})}{(6.022045 \times 10^{23}\,\text{mol}^{-1})(4.673 \times 10^{-29}\,\text{m}^3)} = 1.727 \times 10^3\,\text{kg m}^{-3}$$

而鎂的原子之半徑為

$$r = \frac{1}{2}a = \frac{1}{2}(320.9\,\text{pm}) = 160.5\,\text{pm}$$　◀

21-14　球體之體心立方的結構
(Body-Centered Cubic Structure of Spheres)

同樣大小的球，於二次元的**基礎平面** (basal plane) 上的正方排列，如圖 21-43(a) 所示。於基礎平面上之球 A′ 的上面，向三次元的空間繼續堆積第二層的球，若其第二層球的中心與第一層球的中心之連線垂直於基礎平面，則可得如圖 21-43(b) 所示的 A′A′A′A′… 堆積的方式，由此所得的結構為**原始立方** (primitive cubic)，或稱為**簡單立方** (simple cubic)，其單位晶格為正立方體，而其單位晶格的八個角各有一個球（原子）。若其第二層的球放置於圖 21-43(a) 之基礎平面層之各球間的凹陷位置之上，如圖 21-43(c) 所示，而其第三層的球放置於第二層球之凹陷的位置上，則第三層的球心與第一層的球心的連線，垂直於基礎平面，而第四層的球心與第二層球心的連線，垂直於基礎平面，依此方式向上繼續堆積，則可得 A′B′A′B′A′B′… 方式的堆積，此種結構之單位晶格，為**體心立方體** (body-centered cubic) b.c.c.，其結構如圖 21-44 所示。體心立方單位晶格之八個角，各有一個球（原子）外，其體心的位置亦有一個球（原子）。

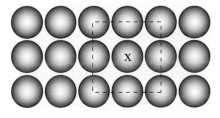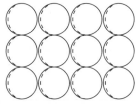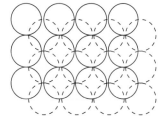

(a) 正方排列　(b) A′A′A′A′A′A′……推排方式（原始立方經格）　(c) A′B′A′B′A′B′……推排方式（體心立方經格）

圖 21-43　球於基礎平面上的正方排列，及繼續向上堆排球之方式

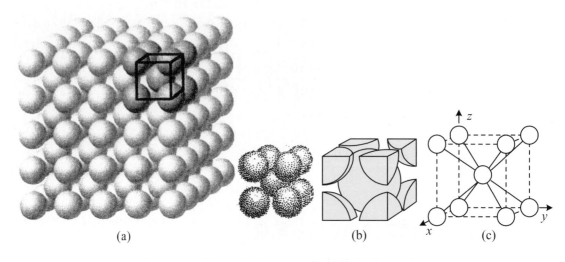

圖 21-44　體心立方晶體中之原子堆積方式與其結構

　　體心立方晶體如圖 21-44 所示，其每一原子有八個鄰近等距離的角頂原子，及六個毗鄰其晶格之體心位置而距離稍大的次鄰近的原子。由畢氏定理可得，自立方單位晶格之體心點，至其角頂的距離為 $(\sqrt{3}/2)a$。若結構內之球互相接觸，則球之半徑為 $(\sqrt{3}/4)a$。因此，立方單位晶格內的球所佔單位晶格之體積的分率，為

$$\frac{2\left(\dfrac{4}{3}\pi\right)\left(\dfrac{\sqrt{3}}{4}a\right)^3}{a^3} = 0.6802 \tag{21-19}$$

鹼金屬及鎢晶體為體心立方的結構。

　　球體的立方晶格之特性，總括於表 21-8。通常球體很少充填成**簡單立方格子** (simple cubic lattice)。

表 21-8　立方格子之特性

	簡單格子	體心格子	面心格子
單位晶格之體積	a^3	a^3	a^3
每單位晶格之格子點	1	2	4
最鄰近之格子點的數目	6	8	12
至最鄰近的格子點之距離	a	$(\sqrt{3}/2)a$	$(1/\sqrt{2})a$
充填分率	0.524	0.680	0.740

例 21-5　金剛石為面心立方晶體，於其 000 與 $\dfrac{1}{4}\dfrac{1}{4}\dfrac{1}{4}$ 之每格子點各有原子，其結構如圖 21-9 所示，每格子點有二原子，其每單位晶格有 8 個原子，而金剛石之單位晶格的距離為 356.7 pm。試計算其 C–C 結合鍵的長度及 C–C–C 結合鍵的鍵角

解 對於格子點 000 與 $\frac{1}{4}\frac{1}{4}\frac{1}{4}$，使用式 (21-3) 可得

$$L = a[(x_2 - x_1)^2 + (y_2 - y_1)^2 + (z_2 - z_1)^2]^{1/2}$$

$$= (356.7\text{ pm})\left(\frac{3}{16}\right)^{1/2} = 154.5\text{ pm}$$

此為 C−C 結合鍵的鍵長。

於單位晶格之角頂的碳原子，與面心位置間之距離 L，可表示為

$$L^2 = \left(\frac{356.7\text{ pm}}{2}\right)^2 + \left(\frac{356.7\text{ pm}}{2}\right)^2$$

$$L = \frac{\sqrt{2}}{2}(356.7\text{ pm})$$

$$\sin\theta = \frac{\sqrt{2}(356.7\text{ pm})}{4(356.7\text{ pm})\left(\frac{3}{16}\right)^{1/2}}$$

$$\therefore\ \theta = 54.736°$$

$$154.5\text{pm} = (356.7\text{pm})\left(\frac{3}{16}\right)^{1/2}$$

$$\frac{\sqrt{2}}{4}(356.71\text{ pm})$$

由於 C−C−C 鍵的鍵角為 2θ，而等於 109.471°，此等於四面體的角度。

矽 (silicon)、**鍺** (germanium)，及**灰錫** (gray tin) 等，同樣有如此的結構，而其單位晶格的距離，分別為 543.1, 565.7 及 649.1 pm。　　　◀

21-15　中子的繞射 (Neutron Diffraction)

熱中子 (thermal neutrons) 於室溫之平均 de Broglie 波長，為 140 pm。**核反應器** (nuclear reactor) 所產生的熱中子線束，經由**晶體單色器** (crystal monochromator) 的繞射，可得能量範圍狹窄的**單色線束** (chromatic beam)。使用中子之單色線束，以與 X-射線相同的方法，可對晶體產生散射。中子之繞射的原理，雖然與 X-射線的繞射相似，而成為 X-射線繞射的補助技術，但其間仍有些基礎上的不同。X-射線為由於晶體內的電子而產生散射，但中子為被晶體內的原子核而產生散射，因此，中子之**原子的散射因子** (atomic scattering factors)，不像 X-射線的散射因子隨原子序而改變，且對於各種原子均有大約相同的散射因子，而與 Bragg 散射角的大小無關。氫原子與其他的較重原子比較，對於 X-射線之**散射的能力** (scattering power) 甚小，而對於中子之散射的能力甚強，因此，中子的繞射與 X-射線的繞射比較，對於晶體結構內的氫原子之精確位置的確定，特別有用。例如，**氫化鈾** (uranium hydride) 等化合物，可以 X-射線的繞

射推定其內的鈾原子之坐標,而由中子的繞射推定氫原子之坐標。

中子具有 1/2 旋轉的**磁力矩** (magnetic moment),對於含**順磁性的原子** (paramagnetic atoms) 或**不成對的電子** (unpaired electrons) 的離子之化合物,除原子核之散射外,尚有另外的散射。因此,中子的繞射廣泛被利用於研究,如 MnO 與 Fe_3O_4 等磁性物質之結構,以測定固體中的**原子磁矩** (atomic magnetic moment) 之排列。

21-16 液體之結構 (Structure of Liquids)

於**完全的晶體** (perfect erystal) 內,常取距離其他任何原子、離子或分子一定距離的原子、離子或分子,作為坐標系之中心(原點)。氣體內的分子由於熱運動,其各分子於某時間之位置,皆隨意變動而不規則。液體為介於晶體與氣體之中間,其分子雖非於一定的格子內整齊排列,但仍有某些**順序** (order)。液體中的原子或分子之分佈狀況,可由其散射的 X-射線強度之詳細的分析計算。

X-射線經**無定形的相** (amorphous phase) 產生散射時,其散射的強度 $I(\theta)$ 僅為散射角度 θ 的函數,於此,散射角度之定義為,散射的輻射線偏離其入射線束之**進行軸** (propagation axis) 的角度。散射的強度一般隨其散射角度 θ 的增加而減少,而可表示為

$$I(\theta) \propto \int_0^\infty P(R) \frac{\sin kR}{kR} dR \qquad (21\text{-}20)$$

其中

$$k = \frac{4\pi}{\lambda} \sin\frac{\theta}{2} \qquad (21\text{-}21)$$

於上式 (21-20) 中,$P(R)dR$ 為於 R 與 $R+dR$ 間發現粒子之或然率,R 為原點與粒子間之距離。對於均勻的介質,其 $P(R)$ 與 $4\pi R^2$ 成比例,於此導入,**對相互關係函數** (pair correlation function) $g_2(R)$,其定義如下式所示,即為

$$P(R) = 4\pi R^2 \rho g_2(R) \qquad (21\text{-}22)$$

上式中,ρ 為介質之**數密度** (number density)。若介質為連續而均勻,則其對相互關係函數為一定。

液體之對相互關係函數 $g_2(R)$ 與 R 的關係,如圖 21-45 所示,其對相互關係函數於小的 R 值時為零,且於其**最可能的最鄰近距離** (most probable nearest-neighbor distance) 有極大值,而其對相互關係函數 $g_2(R)$ 之極大值,隨其第二最鄰近距離 R 值、第三最鄰近距離等而逐漸減小。圖 21-45 中之第一極大值為,其 8 至 12 之最鄰近的分子,圍繞其每一分子。由於位能函數於較小的分子

間距離處之斜率的峻峭，因此，其對相互關係函數 $g_2(R)$ 於距離比一分子的直徑小時，等於零。此種最**鄰近之殼** (shell of nearest neighbors) 的存在表示，於一分子的直徑與二分子的直徑間發現分子之或然率甚低。對相互關係函數之極大與極小的點，均隨液體的溫度之上升，而逐漸不明顯。

　　液體之理論，雖然遠不如氣體與晶體的理論充分完整，然而，對於液體之結構的瞭解，已有重要的進展。液體之熱力性質，可用**徑向分佈函數** (radial distribution function) 表示。

　　粉末的晶體可同樣，測定其對相互關係函數，其於無振動時之對相互關係函數，可用其各種晶面間的距離之一連串的光譜線表示。因晶體之原子於其平均的位置振動，故晶體之對相互關係函數，並非由明銳的光譜線所組成，但較液體有甚明銳的尖峰。

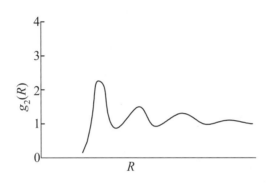

圖 21-45　液體之對相互關係函數

21-17　液晶 (Liquid Crystals)

　　某些液體經冷卻時，會顯現具液體與固體的二相之某種新的液體相。此種相具有半透明或混濁的外觀，而稱為液晶(Liquid Crystals)。

　　非對稱的分子（asymmetrical molecules）液體中，其分子軸的排列混亂，然而，液晶分子的排列整齊，如圖 21-46 所示。液晶有三種的型式，其中的線蟲型液晶（nematic liquid crystals），其分子之長軸排成整齊的列，而其分子軸互成平行，但其分子並非排成層。此種線蟲型的液晶，因對於光線產生很強的散亂，而具有半透明的外觀。

膽固醇型的液晶（cholesteric liquid crystals），其分子的軸排成一直線，且其分子排成層，而自某一層至另一層以有規則的方式，轉移其分子軸的方位（向），如圖 21-46 所示。膽固醇型的液晶，由於對光線之強烈的 Bragg 反射，而顯現鮮明光亮的似真珠貝之虹色（iridescent）的顏色。由於其螺旋間的距離（pitch of the spiral）與反射的顏色，均受溫度的影響非常敏感，由此，此種液晶曾被採用，以量測皮膚及其他的表面之溫度。此膽固醇（cholesteric）的名稱，係由於此型的液晶來自許多的膽固醇之衍成物（非自膽固醇本身）。

第三型的液晶為所謂 smetic 液晶，為由具有化學的相異部分（chemically dissimilar parts）的分子而成。由於化學的相似部分的互相吸引，而形成像分子排列成同一方向的分子層，如圖 21-46 所示，Smetic 的液相之觸感像肥皂，而其構造及其他許多性質，可能均與細胞膜(cell membranes)有關聯。

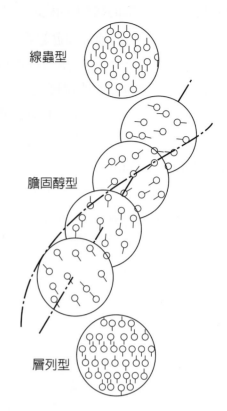

線蟲型

膽固醇型

層列型

圖 21-46　膽固醇型的液晶

習　題

1. 試計算，相隔離 500 pm 的晶面，由於波長 100 pm 的 X-射線所得的第一級、第二級及第三級反射之角度

   答　$5.74°, 11.54°, 17.46°$

2. 鎢的固體形成體心立方晶體，其密度為 $19.3\,g\,cm^{-3}$。試計算 (a) 其單位晶格之邊長，及 (b) 晶面間的距離 d_{200}, d_{110}，與 d_{222}

   答　(a) $316\,pm$；(b) $d_{200}=158, d_{110}=223, d_{222}=91.2\,pm$

3. 氧化鎂之單位晶格為邊長 420 pm 的立方體，其結構為**互相貫穿的面心** (interpenetrating face centered) 的立方晶體。試求 MgO 晶體之密度

   答　$3.62\,g\,cm^{-3}$

4. 銅的固體形成立方晶體。發現使用自銅靶放射的 X-射線（其 K_α 線之波長為 154.05 pm) 時，其對於銅晶體所得之 X-射線的粉末模樣圖，於 $\theta = 21.65°$, 25.21, 37.06, 44.96°, 47.58° 及其他較大的角度產生反射。試求 (a) 銅的晶體所形成之單位格子的型式，(b) 單位晶格之邊長，及 (c) 銅之密度

   答　(a) 面心，(b) 361.6 pm，(c) $8.93×10^3 \, kg m^{-3}$

5. 釙 (polonium) 為原始立方格子之唯一的金屬晶體，其單位晶格的邊長等於 334.5 pm。試求其 Miller 指數 (110), (111), (210) 及 (211) 等，其各種晶面間之垂直距離

   答　236.5, 193.1, 149.5, 及 136.6 pm

6. 氯化銫 (cesium chloride)、溴化銫及碘化銫等，均各為形成互相貫穿的簡單立方晶體，而不像其他的鹼金屬鹵化物，形成貫穿的面心立方晶體。CsCl 之單位晶格的邊長為 412.1 pm。(a) 試求 CsCl 之密度；(b) 假設沿單位晶格的對角線之其各離子各互相接觸，及 Cl^- 離子之半徑為 181 pm，試計算 Cs^+ 離子之半徑

   答　(a) $3.995×10^3 \, k \, g m^{-3}$；(b) 176 pm

7. 由 X-射線的繞射測得，氯化鉀於 18°C 之密度為 $1.9893 \, g \, cm^{-3}$，及其單位晶格之邊長為 629.082 pm。試使用鉀與氯之相對原子質量，計算 Avogadro 常數

   答　$6.0213×10^{23} \, mol^{-1}$

8. 鎢的晶體於室溫 (20°C) 時，形成體心立方晶體的結構，而於 20°C 之密度為 $19.35 \, g \, cm^{-3}$。試求鎢的原子之半徑

   答　136.8 pm

9. 鉬 (molybdenium) 的晶體於 20°C 時，形成體心立方晶體，其密度為 $10.3 \, g \, cm^{-3}$。試計算鉬的原子間之最接近的中心距離

   答　273 pm

10. 胰島素 (insulin) 形成單位晶格的大小為 $13.0×7.48×3.09$ nm 的**斜方晶形** (orthorhombic) 晶體。設此晶體之密度為 $1.315 \, g \, cm^{-3}$，而其每單位晶格含六個胰島素的分子，試求胰島素蛋白之莫耳質量

    答　$39,700 \, g \, mol^{-1}$

11. 鋁於 25°C 形成面心的立方晶體，而其單位晶格之邊長為 405 pm。試計算 (a) 鋁於 25°C 之密度，及 (b) 其各晶面 (200), (220), 及 (111) 等之晶面間的距離

    答　(a) $2.698 \, g \, cm^{-3}$，(b) 202.5, 143.2, 及 233.8 pm

12. 金紅石 (rutile，TiO_2) 為形成 $a = 459.4$ pm 與 $c = 296.2$ pm 的**原始長方格子** (primitive tetragonal lattice)的晶體。其每單位晶格內有二 Ti 的原子，其一位於 (000) 而另一位於 $\left(\frac{1}{2}\frac{1}{2}\frac{1}{2}\right)$。其四個氧的原子分別位於 $\pm(uu0)$ 及 $\pm\left(\frac{1}{2}+u, \frac{1}{2}-u, \frac{1}{2}\right)$，其中的 $u = 0.305$。試求金紅石晶體之密度

    答 4.245×10^3 kg m^{-3}

13. 均勻球體的立方最緊密充填結構之立方單位晶格的邊長為 800 pm。試求此球體狀的分子之半徑

    答 283 pm

14. 半徑 500 pm 的球狀分子，分別充填形成立方最緊密充填，及體心立方體的二種晶體。試求此二種晶體的立方單位晶格之邊長

    答 1414.2，1154.7 pm

15. 鈦 (titanium) 的金屬形成六角(方)最密充填晶體，其原子的半徑為 146 pm。試求其單位晶格之各邊的長度，及此晶體之密度

    答 $a = b = 292$ pm，$c = 477$ pm，4.517×10^3 kg m^{-3}

16. 金屬鈉形成體心立方單位晶格，其邊長 $a = 424$ pm。試求鈉原子之半徑

    答 184 pm

17. 金剛石形成面心立方晶格，其每單位晶格有八個原子，金剛石之密度為 3.51×10^3 kg m^{-3}。試計算，使用波長 7.12 pm 的 X-射線，可得之首先的六反射角度

    答 $9.95°, 11.50°, 16.38°, 19.31°, 20.21°, 25.51°$

18. 金剛石形成面心立方的結構，其單位晶格之邊長為 356.7 pm，而每一格子點有二原子。試求金剛石之密度

    答 3.516×10^3 kg m^{-3}

19. 試求，能量相當於波長 100 pm 之中子的能量，以電子伏特的單位表示之

    答 0.0818 eV

第二十二章

核化學及放射化學

　　Röentgen 於 1895 年發現 X-射線之稍後，Becquerel 於 1896 年由硫酸鉀之實驗的結果發表，其內所含微量的鈾所放射之放射線，能穿透普通的光線所不能透過的金屬薄片，而可使其周圍的空氣產生電離。其後許多天然的放射性核種陸續被發現，Curie 夫婦積極從事放射性物質之研究，而於 1902 年發現**鐳** (radium)。

　　由於放射性的研究結果，而發現同位素。Thomson 於 1913 年，觀察帶**正電荷的正射線** (positive rays) ，於磁場及電場中所產生之**偏斜** (deflection) 時，發現穩定的元素亦有同位素。Rutherford 與 Chadwick 發現，α-射線可使碳與氧以外之硼至鉀的所有較輕元素，產生原子核的**轉變** (transmutation)。Curie 夫人之女兒 Irene Curie 與其丈夫 F. Joliot 共同發現，藉 α 粒子的撞擊，可使其他元素具有放射性。Chadwick 於 1932 年發現中子，而許多種的原子核經中子的撞擊，可轉變生成新的放射性核。後來由於各種加速器的發明，可使用 α 粒子以外的各種高能量的射出**粒子** (projectides) 撞擊其他的原子核，並由此促進核反應的研究，而陸續發現許多新的元素。

　　Otto Halcn 與 S. Strassmen 於 1939 年證實，中子可使鈾的原子核產生核分裂，由此，芝加哥大學的 Fermi, Szilard 及 Wigner 等人，於 1942 年發明核反應器，並進行研究且促成可控制的鈾核分裂之鏈鎖反應的驚人實驗，由此，導至 1945 年於廣島與長崎的原子彈爆炸，而結束第二次世界大戰。核反應器除可提供原子能（核能）外，可供應豐富的中子源，用以製造各種放射性元素。戰後由於國際原子能總署 (IAEA) 對於原子能和平用途的極力推廣，原子能與放射性同位素，於化學、醫學、農業、工程等許多方面之和平的應用，均有迅速的發展，其中核能發電最受大家的注意與關心。

22-1 放射能之發現 (Discovery of Radioactivity)

倫琴 (W.C. Röentgen) 於 1895 年發現 X-射線之稍後，**柏克勒爾** (Henn Becguerel) 於 1896 年 2 月 24 日發表，包於黑紙或鋁箔內的硫酸鈾鉀 [$K_2UO_2(SO_4)_2 \cdot 2H_2O$]，能使照相底片感光，而數月後又發現此種鈾的複鹽，於暗室內放置長時間後仍同樣可使照相底片感光，然而，不含鈾磷光體的純硫酸鋅或硫酸鈣等，均不會使照相底片感光，而由此得知此種感光的現象，係由於鈾鹽類的存在。從鈾所放射之放射線能穿透過普通的光線所不能透過的金屬薄片，而可使其周圍的空氣產生電離。此種可使照相底片感光的性質，與其周圍的環境如光線或溫度等，完全沒有關係，而其感光之強度與鈾的含量成比例。居里夫婦 (Pierre Curie 與 Maric Sklodowska Curie) 於 1898 年認為，**鈾的射線** (uranium rays) 為鈾元素固有的原子現象，而與鈾元素之化學及物理狀態無關，並稱此種現象為放射性或**放射能** (radioactivity)。

史米特 (G.C. Schmidt) 於 1898 年 4 月 4 日，及居里夫人於同年的 4 月 12 日，幾乎同時發表釷 (thorium) 的化合物有與鈾類似之放射性。居里夫人於測定含鈾的各種礦物之放射能的強度時，驚奇地發現鈾礦之放射能的強度，遠大於其鈾含量之所期待的放射能強度，而認為鈾礦中，可能含有另種的放射性更強的未知元素。因此，經由化學的分解與分離及仔細的分析，居里夫婦於 1898 年 7 月 18 日，發現放射能甚強的新元素，而為記念居里夫人的祖國 ─ 波蘭，將此新元素命名為釙 (polonium)。居里夫婦及其共同研究者**貝夢脫** (G.Bemont)，從 U_3O_8 的含量約 75% 的暗黑色的瀝青**鈾礦** (pitchblend) 之分離過程中，於同年 12 月 26 日在含鋇之溶液中，發現另一種放射能甚強的新放射性元素，此新元素為放射能的強度約等於鈾之一百萬倍的鐳 (radium)。此氯化鋇的溶液經多次的分別結晶的分離，可將鐳的氯化物與氯化鋇分離濃縮，而至 1902 年居里夫人自約 2 噸的瀝青鈾礦，分離得到分光學上無含鋇的 100 mg 的氯化鐳，其回收率約為 25%，並由此測得鐳元素之原子量約為 225。其後居里夫人再測定鐳元素之原子量而得 226.5，並由熔融鹽的電解製得金屬的鐳。

居里夫婦使用濃縮的鐳試料，測定鐳之放熱的效應，而得每 1 克的鐳每小時約放出 100 cal 的熱量。於發現鐳後之隔年 (1899)，Debierne 發現自瀝青鈾礦提煉鐳後之殘渣中，尚含有另一種的放射性元素，其化學性質近似釷的元素，而放射能約為釷元素之數千倍，而命名為錒 (actinium)。錒元素的發現尚未得到確證之前，Giesel 亦於瀝青鈾礦中，得到另一放射能甚強的元素，而該元素於分離的過程中皆與鑭 (lanthanum) 元素混在一起，經詳細的比較後得知，

Debierne 與 Giesel 所發現者，實爲同一種的元素。Dorn 於 1900 年，使用更精密的分析方法，於鐳之存在處發現，尚有一種與稀有氣體相似的氣態放射性元素，其存在的量雖甚少，但其放射能之強度大於鐳，而命名爲**氡** (radon)。

　　Giesel 等諸人於研究釙、鐳等之性質時，已知自瀝青鈾礦分離的鉛具有放射性，後來經**荷夫曼** (K.A. Hofmann) 與**斯特勞史** (E.Strauss) 的研究證實，自瀝青鈾礦得到的鉛中，確含有具放射性的鉛。Otto Hahn 於 1905 年發明，Rd Th 與 Ms Th 的分離及檢測的方法，而 Otto Hahn 與 W. Marckwald 等於 1907 年，發現性質與釷元素完全相同的**鑀** (ionium Io)，及於 1918 年 Otto Hahn 與 L. Meitner 及 F. Soddy 與 J. A. Cranston 等發現，**鏷** (protactinium, Pa) 等各種新的元素。其後有四十餘種的天然放射性的元素陸續被發現。

　　元素之放射性可由其電離氣體的性質檢測，而藉量測其於空氣中之電離的量，以測定其放射線強度之方法，較照相底片的感光方法精確。放射線通常可使用**電離箱** (ionization chamber) 或 Wilson 的雲霧箱偵測，而 Curie 於其研究時使用電位計，測定所產生的電離電流。Rutherford 於 1899 年使用同樣的裝置，研究金屬 (鋁) 的薄片對於放射線之吸收，而發現放射線有二種的成分，其中之一可被千分之數厘米的薄鋁片吸收，而命名爲 α 放射線，另一成分需要約上述之 100 倍厚度的鋁板，才可吸收其大部分的放射線，而命名爲 β 放射線。Rutherford 於 β 放射線之通路中放置厚度 d cm 的吸收板時，發現其產生電離的作用減少成爲原來的 $e^{-\mu d}$，其中的吸收係數 μ，對於鋁約爲 $15\,cm^{-1}$，使用其他種類之金屬吸收板時，其 μ 值隨其原子量的增加而增加。

　　Rutherford 於上述的實驗當時認爲，鋁的吸收板對於 α 放射線之吸收，亦應隨吸收板的厚度成指數逐減，而得 α 放射線於鋁中之吸收係數 $\mu = 1,600\,cm^{-1}$。Curie 夫人約於一年後發現，吸收板對於 α 放射線之吸收係數 μ 值並非一定，而隨所通過吸收板之厚度的增加而增大。W.H. Bragg 發現由各種放射性物質放射之 α 線，各具有其特定的**飛程** (range)，而於 1904 年提出，α 粒子具有一定飛程的概念。

　　由於 α 射線與 β 射線於磁場及電場內之偏向的實驗得知，α 線與 β 線爲高速流動的粒子，且 β 線爲速度接近於光速之移動的電子，而 α 線爲電荷與質量的比約等於氫離子之 1/2，而速度約等於光速之 1/10 的帶正電荷的粒子，因此，認爲 α 粒子爲氦的離子。由此，得以瞭解於鈾及釷等的礦石中，有氦氣存在的事實。後來於 α 線通過的薄玻璃壁的真空容器內，檢出氦氣之分光光譜而證實，α 線確爲高速移動的氦原子核。

　　於研究 α 射線與 β 射線之前，曾發現於磁場及電場內不會產生偏向，而直線前進且透過性甚強的 γ 射線。γ 射線爲能量及其產生的機制均與 X-射線不相同，而性質與 X-射線相似的電磁波。

　　Rutherford 於測定釷鹽之放射能時，發現電位計的讀數常會有某些誤差，而於 1899 年得知其原因，係釷的化合物所產生的放射性物質，擴散通過電離箱所致，對於鐳的化合物亦發現有同樣的現象。由 Rutherford 與 Soddy 之繼續研究得知，此射出物為分子量大而沸點 −150°C 的惰性氣體，而於 1899 年由瀝青鈾所分離出的放射性物質錒，亦放出此種放射性的射出物。因此，Rutherford 與 Soddy 於 1903 年，對於放射能之本性發表具卓越見解的結論，即放射性的元素自一化學原子，自發轉變成他種的化學原子時，隨伴其變化之同時放出放射線，而此種放射能之現象為原子內的變化，然而，經過八年後才有原子核的觀念。

　　F. Soddy 及 K. Fajans 於 1913 年，提出放射性蛻變之**位移法則** (displacement law)，並各獨立發表，放射性元素產生 α-衰變 (α-decay) 及 β-衰變時，其所生成的元素於週期表中之位置的移位法則，即 α-衰變時，其原子序減少 2 而質量數減少 4，β-衰變時，其原子序增加 1 而質量數不會改變。K. Fajans 由此法則而發現，鈾 X_2 ($^{234}_{91}Pa$) 之半衰期為 1.18 m。

22-2 同位素與核種 (Isotopes and Nuclides)

　　原子為由原子核及核外的電子所構成，元素之化學性質，由其核外的電子組態所支配，而原子核之特徵，由構成其原子核之質子數 (Z) 及中子數 (N) 決定。**核種** (nuclide) 通常用，原子核內所含的質子數 Z 及質量數 A 與元素的符號表示，而其質量數 A 等於，原子核內之質子數 Z 與中子數 N 的和，$A = Z + N$，即質量數相當於原子核內之**核子的數** (number of nucleons)。已知 1600 種以上之核種，經 G. Friedlander, J.W. Kennedy 與 J.M. Miller 等列表 (參閱 Nuclear and Radiochemity, App. E Table of Nuclides, John Wiley & Sons, Inc. (1964), New York 2nd.ed.,)，如附錄十三的核種表所示，其中並註明其各核種之質量、存在量的比率、半衰期、衰變模式及所放射放射線之能量。

　　核種通常於其元素的符號之左上角，標記質量數，左下角標記原子序 (質子數)，例如，氫之原子核有質量數 1, 2, 3 之三種核種，而分別表示為 ^1_1H, ^2_1H 與 ^3_1H，這些核種為質量數相異，而原子序 Z 相同的同一種元素，稱為**同位素** (isotope)。若某些原子核之原子序 Z，質量數 A 及中子數均各相同，而其能階不同，則其能量較高的激勵態原子核，會以某半衰期放出放射能 γ −射線，而轉變成為安定態的核種。這些**準安定核種** (metastable nuclide) 有二種以上的能階時，按其能階之次序，於其質量數之後面以序註記 $m_1, m_2, m_3, \cdots$，以區別，而這些核種稱為**核異構體** (nuclear isomer)，例如，鎘有三種核異構體

$^{111}_{48}\text{Cd}$, $^{111m_1}_{48}\text{Cd}$, 與 $^{111m_2}_{48}\text{Cd}$, 有 時 省 略 左 下 角 之 原 子 序 的 標 記 而 表 示 爲 ^{111}Cd， $^{111m_1}\text{Cd}$, 與 $^{111m_2}\text{Cd}$。人工的放射性同位素，有很多準安定核種的例，其大多數是放射 γ 射線的放射性原子核，也有些準安定的放射性核種，於放射 γ 射線之前，以不同的半衰期放出 β- 射線。

　　由不同數目的中子與相同數目的質子，所組成之安定核種的同位素，稱爲**安定的同位素** (stable isotope)，而不安定核種的同位元素，一般稱爲**放射性同位素** (radioactive isotope)。於自然界的元素中如鈉僅有一核種 $^{23}_{11}\text{Na}$，而其天然**存在比率** (abundance) 爲 100%，氫有 ^1_1H 與 ^2_1H 的二種天然的同位素，其存在比率各爲 99.9849 ~99.9861% 與 0.0139~0.015%。天然的同位素之存在比率爲一定，通常不受環境的影響而變動，但也有一些例外，例如，氫之同位素的存在比率，受環境條件的影響而有稍微的差異，然而，如鉀之同位素中，有些雖爲放射性核種，但由於其半衰期甚長，由此，其於天然之存在比率所受的影響甚微而幾乎保持一定，鉀之各種同位素的存在比率，爲 $^{39}_{19}\text{K}$ (安定)93.08%，$^{40}_{19}\text{K}$ ($t_{1/2} = 1.2\times10^9$ 年) 0.012%，$^{41}_{90}\text{K}$ (安定)6.91%。

22-3 放射性的衰變 (Radioactive Decay)

　　不安定的放射性核種，於轉變成爲安定核種的過程，常會放出 α 粒子或 β 粒子，或放射線及能量，而轉變成爲他種的核種，此種現象稱爲**放射性的崩變（衰）** (radioactive disintegration)。各種放射性的核種有其特有的衰變現象，而與其周圍的環境及溫度與壓力等條件無關。放射性的崩變之模式，依其所放射的粒子或放射線之種類，可分成 α-**衰變** (α-decay)，β-**衰變** (β-decay)，γ-**射線** (γ-ray) 衰變，**軌道電子的捕獲** (electron capture, EC)，**核異性體的轉變** (isomeric transition, IT)，**內部轉換電子** (internal conversion electron, e^-) 等。

　　E.von Schweider 於 1905 年，由放射能之本性，假定放射性元素之某特定的原子，於 Δt 的時間內發生崩變之或然率 p ，與該原子之過去的經歷及環境無關。由此，放射性元素之某特定原子，於甚短的時間 Δt 內發生衰變之或然率 p ，僅與 Δt 成比例，而可表示爲

$$p = \lambda\Delta t \qquad\qquad (22\text{-}1)$$

上式中，比例常數 λ 爲放射性物種之特有的常數，而稱爲該核種之**衰變常數** (decay constant)。因此，某原子於 Δt 的時間內，不發生崩變的或然率爲

$$1 - p = 1 - \lambda\Delta t \qquad\qquad (22\text{-}2)$$

由此，該原子於第二 Δt 的時間仍存留之或然率，爲 $(1 - \lambda\Delta t)^2$ ，由此類推，該原

子於第 n 的 Δt 時間仍存留之或然率，為 $(1-\lambda\Delta t)^n$，因全部的時間 $t=n\Delta t$，故經時間 t 後該原子仍存留之或然率 q，可表示為

$$q = (1-\lambda\Delta t)^n = \left(1 - \lambda\frac{t}{n}\right)^n \tag{22-3}$$

於 Δt 甚小而趨近於無窮小時，n 趨近於無窮大，因此，上式 (22-3) 可寫成

$$q = \lim_{n\to\infty}\left(1 - \lambda\frac{t}{n}\right)^n = e^{-\lambda t} \tag{22-4}$$

所以經由時間 t 而尚存留之原子數 N_t，與其原來的原子數 N_o 的比，可表示為

$$\frac{N_t}{N_o} = q = e^{-\lambda t} \tag{22-5}$$

通常很少直接量測原子數 N_t 或 N_o，而常測定於單位時間內發生崩變之原子數。放射性的核種於時間 t 之**崩變速率** (disintegration rate)，與其原子數 N_t 成比例，且比例常數為該放射性核種之特有的常數，而可表示為

$$-\frac{dN_t}{dt} = \lambda N_t = \lambda N_o e^{-\lambda t} = \left(-\frac{dN_o}{dt}\right)e^{-\lambda t} \tag{22-6}$$

由此，放射能之崩變，可用上式(22-6)的指數法則表示，此與 Rutherford 由實驗所發現的放射能之衰變的結果相同。上式 (22-6) 之崩變速率，稱為**放射能之強度** (intensity of radioactivity)。因此，以放射能強度的對數，$\log(-dN_t/dt)$，為縱軸，時間 t 為橫軸作圖，可得斜率等於衰變常數 λ 之直線。

當時間 $t=1/\lambda$ 時，由式 (22-5) 可得，$N_t/N_o = e^{-1} = 0.367879\cdots$，此為放射性的核種之原子數，減為其原來的 $1/e$ 所需的時間，此時間稱為該放射性元素之**平均壽命** (average life) τ。放射性的核種之原子數，減為其原來的 $1/2$ 所需的時間 $t_{1/2}$，稱為該放射性核種之**半衰期** (half-life)。由此，將 $t=t_{1/2}$ 時，$N_t = N_o/2$ 的關係，代入式 (22-5) 可得

$$\frac{N_o}{2} = N_o e^{-\lambda t_{1/2}} \tag{22-7}$$

由此，上式 (22-7) 之兩邊各取對數，可得放射性核種之半衰期，為

$$t_{1/2} = \frac{1}{\lambda}\ln 2 = \frac{0.693147}{\lambda} \tag{22-8}$$

將 $t=\tau$ 時，$N_t = N_o/e$ 的關係代入式 (22-5)，可得平均壽命 τ 為

$$\tau = \frac{1}{\lambda} = \frac{t_{1/2}}{\ln 2} = \frac{t_{1/2}}{0.693147} \tag{22-9}$$

例 22-1　鐳之半衰期為 1600 年，其原子量為 226，試求 1 克的鐳之每秒的崩變數

解　$\lambda = \dfrac{0.693147}{(1600)(365)(24)(60)(60)} = 1.38 \times 10^{-11}\,\text{s}^{-1}$

$-\dfrac{dN}{dt} = \lambda N = \dfrac{(1.38 \times 10^{-11})(6.023 \times 10^{23})}{(226)}$

$= 3.7 \times 10^{10}\,\text{disintegration per sec}\,(\text{簡寫成 dps})$

22-4　α-衰變 (α-Decay)

α-粒子含 2 質子與 2 中子，由此得其質量約為質子（氫原子核）的四倍，另由 α-粒子於電磁場中產生之偏向得知，α 粒子帶 $+2e$ 的電荷，由此可計算，α-粒子所帶之電荷與質量的比 e/m。自各種放射性的核種所放射的 α-粒子之 e/m 的比值，均接近 4.820，此約等於氦核（$^4_2\text{He}^{2+}$）之電荷與質量的比值，$(e/m)_{\text{He}^{2+}} = 9.649 \times 2/4.001 = 4.823$，其中的 9.649 為 Faraday 常數(以 $e.m.u.$ 的單位表示)，4.001 為 He^{2+} 之質量。由此，α-射線為自放射性核種射出之高速的氦原子核的粒子流。

α 粒子之穿透性很弱，因此，於介質中之**飛程** (range) 很短，且其飛程依其自放射性核放射時之能量，及介質的種類而異。α-粒子通過介質時，使介質的分子產生離子化之能力很強，於 1 atm 的空氣中之飛程，約為 2.5 至 8.6 cm 之間，而通常僅約 0.1 mm 厚度的鋁箔，就可完全屏遮 α-射線。自放射性核射出的 α-粒子之速度的範圍，約為 1.4×10^9 至 $2.25 \times 10^9\,\text{m s}^{-1}$，而其能量介於 11.7 MeV ($^{212}_{84}\text{Po}$，$t_{1/2} = 3.04 \times 10^{-7}\,\text{s}$) 與 1.5 MeV ($^{142}_{58}\text{Ce}$，$t_{1/2} = 5 \times 10^{15}$　y) 之間。放射較低能量的 α-粒子的放射性核種之半衰期一般較長，而放射較高能量的 α-粒子的放射性核種之半衰期較短。放射性的核種 ^A_ZM 經 α-衰變，轉變成 $^{A-4}_{Z-2}\text{M}'$ 之過程，可表示為

$$^A_Z\text{M} \longrightarrow {}^{A-4}_{Z-2}\text{M}' + {}^4_2\text{He} + \text{能量} \tag{22-10}$$

有些放射性的核種，放射單一種的一定能量的 α 粒子，此時由單一能階的原子核放出 α 粒子，而轉變成單一能階（通常為基底狀態）的原子核，如 $_{86}\text{Rn}$，$_{84}\text{Po}$，AcA，（$^{215}_{84}\text{Po}$），$_{90}\text{Th}$，及 ThA（$^{216}_{84}\text{Po}$）等。有些放射性核種會放射幾種不同能量的 α 粒子，此時放射 α 粒子之放射性的核，或所生成的原子核有幾種不同的能階，如 $^{226}_{88}\text{Ra}$，$^{228}_{90}\text{Th}$，及 ThC（$^{212}_{83}\text{Bi}$）等。

一些 α 衰變之**圖表** (scheme)，如圖 22-1 所示，其中 (a) $^{226}_{88}\text{Ra}$ 與 (b) $^{228}_{90}\text{Th}$ 之放射性核，放射不同能量的 α 粒子而轉變成不同能階的原子核，且其於較高能

階的原子核，繼續放射 γ 射線達至基底狀態，此時所放射的 γ 線之能量，等於所放射的二種 α 粒子之能量的差。因此，可由所放射 α 粒子之能量及 γ 線之能量，繪出放出 α 粒子所生成原子核之能階。(c)為 ThC($^{212}_{83}$Bi) 之放射性核於放射 α 粒子之前，先放射各種能量的 β 粒子，轉變成各種能階的 ThC，而有些激勵狀態的 ThC′ 放射 γ 射線轉移至基底狀態之前，直接放射 α 粒子轉變成 ThD，因放射 γ 線之壽命通常為 10^{-13} 秒的程度，故自 ThC′ 所放射的 α 粒子之能量大而壽命短。由此衰變圖可得知，ThC′ 之各不同的能階為，由 ThC 放射不同能量的 β 粒子所致，因此，大多數之 ThC′ 的激勵態繼續放射 γ 線，轉移至其基底狀態，而一小部分於放射 γ 線之前，直接放射飛程大而光譜強度弱的 α 粒子。

天然的放射性元素所放射的 α 粒子之能量，約為 4~8 MeV。由 α 粒子對於較重的原子核之散亂得知，至 α 粒子的能量 10 MeV 之附近，原子核周圍之電場均遵照 Coulomb 的法則，由此，原子核之位能障壁的高度至少 10 MeV 以上。然而，自原子核可放射出低於此能量的 α 粒子，此種事實不能用古典力學說明，而認為是量子力學的隧道效應(參閱 16-17 節)。

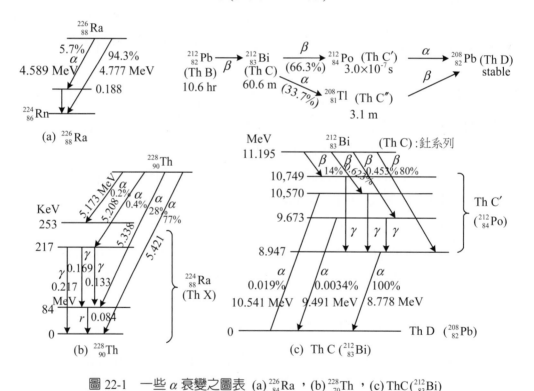

圖 22-1　一些 α 衰變之圖表　(a) $^{226}_{84}$Ra，(b) $^{228}_{70}$Th，(c) ThC($^{212}_{83}$Bi)

設半徑 R 的原子核之內部至外部的位能曲線如圖 22-2 所示，則 α 粒子於原子核內之一次元的 Schrödinger 波動方程式，可寫成

$$\left[-\frac{1}{M}\left(\frac{h}{2\pi}\right)^2\frac{d^2}{dr^2}+V(r)\right]\psi(r)=E\psi(r) \tag{22-11}$$

上式中，M 與 E 爲 α 粒子之質量與能量。

設上式 (22-11) 之解爲

$$\psi(r)=e^{\phi(r)} \tag{22-12}$$

則將上式代入式 (22-11) ，可得

$$\left[\frac{d^2\phi}{dr^2}+\left(\frac{d\phi}{dr}\right)^2+2M\left(\frac{2\pi}{h}\right)^2(E-V)\right]e^{\phi(r)}=0 \tag{22-13}$$

通常，$|d^2\phi/dr^2|\ll|d\phi/dr|^2$，因此，忽略上式 (22-13) 中的 $d^2\phi/dr^2$ 項，可得其解爲

$$\phi(r)=\int^r\sqrt{2M\left(\frac{2\pi}{h}\right)^2(V-E)}\,dr \tag{22-14}$$

於原子核內，能量 E 之 α 粒子與位能壁碰撞時，α 粒子會透過比其能量 E 高之位能障壁，跑出原子核的外部之或然率 P，可用於 $r=R$ 與 $r=r_1$ 處，出現 α 粒子之或然率的比表示，即爲

$$P=\frac{|\psi(r_1)|^2}{|\psi(R)|^2} \tag{22-15}$$

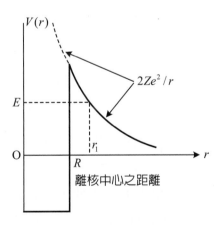

圖 22-2 原子核及其附近之位能曲線

將式 (22-14) 代入式 (22-12) 後，代入上式 (22-15) 可得

$$P=e^{-2\int_R^{r_1}\sqrt{2M(\frac{2\pi}{h})^2(V-E)}\,dr} \tag{22-16}$$

由上式 (22-16) 可得知，位能壁之厚度，r_1-R，愈大，其或然率 P 愈小，而 α 粒子之能量 E 較小時，位能 V 愈高，而其 $V-E$ 愈大，因此，自原子核放射

α 粒子之或然率 P 會變小。

由上式(22-16)得知，自原子核放射 α 粒子之或然率 P 雖小，但非等於零，此表示 α 粒子仍可以某或然率 P，透過位能障壁自原子核逸出。實際上，α 粒子於單位時間內，自原子核逸出之或然率，與其衰變常數 λ 成比例。α-衰變之衰變常數一般可用，或然率 P 與碰撞位能障壁之頻率 f 的乘積表示。

於原子核內速度 v 之 α 粒子的動量為 Mv，其中的 M 為 α 粒子之質量，而 α 粒子之 de Broglie 波長，可表示為 h/Mv。設 h/Mv 接近於原子核之半徑 R，即 $h/Mv \approx R$，則 α 粒子之速度可表示為 $v \approx h/MR$。因 α 粒子於原子核內每運動 $2R$ 的距離時，會與位能障壁產生碰撞，故 α 粒子與位能壁之碰撞的頻率 $f = v/2R$，或 $f \approx \dfrac{h}{2MR^2}$。因此，衰變常數 λ 由此 f 值及上式 (22-16)，可表示為

$$\lambda = fP \approx \frac{h}{2MR^2} e^{-\frac{4\pi}{h}\sqrt{2M}\int_R^{r_1}\sqrt{V-E}\,dr} \tag{22-17}$$

設如圖 22-2 所示的位能曲線，自 $r = \infty$ 至 R 可用 Coulomb 的法則，$V = \dfrac{2Ze^2}{r}$，表示，則上式 (22-17) 經積分可求得衰變常數 λ，而 λ 可用 R, Z，及 E 等之函數表示。相反地，若 λ, Z, 及 E 已知，則由式 (22-17) 可求得，表示原子核的大小之 R 值。

由上式 (22-17) 可得知，$-\log\lambda$ 與 $E^{1/2}$ 成直線的關係。H. Geiger 與 J.M. Nuttal 發現，對於屬一系列的放射性元素所放射的 α 粒子之飛程 R_α，與衰變常數 λ 之間，可用下列的簡單關係表示，為

$$\log\lambda = A + B\log R_\alpha \tag{22-18}$$

其中 A 與 B 為常數。由 Geiger 發現，設所放射 α 粒子之初速度為 v，則 v 與飛程 R_α 之間有 $v^3 = aR_\alpha$ 的關係，而將此關係代入上式 (22-18)，可得

$$\log\lambda = A' + 3B\log v = A'' + \frac{2B}{2}\log\left(\frac{Mv^2}{2}\right) \tag{22-19}$$

上式中，$Mv^2/2$ 等於 α 粒子之動能 E。因此，各系列放射性元素之 α 衰變常數 λ，與其所放射 α 粒子於 $0°C, 760\,mm\,Hg$ 的空氣中之最大飛程 R_o 的關係，可分別表示成

對於 $U-Ra$ 系列

$$\log\lambda = -41.6 + 60.4\log R_o \tag{22-20}$$

對於 Ac-系列

$$\log\lambda = -41.6 + 55.3\log R_o \tag{22-21}$$

對於 Th-系列，且包含 Th 時

$$\log \lambda = -45.5 + 63.8 \log R_o \tag{22-22}$$

而不包含 Th 時

$$\log \lambda = -41.0 + 57.2 \log R_o \tag{22-23}$$

上面的這些關係表示，α 粒子之飛程或能量愈大，其衰變常數愈大(即半衰期愈短)。

22-5　β-衰變 (β-Decay)

　　β-射線爲高速的電子射線，放射性核種之 β-衰變，可分爲 β-衰變與 β^{+}-衰變的兩種。放射性的核種產生 β^{-}-衰變（或簡稱 β-衰變）時，其原子核內之 1 中子轉變成質子，並同時自其原子核放射帶負的單位電荷之電子 (e^{-}) 與**反微中性子** (antineutrino)$\bar{v}$，此時其原子序增加 1 而質量數不會改變。放射性核種產生 β^{+}-衰變時，其原子核內之 1 質子轉變成中子，並同時自其原子核放射帶正的單位電荷之**正電子** (positrons)，(e^{-}) 與**微中子** (neutrino)v，此時其原子序減小 1 而質量數不會改變。β-衰變爲最多而最常見之普遍的放射性原子核之衰變的方式。放射性原子核之 β^{-} 與 β^{+} 的衰變，可分別表示爲

$$n \rightarrow p + \beta^{-} + \bar{v} \tag{22-24}$$

$$p \rightarrow n + \beta^{+} + v \tag{22-25}$$

上式中，n 爲中子，p 爲質子，$\bar{v}$ 爲反微中性子，v 爲微中性子。

　　安定的原子核內之中子與質子數的比值一定（參照 22-13 節），而原子核內之中子數超過穩定原子核之中子與質子數的比值之中子數時，該原子核會產生 β^{-} 的衰變，而質子數超過中子與質子數之穩定比值的質子數時，該原子核會產生 β^{+} 的衰變。此兩種 β 衰變所放射的 β^{-} 或 β^{+} 射線（粒子）之能量，均成爲自 0 至其最大能量 $E_{\max}$ 的連續分布，各種放射性的核種所放射的 β 粒子之最大能量 $E_{\max}$，均爲其各種核種之特有值，而通常有其各不同的能量分布。一些典型的 β 射線光譜，如圖 22-3 所示，β 射線之平均能量，約爲其最大能量 $E_{\max}$ 的 1/3。對於 α 射線及 γ 射線，其能量與其放射性核種之一定的能量狀態相對應。然而，β 射線爲放射性核種自某一能量狀態，轉移至其他的能量狀態時，所放射的各種動能之 β 粒子。

　　Ellis 與 Wooster 以熱量計，測定 β 射線之能量得知，β 衰變之熱量並非 β 射線之最大的能量 $E_{\max}$，而是等於其連續光譜之平均的能量。例如，由 RaE($^{214}_{83}$Bi) 所放射的 β 射線之最大能量爲 1.17 MeV，而 RaE 之 β 衰變的實際能量爲 0.35±0.04 MeV，此能量值等於所放射 β 射線之平均能量 0.39 MeV。此結

果顯示，β 射線的能量之連續分布為一次的效應，而非由於二次的效應。然而，於 β 衰變時放出各種能量的電子，此時能量守恆的法則不成立。因此 Pauli 為解釋 β 射線之能量的分布，假定原子核放出 β 粒子之同時，放射未經觀測之無帶電荷而質量遠小於電子的一種微小的粒子，Fermi 稱此種微小粒子為微中性子。微中性子之質量甚小而幾近於零，因此，被熱量計吸收時也不會產生熱量。Fermi 基於微中性子之存在，而提出如式 (22-24) 與 (22-25) 所示之 β 衰變的理論。

Fermi 認為，中子 n 轉變成質子 p 時，產生電子與反微中性子 $\bar{\nu}$，而質子轉變成中子時，產生正電子與微中性子 ν，分別如式 (22-24) 與 (22-25) 所示。此時電子與反微中性子之動能的和為一定，因此，β 粒子之能量等於其最大能量 $E_{\max}$ 時，反微中性子之能量幾乎等於零。關於能量之守恆法則，可由下面的 β 射線之最大能量的事實說明。例如，放射性核種 ThC 經 β 衰變成為 ThC′，並再經 α 衰變成為 ThD，而由 ThC 轉變成為 ThC′ 時，所放射的 β 射線之最大能量值為 2.25 MeV，由 ThC′ 轉變成為 ThD 時，所放射的 α 粒子之能量為 8.95 MEV，而此二者之和等於 11.20 MeV。另方面 ThC 經 α 衰變成為 ThC″後，放射 β 射線與 γ 射線而成為 ThD，此時所放射的 α 粒子之能量為 6.20 MeV，β 射線之最大能量為 1.79 MeV，γ 射線之能量為 2.62 MeV 與 0.58 MeV，而這些能量之和為 11.19 MeV。因此，ThC 經上述的兩種不同的衰變過程至 ThD 之能量完全相同，如圖 22-1(c) 之上面的圖所示。

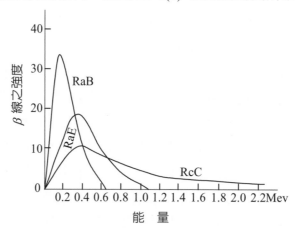

圖 22-3　RaB($^{214}_{82}$Pb)，RaC($^{214}_{83}$Bi)，及 RaE($^{214}_{83}$Bi) 之 β 射線的光譜

一般的放射性核種之 β 衰變的最高能量，為 15 keV 至 15 MeV，半衰期 $t_{1/2}$ 為 $10^{15}\,y$ 至 $10^{-3}\,s$，其能量與半衰期間之關係，不像 α 衰變可用 Sargent 之關係表示。對於天然的放射性元素，其 β^{-} 衰變的 $\log t_{1/2}$ 與 $\log E_{\max}$ 間，大致成斜率為 5 之直線關係，而可表示為

$$t_{1/2} \cdot E_{\max}^{5} = C \tag{22-26}$$

上式中，C 爲常數。對於人工的放射性元素，其常數 C 值比天然放射性元素者大。

　　自一放射性的核種放射 β 粒子所生成的核種，有幾種不同的量子狀態時，會放射對應其各量子狀態之幾種最大能量的 β 射線光譜，如圖 22-1(c) 及圖 22-4(a) 與 (b) 所示且於各圖上表示所放射 β^- 射線之最大能量。由這些圖表得知，放射 β^- 粒子而生成激勵狀態的核種時，會繼續放射一以上的 γ 射線，以達至基底狀態。圖 22-4(c) 及 (d) 所示者，爲放射性的核種經 β^- 衰變所生成的核種，均僅有一穩定能量的狀態。

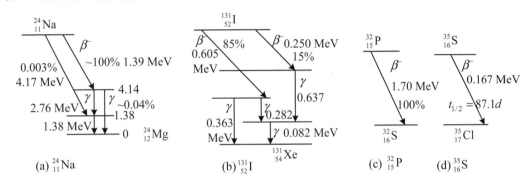

圖 22-4　一些 β^- 衰變之模式的圖表

22-6　正電子放射或 β^+ - 衰變
(Positron Emission or β^+ - Decay)

　　於自然界有帶負電荷之電子外，亦有質量與電子相同之帶正電荷的**正電子** (positron) e^+，P.A.M. Dirac 由理論預測正電子的存在，而證實於宇宙線中確有正電子。後來由於放射性原子核之衰變，而發現正電子，原子核中之中子數 N 與質子數 Z 的比值 N/Z，較穩定原核之 N/Z 的比值小時，會自該原子核放射正電子，此稱爲 β^+- 衰變，如圖 22-5 所示。後來，由於光量子之**電子–正電子對的生成** (pair production)，及電子–正電子對的**消(熄)滅** (annihilation)，確認正電子的存在，亦證明 Dirac 之理論爲正確。

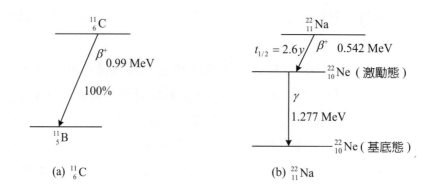

圖 22-5　β^+ - 衰變之模式的圖表

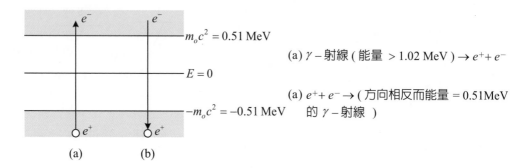

圖 22-6　(a) 電子–正電子對之創生，(b) 電子–正電子對之消(熄)減

　　能量大於 $2m_oc^2 = 1.02 \text{ MeV}$（$m_o$ 為電子之靜止質量）以上的光量子（γ-射線），於原子核場的附近會產生電子–正電子對，而其自身會完全消滅，此種過程稱為電子對的創生，如圖 22-6(a) 所示。產生此電子–正電子對之或然率，隨原子序 Z 的增大而增加，亦隨光量子(γ-射線)之能量的增大而增大。正的能量狀態為古典可處理的範圍，其"填充"的狀態表示運動的帶負電荷的電子，而"空"的狀態表示，於此狀態沒有電子的存在。負能量的"填充"狀態，表示沒有電子的存在，而負能量之"空洞"的狀態，表示運動的一正電子。

　　電子有正與負的能量狀態，靜止的電子（質量 m_o）於正的能量狀態之能量為 m_oc^2，比此高的能量狀態之電子，相當於正的能量狀態之運動的電子。然而，靜止的電子於負的能量狀態之能量為 $-m_oc^2$，比此低的能量狀態的電子，相當於負能量狀態之運動的電子。於其大於 m_oc^2 及小於 $-m_oc^2$ 的範圍之正與負的二能量狀態各為連續，但於其二者之間為不連續，即其間為空隙，如圖 22-6 所示。Dirac 認為負能量狀態中的"洞穴"相當於正電子。即電子之負的能量狀態，通常均被電子填滿，而一般所測定的電子，為具有正能量的電子。電子–正電子對之生成為由於 γ 射線，將於負能階的電子提升至正的能量狀態，而形成相當於負能階之"洞穴"的正電子，與正能量的帶負電荷的電子，此過程稱為電子－正電子對之生成(或創生)，如圖 22-6(a) 所示。若於正能階的帶負電荷的電子，掉入負能量狀態的洞穴，則正電子與電子產生結合，此時放射二 γ 射線而正電子與電子均消滅，此過程為生成電子－正電子對之逆過程，而稱為電子－正電子對的熄滅，如圖 22-6(b) 所示。由此，可得以說明，正電子之壽命通常均非常短的事實。

於正能階的電子與負能階的洞穴 (正電子) 結合時，會放出能量相當於電子之質量與其動能的和之二 γ 射線，而由於動量的守恆，所放射的二 γ 射線之方向正好相反。若電子於靠近原子核之原子的內部，而受到強的束縛時，則有時僅會放射一 γ 量子，而過剩的動量由原子核承受。

實際上，能量較大的正電子，僅放射一 γ 量子及給予原子核動量而消滅，若正電子之動能較小時，則放射二 γ 量子而消滅，此時所放射的 γ 射線，稱為**熄滅輻射線** (annihilation radiation)。因此，後者所放射的 γ 射線之能量，等於 $m_e c^2 = 0.51\,\text{MeV}$ 或稍大的能量。

由 Fermi 的理論，原子核內的質子 p 轉變成中子 n 時，放射正電子 e^+ 與微中性子， $p \rightarrow n + e^+ + v$，有許多的實例證明，此種正電子放射能的存在。例如，鋁箔以 α 粒子照射時，放射質子、中子及正電子，而正電子之強度於照射的短時間內，達至一定，且於停止 α 射線的照射時，質子與中子的放出會立即停止，但於短時間內仍會繼續放出正電子，而其強度以指數函數減少。此為鋁箔以 α 粒子照射時，可能產生下列的二種核反應，即為

$$\substack{27\\13}\text{Al} + \substack{4\\2}\text{He} \rightarrow \substack{30\\14}\text{Si} + p \tag{22-27}$$

或

$$\substack{27\\13}\text{Al} + \substack{4\\2}\text{He} \rightarrow \substack{30\\15}\text{P} + n \tag{22-28}$$

由於後面的反應 (22-28) 所生成的 $^{30}_{15}\text{P}$ 不安定，而放出正電子轉變成 $^{30}_{14}\text{Si}$，即可表示為

$$\substack{30\\15}\text{P} \rightarrow \substack{30\\14}\text{Si} + e^+ \tag{22-29}$$

上面的第二反應過程 (22-28) ，僅佔全部的 5%，而 $^{30}_{15}\text{P}$ 之半衰期為 3.2 min。

放出正電子之另一核反應的例為，以 α 射線照射 $^{10}_{5}\text{B}$ 時，產生 $^{13}_{7}\text{N}$ 之放射能，其核反應可表示為

$$\substack{10\\5}\text{B} + \substack{4\\2}\text{He} \nearrow \substack{13\\6}\text{C} + p \atop \searrow \substack{13\\7}\text{N} + n \tag{22-30}$$

$$\substack{13\\7}\text{N} \rightarrow \substack{13\\6}\text{C} + e^+ \tag{22-31a}$$

而由上面的核反應式(22-30)生成之放射性核種 $^{13}_{7}\text{N}$，自其原子核放出正電子時，其所生成的原子核之原子序減 1，即其反應可表示為由上式 (22-31a)所示

之正電子的放射，而由此可推定微中性子 v 之質量。實際上，上式 (22-31a) 之反應可寫成

$$^{13}_{7}N \rightarrow {}^{13}_{6}C + e^+ + v + Q \tag{22-31b}$$

上式中，Q 為正電子之動能，而 Q 等於所放出正電子的最大能量 E_{max} 時，微中性子之動能等於零。

另方面，$^{13}_{6}C$ 以質子照射時產生 $^{13}_{7}N$，其反應可表示為

$$^{13}_{6}C + p \rightarrow {}^{13}_{7}N + n + Q' \tag{22-32}$$

於此，設正電子之靜止質量與電子的靜止質量相同，均為 m，微中性子之質量為 m_v，則由式 (22-31b) 與 (22-32) 可得

$$m_v c^2 = Q' - (n-p)c^2 - Q - mc^2 \tag{22-33}$$

上式中，c 為光速，$Q' = 2.97 \pm 0.03$ MeV，$(n-p)c^2 = 1.262 \pm 0.003$ MeV，$Q = 1.21 \pm 0.01$ MeV，$mc^2 = 0.511$ MeV，由此可得，$m_v c^2 = -0.01 \pm 0.03$ MeV。

由其他的方法，亦可求得 $m_v c^2$，綜合其結果得

$$m_v c^2 = (0.00 \pm 0.015) \text{ MeV} \tag{22-34a}$$

或得微中性子與電子的質量比，為

$$\frac{m_v}{m} = 0.00 \pm 0.03 \tag{22-34b}$$

由此得知，微中性子之質量，僅為電子之質量的約 $1/30$。

由於微中性子之質量甚小，幾乎接近於零，且沒有帶電荷，因此，微中性子與物質的作用非常微弱，而穿透力甚強。藉觀測微中性子被質子**捕獲** (capture) 時，生成中子與正電子，可證實微中性子的存在。東京大學的小柴昌夫名譽教授於三十幾年前，開始於地下約一千米處，建設直徑 50 m 高度 30 m 的水槽，並於其周圍裝設 5000 多個的感測器，從事微中性子的偵測。於微中性子之偵測裝置建設完成，並進行偵測時，發現因水中甚微量的放射性元素，而產生許多雜訊，因此，槽內的水經純化去除放射性元素的處理，其後經相當長之一段時間，均沒有發現任何的訊號，而於小柴教授從東京大學退休之一個月前，由於宇宙中的星球之相撞，而產生微中性子，由此，成功地偵測到所放出的 11 個微中性子的訊號，此為第一次由實驗偵測並證實微中性子的存在。小柴教授由於此創舉及傑出的貢獻，而獲得 2002 年的諾貝爾物理獎。該研究所對於微中性子，陸續有新的發現，並發表許多有關的傑出研究成果，而再次獲得諾貝爾物理獎。

22-7　K-電子捕獲 (K-Electron Capture, EC)

原子核捕獲其近接的核外軌道之電子，而放出微中性子之過程，稱為**軌道電子捕獲** (electron capture, EC)。此為正電子的放射能的變型，由於原子核於此過程中所吸收的電子，通常為最接近原子核的 K 軌道 (殼) 電子，因此，亦稱為 K-**電子捕獲** (K-electron capture)。原子核捕獲軌道的電子時，所生成的新核種之質量數沒有改變，而原子序 Z 減少 1。例如，放射性的 $^{40}_{19}K$ 經 β 衰變生成 $^{40}_{20}Ca$，而同時亦會捕獲 K 電子生成 $^{40}_{18}A$。

設質量 M_A 的原子核 A，捕獲 K-電子生成質量 M_B 的原子核 B，而其 K 殼的電子之離子化電位為 W，電子與微中性子之質量分別為 m 與 m_v，則原子核 A 捕獲 K-電子時，由能量的平衡可表示為

$$M_A c^2 + mc^2 - W = M_B c^2 + m_v c^2 + Q \tag{22-35}$$

上式中，c 為光速，Q 為產生 K-電子捕獲時所放出之能量，即為所放射微中性子之動能。上述的 K-電子捕獲的過程，須上式 (22-35) 之 $Q>0$ 時才會發生。由此，產生 K-電子捕獲之條件為

$$(M_A - M_B)c^2 > -mc^2 + m_v c^2 + W \tag{22-36}$$

相對的，原子核內的一質子轉變成中子而放出正電子與微中性子 (β^+ - 衰變) 之條件為

$$(M_A - M_B)c^2 > -mc^2 + m_v c^2 \tag{22-37}$$

由上面得知，K-電子捕獲的過程，較正電子放射的過程容易發生。另方面，生成的原子核放出負電荷的電子之條件為

$$(M_A - M_B)c^2 < -mc^2 - m_v c^2 \tag{22-38}$$

因此，原子序 Z 僅相差 1 的同重體 A 與 B，均能安定存在之條件須為

$$-mc^2 - m_v c^2 < (M_A - M_B)c^2 < -mc^2 + m_v c^2 \tag{22-39}$$

由此，若微中性子 v 之質量 $m_v = 0$，則上式 (22-39) 之條件永不能成立，即原子序 Z 僅相差 1 的同重體，不可能同時安定存在。然而，雖然是少數，但實際確有 Z 相差 1 的同重體，此為由於 $m_v > 0$，或產生負電荷電子的放射，或 K-電子捕獲之或然率甚小所致。

由於原子核之 K-電子捕獲，其 K 軌道減少 1 電子所產生的空位，由能量較大的外層軌道電子移入該 K 殼補充時，放射其特殊的 K-X 射線，而由此 K-X 射

線的放射可證實，發生 K-電子捕獲。然而，也有由於正電子的放射而放射 K-X 射線的例。產生 K-電子捕獲所生成的原子核，其多數會轉移至其激勵狀態，而繼續放射 γ-射線，如圖 22-7 所示，$^{54}_{25}Mn$ 產生 K-電子捕獲時，生成 $^{54}_{24}Cr$ 之激勵態，而放射 0.84 MeV 的 γ-線，並轉移至其基底態。因此，由 γ 射線的放射，亦可確認所發生的 K-電子捕獲。

$_{22}Ti$ 以重氫核 D^+ 衝擊時，轉變成 $_{23}V$，此為僅產生 K-電子捕獲的例。此 $_{23}V$ 之半衰期為 600 日，不放射 e^+, e^- 及 γ-線，而放射能量較低的軟 X-線，此軟 X-線即相當於 $_{22}Ti$ 之 K-X 射線。由此得知，$_{22}Ti$ 以重氫核撞擊所生成的 $_{23}V$，隨其產生 K-電子捕獲，而衰變返回 $_{22}Ti$。

如 ^{58}Co，^{52}Mn，^{48}V，^{22}Na 等，為 K-電子捕獲與正電子放射共存的例，這些放射性核種均放射正電子 e^+，γ 射線及 K-X 射線。此時由於正電子的放射，或 K-電子的捕獲所生成的原子核，於較高的能量狀態而繼續放射 γ-射線。

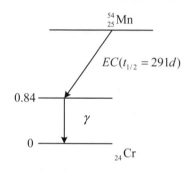

圖 22-7 $^{54}_{25}Mn$ 之電子捕獲的模式圖

22-8　γ-射線與核異性體的轉移
(γ-Ray and Isomeric Transition, IT)

放射性的核種 UZ 與 UX$_2$，為質子數 Z 及質量數 A 均各相同的 $^{234}_{91}Pa$，其半衰期分別為 6.7 hr 與 1.14 min，且同樣經 β 衰變而轉變成 U II，但其衰變的模式不相同。此種 Z 與 A 均各相同，而衰變的模式不相同的原子核，稱為**核異性體** (nuclear isomer) ，或簡稱異性體，UZ 與 UX$_2$ 為天然的放射性核異性體，人造的放射性核異性體之例非常多。

於激勵狀態之核異性體，通常會放射 γ 射線而轉移至較低的能階，所熟知之人造放射性核異性體，如放射性溴 ^{80}Br，此為溴元素 Br 以低速的中子撞擊時，由 (n,γ) 的核反應而產生半衰期 4.5 hr, 18 min, 與 33 hr 等，三種放射性的核種。Br 的元素有 ^{79}Br 與 ^{81}Br 二種安定的同位素，而由於中子的照射生成 ^{80}Br

與 ^{82}Br，因此，其三種放射性同位素中之二種，可認為核異性體。另方面，溴
以快速的中子照射時，產生核反應 $(n, 2n)$ 而生成半衰期 4.5 hr 與 18 min 的放射
性核種，此被推定為 ^{80}Br 之核異性體，又溴由於 (γ, n) 的反應，而產生半衰期
6 min, 18 min, 及 45 hr 的三種放射性核種，這些係由於 Br 的元素經 (γ, n) 反應
所產生的 ^{78}Br 與 ^{80}Br。由 $^{80}_{34}$Se(p, n) $^{80}_{35}$Br 的反應會產生二種放射能，因此，由
^{78}Br 之半衰期為 6 min 及 ^{82}Br 之半衰期為 34 hr 可得知，18 min 與 4.5 hr 各為由
^{80}Br 的核異性體所放射放射能之半衰期。

　　大多數之核異性體的核種均放射 γ-射線，並自其激勵狀態轉移至安定的狀
態，而很少直接產生 β 衰變。放射性核種經 α- 或 β- 衰變所生成的新核種，其
大多數有多種的能量狀態，因此，有時不是直接衰變成安定的狀態，而是轉移
至激勵狀態。有些放射性核種經放射 α- 或 β- 粒子的衰變後，再經**核異性體的轉
變** (isomeric transition, IT) 過程，繼續放射 γ-射線成為穩定狀態，如圖 22-1(a)
與 (b) 及圖 22-4(a) 與 (b) 所示。核異性體的轉移過程，為準安定的激勵態核
種，放射 γ-射線轉移成為較安定或基底態核種的過程。核異性體的轉移時，其
原子序及質量數均保持一定不改變，而以特有的半衰期放射一定能量的 γ-射
線，例如，^{95m}Nb$\rightarrow$^{95}Nb$+\gamma$。

　　如圖 22-8 所示，^{60m}Co 之 90% 放射半衰期 11 min，能量為 0.056 MeV 的
γ-射線，而轉移成 ^{60}Co 之基準狀態，此 ^{60}Co 為半衰期 5 年之 β 放射能的放射
性核種，其所放射的 β 射線之能量為 0.312 MeV，而經此 β 衰變轉移至 ^{60}Ni 的
其他激勵狀態，並繼續放射 1.10 MeV 及 1.30 MeV 的 γ 線至 ^{60}Ni 之基底狀態。
^{60m}Co 之其餘的 10%，放射 1.25 MeV 的 β 射線，直接衰變成 ^{60}Ni 的激勵狀
態，而此激勵態的 ^{60}Ni，立即繼續放射 1.50 MeV 的 γ-射線，轉移成基底狀
態。

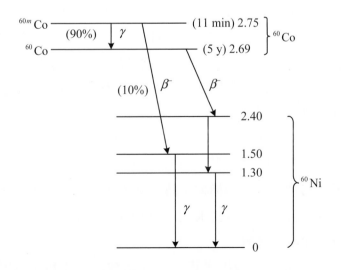

圖 22-8　^{60}Co 之核異性體

對於 $^{234}_{91}\text{Pa}$（UZ 與 UX$_2$）的放射性核種，其 UX$_2$ 經 β 衰變直接轉移至 U II 之基底狀態，其全部之 0.15% 放射 0.394 MeV 的 γ 射線成為 UZ，而 UZ 之大部分 (94%) 經由 β 衰變 (0.56 MeV) 轉移成為 U II 的激勵狀態後，繼續放出二 γ 射線，而達至 U II 之基底狀態，其餘的 6% 放射 1.55 MeV 的 β 射線，轉移至 U II 的激勵狀態後，繼續放出 γ 射線轉移至 U II 之基底狀態。

22-9 內部轉換電子 (Internal Conversion Electron, e^-)

原子核外的軌道電子有時直接獲得，其原子核所放射的 γ 射線之部分或全部的能量，自其原來的電子軌道射出，而成為一定能量之電子線。此種自原子核放射的 γ 射線，與其核外軌道的電子作用，而所射出之電子，稱為**內部轉換電子** (internal conversion electron, e^-)，此為光電效應之一種。

設自原子核所放射之能量 $h\nu$ 的 γ 射線，與其核外軌道的電子作用，而放出動能 $k = h\nu - w$ 的內部轉換電子，其中的 w 為電子之結合能量，$h\nu$ 為一定值，相當於核異性體之二能階的能量差，即為自原子核所放射 γ 射線之能量。由此，內部轉換電子之動能 k 一定，而由對應的光譜線，可推定該 γ 射線之能量。

由核異性體的能階轉移放射之 γ 射線，所產生內部轉換電子之內部轉換係數 α，可表示為

$$\alpha = \frac{\text{內部轉換所放射之電子數}}{\text{所放射 } \gamma \text{ 量子之數目}} \tag{22-39}$$

上式之內部轉換係數 α 值可由 0 至 ∞，而隨轉移能量的增加而減少。γ 射線之能量等於或大於 0.5 MeV 時，幾乎不會產生內部轉換電子。

通常 K 軌道的電子最容易產生內部轉換，若 γ 射線之能量小於 K 電子的結合能量時，可能會產生 L 或 M, N 等軌道電子的轉換。考慮僅自 K 軌道電子之內部轉換係數時，稱為 K 內部轉換係數 α_K，同樣可定義 α_L, α_M 等內部轉換係數。α_K, α_L 等內部轉換係數值之大小，除與 γ 射線之能量及原子序有關外，亦與轉移之禁則有關。允許轉移的 α_K 值通常約為 α_L 的 10 倍，但對於高度禁止之轉移，而其能量小及原子序 Z 大時，有時 α_L 會大於 α_K。

自不同的電子殼放出內部轉換電子時，其所放出電子之光譜，各有一定的能量差，而這些能量差各與該元素之 K, L, M,⋯殼的能階之能量差相等，因此，由這些能量差可推定元素之種類。

由於內部轉換 K 電子的放出，其 K 電子殼會減少 1 電子，因此，其較外層

電子殼之電子於移入添補該空位時會放射其特性的 X 線。通常會直接放射 K-X 線，但有時此 X-射線與較外層電子軌道的電子作用，而放出較外層電子軌道的電子，如 L 殼的電子。此時由於光電效應所放出 L 殼的電子之動能，等於 K-X 線之能量減 L 殼的電子之結合能量。因此，此時之電子的能量較小，而一般較難測定。此種 X 射線與較外層軌道的電子之作用，所射出之電子，稱為 Auger 電子。於 K 電子捕獲時，也會發生同樣的現象。

22-10 天然存在的放射性物質
(Naturally Occurring Ratioactive Substances)

原子序大於 83（鉍）之自然界存在的元素，均具有放射能，且這些放射性元素均各屬於依次衰變的連鎖衰變系列，而其某一連鎖衰變系列中之全部的核種，稱為**放射性的族** (radioactive family) 或放射性**系列** (series)。週期表中之全部的天然放射性核種，均包括於下述的三系列，其中的一系列以 U_I（^{238}U，質量數 238) 為**母物質** (parent substance)，經 14 次的轉變（其中 8 次放出 α 粒子，6 次放出 β 粒子）而成為安定的最終產物 RaG ($^{206}_{82}Pb$)，此系列稱為**鈾系列** (uranium series)。此系列由於含有鐳與其衰變的生成物，由此，有時稱為鐳系列。於 α 衰變時原子核之質量數減 4，原子序減 2，而由於電子之質量僅為氫原子的 1/1836，由此，於 β 衰變時原子核之質量幾乎不會改變，而原子序增 1，因此，此系列中的各成員之質量數，均各相差 4 的倍數。由於此系列的各核種之質量數，均可表示為 $4n+2$，其中 n 為整數，由此，鈾系列亦稱為 $(4n+2)$ 系列，鈾系列之各成員與其轉移，如圖 22-9 所示。

釷系列 (thorium series) 或 $4n$ 系列，以釷（^{232}Th，質量數 232) 為母物質，經 10 次的轉變（其中 6 次放出 α 粒子，4 次放出 β 粒子）而成為安定的最終產物之質量數 208 的鉛，此系列如圖 22-10 所示。**錒系列** (actinium series) 或 $(4n+3)$ 系列，以 AcU（^{235}U，質量數 235) 為母物質，而其最終安定產物為質量數 207 的鉛，其中經 11 次的轉變 (7 次放出 α 粒子，4 次放出 β 粒子)，此系列如圖 22-11 所示。

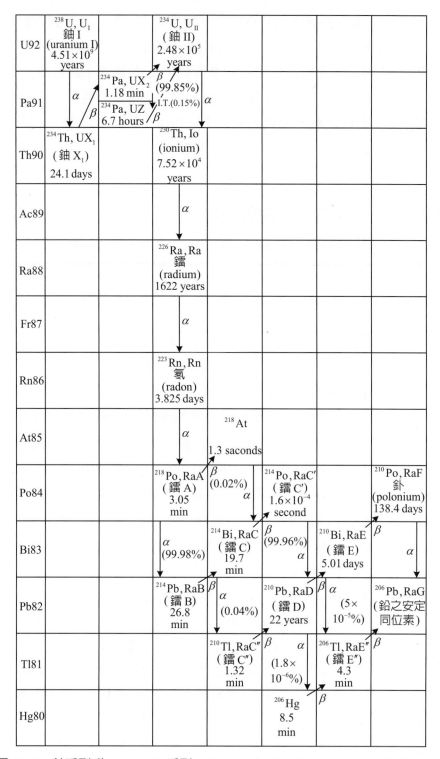

圖 22-9　鈾系列或（4n+2）系列，自 Gerhart Friedlander, Joseph W.Kennedy, Julian Malcolm Miller, Nuclear and Radiochemistry, 2nd ed., John Wiley & Sons, Inc. (1964), New York

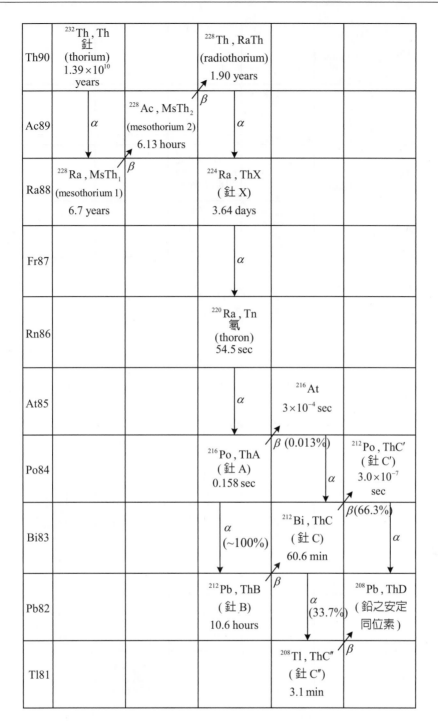

圖 22-10　釷系列或（4*n*）系列，自 Gerhart Friedlander, Joseph W.Kennedy, Julian Malcolm Miller, Nuclear and Radiochemistry, 2nd ed., John Wiley & Sons, Inc. (1964), New York

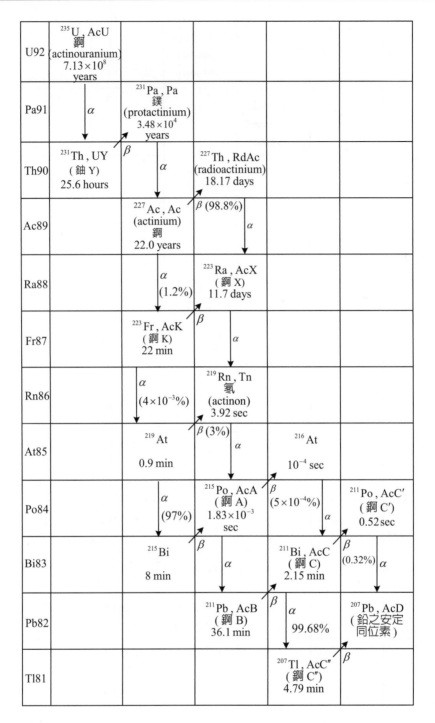

圖 22-11 錒系列或 $(4n+3)$ 系列，自 Gerhart Friedlander, Joseph W.Kennedy, Julian Malcolm Miller, Nuclear and Radiochemistry, 2nd ed., John Wiley & Sons, Inc. (1964), New York

表 22-1 鈾、釷、錒等系列以外之天然放射性核種

放射性核種	蛻變之形成	半減期 (年)	相對同位位素存在度 (%)	蛻變的安定產物
^{40}K	β, EC*	1.25×10^9	0.0119	^{40}Ca , ^{40}Ar
^{50}V	β, EC*	6.0×10^{15}	0.24	^{50}Cr , ^{50}Ti
^{87}Rb	β	5.7×10^{10}	27.85	^{87}Sr
^{115}In	β	5×10^{14}	95.77	^{115}Sn
^{123}Te	EC*	1.2×10^{13}	0.87	^{123}Sb
^{138}La	EC*, β	1.1×10^{11}	0.089	^{138}Ba , ^{138}Ce
^{142}Ce	α	5×10^{15}	11.07	^{138}Ba
^{144}Nd	α	2.4×10^{15}	23.87	^{140}Ce
^{147}Sm	α	1.3×10^{11}	15.07	^{143}Nd
^{152}Gd	α	1.1×10^{14}	0.20	^{148}Sm
^{174}Hf	α	2×10^{15}	0.18	^{170}Yb
^{176}Lu	β	2.4×10^{10}	2.59	^{176}Hf
^{187}Re	β	$\sim5\times10^{10}$	62.93	^{187}Os
^{190}Pt	α	5.9×10^{11}	0.0127	^{186}Os

*EC 表示電子捕獲

　　上面的三連鎖衰變系列中，有些相類似之處。例如，各系列中各有**分枝的衰變** (branching decays)，如 ^{218}Po , ^{214}Po , ^{215}Po 等，均各有二種的衰變方式，及各有原子序 86 之氡 (radon) 放射性同位素，這些有時稱為**放射物** (emanations)。氡為稀有的氣體，因此，於各系列中的氡放射物以後的生成物 A, B, C 等，均容易與其長壽命的**先驅者** (precursors) 分離。氡放射物以後所生成之其**後代成分** (descendants)，稱為放射性**沉積物** (active deposit)。這些放射性沉積物之原子序，均比氡之原子序小，通常為原子序 85~81 的元素的混合物，而這些元素可依其化學性質分離。

　　上述的三放射性衰變系列之外，N.R. Campbell 與 A.Wood 於 1906 年，發現**鉀** (potassium) 與**銣** (rubidium) 均放出弱的 β 放射能，G.Hevesy 與 M.Pahl 於 1932 年，報告**釤** (samarium) 具有放射能，而近年來陸續發現許多天然的放射能。鈾、釷、錒等系列以外之一部分的天然放射性核種及其性質，列於表 22-1。這些元素中有些特定的放射性同位素，於自然界之**存在度或豐富度** (abundance) 非常小，及其半衰期均很長，由於此二因素，使其放射能的偵測非常困難。

　　使用靈敏度很高的放射能測定儀器，量測放射能時，會發現各實驗室均有某些背景放射線的干擾。這些背景放射能之一部分，係來自微量的鈾、釷、鉀等放射性元素，而大部分來自地球表面的各處，所受宇宙線的照射。宇宙線之強度隨氣層高度的增高而增加，然而，於深的洞穴及礦坑中，仍能偵測到宇宙

線的訊號，由於這些事實與現象而阻礙低強度放射性物質的發現。事實上，由於原（核）子彈的試爆所產生的放射性灰塵的擴散，常會發現背景放射線強度的暫時性的增加。

22-11　人工製造的放射性物質
(Artificially Produced Radioactive Substances)

Rutherford 於 1919 年發現，以高速的 α 粒子衝擊氮的原子時，放射電荷與質量比等於氫之原子核的 $e/m = 2.8 \times 10^{14} e.s.u.g^{-1}$ 的高速微粒子。由於氫的原子核外僅有 1 負電荷的電子，而電子之質量甚小，且質子所帶的電荷等於 $4.80288 \times 10^{-10} e.s.u$（靜電單位），及其質量約等於氫原子的質量，因此，質子之質量 $m_{H^+} \fallingdotseq 1.6726 \times 10^{-24} g$，而其電荷與質量的比 $e/m_{H^+} = 2.871 \times 10^{14} e.s.u.g^{-1}$。此高速的微粒子後來經證實，確是氫核（質子），其後 Blackett 使用含 90% 的 N_2 與 10% O_2 的 Wilson 霧箱 (cloud chamber)，並以照相研究自 ThC 放射的 α 粒子之飛程軌跡時，於眾多的 α 粒子之飛程軌跡中，發現八條的質子之飛程軌跡，由此，Rutherford 認為該八條的質子飛跡，是由於 α-射線與氮的原子核之反應所產生。

除上面的 α-粒子撞擊氮的原子時，產生高速的質子之外，α-粒子撞擊 $B, F, Ne, Na,\ \ Mg, Al, Si, P, S, Cl, A, K$ 等元素的原子時，亦同樣會產生高速的質子之射線。Bothe-Becker 認為原子核以 α 射線撞擊激勵時，應會放射 γ 線，因此，於 1930 年使用計數管量測並發現於進行不放射 γ-射線的釙 (polonium) 所放射之 α 粒子，撞擊鋰、硼、鈹 (beryllium, Be)、氮、鋁等較輕的元素的原子時，放射穿透力甚強而能量很大的 γ-射線，尤其由鈹所放射的 γ-射線之能量高達 5.5 MeV，此能量比已知之放射性元素所放射的 γ-射線之最高能量值 2.7 MeV，大許多。

Curie-Joliot 夫婦於 1932 年，改用電離箱替代計數管，研究以 α 粒子照射 Be 與 B 等元素的原子所產生的 γ-射線之能量時，於水或含氫的原子較多的化合物中，發現比 γ-射線的能量更大的粒子射線，且此種粒子的射線不帶電荷，為中性的粒子。此種高速的粒子不可能，由比其低能量的 γ-射線所產生。由此，使用電離箱繼續研究此粒子線與氫原子的撞擊時，發現其 4.5 MeV 的動能可轉移給予氫核（質子）。因此，若此射線為電磁波 (X-射線或 γ-射線)，而依 Compton 及光電效應計算此射線之能量時，則其能量應為 55 MeV，然而，由能量的平衡計算得，其能量僅為 16.5 MeV，由此得知，此新射線不是電磁波的射線。

Chadwick 於 1932 年重新實驗時，發現此粒子線之穿透力甚強，而能以甚大的動能接近較輕元素的原子核，由此，假定此新粒子線為，質量及體積皆與質子相同，而不帶電荷的微粒子。此微粒子由於不帶電荷而體積很小，因此，於穿透物質時不會使原子產生游離，所以其能量不易消失，而具有甚強的穿透力。此種高速的粒子與質子（氫之原子核）相碰撞時，由於二者之質量接近，因此，此粒子之相當大部分的動能可轉移給予質子，此種結果不久即被證實。由於此微粒子不帶電荷而其質量數為 1，遂命名為**中子** (neutron)，而用 ^1_0n 或 n 的符號表示。中子之質量經精密的測定得，幾乎與質子相同，而等於 1.6749×10^{-24} g。由此，鈹與 α 線之核反應，可表示為

$$^9_4Be + ^4_2He \rightarrow ^{12}_6C + ^1_0n \tag{22-40}$$

由上式 (22-40) 得知，中子為原子核之重要的構成粒子。由此核反應所產生的中子之最大動能為 7.8 MeV，其速度相當於 3.9×10^9 cm sec^{-1}，而其生成率約為 100 萬個的 α 粒子的照射時，放射 30 個的中子。有些元素經 α 射線(粒子)的照射時，產生質子與中子，例如

$$^{23}_{11}Na + ^4_2He \begin{cases} \rightarrow ^{26}_{12}Mg + ^1_1H \\ \rightarrow ^{26}_{13}Al + ^1_0n \end{cases} \tag{22-41}$$

上面所述，為由於 α 射線的照射而發現中子，此外，由於原子核的光電效應，也會產生中子，例如，使用由 ThC″ 放射的強 γ 射線 (E_{max} 2.62 MeV)，照射如重氫 (D)、鈹 (Be) 等輕原子核時，均會產生中子，其反應分別為

$$^2_1H + h\nu = ^1_1H + ^1_0n \tag{22-42}$$
$$^9_4Be + h\nu = ^8_4Be + ^1_0n \tag{22-43}$$

此種現象稱為光量子崩變或**光崩變** (photodisintegration)。

I Curie (Curie 夫人之女兒) 與 F. Joliot 於 1934 年的一月發表，硼、鋁、鎂等元素用自釙 (polonium) 放出的 α 射線照射時，均可產生放射能，而停止 α 射線的照射時，仍具有放射性。此為人工放射能的非常重要的發現，且由於這些元素用 α 粒子的衝擊實驗中產生**正電子** (positrons)，而於二年後，C.D. Anderson 於宇宙線中發現此正電子。許多研究室很快由如鈹的輕元素用 α 粒子撞擊時，亦發現此種帶正電荷，而與電子非常相似的正電子。Curie-Joliot 的發現為經 α 射線照射的硼與鋁，於移去 α 射線的射源停止照射時，仍會繼續放射正電子，此時被誘導的放射能，各具有其特有的半衰期的衰變。其反應可分別表示為

$$^{10}_5B + ^4_2He(\alpha 粒子) \rightarrow ^{13}_7N + ^1_1n \tag{22-44}$$

與 $\qquad {}^{27}_{13}\text{Al} + {}^{4}_{2}\text{He}\,(\alpha\,\text{粒子}) \rightarrow {}^{30}_{15}\text{P} + {}^{1}_{0}\text{n}$ **(22-45)**

上式中，所生成的 ${}^{13}_{7}\text{N}$ 與 ${}^{30}_{15}\text{P}$ 均為不安定的核種，而氮之安定的核種為 ${}^{14}\text{N}$ 與 ${}^{15}\text{N}$，磷之唯一的安定核種為 ${}^{31}\text{P}$。上式 (22-44) 與 (22-45) 中之 ${}^{13}\text{N}$ 與 ${}^{30}\text{P}$，均各具有正電子的放射能，而會產生 β^+ 的衰變，其半衰期分別為 14 min（正確為 10 min）與 3.25 min（正確為 2.5 min），且由化學性質確認，${}^{30}\text{P}$ 放射正電子轉變成 ${}^{30}\text{Si}$。

人工製造的放射性元素，除了使用 α 射線外，使用其他的加速原子核、中子、及 γ 射線，亦可由各種元素的原子，產生放射性的核種。一些研究室於發現人造放射能之時，研究可加速氫離子與氦離子，至可發生**核轉換** (nuclear transformation) 之能量的裝置。例如，Cockcroft 與 Walton 於 1932 年，以 700 KeV 之加速的質子，撞擊 Li 的原子核，並發現產生 α 粒子。由於 J. Chadwick 於 1932 年發現中子，及 G.N. Lewis 與 R.T. Macdonald 於 1933 年之**重氫** (deuterium) 的化學濃縮分離，而增加二種可用於誘導產生放射能的撞擊粒子。Curie 與 Joliot 的發現後之 30 年內，人造放射性核種之製造新領域的研究，非常迅速的成長。於 1937 年已知之人造放射性核種有 200 種，於 1944 年約 450，於 1949 年約 650，於 1954 年約 1000，而於 1963 年已超過 1300 種。現在週期表中之各種元素，均至少各有 1 種放射性同位素，有些元素有 20 多種的放射性同位素，其半衰期之測定值自 10^{-6} 秒至數百年。人工製造的放射性核種及其放射能，於化學、物理學、生物學、醫學及工程等各領域，均有很廣泛重要的應用。

最初發現的人造放射性物質於衰變時雖然放射正電子，但此並非唯一的衰變形式，於較重的元素也發現放射 α **粒子的放射體** (α-particle emitters)，於天然放射性系列常看到的 β 衰變，而此種衰變之型式有，放射負電子而原子序增加 1，放射正電子而原子序減少 1，及原子序減少 1 之另外的衰變型式，即為原子核外的 1 電子（大多為 K 電子）自發移入原子核內等的三種型式。此三種過程之原子的質量（原子核之質量數），本質上均沒有改變，而原子序發生變化，通稱為 β 衰變過程，並分別用負電子的放射 β^-，正電子的放射 β^+ 及電子捕獲 (K 電子捕獲) 的名稱區別。

利用原子核之**轉換技術** (transformation techniques)，不僅可製造已知各種元素之放射性同位素，也可製造自然界未發現的元素。人工製造的元素中最熟知者為鈽 (plutonium)，此元素被發現不到 5 年，其量已達至足夠製造原子彈的量，投於長崎而結束第二次世界大戰之原子彈，即為鈽的原子彈。至 1963 年以人工的原子核轉換，製造週期表中之 11 種的超鈾新元素，及地球上未存在的**鎝** (technetiun, Tc，原子序 43)，**鉕**(promethium, Pm，原子序 61)等新元素。

於自然界沒有發現超鈾元素的存在，係因這些超鈾核種之半衰期均較短。同樣的原因，於自然界中亦沒有 $4n+1$ 系列的放射性存在，於較重元素之人造放射能的領域中，由於關於 $(4n+1)$ 系列之構成的研究，而發現此系列以長壽命之質量數 237 的錼 (neptunium, Np，原子序 93) 開始，形成系列，如圖 22-12 所示。其衰變的系列與天然之三放射系列類似，經 11 次的轉變（其中 7 次放射 α 粒子，4 次放射 β 粒子）而成為，質量數 209 的鉍的最終安定產物，但於其系列的中間沒有產生氡 $_{86}$Rn。

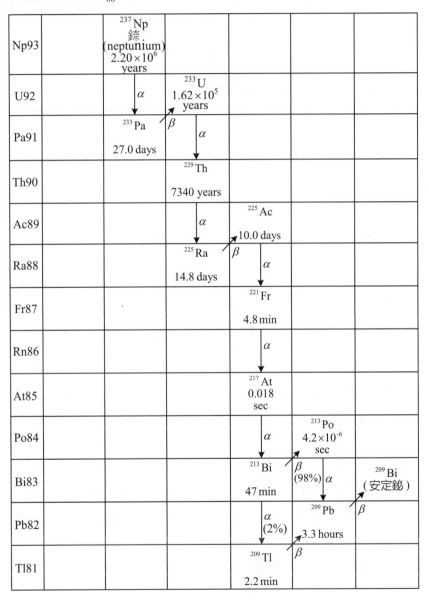

圖 22-12　$(4n+1)$ 系列，自 Gerhart Friedlander, Joseph W.Kennedy, Julian Malcolm Miller, Nuclear and Radiochemistry, 2nd ed., John Wiley & Sons, Inc. (1964), New York

生成 $(4n+1)$ 系列之反應為

$$^{232}_{90}\text{Th} + {}^{1}_{0}\text{n} \longrightarrow {}^{233}_{90}\text{Th} \xrightarrow{\beta} {}^{233}_{91}\text{Pa} \xrightarrow{\beta} {}^{233}_{92}\text{U} \longrightarrow \tag{22-46}$$
$$\underset{t_{1/2}\,=\,26\,min}{} \quad \underset{t_{1/2}\,=\,27.4d}{}$$

或

$$^{238}\text{U} + \text{n(fast)} \underset{\text{快速中子}}{\rightleftharpoons} {}^{2n}_{237}\text{U} \xrightarrow{\beta} {}^{237}_{93}\text{Np} \xrightarrow{\alpha} {}^{233}_{91}\text{Pa} \xrightarrow{\beta} {}^{233}_{92}\text{U} \longrightarrow \tag{22-47}$$
$$\underset{t_{1/2}\,=\,6.8d}{} \quad \underset{t_{1/2}\,=\,2.25\times10^{6}\,y}{} \quad \underset{t_{1/2}\,=\,27.4d}{}$$

或

$$^{238}\text{U} + \alpha \underset{}{\rightleftharpoons} {}^{n}_{241}\text{Pu} \xrightarrow{\beta} {}^{241}_{95}\text{Am} \xrightarrow{\alpha} {}^{237}_{93}\text{Np} \xrightarrow{\alpha} {}^{233}_{91}\text{Pa} \xrightarrow{\beta} {}^{233}_{92}\text{U} \longrightarrow \tag{22-48}$$
$$\underset{t_{1/2}\,=\,10y}{} \quad \underset{t_{1/2}\,=\,500y}{} \quad \underset{t_{1/2}\,=\,2.25\times10^{6}\,y}{} \quad \underset{t_{1/2}\,=\,27.4d}{}$$

22-12 原子核 (Atomic Nuclei)

於 1869 年由陰極線的發現而得知電子之存在，其後於 1886 年，發現各種氣體原子的固有陽極線。陽極線之種類很多，其粒子的質量由所產生陽極線之氣體的種類而不同。由此，Thomson 及長岡提出，各元素的原子為固有正電荷的粒子與負電荷的電子的集合體之原子的模型。於放射能之發現後，確認自放射性物質放射的放射線為，帶 2 正電荷的氦離子 He^{2+} 的 α 射線，其後由 α 射線對於各種物質的散射實驗獲知，原子中有固有的原子核之存在。

Rutherford 於 1911 年發現，以一定方向前進的 α 射線，通過各種物質的薄片時，均會產生散射的現象，其後 H.Geiger 研究 α 射線通過極薄的金屬箔所產生之散射時，發現 α 粒子與原子每碰撞一次僅會產生小角度的散射，而由此計算於較厚的金屬箔中發生數次的碰撞時，所產生之大角度散射的或然率，而得其或然率隨角度的增加而迅速減少。然而，由實驗得散射角度等於 90° 或以上的角度之散射，較由發生多次的散射所計算之或然率大許多。Rutherford 為說明此實驗的結果而提出其原子模型，而認為原子之中央有帶正電荷的質量大而容積甚小的原子核，且於其周圍分布與其原子核的電荷相等的帶負電荷的粒子 (電子)，並認為 α 粒子通過物質時產生大的彎曲，係因帶正電荷 $2e$ 的 α 粒子，與帶正電荷 Ze 的原子核間的 Coulonb 排斥力，$F = \text{Ze} \cdot 2e/d^2$，所致，其中的 d 為 α 粒子與原子核間之距離。

由 Rutherford 所提出的 α 射線之散射，可表示為

$$n(\theta) = n_o \frac{Nt}{16r^2} \left(\frac{Ze \cdot Z_\alpha e}{\frac{1}{2} M_\alpha v_\alpha^2} \right)^2 \frac{1}{\sin^4(\theta/2)}$$

$$= n_o \frac{Nt}{r^2} \left(\frac{Ze^2}{M_\alpha v_\alpha^2} \right)^2 \text{cosec}^4 \frac{\theta}{2} \tag{22-49}$$

上式中，$n(\theta)$ 為於散射角 θ 之散射的 α 粒子數，n_o 為入射的 α 粒子數，r 為自產生 α 粒子的散射點之距離，N 為散射物質的單位體積中之原子核的數，t 為散射物體之厚度，Ze 為原子核之電荷，$Z_\alpha e = 2e$ 為 α 粒子所帶之電荷，M_α 為 α-粒子之質量，v_α 為入射 α-粒子之速度。上式 (22-49) 之 α 粒子的散射曲線，如圖 22-13 所示，此式對於 α-粒子的碰撞時，不會改變其位置的較重原子核非常符合，但對於較輕原子的散射時，須作某些補正。

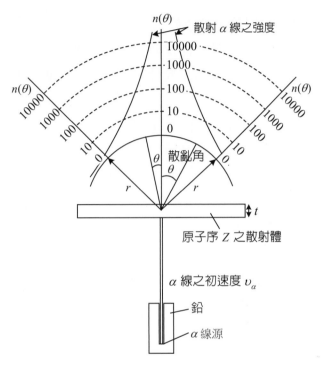

圖 22-13　α 射線之散射(自三宅泰雄、木越邦彥，放射體化學，培風館 (1956) 東京)

由式 (22-49) 可得知，從 α 粒子的散射實驗可求得，原子核之電荷 Ze，而由此電荷及電子之電荷 e，可得原子之原子序 Z。實際上，H.G. Mosely 於 1887~1915 年間，以各種元素為對陰極，研究所產生 X-線之 K, L 的光譜，而得元素之原子序 Z 與 X 線之波數間的關係，為

$$\frac{v}{c} = \Re (Z - \sigma)^2 K \tag{22-50}$$

上式中，v 為頻率，c 為光速，v/c 為波數，$\Re$ 為 Rydberg 常數，K 與 σ 為常數，對於 K_α 線，上式可寫成

$$\frac{v}{c} = \Re (Z - 1)^2 \left(\frac{1}{1^2} - \frac{1}{2^2} \right) \tag{22-51}$$

依據 Rutherford 的原子模型，由體積非常小的正電荷原子核，與其周圍的許多電子形成安定的系時，電子須圍繞原子核的周圍作圓周的運動。質量 m 的帶電荷 e 之電子，以速度 v 圍繞電荷 Ze 的原子核，作半徑 a 的穩定圓周運動時，原子核與電子間的 Coulomb 引力須等於電子之離心力，而可表示為

$$\frac{Ze \cdot e}{a^2} = \frac{mv^2}{a} \tag{22-52}$$

然而，依據古典電磁學的理論，電子於原子核的 Coulomb 場作加速運動時，會放射電磁輻射線而逐漸損失能量，而此時所放射的輻射線之頻率，會隨電子的運動之軌道半徑的縮小而連續增加，此種結果與所觀測的放射線光譜之結果並不一致。

N. Bohr 於 1913 年應用量子論（參閱 16-6 節），得以修正上述的 Rutherford 的原子構造，並假定電子於原子內的原子核周圍之電子軌道作穩定的圓周運動時，電子之角動量 mva 須等於 $h/2\pi$ 的整數倍，即為

$$mva = \frac{nh}{2\pi} \tag{22-53}$$

上式中，a 為電子作穩定運動之圓周軌道的半徑，主量子數 n 為正的整數，h 為 Planck 常數。由式 (22-52) 與式 (22-53) 消去 v，可得原子中的電子之各 Bohr 軌道的半徑 a，為

$$a = \frac{n^2 h^2}{4\pi^2 m Z e^2} \tag{22-54a}$$

由此，可得氫原子 $(Z=1)$ 內的電子，於基底狀態 $(n=1)$ 時之電子軌道的半徑，為

$$a = \frac{h^2}{4\pi^2 m e^2} = 5.3 \times 10^{-9}\,\text{cm} \tag{22-54b}$$

因此，原子之直徑大約為 $10^{-8}\,\text{cm}$，而 Rutherford 等由 α 粒子之散射實驗得，原子核之直徑約為 $10^{-12} \sim 10^{-13}\,\text{cm}$，因原子之大部分的質量（約 99.95%) 集中於原子核，故原子核之密度與通常的物質之密度比較非常的大，大約為 $10^{14}\,\text{g cm}^{-3}$ 或 $10^8\,\text{ton}/\text{cm}^3$。

由於 α 粒子與含氫物質的作用而發現質子，及 J. Chadwick 於 1932 年的中子之發現，而得原子核是由質子與中子所構成。最簡單的原子核為氫的原子核而僅由 1 質子所構成，其所帶的正電荷與電子之電荷的絕對值相等，為 $4.80298 \times 10^{-10}\,e.s.u$，質子之質量大約等於氫原子的質量，為 1 a.m.u.（原子質量單位），次簡單的原子核為氘的原子核 ^2H（重氫的原子核 D)，由 1 質子與 1 中子所構成。

　　由於中子沒有帶電荷，因此，原子核內的質子與中子可緊密結合，而其結合力不是單純的 Coulomb 靜電引力。若原子核內的質子與中子之結合力，為牛頓的萬有引力，則其引力太弱而無法說明強大的核力。許多實驗的結果顯示，此種核力場之作用的距離，小於原子核的大小，而一般認為，核子（質子與中子之總稱）間的作用力的形式像一種交換力，即一種粒子於質子與中子之間，不斷來回而使其兩者緊密結合，此種粒子具有質子與電子之中間的性質，而以希臘語之中間 (meso) 的語意，稱為**中間子** (meson)。湯川秀樹博士於 1935 年曾由理論計算，並預測中間子為約 150 倍的電子質量的交換粒子，而於數年後 S.H. Neddermeyer 與 C.D. Anderson 於宇宙線中，觀測到質量等於約 210 倍的電子質量的粒子，Anderson 命名此粒子為 " mesotron "，現在改稱為 μ **中間子** (μ meson)。μ 中間子所帶之電荷有正與負的二種，其電荷與電子相等，而其平均壽命非常短，僅為 2.15×10^{-6} 秒。

　　此 μ 中間子長時間被認為，是原子核內的核子結合之有關的粒子，但於 1946 年由實驗得知，此 μ 中間子與核子間之作用力，較由中間子的理論所計得者弱，後來發現質量等於電子之 275 倍，而具中間子理論要求的 π **中間子** (π-meson)。π 中間子有帶正與負的單位電荷，及中性不帶電荷的三種，為由光子或質子撞擊原子核所產生，其壽命更短，而 μ 中間子為 π 中間子之蛻變後的產物。

　　原子核內之質子的數等於原子序 Z，而由此決定元素之化學性質，已知的元素之原子序，由氫之 1 至超鈾元素之 109 及許多繼續新增加的元素。原子核內之中子的數 N，等於核子之總數(質量數) A 減質子的數 Z，即 $N = A - Z$。質量數 A 為接近原子量之整數，原子核內之中子的數與質子數的差，$N - Z$ 或 $A - 2Z$，稱為**中子的過剩數** (neutron excess) 或**同位素的數** (isotopic number)。原子序相等而質量數相異的各種原子，屬於相同的元素，而稱為**同位素** (isotope)，同位素之原子核由相同數目的質子與不同數目的中子結合而成，例如，$^{35}_{17}Cl$ 與 $^{37}_{17}Cl$，$^{16}_{8}O$，$^{17}_{8}O$ 與 $^{18}_{8}O$，$^{40}_{20}Ca$，$^{42}_{20}Ca$ 與 $^{44}_{20}Ca$，$^{1}_{1}H$, $D(^{2}_{1}H)$ 與 $T(^{3}_{1}H)$，$^{39}_{19}K$, $^{40}_{19}K$ 與 $^{41}_{19}K$，$_{50}Sn$ 有 10 種的同位素。$^{35}_{17}Cl$ 之原子核由 17 的質子與 18 的中子所構成，$^{37}_{17}Cl$ 之原子核由 17 的質子與 20 的中子所構成。原子序 1 至 83 之元素，平均每元素有 3 種的安定同位素。

　　質量數相同而原子序不同的原子種，稱為**同重體** (isobar)，例如，$^{76}_{32}Ge$ 與 $^{76}_{34}Se$，$^{130}_{52}Te$，$^{130}_{54}Xe$ 與 $^{130}_{56}Ba$，$^{204}_{80}Hg$ 與 $^{224}_{82}Pb$ 等。中子數相同而質量數不同的原子種，稱為**同中子體** (isotone)，例如，$^{30}_{14}Si$, $^{31}_{15}P$ 與 $^{32}_{16}S$，這些原子核均含 16 的中子。

22-13 原子核的質量與結合能
(Nuclear Mass and Binding Energy)

原子核之質量，以普通的單位表示時非常小 (10^{-21} g 以下)，因此，一般採用以氧的原子 ^{16}O 之質量爲基準的**物理原子量** (physical atomic mass)的**尺度** (scale) 表示。於物理原子量的尺度，以氧原子 ^{16}O 之質量正確定爲 16.00000 單位之質量；而化學原子量的尺度，以自然界存在的氧同位素的混合物之質量定爲 16.00000 單位之質量。自然界的氧有 ^{16}O, ^{17}O 與 ^{18}O 的三種同位素，其於空氣中之氧的各種同位素之含量分別爲 ^{16}O 99.759%，^{17}O 0.037%，及 ^{18}O 0.204% (^{18}O 於 河 水 中 爲 0.198%， CO_2 中 爲 0.208%)，因 此， 物 理 原 子 量 = $(1.000272 \pm 0.000005) \times$ 化學原子量。**物理與化學的純粹及應用的國際聯合會** (International Unions of Pure and Applied Physics & Chemistry) 於 1960~1961 年之會議，爲去除此二種原子量尺度的差異，提議採用碳原子 ^{12}C 之質量爲 12.0000 單位之新標準，而由此得，^{16}O 之質量爲 15.994915 單位，其轉換因子爲 15.994915/ 16.00000 = 0.99968218，此新標準較舊的物理原子量小 0.0318%，而較舊的化學原子量只差 0.005%。以 ^{12}C 之質量等於 12.0000 質量單位 (mass units, 簡寫 m.u.) 作爲基準時，氫原子核或質子之質量 $m_p = 1.0078252$ m.u.，中子之質量 $m_n = 1.0086654$ m.u.，電子之質量 $m_e = 0.0005486$ m.u.，而其中，1 m.u. $= 1.660 \times 10^{-24}$ g。

由 Einstein 之特殊相對論，質量相當於能量，而質量 m 與總能量 E 間之關係，可表示爲

$$E = mc^2 = \frac{m_o c^2}{\sqrt{1 - \beta^2}} \tag{22-55}$$

上式中，$\beta = v/c$，c 爲光速，等於 2.99792×10^{10} cm/sec，m_o 爲靜態的質量，v 爲質量 m 之速度。原子核之質量通常較其所組成的各核子之質量的和稍小，此兩者之差，即爲該原子核之**結合能** (binding energy)。

將 $m = 1.660 \times 10^{-24}$ g 及 $c = 2.99792 \times 10^{10}$ cm/sec 代入上式 (22-55)，可得 1 m.u. 的質量，相當於能量 $E = (1.666 \times 10^{-24} g)(2.9979 \times 10^{10})^2$ cm/sec $= 1.492 \times 10^{-3}$ erg，然而，原子核有關之研究，能量常以電子伏特 (eV) 的單位表示，而 1 keV = 1000 eV，1 MeV = 10^6 eV。1 電子伏特 (eV) 等於將 1 電子提升 1 Volt 的電位差所需之能量，即

$$1 \text{ eV} = 1.602 \times 10^{-19} \text{Coul.} \times 1 \text{ V} = 1.602 \times 10^{-19} \text{J} = 1.602 \times 10^{-12} \text{erg}$$

而

$$1 \, \text{MeV} = 1.602 \times 10^{-6} \, \text{erg} \quad \text{或} \quad 1 \, \text{erg} = 6.242 \times 10^{5} \, \text{MeV}$$

因此，質量單位 (m.u.) 用 eV 的能量單位表示時，即為

$$
\begin{aligned}
1 \, \text{m.u.} &= 1.660 \times 10^{-24} \, g \, (2.998 \times 10^{10} \, \text{cm s}^{-1})^2 \\
&= (1.492 \times 10^{-3} \, \text{erg})(1.602 \times 10^{-6} \, \text{erg} / \text{MeV}^{-1}) = 931.5 \, \text{MeV}
\end{aligned}
$$

而

$$1 \, \text{電子的質量} = 0.5110 \, \text{MeV}$$

原子核之總結合能 E_B，一般可用質量單位 (m.u.) 表示為

$$
\begin{aligned}
E_B &= Zm_p + Nm_n - M'_{(A,Z)} \\
&= Z(m_p + m_e) + (A-Z)m_n - [M'_{(A,Z)} + Zm_e] \\
&= Zm_H + (A-Z)m_n - M_{(A,Z)}
\end{aligned}
\tag{22-56}
$$

上式中，Z 為原子序，N 為中子數，A 為質量數，$M'_{(A,Z)}$ 為原子核之質量，m_p 為質子之質量，m_e 為電子之質量，$m_H = 1.0078252 \, \text{m.u.}$，為氫原子之質量，$m_n = 1.0086654 \, \text{m.u.}$，為中子之質量，$M_{(A,Z)}$ 為原子之質量。每一核子之平均結合能 $\overline{E}_B$，可表示為

$$\overline{E}_B = \frac{Zm_n + (A-Z)m_n - M_{(A,Z)}}{A} = 0.00896 - 0.00083 \frac{Z}{A} + \frac{A-M}{A} \tag{22-57}$$

例如，^4He 之質量為 4.002604 m.u.，二氫原子與二中子之質量的和為，$2 \times 1.0078252 + 2 \times 1.0086654 = 4.032981 \, \text{m.u.}$，因此，$^4\text{He}$ 之結合能量為，$4.032981 - 4.002604 = 0.030377 \, \text{m.u.}$ 或 $0.030377 \, \text{m.u.} \times 931.5 \, (\text{MeV} / \text{m.u.}) = 28.30 \, \text{MeV}$，所以 ^4He 核內的每核子之平均結合能量，約為 $\overline{E}_B = E_B / A = 7.1 \, \text{MeV}$。依同樣的方法，可計得**重氫的原子核** (deuteron) $^2_1 D$（或 $^2_1 \text{H}$）之結合能為，$(m_p + m_n) - M_{^2_1 \text{H}} = [(1.0078252 + 1.0086654) - 2.0141022] \times 931.5 = 2.225 \, \text{MeV}$，其中的 2.0141022 m.u. 為 $^2_1 \text{H}$ 之原子核的質量。由此，可得 $^2_1 \text{H}$ 原子核內的每一核子之平均結合能量，$\overline{E}_B = 2.225 / 2 = 1.1125 \, \text{MeV}$。

由上面的計算可得知，中子 n 與質子 p（如石蠟中之氫原子核）結合形成重氫的原子核 $^2_1 \text{H}$ 時，放出 2.225 MeV 的 γ 射線，而以能量大於 2.225 MeV 的 γ 射線照射重水 $(^2 \text{H}_2 \text{O})$ 時，會產生中子 n 與質子 p，此時其 n 與 p 之動能的和，等於 $(E_r - 2.225) \, \text{MeV}$，其中的 E_r 為 γ 射線之能量。事實上，2.225 MeV 為重氫的原子核產生**光崩變** (photodisintegration) 之**低限** (threshold) 的能量，使用質譜儀可測得，質子與重氫的原子核之質量，而可計得中子之質量為 $m_n = m_D + 2.225 / 931.5 - m_H = 2.0141022 + 2.38862 \times 10^{-3} - 1.0078252 = 1.00866562 \, \text{m.u.}$。

除了少數的較輕的原子核之外，全部的原子核之每一核子的平均結合能量均約為一定，對於 $A > 11$ 的原子核之平均結合能 $\overline{E}_B$，約於 7.4 至 8.8 MeV 的範圍，而於 $A = 60$（鐵與鎳原子核）的附近達至最大值 8.8 MeV。每一核子之平

均結合能 $\bar{E}_B$，對於 A 作圖，如圖 22-14 所示。由此圖得知，比最大 $\bar{E}_B$ 值之鐵重的元素，其 $\bar{E}_B$ 隨 A 的增加而減小的速率，較比鐵輕的元素之 $\bar{E}_B$，隨 A 的減少而減小之速率緩慢。對於最重的原子核，其 $\bar{E}_B$ 值約為 7.5 MeV，而偶數 A 的原子核之 $\bar{E}_B$ 值，一般比其鄰近之奇數 A 的原子核之 $\bar{E}_B$ 值大。

如圖 22-15 所示，對於質量數 20 以下的較輕原子核，其 $\bar{E}_B$ 值隨 A 的變化較不規則，而其中的 $_2^4\text{He}, \, _6^{12}\text{C}, \, _8^{16}\text{O}$ 等原子核之每一核子的平均結合能特別高，由此被認為，太陽的輻射能是由於氫原子，經連串的原子**核轉換** (nuclear transformations) 而形成氦原子，其反應如下：

$$_1^1\text{H} + _1^1\text{H} \rightarrow _1^2\text{H} + e^+ + \nu \text{ (微中性子)} \tag{22-58a}$$

$$_1^2\text{H} + _1^1\text{H} \rightarrow _2^3\text{He} + \gamma \tag{22-58b}$$

$$_2^3\text{He} + _2^3\text{He} \rightarrow _2^4\text{He} + 2_1^1\text{H} \tag{22-58c}$$

較重的原子核發生原子**核分裂** (nuclear fission) 時，產生結合能 $\bar{E}_B$ 最大的 Fe 與 Ni 等安定的原子核，因此，鐵與鎳之天然的存量特別高。

原子核之結合能常用其關聯的量，即所謂**質量欠損** (mass defect) Δ 表示，其定義為

$$\Delta = M - A \tag{22-59}$$

上式中，M 為物理原子量，A 為質量數。$A \approx 20$ 至 $A \approx 180$ 間之其各質量欠損，均小於零，$\Delta < 0$。上式 (22-59) 之質量欠損除以其質量數 A，稱為**充填分數** (packing fraction) f，即為

$$f = \Delta / A \tag{22-60}$$

上式之充填分數 f，有時亦可用 Δ / M 定義，由於 Δ / M 與 Δ / A 相差很小，因此，此二者之差通常可以忽略。於鐵附近的元素之核子結合能最大（即 $-\Delta$ 亦為最大），此表示週期表中央附近的元素之原子核最為安定。核子的平均結合能 $\bar{E}_B$，用充填分數表示時，式 (22-57) 可寫成

$$\bar{E}_B = 0.00896 - 0.00083 \frac{Z}{A} - f \tag{22-61}$$

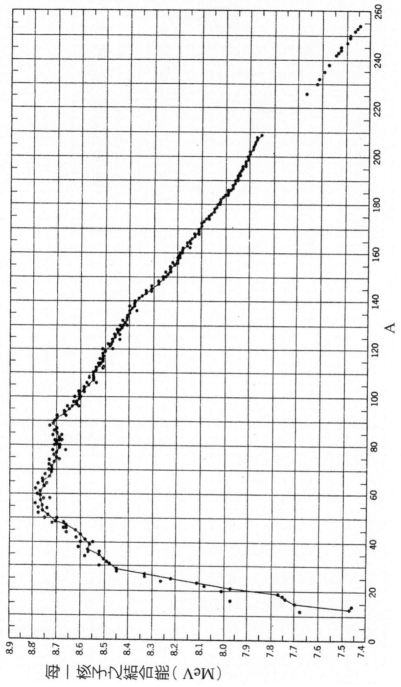

圖 22-14 每一核子之平均結合能與質量數 *A* 的關係，自 Gerhart Friedlander, Joseph W.Kennedy, Julian Malcolm Miller, Nuclear and Radiochemistry, 2nd ed., John Wiley & Sons, Inc. (1964), New York

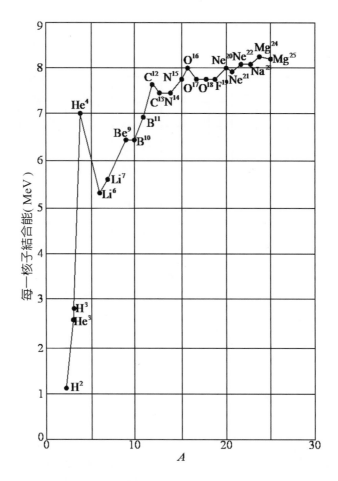

圖 22-15 　較輕的原子核之每一核子的平均結合能。自 Gerhart Friedlander, Joseph W.Kennedy, Julian Malcolm Miller, Nuclear and Radiochemistry, 2nd ed., John Wiley & Sons, Inc. (1964), New York

原子核解離成所組成的各成分核子所需之能量，稱為原子核之結合能 E_B。結合能 E_B 以質量數 A，中子數 N，質子數 $Z = A - N$ 的函數表示之式中，下式 (22-62) 於 $A > 40$ 之計算值，與實際的量測值的誤差約在 1% 以內。

$$E_B = 14.0A - 13.1A^{2/3} - 0.585Z(Z-1)A^{-1/3}$$
$$-18.1(N-Z)^2 A^{-1} + \delta A^{-1} \tag{22-62}$$

上式中，E_B 之單位為 MeV。上式 (22-61) 係假想，原子核為類似液滴的球形模型而得，此結合能量的半經驗式，可完滿說明原子核之各種性質。

上式 (22-62) 之第一項與質量數 A (原子核內的質子與中子數之總和) 成比例，於上式中此項最為重要，係表示核子力之作用的距離很短，而其作用僅及其鄰近的少數的核子。一般認為，2 質子與 2 中子的 4 核子相互作用時，達至飽和，例如，週期表中的 ^{4}He, ^{12}C, ^{16}O 等原子核之結合能，均比其兩側相鄰位置的原子核之結合能大。由於原子核表面之核子有不飽和的結合力，因此，於上式 (22-62) 中減去與原子核的表面積成比例的 (第二項) $13.1A^{2/3}$，其中的 $A^{2/3}$

與原子核之表面積成比例。由於原子核之表面積與容積的比，隨質量數 A 的增加而減小，因此，於質量數比較大時，此項變成相對的不重要。

　　上式 (22-62) 之第三項爲，質子間的 Coulomb 排斥力，由於 Z 質子之每 1 質子與其他的 $Z-1$ 的質子間之排斥力，而使結合能減小，因此，於上式(22-62)中須減去此排斥力，由於原子核之容積與 A 成比例，由此，此項(第三項)中之 $A^{-1/3}$ 相當於原子核內的質子間之平均間隔。此項隨質子數的增加而變爲重要，事實上，$Z > 20$ 之安定的原子核中所含的中子數較質子數多，如圖 22-16 所示。上式(22-62)的第四項爲，中子數超過質子數之修正項，如圖 22-15 所示，中子數與質子數相等的較輕元素之原子核的結合能最大，即此種原子核最安定。例如，^2_1H，^4_2He，^6_3Li，$^{10}_5B$，$^{12}_6C$，$^{14}_7N$，$^{16}_8O$，$^{20}_{10}Ne$，$^{24}_{12}Mg$，$^{28}_{14}Si$，$^{32}_{16}S$ 等，均於圖 22-16 所示的 N＝ Z 之線上。上式的第五項爲，原子核中的質子數 Z 與中子數 N 之**奇–偶效**應 (odd-even effect)。結合能與中子數 N 及質子數 Z 爲偶數或奇數有關，其 Z 與 N 均爲偶數的所謂**偶–偶原子核** (even-even nuclei) 最安定，而其 δ 爲 +132，偶–奇 (Z 偶數，N 奇數) 及 奇–偶 (Z 奇數，N 偶數) 的原子核之 δ 爲 0，奇–奇原子核之 δ 爲 –132。這四種原子核的型態之不同的安定度，可由實際已知的 163 種的偶–偶，55 種的偶–奇，50 種的奇–偶，及 4 種的奇–奇安定原子核之分布，而可得以瞭解。

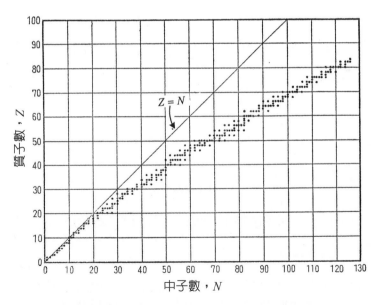

圖 22-16　既知安定原子核之質子數 Z 與中子數的關係，自 Gerhart Friedlander, Joseph W.Kennedy, Julian Malcolm Miller, Nuclear and Radiochemistry, 2nd ed., John Wiley & Sons, Inc. (1964), New York

　　於某原子核內加入 1 核子之**部分莫耳結合能** (partial molal binding energy)，等於該原子核與填入的核子之質量的和，減所生成的原子核之質量。例如，將一中子各別填入 $^{45}_{22}\text{Ti}$, $^{46}_{22}\text{Ti}$, $^{47}_{22}\text{Ti}$, $^{49}_{22}\text{Ti}$, $^{50}_{22}\text{T}$ 等原子核之部分莫耳結合能，分別為 13.19, 8.88, 11.61, 8.15, 10.93, 6.36 MeV；將一質子各別填入 $^{122}_{50}\text{Sn}$, $^{123}_{51}\text{Sb}$, $^{124}_{52}\text{Te}$, $^{125}_{53}\text{I}$, $^{126}_{54}\text{Xe}$ 等原子核之部分莫耳結合能，分別為 6.5, 8.6, 5.6, 7.6, 4.4 MeV。這些結果亦清楚顯現，其奇–偶的效應。

　　^{235}U (質量 235.0439 m.u.)的原子核放出 1 α 粒子(^4He 之質量為 4.00260 m.u.)時，轉變成 ^{231}Th (質量 231.03635)，因其質量或能量的變化為，$(231.03635 + 4.00260) - 235.04393 = -0.00498$ m.u. 或 -4.64 MeV，故 ^{235}U 為熱力不安定，而可自發放射 α 粒子轉變成 ^{231}Th。質量數 $A \geq 140$ 的原子核之 α 粒子的部分結合能，均為負值。

　　自原子核放出 1 個中子所需之能量 S_n，可表示為

$$S_n = E_{B(Z,N)} - E_{B(Z,N-1)} = A \cdot \overline{E}_{B(Z,N)} - (A-1) \cdot \overline{E}_{(Z,N-1)}$$
$$= \overline{E}_{B(Z,N)} + (A-1)[\overline{E}_{B(Z,N)} - \overline{E}_{B(Z,N-1)}] \tag{22-63}$$

上式中，$\overline{E}_{B(Z,N)} - \overline{E}_{B(Z,N-1)}$ 相當於，$\overline{E}_B$ 與 A 之關係曲線於 A 之斜率，$d\overline{E}_B / dA$，由此，上式 (22-63) 可寫成

$$S_n = \overline{E}_{B(Z,N)} + (A-1)\frac{d\overline{E}_B}{dA} \tag{22-64}$$

　　同樣，自原子核放出 1 個質子所需之能量 S_p，可表示為

$$S_p = E_{B(Z,N)} - E_{B(Z-1,N)}$$
$$= A \cdot \overline{E}_{B(Z,N)} - (A-1)\overline{E}_{B(Z-1,N)}$$
$$= \overline{E}_{B(Z,N)} + (A-1)[\overline{E}_{B(Z,N)} - \overline{E}_{B(Z-1,N)}] \tag{22-65}$$

由此，上式同樣可大略用式 (22-64) 表示。

例 22-2 碳-12($^{12}_6\text{C}$) 之原子量為 12.0000，試計算其結合能

解 由式 (22-56)

$$E_B = 6m_H + 6m_n - 12.0000$$
$$= (6)(1.0078252) + (6)(1.0086654) - 12.0000$$
$$= 6.0469512 + 6.0519924 - 12.0000 = 0.0989436 \text{ m.u.}$$
$$= (0.0989436 \text{ m.u.})(931.5 \text{ MeV/m.u.}) = 92.1660 \text{ MeV}$$
$$\therefore \overline{E}_B = 92.1660 / 12 = 7.68 \text{ MeV}$$

22-14　原子核的能量曲面 (Nuclear Energy Surface)

各種原子核之結合能 E_B 如式 (22-62) 所示，為質量數 A 與原子序 Z 的函數，其間的關係可以三次元的立體圖表示。事實上，由 A 一定之各種原子核的結合能與 Z 的關係曲線，可得有關其特性的有用資訊。通常使用原子的總質量 M 表示，較以其總結合能 E_B 表示方便，原子的總質量依據結合能之定義，可表示為

$$M = Zm_H + (A-Z)m_n - E_B \tag{22-66}$$

上式中，m_H 與 m_n 為氫原子與中子之質量，分別等於 938.77 MeV 與 939.55 MeV。將式 (22-62) 代入上式 (22-66) 可得，原子之總質量的**半經驗質量式** (semiempirical mass equation)，為

$$M = 925.55A - 0.78Z + 13.1A + 0.585Z(Z-1)A^{-1/3}$$
$$+ 18.1(A-2Z)^2 A^{-1} - \delta A^{-1} \tag{22-67}$$

上式 (22-67) 為 Z 之二次方程式，而可改寫成

$$M = aZ^2 + bZ + c - \delta A^{-1} \tag{22-68}$$

其中，$a = 0.585A^{-1/3} + 72.4A^{-1}$, $b = -0.585A^{-1/3} - 73.18$，及 $c = 943.65A + 13.1A^{2/3}$。由此，於 A 一定時，各係數 a, b, 與 c 均為定值，此時對於 δ 之某值，上式 (22-68)均形成拋物線。A 為奇數值時，其 $\delta = 0$，此時原子核的能量曲面於奇數的 A 之斷切面，成單一的拋物線，而 A 為偶數值時，其 $\delta = \pm132$，此時原子核的能量曲面於偶數的 A 之斷切面，成沿能量軸相差 $2\delta / A$ 的二拋物線。

自上述的這些質量（或能量）之拋物線，可直接得知，相鄰的**同重體** (isobars) 間之 β-衰變的能量之大略值，這些拋物線對於 β-衰變之系統化很有用。由式 (22-68) 所計得，質量數 $A = 125$ 與 $A = 128$ 之拋物線，分別如圖 22-17(a) 與圖 22-17(b) 所示。

各質量數 A 值之上述的各拋物線，均有其最小質量或最大結合能量的頂點，由上式 (22-68) 對 Z 微分，可求得相當於此頂點之原子核的電荷 Z_A。由上式 (22-68) 於 A 一定下對 Z 偏微分，並設其等於零，可得

$$\frac{\partial M}{\partial Z} = 2aZ_A + b = 0 \tag{22-69}$$

由此，可得質量數 A 之最安定的原子核之原子序 Z_A，為

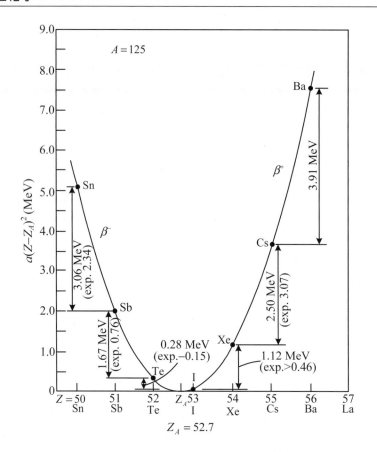

圖 22-17(a) 由式 (22-68) 所計算 $A = 125$ 之質量拋物線，於圖中表示相鄰的二同重體間之計算質量的差（β- 衰變能量），括號內為實驗的測定值。自 Gerhart Friedlander, Joseph W.Kennedy, Julian Malcolm Miller, Nuclear and Radiochemistry, 2nd ed., John Wiley & Sons, Inc. (1964), New York

$$Z_A = -\frac{b}{2a} = \frac{0.585A^{2/3} + 73.18A}{2(0.585A^{2/3} + 72.4)} \qquad (22\text{-}70)$$

由於 Z 以連續函數處理，因此，由上式所得之 Z_A 值，可能為非整數的值。例如，對於 $A = 125$ 得，$Z_A = 52.7$，對於 $A = 128$ 得，$Z_A = 53.7$。

繪製如圖 22-17(a) 與 22-17(b) 所示之能量拋物線時，可使用 Z_A 之上式 (22-70)，將式 (22-68) 改寫成，文獻中常使用的較方便的形式，即為

$$M = a(Z - Z_A)^2 - \delta A^{-1} + \left(c - \frac{b^2}{4a}\right) \qquad (22\text{-}71)$$

上式之最後面的項，$c - b^2/4a$，僅為 A 的函數而通常不須計算。例如，於圖 22-17(a) 與 22-17(b) 中，其縱坐標僅使用 $a(Z - Z_A)^2 - \delta A^{-1}$；此時其縱座標之零點相當於原子序等於 Z_A 之質量，對於偶數的 A 時，以**偶–偶** (even-even) 的原子核 Z_A 之質量為零。

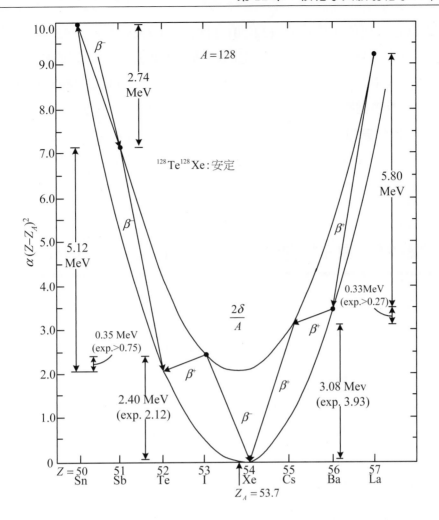

圖 22-17(b)　由式 (22-68) 所計算的 $A = 128$ 之質量拋物線,於圖中表示相鄰的二同重體間之計算質量的差 (β- 衰變能量),括弧內為實驗值。自 Gerhart Friedlander, Joseph W.Kennedy, Julian Malcolm Miller, Nuclear and Radiochemistry, 2nd ed., John Wiley & Sons, Inc. (1964), New York

　　考慮一組同重體之拋物線時,可得有關原子核的安定度之一些重要的結論。例如,A 為奇數時可容易得知,接近拋物線最低點的核種,為唯一的 β- 安定的核種;A 為偶數時,有二種有時有三種的均為偶–偶形的 β- 安定的同重體。於圖 22-17(b),^{128}Te 與 ^{128}Xe 均為安定的核種,如圖中所示,從嚴格的觀點,因 ^{128}Te 有比其結合能量較低的 ^{128}Xe,因此,^{128}Te 並非真正的安定核種。然而,其轉移需經所謂**雙 β- 衰變的過程** (double b-decay process),即同時放出二 β 粒子,或同時捕獲二電子的過程,而此種過程通常需要很長的半衰期,且實際上無此種過程之實例。

　　於圖 22-17(a) 與 22-17(b) 中,列出相鄰的二同種體間之能量差的實驗測定值,與由結合能量的式之計算值以便比較,對於所考慮之特定質量的區域,於 1 MeV 的誤差範圍內尚可符合,而於特定的 Z 與 A 的區域,由於 a 與 Z_A 的調整而可更吻合。例如，依據式 (22-70) 可得， $A=125$ 時 $Z_A=52.7$ ，即如圖 22-17(a) 所示， ^{125}I 為質量 125 之安定的核種，但實際上，安定的核種為 ^{125}Te 而不是 ^{125}I $(t_{1/2}=60d, EC)$ ，且 ^{125}I 為不安定，而會產生約 0.13 MeV 的電子捕獲轉變成 ^{125}Te。若將拋物線沿 Z 軸移動 0.3 單位，而使用 $Z_A=52.4$ 時，則可與由其他的實驗所得的**衰變能量** (decay energy) 較符合，且亦可預估得知，未量測的 ^{125}Ba 與 ^{125}La 之較可靠的衰變能量。由式 (22-70) 所決定的 Z_A 值之最大的誤差，約為 1 單位。

22-15　原子核的殼構造 (Nuclear Shell Structure)

原子核為由中子與質子之統計集合所構成，前述的原子核的結合能之半經驗式 (22-62) ，係假想原子核類似液滴的模型所得，原子核的構造雖不如原子之電子殼的構造清楚，但由實驗的證據顯示，原子核似有類似的殼之構造。W. Elsasser 於 1934 年指出，某特定數目之中子數與質子數的原子核特別安定，例如，原子核內之中子數 N 與質子數 Z ，等於 2, 8, 20 的較輕元素如 $^{4}_{2}$He, $^{16}_{8}$O, $^{40}_{20}$Ca 等之原子核特別安定外，M.G. Mayer 於 1948 年指出，質子數等於 50 與 82 及中子數等於 50, 82 與 126 的原子核，也特別安定，而將這些數目稱為**魔術數** (magic numbers)，其後 28 亦被認為是魔術數。

原子序 Z 大於 28 的元素中，其 Z 數為偶數的核種之**同位素的存量度** (isotopic abundances) 均超過 60% 以上，如 $^{88}_{38}$Sr（ $N=50, 82.56\%$ ）， $^{138}_{56}$Ba $(N=82, 71.66\%)$ ，及 $^{140}_{58}$Ce $(N=82, 88.48\%)$ 等。中子數 $N=50$ 者有六種，及 $N=82$ 者有七種之天然同重體外，其他的任何 N 數目之天然同重體均不會超過五種。錫的元素 $(Z=50)$ 有最多數的安定同位素(10 種)，而鈣 $(Z=20)$ 及錫的核種之質量的範圍均特別廣。天然放射性的各種系列之最終的產物均為鉛 $(Z=82)$ ，及二安定的較重的核種 $^{208}_{82}$Pb 與 $^{209}_{83}$Bi 之中子數均為 126，此為二重要的事實。

中子數 $N=50, 80$ 及 120 的原子核之中子捕獲的或然率均特別低，此種性質與鹼金屬原子的價電子之游離電位均特別低相類似。密閉殼外的第一個核子之結合特別弱，例如， $^{87}_{36}$Kr $(N=51)$ 與 $^{137}_{54}$Xe $(N=83)$ 的原子核之其殼外的 1 個中子之結合特別鬆弱，因此， $^{87}_{35}$Br$[t_{1/2}=55s, \beta^{-}2.6, 8.0; \gamma 5, 4, (n)]$ 與 $^{137}_{53}$I$[t_{1/2}=24s, \beta^{-}; \gamma 0.39(n)]$ 等，均由於 β- 衰變，而各分別轉變成 $^{87}_{36}$Kr $(t_{1/2}=78m, \beta^{-}3, 8, 1, 3; \gamma 0.40, 2.57, 0.85$ 等) 與 $^{137}_{54}$Xe $(t_{1/2}=3.9m, \beta^{-}3, 5; \gamma 0.26, 0.45)$ 時，各自動放出中子。

　　由原子核的結合能之半經驗式，與由實驗所得的衰變能量及質量數據間的主要差異，均發生中子數及質子數為於魔術數的區域。例如，於 $N = 50, 82$ 與 126，及 $Z = 28, 50$ 與 82 等鄰近的原子核之質量的精密量測，同樣顯示這些密閉殼外的第一個核子之結合較弱，因此，圖 22-14 所示的結合能量的曲線，於此區域不順滑而顯示有些斷續。質子數大於 32 之偶數 Z 的同位素中，其最輕的同位素之存在量的比率，通常小於 2%，但中子數等於魔術數時，其存在比率特別大，如 $_{40}^{90}\mathrm{Zr}(N = 50)$ 之存量比率為 51.46%，$_{42}^{92}\mathrm{Mo}$ $(N = 50)$ 為 15.86%，$_{60}^{142}\mathrm{Nd}(N = 82)$ 為 27.13%，$_{62}^{144}\mathrm{Sm}(N = 82)$ 為 3.02%。

22-16　核反應 (Nuclear Reactions)

　　原子核與基本的質點、其他的原子核或光子等反應，而轉變成為其他種類的原子核，並於 10^{-12} 秒以內放出質點、γ 射線或較輕的其他種類的原子核之反應，稱為**核反應** (nuclear reaction)。被研究過的大部分的核反應，如原子核與中子(n)、質子(p)、**氘核**(deuteron, D)，**氚核**(triton, t)、氦的離子（α-粒子）、電子、光子等較輕粒子的反應，而生成他種的原子核，並放出 1 個以上較輕的粒子或 γ-射線之反應，原子核的**分裂反應** (fission reaction)，及由鋰 (lithium, Li)、鈹 (beryllium, Be)、硼 (boron, B)、碳、氮與氧等較重離子所誘導之核反應。

　　Rutherford 以自 RaC′ 放射的 α 粒子衝擊氮時，發現於硫化鋅的屏幕與氮氣之間，放置可完全吸收 α 粒子的物質時，仍可於硫化鋅的屏幕上觀察到閃光，後來由實驗得知，產生閃光的長飛程的粒子為質子，此為最早發現的核反應。此反應為氮的原子與 α 粒子發生核反應，而生成氧的原子與質子，其反應可表示為

$$_{7}^{14}\mathrm{N} + _{2}^{4}\mathrm{He} \rightarrow _{8}^{17}\mathrm{O} + _{1}^{1}\mathrm{H} \tag{22-72}$$

　　自 1911 年以後，被研究過的核反應超過數千種，由核反應常會產生不安定的生成物，而放射特有的放射線，因此，由其放射能可容易識別，該核反應之生成物。Joliot 與 Curie 以 α 粒子衝擊鋁時，發現產生放射正電子的放射體 $_{15}^{30}\mathrm{P}$，其反應為

$$_{13}^{27}\mathrm{Al} + _{2}^{4}\mathrm{He} \rightarrow _{15}^{30}\mathrm{P} + _{0}^{1}\mathrm{n} \tag{22-73}$$

　　核反應之表示的方法與化學反應的反應式類似，反應式之左邊為反應物，而右邊為核反應之生成物。各種核反應(包含中間子之生成或消失的核反應除外)之反應前的核子（質子與中子）的總數(即總 A 數)，與其反應後的核子總數相

等，此與化學反應中的各元素之原子數須保持一定類似。此外，核反應之能量、動量、角動量、粒子之統計及**奇偶性** (parity) 亦須守恆。

上述的核反應 (22-72) 與 (22-73)，常分別簡寫成 $^{14}N(\alpha, p)^{17}O$ 與 $^{27}Al(\alpha, n)^{30}P$。於此種核反應的表示法中，中子、質子、重質子、α 粒子、電子、γ-射線、X-射線、π **中間子** (pi meson)、及**反質子** (antiproton) 等，分別用 $n, p, d, \alpha, e, \gamma, x, \pi, \bar{p}$ 等符號表示。

22-17　核反應之 Q 值 (Q Values of Nuclear Reactions)

核反應與化學反應同樣常隨其反應放出或吸收能量，因此，通常於核反應式之右邊註記核反應所放出或吸收之能量 Q 值，Rurherford 之最初的元素轉換反應 (22-72)，可完整寫成

$$^{14}_{7}N + ^{4}_{2}He \rightarrow ^{17}_{8}O + ^{1}_{1}H + Q \tag{22-74}$$

上式中，Q 爲核反應 (22-72) 之能量變化，稱爲"核反應之 Q 值"，正的 Q 值表示放出能量(放熱反應)，負的 Q 值表示吸收能量(吸熱反應)。

化學反應與核反應間有很大的差異，於化學反應時，參與反應之物質的量通常較多，爲**巨觀的量** (macroscopic amounts)，而其反應熱常用每莫耳或每克反應物之反應熱表示。於核反應常考慮其單一原子核的反應過程，其 Q 值表示 1 原子核轉變時之能量變化。若兩者以相同的基準表示時，則核反應之能量變化，較化學反應時大許多的位數，例如，核反應 $^{14}N(\alpha, p)^{17}O$ 之 Q 值爲 $-1.19 \, MeV$，相當於每 1 原子核轉變之能量變化，爲 $-1.19 \times 1.602 \times 10^{-6} \, erg$，或 $-1.19 \times 1.602 \times 10^{-6} \times 2.390 \times 10^{-8} cal = -4.56 \times 10^{-14}$ cal，由此，1 克原子量之 ^{17}N 轉變成 ^{17}O 所需之能量爲，$-6.02 \times 10^{23} \times 4.56 \times 10^{-14}$ cal $= -2.74 \times 10^{10} cal$，此值約爲一般化學反應之反應熱的 10^5 倍。另方面，由於原子核很小，而產生核反應之原子核的衝擊或然率很小，因此，核反應與化學反應比較，發生核反應之機率甚爲稀少。

由於核反應所產生之能量的變化非常大，因此，可觀察到相當於此能量變化之原子核(粒子)的質量變化，但於化學反應時，隨伴反應產生的質量變化很小，而使用靈敏度很高的天秤，也無法量測其質量的變化。由參與核反應各原子核及各粒子之質量，可計算該核反應之 Q 值，例如，^{14}N 與 ^{4}He 之原子核的質量的和爲 $18.005678 \, amu$，^{17}O 與 ^{1}H 之原子核的質量的和爲 $18.006958 \, amu$，由此，可得核反應 $^{14}N(\alpha, p)^{17}O$ 之 Q 值，相當於 $18.005678 - 18.006958 = -0.001280 \, amu$，即其 Q 值爲 $-0.001280 \times 931.5 \, MeV = -1.192 \, MeV$。

若參與核反應之原子核的質量未知，而該核反應所生成的放射性原子核，經衰變返回成為原來的原子核時，則由其衰變的能量可計算，該核反應之 Q 值。例如，核反應 $^{106}Pd(n,p)^{106}Rh$ 所生成的 ^{106}Rh 之衰變半衰期為 30 秒，而 ^{106}Rh 放出 3.54 MeV 的 β 粒子，衰變成基底狀態的 ^{106}Pd，則此核反應及所生成的 ^{106}Rh 之衰變，可分別寫成

$$^{106}_{46}Pd + ^1_0n \rightarrow ^{106}_{45}Rh + ^1_1H + Q \tag{22-75}$$

及
$$^{106}_{45}Rh \rightarrow ^{106}_{45}Pd + \beta^- + \bar{\nu} + 3.54\ MeV \tag{22-76}$$

由上面的兩式相加可得，相當於 1 中子轉變成 1 質子與 1 電子及 1 **反微中性子** (antineutrino) 之淨反應，及伴隨此反應所產生的能量變化，而可表示為

$$^1_0n \rightarrow ^1_1H + \beta^- + \bar{\nu} + Q + 3.54\ MeV \tag{22-77}$$

上式中，^1_1H 的符號代表質子，於表中所示的"質子質量"通常包含 1 電子，因此，上式由能量的平衡可寫成

$$m_n = m_{^1H} + Q + 3.54\ MeV \tag{22-78}$$

上式中，$m_n = 1.008665\ amu$，$m_{^1H} = 1.007825\ amu$，而由上式 (22-78) 可得

$$Q = (1.008665 - 1.007825) \times 931.5 - 3.54 = -2.76\ MeV$$

於前所得的核反應 $^{14}N(\alpha,p)^{17}O$ 之 Q 值為 $-1.19\ MeV$，此並非表示動能超過 1.19 MeV 的 α 粒子，可產生此核反應，而實際上須更高動能的 α 粒子，才會發生此核反應。其理由有二，其一為 α 粒子衝擊 ^{14}N 的原子核時，由於**動量之守恆** (conservation of momentum)，其生成物至少須保持 α 粒子之動能的 4/18，因此，僅 α 粒子的動能之 14/18 可用於反應，所以發生核反應 $^{14}N(\alpha,p)^{17}O$ 之 α 粒子的動能的**下限能量** (threshold energy) 為，$\frac{18}{14} \times 1.19\ MeV = 1.53\ MeV$。核反應之撞擊粒子的動能，以其生成物的動能保存之分率，隨其**靶原子核** (target nucleus) 的質量之增加而變小。

產生核反應 $^{14}N(\alpha,p)^{17}O$ 之 α 粒子的動能，須高於此核反應之 Q 值的另一理由為，α 粒子與 ^{14}N 的原子核間之 Coulomb 的排斥力。α 粒子於進入 ^{14}N 的原子核的**核力** (nuclear forces) 範圍內之前，其二者間之排斥力，隨其間距離的接近而增大。帶正電荷 Z_2e 之半徑 R_2 的粒子，與帶正電荷 Z_1e 之半徑 R_1 的原子核間之位能 V，可由其二者相接觸時之 Coulomb 排斥能量估算，而可表示為

$$V = \frac{Z_1 Z_2 e^2}{(R_1 + R_2)} \tag{22-79}$$

上式中之 R_1 與 R_2 用 $10^{-13}\ cm$ (fermis) 的長度單位表示時，上式可寫成

$$V = 1.44 \frac{Z_1 Z_2}{R_1 + R_2} \text{MeV} \tag{22-80}$$

原子核之半徑使用式，$R = 1.6 \times 10^{-13} A^{1/3}$，計算時，可得 ^{14}N 與 α 粒子間之位能高度約為 3.2 MeV。因此，雖然核反應 ^{14}N$(\alpha, p)^{17}$O 之 α 粒子的下限能量僅為 1.53 MeV，但依據古典理論，α 粒子之動能至少須為，$\frac{18}{14} \times 3.2 = 4.0$ MeV，才能越過位能的障壁進入 ^{14}N 的原子核，並產生 ^{14}N$(\alpha, p)^{17}$O 的反應。此問題由量子力學的處理得知，較低能量的粒子亦可由於"鑽隧道效應 (16-16 節)"，以某或然率穿過位能障壁，而其或然率隨粒子之能量的減小而迅速降低。α 粒子穿過位能障壁之或然率，與 α 衰變之或然率有關 (參閱 22-4 節)。雖然能量低於 4.0 MeV 的 α 粒子，但由於鑽隧道的效應，可穿過位能障壁進入 ^{14}N 的原子核，並發生核反應，然而，其或然率甚小 (接近零)，實際上幾乎不會發生。於 Rutherford 之實驗中，實際使用之 α 粒子的能量大於 7 MeV。

使用天然的 α-放射性物質(核種)，可由 (α, n) 反應產生中子，最常用的中子源之二實際的反應例為

$$^{9}_{4}\text{Be} + ^{4}_{2}\text{He} \rightarrow ^{12}_{6}\text{C} + ^{1}_{0}\text{n} + Q \tag{22-81}$$

與 $$^{11}_{5}\text{B} + ^{4}_{2}\text{He} \rightarrow ^{14}_{7}\text{N} + ^{1}_{0}\text{n} + Q \tag{22-82}$$

上面的反應式 (22-81) 為，最初發現中子之反應，此反應之 Q 值為 5.30 MeV。由 (α, n) 反應所產生的核種之大多數為，β-衰變的放射性核種。

質子 p 及 **重質子** (deuterons)d 所帶的正電荷，均為 α 粒子之 1/2，因此，p 及 d 的粒子於某原子核周圍之 Coulomb 能障的高度，由式 (22-79) 得約為 α 粒子時之能障高度的一半。由於靶原子核之位能障壁的高度，與靶原子之原子序 Z 成正比，而與其半徑成反比，及原子核之半徑 R 大約與 $Z^{1/3}$ 成比例，因此，位能障壁之高度大約與 $Z^{2/3}$ 成比例。最重元素的原子核之質子及重質子的位能障壁的高度約為 12 MeV，而其之 α 粒子的位能障壁的高度約為 25 MeV。因此，研究帶電荷的粒子，撞擊較重元素的原子核所產生之核反應時，須使用 **加速器** (accelerator) ，將帶電荷的粒子經適當的電磁場加速，以使其能量成為甚高 (大於位能障壁的高度許多 MeV) 的高速粒子。常用的加速器有 Cockcroft-Walton 加速器，Van der Graaff 加速器，**迴旋加速器** (cyclotron)，**同步迴旋加速器** (synchrocyclotron)，**電子同步加速器** (electron synchrotron)，**質子同步加速器** (proton synchrotron)，**直線加速器** (linear accelerator)，**貝達加速器** (betatron) 等。

由於中子沒有帶電荷，而於靠近原子核時不會受到 Coulomb 能量障壁的影響，而容易進入原子核，因此，很低能量的中子亦可與重的原子核產生核反應。實際上，中子的能量大約等於，室溫之熱平衡分布的氣體分子之能量的中

子，即所謂 "**熱中子** (thermal neutrons)"，與靶原子核產生核反應之或然率很高。E. Fermi, E. Amaldi, B. Pontecorvo, F. Rasetti, 及 E. Segre 等，於 1934 年在羅馬大學，以中子照射銀的實驗時，發現產生重要的效應，他們發現中子所誘導的放射能，比**中子線束** (neutron beam) 於含氫的物質 (如石蠟) 中所得者大許多。Fermi 對此結果的正確解釋認為，由於**快速的中子** (fast neutrons) 與質子的撞擊時損失其能量，由此，其能量由於連續重複的撞擊而減少至熱能量的區域，且原子核對於**慢速的中子** (slow neutrons) 具有較大的**捕獲斷面積** (capture cross section)。其他的研究者發現，此效應所受石蠟之溫度的影響很靈敏，由此顯示中子之速率，實際減速至熱能量的區域。

利用中子撞擊原子核，而產生的複合原子核僅放射 γ-射線之 (n, γ) 的核反應，為核反應例最多之反應類型，此時由於所生成的核種非常不安定，而其多數會產生 β- 衰變。原子核捕獲中子的同時，從其複合核放射 α-粒子、質子或 2 中子的核反應，分別稱為 $(n, \alpha), (n, p)$ 或 $(n, 2n)$ 的核反應，這些反應的發生，一般均有選擇性，如反應 (22-75) 為 (n, p) 反應之一例。較輕的原子核以低能量的中子線撞擊時，放射 α 粒子的核反應例如

$$^{10}_{5}\text{B} + ^{1}_{0}\text{n} \rightarrow ^{7}_{3}\text{Li} + ^{4}_{2}\text{He} + Q \tag{22-83}$$

此反應常應用於實驗測定時之中子的檢測。此反應之 Q 值為 2.83 MeV，其捕獲中子之核反應的截面積，與中子之速度成反比，即遵照所謂 $1/v$ 的定律。

帶電荷的粒子不僅於進入原子核時，有位能障壁的效應，而於離開原子核時亦同樣有位能障壁的效應。因此，帶電荷的粒子於原子核內，須激勵至超過其 Coulomb 障壁的高度，或依據量子力學，自原子核以相當的或然率，穿過原子核之位能障壁逸出，所以自原子核放射的帶電荷粒子，常具有相當大的能量 (一般大於 1 MeV)。

22-18　核反應的截面積 (Nuclear Reaction Cross Sections)

原子核與撞擊的粒子發生核反應之或然率，與作為撞擊的粒子之靶的原子核之截面積成比例，而發生核反應之或然率，一般可使用所謂核反應之**截面積** (cross sections) σ 表示，σ 具有面積之單位。此簡單的核反應之關係模式，對於低速的中子所產生之核反應顯然不成立，而帶電的粒子與原子核產生核反應時，帶電的粒子須具有可超越原子核之 Coulomb 障壁高度的能量，由此，上述的簡單關係模式亦不成立。然而，高速的中子與原子核間之核反應的或然率，大致與作為靶的原子核之截面積成比例。因此，各種核反應之或然率，一般仍

用截面積表示，於此所謂核反應之截面積，與原子核之一般的幾何截面積不同，而須由實際所產生核反應之實驗量測求得。

設粒子的線束撞擊很薄的核反應之原子核的靶時，粒子的線束於靶內之減低的粒子數無窮小，而對於某特定的核過程 i 之核反應的截面積 σ_i，可用下式定義，為

$$R_i = I n \sigma_i x \qquad \qquad \textbf{(22-84)}$$

上式中，R_i 為每單位時間於靶內所發生的核過程 i 之反應的數目，I 為每單位時間之入射的粒子數，n 為單位 cm^3 體積的靶內之靶的原子核數，x 為靶之厚度而其單位為 cm，由此，核過程 i 之核反應的截面積 σ_i 的單位為 cm^2。

高速的粒子撞擊原子核之總截面積，一般不會大於原子核的幾何截面積之二倍，由於最重的原子核之半徑約為 10^{-12} cm，因此，高速的粒子對於原子核之截面積很少大於 10^{-24} cm^2，而稱 10^{-24} cm^2 為 barn，並縮寫成 b，由此，核反應之截面積常用 b, mb $(10^{-27} cm^2)$，及 $\mu b (10^{-30} cm^2)$ 等的單位表示。

中子或粒子的線束照射較厚的核反應的靶時，粒子的線束通過靶之無窮薄的厚度 dx 所減少之強度 $-dI$，可表示為

$$-dI = I n \sigma_t dx \qquad \qquad \textbf{(22-85)}$$

上式中，σ_t 為核反應之總截面積。對於入射的粒子為中子之核反應，其 σ_t 通常隨入射的中子通過靶中的厚度而改變。假設入射的粒子於靶中之 σ_t 值不會改變，則上式 (22-85) 經積分可得

$$I = I_o e^{-n\sigma_t x} \qquad \qquad \textbf{(22-86a)}$$

或

$$I_o - I = I_o (1 - e^{-n\sigma_t x}) \qquad \qquad \textbf{(22-86b)}$$

上式中，I_o 為入射粒子的線束之強度，I 為通過靶的厚度 x 時之粒子線束的強度，而 $I_o - I$ 即相當於**單位時間內熱中子**(thermal neutrons) 或粒子發生核反應之數目。

某特定的核反應之截面積 σ，通常隨入射的粒子之能量而改變，核反應之截面積與入射粒子的能量間的關係，稱為該核反應之**激勵函數** (excitation function)。例如，α 粒子與 ^{54}Fe 的各種核反應之激勵函數，如圖 22-18 所示，其縱坐標為截面積，橫坐標為 α 粒子之動能。銀與能量 0.01 至 100 eV 的中子之核反應的截面積的能量函數，如圖 22-19 所示，其中的點線表示，其截面積隨中子之速度的倒數 $1/v$ 而改變，此關係為所謂 $1/v$ 的法則，於較高能量的中子時之截面積，分成 9 根的共鳴尖峰，其中於 5.1 eV 之最高尖峰的截面積達 10,000 b，而於此極大截面積尖峰之 1/2 的高度處的幅度，約為 0.2 eV，此表示核反應的複合核之激勵狀態的壽命，約為 $\Delta E \cdot h / 2\pi = 3 \times 10^{-15}$ s。

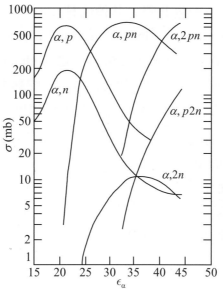

圖 **22-18**　α 粒子與 ^{54}Fe 間的各種核反應之激勵函數，自 F.S. Houck and J.M. Miller, Reactions of Alpha Particles with Iron-54 and Nickel-58, phys. Rev., **123**, 231 (1961)

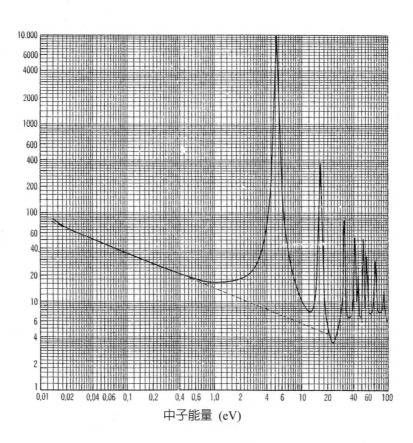

中子能量 (eV)

圖 22-19　銀與中子的能量於 0.01 至 100 eV 區域之核反應的截面積的能量函數，自 Atomic Energy Commission Document AECU-2040 and its supplements

如銀的原子核與中子產生共鳴之其他的核反應例，如銠 (rhodium, Rh) 於 1.21 eV (2,700 b)，銦 (indium, ^{115}In) 於 1.44 eV (27,600 b)，金 (gold, Au) 於 4.8 eV，鈉 (sodium, Na) 於 3,000 eV (550 b)，鋰 (lithium, Li) 於 250,000 eV 的中子之核反應等。鎘 (cadmium, ^{113}Cd) 與 0.176 eV 的熱中子產生共鳴，而對於熱中子有甚大的核反應截面積 58,000 b，且此共鳴之幅度寬廣至熱區域。許多元素（含銦、銠）由於共鳴捕獲中子時，均會產生放射性的同位素，因此，這些核反應可用於某特定能量的中子之檢測。

以 90 MeV 以下能量的質子，撞擊 ^{63}Cu 時所產生的 **質子誘導的反應** (proton-induced reactions)，^{63}Cu$(p, n)^{68}$Zn，^{63}Cu$(p, 2n)^{62}$Zn，^{63}Cu$(p, pn)^{62}$Cu，^{63}Cu$(p, p2n)^{61}$Cu 等之各激勵函數，如圖 22-20 所示。

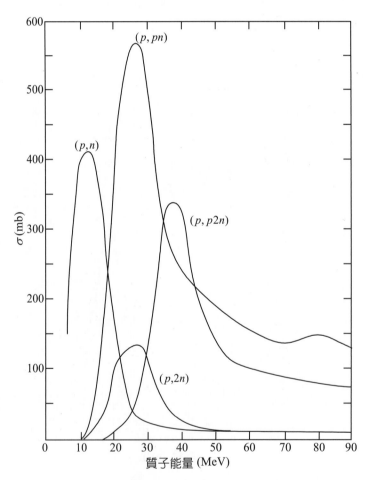

圖 22-20　^{63}Cu 之質子–誘導反應之激勵函數，自 J.W. Meadows, Excitation Functions for Proton-Induced Reactions with Copper, Phys, Rev. 91, 885 (1953)

例 22-3　金的原子核 ^{197}Au 之**熱中子** (thermal neutrons) 的捕獲截面積 (capture cross section) 為 99 barns，金之密度為 19.3 g cm^{-3}，原子量為 197.2。於面積 5 cm^2 而厚度 0.3 mm 的金箔，以 10^7 / cm^2 · sec 的熱中子線束照射，試計算每秒所產生的放射性 ^{188}Au 之原子核的數

解　由金之密度 19.3 g cm^{-3} 及原子量 197.2，得其單位體積 (cm^3) 內之 ^{197}Au 的原子數為

$$n = \frac{19.3}{197.2} \times 6.02 \times 10^{23} = 5.89 \times 10^{22}$$

由厚度 $x = 0.03$ cm

$I_o = 5 \times 10^7$ 入射中子 / sec

因此，由式 (22-86b) 得，每秒所產生的 ^{198}Au 之原子核的數為

$$I_o - I = 5 \times 10^7 (1 - e^{-5.89 \times 10^{22} \times 99 \times 10^{-24} \times 0.03}) = 8.0 \times 10^6$$

例 22-4　氯對於熱中子之總吸收的截面積為 33.8 barns，而碳僅為 0.0037 barn，此值與氯的 33.8 barns 比較甚小可忽略，核反應 ^{35}Cl$(n, p)^{35}$S 之**同位素截面積** (isotopic cross section) 為 0.19 barn，^{35}Cl 之**同位素存量度** (isotopic abundance) 為 75.4%。設 1 $-$ cm 立方體的四氯化碳 (1.46 g) 之一面的垂直方向，以 10^9 cm^{-2} sec^{-1} 的熱中子線束照射 24 小時，試計算由核反應 ^{35}Cl$(n, p)^{35}$S 所產生的 ^{35}S 之原子數

解　每立方厘米的四氯化碳中之氯的原子數為

$$(1.46 / 153.8) \times 4 \times 6.02 \times 10^{23} = 2.28 \times 10^{22}$$

由式 (22-86b) 可得，1 $-$ cm 立方體的四氯化碳於 24 小時內所吸收之中子數為

$$24 \times 60 \times 60 \times 10^9 [1 - \exp(-2.28 \times 10^{22} \times 33.8 \times 10^{-24})] = 4.64 \times 10^{13}$$

因 ^{35}Cl 之同位素存在率為 75.4%，故 ^{35}Cl 吸中子而產生核反應 (n, p) 之分率為

$$(0.754 \times 0.19) / 33.8 = 4.24 \times 10^{-3}$$

因此，所生成 ^{35}S 之原子數為

$$4.24 \times 10^{-3} \times 4.64 \times 10^{13} = 2.0 \times 10^{11}$$

◄

22-19　核分裂 (Nuclear Fission)

　　重的原子核產生分裂成為，二或以上的中等重量的原子核之過程，稱為原子核的分裂或**核分裂** (nuclear fission)，通常伴隨核分裂的過程，均會同時放出中子。由圖 22-14 之結合能的曲線可得知，於週期表後面的較重之原子核，比結合能曲線之極大附近的原子核不安定。Otte Hahn 與 S. Strassman 於 1939 年 1 月發表，用中子撞擊鈾的原子核時，鈾的原子核會發生分裂而產生幾個較輕的原子核，並確認其中之一為鋇的同位素，及每 1 次的核分裂時，放出約 200 MeV 的能量。並由此結果認為，鈾的原子核分裂時可能放出二次的中子，而產生連鎖的核分裂反應。

　　若 $^{235}_{92}U$ 產生核分裂的前與分裂後之質子與中子的數不會改變，而其分裂生成物之一為 $^{139}_{56}Ba$，則另一分裂的生成物應為 $^{96}_{36}Kr$，事實上 Kr 之已知的最重同位素為，半衰期 4 小時的 β^- 放射核種 $^{87}_{36}Kr$，因此，上面的假想的同位素 $^{96}_{36}Kr$，須放射一連串的 β^--射線，而轉變成質子–中子數，於如圖 22-16 所示之質子–中子數的關係曲線上，事實上，於鈾之分裂生成物中，發現許多新的 β^- 放射性的核種。然而，於分裂過程所產生的中子數過多的分裂產物，也同樣會放射 β^- 射線。實際上，於鈾的核分裂，上述的二種過程均會發生。通常每 1 鈾的原子核之分裂，會產生質量 82 至 100 與質量 128 至 150 的二種較輕原子核，及約 3 的速度快速的中子，且有些會以約 1/1000 的或然率，分裂成質量數相同的二對稱的原子核。

　　A.O. Nier 及其共同的研究者發現，^{235}U 的原子核捕獲低速的中子時會產生核分裂，而 ^{238}U 的原子核需能量 1 MeV 以上的中子，才會產生核分裂。原子核對低速的中子之捕獲截面積，通常較對高速的中子者大許多，因此，^{235}U 較 ^{238}U 容易產生核分裂。依據原子核之液滴模型，如果將原子核想像為液滴時，可容易理解核分裂之發生的過程。由於中子碰撞原子核液滴時通常會產生振動，由此，原子核內之正電荷質子的分布會變成不對稱，而產生互相的反潑並導致核液滴的分裂。於 ^{235}U 的原子核內有奇數的中子，而捕獲 1 個中子時會游離相當大的能量，且此能量會產生原子核內的攪亂，並導致原子核的分裂。^{238}U 之原子核內原有偶數個的中子，而不容易發生由於中子的捕獲而產生能量，因此，需要能帶入核內相當大能量的高速中子，才會使 ^{238}U 的原子核產生核分核的反應。^{232}U, ^{233}U, ^{235}U, ^{239}Pu，^{241}Am, ^{242}Am 等核種，由於熱中子或高速中子的撞擊，均會發生核分裂，而 ^{232}Th，^{231}Pa, ^{238}U 等原子核，須高速中子的撞擊才會產生核分裂的反應。鉍、鉛、金及一些稀土類等較輕元素的原子核，須甚高的撞擊能量 (50~450 MeV) 才會產生核分裂，例如，經迴旋加速器加速至 200 MeV 的重質子，撞擊鉛等重元素時才會產生核分裂的反應。能量 5 MeV 以

上的 γ 射線，對於某些原子核有時也會**誘導核分裂** (induced fission)，此稱爲**核的光分裂** (photofission)。

如圖 22-14 所示，中等重量的原子核內之每 1 核子的平均結合能，比較重的原子核者大許多，核分裂之重要的特性爲，產生核分裂時放出甚大量的能量，及由 1 中子所誘導之核分裂過程，放出 1 個以上的中子，由此，而可能導致產生發散性的連鎖反應。熱中子對於原子核的分裂，其每產生一次的分裂所放出之中子數 ν，對於 ^{235}U 爲 2.5，對於 ^{239}Pu 爲 3.0。然而，對於較重的原子核不僅產生核分裂，也會產生放射捕獲，因此，較重的原子核吸收 1 熱中子所生成之中子的數 η，等於 ν 值乘熱中子之核分裂的截面積與熱中子之吸收總截面積的比。由此所得之 η 值，對於 ^{235}U 爲 2.1，天然的鈾爲 1.3，^{239}Pu 爲 2.1。

核分裂之發生的過程，有許多種不同的方式，因此，於核分裂的產物中，含有許多種類的同位素，約達至 300 種之多，其半衰期由於 1 秒至百萬年。鈾-235(^{235}U)由於熱中子產生的核分裂，而產生原子序 $Z = 30(^{72}$Zn) 至 $65(^{161}$Tb)，及 $A = 72$ 至 161 的質量範圍的各種同位素生成物，由熱中子所產生的核分裂，一般並非分裂成二相同的生成物，而是產生二不對稱的產物，^{235}U 核分裂生成物之二質量數的極大值，分別爲 $A = 95$ 與 $A = 138$，而其非對稱性，隨其撞擊能量的增加而逐漸不明顯。

由 $^{235}_{92}$U 的原子核內之中子與質子的數比可得知，其核分裂的第一次(原始)生成物的原子核中之中子數，與安定的原子核中之中子的數比較爲過剩，因此，其這些核分裂的第一次生成物，常會經逐次放射 β^- -粒子的過程，而衰變成安定的同重核種。例如，質量數 95 者爲，$^{95}_{39}$Y$(t_{1/2} = 10.5 \text{ min}) \xrightarrow{\beta} {}^{45}_{40}Zr(t_{1/2} = 65d) \xrightarrow{\beta}$ $^{95}_{41}$Nb$(t_{1/2} = 35d) \xrightarrow{\beta} {}^{95}_{42}$Mo（ 安定 ）；而質量數 139 者爲，$^{139}_{53}I(t_{1/2} = 2.7s) \xrightarrow{\beta}$ $^{139}_{54}$Xe$(t_{1/2} = 41s) \xrightarrow{\beta} {}^{139}_{55}Cs(t_{1/2} = 9.5 \text{ min}) \xrightarrow{\beta} {}^{139}_{56}$Ba $(t_{1/2} = 85 \text{ min}) \xrightarrow{\beta} {}^{139}_{57}$La（ 安定 ）。由熱中子產生的核分裂之生成物中，尚未發現中子數不足的核種。^{235}U 由於低速的中子產生核分裂時，其所產生的核分裂生成物之收率，與質量數的關係曲線，如圖 22-21 所示，此曲線以 $A = 233.5/2$ 爲中心成對稱，而於質量數 95 與 138 的附近有極大值。^{239}Pu 由於熱中子產生的核反裂之收率–質量數的關係曲線，與 ^{235}U 之曲線類似，其收率的極小值爲於 $A = 119$，約爲核分裂收率之 0.04%，核分裂的生成物之質量較重部分的尖峰，與 ^{235}U 者大略相同，而質量較輕部分的極大值爲於 $A = 99$。

低速的中子進入 ^{235}U 的原子核時，會產生鈾核的分裂，而於其每一原子核的分裂之同時，放出 1 至 3 的中子（ 每次核分裂平均放出 2.5 中子 ），這些中子經減速會與其他的 ^{235}U 核產生核分裂的反應，且由於此類連續不斷的核分裂反應，而形成核分裂的連鎖反應。^{235}U 核的分裂反應所產生的中子之速度，適

宜與 ^{238}U 的核產生 (n, γ) 反應，並生成 ^{239}U，而 $^{239}_{92}$U 經放射 β 粒子轉變爲 $^{239}_{93}$Pu，由此，^{235}U 之量由於其核分裂反應而遞減，而 ^{239}Pu 之量逐漸增加，然而，可以化學方法，自鈾與鍩之混合物中，分離提鍊 ^{239}Pu。

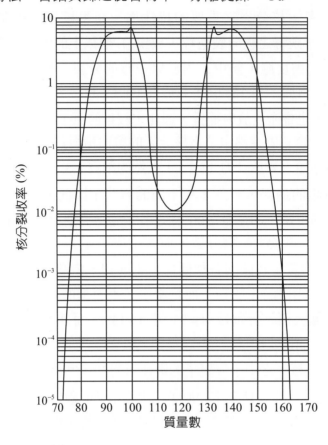

圖 22-21　^{235}U 由於低速中子產生核分裂時之核分裂產物的收率曲線（^{235}U 的核分裂之各種生成物之收率與質量數的關係）

於原子爐或**核反應器** (nuclear reactor) 內，^{235}U 之核分裂與由 ^{238}U 衍生 ^{239}Pu 的二重要過程，通常會同時進行，其中的 ^{235}U 之核分裂反應，以能量甚低的低速中子較有效，而由 ^{238}U 衍生 ^{239}Pu 的核反應 ^{238}U$(n, \gamma)^{239}$U 之最適宜的中子能量，約爲 25 eV。因此，由 ^{235}U 之核分裂產生的快速中子，需與某些原子核經若干次的不會發生核反應的彈性碰撞，以減緩其速度或成爲熱中子，此種可減緩中子的速度之物質，稱爲減速劑或**緩和劑** (moderator)，雖然接近中子質量的氫核，對於減緩中子之速度似最有效，但因氫核與中子會發生核反應 ^{1}H$(n, \gamma)^2$H，故不宜使用氫核作爲中子之減速劑。氘的原子核對於減緩中子的速度之效率頗高，但氘於自然界之存量率低，且其價格昂貴而來源也有問題。碳爲較輕的元素而與中子幾乎不會產生核反應，且自然界之存量甚爲豐富，因此，核反應器內之分裂性物質(如鈾燃料)，常用可減緩中子速度的石墨或重水等減速劑及其混合，以減緩由 ^{235}U 的核分裂所產生中子之速度。於使用較大量的減速劑時，有利於 ^{235}U 之核分裂的反應，而可減少 ^{239}Pu 的產生，而使用較小量的減速劑時，有利於 ^{239}Pu 的產生，而減緩或可能會切斷 ^{235}U 之核分裂的連鎖反應。由於 ^{113}Cd 之熱中子的吸收截面積異常的大，約為 $1.95 \times 10^4 \, barns$，而 ^{113}Cd 於吸收熱中子時，生成安定的同位素 ^{114}Cd，因此，原子爐常藉調節其內之鎘棒的數量，及其插入爐內的深度，以控制原子爐或核反應器內之中子線束的中子數，及產生核分裂反應的速度。

由於 $^{235}_{92}U$ 的核分裂所產生的中子數之增加速率，與其核分裂性物質的容積有關，而中子自分裂物質逸散至其外部的數目，與該分裂性物質的表面積有關。核反應器內的中子數之增加的速率，隨分裂性物質的容積之增而增加。核反應器內的中子數之增加的速率，與其逸散的速率相等時，稱該核反應器達至**臨界點** (critical point)，或臨界狀態。將接近臨界點狀態的二 ^{235}U 的試料合在一起時，由於其量超過其臨界的量，而此時由 ^{235}U 的核分裂所產生的中子數之增加的速率，會大於其逸散的速率，因此，中子數會成幾何級數的迅速成長，而會導至產生核爆炸。

於核反應器內所**滋生** (breeding) 之 ^{239}Pu 及其他的核分裂產物，均屬於放射性的物質，而可用化學方法分離。Seaborg 以硝酸溶解由 ^{238}U 蛻變生成的 ^{239}Pu，此時為避免其溶液內鈾產生沈澱，須於其溶液內加入硫酸，其次加入 LaF_3 或 $BiPO_4$ 及載體時，溶液內的鈽可隨載體產生共沈，而經過濾後於此沈澱再加入硝酸溶解，及經適當的氧化過程，可將 $^{239}Pu^{+4}$ 氧化成 $(^{239}Pu \ O_2)^{+2}$，此時鈽存留於溶液中，而其載體產生沈澱，而分離此沈澱後之溶液中的 $(^{239}PuO_2)^{+2}$，經適當的還原過程，還原成 $^{239}Pu^{+4}$ 後再加入載體，並使溶液內的鈽隨載體產生沈澱。經同上的反覆處理，可分離得高純度的 ^{239}Pu。

Flerov 與 Petrzhak 於 1940 年，發現原子核的**自發分裂** (spontaneous fission) 的反應，此種核分裂並非由於宇宙線，或外部的未知原因所發生，而被認為是一種新的放射能，例如，自約 6 g 的 ^{232}Th，於 1000 小時內可觀察到 178 次的自發分裂，此種自然發生分裂的例甚為稀少，但超鈾的元素常會發生此種自發的分裂反應。

22-20　超鈾元素 (Trans-Uranium Elements)

原子序大於鈾元素的原子序 $(Z = 92)$ 之元素，稱為**超鈾元素** (transuranium elements)。E. McMillan 與 P.H. Abelson 於 1940 年發現，以中子照射 ^{298}U 的原子核時，由於 (n, γ) 的共振捕獲的反應產生 ^{239}U，而 ^{239}U 以半衰期 $t_{1/2} = 23.5 \, min$ 經 β^--衰變成為**錼** (neptunium) ^{239}Np，此為新的超鈾元素，上述

的反應可表示爲

$$\begin{array}{c}^{238}_{92}U + ^{1}_{0}n \rightarrow ^{239}_{92}U\end{array} \tag{22-87}$$

$$^{239}_{92}U \xrightarrow{t_{1/2}=23.5\,min} ^{239}_{93}Np + \beta^{-} \tag{22-88}$$

上式 (22-88) 之 β^{-}-衰變所生成的 $^{239}_{93}Np$，再經 β^{-} 衰變而轉變成爲**鈽**(plutonium) $^{239}_{94}Pu$，其反應爲

$$^{239}_{93}Np \xrightarrow{t_{1/2}=2.3d} ^{239}_{94}Pu + \beta^{-} \tag{22-89}$$

由上式 (22-89) 之 β^{-} 衰變所生成的 $^{239}_{94}Pu$ 爲 α-粒子之弱放射體，以半衰期 $t_{1/2} = 2.44 \times 10^{4}\,y$ 放射 α 粒子並轉變成 $^{235}_{92}U$，此 $^{239}_{92}U$ 的最重要性質爲，由低速的中子會發生核分裂。

　　G.T. Seaborg 與其共同的研究者，以 α 粒子撞擊 $^{238}_{92}U$，而發現由 (α , n) 的反應產生 $^{241}_{94}Pu$，此 $^{241}_{94}Pu$ 之半衰期 $t_{1/2} = 13y$，經 β^{-}-衰變成爲半衰期 $458y$ 之 α 放射體的**鋂** (americium) $^{241}_{95}Am$。於原子爐內由核反應 (22-87) 及核衰變 (22-88) 與 (22-89)，產生之多量的 ^{239}Pu，經長時間的中子撞擊，而由下面的核反應可得毫克量的 $^{241}_{95}Am$，其反應爲，$^{239}Pu(n,\gamma)^{240}Pu(n,\gamma)^{241}Pu \xrightarrow{\beta^{-},13y} ^{241}Am \xrightarrow{\alpha,458y}$。以類似的核反應及核衰變，至 1954 年所製出其他的超鈾元素，如**鋦**(curium, $_{96}Cm$)，**鉳** (berkelium, $_{97}Bk$)，**鉲** (californium, $_{98}Cf$)，**鑀**(einsteinium, $_{99}Es$)，**鐨** (fermium, $_{100}Fm$) 等。G.T. Seaborg, R.A. James 及 A. Chiorso 於 1944 年，以 60 吋的迴旋加速器加速的氦離子撞擊 $^{239}_{94}Pu$，而由 $^{239}_{94}Pu(\alpha,n)^{242}_{96}Cm$ 的核反應，製造半衰期 $162.5d$ 之 α 放射體的鋦 $^{242}_{96}Cm$。此 $^{242}_{96}Cm$ 由 $^{241}_{95}Am$ 之共振捕獲中子的反應所產生的 ^{242}Am，經 β 衰變也可產生 ^{242}Cm，其反應爲

$$^{241}_{95}Am(n,\gamma)^{242}_{95}Am \xrightarrow[\substack{\alpha,EC \\ (1\%)}]{\beta^{-},\sim100\,y} {}^{242}_{95}Cm \xrightarrow{\alpha} \tag{22-90}$$

　　使用經迴旋加速器加速的重離子，可容易製造超鈾元素。S.G. Thompson, K. Street, A. Ghioso, G.T. Seaborg 等於 1950 年，以加速至 35 MeV 的 α 粒子撞擊 $^{241}_{95}Am$，而由 $(\alpha,2n)$ 的核反應得鉳的同位素 $^{243}_{97}Bk$，其半衰期爲 4.6 hr，經產生 K-電子捕獲後放射 α 粒子而衰變。以類似的方法，由 $^{142}_{96}Cm$ 經 $(\alpha,2n)$ 的核反應得鉲的同位素 $^{244}_{98}Cf$，此爲半衰期 45 min，放射 7.15 MeV 之 α 粒子的放射體。Thempson 等於 1951 年，以 120 MeV 的高能量之碳離子 $(^{12}_{6}C)^{6+}$ 的線束，撞擊 $^{238}_{92}U$ 的原子核時，放出 4 個的中子而得 $^{246}_{98}Cf$，及放出 6 個的中子而得另一同位素 $^{244}_{98}Cf$，其反應分別爲

$$^{238}_{92}U + ^{12}_{6}C \rightarrow ^{246}_{98}Cf + 4^{1}_{0}n \tag{22-91}$$

及　　　　　　　$^{238}_{92}\text{U} + ^{12}_{6}\text{C} \rightarrow ^{244}_{98}\text{Cf} + 6^{1}_{0}\text{n}$ 　　　　　　　　(22-92)

原子序 99 與 100 之元素鑀 (einsteinium, Es) 與鐨 (fermium, Fm)，於 1983 年末亦成功地被合成，得到 Es 的方法有二，其一爲使用 60 吋的迴旋加速器加速的氮離子 ($^{14}_{7}\text{N}$)$^{6+}$，撞擊 $^{238}_{92}\text{U}$ 時放出 5 個的中子而得 $^{247}_{99}\text{Es}$，其二爲分離的 $^{239}_{94}\text{Pu}$ 經長時間的中子撞擊所得的產物，即 $^{239}_{94}\text{Pu}$ 經由若干次的連續中子捕獲，及連續 β^{-} 衰變而產生 $^{253}_{99}\text{Es}$，此爲半衰期 $19d$，放射 6.62 MeV 之 α 粒子的放射體，同時亦發現半衰期 36 hr 之 β^{-} 衰變放射體的 $^{254}_{99}\text{Es}$ 的存在，而此核種經 β^{-} 衰變，產生半衰期 3.2 hr 之 α 放射體 $^{254}_{100}\text{Fm}$。

Seaborg 於 1955 年，以 41 MeV 的高能量的氦核 (α 粒子) 撞擊 $^{253}_{99}\text{Es}$ 時，由核反應(α, n) 生成半衰期約 1 hr，而產生 K-電子捕獲衰變的鍆 (mendelevium, Md)，於此實驗所產生的反應，可能爲 $^{253}_{99}\text{Es}(\alpha, n)^{256}_{101}\text{Md}$，$^{253}_{99}\text{Es}(\alpha, 2n)^{255}_{101}\text{Md}$，$^{253}_{99}\text{Es}(\alpha, 3n)^{254}_{101}\text{Md}$，$^{253}_{99}\text{Es}(\alpha, 4n)^{253}_{101}\text{Md}$ 等。實際經由分離所得的 Md，以 3.5 hr 的半衰期產生自發的核分裂 (SF)，而得知上述的核反應爲，$^{253}_{99}\text{Es}(\alpha, 1n)^{256}_{101}\text{Md} \xrightarrow{EC, 約3m} ^{256}_{100}\text{Fm} \xrightarrow{SF, 3\sim4\,hr}$。於 1957 年，P.R Ficlds, A.M. Friedman, J. Misted 等於諾貝爾研究所，以 100 MeV 高能量的 ($^{13}_{6}\text{C}$)$^{4+}$ 離子，撞擊 $^{244}_{96}\text{Cm}$ 而得鍩 (nobelium) No，而於其反應過程中可能放出 4 或 6 個的中子，因此，所得的 $_{102}\text{No}$ 之質量數可能爲 253 或 251，爲半衰期約 10~12 min 之 α 粒子的放射體。近年來，許多新的元素陸續被發現。

22-21　核融合 (Nuclear Fusion)

於非常高溫的特殊條件下，四質子中之二質子喪失其正電荷變成中子，並與另外的二質子經適當的核反應過程，融合成氦核時其質量會減少 0.0276 amu，而釋出相當此質量的減少量之能量。由動力學的研究得知，此四質子並非直接產生融合成爲氦核，而是經由分段的核反應機制產生穩定的氦核。此種由數個較輕的原子核，融合成爲較重的原子核的核反應，稱爲**核融合** (nuclear fusion)，此種反應不像 ^{235}U 或 ^{239}Pu 的原子核，由常溫的熱中子引發核分裂，而核融合須極高的溫度，以促進其原子核間的激烈碰撞，並使超越其庫倫斥力而產生核融合的反應，由此，亦稱爲**熱核反應** (thermo-nuclear reaction)。

熱核反應通常會產生甚大量的能量，於星球的內部，由於連續發生熱核反應，而其溫度均非常高，例如，太陽之溫度約攝氏 1000 萬度，原子核於此高溫下以極高的速度運動，而電子會完全脫離其原子核，例如，α 粒子於室溫之熱運動的平均能量約爲 0.025 eV，而於太陽的溫度時約爲 10^{4} eV，換言之，大部分的原子核於星球內部的極高溫度下，均具有相當以迴旋加速器加速的高速粒子之同程度大小的能量。此種高能量的原子核，可超越其正電荷間的靜電排斥力，而可互相充分接近，並產生各種的核反應。星球與太陽係由於連續發生熱核反應，而產生大量的能量。

Carl von Weizsäcker 與 Hans Bethe 於 1938 年，各獨立提出星球之能量的生成之反應機制，為

$$^{12}_{6}C + {}^{1}_{1}H \rightarrow {}^{13}_{7}N + \gamma(h\nu)$$ 　　　　(22-93)

$$^{13}_{7}N \rightarrow {}^{13}_{6}C + \beta^{+} + \nu$$ 　　　　(22-94)

$$^{13}_{6}C + {}^{1}_{1}H \rightarrow {}^{14}_{7}N + \gamma(h\nu)$$ 　　　　(22-95)

$$^{14}_{7}N + {}^{1}_{1}H \rightarrow {}^{15}_{8}O + \gamma(h\nu)$$ 　　　　(22-96)

$$^{15}_{8}O \rightarrow {}^{15}_{7}N + \beta^{+} + \nu$$ 　　　　(22-97)

$$^{15}_{7}N + {}^{1}_{1}H \rightarrow {}^{12}_{6}C + {}^{4}_{2}He$$ 　　　　(22-98)

由上面的核反應之循環機制可知，由四 H 的核生成一 He 的核，而 ^{12}C 與 ^{14}N 於此循環中之作用，如一般化學反應的**觸媒** (catalyst)，僅促進核反應的進行。此循環之淨反應，可表示為

$$4{}^{1}H \rightarrow {}^{4}He + 2\beta^{+} + 2\gamma + 2\nu$$ 　　　　(22-99)

而其每一循環產生約 30 MeV 的能量，此**碳循環** (carbon cycle) 為非常高溫 $(T > 5 \times 10^{8} K)$ 的星球之主要的能量來源。

於溫度稍低 $(T \sim 10^{7} K)$ 的星球，如太陽之能量的生成，可用如下的質子–質子循環表示，為

$$^{1}_{1}H + {}^{1}_{1}H \rightarrow {}^{2}_{1}H + \beta^{+} + \nu + 0.42 \text{ MeV}$$ 　　　　(22-100)

$$^{1}_{1}H + {}^{2}_{1}H \rightarrow {}^{3}_{2}He + \gamma + 5.5 \text{ MeV}$$ 　　　　(22-101)

$$^{3}_{2}He + {}^{3}_{2}He \rightarrow {}^{4}_{2}He + 2{}^{1}_{1}H + 12.8 \text{ MeV}$$ 　　　　(22-102)

上面的循環之淨核反應，為由四質子生成一 He 的原子核，其生成的能量等於 246 MeV，與由於正電子 (β^{+}) 消失的能量之和。

依據 Gamov 之推定，氫的原子核與重氫的原子核之間，可於 $10^{6} K$ 的溫度下進行反應，$^{1}_{1}H + {}^{2}_{1}H \rightarrow {}^{3}_{2}He + \gamma$ 與 $2{}^{2}_{1}H \rightarrow {}^{4}_{2}He + \gamma$，質子與鋰的原子核之反應，$^{1}_{1}H + {}^{6}_{3}Li \rightarrow {}^{4}_{2}He + {}^{3}_{2}He$ 與 $^{1}_{1}H + {}^{7}_{3}Li \rightarrow 2{}^{4}_{2}He$，可於約 $6 \times 10^{6} K$ 的溫度發生，而產生反應，$^{1}_{1}H + {}^{10}_{5}B \rightarrow {}^{11}_{6}C + \gamma$，約須溫度 $10^{7} K$。

由鈾或鈽之核分裂的反應，可達到足以使較輕的元素之原子核，產生熱核反應所須的高溫，由此，可藉核分裂反應的點火而產生核融合的反應，質量 3 之氫的同位素**氚** (tritium) $^{3}_{1}H$ 的原子核，比較上最容易產生熱融核的反應，氚的原子核與氘核及氫核之核融合的反應，分別為

$$^{3}_{1}H + {}^{2}_{1}H = {}^{4}_{2}He + {}^{1}_{0}n + 17.6 \text{ MeV}(\gamma)$$ 　　　　(22-103)

及
$$^3_1H + {}^1_1H = {}^4_2He + 19.6\ MeV(\gamma) \tag{22-104}$$

氚可於原子爐內，由於鋰與中子之核反應，$^6_3Li + {}^1_0n \rightarrow {}^4_2He + {}^3_1H$，製造，其中的 ^6_3Li 之自然存量度為 7.52 原子百分率。

　　由氫彈的試驗得知，氚的原子核產生融合時放出巨量的能量，此可能由於下列的氘核之融合的反應，即分別為

$$^2_1H + {}^2_1H \rightarrow {}^2_1H + {}^1_1H + 4.0\ MeV \tag{22-105}$$
$$^2_1H + {}^2_1H \rightarrow {}^3_2He + {}^1_0n + 3.3\ MeV \tag{22-106}$$

由迴旋加速器及其他的實驗，從未發現由 2 質子產生的核反應，而由 1 質子與 1 氘核雖然可產生核反應，但所產生的能量以 γ-射線的形式逸散，且不能促成其鄰近的原子產生核融合的反應。由此二理由，上面的核融合反應 (22-105) 與 (22-106)，為二氘核的融合，而非氫核的融合。

22-22 放射能之指數的衰變
(Exponential Decay of Radioactivity)

　　某放射性核種之衰變，由式 (22-5) 可表示為

$$N_t = N_o e^{-\lambda t} \quad 或 \quad A_t = A_o e^{-\lambda t} \tag{22-107}$$

上式中，N_t 與 A_t 分別表示，放射性核種於時間 t 之原子數與放射能的測定值，N_o 與 A_o 為於時間 $t = 0$ 時之其各值。放射能之測定值，$A = c\lambda N = c(-dN/dt)$，其中的 c 為檢測係數，λ 為該放射性核種之衰變常數。放射性核種之原子數或其放射能，減少至其原來的一半所需之時間 $t_{1/2}$，與其衰變常數 λ 間的關係，可表示為

$$t_{1/2} = \frac{\ln 2}{\lambda} = \frac{0.693147}{\lambda} \tag{22-8}$$

　　放射性核種原子之平均壽命 τ，等於各其原子存留時間之總和，除以最初的總原子數，由此，平均壽命由式 (22-6) 與 (22-107)，可表示為

$$\tau = -\frac{1}{N_o} \int_{t=0}^{t=\infty} t\,dN_t = \frac{1}{N_o} \int_0^\infty t\lambda N_t\,dt = \lambda \int_0^t te^{-\lambda t}dt$$
$$= -\left[\frac{\lambda t + 1}{\lambda} e^{-\lambda t} \right]_0^\infty = \frac{1}{\lambda} = \frac{t_{1/2}}{0.693147} \tag{22-108}$$

由上式 (22-108) 得，平均壽命等於半衰期乘以 1/0.693147，即其放射能經時間 $1/\lambda$ 時，減為原來的放射能之 $1/e$。

　　將二獨立衰變的放射性核種 1 與 2 混合時，其總放射能 A 等於其個別放射能 A_1 與 A_2 的和，而可表示為

$$A = A_1 + A_2 = c_1 \lambda_1 N_1 + c_2 \lambda_2 N_2 \qquad (22\text{-}109)$$

上式中，c_1 與 c_2 為放射性核種 1 與 2 之各別的放射能之檢測係數，通常 c_1 與 c_2 由於所測定的放射線種類，及檢測裝置之性能而有甚大的差異。放射能分別為 A_1, A_2, $\cdots$, A_n 等的 n 種放射性核種混合時，其總放射能 A 可表示為

$$A = A_1 + A_2 + \cdots + A_n \qquad (22\text{-}110)$$

　　含數種獨立放射能的混合物之放射能中，由於其壽命較短的成分之放射能，會隨時間較快速的衰減，所以其放射能隨時間之經過，而逐漸變為不重要，因此，放射性核種的混合物之 $\log A$ 與時間 t 之關係曲線，形成向上凹的形狀，如圖 22-22 的曲線所示。事實上壽命較短的成分，經過某些長的時間後會完全消失，而僅剩半衰期較長的成分之放射能，因此，由某複合衰變曲線之後段的直線部分之斜率，可求得壽命較長核種之半衰期，如圖 22-22 所示，由原來的複合衰變曲線 a，減該衰變曲線之後段部分延長至 $t=0$ 的直線 b，即 a-b，則可得長壽命核種成分除外的其他成分之衰變曲線 c，此曲線再以相同的方法處理時，理論上由複雜的混合核種之衰變曲線，可解析得各成分的個別之衰變曲線，及各成分之半衰期。實際上，由於放射能之測定值的實驗誤差，三成分以上的系，或半衰期相差 2 倍以內的二成分之衰變曲線的解析，均相當困難。如圖 22-22 所示者，為半衰期相差 10 倍的二放射性核種之衰變曲線。

　　二成分 1 與 2 之半衰期，不是相差很大時，此二成分的混合物於時間 t 之總放射能 A，可表示為

$$A = A_{1,0} e^{-\lambda_1 t} + A_{2,0} e^{-\lambda_2 t} \qquad (22\text{-}111)$$

上式中，$A_{1,0}$ 與 $A_{2,0}$ 為成分 1 與 2 於 $t=0$ 時之放射能，λ_1 與 λ_2 為成分 1 與 2 之衰變常數。上式 (22-111) 之兩邊各乘以 $e^{\lambda_1 t}$，可得

$$A e^{\lambda_1 t} = A_{1,0} + A_{2,0} e^{(\lambda_1 - \lambda_2)t} \qquad (22\text{-}112)$$

上式中，由於 λ_1 與 λ_2 均已知，而由測定可得於各時間 t 之 A 值，因此，由 $A e^{\lambda_1 t}$ 對 $e^{(\lambda_1 - \lambda_2)t}$ 作圖，可得截距 $A_{1,0}$ 與斜率 $A_{2,0}$ 之直線。通常使用**最小平方解析** (least-squares analysis)，比繪圖的解析可得較佳的結果。

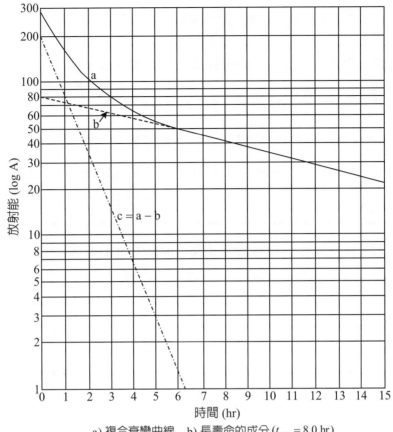

a) 複合衰變曲線　b) 長壽命的成分 $(t_{1/2} = 8.0 \text{ hr})$
c) 短壽命的成分 $(t_{1/2} = 0.8 \text{ hr})$

圖 22-22　二放射性核種的複合衰變曲線之解析，自 Gerhart Friedlander, Joseph W. Kennedy, Julian Maleolm Miller, Nuclear and Radiochemistry, 2nd cd., John Wiley & Sons, Inc. (1964), New York

22-23 放射性生成物之成長 (Growth of Radioactive Products)

於此討論，放射性的核種 1 由於其放射性的衰變，而生成他種的放射性核種 2。由於放射性核種 1 之衰變速率，與其原子數 N_1 成比例，而由式 (22-6) 可表示為，$-dN_1/dt = \lambda_1 N_1$，此式經積分可得，$N_1 = N_{1,0} e^{-\lambda_1 t}$，其中的 $N_{1,0}$ 為放射性核種 1 於 $t = 0$ 時之原子數。放射性核種 2 之生成的速率 dN_2/dt，等於放射性核種 1 之衰變的速率 $\lambda_1 N_1$，減其自身之衰變的速率 $\lambda_2 N_2$，而可表示為

$$\frac{dN_2}{dt} = \lambda N_1 - \lambda_2 N_2 \tag{22-113}$$

上式中，λ_1 與 λ_2 分別為放射性核種 1 與 2 之衰變常數。將 $N_1 = N_{1,0} e^{-\lambda_1 t}$ 的關係代入上式(22-13)並經移項，可寫成

$$\frac{dN_2}{dt} + \lambda_2 N_2 - \lambda_1 N_{1,0} e^{-\lambda_1 t_1} = 0 \qquad\qquad (22\text{-}114)$$

上式為線性的一次微分方程式，由附錄 A1-12 可得其解，為

$$N_2 = \frac{\lambda_1}{\lambda_2 - \lambda_1} N_{1,0}(e^{-\lambda_1 t} - e^{-\lambda_2 t}) + N_{2,0} e^{-\lambda_2 t} \qquad\qquad (22\text{-}115)$$

其中的 $N_{2,0}$ 為，放射性核種 2 於 $t = 0$ 時之原子數。上式 (22-115) 的右邊之括弧內的項表示，自**母親** (parent) 1 的核種生成**子女** (daughter) 2 的核種，及這些子女 2 的核種之衰變的原子數，最後面的項表示，原來存在的子女 2 的核種之衰變的原子數。

上式 (22-115) 可適用於**母親與子女** (parent and daughter) 的放射性核種對，且可由其二放射性核種中的半衰期較長的核種之壽命，而將其放射平衡區分成兩種的情況。若母親(1)的核種之壽命較子女(2) 的核種者長 ($\lambda_1 < \lambda_2$)，則可達成所謂**放射性平衡** (radioactive equilibrium)，此時經某一定的時間後，母親的核種與子女的核種之原子數的比，或**崩變速率** (disintegration rates) 的比會成為一定。於時間 t 相當大時，上式 (22-115) 中之 $e^{-\lambda_2 t}$ 與 $e^{-\lambda_1 t}$ 比較甚小，而可以忽略，且其最後面的項 $N_{2,0} e^{-\lambda_2 t}$ 亦可以忽略，因此，上式 (22-115) 可簡化成

$$N_2 = \frac{\lambda_1}{\lambda_2 - \lambda_1} N_{1,0} e^{-\lambda_1 t} \qquad\qquad (22\text{-}116)$$

將 $N_1 = N_{1,0} e^{-\lambda_1 t}$ 的關係代入上式，可得

$$\frac{N_1}{N_2} = \frac{\lambda_2 - \lambda_1}{\lambda_1} \qquad\qquad (22\text{-}117)$$

由於二放射性的核種 1 與 2 之放射能的測定值，可分別表示為 $A_1 = c_1 \lambda_1 N_1$ 與 $A_2 = c_2 \lambda_2 N_2$，因此，上式 (22-117) 可寫成

$$\frac{A_1}{A_2} = \frac{c_1(\lambda_2 - \lambda_1)}{c_2 \lambda_2} \qquad\qquad (22\text{-}118)$$

若二放射性的核種之檢測係數相同，即 $c_1 = c_2$，則二放射能之比，$A_1 / A_2 = 1 - \lambda_1 / \lambda_2$，此比值等於 0 至 1 間，且由於 λ_1 與 λ_2 之比而定，於此種所謂**過度平衡** (transient equilibrium) 時，子女的核種 2 之放射能 A_2 為母親的核種 1 之放射能 A_1 的 $\lambda_2 / (\lambda_2 - \lambda_1)$ 倍，而其二種放射能均以母親的核種之半衰期，隨時間而衰減，如圖 22-23 所示。

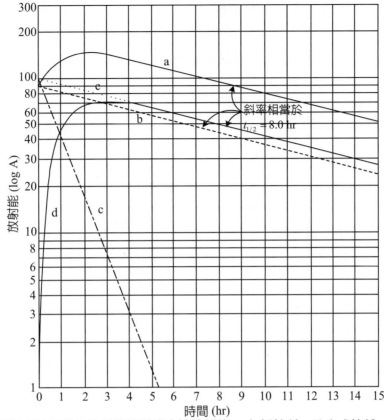

(a) 於最初為純母親的放射性核種時之總放射能（包括核種 1 及生成核種 2 之放射能）

(b) 放射性核種 1 之放射能 ($t_{1/2} = 8.0$ hr)

(c) 新分離純放射性核種 2 之放射能 ($t_{1/2} = 0.80$ hr)

(d) 由純放射性核種 1 所生成的放射性核種 2 之放射能

(e) 放射性核種 1 與 2 沒有分離時，其中的放射性核種 2 之總放射能

圖 22-23　過渡平衡，自 Gerhart Friedlander, Joseph W.Kennedy, Julian Malcolm Miller, Nuclear and Radiochemistry, 2nd ed., John Wiley & Sons, Inc. (1964), New York

　　放射性平衡之極限的情況，$\lambda_1 \ll \lambda_2$（或 $t_{1/2,1} \gg t_{1/2,2}$）時，放射性核種 1 之放射能，經由放射性核種 2 之半衰期的許多倍的時間時，均不會有顯著的減少，此種放射平衡稱為**永續平衡** (secular equilibrium)。於此種極限的情況，可由式 (22-117) 簡化得

$$\frac{N_1}{N_2} = \frac{\lambda_2}{\lambda_1} \quad \text{或} \quad \lambda_1 N_1 = \lambda_2 N_2 \tag{22-119}$$

同樣，將 $A_1 = c_1 \lambda_1 N_1$ 及 $A_2 = c_2 \lambda_2 N_2$ 代入上式，可得

$$\frac{A_1}{A_2} = \frac{c_1}{c_2} \tag{22-120}$$

若 $c_2 = c_2$，則放射性核種 1 與 2 之放射能的測定值相等，即 $A_1 = A_2$。

圖 22-23 所示者為 $\lambda_1 < \lambda_2$ （ 實際 $\lambda_1 / \lambda_2 = 1/10$）時之過渡平衡，其中的各曲線分別表示， $c_1 = c_2$ 時之各放射能與時間的關係。當 λ_1 比 λ_2 甚小 $(\lambda_1 ! \lambda_2)$ 時，這些過渡平衡之各曲線，均會接近如圖 22-24 所示的永續平衡之各曲線。

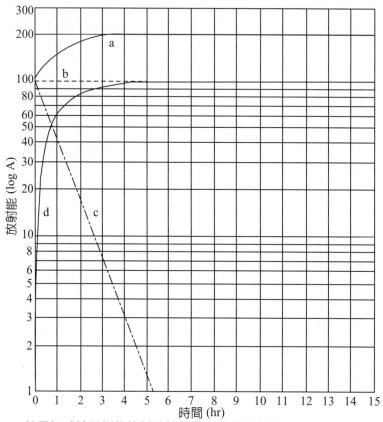

(a) 於最初為純母親的放射性核種時之純總放射能
(b) 母親的放射性核種 $(t_{1/2} = \infty)$ 之放射能，也是母親與子女的放射性核種 （1+2） 中的子女放射性核種 2 之總放射能
(c) 分離的新鮮純放射性核種 2 之衰變 $(t_{1/2} = 0.80 \text{ hr})$
(d) 由分離的新鮮純母親的放射性核種 1 所生成的子女的放射性核種 2 之放射能

圖 22-24　永續平衡，自 Gerhart Friedlander, Joseph W.Kennedy, Julian Malcolm Miller, Nuclear and Radiochemistry, 2nd ed., John Wiley & Sons, Inc. (1964), New York

放射性核種 1 (母親) 之壽命，比放射性核種 2 (子女) 之壽命短 $(\lambda_1 > \lambda_2)$ 時，顯然於任何的時間均不會達至平衡。若於開始時放射性核種 1 (母親) 中沒有含核種 2 (子女)，則核種 2 之量於初期會隨核種 1 的衰變增加，而經由極大值後會以核種 2 之特性半衰期而衰變減少，如圖 22-23 所示，亦即圖 22-25 中的曲線 d 所示。於，圖 22-25 所示者為， $\lambda_1 / \lambda_2 = 10$ 及 $c_1 = c_2$ 時之各放射能與時間的關係，於此圖中的直線 c 為，放射性核種 2 (子女) 之指數衰變延長至 $t = 0$ 的直線。若 $\lambda_1 \gg \lambda_2$ 時，則由此種分析方法延長至 $t = 0$ 所得的截距為放射能

$c_2 \lambda_2 N_{1,0}$，且由於放射性核種 1 的 $N_{1,0}$，使 N_2 很快增加，因此，可設 $N_{1,0}$ 等於 N_2 之外延線於 $t = 0$ 時的值。若 c_1 與 c_2 間的關係已知，則由最初的放射能 $c_1 \lambda_1 N_{1,0}$，與其外延放射能 $c_2 \lambda_2 N_{1,0}$ 的比，可得其半衰期的比，即為

$$\frac{c_1 \lambda_1 N_{1,0}}{c_2 \lambda_2 N_{1,0}} = \frac{c_1}{c_2} \cdot \frac{\lambda_1}{\lambda_2} = \frac{c_1}{c_2} \cdot \frac{(t_{1/2})_2}{(t_{1/2})_1} \tag{22-121}$$

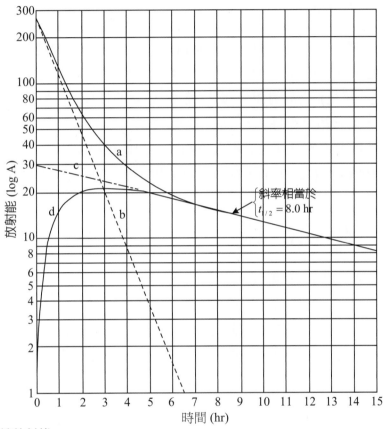

(a) 總放射能

(b) 放射性核種 1 (母親) $(t_{1/2} = 0.80 \text{ hr})$ 之放射能

(c) 最後期的衰變曲線之外延至零時間 $(t = 0)$

(d) 最初(原)純放射性核種 1 中的放射性核種 2 (子女) $(t_{1/2} = 8.0 \text{ hr})$ 之放射能

圖 22-25　無平衡之情況，自 Gerhart Friedlander, Joseph W.Kennedy, Julian Malcolm Miller, Nuclear and Radiochemistry, 2nd ed., John Wiley & Sons, Inc. (1964), New York

若 λ_2 與 λ_1 的比不能忽略時，則上式 (22-121) 中的 λ_1/λ_2，須以 $(\lambda_1 - \lambda_2)/\lambda_2$ 替代，而此時的半衰期之式也同樣會隨之改變。

　　對於過渡平衡與無平衡的二種情況，自新分離的放射性核種 1 (母親)，所生成的核種 2 (子女) 之放射能達至極大的時間 t_m，均可由式 (22-115) 求得。由一般式 (22-115) 對於時間微分，可得

$$\frac{dN_2}{dt} = -\frac{\lambda_1^2}{\lambda_2 - \lambda_1} N_{1,0} e^{-\lambda_1 t} + \frac{\lambda_1 \lambda_2}{\lambda_2 - \lambda_1} N_{1,0} e^{-\lambda_2 t} \qquad (22\text{-}122)$$

當 $t = t_m$ 時， $dN_2/dt = 0$，因此，由上式可得

$$\frac{\lambda_2}{\lambda_1} = e^{(\lambda_2 - t_1)/t_m} \qquad (22\text{-}123\text{a})$$

或

$$t_m = \frac{2.303}{\lambda_2 - \lambda_1} \log \frac{\lambda_2}{\lambda_1} \qquad (22\text{-}123\text{b})$$

於 $t = t_m$ 時，由式 (22-113) 可得，放射性核種 2 (子女) 之衰變速率 $\lambda_2 N_2$ ，等於其生成之速率 $\lambda_1 N_2$ 。於圖 22-23，22-24，22-25 中，均假定 $c_1 = c_2$ ，由此，核種 1 (母親的核種) 之放射能 A_1 與核種 2 (子女的核種) 之生長曲線 d ，均於時間 t_m 相交，而永續平衡時之 t_m 為無窮大。

三或三種以上的放射性生成物之連鎖時，前面已導得的 N_1 與 N_2 之時間的函數式 (22-107) 與 (22-115) ，同樣可以使用，而 N_3 可由解下列的微分方程式求得，即為

$$\frac{dN_3}{dt} = \lambda_2 N_2 - \lambda_3 N_3 \qquad (22\text{-}124)$$

上式之形式與式 (22-113) 類似，然而，上式中的 N_2 之時間的函數式 (22-115) ，較 N_1 者 ($N_1 = N_{1,0} e^{-\lambda_1 t}$) 複雜，因此，上式 (22-124) 之解相當煩雜。H Bateman 對於 $t = 0$ 時，且僅有核種 1 (母親) 存在的特殊假定，即 $N_{2,0} = N_{3,0} = \cdots = N_{n,0} = 0$, 而得其解為

$$N_n = C_1 e^{-\lambda_1 t} + C_2 e^{-\lambda_2 t} + \cdots + C_n e^{-\lambda_n t} \qquad (22\text{-}125)$$

其中

$$C_1 = \frac{\lambda_1 \lambda_2 \cdots \lambda_{n-1}}{(\lambda_2 - \lambda_1)(\lambda_3 - \lambda_1)\cdots(\lambda_n - \lambda_1)} N_{1,0} \qquad (22\text{-}126\text{a})$$

$$C_2 = \frac{\lambda_1 \lambda_2 \cdots \lambda_{n-1}}{(\lambda_1 - \lambda_2)(\lambda_3 - \lambda_2)\cdots(\lambda_n - \lambda_2)} N_{1,0} \quad，等 \qquad (22\text{-}126\text{b})$$

對於放射性核種 A 之分枝的衰變，而成為 B 與 C 時，可表示為

$$A \underset{\lambda_c}{\overset{\lambda_b}{\lessgtr}} \begin{matrix} B \\ C \end{matrix} \qquad (22\text{-}127)$$

由 A 衰變生成 B 與 C 之速率，分別等於 $\lambda_b N_A$ 與 $\lambda_c N_A$ ，而 A 之衰變速率為 $(\lambda_b + \lambda_c)N_A$ ，由此，此放射性核種 A 之半衰期，可表示為

$$t_{1/2} = \frac{0.693}{\lambda_b + \lambda_c} \qquad (22\text{-}128)$$

　　對於含分枝的衰變之連鎖衰變，使用 Bateman 之解（式 22-125）時，其中的 $C_1, C_2, \cdots$ 等式 (22-126) 之分子中的 λ_i 值，須用部分衰變常數 λ_i^* 替代，於此 λ_i^* 爲，自第 i 的核種衰變成爲第 $(i+1)$ 的核種之衰變常數。於天然的放射性衰變系列中，有衰變連鎖的分枝，而其分枝之二核種經衰變再合成同一的核種，此時須以上面的方法，各別處理其二分枝的衰變，而分枝點以後的共同核種之生成，可用由其二途徑所生成的原子數的和表示。

22-24　核反應中的轉換方程式
(Equations of Transformation During Nuclear Reactions)

　　安定的原子核，由於 α 粒子、質子、中子等粒子的照射，通常會誘發核反應並產生放射性的核種，而於其所生成的放射性產物之衰變速率，等於其生成的速率時，達至**穩定狀態** (steady state)，此時之情況類似於 22-23 節所述之永續平衡。若於達至穩定狀態之前停止粒子的照射，則所生成的放射性核種之**崩變速率** (disintegration rate) λN，小於其生成的速率 R。由此，照射 t 的時間所生成的放射生核種之原子數 N，可用下列的微分方程式表示，爲

$$\frac{dN}{dt} = R - \lambda N \tag{22-129}$$

上式中，λ 爲由核反應所生成的放射性核種之衰變常數。由上式可解得

$$R = \frac{N\lambda}{1 - e^{-\lambda t}} \tag{22-130}$$

若粒子之照射時間甚長時 $(t \gg 1/\lambda)$，則所生成的放射性核種之崩變速率 λN，**趨近於飽和值** (saturation value) R，由此，上式中的因子 $(1 - e^{-\lambda t})$，稱爲**飽和因子** (saturation factor)。放射性核種於穩定的照射期間之生成速率，可由所生成的放射性核種於照射的終點之崩變速率，除以飽和因子求得。

　　有時於粒子的照射期間，由於核反應產生的放射性核種(母親) 之衰變產物，及由他種的核反應所產生的產物爲同一的產物，例如，同一的**靶** (target) 由 (p, pn) 的核反應產生的不安定產物，經 β^+ - 衰變或電子捕獲所生成的產物與由 $(p, 2p)$ 的核反應所生成的產物相同。於此種情況下，於照射時間 t_b 後經時間 t_s 所存在的產物之原子數有三種的來源：(1) 由核反應直接生成，(2) 由照射期間所生成的放射性核種(母親)之衰變所生成，及 (3) 於時間 t_s（例如，自照射之終點至由母親的核裡分離其子女間之時間）內，由放射性核種(母親)之衰變所生成。

設由核反應直接生成的放射性核種 1 (母親) 與核種 2 (子女) 之速率,分別用 R_1 與 R_2 表示,則由上述的三種來源所生成的核種 2 (子女) 之原子數,分別為

$$N_2' = \frac{R_2}{\lambda_2}(1 - e^{-\lambda_2 t_b})e^{-\lambda_2 t_s} \tag{22-131}$$

$$N_2'' = \left[\frac{R_1}{\lambda_2}(1 - e^{-\lambda_2 t_b}) + \frac{R_1}{\lambda_1 - \lambda_2}(e^{-\lambda_1 t_b} - e^{-\lambda_2 t_b})\right]e^{-\lambda_2 t_s} \tag{22-132}$$

$$N_2''' = \frac{R_1(1 - e^{-\lambda_1 t_b})(e^{-\lambda_1 t_s} - e^{-\lambda_2 t_s})}{\lambda_2 - \lambda_1} \tag{22-123}$$

而由實驗僅能觀測,核種 2(子女)之總原子數 $(N_2' + N_2'' + N_2''')$,但由時間 t_b 與 t_s,衰變常數 λ_1 與 λ_2,及核種 1(母親)之生成速率 R_1(由另外的實驗測定),可計算核種 2 之生成速率 R_2。

放射性的核種產生核反應時,放射性核種之消失的速率,不再遵照僅其放射性轉換時之法則,而須使用,考慮其**轉換反應** (transmutation reactions) 的消失之修正的法則。於大部分的實際撞擊條件下,放射性的核種由於核反應之轉換速率,與其放射性衰變之速率比較甚小而可忽略。然而,對於長壽命的核種,或於中子線束甚大的原子爐內時,其轉換須考慮下述之二種的機制。下面考慮於中子線束中之修正轉換方程式,這些式同樣可應用於,由其他的撞擊粒子所引發的核反應之情況。

設衰變常數 λ (單位為 $\sec^{-1}$) 的單一放射性核種之原子數為 N,其於一定的中子線束 nv (中子數 $/\mathrm{cm}^2 \cdot \sec$) 中之總中子反應截面積為 σ,則此放射核種之總消失的速率,等於其放射性衰變之速率 λN,與其由於中子反應之轉換速率 $nv\sigma N$ 的和,而可表示為

$$-\frac{dN}{dt} = (\lambda + nv\sigma)N = \Lambda N \tag{22-134}$$

上式中,Λ 為**修正的衰變常數** (modified decay constant)。上式 (22-134) 之形式與放射性衰變之標準微分方程式相同,而經積分可得

$$N = N_0 e^{-\Lambda t} \tag{22-135}$$

考慮**母親–子女對** (parent-daughter pair) 的放射性核種時,母親的核種由於上述的二種轉換機制而消失,因此,由式 (22-134) 可表示為

$$-\frac{dN_1}{dt} = (\lambda_1 + nv\sigma_1)N_1 = \Lambda_1 N_1 \tag{22-136}$$

因子女的核種由於母親的衰變而生成,及由於上述的二種轉換機制而消失,而可表示為

$$\frac{dN_2}{dt} = \lambda_1 N_1 - (\lambda_2 + n\upsilon\sigma_2)N_2 = \lambda_1 N_1 - \Lambda_2 N_2 \tag{22-137}$$

由此，上式一般可寫成

$$\frac{dN_{i+1}}{dt} = \lambda_i N_i - \Lambda_{i+1} N_{i+1} \tag{22-138}$$

於此考慮一連鎖系列中，其中之一核種可由核反應及其放射性的衰變，而生成其下一核種，此時上式 (22-138) 中之 λ_i，須用修正的衰變常數 $\Lambda_i^* = \lambda_i^* + n\upsilon\sigma_i^*$ 替代，於此 λ_i^* 與 σ_i^* 分別表示，自第 i 的成員生成第 $(i+1)$ 的成員之**部分衰變常數** (partial decay constant) 與**部分反應截面積** (partial reaction cross section)。如 Bateman 的方程式，於 $N_{2,0} = N_{3,0} = \cdots = N_{n,0} = 0$ 時，其一般解可寫成

$$N_n = C_1 e^{-\Lambda_1 t} + C_2 e^{-\Lambda_2 t} + \cdots + C_n e^{-\Lambda_n t} \tag{22-139}$$

其中

$$C_1 = \frac{\Lambda_1^* \Lambda_2^* \cdots \Lambda_{n-1}^*}{(\Lambda_2 - \Lambda_1)(\Lambda_3 - \Lambda_1)\cdots(\Lambda_n - \Lambda_1)} N_{1,0} \tag{22-140a}$$

$$C_2 = \frac{\Lambda_1^* \Lambda_2^* \cdots \Lambda_{n-1}^*}{(\Lambda_1 - \Lambda_2)(\Lambda_3 - \Lambda_2)\cdots(\Lambda_n - \Lambda_2)} N_{1,0} \quad 等 \tag{22-140b}$$

例 22-5　試計算 1 g 之 ^{197}Au，於 $1\times10^{14}\,/\,\text{cm}^2\,\text{sec}^{-1}$ 的中子線束中照射 30 hr 時，由於逐次的 (n,γ) 反應，所生成的半衰期 3.15 d 之 ^{199}Au 的量，此反應連鎖系列為

$$^{197}\text{Au} \xrightarrow[n,\gamma]{\sigma=99b} \,^{198}\text{Au} \xrightarrow[n,\gamma]{\sigma=26,000b} \,^{199}\text{Au}$$

$$\beta^- \downarrow t_{1/2} = 2.7d \qquad \beta^- \downarrow t_{1/2} = 3.15d$$

解　對於此三核種之反應連鎖系列，由式 (22-139) 可得

$$N_{199} = \Lambda_{197}^* \Lambda_{198}^* N_{197,0} \left[\frac{e^{-\Lambda_{197}t}}{(\Lambda_{198} - \Lambda_{197})(\Lambda_{199} - \Lambda_{197})} + \frac{e^{-\Lambda_{198}t}}{(\Lambda_{197} - \Lambda_{198})(\Lambda_{199} - \Lambda_{198})} \right.$$
$$\left. + \frac{e^{-\Lambda_{199}t}}{(\Lambda_{197} - \Lambda_{199})(\Lambda_{198} - \Lambda_{199})} \right]$$

於上式中代入下列的各數據

$$t = 1.08\times10^5 \text{ sec}$$
$$n\upsilon = 10^{14}\,/\,\text{cm}^2 \cdot \text{sec}$$

$$\sigma_{197} = 9.9 \times 10^{-23} \, cm^2$$

$$\sigma_{198} = 2.6 \times 10^{-20} \, cm^2$$

$$N_{197,0} = \frac{6.02 \times 10^{23}}{197} = 3.05 \times 10^{21}$$

$$\Lambda^*_{197} = \Lambda_{197} = n\upsilon\sigma_{197} = 9.9 \times 10^{-9} \, / \sec$$

$$\Lambda_{198} = \lambda_{198} + n\upsilon\sigma_{198} = 3.0 \times 10^{-6} + 2.6 \times 10^{-6} = 5.6 \times 10^{-6} \, / \sec$$

$$\Lambda^*_{198} = n\upsilon\sigma_{198} = 2.6 \times 10^{-6} \, \sec^{-1}$$

$$\Lambda_{199} = \lambda_{199} = 2.55 \times 10^{-6} \, \sec^{-1}$$

得

$$N_{199} = 7.85 \times 10^7 \left(\frac{e^{-0.00107}}{5.6 \times 10^{-6} \times 2.55 \times 10^{-6}} + \frac{e^{-0.605}}{5.6 \times 10^{-6} \times 3.05 \times 10^{-6}} \right.$$

$$\left. - \frac{e^{-0.275}}{2.55 \times 10^{-6} \times 3.00 \times 10^{-6}} \right)$$

$$= 7.85 \times 10^7 (6.99 \times 10^{10} + 3.20 \times 10^{10} - 9.77 \times 10^{10})$$

$$= 3.3 \times 10^{17}$$

於照射終結時，所生成的 ^{199}Au 之衰變速率為，

$\lambda_{199} N_{199} = 0.84 \times 10^{12} \, \sec^{-1}$，而 ^{198}Au 之崩變速率，由使用二成員之連鎖，由式 (22-139) 可計得

$$\lambda_{198} N_{198} = \lambda_{198} n\upsilon\sigma_{197} N_{197,0} \left(\frac{e^{-\Lambda_{197}t}}{\Lambda_{198} - \Lambda_{197}} + \frac{e^{-\Lambda_{198}t}}{\Lambda_{197} - \Lambda_{198}} \right)$$

$$= 9.06 \times 10^7 \frac{0.999 - 0.546}{5.6 \times 10^{-6}} = 7.33 \times 10^{12} \, \sec^{-1}$$

由此，試料中的 ^{199}Au 之放射能的強度，約為總放射能強度的 10%　　　　◀

22-25　放射能之單位 (Units of Radioactivity)

放射能之單位為**居里** (curie, c)，一居里原來表示，與 1 克的**鐳** (radium) 平衡之**氡** (radon) 的量，而後來用以表示，任何的放射性製劑之崩變速率的單位。放射性的製劑於 1 秒內之崩變數，等於 1 克的鐳之崩變數的量，稱為 1 居里，而由此定義之居里的值，會隨鐳之衰變常數及原子量之測定值的修正而改變。因此，國際純粹與應用化學連合會及國際純粹與應用物理連合會之聯合委員會 (Joint Commission of the International Union of Pure and Applied Chemistry and the International Union of Pure and Applied Physics) 於 1950 年採用，一居里為任何

的放射性核種之每秒的崩變數為 3.700×10^{10} 的量之定義，並以此作為放射能之單位。由此，1 居里相當於每秒 3.700×10^{10} 的崩變數，即 $1c = 3.700 \times 10^{10}$ dps (disintegrations per second)，1 **毫居里** (millicurie, mc) $= 10^{-3}c$，1 **微居里** (microcurie, μc) $= 10^{-6}c$，而於原子爐（核反應器）的工程，常使用 Mc (megacurie) $= 10^{6}c$ 的單位。

另一種表示放射性的崩變速率之單位為，美國標準局所提案的**呂塞福** (rutherford) rd，1 rd 相當於每秒產生 10^{6} 的崩變數之放射性核種的量。

設 $1c$ 的放射性核種之質量為 W 克，放射性核種之衰變常數為 λ sec^{-1}，放射性核種之原子量為 M，則由式 (22-6) 可得，$1c$ 相當於

$$-\frac{dN}{dt} = \lambda N = 3.700 \times 10^{10} \text{ dps} \tag{22-141}$$

將 $N = (W/M)N_A$，其中的 N_A 為 Avogadro 常數，及 $\lambda = 0.693/t_{1/2}$ 代入上式 (22-141)，可得

$$\frac{0.693}{t_{1/2}} \cdot \frac{W}{M} N_A = 3.700 \times 10^{10} \text{ dps} \tag{22-142a}$$

或

$$W = 8.860 \times 10^{-14} M t_{1/2} \tag{22-142b}$$

例 22-6　試計算，1 mc 之半衰期為 5720 年的 ^{14}C 核種的克數 W

解　$\lambda = \dfrac{0.693}{5720 \times 365 \times 24 \times 60 \times 60} = 3.83 \times 10^{-12} \text{ sec}^{-1}$

$-\dfrac{dN}{dt} = \lambda N = \lambda \dfrac{W}{14} \times 6.02 \times 10^{23} = 1.65 W \times 10^{11} \text{ sec}^{-1}$

由於 1 mc 相當於 $-dN/dt = 3.7 \times 10^{7}$ dps，所以

$W = \dfrac{3.7 \times 10^{7}}{1.65 \times 10^{11}} = 0.224 \times 10^{-3} \text{ g}$　◀

22-26　半衰期的測定 (Determination of Half-Lives)

半衰期等於數秒至數年範圍的放射性核種，其半衰期可使用適當的放射能測定裝置，由逐次測定其於各時間之放射能求得。對於純的放射性核種，其放射能之對數 log A 對於時間繪圖可得直線的關係，而由此直線之斜率可求得，該放射性核種之半衰期。對於放射各獨立的放射能之各種放射性核種的混合物，可由 22-22 節所述的方法，解析得其所含各種成分之半衰期。若以此種解析方法，求其內各成分之半衰期有困難時，則可於試樣與測定器之間，放置適當厚

度的吸收板,並各別測定其放射能,以得衰變曲線,而由此可得,將其他的核種之放射線阻止的相對衰變曲線,或選擇使用可分別檢測各種放射能的適當的量測裝置,以測定試料中的各種放射性核種所放射之放射線。

對於半衰期甚短 ($t_{1/2} < 0.1\text{sec}$) 或甚長的核種之半衰期的測定,通常隨其半衰期的縮短或增長,而增加其放射能強度之測定的困難。對於半衰期很長 (λ 很小) 的放射性核種之放射能 $A = c\lambda N$,由於實驗時間內之其放射能的變化很小,因此,其放射能的變化甚難精確的量測,於此種情況下,若放射性核種之原子數 N 已知,而其 $-dN/dt$ 可測得 (即其測定係數 c 已知),則由 $\lambda N = -dN/dt = A/c$ 的關係,可求得該放射性核種之衰變常數 λ,或半衰期 $t_{1/2}$。

22-27　α 粒子及他種的離子與物質的相互作用
(Interaction of α Particles and Other Ions with Matter)

通常藉放射線與物質的相互作用,以偵檢或測定放射線的存在,而與物質不產生作用的放射線,一般甚難知道其存在,例如,**微中性子** (neutrino) 與物質的相互作用非常微弱,由此,很難檢測其存在。然而,帶電荷的高速粒子與物質的相互作用非常強,如 α 粒子或經加速的高能量的原子核,則比較容易檢測其每一粒子 (放射線)的存在。

放射線與物質之最重要的相互作用為產生離子化。α-射線通過物質時,由於 α-粒子撞擊構成物質之原子或分子周圍的電子,而產生離子化,由此,α 粒子會很快損失其大部分的能量,而游離的電子獲得動能。由動量及能量之守恆,α 粒子與電子作用時,電子自速度 v 的 α 粒子獲得之最高的速度為 $2v$,此具動能的游離電子,稱為 δ-射線。例如,1.8 MeV 的 α-粒子,可產生最高能量為 1 KeV 的 δ-射線,而 6 MeV 的 α-射線所產生的 δ-射線之最高能量,不會超過 3 KeV,實際上,大多數的 δ-射線之平均能量,均於 100~200 eV 之間。這些 δ-射線與 β 射線相似,均可使其他的原子產生離子化,而產生許多的正-負離子對,由 δ-射線產生的原子之離子化的二次電離,約佔 α-射線所產生電離的約 60~80%。

對於各種氣體產生 1 正-負離子對所需的能量,因氣體之種類而會稍異,每產生 1 離子對約需消耗 35~31 eV 的能量,因此,由 α-射線之最初的能量除以 33 eV 可得,沿其飛程所產生的總離子對的數。表 22-2 所示之大部分的數值為,自 ^{210}Po 所放射的 α 粒子,對於各種氣體之每產生 1 離子對的能量,其值所受放射線的能量及性質之影響甚小。340 MeV 的質子對於數種的氣體所得之各數值，均大約相同，因此，由量測 α 粒子或類似的離子性粒子，於**填充氣體的電離箱** (gas filled ionization chamber) 內產生之總離子數，可測定 α 粒子或類似的離子性粒子之能量。

表 22-2 　α 粒子於各種氣體中產生 1 離子對所損失之平均能量

氣　　　體	能量／離子對 W (eV)	第一離子化電位 I (eV)	α 粒子用於離子化 之能量分率 (I/W)
H_2	36.3	15.6	0.43
He (高純度)	43	24.5	0.58
He (市販筒裝)	30		
N_2	36.5	15.5	0.42
O_2	32.5	12.5	0.38
空氣	35.0		
Ne (高純度)	36.8	21.5	0.58
Ne (市販筒裝)	28		
Ar	26.4	15.7	0.59
Kr	24.1	13.9	0.58
Xe	21.9	12.1	0.55
CH_4	30	14.5	0.48
C_2H_4	29	10.5	0.36
CO	34	14.3	0.42
CO_2	34		
CS_2	26	10.4	0.40
CCl_4	27		
NH_3	39	10.8	0.28

自 Gerhart Friedlander, Joseph W.Kennedy, Julian Malcolm Miller, Nuclear and Radiochemistry, 2nd ed., John Wiley & Sons, Inc. (1964), New York

　　放射線通過物質(氣體)時，由於使氣體的分子產生離子化而損失其能量，放射線於物質內通過單位長度所損失的能量，稱為該物質對於該放射線之**阻止能力** (stopping power) ，或**線性能量轉移** (linear energy transfer, LET) F。Bohr 首先導得，物質對於 α 粒子之阻止能力，為

$$F = -\frac{dE}{dx} = \frac{4\pi z^2 e^4 n}{m\upsilon^2}\ln\frac{m\upsilon^3}{2ze^2 w} \tag{22-143}$$

上式中，n 為物質的單位體積之電子數，w 為電子於原子內的運動之**古典頻率** (classical frequency)，E 為 α 射線之能量，e 與 m 為電子之電荷與質量，υ 與 z 為 α 粒子之速度與所帶的電荷。

　　放射線通過單位面積之單位質量 $(1\,g/cm^2)$ 厚度的物質，所損失之能量 dE，稱為該物質對於放射線之**質量阻止能力** (mass stopping power) S，設物質之密度為 ρ，則其對於放射線之質量阻止能力 S 由上式 (22-143)，可表示為

$$S = \frac{F}{\rho} \tag{22-144}$$

α 射線或類似的離子性粒子,沿其飛程之單位長度所生成的離子對,稱爲**比離子化** (specific ionization) i。比離子化 i 與線性能量轉移 F 成比例,而其比例常數因氣體的種類而異,通常可由表 22-2 之數值求得。

α 粒子與電子的每一次的撞擊,通常僅損失其小部分的能量,因此,α 粒子不會由於產生撞擊,而改變其進行的方向,由此其飛程幾乎成直線。最初的能量爲數 MeV 的 α 粒子,通常需要經過非常多次(約 10^5)的撞擊才會靜(停)止,初能量相同的 α 粒子之**飛程** (range),幾乎均相同。一般使用固體的吸收體,可測定其飛程,或由於改變氣體的吸收體之壓力,可正確測定其飛程至約 $1/5000$ 的準確度。

如圖 22-26 所示爲,自放射單一能量的 α 粒子之放射線源所放射的 α 粒子,於氣體中距離其放射線源 r 處,所觀察的 α 粒子數與 r 的關係曲線。由此圖可得知,同能量的各 α 粒子於某介質中之飛程,嚴格的講並非完全相同,而有 3~4% 的偏差,此種偏差的現象,稱爲 α 粒子之飛程的**散亂** (straggling),此爲由於 α 粒子的撞擊次數,及其每次撞擊所損失能量的統計誤差的變動所產生。圖中的點線爲對於此變動曲線之距離 r 的微分,其形狀近似 Gaussian 曲線,此即表示 α 粒子之飛程的分布。於此微分曲線之極大處的距離,即爲 α 粒子之**平均的飛程** (average range) R,而由飛程曲線之末端的直線部分的延長線,與橫坐標軸的相交可得所謂**外延飛程** (extrapolated range) R_{ex},於一般的圖表均採用平均飛程 R,以表示飛程與能量間的關係。一般能量的 α 粒子之此二種飛程間的能量差,約爲 1.1%。

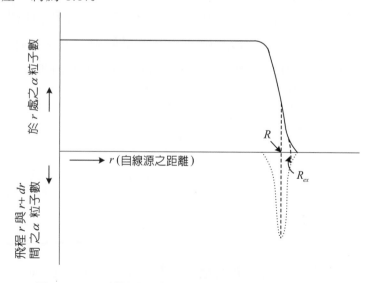

圖 22-26 距離線源 r 處之 α 粒子的數與 r 的關係曲線

例 22-7　試求 1.8 MeV 的 α 粒子與物質作用時，所產生的 δ-射線之最高能量
(其最高能量約為1 KeV)

解　設 α 粒子(質量 M_α) 與物質中的電子作用時，其速度由 v_α 變為
v'_α，而電子(質量 m)之速度為 v，則由動量及能量之守恆，可分
別寫成

$$M_\alpha v_\alpha = M_\alpha v'_\alpha + m v \tag{1}$$

及 $\dfrac{1}{2} M_\alpha v_\alpha^2 = \dfrac{1}{2} M_\alpha v_\alpha'^2 + \dfrac{1}{2} m v^2$ $\tag{2}$

由式 (1) 可得，$v'_\alpha = v_\alpha - \dfrac{m}{M_\alpha} v$

將 v'_α 代入式 (2) 得

$$M_\alpha v_\alpha^2 = M_\alpha \left(v_\alpha - \frac{m}{M_\alpha} v \right)^2 + m v^2$$

$$= M_\alpha v_\alpha^2 - 2 M_\alpha \cdot \frac{m}{M_\alpha} v_\alpha v + M_\alpha \left(\frac{mv}{M_\alpha} \right)^2 + m v^2$$

由此得

$$2 v_\alpha = v \left(\frac{m}{M_\alpha} + 1 \right)$$

因 $m / M_\alpha \ll 1$，所以 $v \fallingdotseq 2 v_\alpha$

由 $E_\alpha = \dfrac{1}{2} M_\alpha v_\alpha^2$，得 $v_\alpha = (2 E_\alpha / M_\alpha)^{1/3}$

$$E_e = \frac{1}{2} m v^2 = \frac{1}{2} m (2 v_\alpha)^2 = \frac{1}{2} m \cdot 4 (2 E_\alpha / M_\alpha) = 4 \frac{m}{M_\alpha} E$$

由於 $m = 0.00055$，及 $M_\alpha = 4$

由此，$E_\alpha = 1.8 \, \text{MeV}$ 時，可得

$$E_e = 4 \frac{0.00055}{4} (1.8 \times 10^6 \, \text{eV}) \fallingdotseq 1000 \, \text{eV}$$ ◄

22-28 α 粒子及他種離子之飛程 - 能量的關係及比離子化
(Range-Energy Relation and Specific Ionization for α - Particles and Other Ions)

α 粒子或其他的較重離子於某介質中之比離子化 i，可用其能量、所帶的電荷及質量的函數表示，質子及 α 粒子於空氣中之**微分的能量損失** (differential energy loss) 如表 22-3 所示。於圖 22-27 表示，α 粒子之**殘餘飛程** (residual range) 與比離子化 i 的關係之 Bragg 的曲線。由這些關係曲線可得知，能量之損失最大的速率，發生於較低的能量處，而於較大能量處之能量損失的速度，隨能量的增加而減少。

表 22-3　質子與 α 粒子於空氣中之離子化

能量 (MeV)	每 1.00 mg cm^{-2} 產生之離子對數		能量 (MeV)	每 1.00 mg cm^{-2} 產生之離子對數	
	質子	α 粒子		質子	α 粒子
0.025	16,700		6.0	1,800	20,000
0.1	18,000		8.0	1,400	16,000
0.2	16,700	40,000	10.0	1,100	13,000
0.5	11,200	56,000	14.0	900	10,300
1.0	6,800	54,000	25.0	560	6,500
2.0	4,200	41,000	70	240	2,900
3.0	3,100	32,000	100	190	2,200
4.0	2,400	26,000	1000	55	400
5.0	2,100	22,000	10000	61	210

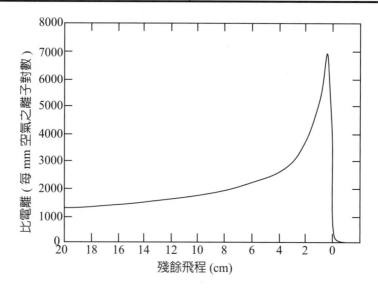

圖 22-27　最初能量均一的 α 粒子，於空氣中之 Bragg 的曲線

如表 22-3 所示，於低能量處除外，帶電荷 z 的某速度的輕粒子所產生之電離，與其所帶的電荷之平方 z^2 成比例，能量 E 之 α-粒子於每 mg/cm^2 的空氣中產生的電離，約為能量等於其四分之一($E/4$) 的質子（其速度與能量 E 的 α 粒子之速度相同）所產生的電離之四倍，即 $z^2 = 4$。

離子之飛程 R，可由其能量隨飛程之損失 dE/dx 的關係經積分計算，而可表示為

$$R = \int_{E_0}^{0} \frac{1}{dE/dx} dE \tag{22-145}$$

質子及氦的離子（α-粒子），於乾燥的空氣中之飛程與能量的關係，如圖 22-28 所示。

於圖 22-28 中所示之飛程，用每平方厘米之 mg 的空氣（mg 空氣$/cm^2$）表示，乾燥的空氣於 15°C 及 760 mm Hg 壓力下之密度為 $1.226\,mg\,cm^{-2}$，因此，除以 1.226 可得以 cm 的空氣表示的飛程。

初能量約 0.1 至 1000 MeV 的質子、**重質子** (deuterons) 及氦的原子核（α-粒子），於原子序 Z 而質量數 A 的吸收物質中之飛程，可近似表示為

$$\frac{R_z}{R_a} = 0.90 + 0.0275Z + (0.06 - 0.0086Z)\log\frac{E}{M} \tag{22-146}$$

上式中，R_Z 與 R_a 分別表示，於原子序 Z 的元素與空氣中之飛程，其單位均使用 mg/cm^2，M 為粒子之質量數（對於質子為 1，α 粒子為 4)，E 為粒子之初能量，而用 MeV 的單位表示。上式 (22-146) 可適用於 $Z > 10$ 之吸收物質，其中的 $(0.90 + 0.0275\,Z)$，對於氦與氫可分別用 0.82 與 0.30 替代外，對於其他的較輕元素可用 1 替代。對於較空氣重的元素，上式 (22-146) 中之 R_Z 用 $R_Z + (0.01Z/z)$ 替代時，可得較佳的結果，其中的 z 為粒子之原子序。上式 (22-146) 經過這些修正後，可計算能量為 1 至 100 MeV 的粒子，於**較輕元素** (light-element) 及鋁、銅、銀及鉛等吸收物質中之飛程 - 能量的關係曲線。

實際常使用的許多吸收物質，並不是單一的元素，而是化合物或許多種元素的混合物。設某特定的放射線於化合物或元素的混合物中之飛程為 $R_t\,mg/cm^2$，而於此化合物或元素的混合物之各元素中之飛程分別為 $R_1, R_2, R_3, \cdots mg/cm^2$，則 R_t 可近似表示為

$$\frac{1}{R_t} = \frac{w_1}{R_1} + \frac{w_2}{R_2} + \frac{w_3}{R_3} + \cdots \tag{22-147}$$

上式中，$w_1, w_2, w_3, \cdots$ 各表示，各種元素於此化合物或元素的混合物中之**重量分率** (weight fraction)。

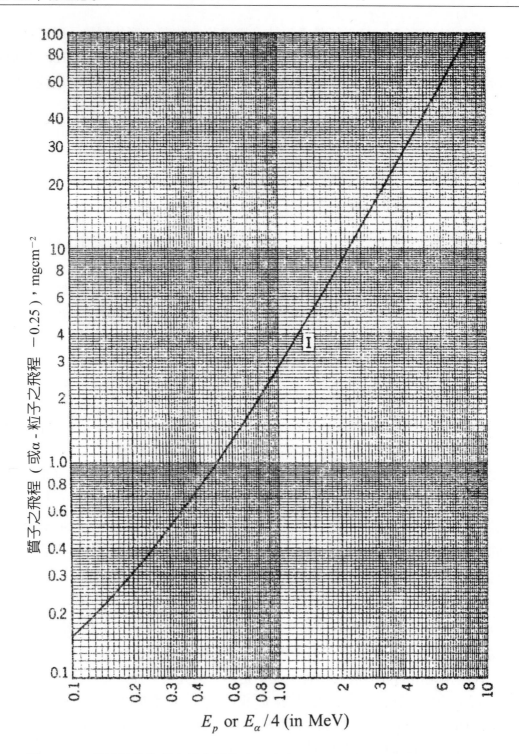

圖 22-28　質子及氦的離子於乾燥的空氣中之飛程與能量的關係。自 Gerhart Friedlander, Joseph W.Kennedy, Julian Malcolm Miller, Nuclear and Radiochemistry, 2nd ed., John Wiley & Sons, Inc. (1964), New York

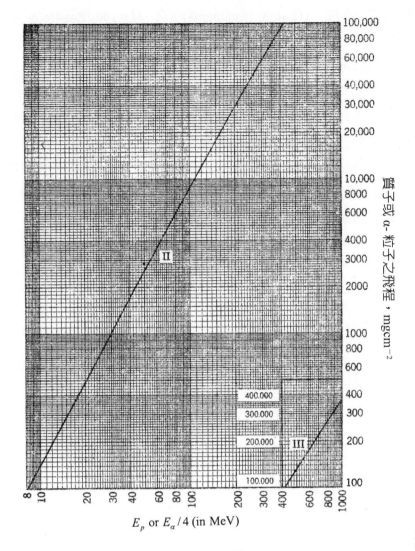

圖 22-28　（續）

　　高速運動的各種離子，於物質中之能量損失的機制均相同，如前述，某速度的帶電荷 z 的粒子之能量損失的速率（以比電離度量測），與 z^2 成比例，因 α 粒子之能量為，相同速度的質子之能量的 4 倍，而其能量損失的速率也正好 4 倍，故 α 粒子之飛程與相同速度的質子之飛程大約相同。於相同的吸收物質中，電荷 z、質量數 M、能量 E 的離子之飛程 $R_{z,M,E}$，與能量為 E/M 的質子之飛程 $R_{p,E/M}$ 間的關係，一般可近似表示為

$$R_{z,M,E} = \frac{M}{z^2} R_{p,E/A} \tag{22-148}$$

由上式僅可得，飛程之最低限的值，實際上，帶正電荷的**重離子** (heavy ion) 於其速度減低時，會從其周圍**拾起** (pick up) 電子，因此，其所帶的淨電荷 z 減少，而會增加其飛程。

核分裂的碎片 (fission fragments) 之 $M \cong 100, Z \cong 45$ 及其初能量 $E \cong 100 \, \text{MeV}$，若核分裂的碎片完全脫去其電子，則其 $z^2 = Z^2$ 時之值甚大，而其飛程僅約 $0.14 \, \text{mg cm}^{-2}$，此相當於空氣中之飛程約為 $1 \, \text{mm}$。實際上，核分裂的碎片僅脫去比其自身的速度小的速度之軌道的電子，而保有結合能約大於 $1 \, \text{KeV}$ 的電子，由此，核分裂的碎片之最初所帶的電荷約 $z = 20$，且其 z 值隨其速度之減低，由於自其鄰近拾起電子而減小，由此，於能量減至約 $1 \, \text{MeV}$ 時，其所帶的電荷 z 接近於零（約為飛程之終點前的 $3 \, \text{mm}$）。由**低速的中子** (slow-neutron) 產生的核分裂之核分裂碎片，於空氣中之飛程的測定值約為 1.9 至 $2.9 \, \text{cm}$，其比電離能與殘餘飛程之 Bragg 曲線，如圖 22-29 所示。

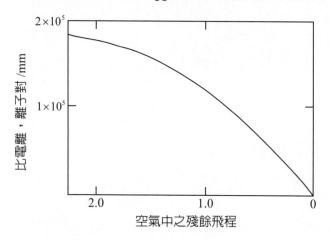

圖 22-29　核分裂碎片於空氣中之 Bragg 曲線

例 22-8　試求 20-MeV 的氦離子 $^4He^{2+}$，於聚乙烯 $(CH_2)_x$ 中之飛程

解　由圖 22-28 求得，於空氣中之飛程為 $41.3 \, \text{mg cm}^{-2}$，而使用式 (22-146) 之修正式，得於氫中之飛程為

$$R_H = 41.3 \left(0.30 + 0.051 \log \frac{20}{4} \right) = 13.9 \, \text{mg cm}^{-2}$$

於碳中之飛程為

$$R_C = 41.3 \left(1.00 + 0.012 \log \frac{20}{4} \right) = 41.6 \, \text{mg cm}^{-2}$$

聚乙烯中的碳與氫之重量百分比，分別為 85.6% 與 14.4%，因此，由式 (22-147)可得

$$\frac{1}{R_{(CH_2)_x}} = \frac{0.850}{41.6} + \frac{0.144}{13.9}$$

由此得，$R_{(CH_2)_x} = 32.3 \, \text{mg cm}^{-2}$　◀

例 22-9 設 20 MeV 的氦離子 $^4He^{2+}$ ，通過 15 mg cm^{-2} 的聚乙烯的吸收體，試求通(穿)過此聚乙烯的吸收體，而所射出的 ^4He 離子之能量 E' ，及所射出的 ^4He 離子，於空氣中可繼續行進之距離

解 由例題 22-8 之結果，通(穿)過 15 mg cm^{-2} 的聚乙烯吸收體的 ^4He 離子，可於聚乙烯中繼續行進之剩餘的飛程，為 $32.3 - 15.0 = 17.3$ mg cm^{-2} 。因此，其於空氣中之飛程 R'_a ，可表示為

$$\frac{1}{17.3} = \frac{0.856}{R'_a[1.00 + 0.012 \log(E'/4)]} + \frac{0.144}{R'_a[0.30 + 0.051 \log(E'/4)]}$$

忽略上式的分母中之較小的對數項，可得 R'_a 之第一近似值為 $R'_a = 23.1$ mg cm^{-2} 。由圖 22-28 可得，此值相當於 $E' = 16$ MeV ，使用此值代入上式可得，第二近似值 $R'_a = 22.2$ mg cm^{-2} ，而由此值可由圖 22-28 得， $E'' = 15.6$ MeV 。◄

22-29　電子與物質的相互作用
(Interaction of Electrons with Matter)

電子與物質的相互作用，基本上和 α-粒子或其他的離子與物質的作用相同，而其二者之能量的消失過程於定性上亦相同。電子與物質作用產生 1 離子對所損失之能量，實際上與 α 粒子者相同，電子於空氣中每產生 1 離子對所損失之能量為 35 eV，其所產生的第一次電離約占總電離的 20~30%，而其餘為由於二次的電離。

電子及 α-粒子的二種粒子，與物質的相互作用的方式，有許多相異之處。例如，某能量的電子之速度大於相同能量的 α 粒子之速度，因此，電子之比電離能與 α-粒子比較甚小。各種能量的電子於空氣中之比電離能，如表 22-4 所示，最大比電離能的電子之能量為 146 eV，而於每 mg cm^{-2} 的空氣中產生 5950 的離子對（或每毫米的空氣中產生 770 的離子對），此能量的電子之速度相當於 0.024 c，其中的 c 為光速。此能量比 α-粒子之 Bragg 曲線的尖峰所對應之能量甚低，但此能量之電子的速度比 α 粒子之速度稍高。電子之能量於空氣中減少至 12.5 eV（即氧之電離電位）時，會停止產生電離，而電子之比電離能，於其能量約為 1.4 MeV 時達至極小值，且電子之能量超過此值時，會顯現**相對論的效應** (relativistic effect)。

電子每產生一次的碰撞，可能會失去其能量的大分率，因此，其能量的損失過程的統計處理，不像 α 粒子時合理，而顯示不規則的**散亂** (straggling) 的

現象。最初的能量均一的電子線束通過物質時，由於產生不同方向的電子散射，而增加其不規則散亂的現象，因此，原可通(穿)過吸收物的同一厚度的電子，由於散射而各電子於吸收物中實際通過之距離(厚度)，可能產生很大的差異。電子的能量之大部分的損失為，由於電子與吸收物中的電子之相互作用，且由於原子核所產生的散射而使其行程產生大角度的偏向。

表 22-4　各種能量的電子於空氣中之比電離能與速度的關係

速度（光速 c 為單位）	能量 (MeV)	每 1.00 mg cm^{-2} 之離子對	速度（光速 c 為單位）	能量 (MeV)	每 1.00 mg cm^{-2} 之離子對
0.001979	10^{-6}	0	0.9791	2.0	46
0.006257	10^{-5}	0	0.9893	3.0	47
0.0240	1.46×10^{-4}	5950(最大)	0.9934	4.0	48
0.1950	10^{-2}	~850	0.9957	5.0	49
0.4127	0.05	154	0.9988	10	53
0.5483	0.10	116	0.99969	20	57
0.8629	0.50	50	0.999949	50	63
0.9068	0.70	47	0.9999871	100	66
0.9411	1.0	46			

高能量的電子之能量損失的機制，須增加考慮其輻射線之放射機制，電子於原子核的電場中加速時，會放射輻射線，此為所謂**制動放射** (bremsstrahlung)。高能量的電子於原子序 Z 的元素中，由於輻射線的放射之能量的損失，與由於產生電離之能量損失的比，約等於 $EZ/800$，其中的 E 為以 MeV 表示之電子的能量。因此，能量 1 MeV 的電子於如鉛等的高密度物質中，產生輻射線的放射之能量損失的過程，顯現甚為重要，然而，於如空氣、鋁等較輕密度的物質中，自 β 放射體所放射的 β 線之能量的範圍，幾乎不會發生輻射線的放射之能量損失的過程。事實上，自 β 放射體所放射的 β 粒子之能量，一般均形成連續的光譜，由此，β 粒子於物質中之被吸收的過程相當複雜，而很難由理論解析。

22-30　β 粒子之吸收 (Absorption of Beta Particles)

某最大能量的 β 射線於吸收物質中之吸收曲線，由於產生連續光譜與散射之合併的效應，其強度隨吸收物的厚度 (mg cm^{-2}) 之增加，以指數函數減少，而其吸收曲線之正確的形狀，一般與 β 射線的光譜之形狀、放射性試料、吸收物質之種類，及檢測器的幾何配置等有關。設 β 射線 (於無吸收物質時) 之原來的放射能為 A_o，β 射線通過吸收物體的厚度 d 之放射能為 A_d，則其間的關係可表示為

$$A_d = A_o e^{-\mu d} \tag{22-149}$$

上式中，μ 為**吸收係數** (absorption coefficient)，而 μ 與吸收物質的密度 ρ 的比，即 μ / ρ，稱為**質量吸收係數** (mass absorption coefficient)。質量吸收係數一般與吸收物體之性質無關，此表示**質量阻止能力** (mass stopping power) 與吸收物質之單位質量中的電子數無關。 β^- 放射能減至原來的一半所需之吸收物質的厚度，簡稱為**半厚度** (half-thickness) $d_{1/2}$，而由式 (22-149) 可表示為

$$d_{1/2} = \frac{0.693}{\mu} \tag{22-150}$$

而使 β- 放射能減半的吸收物質的厚度，通常用 g/cm^2 的單位表示，此時上式 (22-150) 應寫成 $d_{1/2} = 0.693\rho / \mu$，此值大約隨吸收物質之質量數與原子序的比 A/Z 而改變。

　　β-射線之最大能量，通常可由 β 射線之吸收曲線的測定求得，理想的 β 射線之吸收曲線如圖 22-30 所示。β 射線於鋁的吸收體中之飛程與其放射能減半的厚度的比，通常在 5 至 10 之間。對於低原子序的元素之吸收體，β-射線之吸收曲線的斜度，與 γ-射線或 X-射線之吸收曲線的斜度有顯著的差異，β 射線於鋁中之典型的吸收曲線，如圖 22-31 所示。於測定 β-射線之吸收曲線時，常使用低原子序如鋁或塑膠等的吸收體，而須區分 β-射線與軟 X-**射線** (soft X-ray) 時，通常須使用**鈹** (beryllium, Be) 的吸收體。飛程以 $mg\ cm^{-2}$ 的單位表示時，β 射線之最大飛程大約僅隨 A/Z 而改變，而電磁輻射線則隨 Z 的增加，而急速增加。

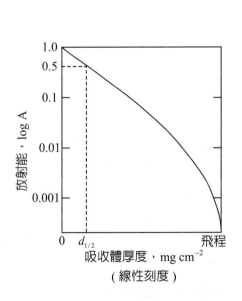

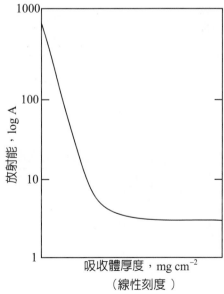

圖 22-30　理想 β 射線之吸收曲線　　圖 22-31　於鋁中之典型的 β- 射線的吸收曲線
（其中含有 γ- 射線之成分）

β-射線之最大的飛程，可由實驗測定之吸收曲線求得，由其總吸收曲線減去具貫穿力的 γ 射線或 X-射線之**背景值** (background)，可得類似圖 22-30 所示的吸收曲線，而得較佳的結果。由吸收曲線的解析求 β 射線之飛程時，常採用 N. Feather 所提倡的標準 β 線源的比較方法，而由此可得較佳的數值，常用的標準 β 線源如 RaE (E_{max} = 1.17 MeV，於鋁中之飛程 505 mg/cm^2)，或 UX$_2$ (E_{max} = 2.31 MeV，於鋁中之飛程 1,105 mg/cm^2)。

22-31 β 粒子之飛程 – 能量的關係
(Range-Energy Relations of Beta Particles)

β 粒子或**轉換電子** (conversion electrons) 之飛程已知時，可由其飛程–能量的關係推定 β-粒子或轉換電子之最大能量。β 粒子之飛程與其最大能量間，有許多實驗的關係式，而其中最廣泛被採用者為，能量 0.6 MeV 以上的 β-射線之飛程與其能量間關係，此為由 Feather 所得，$R = 0.543\,E - 0.160$，其中的 E 為以 MeV 表示的 β 射線之最大能量，R 為 β 射線於鋁中之飛程，其單位為 g cm^{-2}，此關係式可適用於其能量至 15 MeV 的 β 射線。對於能量約比 0.7 MeV 低的能量範圍之 β 射線，最好使用如圖 22-32 所示的飛程–能量的關係曲線。

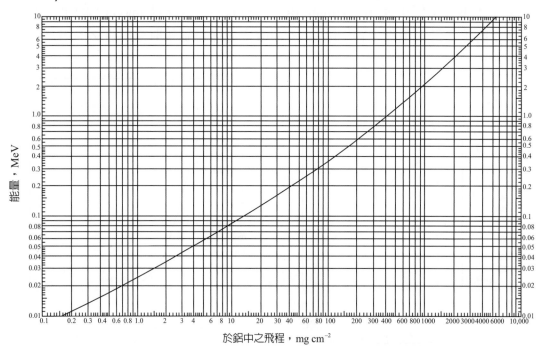

圖 22-32　β 粒子及電子於鋁中之飛程與能量的關係，自 Gerhart Friedlander, Joseph W.Kennedy, Julian Malcolm Miller, Nuclear and Radiochemistry, 2nd ed., John Wiley & Sons, Inc. (1964), New York

22-32 β 粒子之背後的散射 (Back-Scatterring of Beta Particles)

　　電子對於原子核或電子產生之**散射** (scattering)，比重離子對於此二者產生之散射較爲顯著，電子線束撞擊物質時，電子線束之相當高的比率，會經由單次或多次的散射過程而產生反射。**反射體** (reflector) 之厚度小於，電子於該反射體物質中之飛程的三分之一的範圍內，電子產生反射之強度隨反射體之厚度的增加而增加，且於反射體之厚度等於其飛程的 1/3 時，其反射的強度達至最高，而超過此厚度時，其反射的強度不會隨反射體的厚度之增加而再增加。於 β 線源之下方放置反射體時所量測的放射能強度，與於其下方無反射體存在時所量測的放射能強度之比，稱爲**背後散射的因子** (back-scattering factor)。對於最大能量約大於 0.6 MeV 之 β-射線，其飽和背後散射的因子與 β 射線之能量的大小無關，而隨放置於其下方的反射體物質之原子序 Z 的增加而增加，即其飽和背後散射的因子，由鋁的 1.3 增至鉛的 1.8。

22-33 電磁輻射線與物質的相互作用
(Interaction of Electromagnetic Radiation with Matter)

　　γ-射線之波長一般比 X-射線的波長短，但亦有較 X-射線的波長長的 γ-射線，γ-射線與 X-射線均爲電磁輻射線，但可由其發生源的不同區別。X-射線爲原子核外的電子的軌道轉移所放射之電磁輻射線，而 γ-射線爲原子核的狀態轉移所放射之電磁輻射線。γ-射線之**平均比電離** (average specific ionization) 約爲，相同能量的電子之 1/10 至 1/100，因此，γ-射線之實際的飛(射)程，比 β-粒子之飛程大許多。γ-射線及 X-射線與物質的分子或原子的作用所產生的電離，本質上幾乎完全由於其第二次的效應，而每產生一**離子對** (ion pair, 簡寫成 i.p.) 所損失之能量，與 β 射線相同，於空氣中約爲 35 eV。

　　低能量的 γ 射線與物質之最重要的作用爲**光電效應** (photoelectric effect)，於此光電過程中，能量 hv 的光量子與原子或分子的結合電子作用，並放出能量 $hv-b$ 的電子，其中的 b 爲電子之結合能量。輻射線的光量子於此過程中完全消失，而放出電子之殘餘的原子，獲得由於動量守恆的動量。光子之能量大於吸收物質之 K 電子的結合能量時，其**光電吸收** (photoelectric absorption) 主要發生於 K 殼的電子，而發生於 L 殼的電子者僅約 20%，且其外側的 M 等殼的電子，發生光電吸收的或然率更小。由此，光電吸收之或然率，於能量等於 K, L

等殼的電子之結合能量處，顯示不連續的急速增加。光量子的能量比吸收物質之 K 電子的結合能量甚大時，其光電吸收會隨光量子的能量 E_γ 的增加，而迅速減低（即約為 $E_\gamma^{-7/2}$），且於其後隨能量的增加而緩慢減低（即約為 E_γ^{-1}），同時亦約與 Z^5 成比例，Z 為吸收物質之原子序。γ 射線之總能量的 5%，以光電吸收消失之 γ 射線的能量，對於吸收物質，鋁為 0.15 MeV，銅為 0.4 MeV，錫為 1.2 MeV，鉛為 4.7 MeV。能量約 1 MeV 以上的 γ-射線之光電吸收的效應，除非常重的元素外，通常不甚重要。

低能量的光量子之大部分的電離效應，為由光電子產生的電離，因此，γ 射線之能量常利用其所產生的光電效應的測定以求得。於此測定時常使用**比例計數管** (proportional counter) 或**閃光計數管** (scintillation counter)，以量測其由光電子所產生的總電離。

電磁輻射線之能量超過電子之結合能甚大時，此種 γ-射線（光量子）與電子碰撞時，僅其能量的一部分會傳遞給予電子（結合電子或自由電子），此時的光量子不僅失去其一部分的能量，且會產生轉折並改變其進行的方向，此種現象的過程，稱為 Compton **效應** (Compton effect) 或 Compton **散射** (Compton scattering)。由動量及能量之守恆的法則可導得，Compton 散射的過程所產生之能量的損失與其散射角度的關係（參閱附錄十），而可表示為

$$\lambda' - \lambda = \frac{h}{m_o c}(1 - \cos\theta) \tag{22-151}$$

上式中，m_o 為電子之靜止質量，$h/m_o c = 2.426 \times 10^{-10}$ 為所謂電子之 Compton 波長，λ 與 λ' 分別為，入射的電磁輻射線與 Compton 散射的電磁輻射線之波長，θ 為散射的輻射線與入射輻射線間的角度。

上式 (22-151) 表示，對於某入射 γ 射線的能量，有一極小能量（極大波長）的散射 γ 射線，而此散射發生於**背後** (backward) 的方向（此時 $\theta = 180°$，即 $\cos\theta = -1$）。將光子之能量與波長的關係 $E = hc/\lambda$，及靜止電子之總能量，$E_o = m_o c^2$，代入上式 (22-151)，可得

$$\frac{1}{E_\gamma'} - \frac{1}{E_\gamma} = \frac{1 - \cos\theta}{E_o} \tag{22-152}$$

因此，由上式 (22-152) 可得，散射的 γ 射線之最小的能量為

$$(E_\gamma')_{\min} = \frac{E_o}{2}\frac{1}{1 + E_o/2E_\gamma} \tag{22-153}$$

對於能量較大的入射 γ 射線 $\left(E_r \gg \frac{1}{2}E_o\right)$，其散射的 γ 射線之最小的能量接近於 $\frac{1}{2}E_o =$ 250 keV，由此，較高能量的 γ 射線，常於 ≤ 250 keV 處顯示其背後**散射的尖峰** (back-scattering peak)，而此係 γ 射線於其圍繞的物質中，產生 Compton 散射的效應所致。

　　γ 射線對於原子中的每 1 電子產生之 Compton 散射，與原子序 Z 無關，因此，每一原子之 Compton 散射的係數與其原子序 Z 成比例，γ 射線之能量大於 0.5 MeV 時，約與 E_r^{-1} 成比例，由此，Compton 效應於 γ 射線的能量為 1 至 2 MeV 之間，隨能量之增加而減少的比率，較光電效應者甚為緩慢。而能量 0.6 MeV 至 4 MeV 範圍的 γ 射線於鉛中，產生 Compton 效應為其能量之主要的損失過程。

　　電磁輻射線之能量吸收的第三種機制為，電子對的**生成過程** (pair roduction process)，γ 射線之能量 E_γ 小於 1.02 MeV 時，不會發生電子對的生成之過程。能量大於 1.02 MeV 以上的 γ 射線，其於物質中生成電子對之**原子的截面積** (atomic cross section)，於較低的能量時，首先隨其能量的增加而緩慢增加，而於能量約 4 MeV 以上時，與 $\log E_\gamma$ 及 Z^2 成比例。由 H. A. Bethe 與 W. Heitler 的理論可預估，電子對的生成與能量的關係。高能量的 γ 射線之主要的能量損失的過程為，電子對的生成，於高能量區域之 γ-射線的能量，可由**正電子–電子對** (positron-electron pairs) 之總能量的量測測定。於正電子–電子對的生成之後，常會產生正電子的**消滅** (annihilation)過程，而於此時會放射二 0.51 MeV 的光子 (γ-射線)。因此，於光量子之吸收常出現，由於電子對生成的過程而產生的此種低能量的二次放射線的放射，而增加其複雜性。

　　上面所論述的 γ 射線之三種過程的總原子截面積，除於甚低能量的光電效應外，其他均隨原子序 Z 之增加而增加。由此，每原子對於電磁放射線之吸收，較重元素的原子之效果，比較輕元素的原子之效果佳，因此，對於 γ 射線常選用鉛作為吸收體。γ 射線之光電效應與 Compton 效應，均隨 γ 射線之能量的增加而減少，而電子對的生成隨 γ 射線之能量的增加而增加，因此，某元素對於 γ 射線之總吸收，於某能量會有其某一極小值。對於 γ 射線之吸收的極小，或透過度極大的 γ-射線之能量，對於鉛約於 3 MeV，銅約於 10 MeV，而鋁約於 22 MeV。各能量的 γ 射線於鋁、銅、與鉛內，所產生之光電效應、Compton 散射及電子對生成之原子截面積，如圖 22-33 所示。

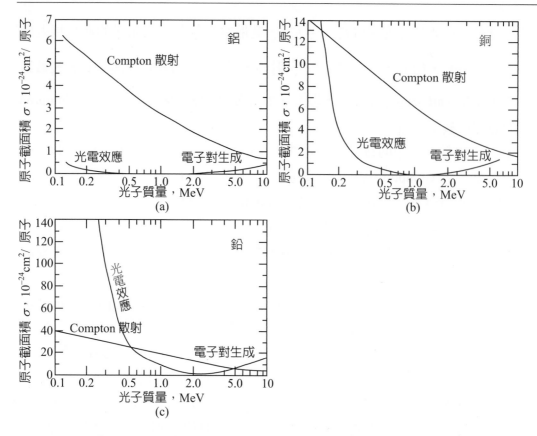

圖 22-33　各種光子能量之光電效應、Compton 散射及電子對生成之原子截面積，(a) 鋁，(b) 銅，(c) 鉛，自 Gerhart Friedlander, Joseph W. Kennedy, Julian Malcolm Miller, Nuclear and Radiochemistry, 2nd ed., John Wiley & Sons, Inc. (1964), New York

22-34　光子能量之測定 (Determination of Photon Energies)

　　各種入射能量的的 γ 射線射入物質內時，由於 γ 射線與物質間的各種相互作用之過程，其各強度隨通過的物質之厚度的衰減，均可用指數函數表示。γ 射線通過物質厚度 d 之強度 I_d，可表示為 $I_d = I_o e^{-\mu d}$，其中的 I_o 為入射 γ 射線之強度，μ 為**吸收係數** (absorption coefficient)。通常對於 γ 射線之光電效應、Compton 散射及電子對的生成，可分別用其各分離的吸收係數表示，而其總吸收係數 μ，等於此三分離的吸收係數者之和。於 $I_d = \frac{1}{2} I_o$ 時之吸收物體的厚度，稱為**半厚度** (half-thickness) $d_{1/2}$，由此，$d_{1/2} = 0.693 / \mu$。吸收物體之厚度常用**表面密度** (surface density) ρd 表示，其中的 ρ 為密度，而 ρd 之單位為 g/cm^2，因此，$I_d = I_o e^{-(\mu/\rho)\rho d}$，而其中的 μ/ρ 稱為**質量吸收係數** (mass absorption coefficient)。

　　γ-射線之能量，通常可由 γ 射線之吸收的近似指數的函數測定。通常於 γ 射線的線源與檢測器之間，放置各種厚度的吸收板量測其放射線之各強度，並將由所量測的放射線強度之各測定值對吸收物體的厚度，於半對數的紙上繪其關係圖，以得該 γ 射線之吸收曲線，由此所求得的 γ 射線之減半的厚度，及由其減半的厚度與能量的關係曲線，可求得 γ 射線之能量。能量 0.1 MeV 至 6 MeV 之 γ 射線能量，與其強度半減的吸收物體之厚度的關係曲線，如圖 22-34 所示，而於較低的能量約 1 keV 至 400 keV 間的其關係，如圖 22-35 所示。由於能量之吸收關係的曲線有極小，因此，其某些減半的厚度所對應之 γ-射線的能量，可能有二相當之不同的能量。例如，γ 射線於鉛中之減半的厚度 15.5 g cm^{-2}，所對應之 γ-射線的能量相當於二能量 2.0 MeV 及 5.9 MeV，此時可使用其他種類的吸收物體，以確定其能量。

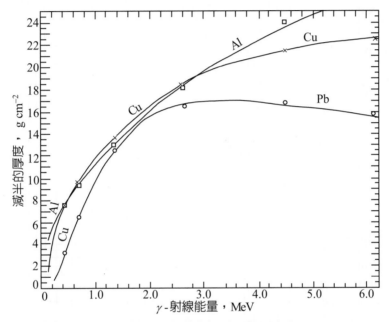

圖 22-34　高能量的光子於鋁、銅、及鉛中之減半的厚度與能量的關係曲線，自 Gerhart Friedlander, Joseph W.Kennedy, Julian Malcolm Miller, Nuclear and Radiochemistry, 2nd ed., John Wiley & Sons, Inc. (1964), New York

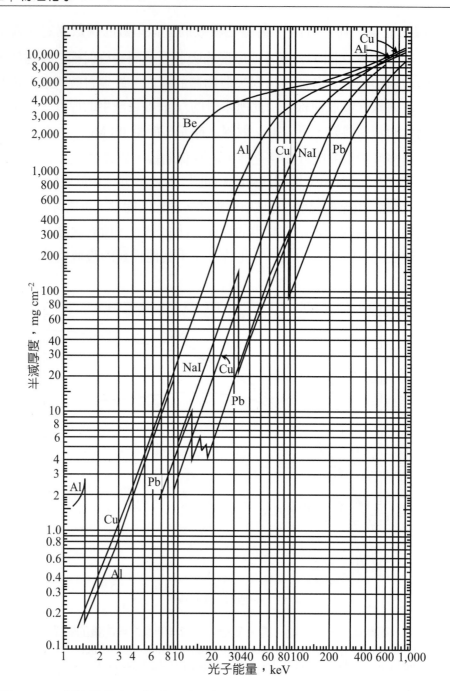

圖 22-35 低能量的光子於鈹、鋁、銅、鉛及碘化鈉之減半的厚度與能量的關係，圖中表示鋁、銅、碘之 K-吸收邊緣 (K-absorption edges) 及鉛之 L_I, L_{II}, L_{III} 邊緣。自 Gerhart Friedlander, Joseph W.Kennedy, Julian Malcolm Miller, Nuclear and Radiochemistry, 2nd ed., John Wiley & Sons, Inc. (1964), New York

　　γ 射線之吸收係數如前面所論述，於光子的能量等於電子之結合能量處不連續，而可利用此種性質，以區分並決定吸收物質中的元素之特性 X-射線。原子內之較外層軌道的電子，轉移至較內層軌道的空位時，會放射 X-射線，例如，電子自 L 殼轉移至 K 殼時，放射其特性 X-射線。某電子殼的電子產生光電吸收時的能量，足夠使該電子轉移至較高能階的空位，實際上，此能量通常足夠使電子完全脫離原子，因此，一般的元素對其本身的特性 X 線的吸收均非常弱。由此，一般元素之 $K_\alpha X$ 線的能量，相當於其 K 殼與 L 殼的能量差，而此能量不能將同元素的 K 電子，轉移至其較外層殼的空位。然而，電子之結合能量，隨原子序 Z 的減小而減少，因此，由原子序 Z 的元素放射的 K_α 射線之能量，接近或稍大於 Z 稍小之元素的 K **吸收邊緣** (K-absorption edge) 之能量，而會被這些元素很強的吸收，但不會被原子序 Z 稍大的元素吸收。由此，此種二鄰近的元素，對於其特殊輻射線之吸收係數會有甚大的差異，而對於此特殊輻射線之吸收甚強者，稱為此 X 射線之**臨界吸收體** (critical absorber)。對於較重的元素，其臨界吸收亦可應用於 L 殼之放射線。例如，鋅 (Z = 30) 之 $K_\alpha X$ 線的波長為 1.43Å（能量 8.7 keV），$_{29}$Cu 與 $_{28}$Ni 之 K 吸收邊緣之波長分別為，1.38 Å（能量 9.0 keV）與 1.48 Å（能量 8.4 keV），因此，鎳為鋅之 $K_\alpha X$ 射線的良好吸收體，而銅不是其良好的吸收體。**鎵** (gallium, Z = 31) 之 $K_\alpha X$ 射線的波長為 1.34 Å（能量 9.3 keV），而可被鎳及銅很強的吸收，但不會被於 1.28 Å（能量 9.7 keV）有 K 吸收邊界的鋅吸收。

22-35　中子與物質的相互作用
(Interaction of Neutrons with Matter)

由於中子沒有帶電荷，且與電子的相互作用非常微小，因此，中子與物質作用時產生之電離甚小，而幾乎可以忽視。中子與物質之作用局限於原子**核的效應** (nuclear effects)，即包括中子之彈性與非彈性散射，及產生如 $(n, \gamma), (n, p), (n, \alpha), (n, 2n)$ 等的核反應與核分裂的反應。

高速的中子於含氫的物質中，由於彈性散射所產生的**反跳質子** (recoil protons)，常用以檢測高速的中子。能量 1 MeV 的 10^4 的入射中子於厚層的**石蠟** (paraffin) 中，可產生並放出約 7 個的質子，而其他能量的射入中子所產生之質子數與中子數的比，約與中子之能量成比例。中子於含氫的物質中所產生的最快速反跳質子之能量，等於中子的能量。

中子由於核反應 (n, p) 或 (n, α) 所產生的質子或 α-粒子，可由其於物質中產生之電離，以檢測中子。於電離箱均充填 BF_3 的氣體，或比例計數管塗上含硼的元素物質時，可用以檢測由 $^{10}B(n, \alpha)^7Li$ 的核反應所產生之 α-粒子，而於電離箱塗上核分裂性的物質，經中子線源的照射時，可檢測由於核分裂反應產生的**核分裂碎片** (fission fragments)。由**中子捕獲反應** (neutron-capture reactions) 所產生的放射性生成物之誘導放射能，常用以檢測中子，而此種檢測的方法，對能量於共鳴區域之中子的測定特別有效。

能量的分布約等於常溫氣體的中子，稱為**熱中子** (thermal neutrons)，熱中子對於產生核反應特別有效。高能量的**快速中子** (fast neutrons) 與較重的原子核產生非彈性的碰撞時，會失去其大量的能量，且此種過程於其能量達至中等的程度時會停止，而不會產生**慢速中子** (slow neutrons)。中子之減速通常須經過，與原子核的許多逐次的彈性碰撞的過程。

設能量 E_o 的中子，與重原子核 A 產生碰撞後之能量減為 E_1，且其方向與原來之進行方向成角度（散射角）θ，而原子核 A 與中子碰撞所得之能量為 E_A，且其移動的方向與中子之原來的進行方向成角度 ϕ，如圖 22-36 所示，則由能量的守恆可表示為

$$E_o = E_1 + E_A \tag{22-154}$$

由於原子核 A 之質量為 A，中子之質量為 $1.00898\,\text{amu}$（簡化用 $1\,\text{amu}$ 表示），而其動量可表示為 $mv = \left(2m \cdot \frac{1}{2}mv^2\right)^{1/2}$，其中的 m 為質量，v 為速度，$\frac{1}{2}mv^2$ 為能量。由此，於 x 與 y 軸方向的動量守恆，可分別得

$$(2E_o)^{1/2} = (2E_1)^{1/2}\cos\theta + (2AE_A)^{1/2}\cos\phi \tag{22-155}$$

與

$$0 = (2E_1)^{1/2}\sin\theta - (2AE_A)^{1/2}\sin\phi \tag{22-156}$$

將式 (22-155) 之右邊的 $(2AE_A)^{1/2}\cos\phi$ 移至其左邊後，其兩邊各平方，得

$$2E_o - 4(E_o AE_A)^{1/2}\cos\phi + 2AE_A\cos^2\phi = 2E_1\cos^2\theta \tag{22-157}$$

式 (22-156) 經移項後，其兩邊各平方，並與上式 (22-157) 相加，得

$$2E_o - 4(E_o AE_A)^{1/2}\cos\phi + 2AE_A = 2E_1 \tag{22-158}$$

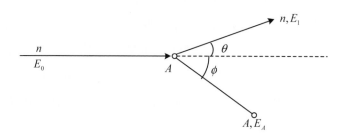

圖 22-36　中子 n 與原子 A 之碰撞

將式 (22-154) 代入上式 (22-158)，可得

$$E_A = \frac{4A}{(1+A)^2} E_o \cos^2\phi \tag{22-159}$$

中子 n 與原子核 A 產生**正面的碰撞** (head on collision) 時，原子核 A 可得最大的能量，而此時 $\phi = 0^0$，因此，能量 E_o 的中子碰撞原子核 A 時，A 所得之

最大的能量爲

$$E_{A,\,\max} = \frac{4A}{(1+A)^2} E_o \tag{22-160}$$

由上式得知，中子與原子核產生彈性的碰撞時，其碰撞的原子核之質量愈輕時，其所得之能量愈大，因此，如石蠟或水等含氫的物質，對於中子的減速特別有效。對於氫核其 $A=1$，而由上式 (22-160) 可得，$E_{A,\,\max} = E_o$。

　　能量低於 10 MeV 的中子產生彈性散射時，發生其能量自零至上限能量（最大能量）$4AE_o/(A+1)^2$ 之轉移的可能性均相同，因此，原始能量 E_o 的中子，產生彈性散射後之殘餘能量，於 E 與 $E+dE$ 間之或然率，可表示爲

$$P(E)dE = \frac{dE}{4AE_o/(A+1)^2} \tag{22-161}$$

而中子所保持之平均能量 $\bar{E}$，可表示爲

$$\bar{E} = \int_{E_o[1-4A/(A+1)^2]}^{E_o} P(E)E\,dE = \frac{(A+1)^2}{4AE_o} \int_{E_o[1-4A/(A+1)^2]}^{E_o} E\,dE$$

$$= E_o\left[1 - \frac{2A}{(A+1)^2}\right] \tag{22-162}$$

　　能量 E_o 的中子與原子核碰撞時，其能量自 E_o 減至 E 之平均碰撞數 $\bar{n}$，可表示爲

$$\bar{n} = \frac{\ln(E_o/E)}{\ln(E_{i-1}/E_i)} \tag{22-163}$$

上式中，E_{i-1} 與 E_i 爲中子經 $i-1$ 次與 i 次的碰撞後之能量，而 $\overline{\ln(E_{i-1}/E_i)}$ 表示其平均值，由式 (22-162) 以相同的方法，可得

$$\overline{\ln\left(\frac{E_{i-1}}{E_i}\right)} = 1 - \frac{(A-1)^2}{2A}\ln\left(\frac{A+1}{A-1}\right) \tag{22-164}$$

將上式 (22-164) 代入式 (22-163)，可得

$$\bar{n} = \frac{\ln(E_o/E)}{1 - [(A-1)^2/2A]\ln[(A+1)/(A-1)]} \tag{22-165}$$

中子與質子 ($A=1$) 碰撞時，上式 (22-165) 中之分母等於 1，此時由上式可得，$E_n = E_o e^{-\bar{n}}$，因此，由能量數 MeV 的中子，減至能量等於約 0.04 eV 的熱中子，須經由約 20 次的碰撞。厚度約 20 cm 的石蠟，可使大部分的中子減速成爲熱中子，而其整個的減速過程所需的時間，小於 10^{-3} 秒。

22-36 放射線之檢測 (Detection of Radiation)

放射線之大多數的檢測方法，均利用放射線對於氣體或固體的電離作用，所產生之導電性的量測。於填充氣體的電離箱內之二電極間，施加充分高的電壓，當於其內的氣體受放射線的作用時，產生電離所生成的正與負的離子或電子會分別移動而聚集於二電極，此時由於僅能得到極微弱的游離電流，因此，須使用**增幅器** (amplifiers) 增強其電流，以提升其量測的感度。若使用如晶體或半導體等的緻密介質時，則可使高能量的粒子或 γ 射線，完全停留於較小容積的計數器內，並與其內的介質完全作用，因此，此種量測器常用於 γ 射線之強度的量測。

填充氣體的計數器之二電極間，所施加的電壓連續增高時，由放射線的作用所產生的電子或離子，由於被加速及發生碰撞而產生更多的電子或離子，並由此可得較強的電流。於其二電極間所施加的電壓 V 與電流 I 之測定示意圖，及電流 I 與電壓 V 的關係，分別如圖 22-37(a) 及 (b) 所示。電流 I 隨二電極間之電位差 V 的增加而增加，且最後達至一定的飽和值，此飽和電流（即每秒所產生之離子對的數×$1.60×10^{-19}$ amp）與氣體離子之生成率有關。其於達至飽和電流之電壓的範圍，與其電極之形狀、大小及間隔，其內的氣體之性質(種類)及壓力，以及所生成的電離於氣體中之立體分佈等有關。

填充氣體的計數器由二**同軸的電極** (coaxial electrodes) 所構成（以細的金屬線為陽極，而其同軸的圓筒為陰極)，並以**脈震操作** (pulsed operation) 記錄每個電離性的粒子所生成的脈波。於其二電極間所施加之電壓，為數百**伏特** (volts) 的脈博高度時，於其電極聚集的離子數，與電離室內的原始**電離性的粒子** (primary ionizing particle) 所產生的離子對之數目成正比，此種計數器稱為**比例計數器** (proportional counters)，而可用以量測並區分能量不同的粒子。因此，比例計數器可作為**分光計** (spectrometer)使用，即經由**脈博高度分析器** (pulse height analyzer) ，可各別記錄某特定電壓範圍之脈震數(即某特定能量範圍之放射線的強度)。

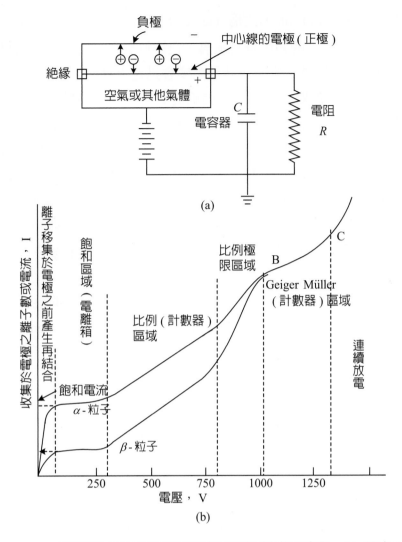

圖 22-37 (a) 電離箱之二電極施加電壓時之電流測定的示意圖,(b) 電流 I 與電壓 V 之關係曲線

於二電極間所施加的電壓,超過比例的區域時,由於電離作用以致其脈震的大小,與電離室內的電離性粒子所生成的離子對之數無關,此種計數器稱為 Geiger-Müller 計數器。於計數器的電極間,通常填充 90% 的氬氣與 10% 的甲烷 (總壓力 0.1 至 1 大氣壓) 的混合氣體,此種計數器對於各種電離性的粒子所產生的脈震,與其二電極間所施加電壓的關係為, (1) 低於 100 V 的電壓時,其電離電流不會倍增,此時其系內之作用與普通的一般電離箱相同,(2) 電壓高於 1,000 V 的較高電壓時,其脈震高度的增幅達 10 至 10,000 倍,(3) 電壓增加至 1,000~2,000 V 時,增加的脈震高度與其原始電離的強度無關,此即為 Geiger 計數器之起始電壓領域,此時由單一的離子對或由 α 粒子的很強的電離,均會產生同樣大小的脈震。Geiger 計數管之施加的電壓與其計數率的關係,如圖 22-37(b) 所示,其計數率於曲線上的 BC 之電壓的範圍,與電壓無

關，此電壓的範圍約 100 volt，此爲 Geiger-Müller 計數管之實際測定的電壓範圍。於曲線上的 B 以下的電壓雖有脈震，但由於其形狀非一定，而只其一部分會被記錄，而其電壓超過 C 點時，其計數率會迅速上昇。

Geiger-Müller 計數器之優點爲，其脈震足夠大而不需增幅，而其缺點爲產生脈震後由於需移離所產生的離子，因此，由某一次的脈震至下一次的脈震之間，該計數器有一段不能感測的時間，此即所謂計數器之**靜死時間** (dead time)，而其靜死的時間過長，通常約爲 $100 \sim 500\,\mu\mathrm{sec}$。

於**閃光計數管** (scintillation counter) 內，通常裝置若干容積的液體或固體閃光體，而當其吸收 α 粒子、β 粒子或 γ 射線時，由於放射線與物質間的作用，而供能量給予液體或固體的閃光體，以使其分子產生激勵而發生閃光。其於吸收放射線所產生的脈博高度，與其所吸收的放射線之能量成正比，而通常使用**光增殖管** (photomultiplier tube)，以增加其閃光次數之量測的感度。各種晶體與液體，對於放射線之效應均不同，以**鉈活化** (thallium-activated) 的碘化鈉，常用於 γ 射線的偵測。各種 γ 射線所產生的脈震之大小各異，因此，可各別測定各種放射性核種之放射能。α 粒子可使用較薄的閃光計數器量測，此時其計數不會受到 γ 射線及宇宙線的**背景干擾** (back ground interference)。中子可使用含硼的閃光物質的閃光計數器，而藉量測由於核反應 $^{10}\mathrm{B}(n,\alpha)^{7}\mathrm{Li}$ 所放射之 α 粒子，以檢測中子。

比例計數器與閃光計數器之脈博的高度，與放射線之能量成比例，而可使用**多頻道的解析儀** (multi-channel analyzers) 依其脈震的大小，同時量測並記錄其各能量之某一定能量間隔之放射能的計數。以 Tl 活化的 NaI 晶體閃光計數器，所量測由 $^{137}\mathrm{Cs}$ 所放射的各能量之脈博高度的光譜，即 $^{137}\mathrm{Cs}$ 所放射放射線之能量與閃光計數的關係，如圖 22-38 所示。$^{137}\mathrm{Cs}$ 的核種放射**單一能量** (single energy) 0.662 MeV 的 γ 射線，由於其所放射的 γ 射線之總能量 (0.662 MeV) 被晶體吸收，而於能量 0.662 MeV 處有**光電尖峰** (photopeak)，且於較低的能量處有較低的脈博高度之較寬的 Compton 散射分布。其最強的光電尖峰的放射能之一半強度的能量寬幅爲 662 keV 之 8.5%，即等於 56.5 keV。

電離性的粒子之實際的射程，可使用**照相的乳膠** (photographic emulsion)、**霧箱** (cloud chamber)、**氣泡箱** (bubble chamber) 或**火花箱** (spark chamber) 等量測。於礦石、樹葉或**紙層析圖** (paper chromatogram) 等內之放射性物質的分布，常使用照相乳劑的感光以量測。由於 α 粒子或 β 粒子於水蒸氣飽和的氣體霧箱內，由於產生電離所生成的離子，可成爲過飽和水蒸氣的凝結核心，而水蒸氣會於其射程的軌跡凝結成小水滴，由此，可藉照相量測 α 粒子或 β 粒子，及其射程的軌跡。

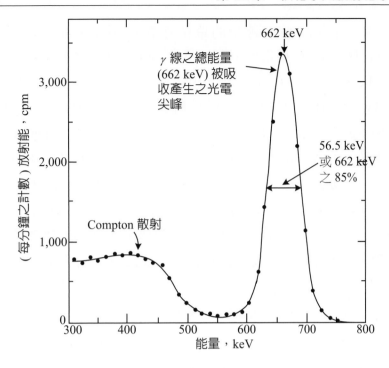

圖 22-38　以 Tl 活化的 NaI 閃光計數器所量測的 ^{137}Cs 核種之放射能的脈博高度光譜（γ 射線光譜）

22-37　放射線化學 (Radiation Chemistry)

　　電離性的放射線如 α 粒子、β 粒子、γ-射線，及其他原子核的放射線等，照射於各種物質或反應系時，所產生各種化學效應之有關的化學，均屬於放射線化學。**放射線的化學效應** (radiation chemical effects) 於原子核反應科技、聚合物工程、化學反應動力學、材料科技，及生物系之放射線的作用效應等各領域，均非常重要。電離性的放射線對於氣體、液體、共價結合的固體之主要的化學效應，爲產生分子之電離、激勵及解離。放射線於氣體內所發生之化學反應，與其所吸收的電離性放射線之種類及能量無關，而對於某特殊系內所產生之效應的大小，由其所吸收的總能量而定。各種電離性的放射線於**凝縮系** (condensed systems) 內，由於化學效應所產生的總電離之**離子化密度** (ionization density) 各不相同，例如，α 線、β 線與 γ-射線等，於物質內所產生電離的效應，有很大的不同。

　　於放射線之化學及生物學效應的研究，通常須量測所吸收的放射線之能量，即爲所謂**線量** (dose)。線量通常用放射線於一定容積的空氣，或其他物質中所產生的總電離的量表示。放射線之線量的常用單位爲 rad，1 rad 的線量相當於，每克的物質由於放射線的照射，而吸收得到 100 ergs 的能量時之所吸收的放射線量。過去常用之放射線量的單位為**倫琴** (roentgen, r)，其定義為於 0.001293 g 的乾燥空氣（相當於 0°C，壓力 760 mm Hg 之 1 cc 的乾燥空氣之重量）中產生 1 esu 電荷量的正負離子，所吸收之 X-射線或 γ-射線之量，即 1r 的線量可於 1 g 的空氣中產生 1.61×10^{12} 的**離子對** (ion pairs)，亦即相當於 1 g 的空氣吸收 84 erg 的能量（$1r = 1\,esu/cm^3$ 空氣 $= 2.08 \times 10^9$ ion pair/cm^3 空氣 $= 5.22 \times 10^7\,MeV/g$ 空氣 $= 83.5\,ergs/g$ 空氣），於水中，1r 之能量的吸收量，相當於 1 克的水，對於 50 keV 以上的 X-射線或 γ-射線，吸收約 93 erg 或 0.93 rad 的能量。

放射線之化學效應的定量量測，通常以吸收 100 eV 的能量所產生的反應或生成之分子數表示，此稱為其反應之 G 值 (G value)，而可表示為

$$G = \frac{\text{反應之分子數或生成之分子數}}{\text{吸收的能量之 eV 數}} \times 100 \tag{22-166}$$

一般用以作為量測由放射線所產生化學反應之積分放射線量的反應系，其反應對於放射線之種類及強度的廣泛範圍，須有一定的 G 值，且其反應之進行的程度於廣泛的範圍，亦須與其所吸收的線量成比例及容易測定，同時其分析所用試藥之配製及貯藏等亦均須方便。符合上述的條件之常用的**化學線量計** (chemical dosimeter 或 actinometer)，為以氣體飽和的稀硫酸溶液中，溶解二價鐵離子 Fe^{2+} 的線量計。此種線量計係利用其經放射線的照射時，其內的二價鐵離子 Fe^{2+} 產生之氧化反應，而此反應之 G 值經精密的測定得，為 15.5 ± 0.4。

化學線量計須對於較大線量之放射線，仍可以產生可量測的反應，1 rad 的線量相當於每克的水中損失 100 ergs 的放射線能量，即約等於 1 mL 的溶液中損失之能量為，$100/(1.60 \times 10^{-12})\,eV$，因此，鐵離子 Fe^{2+} 的線量計之每毫升 (mL) 的溶液中被氧化之 Fe^{2+} 離子的莫耳數，為

$$\frac{100 \times 15.5 \times 10^{-2}}{1.60 \times 10^{-12} \times 6.02 \times 10^{23}} = 1.6 \times 10^{-11}\,mol$$

其他許多種的反應，亦被建議用以作為線量計，其中如利用容易測定其顏色的變化，例如，於含多量水的**明膠** (gelatine) 中溶解染料的稀薄染色溶液（如 methylene blue)，此溶液可由於放射線的作用而退色。此種線量計用於連鎖反應時，雖其感應度可增加，但其**回應** (response) 與線量率之間，並非成線性的關係。

放射線化學之一般的重要過程，包括產生電離，電子的激勵狀態之生成，自一分子至其他的分子之電子的激勵移轉，激勵振動狀態之解離，電子捕獲，中和，及**游離基的反應** (radical reactions) 等。放射線通過物質時，其約一半的能量之損失，用於離子對之生成，而另一半用於產生分子的激勵；且此電離與

激勵的二者均會產生分子解離，並可以自由基的機制進行反應。例如，水由於放射線的照射，而產生分解生成 H_2 , O_2 , H_2O_2 等的產物，但其中間的生成物含有 H 與 OH 的游離基。有許多關於水溶液之放射線的化學反應機制的研究，尤其各種溶質，對於水之分解生成物的影響之研究很有用。

　　此以空氣飽和之酸性溶液中的亞鐵離子的氧化為例，推論**輻射線的誘導反應** (radiation-induced reaction) 之反應機制。於此反應系之**初步 (原始) 的反應** (primary reaction) 為，其中的水經輻射線的照射，由於產生解離而生成游離基，其反應可表示為

$$H_2O \rightarrow H + OH \tag{22-167}$$

而其次繼續發生的反應步驟為

$$OH + Fe^{2+} \rightarrow Fe^{3+} + OH^- \tag{22-168a}$$

$$H + O_2 \rightarrow HO_2 \tag{22-168b}$$

$$H^+ + HO_2 + Fe^{2+} \rightarrow Fe^{3+} + H_2O_2 \tag{22-168c}$$

$$H_2O_2 + Fe^{2+} \rightarrow Fe(OH)^{2+} + OH \tag{22-168d}$$

於上面的反應步驟 (22-168d) 產生的 OH 游離基，依照步驟 (22-168a) 的反應，可使 Fe^{2+} 的離子氧化成 Fe^{3+}，因此，由 1 分子的 H_2O 的解離，可氧化 4 Fe^{2+} 的離子，此結果與實驗所觀察的結果吻合。

　　有機化合物系之反應的種類很多，甚難詳細研究其各種反應系之放射線的分解機制，然而，由某些反應之實驗的觀察可得，一些一般化的結果。大部分的有機化合物經放射線的照射時，均會產生許多種類的比其原來分子小的**斷片** (fragments) 產物，如 H_2 , CO, 及 CO_2 等氣體，及其聚合的生成物。例如，乙炔由於放射線的誘導聚合反應而產生苯，及苯乙烯經由放射線的照射時，產生聚苯乙烯的研究得知，這些反應均為含自由基誘發的連鎖反應。乙烯聚合體之機械性質，由於放射線的照射而產生變化，且此變化可能由於其聚合體之連鎖間形成架橋所致，上述的這些效應於實際的應用上均非常重要。

　　芳香族的化合物於激勵狀態時，其苯環具有產生共振安定化的功能，因此，芳香族的化合物與脂肪族化合物比較，對於放射線非常安定而不會產生分解，且其激勵態常由於碰撞或放射輻射線，而不活性化。有側鏈脂肪族的芳香族化合物，如**乙基苯** (ethyl benzene)，其對於放射線之安定度與純的芳香族化合物大略相同，由此顯示於產生解離之前，其激勵的能量容易自側鏈轉移至苯環。苯環於混合物中也同樣有此種保護的特性，例如，**環己烷** (cyclohexane) 之苯的溶液經輻射線的照射時，其所產生之分解與純的環己烷時所產生的分解比較甚小。

有些芳香族化合物的分子之**第一激勵電子態** (first excited electronic state) ，對於產生解離相對較爲安定，此與其具有大或然率的螢光輻射有密切的關連。如蒽 (anthracene)、萘 (naphthalene)、**二苯乙烯** (stilbene) 及對二苯基（代）苯或**聯三苯基** (terphenyl) 等有機化合物，受到電離性輻射線的照射時，所產生的**閃光** (scintillations) 爲由於此種**失激勵化** (de-excitation) 的機制。由此，這些有機化合物之螢光性質，爲這些化合物的分子構造之特性，而這些化合物之溶液或於固體的狀態，亦同樣會產生閃光。

輻射線對於芳香族化合物與脂肪族化合物之效應，隨化合物的不同其所受輻射線的影響亦不同，由實驗證實，放射線對於**官能基** (groups) 的作用具有特殊性。由實驗發現，**直鏈烷類** (straight-chain alkanes) 的化合物由於輻射線的照射，產生分解所生成 H_2 與 CH_4 的比，幾乎與其原來的分子中之 H 與 CH_3 基的比，成線性的關係。

離子結合的晶體及如玻璃的絕緣體，受輻射線的照射時，會產生**強烈的著色** (intense coloration)，此種現象係由於電子或不純物的原子，被晶體**格子的欠陷** (lattice imperfections)捕獲而產生**吸收帶** (absorption bands)。由晶體格子的欠陷或不純物的離子產生的某些能階，稱爲**發光中心** (luminescence centers)，於這些能階的電子返回其基底態時，放射可視光區域或近紫外光區域的光子，而由此種反應機制產生的無機磷光體（如以鉈 Tl 活性化的碘化鈉，以銀活性化的硫化鋅等），廣泛用於輻射線的檢測。

金屬或半導體，由於輻射線的照射所產生的電離效應相對不重要，此時由電離所產生之電子於**傳導帶** (conduction bands) 中而其能量會很快轉變成熱量。質子、中子及比這些粒子重的離子，於這些固體中產生之主要的效應爲，原子的**位移** (displacement)，於其他的物質中，此種轉移與電離的效應比較幾乎可以忽略。固體以高速的中子或離子照射時，發現其許多性質，如熱及電的傳導度、硬度、機械性質，及晶體格子的參數等，均會產生變化。

例 22-10 標準線量計之 1 mL 的硫酸亞鐵溶液吸收 0.3 r 的輻射線，試計算其 1 mL 的溶液中被氧化之 Fe^{2+} 離子的莫耳數

解 1 r 等於 1 mL 的溶液經輻射線的照射時，吸收 93 ergs 的能量，即相當於 $\dfrac{0.3 \times 93}{1.60 \times 10^{-12}}$ eV / mL 溶液。硫酸亞鐵的線量計之 G 值爲，15.5 離子 /100 eV，相當於每吸收 1 eV 的能量時，氧化 0.01×15.5 的 Fe^{2+} 離子，由此可得

$$\frac{0.3 \times 93 (0.01 \times 15.5)}{(1.60 \times 10^{-12})(6.02 \times 10^{23})} = 4.47 \times 10^{-12} \text{ mol / mL}$$ ◀

22-38 熱原子化學 (Hot-Atom Chemistry)

L. Szilard 與 T.A. Chalmers 於 1934 年,發現碘化乙基以中子照射時,由於核反應 $^{127}I(n, \gamma)^{128}I$ 所產生之大部分的放射性碘,可用水從碘化乙基化合物萃取分離,此時若於水溶液內加入少量的**碘擔體** (iodine carrier) 並經還原成 I^- 後,於其溶液內加入 $AgNO_3$ 的溶液時,則可產生具有放射性的 AgI 沈澱,此結果顯示,碘化乙基之 ^{127}I 的原子核,由於中子的照射而捕獲中子生成放射性的 ^{128}I 時,其碘–碳的鍵斷裂,由此,所產生的 ^{128}I 離子可溶於水,而可用水萃取並與碘化工基化合物分離。此種形式的分離過程稱為 Szilard-Chalmers 過程,而常應用於 (n, γ) 及 $(\gamma, n), (n, 2n), (d, p)$ 等核反應之生成物的濃縮及分離。通常須滿足下列的三條件才能採用 Sizlard-Chalmers 過程的分離:(1) 由核反應產生的放射性核種於生成過程其結合鍵須斷裂,而可與分子分離,(2) 斷離其結合分子的放射性核種,不可與其斷離分子的殘餘部分產生再結合,或與其他的**靶分子** (target molecule) 中之非放射性原子產生快速的交換反應,及 (3) **靶化合物** (target compound) 與由核反應所生成的新化學形態的放射性物質之間,須有適當有效的化學分離的方法。

一般的化學結合能量之範圍為,$1 \sim 5 \, eV$(即 $20,000 \sim 100,000 \, cal \, mol^{-1}$),能量大於 10 keV 以上的核子,或質量較重的粒子進入原子核或自原子核射出時,其殘餘原子核所得之反跳的動能,遠大於鍵的結合能。Szilard-Chalmers 方法於**熱中子捕獲** (thermal-neutron capture) 之核反應的應用最為重要有效,入射的中子給予靶原子核的能量,通常不足以產生結合鍵的斷裂,然而,由於中子捕獲的 (n, γ) 核反應所生成的原子核,通常放射 γ 射線,而放射 γ 射線的原子核,由於其放射 γ 射線的過程而得到某些**反跳能量** (recoil energy)。放射能量 E_γ 之 γ 射線的動量為,$p_\gamma = E_\gamma / c$,而由於動量的守恆,其**反跳原子** (recoil atom) 須具有反方向之同量的動量,由此,反跳原子所得之反跳能量為,$E_R = p_\gamma^2 / 2M = E_\gamma^2 / 2Mc^2$,其中的 M 為原子之質量。M 用**原子質量單位** (atomic mass units, a.m.u.)表示,而能量 E_γ 用 MeV 的單位表示時,反跳原子之反跳能量可表示為

$$E_R = \frac{537 E_\gamma^2}{M} eV \qquad (22\text{-}169)$$

於表 22-5 所示者為，對於一些 E_γ 及原子質量 M 之反跳能量 E_R 的值。原子核捕獲中子所生成的原子核，通常於能量為 6~8 MeV 的激勵態，而此激勵能量的大部分，會由於放射一或較多的 γ 射線而消失。很少中子捕獲的過程會陸續逐次放射低能量（低於 1 或 2 MeV）的 γ 射線，因此，其反跳原子所得之能量，通常足以斷裂一或以上的鍵結合。於 (n, γ) 的核反應所生成的反跳原子核，產生其結合鍵的斷裂之或然率一般很高。

表 22-5　各種 γ - 射線能量之放射，給予其反跳原子核（質量 M）之能量 E_R (eV)

M	$E_\gamma = 2$ MeV	$E_\gamma = 4$ MeV	$E_\gamma = 6$ MeV
20	107	430	967
50	43	172	387
100	21	86	193
150	14	57	129
200	11	43	97

例如，由核反應 $^{137}I(n, \gamma)^{138}I$ 所放射的 γ - 射線之能量為 4.8 MeV，而由上式 (22-169) 的計算所得之最大反跳能量為 96 eV，由於碘化甲基中之碘與碳的結合能量為 2.0 eV，由此，此最大反跳能量足以切斷其碘–碳的鍵結合。然而，於核反應時不限於僅放射一 γ 射線的光量子，而有時會放出二光量子。設所放射的二光量子之能量分別為 E_γ' 與 E_γ''，即 $E_\gamma = E_\gamma' + E_\gamma''$，若所放射的二光量子之方向相反，則其原子核的反跳能量，可表示為

$$E_R = \frac{587(E_\gamma' - E_\gamma'')}{M} \text{eV} \tag{22-170}$$

若所放射的二光量子之方向非正好相反時，則其原子核之反跳能量，等於由式 (22-169) 與式 (22-170) 所得的能量值之間。由 γ 射線之放射所產生的反跳原子核之能量，通常由其最大值至最小值作廣泛的分布。

自較重的分子產生反跳之原子的反跳能量，通常可有效用於其結合鍵的切斷，而反跳的原子（質量數 M）結合於較輕的分子（分子量 W）時，切斷其原子於分子中之結合所需之有效能量 E_i，等於原子之反跳能量 E_R，與分子總體之反跳能量 E_W 的差，而可表示為

$$E_i = E_R - E_W = E_R\left(\frac{W - M}{W}\right) \tag{22-171}$$

Szilard-Chalmers 方法之第二必須的條件為，靶化合物中的非放射性原子，與所生成的新化學狀態的放射性原子間之**交換** (exchange) 須很慢。反跳原子由於具有高的能量，而於其飛程的鄰近周圍，可能產生所謂**熱區域** (hot zone) 的高溫地帶（其溫度可能超過 1000°C），因此，反跳的原子又稱為**熱原子** (hot atom)。高能量的反跳原子，較一般的普通熱能量的原子，容易進行交換反應，而由於這些交換反應及所謂熱原子的高能量反跳原子之其他的反應，均會增加 Szilard-Chalmers 分離過程中之分離的困難，及影響其分離的效率。

　　於 Szilard-Chalmers 的分離方法之領域中，有許多關於鹵素化合物，由於中子的照射所產生的放射性核種之研究。將多數不同有機鹵素化合物，如 CCl_4，$C_2H_4Cl_2$，C_2H_5Br，$C_2H_2Br_2$，C_6H_5Br，CH_3I 等以中子照射時，由於中子捕獲反應產生的生成物，^{38}Cl，^{80}Br，^{82}Br，^{128}I 等，用各種方法分離時，無論是否添加鹵素或鹵素化合物的擔體，均可用水有效萃取分離，尤其碘以含 HSO_3^- 還原劑的水溶液萃取時，可提升其萃取回收的效率。碘化乙基由於 (d, p)，$(n, 2n)$，(γ, n)，及 (n, γ) 等核反應，所生成的可被萃取的碘，於其萃取條件各保持相同時，均可得相同的收率，而使用碘化甲基的反應物時，亦得類似的結果。此表示放射性原子之最終化學效應的決定，與其最初之反跳能量無關。自經中子照射的有機鹵素化合物，分離所生成的放射性鹵素之常用的方法，有活性碳的吸附回收 (於無添加擔體時之鹵素的收率為 30~40%)，帶電荷電極上的捕集 (於無添加擔體時之鹵素的收率可達至 70%) 等。

　　氯酸鹽 (chlorates)、**溴酸鹽** (bromates)，**碘酸鹽** (iodates)，**過氯酸鹽** (perchlorates)，及**過碘酸鹽** (periodates) 等固體或其水溶液，以中子照射時，由 Szilard-Chalmers 分離法，可得收率 70~100% 的鹵素，即於其水溶液內添加鹵素離子的擔體，可自這些鹽類的水溶液，以鹵化銀的沈澱分離所產生的放射性鹵素。由於產生中子捕獲之前與後的氧化態的差異，對於其他許多元素，均可利用 Szilard-Chalmers 分離法成功地分離，例如，磷酸鹽的固體或其水溶液經中子的照射時，所生成的 ^{32}P 之放射能的約一半為 +3 價的磷。中性或酸性過錳酸鹽的水溶液經中子的照射，所產生 ^{56}Mn 之放射能的大部分，可以 MnO_2 的形態分離。

　　編著者之一等於 1962 年，於日本原子力研究所，將各種無機氯化物等，於該研究所的 JRR-1 原子爐內經中子的照射，並以高電壓濾紙電泳法 (paper-electrophoresis method)，分離由 $^{35}Cl(n, p)^{35}S$ 反應所產生的放射性 ^{35}S 之各種化學形態的核種，並研究其分布的狀況，如表 22-6 所示。由此表得知，所產生的放射性核種 ^{35}S 之各種化學形態的分布，與靶物質之種類，中子照射時之環境，及溶解條件如是否有擔體之存在等均有關。

表 22-6　一些氯化物經中子照射所產生放射性硫之各種化學形態的分布

靶物質	擔體	放射性硫之百分率			靶物質	擔體	放射性硫之百分率		
		$SO_3^=$	$SO_4^=$	$S^=$			$SO_3^=$	$SO_4^=$	$S^=$
KCl	+		100		NH_4Cl	+	37±2	51±2	11±1
	−		100			−		100	
RbCl	+		100		$N_2H_4 \cdot 2HCl$	+	3±0.3	78±2	18±1
	−		100			−	19±1	35±2	37±2
CsCl	+		100		$NH_2OH \cdot HCl$	+		100	
	−		100			−		100	
NaCl	+	11±1	43±2	45±2	KCl（空中）	+	6±0.5	79±2	15±1
	−		100			−		100	

自 Kenji Yoshihara, Ting-Chia Huang, Hiroshi Ebihara and Nagao Shibata, Radiochimica Acta **3**, 185~191 (1964)

　　金屬有機化合物或錯鹽等經中子的照射，亦常利用 Szilard-Chalmers 的分離法，分離所生成的游離之放射性金屬離子，但此時其游離的金屬離子與原來的化合物，須不會發生交換反應，而其二者可以分離。例如，$(CH_3)_2AsOOH$ 經中子的照射所生成的 ^{76}As，可以 95% 的收率以**亞砷酸銀** (silver arsenite) 的形態分離。

　　由中子的捕獲所生成的高能量之反跳原子，通常會繼續進行各種類型的化學反應，其一為斷裂的熱原子與其斷裂的分子之殘餘部分的再結合，而由於此再結合，可能會增加靶化合物之放射能的**殘留率** (retention)。由於放射能之殘留率的測定得知，液相較氣相，且有時固相較液相容易發生再結合的反應，例如，液體的溴化乙基之溴放射能的殘留率約為 75%，而溴化乙基的蒸氣（溴化乙基之分壓 390 mm，空氣之分壓 370 mm）之溴放射能的殘留率僅為 4.5%。靶物質之濃度較稀薄時，其放射能的殘留率通常會顯著減少，例如，固體的四溴化碳之溴放射能的殘留率約為 60%，於含 1.15 mol % 的乙醇溶液時之殘留率約為 28%，而於含 0.064 mol % 的乙醇溶液時為 0±2%。

　　熱原子可與其他的原子或原子團產生置換的反應，例如，CH_3I 以低速的中子照射時，所產生的 ^{128}I 放射能之 11% 會形成 CH_2I_2 的化合物，而此結果於 −195°C 至 15°C 間，與其溫度無關，此結果顯示此種置換的反應，不是通常的熱反應置換。

　　於核反應之外，由於放射性的衰變過程也會產生熱原子，有許多關於由 β 衰變的過程所生成的熱原子之化學研究，例如，除了產生分子之裂解外，由於反應，$TeO^{2-} \rightarrow IO_3^- + \beta^-$，及，$MnO_4^- \rightarrow CrO_4^{2-} + \beta^+$，均會導至其他化學形態的反應，而這些由於 β 衰變所生成的原子核，由於其自身具有放射性而方便研究。由於**核異性體的轉移** (isomeric transition) 所生成的反跳原子之化學研究的例，比其他的放射性衰變過程所產生的反跳原子之化學研究的例多許多。

22-39 放射線之生物體的效應 (Biological Effects of Radiation)

　　放射線對於生物體的效應，為生物體由於放射線的照射，而於其體內產生之電離、激勵、解離、原子轉變等所引起的細胞之變化。於討論放射線對於生物體之效應時，無論由於受到外面放射線的照射，或由於放射性物質進入生體內，不僅須考慮生體內所產生的總電離量，亦須考慮產生的電離密度、線量率、局部的效應，及體內的放射性物質之進入與排出的速率等因素。

　　廣泛使用之放射線量的單位為**倫琴** (roentgen, r)，如於 22-37 節所定義，倫琴 (r) 為 γ-射線或 X-射線對物質所產生的總電離量的單位。放射線之線量率，通常以單位時間所受的放射線之倫琴 (r) 或毫倫琴 (mr) 數表示。人體受到 X-線或 γ-線的照射時，其全身每週所容許之最大照射的線量為 300 mr，而以表皮為基準，手的前腕之每週的容許照射的線量為 1.5 r。

　　倫琴 (r) 的單位不適合用於 X-線或 γ 線以外的放射線，而**國際放射線單位與度量委員會** (International Commission on Radiological Units and Meosurements, ICRU) 於 1950 年建議，採用以單位質量的物質被照射所吸收之能量 (erg／g) 表示，由此，常用 rep (roentgen-equivalent-plysical) 的單位表示，而 1 rep 相當於 1 g 的組織吸收 93 erg 的能量之放射線的照射量。

　　每一克的組織吸收消耗相同能量之不同種類的放射線時，其各對於生物體所產生之損傷量各不相同。例如，由高速的中子之核反應，所產生的反跳質子產生的二次電離，其對於生物體的效應約為，由 γ 射線產生的等量電離之 10 倍。因此，對於高速的中子之每週的最大容許線量為，每 1 g 的組織吸收 $(0.3 \times 93)/10 = 2.8$ erg 的能量 (於此假定組織對於能量的吸收與水類同)。熱中子與 γ-射線比較，吸收相同量之能量所產生的生物學效應，熱中子約為 γ-射線的 2 倍。對於 β-射線，**國際放射線防護委員會** (International Commision on Rediological Protection, ICRP) 建議，組織(於表皮之 7 mg／cm^2 深度處的基底層) 1 g 之容許的最大吸收量，相當於皮膚曝露於 1.5 r 的硬 γ 射線之容許的最大曝露所吸收之能量。

　　現在所使用的量測放射線之生物體效應的**放射線劑量** (radiation dosage) 的單位為 rem (roentgen equivalent man)，以 rem 的單位表示之線量，等於以 rads 的單位表示之線量，與放射線之相對生物效應 REB (relative biological effectiveness)因子的乘積，此 RBE 的因子為，表示沿其放射線的射程之不同電離密度的影響。如上述的 2 MeV 的中子之 1 rad 的線量約為，X 線之 1 rad 的線量所產生之損傷的 10 倍，因此 1 rad 的中子線量約等於 10 rem。各種放射線之 RBE 因子的值列於表 22-7。

表 22-7　各種放射線之 RBE 值

放射線	RBE
X 及 γ - 射線	1
β 射線及電子	1
熱中子 (thermal neutrons)	2.5
快速中子 (fast neutrons)	10
α - 粒子	10
質子 (protons)	10
重離子 (heavy ions)	20

　　人體攝取或吸入放射性的核種時，與其身體受到放射線的照射同樣，其人體會受到所攝取或吸入體內的放射線源的照射，因此，須注意避免攝取或吸入放射性的核種。於表 22-8 列示，吸入的空氣與攝取的水中之數種放射性核種之最大容許量，及其於體內之最大容許量。

表 22-8　放射核種之生物體的容許基準

核種	最大容許基準			殘留於體內的量與攝取的量之比*	
	體內 (μc)	空氣中 ($\mu c/cm^3$)	水中 ($\mu c/cm^3$)	經由肺	經由腸
^{226}Ra	0.2（骨 0.1）	3×10^{-11}	4×10^{-7}	0.4(0.03)	0.3(0.04)
^{239}Pu	0.4（骨 0.04）	2×10^{-12}	10^{-4}	0.25(0.2)	$3\times10^{-5}(2.4\times10^{-5})$
^{238}U	0.005	7×10^{-11}	10^{-3}		
^{210}Po	0.4（脾臟 0.03）	5×10^{-10}	2×10^{-5}	0.28(0.01)	$0.06(2\times10^{-3})$
^{89}Sr	40（骨 4）	3×10^{-10}	4×10^{-6}	0.4(0.28)	0.3(0.21)
$^{40}Sr(+^{90}Y)$	20（骨 2）	3×10^{-10}	4×10^{-6}	0.4(0.12)	0.3(0.09)
^{131}I	50（甲狀腺 0.7）	9×10^{-9}	6×10^{-5}	0.75(0.23)	1.0(0.3)
^{137}Cs	30	6×10^{-8}			
^{60}Co	10	4×10^{-7}	4×10^{-3}	0.4	0.3
^{32}P	30（骨 6）	7×10^{-8}	5×10^{-4}	0.63(0.32)	0.75(0.375)
^{24}Na	7	10^{-6}	6×10^{-3}	0.75	1.0
$^{14}C(CO_2)$	400（脂肪 300）	4×10^{-6}	0.02	0.75(0.38)	1.0(0.5)
^{3}H	2×10^3（組織 10^3）	5×10^{-6}	0.1	1.0	1.0

*括弧內的數值爲達至該臟器之比率

22-40　同位素的追踪劑 (Isotopic Tracers)

　　大部分的化學元素，均由其各同位素的混合所組成，而各種元素之其各同位素的化學性質均相同，且其各同位素的組成經物理學、化學、生物學等的變化過程，本質上亦不會改變而保持一定。由於某元素的其各同位素之化學性質幾乎完全相同，因此，可利用同位素作爲**追踪劑** (tracer)，以追踪該元素於各種變化過程中之行跡及動向。安定的同位素雖亦可作為追蹤劑，但其量測須用質譜分析儀，而其行跡的追蹤較困難，因此，僅少數的元素及於特殊的情況下，可使用安定的同位素作為追蹤劑。例如，使用 ^{13}C 標識的合成醣混合於含該醣的食物飼養的老鼠，可經解剖提取該老鼠的各器官的試樣，並以質譜儀分析 ^{13}C 於其體內的分布情況，以得知各種器官對於醣之吸收及新陳代謝的狀況。使用添加少量的 $H_2^{18}O$ 追蹤劑於 $H_2^{16}O$ 的水，並由量測於某位置之水中的 $H_2^{18}O$ 之濃度 (可由密度或以質譜儀的量測) 隨時間的變化，可測定 $H_2^{18}O$ 於 $H_2^{16}O$ 中之擴散的速率，而依同樣的方法可測知，水於生物體內之新陳代謝的狀況。對於同位素間之質量差的百分率較大的較輕之元素，因會有由於質量差產生的同位素效應，因此，使用氫之同位素作為追蹤劑時，須考慮此種同位素的效應。然而，使用原子序為碳以上的元素之同位素追蹤劑時，此種比**同位素效應** (specific isotope effect) 比較小，而一般可以忽略。

　　現在由於使用核反應器或加速器，可製造大部分元素之放射性的同位素，及由於各種放射能測定儀器的發展，放射性的同位素廣泛應用於，各種化學反應或物理變化過程之**追蹤劑的實驗** (tracer experiment)，以追蹤某特定的元素，於各種反應過程中之行跡與舉動。放射性的同位素可由下面的四種主要來源或方法得到，(1) 自然界存在的放射性核種，(2) 以經迴旋加速器或貝達加速器等各種加速器加速的高能量離子或電子線束照射安定的元素時，由於產生的核反應所生成的放射性核種，(3) 靶物質於核反應器（原子爐）內經中子的照射，由所產生的核反應所生成的放射性核種，及 (4) 核分裂生成物的分離所得之放射性核種等。一些常用的放射性同位素之放射能與半減期，列於表 22-9。

表 22-9　常用放射同位素之放射能與半減期

核種	放射能	半減期	核種	放射能	半減期
^{11}C	β^+ 0.99	20.4 m	^{32}P	β^- 1.71	14.3 d
^{14}C	β^- 0.155	5720 y	^{35}S	β^- 0.167	87.1 d
^{13}N	β^+ 1.19	10.0 m	^{45}Ca	β^- 0.255	165 d
^{15}O	β^+ 1.72	2.0 m	^{59}Fe	β^- 0.46, 0.27 ; γ 1.10, 1.29	45 d
^{22}Na	β^+ 0.544 ; Ec ; γ 1.274	2.58 y	^{60}Co	β^- 0.32 ; γ 1.173, 1.333	5.26 y
^{24}Na	β^- 1.39 ; γ 1.368, 2.753	15.0 h	^{64}Cu	EC ; β^- 0.573 ; β^+ 0.656 ;(γ 1.34)	12.8 h

註：放射線之能量單位為 MeV；m 代表分，h 代表小時，d 代表日，y 代表年。

　　使用放射性追蹤劑之最初的研究例之一，為以放射性的鉛為追蹤劑，研究固體金屬及固體鹽內部之鉛離子的擴散，例如，於金屬鉛之試料上覆蓋放射性鉛的薄層，於一定的溫度下保持一定時間後，將該試料切成細片，並使用 Geiger 計數管量測其各細片所之放射能，以測定鉛於鉛塊內之**自擴散** (self-diffusion)係數。一些金屬於該金屬內之自擴散係數，列於表 22-10。離子或溶質於液體內之擴散，及天然與合成的薄膜等之氣體或溶質的透過性，亦可使用放射性追踪劑的方法測定，一些離子於溶液中之自擴散係數如表 22-11 所示。

　　水於純的碳化氫中之溶解度很小，而不能以通常的方法測定其溶解度，然而，使用含有半減期 12 年的放射 β^- 射線之氫的放射性同位素(氚)的水時，可容易測定水於碳化氫內之溶解的含量。

表 22-10　一些金屬之自擴散係數

金屬	溫度 °C	自擴散係數 $D\,cm^2s^{-1}$	A^* cm^2s^{-1}	E_a^* $kcal\,mol^{-1}$
鐵 (α)	900	4.2×10^{-11}	2.3×10^3	73.2
鐵 (γ)	970	2×10^{-12}	5.3	24.2
鋅	340	8.1×10^{-10}	—	—
銀	725	7.8×10^{-11}	0.895	45.95
錫	180.5	9.9×10^{-11}	8.4×10^{-4}	10.5
銅	850	1.7×10^{-10}	0.6	49.0
鉍	269	$\sim10^{-15}$	$\sim10^{-2}$	31.0
鉛	225	3.5×10^{-12}	10.5	30.14

* 由 $D = Ae^{-E_a/RT}$ 求得之 A 及 E_a 值

表 22-11　離子於水溶液中之自擴散係數

離子	水溶液	測定溫度 °C	自擴散係數 $D\,cm^2s^{-1}$
Cl^-	0.01 M NaCl	35	2.8×10^{-5}
Cl^-	0.5 M NaCl	35	2.7×10^{-5}
I^-	0.10 M NaI	25	1.87×10^{-5}
I^-	1.00 M NaI	25	1.73×10^{-5}
Ag^+	0.01 M AgNO$_3$	25	1.60×10^{-5}
Na^+	0.1 M NaCl	25	1.27×10^{-5}
Na^+	0.1 M NaI	25	1.28×10^{-5}

　　同位素的稀釋分析 (isotope dilution analysis) 的方法為，利用追踪劑的定量分析方法之一，例如，蛋白質之加水分解生成物中的各種胺基酸之定量分析，原來所使用的方法，須將所含的各種胺基酸完全分離成純成分後，分析其各成分的量，然而，於蛋白質之加水分解的生成物內，加入某一定量的以重氫或 ^{14}C 標識的某胺基酸時，僅需由其完全混合的溶液分離該胺基酸的少量並測定其放射能，則由其放射能的減少量可計算，該胺基酸於加水分解物中之總濃度。

　　含(放射性)同位素的追踪劑，常用於反應動力學方面之研究及反應機制的解明，例如，酯類之加水分解的反應機制，使用含安定 ^{18}O 的濃度較大的水為追踪劑時，發現其反應的機制為

$$R\cdot C{\overset{O}{\underset{OR'}{\diagdown}}} + H^{18}OH \rightarrow R\cdot C{\overset{O}{\underset{^{18}OH}{\diagdown}}} + R'OH \tag{22-172}$$

即於此實驗發現酯的加水分解反應之產物中，僅所生成的脂肪酸含有標識的氧 ^{18}O，此結果顯示，酯之加水分解的反應為，酯的分子中之 $-OR'$ 被水分子中之 $-^{18}OH$ 置換。

含元素 C, Na, S, P 等的放射性同位素之標識的化合物或藥物，常用於生物體內之新陳代謝的研究，例如，標識的磷，於新陳代謝較激烈的組織，有選擇蓄積之傾向，此種性質也許可應用作為癌症或其他疾病的治療的參考。

22-41　同位素的交換反應 (Isotopic Exchange Reaction)

含相同元素之不會產生任何反應的二種或以上的化合物(物質)混合時，於外觀上其間好像沒有發生任何的變化，且以一般的實驗方法也不能檢測證實，其相同的元素之間是否產生交換的反應。例如，碘化甲基與碘化乙基之混合物中，以一般的檢測實驗方法無法得知，此二化合物中之共同碘元素的原子間，是否產生交換的反應。此時若此二化合物之一使用以碘的放射性同位素標識的化合物，而於此二化合物互相混合一段時間後，以適當的方法將此二化合物分離，並分別測定其放射能時，則可得知此二化合物之碘元素間，是否產生交換的反應。

設以放射性碘標識的碘化甲基 CH_3I^* 與碘化乙基 C_2H_5I 混合，此時若此二化合物中之碘產生交換反應，則碘化甲基中之一部分的放射性碘會移至碘化乙基，因此，由碘化甲基與碘化乙基的分離，及其各別之放射能的測定，可證實此二化合物的碘元素間，是否發生交換的反應，$CH_3I^* + CH_3CH_2I \rightleftharpoons CH_3I + CH_3CH_2I^*$。

由於是否產生交換反應的確認，及交換反應速率之測定等的研究可得知，反應系於平衡狀態下實際進行之反應及其反應的機制，例如，氧化與還原的反應之可逆性及其反應機制，錯離子之安定性，少量解離生成物之推定，固體之表面積及其性質，以及化學反應之機制等，均可由交換反應速率方面的研究而得其資訊。

以放射性核種 A^* 標識的化合物 A^*B，與化合物 AC 間之交換反應，可寫成

$$A^*B + AC \underset{k}{\overset{k}{\rightleftharpoons}} AB + A^*C \tag{22-173}$$

上式中，由於其正向與反向之反應速率常數相同，而均用 k 表示。設 AB 與 AC 之濃度分別用 (AB) 與 (AC) 表示，而含放射性核種 A^* 之 A^*B 與 A^*C 之濃度，分別用 (A^*B) 與 (A^*C) 表示，則反應式 (22-173) 之交換反應的速率，可表示為

$$\frac{d(A*B)}{dt} = k(AB)(A*C) - k(A*B)(AC) \tag{22-174}$$

反應式 (22-173) 之由左向右或由右向左的反應，其反應之進行速率均可用 R 表示，為

$$R = k(AB)(AC) \tag{22-175}$$

將上式代入式 (22-174)，可得

$$\frac{d(A*B)}{dt} = R\left[\frac{(A*C)}{(AC)} - \frac{(A*B)}{(AB)}\right] \tag{22-176}$$

對於 $A*C$，同樣可得

$$\frac{d(A*C)}{dt} = R\left[\frac{(A*B)}{(AB)} - \frac{(A*C)}{(AC)}\right] \tag{22-177}$$

因此，由式 (22-176) 與 (22-177) 可得

$$\frac{d(A*B)}{dt} = -\frac{d(A*C)}{dt} \tag{22-178}$$

由式 (22-176) 對 t 微分，並將上式 (22-178) 代入，可得

$$-\frac{d^2(A*B)}{dt^2} = R\left[\frac{d(A*B)}{dt}/(AC) + \frac{d(A*B)}{dt}/(AB)\right] \tag{22-179}$$

由於 $(A*B)$ 及 $(A*C)$，分別與 (AB) 及 (AC) 比較均甚小，且 (AB) 與 (AC) 對於時間之變化均可忽略，而均為定值。因此，上式 (22-179) 經積分可得

$$-\frac{d(A*B)}{dt} = R\left[\frac{(A*B)}{(AC)} + \frac{(A*B)}{(AB)}\right] + \text{const} \tag{22-180}$$

由於 $t=\infty$ 時，$d(A*B)/dt=0$。由此，設 $t=\infty$ 時之 $(A*B)$ 值為 $(A*B)_\infty$，則上式 (22-180) 之積分常數可表示為，$\text{const} = -R\left[\frac{(A*B)_\infty}{(AC)} + \frac{(A*B)_\infty}{(AB)}\right]$，因此，上式 (22-180) 可寫成

$$-\frac{d(A*B)}{dt} = R\left[\frac{(AC)+(AB)}{(AC)(AB)}\right][(A*B)-(A*B)_\infty] \tag{22-181}$$

上式 (22-181) 對於 t 積分，可得

$$-\ln[(A*B)-(A*B)_\infty] = Rt\left[\frac{(AC)+(AB)}{(AC)(AB)}\right] + \text{const} \tag{22-182}$$

設 $A*B$ 於 $t=0$ 時 (反應開始時) 之濃度為 $(A*B)_0$，則上式 (22-182) 可寫成

$$-\ln\left[\frac{(A*B)_\infty-(A*B)}{(A*B)_\infty-(A*B)_0}\right]=Rt\left[\frac{(AC)+(AB)}{(AC)+(AB)}\right] \qquad \text{(22-183)}$$

若使用含放射性核種 $A*$ 的化合物 $A*C$ 進行實驗時，則 $(A*B)_0=0$，而 $(A*B)$ 及 $(A*B)_\infty$，各與於時間 t 及 $t=\infty$ 時所測定的放射能 S_B 及 S_∞ 成比例，因此，上式 (22-183) 可寫成

$$-\ln\left(1-\frac{S_B}{S_\infty}\right)=Rt\left[\frac{(AC)+(AB)}{(AC)(AB)}\right] \qquad \text{(22-184)}$$

上式中，R 為反應式 (22-173) 之全反應的速度，而可由放射能於 $t=0$ 與 $t=\infty$ 時之測定值 S_B 與 S_∞ 的比，及 (AB) 與 (AC) 之濃度的測定值，由上式 (22-184) 求得。

外觀上交換反應於平衡時停止，設交換反應達至平衡之一半所需的時間為 $t_{1/2}$，則於 $t=t_{1/2}$ 時，$S_B=\frac{1}{2}S_\infty$，將此關係代入上式 (22-184) 可得

$$R=\frac{(AC)(AB)}{(AC)+(AB)}\frac{0.693}{t_{1/2}} \qquad \text{(22-185)}$$

由此，若由實驗測得放射能 S_B 隨時間 t 的變化，則可由其關係求得 $t_{1/2}$，而可由上式求得交換反應的速率。

於交換反應的實驗中，其反應的各成分之分離操作非常重要。例如，上述的交換反應 (22-173) 之交換反應速率的測定，須先將 AB 與 AC 分離後，分別測定 AB 與 AC 各成分之放射能。分離的方法通常採用，產生沈澱的化學分離法、或溶劑萃取、離子交換樹脂、蒸餾、擴散及電泳動等各種分離法。然而，於這些分離的方法中，有些於其分離的過程中交換反應仍會一直快速的進行，因此，須注意選擇適當的分離方法。

於同一溶液內的不同價數的離子間之電子授受的反應，如，$Fe^{*2+}+Fe^{3+}\rightleftharpoons Fe^{2+}+Fe^{*3+}$，及，$Tl^{*+}+Tl^{3+}\rightleftharpoons Tl^{+}+Tl^{*3+}$ 等反應，及錯離子形態的電子授受反應，如鈷的二胺錯離子 $[Co(en)_3]^{2+}$ 與 $[Co(en)_3]^{3+}$，及鈷的胺錯離子 $[Co(NH_3)_6]^{2+}$ 與 $[Co(NH_3)_6]^{3+}$，以及其他的許多電子授受的反應，如 MnO_4^- 與 MnO_4^{2-}，氯、溴、碘等鹵素與其離子，碘酸與碘，亞硫酸與硫磺酸，$S^=$ 與 $S_2O_3^{2-}$，三價鉻與鉻酸及重鉻酸，碘酸與過碘酸，磷酸與亞磷酸，硫酸與過硫酸，亞硫酸與硫酸，$S^=$ 與硫酸，$S^=$ 與硫氰酸，ClO_2 與 ClO_4^- 及 ClO_3^-，ClO_3^- 與 Cl^- 等，其間均會產生交換的反應。

有機化合物中之共價結合的原子，一般均不會產生交換反應，但以離子結合的元素，通常會產生相當快速的交換反應。由一些實驗的結果得知，於有機化合物中，其與碳元素直接結合的氫，於一般的情況下均幾乎不易產生原子交換的反

應，而以 C—OH 的結合狀態的氫，一般均容易產生氫原子的交換反應，與氮元素直接結合的氫，如胺、醯胺、脒及胺基酸等，均很容易與其他分子的氫氧基或胺中的氫，產生快速的交換反應。

直鏈的碳氫鹵素化合物，與鹵素離子間的交換反應，為二分子的反應，而其交換反應的速率，適合用式 (22-184) 與 (22-185) 表示，並由此所求得的一些鹵化硫氫化合物與鹵素離子之交換反應的速率常數與活能量，如表 22-12 所示。使用放射性核種為追踪劑，直接由其放射能的測定所得的數值，與由下式的 Walden 轉移反應所求得之數值，甚為吻合。

$$X^- + \underset{R_2}{\overset{R_1}{|}} R_3 \cdots X \longrightarrow X \cdots R_3 \underset{R_2}{\overset{R_1}{|}} + X^- \tag{22-186}$$

表 22-12　鹵化碳氫化合物與鹵素離子之交換反應的速率 (25°C)

鹵化碳氫化合物	溶　劑	反應速率常數 R $10^{-5} L\ mol^{-1}s^{-1}$	活化能 $kcal\ mol^{-1}$
CH_3I	乙醇	>400	<16.5
CH_2I_2	乙醇	103.6	—
C_2H_5I	乙醇	17.4	22.3
$n-C_3H_7I$	乙醇	14.0	18.4
$i-C_3H_7I$	乙醇	0.5	23
$n-C_4H_9I$	乙醇	9.8	18.4
$n-C_3H_7Br$	10%　丙酮水溶液	3.7	18.6
$i-C_3H_7Br$	10%　丙酮水溶液	0.12	23.5
$n-C_4H_7Br$	10%　丙酮水溶液	3.3	18.9
$i-C_4H_9Br$	10%　丙酮水溶液	0.14	22.4

22-42　非均匀系的同位素交換反應
(Isotopic Exchange Reaction of Heterogeneous Systems)

非均匀系的交換反應以同位素為追踪劑，而由其動力學的研究可明晰瞭解並得知，其交換反應的速率與反應的機制。對於固體粒子一溶液的非均匀系之離子交換反應，由其動力學的研究可瞭解其交換反應的機制，並測定離子於固體粒子內之**自擴係數** (self diffusivity coefficients)，於粒子表面的化學反應的速率常數、或於粒子表面的液膜擴散係數等動學參數。若以放射性的鍶或鈣 ^{45}Ca 為追踪劑，研究於溶液內的這些離子與骨骼物質或碳酸鈣間之交換反應的機制，則對放射性鍶（此為核彈爆炸產生的原子塵中的主要放射性核種之一）於生體內之停留時間與其分布情況的瞭解有助益。

　　液固系的同位素交換反應之動力學研究，曾有許多的報告，總括這些研究所得結論，液固系之交換反應的機制包括，(1) 固體表面液層之**液膜擴散** (film diffusion)，(2) 固液界面之**表面的化學反應** (surface chemical reaction)，(3) **粒子內擴散** (intra particle diffusion)，(4) 固體表面的**吸附** (adsorption)，及 (5) **再結晶** (recrystallization) 等步驟。對於某些固體粒子如離子交換樹脂，其交換反應的機制，不包括再結晶的步驟。

　　固體粒子 AX 與溶液中的離子 A 間之非均勻系的交換反應，一般可以下列的反應式表示，為

$$AX(s) + A*Y(l) \underset{k_2}{\overset{k_1}{\rightleftarrows}} A*X(s) + AY(l)$$
$$\quad n_s \qquad n_l^* \qquad\qquad n_s^* \qquad n_l$$

(22-187)

上式中，$AX(s)$ 代表固體化合物的粒子，$AY(l)$ 代表溶於溶液中之化合物，n_s^* 與 n_l^* 分別表示，放射性同位素於固體與液體內之各莫耳數，而 n_s 與 n_l 為非放射性同位素於固體與液體內之各莫耳數。

　　交換反應之速率決定的步驟為，固體粒子與其與溶液交界面的質量反應時，若忽略同位素的效應，則上面的反應 (22-187) 之正向與反向之反應速率常數相等，即 $k_1 = k_2 = k$。因此，溶液中的放射性同位素之莫耳數，對於時間的變化，可表示為

$$\frac{dn_l^*}{dt} = k(n_l^* n_s - n_l n_s^*)$$

(22-188)

上式中，k 為速率常數，t 為反應時間，n_l 為溶液中之可交換的離子之莫耳數，n_s 為於固體表面之可交換的離子之莫耳數，而於右上角有*號者，表示放射性的同位素。

　　由質量的平衡得，溶液於反應前之放射性同位素的莫耳數 $n_{l(0)}^*$，等於任何反應時間之溶液中的放射性同位素之莫耳數 n_l^* 與於固體表面之放射性同位素的莫耳數 n_s^* 的和，即 $n_{l(0)}^* = n_l^* + n_s^*$，將此關係的 n_s^* 代入上式 (22-188)，經積分並將**初條件** (initial condition)，$t = 0$ 時 $n_l^* = n_{l(0)}^*$，代入，即可得

$$\ln \frac{n_l^* - \dfrac{n_l}{n_s + n_l} n_{l(0)}^*}{n_{l(0)}^* - \dfrac{n_l}{n_s + n_l} n_{l(0)}^*} = -k(n_l + n_s)t$$

(22-189)

於平衡時，溶液與固體之交界面，有下式的平衡關係，為

$$\frac{n_l + n_s}{n_l} = \frac{n_{l(\infty)}^* + n_{*s(\infty)}^*}{n_{l(\infty)}^*} = \frac{n_{l(0)}^*}{n_{l(\infty)}^*}$$

(22-190)

將上式(22-190) 的關係代入式 (22-189) ，可得

$$\ln(1-F) = -k(n_l + n_s)t \tag{22-191}$$

上式中，F 為**交換分數** (exchange fraction)，其定義為

$$F = \frac{n_{l(0)}^* - n_l^*}{n_{l(0)}^* - n_{l(\infty)}^*} \tag{22-192}$$

於交換反應達至一半時，將 $t = t_{1/2}$ 與 $F = \frac{1}{2}$ 代入式 (22-191)，並經化簡可得

$$k = \frac{\ln 2}{(n_l + n_s) \, t_{1/2}} \tag{22-193}$$

設於反應開始 $(t = 0)$ 及反應達至平衡時，溶液中之放射性的強度（單位時間之計數）分別用 i_0 及 i_∞ 表示，則其間有下列的比例關係，即為

$$\frac{i_0}{i_\infty} = \frac{n_{l(0)}^*}{n_{l(\infty)}^*} \tag{22-194}$$

將式 (22-190) 與 (22-194) 代入式 (22-193)，則可得交換反應的速率常數為

$$k = \frac{\ln 2}{C_L V \, t_{1/2}} \frac{i_\infty}{i_0} \tag{22-195}$$

上式中的 V 為溶液之容積，C_L 為溶液之濃度。

若交換反應之速率的決定步驟為，固體粒子周圍的液膜擴散，並假設於半徑 r_0 的球形粒子之周圍，環繞著厚度 δ 的液膜層，且於此薄的液膜內形成濃度的梯度，則放射性同位素自整體的溶液擴散進入液體薄膜之**通量** (flux)，依據 Fick 定律，可表示為

$$N = -D_f \frac{\partial C_f^*}{\partial r} \tag{22-196}$$

上式中，N 為放射性同位素之通量，即每單位時間通過單位面積之莫耳數，$\partial C_f^* / \partial r$ 為放射性同位素於液膜中之濃度梯度，D_f 為其於液體薄膜中之擴散係數。若放射性同位素於液體薄膜中之濃度梯度，與距離成線性關係，則放射性同位素擴散進入液膜之速率，可表示為

$$\frac{dn_l^*}{dt} = -AD_f \frac{C_{f, \, r=r_o+\delta} - C_{f, \, r=r_o}}{\delta} \tag{22-197}$$

上式中，A 為固體粒子之表面積。

假設固體的表面與液體，於任何的反應時間恆保持平衡，則於 $r = r_0$ 的固體表面處，有下列的平衡關係，即為

$$\frac{n^*_{f,\,r=r_0}}{n^*_s} = \frac{n_{f,\,r=r_0}}{n_s} = \frac{n_l}{n_s} \tag{22-198}$$

將上式 (22-198) 中之 $n^*_{f,\,r=r_0}$ 代入式 (22-197)，經簡化可得

$$\frac{dn^*_l}{dt} = -\frac{D_f A}{\delta V n_s}(n^*_l n_s - n_l n^*_s) \tag{22-199}$$

上式 (22-199) 與式 (22-188) 相類似，均可由同樣的步驟導得下式，即

$$\ln(1-F) = -\frac{D_f A}{\delta V n_s}(n_l + n_s)t = -k'(n_l + n_s)t \tag{22-200}$$

上式中，$k' = D_f A/(\delta V n_s)$，而上式 (22-200) 之適用條件爲 $r_0 > \delta$。若 $r_0 < \delta$ 時，則上式可改寫成下式 [K.H. Lieser, P. Gütlich and I. Rosenbaum, "Exchange Reactions", Proceeding Series, IAEA Vienna, pp375~384 (1965)]，即爲

$$\ln(1-F) = -\frac{D_f A}{r_0 V n_s}(n_l + n_s)t = -k'(n_l + n_s)t \tag{22-201}$$

　　交換反應之速率的決定步驟爲，粒子內的擴散時，其擴散速率可用 Fick 第二定律表示。設於粒子內之擴散係數 D 爲定值，而僅考慮於其**徑** (radial) 方向之擴散時，則由 Fick 第二定律的擴散方程式，可寫成

$$\frac{\partial(Cr)}{\partial t} = D\frac{\partial^2(Cr)}{\partial r^2} \tag{22-202}$$

上式中，C 爲於時間 t 之粒子內的放射性同位素之濃度，r 爲距粒子中心之距離。上面的二次偏微分方程式 (21-202) 之**初條件** (initial condition) 及**邊界條件** (boundary condition)，各爲

$$t \leq 0,\ 0 \leq r \leq r_0 \text{ 時,}\ C = 0 \tag{22-203}$$

及

$$t > 0,\ r = 0 \text{ 時,}\ \frac{\partial C}{\partial t} = 0 \tag{22-204}$$

與

$$4\pi r_0^2 \int_0^t D\left(\frac{\partial C}{\partial r}\right)\bigg|_{r=r_0} dt = V(C_0 - C\,|_{r=r_0}) \tag{22-205}$$

上式中，C_0 爲溶液之放射性同位素的初濃度，V 爲溶液之體積（不包括固體粒子）。

　　由上述之初條件及邊界條件，可得方程式 (22-202) 之解爲

$$C = C_\infty\left\{1 + \sum_{n=1}^{\infty}\frac{6(1+\alpha)e^{-Dq_n^2 t/r_0^2}}{9 + 9\alpha + q_n^2\alpha^2}\frac{r_0}{r}\frac{\sin(q_n r/r_0)}{\sin q_n}\right\} \tag{22-206}$$

上式中，C_∞ 為溶液與固體粒子達至平衡時，放射性同位素於溶液中之濃度，q_n 為下列的方程式(22-207)之**非零根** (non-zero roots)

$$\tan q_n = \frac{3q_n}{3+\alpha q_n^2} \tag{22-207}$$

其中，$\alpha = 3V/4\pi r_0^3$，為溶液的體積與粒子體積之比。設於反應時間 t 及反應達至平衡時，於粒子內所含的放射性同位素之量各為 M_t 及 M_∞，則交換分數 F 由式 (22-192)，可表示為

$$F(t) = \frac{M_t}{M_\infty} = 1 - \sum_{n=1}^{\infty} \frac{6\alpha(\alpha+1)}{9+9\alpha+q_n^2\alpha^2} e^{-Dq_n^2t/r_0^2} \tag{22-208}$$

而 α 與於**最後的反應(吸取)比** (final fractional uptake)，M_∞/VC_0，間之關係，可用下式表示，為

$$\frac{M_\infty}{VC_0} = \frac{1}{1+\alpha} \tag{22-209}$$

並由以最後的反應比為參數之 M_t/M_∞ 與 $(Dt/r_0^2)^{1/2}$ 的關係曲線[J. Crank 著"The Mathematics of Diffusion"(90 頁)]，可計算粒子擴散係數 D。

　　編著者之一等以放射性同位素 ^{59}Fe 為追蹤劑，研究鐵離子 Fe^{3+} 型的離子交換樹脂 Dowex $50W\times8$，與含 Fe^{3+} 離子的溶液間之 Fe^{3+} 離子的交換反應速率，而發現其交換反應速率之控制步驟為，Fe^{3+} 離子於離子交換樹脂的粒子內的擴散，而由此求得 Fe^{3+} 離子於鐵型離子交換樹脂 Dowex $50W\times8$ 內，於各種條件下之**自擴散係數** (self-diffusion coefficients)，表 22-13 所示者為於各溫度下，Fe^{3+} 離子於 Dowex $50W\times8$ 離子交換樹脂內之自擴散係數。

　　另以放射性同位素 ^{45}Ca 為追蹤劑，研究碳酸鈣與氯化鈣溶液之鈣離子的同位素交換反應，而得其 $\log(1-F)$ 與反應時間 t 的關係曲線，如圖 22-39 所示，由此發現其反應速率控制的步驟為，於液 - 固界面之交換反應，或於液膜的擴散。若於界面之質量反應為反應速率的控制步驟，則由式 (22-195) 可計算其交換反應速率常數 k。若液膜擴散為速率決定步驟，則由 $D_f = k'r_0Vn_s/A$ 可估算，Ca^{2+} 離子於液膜層之擴散係數。一些實驗結果如表 22-14 與表 22-15 所示，這些結果顯示，所得之 D_f 值為 $10^{-12}\,\mathrm{cm^2s^{-1}}$ 的程度，而離子於水溶液中之擴散係數為 $10^{-5}\,\mathrm{cm^2s^{-1}}$，由此得知，碳酸鈣與氯化鈣溶液間之同位素交換反應的速率決定步驟，為於固–液界面之質量反應，而非離子於液層之擴散。

表 22-13　鐵型離子交換樹脂 Dowex $50W \times 8$ 內的 Fe^{3+} 離子之自擴散係數

$FeCl_3$ 溶液之濃度：0.107N，樹脂的粒子之直徑：3.55×10^{-2} cm

溫度，K	自擴散係數 $D \times 10^8$, cm²s⁻¹	活化能，E_a kcal mol⁻¹
288	3.46	5.80
298	5.09	5.20
308	6.85	4.60
318	8.56	4.16
328	10.45	3.80

自 T.C. Huang, H.S. Weng and T.T. Tseng, Self-Diffusion of Fe(III) in Ion-Exchanger Dowex $50W \times 8$, J. inorg,. nucl. Chem. Vol 31, pp. 1831 to 1841 (1969)

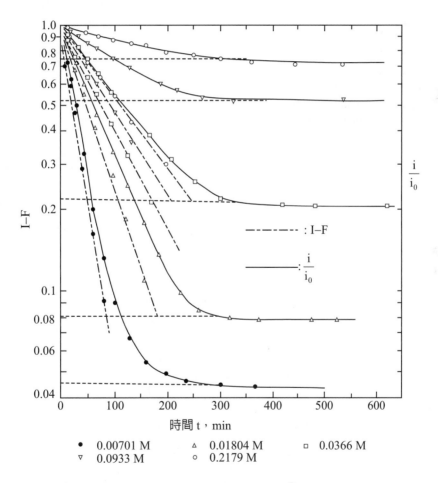

圖 22-39　碳酸鈣與各種 $CaCl_2$ 濃度的溶液間之 Ca^{2+} 離子的交換反應 (25°C)，Log(1–F) 與反應時間 t 的關係。自 Ting-Chia Huang and Fuan-Nan Tsai, Kinetic Studies on the Isotopic Exchange of Calcium Ion and Calcium Carbonate, J. inorg. nucl. Chem., Vol. 32, pp. 17 to 31 (1970)

表 22-14　碳酸鈣與各種 $CaCl_2$ 濃度的溶液間之 Ca^{2+} 離子的交換反應速率常數 ($25 \pm 0.1°C$)

碳酸鈣之重量 W g/100 ml 溶液	$CaCl_2$溶液之濃度 C_L (M)	$(n_s/n_L)_B = \dfrac{W}{C_L VM}$	$(n_s/n_L)_A = \dfrac{i_0 - i_\infty}{i_\infty}$	$\dfrac{(n_s/n_L)_A}{(n_s/n_L)_B}$	交換之半減時間 $t_{1/2}$ (min)	交換面積 $A(m^2/g)$ $\times10^{-2}$	速率常數 $k\times10^3$ (mol⁻¹s⁻¹)	液層擴散係數 $D_f\times10^{12}$ (cm²s⁻¹)
1.0000	0.00701	14.27	20.7	1.45	25.0	13.97	30.2	11.60
〃	0.01804	5.54	11.18	2.02	52.0	19.48	10.02	3.85
〃	0.0366	2.73	3.55	1.299	82.0	12.52	8.38	3.22
〃	0.0933	1.072	1.912	0.850	99.5	8.12	6.63	2.55
〃	0.2179	0.459	0.333	0.725	115.5	6.97	3.40	1.308
0.3003	0.0055	5.45	10.12	1.857	62.5	17.90	29.9	11.48
0.5006	0.0091	5.49	10.77	1.960	59.5	18.88	17.96	6.90
1.0004	0.0180	5.54	11.18	2.02	52.0	19.48	10.02	3.85
2.0008	0.0367	5.45	11.99	2.20	48.0	21.20	5.02	1.930
3.0028	0.0933	5.36	11.50	2.15	52.0	20.70	1.896	0.728

註：碳酸鈣 (A) 之製備方法：等莫耳量的 1 M 碳酸鈉溶液與氯化鈣溶液於 30°C 下混合攪拌 2 秒，其形成膠體狀時間 85 sec，隨後過濾並用 $CaCO_3$ 飽和的溶液清洗後，於 105°C 下烘乾 3 hr，密度為 2.5949 g/c.c.。自 Ting-Chia Huang and Fuan-Nan Tsai, Kinetic Studies on the Isotopic Exchange of Calcium Ion and Calcium Carbonate, J. inorg. nucl,. Chem., Vol. 32, pp. 17 to 31 (1970)

表 21-15　碳酸鈣與 $CaCl_2$ 溶液於各溫度下之 Ca^{2+} 離子的交換反應之速率常數

溫度 (°C)	$(n_s/n_L)_A$	$\dfrac{(n_s/n_L)_A}{(n_s/n_L)_B}$	$t_{1/2}$ (min)	交換面積 $A\times10^{-2}$ (m^2/g)	速率常數 $k\times10^3$ (mol⁻¹s⁻¹)	液層擴散係數 $D_f\times10^{12}$ (cm²s⁻¹)
5	6.69	1.21	21.6	11.66	3.76	1.445
15	9.42	1.70	96.5	16.41	6.32	2.43
25	11.18	2.02	52.0	19.48	10.02	2.85
35	13.75	2.48	26.5	24.00	16.34	6.62
45	14.36	2.59	16.5	25.00	25.2	9.68

註：$CaCl_2$ 溶液之濃度：0.01804 M，碳酸鈣之重量：1 g/100 ml 溶液，$(n_s/n_L)_B = 5.54$。自 Ting-Chia Huang and Fuan-Nan Tsai, Kinetic Studies on the Isotopic Exchange of Calcium Ion and Calcium Carbonate, J. inorg. nucl. Chem., Vol. 32, pp. 17 to 31 (1970)

1. 由含 75% U_3O_8 之 2 噸的鈾礦 (pitchblende)， 提鍊得到 100 mg 的鐳 Ra，試求其收率

   答　23.2%

2. 鐳-226 (radium-226) ^{226}Ra 之半衰期爲 1622 y，而經放射 α 粒子崩變生成氡-222 (radon-222) ^{222}Rn，試計算 1 克的 ^{226}Ra，於 50 年的期間內所逸出的 ^{222}Rn 之體積

   答　2.14 mL (於 STP)

3. 氡 (radon) 與鐳之半衰期分別爲 3.825 d 與 1622 y。試求，(a) 氡之 90% 發生崩變所需之時間，及 (b) 1 微克 (microgram, μg)的鐳之**每秒的崩變數** (disintegration per second, dps)

   答　(a) 12.7 d，(b) $3.68×10^4$ dps

4. 釷-C (thorium C, ThC)之半衰期爲 60.5 min，試求含 1 mg 的 ThC 之樣品，於 15 分內所產生之崩變數

   答　$4.5×10^{17}$

5. 鈾-238 (^{238}U) 之半衰期爲 $4.51×10^9$ y，其經連續的衰變之最後的產物爲 ^{206}Pb，而其中間各步驟之蛻變的速率，與鈾-238 之蛻變的速率比較均甚快。設某礦物中之鉛與鈾的比例等於，1 g 的 Pb 比 3.5 g 的 U，假定該礦物內的 Pb 全部來自 ^{238}U 的衰變，試估算此礦物之年齡

   答　$1.86×10^9$ y

6. 放射性的核種 ^{226}Ra 與 ^{210}Po，均爲天然放射性鈾的系列中之成員，試求自 ^{226}Ra 所放射的放射能，相當於 1 g 的 ^{210}Po 放射能之 ^{226}Ra 的克數

   答　4.5 kg

7. 試計算於鈾系列(或 4m + 2 系列)中，與 1 g 的 ^{210}Bi 成**永續平衡** (secular equilibrium) 之 ^{210}Pb 的量

   答　1606 g

8. 鐳 (radium) 之半衰期爲 1622 y，其原子量爲 226，試求 1 克的鐳於每秒之崩變數

   答　$3.7×10^{10}$ dps

9. 鐳放射 α 粒子而崩變生成氡 (radon) 的氣體。鐳之衰變半衰期爲 1622 y，氡之衰變半衰期爲 3.825 d。試求與 1 克的鐳成永續平衡之氡的氣體，於 25°C 及 1 atm 下之體積 (mL)

   答　$6.99×10^{-4}$ mL

10. 某一**鈾鑛** (pitchblende) 的試樣中含 51.16% 的鈾與 2.492% 的鉛,其鉛與鈾的比為 0.0487,而由原子量的測定得知,其內之大部分的鉛來自鈾之崩變,且其原子量為 206。若原來沒有鉛存在時,則其 $^{206}Pb/^{238}U$ 的比須為 0.0453。鈾之**崩變常數** (disintegration constant) 為 $1.52 \times 10^{-10} y^{-1}$,試求此鈾鑛之年齡

    答 $3.35 \times 10^8 y$

11. 試求放射能等於 1 居里 (c) 之(a) $^{14}C (t_{1/2} = 5720 \text{ y})$ 的量,及 (b) $^{24}Na (t_{1/2} = 14.8 \text{ hr})$ 的量

    答 (a) 0.224 g,(b) $1.14 \times 10^{-7} g$

12. 放射性的核種 ^{136}Cs,放射 β 射線而其半衰期為 13.7 d,試求其放射能相當於 10 **居里** (curies) 之 ^{136}Cs 的量

    答 $1.43 \times 10^{-4} g$

13. 碳 $^{12}_{6}C$ 之原子量為 12,000,試計算,$^{12}_{6}C$ 的原子核內之每核子的平均結合能

    答 7.69 MeV

14. Crockcroft 與 Walton 發現,^{7}Li 的原子核以能量 0.7 MeV 的質子撞擊時,放出能量各為 8.66 MeV 於 180° 的二 α 粒子,試證,此反應之總能量,等於此反應之質量的變化

15. 某些核反應為吸熱的反應,而此種核反應須撞擊的粒子具有足夠的能量才會發生。試由氘核子 (deuteron) 之光蛻變 (photodisintegration) 的低限 (threshold) 能量 2.21 MeV,計算中子之質量

    答 1.00867 amu

16. 放射性的核種 ^{90}Sr 放射 0.61 MeV 的 β^- 射線,而其半衰期為 19.9 y。人體內所允許的 ^{90}Sr 之最大劑量為 $1 \mu c$,假定嬰兒攝取受原子彈試爆所產生灰塵污染的牛奶,而 $1 \mu c$ 的 ^{90}Sr 被濃縮存留於組織內,試計算該 ^{90}Sr 於 20 年內所產生之總崩變數

    答 1.68×10^{13}

17. 天然的鉀的元素中含 0.012% 的放射性鉀 ^{40}K,而 ^{40}K 放射 β 射線與 γ-射線,其半衰期為 $4.5 \times 10^8 y$。於人體內含 0.35% 的 K,試計算體重為 50 kg 的人於 20 年內,自其體內的 ^{40}K 所產生之總崩變數

    答 9.7×10^{12}

18. 試使用圖 22-14 之數據計算,原子核 ^{235}U 產生分裂成質量均為約其一半時,其所產生之能量

    答 200 MeV 或 $2 \times 10^{10} \text{cal g}^{-1}$

19. 核反應，$_1^1H + _3^9Li \rightarrow 2\,_2^4He$，所產生的 α 粒子，於空氣中之**飛程** (range) 為 8.3 cm，試由此核反應所產生之質量的變化，計算所產生的 α 粒子之能量

    答 8.67 MeV

20. 核種 ^{59}Ni 經電子捕獲 (EC) 而放射 6.4 keV 的 X-射線，此 X-射線於**氧化鎳** (nickel oxide，密度 $\rho = 7.45\,g\,cm^{-3}$) 中之**線性吸收係數** (linear absorption coefficient) 為 $463.3\,cm^{-1}$。試求，(a) 此 X-射線之波長，及 (b) 使此 X-射線之強度減弱 99% 所需的 NiO 之厚度

    答 (a) $19.4 \times 10^{-9}\,m$，(b) 0.009 cm

21. 試求，於距離 1 mc 的 ^{60}Co 線源 50 cm 處，每小時所受的放射線之線量率，試以**倫琴** (roentgen) 的單位表之

    答 11.1 r/hr

附錄八　微分方程式 (15-50)，

$$\frac{\partial c}{\partial t} = D\frac{\partial^2 c}{\partial x^2} \text{ ，之解}$$

微分方程式，$\frac{\partial c}{\partial t} = D\frac{\partial^2 c}{\partial x^2}$，之解，由於濃度 $c(x,t)$ 爲位置 x 與時間 t 的函數，而其**邊界條件** (boundary conditions) 爲

B.C. 1	$t=0$	$x>0$	$c=c_0$
B.C. 2	$t=0$	$x<0$	$c=0$
B.C. 3	$t>0$	$x\to\infty$	$c\to c_0$
B.C. 4	$t>0$	$x\to-\infty$	$c\to 0$

上式 (15-50)利用 Laplace transformation，$L\{F'(t)\} = s f(s) - F(0)$，經轉換可得，對於 $x>0$

$$s\overline{C}_A(x,s) - C_A(x,0) = D\frac{\partial^2}{\partial x^2}\overline{C}_A(x,s) \tag{1a}$$

而可簡化寫成

$$D\frac{\partial^2 \overline{C}_A}{\partial x^2} - s\overline{C}_A = -c_0 \tag{1b}$$

或

$$\frac{\partial^2 \overline{C}_A}{\partial x^2} - \frac{s}{D}\overline{C}_A = -\frac{c_0}{D} \tag{1c}$$

其 complimentary function 爲

$$\overline{C}_h = c_1 e^{\sqrt{s/D}x} + c_2 e^{-\sqrt{s/D}x} \tag{2}$$

設 $\overline{C}_p = A$，則 $\frac{\partial \overline{C}_p}{\partial x} = 0$ 及 $\frac{\partial^2 \overline{C}_p}{\partial x^2} = 0$，且將此關係代入式 (1c) 可得

$$-\frac{s}{D}A = -\frac{c_0}{D} \text{ , } \therefore A = \frac{c_0}{s} \text{ , } i.e., \overline{C}_p = \frac{c_0}{s} \text{ particular integral}$$

所以

$$\overline{C}_A = c_1 e^{\sqrt{s/D}x} + c_2 e^{-\sqrt{s/D}x} + \frac{c_0}{s} \tag{3}$$

上式 (3) 之邊界條件為

$$B.C.1' \quad t=0 \quad x>0 \quad \overline{C}_A = \frac{c_0}{s}$$

$$B.C.3' \quad t>0 \quad x \to \infty \quad \overline{C}_A = \frac{c_0}{s}$$

應用 B.C.3'，由式 (3) 可得

$$\frac{c_0}{s} = c_1 e^{\sqrt{s/D} \cdot \infty} + c_2 \cdot 0 + \frac{c_0}{s} \quad \therefore c_1 = 0$$

由此，上式 (3) 可寫成

$$\overline{C}_A = c_2 e^{-\sqrt{s/D}x} + \frac{c_0}{s} \tag{4}$$

對於 $x<0$

$$s\overline{C}_B = D \frac{\partial^2 \overline{C}_B}{\partial x^2} \tag{5a}$$

或

$$\frac{\partial^2 \overline{C}_B}{\partial x^2} - \frac{s}{D} \overline{C}_B = 0 \tag{5b}$$

$$\overline{C}_B = c_3 e^{\sqrt{s/D}x} + c_4 e^{-\sqrt{s/D}x} \tag{6}$$

上式 (6) 之邊界條件為

$$B.C.2' \quad t=0 \quad x<0 \quad \overline{C}_B = 0$$
$$B.C.4' \quad t>0 \quad x \to -\infty \quad \overline{C}_B = 0$$

應用 B.C.4'，由式 (6) 可得

$$0 = c_3 e^{-\sqrt{s/D}\infty} + c_4 e^{\sqrt{s/D}\infty} = 0 + c_4 e^{\sqrt{s/D}\infty} \quad \therefore c_4 = 0$$

所以由式 (6) 可得

$$\overline{C}_B = c_3 e^{\sqrt{s/D}x} \tag{7}$$

然而，$\overline{C}_A |_{x=0} = \overline{C}_B |_{x=0}$，因此，由式 (4) 與式 (7)可得

$$\left[c_2 e^{-\sqrt{s/D}x} + \frac{c_0}{s} \right]_{x=0} = c_3 e^{\sqrt{s/D}x} \bigg|_{x=0}$$

所以

$$c_2 + \frac{c_0}{s} = c_3 \tag{8}$$

又由於 $\dfrac{\partial \bar{C}_A}{\partial x}\bigg|_{x=0} = \dfrac{\partial \bar{C}_B}{\partial x}\bigg|_{x=0}$ ，因此，由式 (4) 與式 (7)可得

$$-c_2\sqrt{\dfrac{s}{D}}\,e^{-\sqrt{s/D}\,x}\bigg|_{x=0} = c_3\sqrt{\dfrac{s}{D}}\,e^{\sqrt{s/D}\,x}\bigg|_{x=0}$$

所以 $c_2 = -c_3$ ，此關係代入式 (8) 可得

$$c_2 = \dfrac{-c_0}{2s} \quad \text{及} \quad c_3 = \dfrac{c_0}{2s} \tag{9}$$

因此，對於 $x > 0$

$$\bar{C}_A = -\dfrac{c_0}{2s}e^{-\sqrt{s/D}\,x} + \dfrac{c_0}{s} = -\dfrac{c_0}{2}\cdot\dfrac{1}{s}e^{-\sqrt{1/D}\,x\sqrt{s}} + \dfrac{c_0}{s} \tag{10}$$

對於 $x < 0$

$$\bar{C}_B = \dfrac{c_0}{2s}e^{\sqrt{s/D}\,x} = \dfrac{c_0}{2}\dfrac{1}{s}e^{\sqrt{1/D}\,x\sqrt{s}} \tag{11}$$

由於 error function 為， $\operatorname{erf} z = \dfrac{2}{\sqrt{\pi}}\displaystyle\int_0^z e^{-\beta^2}d\beta$ ，其 complementary error function 為， $\operatorname{erfc} z = 1 - \operatorname{erf} z$ ，而 $\operatorname{erf}(-z) = -\operatorname{erf} z$ ，及 $\operatorname{erfc} z$ 之 Laplace transformation 為

$$\operatorname{erfc}\dfrac{k}{2\sqrt{t}} \xleftarrow[\text{inverse transform}]{\text{transform}} \dfrac{1}{s}e^{-k\sqrt{s}} \tag{12}$$

所以式 (10) 轉換回原來的形式，可得

$$C_A = -\dfrac{c_0}{2}\operatorname{erfc}\left(\dfrac{\sqrt{\dfrac{1}{D}}\,x}{2\sqrt{t}}\right) + c_0 = -\dfrac{c_0}{2}\operatorname{erfc}\left(\dfrac{x}{2\sqrt{Dt}}\right) + c_0$$

$$= -\dfrac{c_0}{2}\left[1 - \operatorname{erf}\left(\dfrac{x}{2\sqrt{Dt}}\right)\right] + c_0 = \dfrac{c_0}{2}\left[1 + \operatorname{erf}\left(\dfrac{x}{2\sqrt{Dt}}\right)\right] \tag{13}$$

而式 (11) 轉換回原來的形式，可得

$$C_B = \dfrac{c_0}{2}\operatorname{erfc}\left(\dfrac{-\sqrt{\dfrac{1}{D}}\,x}{2\sqrt{t}}\right) = \dfrac{c_0}{2}\operatorname{erfc}\left(\dfrac{-x}{2\sqrt{Dt}}\right)$$

$$= \dfrac{c_0}{2}\left[1 - \operatorname{erf}\left(-\dfrac{x}{2\sqrt{Dt}}\right)\right] = \dfrac{c_0}{2}\left[1 + \operatorname{erf}\left(\dfrac{x}{2\sqrt{Dt}}\right)\right] \tag{14}$$

所以由式 (13) 與式 (14)，可得式 (15-50) 於全部的 x 之解為

$$c = \frac{c_0}{2}\left[1 + \mathrm{erf}\left(\frac{x}{2\sqrt{Dt}}\right)\right] \tag{15a}$$

或

$$c = \frac{c_0}{2}\left[1 + \frac{2}{\sqrt{\pi}} \int_0^{\frac{x}{2\sqrt{Dt}}} e^{-\beta^2}\, d\beta\right] \tag{15b}$$

附錄九　Planck 的洞穴輻射理論式 (16-11) 之誘導

　　Planck 假定**調和振動體** (harmonic oscillator)，僅能放射或吸收單位量子的能量，$\delta = hv$，之整數倍的能量的光量子，而振動體具有 $\delta, 2\delta, \cdots, n\delta$ 等一連串能量值之一，且於 n 增大時其能量 $n\delta$ 趨近於 kT，其中的 T 為絕對溫度，k 為 Boltgmann 常數。設振動體輻射之可能的能量為 $0, \delta, 2\delta, \cdots, n\delta$，而於單位體積內的其相對之振動體數為 $N_0, N_1, N_2, \cdots, N_n$。

　　依據統計力學，於任何溫度 T 下，具有能量 $n\delta$ 之或然率 p_n，由 Boltzmann 的分佈法則，可表示為

$$p_n = e^{-n\delta/kT} \tag{1a}$$

或

$$N_n = N_0 e^{-n\delta/kT} \tag{1b}$$

於單位體積內之振動體的總數 N，為

$$N = \sum_{n=0}^{\infty} N_n = N_0(1 + e^{-\delta/kT} + e^{-2\delta/kT} + \cdots) = \frac{N_0}{1 - e^{-\delta/kT}} \tag{2}$$

由此，單位體積內的之總能量 ρ，可表示為

$$\rho = \sum_{n=0}^{\infty} N_n \cdot n\delta = N_0(0 + \delta e^{-\delta/kT} + 2\delta \cdot e^{-2\delta/kT} + \cdots)$$
$$= N_0 \delta e^{-\delta/kT}(1 + 2x + 3x^2 + \cdots) \tag{3}$$

上式中，$x = e^{-\delta/kT}$，因 $x < 1$ 時，$1 + 2x + 3x^2 + \cdots = (1-x)^{-2}$，故上式 (3) 可寫成

$$\rho = \frac{N_0 \delta e^{-\delta/kT}}{(1 - e^{-\delta/kT})^2} \tag{4}$$

　　每一振動體之平均能量 $\bar{e}$，由式 (2) 與 (4) 可表示為

$$\bar{\epsilon} = \frac{\rho}{N} = \frac{1 - e^{-\delta/kT}}{N_0} \cdot \frac{N_0 \delta e^{-\delta/kT}}{(1 - e^{-\delta/kT})^2} = \frac{\delta}{e^{\delta/kT} - 1} \tag{5}$$

於 $x \ll 1$ 時，$e^x = 1 + x + x^2 + \cdots$，而於此 $x = \delta/kT$，且 $\delta \ll kT$，所以上式 (5) 可簡化成

$$\bar{\epsilon} = \frac{\delta}{1 + \delta/kT - 1} = kT \tag{6}$$

於單位體積的洞穴內，頻率 v 至 $v+dv$ 範圍之**振動的方式數** (number of modes of oscillation) df ，為

$$df = \frac{8\pi v^2}{c^3} dv \tag{7}$$

整系內之振動體及其波動達成熱平衡時，其每振動體之平均的能量 $\bar{\epsilon}$ ，須等於 kT 。

於單位體積的洞穴內，相當於頻率範圍為 v 至 $v + dv$ 的振動的方式數 df 之能量為

$$\rho_v dv = \bar{\epsilon} df = kT df = \frac{8\pi v^2 kT}{c^3} dv \tag{8}$$

將式 (5) 及 (7) 代入上式，可得

$$\rho_v dv = \bar{\epsilon} df = \frac{hv}{e^{hv/kT}-1} \cdot \frac{8\pi v^2}{c^3} dv = \frac{8\pi v^2}{c^3} \cdot \frac{hv}{e^{hv/kT}-1} dv \tag{16-11}$$

或

$$\rho_\lambda = \frac{8\pi hc}{\lambda^5} \frac{1}{e^{hc/\lambda kT}-1} \tag{16-14}$$

洞穴放射之光譜濃度為 $M_\lambda = \frac{c}{4} \rho_\lambda$，而將式 (16-14) 代入此關係式，可得

$$M_\lambda = \frac{2\pi hc^2}{\lambda^5} \frac{1}{e^{hc/\lambda kT}-1} \tag{16-16b}$$

上式 (16-16b) 對 T 微分，並設 $dM_\lambda/dT = 0$，可得 Wien 的位移法則，即由

$$\frac{dM_\lambda}{dT} = 0 = 2\pi hc^2 \left[\frac{-5}{\lambda^6(e^{hc/\lambda kT}-1)} + \frac{\left(\frac{hc}{\lambda^2 kT}\right)e^{hc/\lambda kT}}{\lambda^5(e^{hc/\lambda kT}-1)^2} \right] \tag{9}$$

或

$$0 = -5 + \frac{hce^{hc/\lambda kT}}{\lambda kT(e^{hc/\lambda kT}-1)} \tag{10}$$

而可得

$$\lambda_{max} = \frac{hce^{hc/\lambda_{max}kT}}{5kT(e^{hc/\lambda_{max}kT}-1)} \tag{11}$$

由於 $(e^{hc/\lambda_{max}kT}-1) \doteqdot e^{hc/\lambda_{max}kT}$，並將此關係代入上式，可得

$$\lambda_{max} = \frac{hc}{5kT} \tag{12}$$

附錄十　Compton 效應

　　光子 $h\nu$ 衝擊石墨的原子(C)內之電子時，其一部分的能量傳遞給予電子，並於與入射光子成角度 θ 的方向，散射能量 $h\nu'$ 的光子，而獲得能量的速度 υ 的電子，同時以與入射光子的方向成角度 ϕ 的方向射出，此種能量的轉移交換，稱為 Compton 效應，如下圖所示

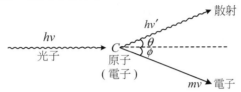

Compton 曾使用 20 KeV 的短 X-射線，撞擊碳(C)及其他的較輕元素，並用 diffracting crystal 與光譜計量測，其所產生的散射輻射線的波長，而發現其中的一部分之波長，較入射的輻射線者長。

　　速度 υ 之電子的質量 m，由相對論可用下式，表示為

$$m = \frac{m_0}{(1-\upsilon^2/c^2)^{1/2}} = \frac{m_0}{(1-\beta^2)^{1/2}} \tag{1}$$

其中的 m_0 為電子之靜態質量，c 為光速，$\beta = \upsilon/c$。

　　對於 Compton 效應，由能量之守恆，可寫成

$$h\nu + m_0 c^2 = h\nu' + mc^2 = h\nu' + \frac{m_0 c^2}{(1-\upsilon^2/c^2)^{1/2}} \tag{2}$$

於 x 與 y 坐標軸的方向之其各動量 (momentum) 的守恆，可分別表示為

$$x\text{ 方向：} \quad \frac{h\nu}{c} = \frac{h\nu'}{c}\cos\theta + m\upsilon\cos\phi \tag{3}$$

$$y\text{ 方向：} \quad 0 = \frac{h\nu'}{c}\sin\theta - m\upsilon\sin\phi \tag{4}$$

將式 (1) 代入上式 (3)，可改寫成

$$\frac{m_0\upsilon}{(1-\beta^2)^{1/2}}\cos\phi = \frac{h\nu}{c} - \frac{h\nu'}{c}\cos\theta \tag{3'}$$

上式的兩邊各平方，可得

$$\frac{m_0^2\upsilon^2}{1-\beta^2}\cos^2\phi = \left(\frac{h\nu}{c}\right)^2 + \left(\frac{h\nu'}{c}\right)^2\cos^2\theta - 2\left(\frac{h\nu}{c}\right)\left(\frac{h\nu'}{c}\right)\cos\theta \tag{5}$$

將式 (1) 代入式 (4)，並移項後其兩邊各平方，可得

$$\frac{m_0^2 \upsilon^2}{1-\beta^2}\sin^2\phi = \left(\frac{h\nu'}{c}\right)^2 \sin^2\theta \tag{6}$$

式 (5) 與式 (6) 相加，並代入 $\lambda = \dfrac{c}{\nu}$ 的關係，可得

$$\frac{m_0^2 \upsilon^2}{1-\beta^2} = \left(\frac{h}{\lambda}\right)^2 + \left(\frac{h}{\lambda'}\right)^2 - 2\frac{h^2}{\lambda\lambda'}\cos\theta \tag{7}$$

由式 (2) 可得

$$h\nu - h\nu' + m_0 c^2 = \frac{m_0 c^2}{(1-\beta^2)^{1/2}} \tag{8}$$

上式(8)之兩邊各平方，可得

$$(h\nu)^2 + (h\nu')^2 + (m_0 c^2)^2 + 2m_0 c^2 h\nu - 2m_0 c^2 h\nu' - 2h^2\nu\nu' = \frac{m_0^2 c^4}{1-\beta^2} \tag{9}$$

上式的各項均各除以 c^2，得

$$\left(\frac{h\nu}{c}\right)^2 + \left(\frac{h\nu'}{c}\right) + m_0^2 c^2 + 2m_0 h(\nu - \nu') - 2h^2\frac{\nu\nu'}{c^2} = \frac{m_0^2 c^2}{1-\beta^2} \tag{10}$$

於上式的各項，代入 $\lambda = \dfrac{c}{\nu}$ 的關係，得

$$\left(\frac{h}{\lambda}\right)^2 + \left(\frac{h}{\lambda'}\right)^2 + 2m_0 hc\left(\frac{1}{\lambda} - \frac{1}{\lambda'}\right) - 2h^2\frac{1}{\lambda\lambda'} = m_0^2 c^2\left(\frac{1}{1-\beta^2} - 1\right)$$

$$= \frac{\beta^2 m_0^2 c^2}{1-\beta^2} = \frac{m_0^2 \upsilon^2}{1-\beta^2} \tag{11}$$

由式 (9) 與式 (11) 相加，可得

$$2\frac{h^2}{\lambda\lambda'}\cos\theta + 2m_0 hc\left(\frac{1}{\lambda} - \frac{1}{\lambda'}\right) - 2h^2\frac{1}{\lambda\lambda'} = 0 \tag{12}$$

上式 (12) 除以 $2h$，並經整理可寫成

$$m_0 c\frac{\lambda' - \lambda}{\lambda\lambda'} = \frac{h}{\lambda\lambda'}(1 - \cos\theta) \tag{13}$$

或

$$\lambda' - \lambda = \Delta\lambda = \frac{h}{m_0 c}(1 - \cos\theta) \tag{15-46}$$

附錄十一　式 (16-113)，$m\dfrac{d^2x}{dt^2}=-kx$，之解

速度可表示為，$v=\dfrac{dx}{dt}$，而 $\dfrac{d^2x}{dt^2}=\dfrac{dv}{dt}=\left(\dfrac{dv}{dx}\right)\left(\dfrac{dx}{dt}\right)=v\left(\dfrac{dv}{dx}\right)$，將此關係式代入式 (16-113)，可得

$$v\left(\frac{dv}{dx}\right)+\left(\frac{k}{m}\right)x=0 \tag{1}$$

上式經積分，可得

$$v^2+\left(\frac{k}{m}\right)x^2=\text{const} \tag{2}$$

振動子於振動至其極限位置即 $x=a$ 時，其動能減為零，而此時其速度 $v=0$，將此關係代入上式，可得式 (2) 之積分常數為

$$\text{const}=\left(\frac{k}{m}\right)a^2$$

將此積分常數代入式 (2)，可寫成

$$v^2=\left(\frac{dx}{dt}\right)^2=\frac{k}{m}(a^2-x^2) \tag{3}$$

或

$$v=\frac{dx}{dt}=\left[\frac{k}{m}(a^2-x^2)\right]^{1/2} \tag{4}$$

上式 (4) 可改寫成

$$\frac{dx}{(a^2-x^2)^{1/2}}=\left(\frac{k}{m}\right)^{1/2}dt \tag{5}$$

而上式 (5) 經積分可得

$$\sin^{-1}\frac{x}{a}=\left(\frac{k}{m}\right)^{1/2}t+\text{const}' \tag{6}$$

由**初條件** (initial condition)，$t = 0$ 時 $x = 0$，可得上式 (6) 之積分常數 const$'= 0$，所以上式 (6) 可寫成

$$x = a \sin\left(\frac{k}{m}\right)^{1/2} t \tag{7}$$

設 $(k/m)^{1/2} = 2\pi v_0$，其中的 v_0 為振動之頻率，則上式 (7) 可寫成

$$x = a \sin 2\pi v_0 t \tag{16-114}$$

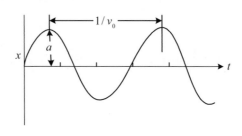

附錄十二　Laplacian 運算子，$\frac{\partial^2}{\partial x^2}+\frac{\partial^2}{\partial y^2}+\frac{\partial^2}{\partial z^2}$，由直角坐標轉換成球面極坐標的式 (16-148)

點 P 之位置，可用直角坐標 (x,y,z) 或極坐標 (r,θ,ϕ) 表示，如圖 A12-1 所示，其間的關係為

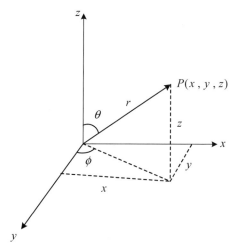

圖 A12-1

$$x = r\sin\theta\sin\phi \tag{1}$$

$$y = r\sin\theta\cos\phi \tag{2}$$

$$z = r\cos\theta \tag{3}$$

其中

$$r = (x^2 + y^2 + z^2)^{1/2} \tag{4}$$

而

$$\frac{x}{y} = \tan\phi, \quad 或 \quad \phi = \tan^{-1}\left(\frac{x}{y}\right) \tag{5}$$

$$x^2 + y^2 = r^2\sin^2\theta \tag{6}$$

$$\frac{x^2 + y^2}{z^2} = \tan^2\theta, \quad 或 \quad \theta = \tan^{-1}\left(\frac{x^2 + y^2}{z^2}\right)^{1/2} \tag{7}$$

由式 (4)對 x 偏微分，可得

$$\frac{\partial r}{\partial x} = \frac{1}{2}(x^2 + y^2 + z^2)^{-1/2}(2x) = \frac{x}{r} = \sin\theta\sin\phi \tag{8}$$

由式 (7) 對 x 偏微分，可得

$$\frac{\partial\theta}{\partial x} = 1 + \frac{1}{(x^2 + y^2)/z^2}\frac{1}{2}\left(\frac{x^2 + y^2}{z^2}\right)^{-1/2}\frac{2x}{z^2} = \frac{\cos\theta\sin\phi}{r} \tag{9}$$

由式 (5) 對 x 偏微分，可得

$$\frac{\partial\phi}{\partial x} = \frac{1}{1 + x^2/y^2}\frac{1}{y} = \frac{\cos\phi}{r\sin\theta} \tag{10}$$

上面的各式同樣，分別對於 y 及 z 偏微分，可得下列的各關係式，爲

$$\frac{\partial r}{\partial y} = \sin\theta\cos\phi, \quad \frac{\partial\theta}{\partial y} = \frac{\cos\theta\cos\phi}{r}, \quad \frac{\partial\phi}{\partial y} = -\frac{\sin\phi}{r\sin\theta} \tag{11}$$

$$\frac{\partial r}{\partial z} = \cos\theta, \quad \frac{\partial\theta}{\partial z} = -\frac{\sin\theta}{r}, \quad \frac{\partial\phi}{\partial z} = 0 \tag{12}$$

假設各組坐標之函數變量用 V 表示，則其對於 x 之第一級偏微分，可表示爲

$$\frac{\partial V}{\partial x} = \frac{\partial V}{\partial r}\frac{\partial r}{\partial x} + \frac{\partial V}{\partial\theta}\frac{\partial\theta}{\partial x} + \frac{\partial V}{\partial\phi}\frac{\partial\phi}{\partial x}$$

$$= \sin\theta\sin\phi\frac{\partial V}{\partial r} + \frac{\cos\theta\sin\phi}{r}\frac{\partial V}{\partial\theta} + \frac{\cos\phi}{r\sin\theta}\frac{\partial V}{\partial\phi} \tag{13}$$

同樣對於 y 及 z 之第一級偏微分，可分別表示爲

$$\frac{\partial V}{\partial y} = \sin\theta\cos\phi\frac{\partial V}{\partial r} + \frac{\cos\theta\cos\phi}{r}\frac{\partial V}{\partial\theta} - \frac{\sin\phi}{r\sin\theta}\frac{\partial V}{\partial\theta} \tag{14}$$

及

$$\frac{\partial V}{\partial z} = \cos\theta\frac{\partial V}{\partial r} - \frac{\sin\theta}{r}\frac{\partial V}{\partial\theta} \tag{15}$$

對於式 (13)，其第二級導數為

$$\frac{\partial^2 V}{\partial x^2}=\frac{\partial}{\partial x}\left(\frac{\partial V}{\partial x}\right)$$

$$=\sin\theta\sin\phi\frac{\partial}{\partial r}\left(\frac{\partial V}{\partial x}\right)+\frac{\cos\theta\sin\phi}{r}\frac{\partial}{\partial\theta}\left(\frac{\partial V}{\partial x}\right)+\frac{\cos\phi}{r\sin\theta}\frac{\partial}{\partial\phi}\left(\frac{\partial V}{\partial x}\right)$$

$$=\sin\theta\sin\phi\left\{\sin\theta\sin\phi\frac{\partial^2 V}{\partial r^2}+\frac{\cos\theta\sin\phi}{r}\frac{\partial^2 V}{\partial r\partial\theta}-\frac{\cos\theta\sin\phi}{r^2}\frac{\partial V}{\partial\theta}\right.$$

$$\left.+\frac{\cos\phi}{r\sin\theta}\frac{\partial^2 V}{\partial r\partial\phi}-\frac{\cos\phi}{r^2\sin\theta}\frac{\partial V}{\partial\phi}\right\}$$

$$+\frac{\cos\theta\sin\phi}{r}\left\{\sin\theta\sin\phi\frac{\partial^2 V}{\partial r\partial\theta}+\cos\theta\sin\phi\frac{\partial V}{\partial r}+\frac{\cos\theta\sin\phi}{r}\frac{\partial^2 V}{\partial\theta^2}\right.$$

$$\left.-\frac{\sin\theta\sin\phi}{r}\frac{\partial V}{\partial\theta}+\frac{\cos\phi}{r\sin\theta}\frac{\partial^2 V}{\partial\phi\partial\theta}-\frac{\cos\theta\cos\phi}{r\sin^2\theta}\frac{\partial V}{\partial\phi}\right\}$$

$$+\frac{\cos\phi}{r\sin\theta}\left\{\sin\theta\sin\phi\frac{\partial^2 V}{\partial r\partial\phi}+\sin\theta\cos\phi\frac{\partial V}{\partial r}+\frac{\cos\theta\sin\phi}{r}\frac{\partial^2 V}{\partial\phi\partial\theta}\right.$$

$$\left.+\frac{\cos\theta\cos\phi}{r}\frac{\partial V}{\partial\theta}+\frac{\cos\phi}{r\sin\theta}\frac{\partial^2 V}{\partial\phi^2}-\frac{\sin\phi}{r\sin\theta}\frac{\partial V}{\partial\phi}\right\} \qquad (16)$$

以相同的方法，可得對於式(14)及(15)之第二級導數為，$\frac{\partial^2 V}{\partial y^2}$ 及 $\frac{\partial^2 V}{\partial z^2}$。將這些第二級相加可發現，$\frac{\partial^2 V}{\partial r\partial\theta},\frac{\partial^2 V}{\partial r\partial\phi},\frac{\partial^2 V}{\partial\theta\partial\phi}$ 及 $\frac{\partial V}{\partial\phi}$ 之係數均為零。由此，可得

$$\frac{\partial^2 V}{\partial x^2}+\frac{\partial^2 V}{\partial y^2}+\frac{\partial^2 V}{\partial z^2}=\frac{\partial^2 V}{\partial r^2}+\frac{2}{r}\frac{\partial V}{\partial r}+\frac{1}{r^2}\frac{\partial^2 V}{\partial\theta^2}+\frac{\cot\theta}{r^2}\frac{\partial V}{\partial\theta}+\frac{1}{r^2\sin^2\theta}\frac{\partial^2 V}{\partial\phi^2} \qquad (17)$$

且上式的右邊中的第 3 與第 4 項的和為

$$\frac{1}{r^2}\frac{\partial^2 V}{\partial\theta^2}+\frac{\cot\theta}{r^2}\frac{\partial V}{\partial\theta}=\frac{1}{r^2\sin\theta}\left(\sin\theta\frac{\partial^2 V}{\partial\theta^2}+\cos\theta\frac{\partial V}{\partial\theta}\right)=\frac{1}{r^2\sin\theta}\frac{\partial}{\partial\theta}\left(\sin\theta\frac{\partial V}{\partial\theta}\right) \qquad (18)$$

將上式 (18) 代入式 (17)，可得

$$\frac{\partial^2}{\partial x^2}+\frac{\partial^2}{\partial y^2}+\frac{\partial^2}{\partial z^2}=\frac{\partial^2}{\partial r^2}+\frac{2}{r}\frac{\partial}{\partial r}+\frac{1}{r^2\sin\theta}\frac{\partial}{\partial\theta}\left(\sin\theta\frac{\partial}{\partial\theta}\right)+\frac{1}{r^2\sin^2\theta}\frac{\partial^2}{\partial\phi^2} \qquad (19)$$

上式(19)即為，所求的球面極坐標之 Laplacian 運算子。

因為

$$\frac{\partial^2(rV)}{\partial r^2} = \frac{\partial}{\partial r}\left[\frac{\partial(rV)}{\partial r}\right] = \frac{\partial}{\partial r}\left(r\frac{\partial V}{\partial r} + V\right) = r\frac{\partial^2 V}{\partial r^2} + 2\frac{\partial V}{\partial r} \tag{20}$$

將上式 (20) 代入式 (19)，可得另一有用的形式為

$$\frac{\partial^2 V}{\partial x^2} + \frac{\partial^2 V}{\partial y^2} + \frac{\partial^2 V}{\partial z^2} = \frac{1}{r}\frac{\partial^2(rV)}{\partial r^2} + \frac{1}{r^2\sin\theta}\frac{\partial}{\partial\theta}\left(\sin\theta\frac{\partial V}{\partial\theta}\right) + \frac{1}{r^2\sin^2\theta}\frac{\partial^2 V}{\partial\phi^2} \tag{21}$$

附錄十三　核種表(Tables of Nuclides)

註：此表係轉載自 Gerhart Friedlander, Joseph W. Kennedy, Julian Malcolm Miller "Nuclear and Radiochemistry" 2nd ed. (1964) P.533~566 (Appendix E)

　　第一列為各種核種之化學符號(chemical symbol)，其右上角的數字表示質量數(mass number)，左下角的數字表示原子序(atomic number)。若某 Z 與 A 的核種，有二以上之勵激的異性核的狀態(excited isomeric states)，則按照其勵激的能量的增加順序，依序以 $m_1, m_2,$ ……等表示。

　　第二列為各種核種於自然界存在之百分率。

　　第三列為各種核種之同位素的質量(isotopic mass)(以 C^{12} 的 scale 表示)。

　　第四列為直接量測的各種核種之核旋轉(nuclear spins)

　　第五列為各種核種之半衰期(half lives)，其中的 y 代表年(years)，d 代表日(days)，h 代表時(hours)，m 代表分(minutes)，s 代表秒(seconds)

　　第六列為各種核種之衰變的模式(modes of decay)，其於衰變時所放射的放射線(radiations emitted)及其能量，及其各種衰變的符號為

α	α 衰變(alpha decay)
β^-	β^-衰變[negatron (negative beta) decay]
β^+	β^+衰變[positron (positive beta) decay]
EC	電子捕獲(electron capture)
IT	異性核的轉移(isomeric transition)
SF	自發的分裂(spontaneous fission)
γ	γ 射線(gamma rays)
e^-	內部的轉換電子(internal-conversion electrons)
n	中子(neutrons)

對於異性核的轉移，有時會標示其內部的轉換係數(internal conversion coefficients)之大略的數值，如

$\gamma(e^-)$：表示內部的轉換係數 $\alpha = e^- / \gamma < 0.1$

γe^- ：表示內部的轉換係數 $0.1 < \alpha < 1$

$e^-\gamma$ ：表示內部的轉換係數 $1 < \alpha < 10$

$e^-(\gamma)$：表示內部的轉換係數 $\alpha > 10$

例如，Zn^{69m} 的 $IT\gamma(e^-)0.44$，表示其原子核發生異性核的轉移時，其大部分放射無轉換的 0.44 MeV 之 γ-rays，而產生內部的轉換電子之轉換係數 $\alpha < 0.1$。

Nuelide	Per Cent Abundance	Nuclidic Mass	Spin	Half-life	Decay Modes, Radiations, Energies
$_0n^1$		1.0086654	1/2	12.8m	β^- 0.782
$_1H^1$	99.9844~99.9857	1.0078252	1/2		
H^2	0.0133~0.0156	2.0141022	1		
H^3		3.0160494	1/2	12.26y	β^- 0.0186
$_2He^3$	1.3×10^{-4} (atm) 1.7×10^{-5} (well)	3.0160299	1/2		
He^4	~100	4.0026036	0		
He^6		6.01890	0	0.82s	β^- 3.51
$_3Li^6$	7.42	6.015126	1		
Li^7	92.58	7.016005	3/2		
Li^8		8.022488		0.84s	β^- 13; 2α
Li^9		9.028		0.17s	β^- ~8; n; 2α
$_4Be^7$		7.016931		53.6d	EC; γ 0.477
Be^8		8.005308		10^{-15}s	2α 0.047
Be^9	100	9.012186	3/2		
Be^{10}		10.013535		2.5×10^6y	β^- 0.555
Be^{11}		11.02166		13.6s	β^- 11.5, 9.3
$_5B^8$		8.024612		0.78s	β^+ 13.7; 2α
B^{10}	19.61	10.012939	3		
B^{11}	80.39	11.0093051	3/2		
B^{12}		12.014353		0.020s	β^- 13.37; (α, γ)
B^{13}		13.017779		~ 0.035s	β^-
$_6C^{10}$		10.01683		19.1s	β^+ 2.1; γ 0.72
C^{11}		11.011433	3/2	20.4m	β^+ 0.99
C^{12}	98.893	12.000000	0		
C^{13}	1.107	13.003354	1/2		
C^{14}		14.0032419	0	5,720y	β^- 0.155
C^{15}		15.010600		2.4s	β^- 451.982, γ 5.30
C^{16}		16.01470		0.74s	β^-; n
$_7N^{12}$		12.01871		0.011s	β^+ 16.6; (3α)
N^{13}		13.005739	1/2	10.0m	β^+ 1.19
N^{14}	99.634	14.0030744	1		
N^{15}	0.386	15.000108	1/2		
N^{16}		16.00609		71.38s	β^- 4.26, 10.4, 3.3; γ 6.13 (others)

Nuelide	Per Cent Abundance	Nuclidic Mass	Spin	Half-life	Decay Modes, Radiations, Energies
N^{17}		17.00845		4.14s	β^- 3.7; n 0.9
$_8O^{14}$		14.008597		72s	β^+ 1.83; $^+$2.3
O^{15}		15.003072	1/2	2.0m	β^+ 1.72
O^{16}	99.759	15.9949149	0		
O^{17}	0.0374	16.999133	5/2		
O^{18}	0.2039	17.9991598	0		
O^{19}		19.003577		29.4s	β^- 3.25, 4.60; γ 0.20(m), 1.37
O^{20}		20.00407		13.6s	β^- 2.69; γ 1.06
$_9F^{17}$		17.002098		66s	β^+ 1.75
F^{18}		18.000950		110m	β^+ 0.649
F^{19}	100	18.998405	1/2		
F^{20}		19.999985		11.5s	β^- 5.41; γ 1.63
F^{21}		20.99997		4.32s	β^- 6.1, 4.4, 5.8; γ 0.35, 1.39
$_{10}Ne^{18}$		18.00572		1.5s	β^+ 3.2; (γ)
Ne^{19}		19.001892		17s	β^+ 2.24
Ne^{20}	90.92	19.9924494	0		
Ne^{21}	0.257	20.993849	3/2		
Ne^{22}	8.82	21.991385	0		
Ne^{23}		22.994475		38s	β^- 4.39, 3.95; γ 0.438 (others)
Ne^{24}		23.99366		3.4m	β^- 1.98; γ 0.472 (m), (0.878)
$_{11}Na^{20}$		20.0089		0.38s	β^+; $\alpha > 2$
Na^{21}		20.99764		22s	β^+ 2.51; (γ)
Na^{22}		21.994435	3	2.58y	β^+ 0.544; EC; γ 1.274
Na^{23}	100	22.989773	3/2		
Na^{24}		23.990967	4	15.0h	β^- 1.39; γ 1.368, 2.753
Na^{24m}				0.02s	IT 0.472; $\beta^- \sim$ 6
Na^{25}		24.9899		60s	β^- 3.8, 2.8; γ 0.98, 0.58, 0.40
Na^{26}		25.9917		1.0s	β^- 6.7, γ 1.82
$_{12}Mg^{22}$				3.9s	β^+; γ 0.074, 0.59
Mg^{23}		22.99414		12s	β^+ 3.09 (2.64); $(\gamma$ 0.44)
Mg^{24}	78.70	23.985045	0		
Mg^{25}	10.13	24.985840	5/2		
Mg^{26}	11.17	25.982591	0		
Mg^{27}		26.984345		9.5m	β^- 1.75, 1.59; γ 0.834, 1.015 (others)
Mg^{28}		27.98388		21.3h	β^- 0.46; γ 0.032, 1.35, 0.40, 0.95

Nuclide	Per Cent Abundance	Nuclidic Mass	Spin	Half-life	Decay Modes, Radiations, Energies
$_{13}Al^{24}$		24.0001		2.1s	β^+ 8.7, 4.5; γ 1.39, 2.73, 4.22 (others)
Al^{25}		24.99041		7.3s	β^+ 3.24; (γ)
Al^{26}		25.986900	5	7.4×10^5y	β^+ 1.16; (EC); γ 1.83(others)
Al^{26m}			0	6.4s	β^+ 3.21
Al^{27}	100	26.981535	5/2		
Al^{28}		27.981908		2.3m	β^- 2.87; γ 1.78
Al^{29}		28.98044		6.6m	β^- 2.5, 1.3; γ 1.28, 2.43
Al^{30}		29.9812		3.3s	β^- 5.05; γ 2.26, 3.52
$_{14}Si^{26}$		25.9923		2.1s	β^+ 3.76, 2.94; γ 0.82
Si^{27}		26.98670		4.2s	β^+ 3.85; (γ)
Si^{28}	92.21	27.976927	0		
Si^{29}	4.70	28.976491	1/2		
Si^{30}	3.09	29.973761	0		
Si^{31}		30.975349		2.62h	β^- 1.48; (γ)
Si^{32}		31.97402		710y	$\beta^- \sim 0.1$
$_{15}P^{28}$		27.9917		0.28s	β^+ 10.6, others; γ 1.8~7.6
P^{29}		28.98182		4.3s	β^+ 3.95; (γ)
P^{30}		29.97832		2.50m	β^+ 3.24; (γ)
P^{31}	100	30.973763	1/2		
P^{32}		31.973908	1	14.3d	β^- 1.71
P^{33}				25d	β^- 0.24
P^{34}		33.9733		12.4s	β^- 5.1, 3.0; γ 2.1
$_{16}S^{30}$		29.9847		1.4s	β^+ 4.30, 4.98; γ 0.68
S^{31}		30.97960		2.6s	β^+ 4.39; (γ)
S^{32}	95.0	31.972074	0		
S^{33}	0.760	32.971460	3/2		
S^{34}	4.22	33.967864	0		
S^{35}		34.969034	3/2	87d	β^- 0.167
S^{36}	0.014	35.96709	0		
S^{37}		36.9710		5.1m	β^- 1.6, 4.8; γ 3.1
S^{38}		37.9712		2.87h	β^- 1.1; γ 1.88
$_{17}Cl^{32}$		31.9860		0.31s	β^+ 9.5, 5, 8.2; γ 2.2, 4.8 (others)
Cl^{33}		32.97745		2.6s	β^+ 4.5; (γ)
Cl^{34}		33.97376		1.6s	β^+ 4.4

Nuelide	Per Cent Abundance	Nuclidic Mass	Spin	Half-life	Decay Modes, Radiations, Energies
Cl^{34m}				32.4m	β^+ 2.41, 1.24; IT γe^- 0.145; γ 2.14, 3.32, 1.16
Cl^{35}	75.56	34.968854	3/2		
Cl^{36}		35.96831	2	3.0×10^3y	β^- 0.714; (EC); (β^+)
Cl^{37}	24.47	36.965896	3/2		
Cl^{38}		37.96800		37.3m	β^- 4.81, 1.11, 2.77; γ 2.15, 1.60
Cl^{38m}				1s	IT γ 0.66
Cl^{39}		38.96800		56m	β^- 1.91 (others); γ 1.27, 0.25, 1.52
Cl^{40}		39.9704		1.4m	$\beta^- \sim 3.2, \sim 7.5$; γ 1.46, 2.75, 6.0
$_{18}Ar^{35}$		34.97528		1.84s	β^+ 4.95; (γ)
Ar^{36}	0.337	35.967548	0		
Ar^{37}		36.966772	3/2	35.0d	EC
Ar^{38}	0.063	37.962725	0		
Ar^{39}		38.96432		270y	β^- 0.565
Ar^{40}	99.600	39.962384	0		
Ar^{41}		40.96451		1.83h	β^- 1.20; γ 1.29
Ar^{42}		41.96304		34y	β^-
$_{19}K^{37}$		36.97336		1.2s	β^+ 5.1
K^{38}		37.96909		7.7m	β^+ 2.68; γ 2.16
K^{38m}				0.95s	β^+ 5.0
K^{39}	93.10	38.963714	3/2		
K^{40}	0.0118	39.964008	4	1.27×10^9y	β^- 1.32; EC; γ 1.46; (β^+)
K^{41}	6.88	40.961835	3/2		
K^{42}		41.96242	2	12.36h	β^- 3.55, 1.98; γ 1.52
K^{43}		42.96073	3/2	22.4h	β^- 0.83 (others); γ 0.619, 0.374 (others)
K^{44}		43.9620		22m	β^- 2.63, 4.9; γ 1.16, others
$K^{45?}$				34m	β^-
$_{20}Ca^{38}$		37.9758		0.66s	β^+; γ 3.5
Ca^{39}		38.97071		0.88s	β^+ 5.5
Ca^{40}	96.97	39.962589	0		
Ca^{41}		40.96228	7/2	1.1×10^5y	EC
Ca^{42}	0.64	41.958628			
Ca^{43}	0.145	42.958780	7/2		
Ca^{44}	2.06	43.955490			
Ca^{45}		44.956189		165d	β^- 0.255
Ca^{46}	0.0033	45.95369			

Nuelide	Per Cent Abundance	Nuclidic Mass	Spin	Half-life	Decay Modes, Radiations, Energies
Ca^{47}		46.95451		4.5d	β^- 1.94, 0.66; γ 1.31 (others)
Ca^{48}	0.185	47.95236			
Ca^{49}		48.95566		8.8m	β^- 1.95, 0.89; γ 3.10, 4.05
$_{21}Sc^{40}$		39.9775		0.2s	β^+ 9.2; γ 3.75
Sc^{41}		40.96925		0.55s	β^+ 5.6
Sc^{42}		41.96551		0.68s	β^+ 5.4
Sc^{42m}		41.96623		62s	β^+ 2.87; γ 0.44, 1.23, 1.52
Sc^{43}		42.96116	7/2	3.9h	β^+ 1.18, 0.82; EC; γ 0.37
Sc^{44}		43.95941	2	3.9h	β^+ 1.47; γ 1.16 (others); (EC)
Sc^{44m}		43.95970	6	2.44d	IT γe^- 0.27; (EC; γ)
Sc^{45}	100	44.955919	7/2		
Sc^{46}		45.95517	4	84d	β^- 0.357; γ 1.119, 0.887
Sc^{46m}		45.95532		20s	IT γe^- 0.142
Sc^{47}		46.95240		3.44d	β^- 0.44, 0.60; γ 0.160
Sc^{48}		47.95223		1.83d	β^- 0.65; γ 1.04, 1.31, 0.99, (0.18)
Sc^{49}		48.95002		57m	β^- 2.0; (γ)
Sc^{50}		49.9516		1.8m	$\beta^- \sim$ 3.5; γ 1.17, 1.59, 0.51
Sc^{50m}				0.35s	IT γ 0.26
$_{22}Ti^{43}$		42.96850		0.6s	β^+ 5.8
Ti^{44}		43.95957		$\sim$ 50y	EC (to 3.9h Sc^{44}); γ 0.068, 0.078
Ti^{45}		44.95813	7/2	3.08h	β^+ 1.02; EC; (γ)
Ti^{45m}				0.006s	IT 0.28
Ti^{46}	7.93	45.952633			
Ti^{47}	7.28	46.95176	5/2		
Ti^{48}	73.94	47.947948			
Ti^{49}	5.51	48.947867	7/2		
Ti^{50}	5.34	49.944789			
Ti^{51}		50.94662		5.9m	β^- 2.14; γ 0.32 (others)
Ti^{52}				12m	β^-
$_{23}V^{46?}$		45.96023		0.4s	β^+ 6.05
V^{47}		46.95489		31m	β^+ 1.89; (γ)
V^{48}		47.95226		16.1d	β^+ 0.69; EC; γ 1.31, 0.99, 0.95, 2.23
V^{49}		48.94852	7/2	330d	EC
V^{50}	0.24	49.947165	6	6×10^{15}y	β^- 0.4; EC; γ 0.78, 1.59
V^{51}	99.78	50.943978	7/2		

Nuelide	Per Cent Abundance	Nuclidic Mass	Spin	Half-life	Decay Modes, Radiations, Energies
V^{52}		51.94480		3.77m	β^- 2.6; γ 1.44
V^{53}		52.94337		2m	β^- 2.5; γ 1.00, (1.29)
V^{54}				55s	β^- 3.3; γ 0.84, 0.99, 2.2
$_{24}Cr^{46?}$				1.1s	β^+
Cr^{48}		47.9538		23h	EC; γ 0.116, 0.305 (m)
Cr^{49}		48.95127		41.7m	β^+ 1.54, 1.39, 1.46; γ 0.089, 0.063, 0.15; (EC)
Cr^{50}	4.31	49.946051			
Cr^{51}		50.944786	7/2	27.8d	EC; (γ 0.32)
Cr^{52}	83.76	51.940514			
Cr^{53}	9.55	52.940651	3/2		
Cr^{54}	2.38	53.938879			
Cr^{55}		54.9411		3.5m	β^- 2.85
Cr^{56}		55.9406		5.9m	β^- 1.50; γ 0.026, 0.083
$_{25}Mn^{50}$		49.9540		0.28s	β^+ 6.58
Mn^{50}				2.0m	β^+; γ 0.66~1.45
Mn^{51}		50.94820		45m	β^+ 2.2; (γ)
Mn^{52}		51.94556	6	5.7d	EC; β^+ 0.57; γ 0.747, 0.938, 1.434 (others)
Mn^{52m}		51.94597		21m	β^+ 2.63; γ 1.43 (others?); (IT 0.38)
Mn^{53}		52.94129	7/2	~ 2×10^{6}y	EC
Mn^{54}		53.94036	3	280d	EC; γ 0.835
Mn^{55}	100	54.938054	5/2		
Mn^{56}		55.93891	3	2.58h	β^- 2.84; 1.03, 0.72; γ 0.85, 1.81, 2.12 (others)
Mn^{57}		56.9383		1.7m	β^- 2.6; γ 0.12, 0.13
Mn^{58}				1.1m	β^-; γ 0.36~2.8
$_{25}Fe^{52}$		51.94812		8.3h	β^+ 0.80, EC (both to Mn^{52m}); γ 0.17
Fe^{53}		52.94558		8.9m	β^+ 2.8, 2.4, 1.6; γ 0.38 (others)
Fe^{54}	5.82	53.93962			
Fe^{55}		54.938302		2.60y	EC
Fe^{56}	91.66	55.93493			
Fe^{57}	2.19	56.93539	1/2		
Fe^{58}	0.33	57.93327			
Fe^{59}		58.93487		45d	β^- 0.46, 0.27; γ 1.10, 1.29 (others)
Fe^{60}				~ 1×10^{5}y	β^- 0.14 (to Co^{60m}); γ 0.027

Nuclide	Per Cent Abundance	Nuclidic Mass	Spin	Half-life	Decay Modes, Radiations, Energies
Fe^{61}				6.0m	β^- 2.8; γ 0.29
$_{27}Co^{54}$		53.9484		0.19s	β^+ 7.34
Co^{54m}				1.5m	β^+ 4.5; γ 0.41, 1.1, 1.4
Co^{55}		54.94202	7/2	18h	β^+ 1.50, 1.03; EC; γ 0.94, 1.41, 0.48, (0.25)
Co^{56}		55.93987	4	77d	EC; β^+ 1.46; γ 0.845, 1.24, others 0.98~3.5
Co^{57}		56.93629	7/2	270d	EC; $\gamma(e^-)$ 0.122, $e^-(\gamma)$ 0.0144(m), (γ 0.136)
Co^{58}		57.93575		71d	EC; β^+ 0.48; γ 0.81 (others)
Co^{58m}		57.93578		9.0h	IT $e^-(\gamma)$ 0.025
Co^{59}	100	58.933189	7/2		
Co^{60}		59.93381	5	5.26y	β^- 0.32; γ 1.173, 1.333
Co^{60m}		59.93387		10.5m	IT $e^-(\gamma)$ 0.059; (β^-)
Co^{61}		60.93243		1.65h	β^- 1.22; γ 0.07
Co^{62}		61.93395		13.9m	β^- 2.88, 0.88; γ 1.17, others
Co^{62}				1.7m	β^- ; γ
Co^{63}				1.4h	β^- ; γ
Co^{63}				52s	β^- 3.6
Co^{64}				7.8m	β^- , γ 0.66, 0.97, 1.34 (others)
Co^{64m}				2m	γ
$_{28}Ni^{56}$				6.1d	EC; γ 0.164, 0.820, 0.755, 0.27, 0.48, 1.57 (others)
Ni^{57}		56.93976		37h	EC; β^+ 0.85 (others); γ 1.37, 0.13, 1.90 (others)
Ni^{58}	67.88	57.93534			
Ni^{59}		58.934344		8×10^4y	EC
Ni^{60}	26.23	59.93078			
Ni^{61}	1.19	60.93105	3/2		
Ni^{62}	3.66	61.92835			
Ni^{63}		62.92967		92y	β^- 0.067
Ni^{64}	1.08	63.92796			
Ni^{65}		64.93004		2.56h	β^- 2.10, 0.60, 1.01; γ 1.46, 1.11, 0.37 (others)
Ni^{66}		65.92909		55h	β^- 0.20
$_{29}Cu^{58}$		57.94447		3.2s	β^+ 7.48, 4.6; γ 1.45, 2.9
Cu^{59}		58.93950		81s	β^+ 3.7 (others); γ 1.31, 0.87, others

Nuelide	Per Cent Abundance	Nuclidic Mass	Spin	Half-life	Decay Modes, Radiations, Energies
Cu^{60}		59.93738	2	24m	β^+ 2.00, 3.00, 3.9; (EC); γ 1.33, 1.76, 0.85 (others)
Cu^{61}		60.93344	3/2	3.32h	β^+ 1.22 (others); EC; γ 0.28, 0.66 (others)
Cu^{62}		61.93256	1	9.9m	β^+ 2.91; (EC); (γ)
Cu^{63}	69.09	62.92959	3/2		
Cu^{64}		63.92976	1	12.8h	EC; β^- 0.573; β^+ 0.656; (γ 1.34)
Cu^{65}	30.91	64.92779	3/2		
Cu^{66}		65.92887		5.1m	β^- 2.63, (1.59); (γ 1.04)
Cu^{67}		66.92776		61h	β^- 0.40, 0.48, 0.58; γ 0.18, 0.092 (others)
Cu^{68}				32s	β^- 3.0; γ 1.08~2.32
$_{30}Zn^{60}$				2.1m	β^+
Zn^{61}		60.9392		1.48m	β^+ 4.38, 3.9 (others); γ 0.48 (others)
Zn^{62}		61.93438		9.3h	EC; β^+ 0.67; γ 0.59, 0.042, 0.51 (others)
Zn^{63}		62.93321		38m	β^+ 2.34 (others); (EC); (γ 0.67, others)
Zn^{64}	48.89	63.929145	0		
Zn^{65}		64.92923	5/2	245d	EC; γ 1.11; (β^+ 0.33)
Zn^{66}	27.81	65.92605	0		
Zn^{67}	4.11	66.92715	5/2		
Zn^{68}	18.57	67.92486	0		
Zn^{69}		68.92665		55m	β^- 0.90
Zn^{69m}		68.92712		13.8h	IT γ (e^-) 0.44
Zn^{70}	0.62	69.92535			
Zn^{71}		70.9280		2.4m	β^- 2.6, 2.1 (others); γ 0.51 (others)
Zn^{71m}				4.1h	β^- 1.5; γ 0.38, 0.49, 0.61
Zn^{72}				49h	β^- 0.30; γ 0.14, (0.19)
$_{31}Ga^{64}$		63.93674		2.6m	β^+ 6.1, 2.8; γ 0.98, 3.3, 0.80, 1.3, 2.2 (others)
Ga^{65}		64.93273		15m	β^+ 2.11, 1.39, 2.24, 0.82; EC; γ 0.054(m), 0.115 (others 0.09~2.33)
Ga^{66}		65.93160	0	9.5h	β^+ 4.16 (others); EC; γ 1.04, 2.75 (others)
Ga^{67}		66.92822	3/2	78h	EC; γe^- 0.093(m), γ 0.184, 0.091, 0.296 (others)
Ga^{68}		67.92800	1	68m	β^+ 1.89; EC; (γ)
Ga^{69}	60.4	68.92568	3/2		
Ga^{70}		69.92605	1	21m	β^- 1.6 (others); (γ)
Ga^{70m}				0.02s	IT 0.19

Nuclide	Per Cent Abundance	Nuclidic Mass	Spin	Half-life	Decay Modes, Radiations, Energies
Ga^{71}	39.6	70.92484	3/2		
Ga^{72}		71.92603	3	14.1h	β^- 0.64, 0.96, 0.56, 1.51; γ 0.835, 2.20 (others)
Ga^{72m}				0.04s	IT 0.10
Ga^{73}		72.9250		4.8h	β^- 1.19 (to 0.53s Ge^{73m}); γ 0.30
Ga^{74}		73.9272		8m	β^- 2.7, 1.1 (others); γ 0.60, 2.35 (others)
Ga^{75}				2m	β^- 3.3; γ 0.58 (others)
Ga^{76}				32s	β^- ~ 6; γ 0.57 (others)
$_{32}Ge^{65}$		64.9378		1.5m	β^+ 3.7; (γ 0.67, 1.7)
Ge^{66}		65.9348		2.7h	β^+ 1.3; EC; γ 0.046~0.71
Ge^{67}		66.9329		19m	β^+ 3.2, 2.3, 1.6; γ 0.170 (others)
Ge^{68}		67.929		280d	EC
Ge^{69}		68.92808		40h	EC; β^+ 1.22 (others); γ 1.12, 0.58, 0.88 (others)
Ge^{70}	20.52	69.92428	0		
Ge^{71}		70.92509	1/2	11d	EC
Ge^{71m}				0.020s	IT 0.023; γ 0.17 (m)
Ge^{72}	27.43	71.92174	0		
Ge^{73}	7.76	72.9234	9/2		
Ge^{73m_2}				0.53s	IT $e^- \gamma$ 0.054; e^- (γ) 0.013 (m_1)
Ge^{74}	36.54	73.92115	0		
Ge^{75}		74.9228		82m	β^- 1.19, 0.92; γ 0.265, 0.20 (others)
Ge^{75m}				49s	IT $e^- \gamma$ 0.138
Ge^{76}	7.76	75.9214	0		
Ge^{77}		76.9236		11.3h	β^- 2.20, 1.38, 0.71; γ 0.042~2.32
Ge^{77m}				54s	β^- 2.90, 2.7; IT γe^- 0.159; γ 0.215
Ge^{78}		77.9227		2.1h	β^- 0.9; γ
$_{33}As^{68?}$				~ 7m	β^+
As^{69}		68.9323		15m	β^+ 2.9; γ 0.23
As^{70}		69.9313		50m	β^+ 1.35, 2.45; EC; γ 1.04, 2.0 (others)
As^{71}		70.92725		65h	EC; β^+ 0.81; γ 0.17 (m)
As^{72}		71.9264		26h	EC; β^+ 2.50, 3.34, 1.84; γ 0.835 (others 0.63~3.7)
As^{73}		72.9238		76d	EC (to 0.53s Ge^{73m_2})
As^{74}		73.92391		18d	β^+ 0.91, (1.51); β^- 1.36, 0.72; EC; γ 0.59, 1.36, 0.72, 0.63 (others)

Nuelide	Per Cent Abundance	Nuclidic Mass	Spin	Half-life	Decay Modes, Radiations, Energies
As^{74m}				8s	IT 0.28
As^{75}	100	74.92158	3/2		
As^{75m}				0.017s	IT 0.305, 0.025; γ 0.280
As^{76}		75.92242	2	26.8h	β^- 2.97, 241 (others); γ 0.559 (others)
As^{77}		76.92067		38.7h	β^- 0.68; (γ)
As^{78}		77.9218		91m	β^- 4.1, 1.4; γ 0.615, 0.70, 1.31 (others)
As^{78m}				5.5m	IT γ 0.50
As^{79}		78.9210		9m	β^- 2.15 (others); γ 0.097 (others)
As^{80}		79.9230		15s	β^- 6.0, 5.4; γ 0.66, 1.64 (others)
As^{81}				33s	β^- 3.8
As^{85}				0.43s	β^-; n
$_{34}$Se^{71}		70.9320		5m	β^+ 3.4; γ 0.16
Se^{72}				8.4d	EC; γe^- 0.046
Se^{73}		72.9267		7.1h	β^+ 1.32; EC; γ 0.359 (m); γe^- 0.066 (m)
Se^{73m}				44m	β^+ 1.72; γ 0.25, 0.09, 0.58
Se^{74}	0.87	73.9224	0		
Se^{75}		74.92251	5/2	120d	EC; γ 0.265, 0.136, 0.28, 0.40, 0.12 (others)
Se^{76}	9.02	75.91923	0		
Se^{77}	7.58	76.91993	1/2		
Se^{77m}				18.8s	IT γe^- 0.162
Se^{78}	23.52	77.91735	0		
Se^{79}		78.91852	7/2	6.5×10^4y	β^- 0.16
Se^{79m}				3.9m	IT e^- (γ) 0.096
Se^{80}	49.82	79.91651	0		
Se^{81}		80.91786		18m	β^- 1.56 (others); (γ)
Se^{81m}				57m	IT e^- (γ) 0.103
Se^{82}	9.19	81.9167	0		
Se^{83}		82.9189		25m	β^- 1.0, 1.8; γ 0.23, 0.35, 1.85, 2.29
Se^{83m}				69s	β^- 3.4, 1.5; γ 1.01, 2.02, 0.65, 0.35
Se^{84}				3.3m	β^- (to 32m Br^{84})
Se^{85}				39s	β^-
Se^{86}				16s	β^-
$_{35}$Br^{74}		73.9289		26m	β^+ 4.7; γ 0.64
Br^{75}		74.9254		1.6h	EC; β^+ 1.7, others; γ 0.29, (0.62)

Nuclide	Per Cent Abundance	Nuclidic Mass	Spin	Half-life	Decay Modes, Radiations, Energies
Br^{76}		75.9242	1	16h	β^+ 3.1, 3.6 (others); EC; γ 0.56, 0.65, 1.22, 1.86 (others)
Br^{77}		76.92140	3/2	58h	EC; (β^+); γ 0.25 (m), 0.52, 0.58, 0.30 (others)
Br^{77m}				4.2m	IT $e^-\gamma$ 0.108
Br^{78}		77.9211		6.4m	β^+ 2.5, 1.9; (EC); γ 0.62
Br^{79}	50.54	78.91835	3/2		
Br^{79m}				4.8s	IT γe^- 0.21
Br^{80}		79.91854	1	17.6m	β^- 2.02, 1.38; γ 0.62 (others); (EC, β^+)
Br^{80m}			5	4.5h	IT e^- (γ) 0.048; $e^-\gamma$ 0.036
Br^{81}	49.46	80.91634	3/2		
Br^{82}		81.91680	5	35.3h	β^- 0.44; γ 0.25~1.48
Br^{83}		82.91520		2.4h	β^- 0.94 (to Kr^{83m}); γ 0.05
Br^{84}		83.91655		32m	β^- 4.7, others; γ 0.88, 1.90, 3.9 (others)
Br^{84m}				6.0m	β^- 1.9, 0.8; γ 0.88, 1.46, 0.44, 1.89
Br^{85}		84.9154		3.0m	β^- 2.5
Br^{86}				54s	β^- 7.1, others; γ 1.57, 2.76
Br^{87}		86.9220		55s	β^- 2.6, 8.0; γ5.4, others; (n)
Br^{88}				16s	β^-; (n)
Br^{89}				4.5s	β^-; (n)
Br^{90}				1.6s	β^-; (n)
$_{36}Kr^{74}$		73.9333		20m	β^+ 3.1
Kr^{75}				5.5m	
Kr^{76}				14.8h	EC; γ 0.039, 0.267, 0.316 (others)
Kr^{77}		76.92449		1.2h	β^+ 1.67, 1.86; EC; γ 0.131, 0.149, 0.281, 0.665
Kr^{78}	0.354	77.920368			
Kr^{79}		78.92009		34.5h	EC; β^+ 0.60; (γ 0.045~0.83)
Kr^{79m}				55s	IT 0.127
Kr^{80}	2.27	79.91639			
Kr^{81}		80.9166		2.1×10^5y	EC
Kr^{81m}				13s	IT γe^- 0.19
Kr^{82}	11.56	81.91348	0		
Kr^{83}	11.55	82.91413	9/2		
Kr^{83m}				1.9h	IT e^- (γ) 0.033; e^- (γ) 0.009 (m)
Kr^{84}	56.90	83.911504	0		

Nuelide	Per Cent Abundance	Nuclidic Mass	Spin	Half-life	Decay Modes, Radiations, Energies
Kr^{85}		84.91243	9/2	10.6y	β^- 0.67; (γ)
Kr^{85m}				4.5h	β^- 0.82; γ 0.150; IT $\gamma(e^-)$ 0.305
Kr^{86}	17.37	85.91062	0		
Kr^{87}		86.91337		78m	β^- 3.8, 1.3; γ 0.40, 2.57, 0.85 (others)
Kr^{88}		87.9142		2.8h	β^- 0.52, 2.7; γ 2.40, 0.19, 0.85, others
Kr^{89}				3.2m	β^- 3.9, 2.0; γ 0.21, 0.45, 0.60, others
Kr^{90}				33s	β^- 3.2, others; γ 0.12, 0.55, 1.13, 1.53 (others)
Kr^{91}				10s	β^- 3.6, others; γ
Kr^{92}				3s	β^-
Kr^{93}				2.0s	β^-
Kr^{94}				1.4s	β^-
Kr^{95}				1~2s	β^-
Kr^{97}				~ 1s	β^-
$_{37}Rb^{79}$				24m	β^+; γ 0.15, 0.19; (EC)
Rb^{80}		79.9219		34s	β^+ 4.1, 3.5; γ 0.62' (EC)
Rb^{81}		80.9190	3/2	4.7h	EC; β^+ 1.0, 0.58, 0.33; γ 1.1, 0.25, 0.45
Rb^{81m}			9/2	32m	β^+ 1.4; IT 0.085
Rb^{82}		81.91796		1.3m	β^+ 3.15, 3.5, 4.2; $(\gamma$ 0.77, 1.40); (EC)
Rb^{82m}			5	6.3h	EC; β^+ 0.80, 0.78, 0.67; γ 0.78, 0.62, 0.55, others
Rb^{83}			5/2	83d	EC; γ 0.53, 0.48, 0.046; [to Kr^{83m}]
Rb^{84}		83.91435	2	33d	EC; β^+ 0.80, 1.65; (β^-); γ 0.88 (others)
Rb^{84m}				20m	IT $\gamma(e^-)$ 0.216; γ 0.25, 0.47
Rb^{85}	72.15	84.91171	5/2		
Rb^{86}		85.91116	2	18.7d	β^- 1.78, (0.70); $(\gamma$ 1.08)
Rb^{86m}				1.0m	IT γ 0.56
Rb^{87}	27.85	86.90918	3/2	5.7×10^{10}y	β^- 0.27
Rb^{88}		87.9112	2	18m	β^- 5.3, 3.3; γ 1.85, 0.91 (others)
Rb^{89}		88.9112		15m	β^- 1.6, 3.9 (others); γ 1.05, 1.26, 0.65, 2.2, 2.6 (others)
Rb^{90}		89.9144		2.8m	β^- 1.2~6.6; γ 0.5~5.2
Rb^{91}				1.7m	β^- 4.6; γ 0.1
Rb^{91m}				14m	β^- 3.0; γ
Rb^{92}				4.2s	β^-

Nuclide	Per Cent Abundance	Nuclidic Mass	Spin	Half-life	Decay Modes, Radiations, Energies
Rb^{93}				5.2s	β^-
Rb^{94}				2.9s	β^-
$_{38}Sr^{80}$				1.8h	EC; γ 0.58
Sr^{81}				29m	β^+
Sr^{82}				25d	EC
Sr^{83}				33h	EC; β^+ 1.15; γ 0.39, 0.76, others
Sr^{84}	0.56	83.91338			
Sr^{85}		84.9129		65d	EC; γ 0.514 (others)
Sr^{85m}		84.9132		70m	IT $e^-(\gamma)$ 0.0075; γ 0.225; EC; γ 0.15
Sr^{86}	9.86	85.9093	0		
Sr^{87}	7.02	86.9089	9/2		
Sr^{87m}				2.8h	IT γe^- 0.388; (EC)
Sr^{88}	82.56	87.9056	0		
Sr^{89}		88.9070		51d	β^- 1.46; (γ)
Sr^{90}		89.9073		29y	β^- 0.54
Sr^{91}		90.9098		9.7h	β^- 1.09, 1.36, 2.67; γ 1.03, 0.75, 0.65, 1.41
Sr^{92}		91.9105		2.7h	β^- 0.55, 1.5; γ 1.37 (others)
Sr^{93}				8m	β^- 3.0~4.8; γ 0.60, 0.88, others 0.18~3.0
Sr^{94}				1.3m	β^-
Sr^{95}				0.7m	β^-
Sr^{97}				short	β^-
$_{39}Y^{82}$				10m	β^+ 2
Y^{83}				7.4m	β^+
Y^{84}				40m	β^+ 2.5, 3.5; EC; γ 0.80, 0.98, 1.04 (others)
Y^{85}		84.9164		5.0h	β^+ 2.24, 2.01; EC; γ 028 (others); [to Sr^{85}]
Y^{85}		84.9164		2.7h	β^+ 1.54; γ 0.503 (others); [to Sr^{85m}]
Y^{86}		85.9148		14.6h	EC; β^+ 1.32 (others); γ 0.18~3.3
Y^{86m}				49m	IT $e^-(\gamma)$ 0.010; γ 0.210
Y^{87}		86.9107		80h	EC; γ 0.483; (β^+)
Y^{87m}				14h	IT γe^- 0.381
Y^{88}		87.9095		108d	EC; γ 1.84, 0.90; (β^+)
Y^{89}	100	88.9054	1/2		
Y^{89m}				16s	IT $\gamma(e^-)$0.92
Y^{90}		89.9067	2	64h	β^- 2.27; (γ)

Nuelide	Per Cent Abundance	Nuclidic Mass	Spin	Half-life	Decay Modes, Radiations, Energies
Y^{90m}				3.2h	IT $\gamma(e^-)$ 0.48; γ 0.20
Y^{91}		90.9069	1/2	58d	β^- 1.54; (γ)
Y^{91m}				50m	IT $\gamma(e^-)$ 0.551
Y^{92}		91.9085		3.6h	β^- 3.6 (others); γ 0.932 (others 0.07~2.4)
Y^{93}		92.9092		10h	β^- 2.89; $(\gamma$ 0.27~2.4)
Y^{94}		93.9115		20m	β^- 5.0; γ 0.56~3.5
Y^{95}				11m	β^-
Y^{96}				2.3m	β^- 3.5; γ 1.0, 0.7 (others)
Y^{97}				short	β^-
$_{40}Zr^{86}$				17h	EC; γ 0.24
Zr^{87}		86.9145		1.6h	β^+ 2.1; (γ); [to 14h Y^{87m}]
Zr^{88}				85d	EC; EC; γ 0.394 (m)
Zr^{89}		88.9085		79h	EC; β^+ 0.90 [to Y^{89m}]
Zr^{89m}				4.2m	IT $\gamma(e^-)$ 0.59; (EC; β^+)(γ 1.53)
Zr^{90}	51.46	89.9043			
Zr^{90m}				0.83s	IT 2.30
Zr^{91}	11.23	90.9052	5/2		
Zr^{92}	17.11	91.9046			
Zr^{93}		92.9061		1×10^6y	β^- 0.063, 0.034
Zr^{94}	17.40	93.9061			
Zr^{95}		94.9079		65d	β^- 0.36, 0.40 (others); γ 0.72, 0.76
Zr^{96}	2.80	95.908			
Zr^{97}		96.9107		17h	β^- 1.91, (0.45) [to Nb^{97m}]; (γ)
Zr^{98}				1m	β^-
$_{41}Nb^{89}$		88.9126		1.9h	β^+ 2.9
Nb^{89m}				0.8h	β^+
Nb^{90}		89.9109		14.6h	EC, β^+ 1.50, (0.65); γ 0.133~2.3
Nb^{90m_1}				24s	IT γe^- 0.12
Nb^{90m_2}				0.01s	IT γ 0.25 [to Nb^{90m_1}]
Nb^{91}		90.9070		long	EC
Nb^{91m}				62d	IT e^- (γ) 0.104; (EC; γ)
Nb^{92}		91.9068		10.1d	EC; γ 0.93 (others); (β^+)
Nb^{92m}				$\sim 10^7$y	
Nb^{93}	100	92.9060	9/2		
Nb^{93m}				3.7y	IT e^- (γ) 0.029

Nuclide	Per Cent Abundance	Nuclidic Mass	Spin	Half-life	Decay Modes, Radiations, Energies
Nb^{94}		93.9070		$2.0 \times 10^4 y$	β^- 0.50; γ 0.70, 0.87
Nb^{94m}				6.6m	IT e^- (γ) 0.042; (β^-; γ)
Nb^{95}		94.9067		35.1d	β^- 0.16; γ 0.77
Nb^{95m}				90h	IT e^- (γ) 0.235
Nb^{96}		95.9079		24h	β^- 0.69; γ 0.77, 0.56, 1.18, others
Nb^{97}		96.9078		72m	β^- 1.27; γ 0.67, (1.02)
Nb^{97m}				60s	IT $\gamma(e^-)$ 0.75
Nb^{98}				51m	β^- 2.6, 3.5; γ 0.78, 0.72 (others 0.3~2.7)
Nb^{99}				2.5m	β^- 3.2; γ 0.10, 0.26
Nb^{99}				10s	
Nb^{100}				12m	β^- 3.1, 3.5; γ 0.53, 0.62
Nb^{101}				1.0m	β^-
$_{42}Mo^{90}$		89.9136		6h	EC; β^+ 1.2 [to 0.01s Nb^{90m_2}]
Mo^{91}		90.9117		15.5m	β^+ 3.3 [to Nb^{91}]
Mo^{91m}				65s	IT $\gamma(e^-)$0.65; β^+ 2.5, 2.8; γ 1.2, 1.5; (EC) [to Nb^{91m}]
Mo^{92}	15.84	91.9063			
Mo^{93}		92.9065		> 2y	EC
Mo^{93m}		92.9091		6.9h	IT γe^- 0.264; γ 0.684, 1.48
Mo^{94}	9.04	93.9047	0		
Mo^{95}	15.72	94.9057	5/2		
Mo^{96}	16.53	95.9045	0		
Mo^{97}	9.46	96.9058	5/2		
Mo^{98}	23.78	97.9055			
Mo^{99}		98.9079		67h	β^- 1.23, 0.45 [to Tc^{99m}]; γ 0.740, 0.181 (m) (others)
Mo^{100}	9.63	99.9076			
Mo^{101}		100.9089		14.6m	β^- 2.2, others; γ 0.19, 1.02, 2.08, others
Mo^{102}				11.5m	β^- 1.2
Mo^{103}				70s	β^-
Mo^{104}				1.1m	β^-
Mo^{105}				40s	β^-
$_{3}Tc^{92}$				4.0m	β^+ 4.1; γ 1.54, 0.79, 0.33, 0.135, others
Tc^{93}		92.9099		2.7h	EC; β^+ 0.82; γ 1.35, 1.48 (others); [to Mo^{93}]
Tc^{93m}				44m	IT γe^- 0.39; EC [to Mo^{93}]; γ 2.7

Nuelide	Per Cent Abundance	Nuclidic Mass	Spin	Half-life	Decay Modes, Radiations, Energies
Tc^{94}				4.9h	EC; (β^+); γ 0.87, 0.70, 0.85
Tc^{94m}		93.9094		52m	β^+ 2.5; EC; γ 0.87, 1.85 (others); IT
Tc^{95}		94.9075		20h	EC; γ 0.77 (others)
Tc^{95m}				60d	EC; γ 0.204, 0.584, 0.84 (others); (β^+; IT 0.04)
Tc^{96}		95.9077		4.3d	EC; γ 0.77, 0.84, 0.81, 1.12 (others)
Tc^{96m}				52m	IT e^- (γ) 0.034; (β^+; γ)
Tc^{97}		96.9059		2.6x10^{6}y	EC
Tc^{97m}				90d	IT e^- γ 0.097
Tc^{98}		97.907		1.5x10^{6}y	β^- 0.30; γ 0.77, 0.67
Tc^{99}		98.9064	9/2	2.1x10^{5}y	β^- 0.29
Tc^{99m}				6.0h	IT e^- (γ) 0.0021; γ 0.140; (γ 0.142)
Tc^{100}		99.9066		16s	β^- 3.4 (others); (γ)
Tc^{101}		100.9059		14.0m	β^- 1.3, (1.1); γ 0.30; (others 0.13~0.94)
Tc^{102}		101.9081		5s	β^- 4.1
Tc^{102}				4.5m	β^- 2; γ 0.47, 0.63, 1.07, 1.77, 1.98
Tc^{103}				50s	β^- 2.0, 2.2; γ 0.135, 0.215, 0.35
Tc^{104}				18m	β^- 1.8-5.3; γ 0.36~4.7
Tc^{105}				7.7m	β^- 3.5; γ 0.11
$_4$Ru$^{93?}$				52s	β^+
Ru^{94}				~ 57m	
Ru^{95}		94.9099		1.65h	EC; β^+ 1.2; γ 0.34, 1.4, 0.64, 0.15; [to 20h Tc^{95}]
Ru^{96}	5.51	95.90759			
Ru^{97}				2.9d	EC; γ 0.216 (others); [to Tc^{97}]
Ru^{98}	1.87	97.90528			
Ru^{99}	12.72	98.90593	5/2		
Ru^{100}	12.62	99.90421			
Ru^{101}	17.07	100.90557	5/2		
Ru^{102}	31.61	101.90434			
Ru^{103}		102.9063		40d	β^- 0.21 (others); γ 0.498 (others 0.05~0.61); [to Rh^{103m}]
Ru^{104}	18.58	103.90543			
Ru^{105}		104.90768		4.44h	β^- 1.15, 1.08 (others); γ 0.73, 0.48, 0.67, 0.32 (others)
Ru^{106}		105.90733		1.0y	β^- 0.040; [to 30s Rh^{106}]

Nuelide	Per Cent Abundance	Nuclidic Mass	Spin	Half-life	Decay Modes, Radiations, Energies
Ru^{107}				4.2m	β^- 4.6; γ 0.195, 0.37, 0.48, 0.86 (others)
Ru^{108}				4.6m	β^- 1.3; γ 0.165
$_{45}$Rh^{96}				~ 11m	
Rh^{97}				35m	β^+ 2.1; γ 0.19, 0.26, 0.42
Rh^{98}		97.910		8.7m	β^+ 2.5; γ 0.65
Rh^{99}		98.90818		16d	EC; γ 0.35, 0.090, 0.18, 0.53 (others); (β^+)
Rh^{99}				4.7h	EC; γ 0.33, 0.61 (others); (β^+)
Rh^{100}		99.90812		21h	EC; γ 0.54, 2.38, 0.82, 1.58, others; (β^+)
Rh^{101}				~ 7y	EC; γ 0.195, 0.125
Rh^{101m}				4.5d	EC; γ 0.31 (others); (IT 0.15)
Rh^{102}		101.9068		210d	EC; β^- 1.15; β^+ 1.28; γ 0.475 (others)
Rh^{102m}				~ 2.5y	EC; γ
Rh^{103}	100	102.90551	1/2		
Rh^{103m}				57m	IT e^- (γ) 0.040
Rh^{104}		103.9066		42s	β^- 2.4; (γ)
Rh^{104m}				4.4m	IT e^- (γ) 0.077; γe^- 0.051; (γ; β^-)
Rh^{105}		104.90567		36h	β^- 0.56, 0.25; γ 0.32 (others)
Rh^{105m}				30s	IT $e^- \gamma$ 0.130
Rh^{106}		105.90728		30s	β^- 3.54 (others); γ 0.513, 0.624 (others)
Rh^{106m}				2.2h	β^- 0.79, 0.95, 1.18, 1.62; γ 0.513, others 0.22~1.22
Rh^{107}		106.9067		22m	β^- 1.2; γ 0.307, 0.365 (others)
Rh^{108}				17s	β^- 4.0; γ 0.43, 0.62 (others)
Rh^{109}				~ 30s	β^-; γ 0.32, 0.49
Rh^{109m}				50s	IT 0.11
Rh^{110}				~ 3s	β^-
$_{46}$Pd^{98}				17m	EC
Pd^{99}		98.9124		22m	β^+ 2.0; EC; γ 0.14, 0.42, 0.67, 0.28
Pd^{100}				4.1d	EC; γ 0.081
Pd^{101}				8.5h	EC; γ 0.29, 0.59 (others); (β^+)
Pd^{102}	0.96	101.90562			
Pd^{103}		102.90611		17d	EC; γ 0.053 (others)
Pd^{104}	10.97	103.90398			
Pd^{105}	22.23	104.90507	5/2		

Nuelide	Per Cent Abundance	Nuclidic Mass	Spin	Half-life	Decay Modes, Radiations, Energies
Pd^{106}	27.33	105.90348			
Pd^{107}		106.90512		$7 \times 10^6 y$	β^- 0.035 [to stable Ag^{107}]
Pd^{107m}				21s	IT γe^- 0.22
Pd^{108}	26.71	107.90388			
Pd^{109}		108.90595		13.6h	β^- 1.03 [to Ag^{109m}]; (γ)
Pd^{109m}				4.7m	IT γe^- 0.18
Pd^{110}	11.81	109.90516			
Pd^{111}		110.90766		22m	β^- 2.13 [to Ag^{111m}]; (γ)
Pd^{111m}				5.5h	IT $e^- \gamma$ 0.17; β^-; $(\gamma$ 1.69)
Pd^{112}		111.9075		21h	β^- 0.28; $e^- \gamma$ 0.018
Pd^{113}				1.4m	β^-
Pd^{114}				2.4m	β^-
Pd^{115}				45s	β^-
$_{47}Ag^{102}$				13m	β^+ 2.2; γ 0.55, 0.72 (others)
Ag^{103}		102.9078	7/2	1.1h	EC; β^+ 1.2; γ 0.15, 0.11
Ag^{103m}				5.7s	IT $e^- \gamma$ 0.135
Ag^{104}		103.90857	5	67m	EC; β^+ 0.99; γ 0.56, 0.77, 0.94, others
Ag^{104m}			2	29m	β^+ 2.70; γ 0.56; IT 0.02; EC
Ag^{105}		104.9068	1/2	40d	EC; γ 0.35, 0.28, others 0.064~1.09
Ag^{106}		105.9067	1	24m	β^+ 1.95, (1.45); γ 0.51, others 0.21~1.8; EC; (β^-)
Ag^{106m}			6	8.3d	EC; γ 0.51, others 0.22~2.63
Ag^{107}	51.35	106.90508	1/2		
Ag^{107m}				44s	IT $e^- (\gamma)$ 0.093
Ag^{108}		107.90594		2.4m	β^- 1.65; (EC; γ; β^+)
Ag^{108m}				> 5y	EC; γ 0.72, 0.62, 0.43; (IT 0.031; γ 0.081)
Ag^{109}	48.65	108.90475	1/2		
Ag^{109m}				41s	IT $e^- (\gamma)$ 0.088
Ag^{110}		109.90609		24s	β^- 2.87, (2.21); (γ)
Ag^{110m}			6	253d	β^- 0.085, 0.53; γ 0.44~2.46; (IT 0.116)
Ag^{111}		110.90531	1/2	7.5d	β^- 1.05; (γ)
Ag^{111m}				1.2m	IT 0.065
Ag^{112}		111.9071	2	3.2h	β^- 4.0, 3.4 (others); γ 0.62 (others)
Ag^{113}		112.9065	1/2	5.3h	β^- 2.0; $(\gamma$ 0.12~1.18)
Ag^{113m}				1.2m	IT; β^-; γ 0.14~0.70

Nuelide	Per Cent Abundance	Nuclidic Mass	Spin	Half-life	Decay Modes, Radiations, Energies
Ag^{114}		113.9085		5s	β^- 4.6; γ 0.57
Ag^{114m}				2m	β^-
Ag^{115}		114.9087		21m	β^- 2.9; (γ)
Ag^{115m}				20s	β^- [to 2.3d Cd^{115}]
Ag^{116}				2.5m	β^- 5.0; γ 0.52, 0.70
Ag^{117}				1.1m	β^-
$_{48}Cd^{103}$				10m	β^+; γ 0.22, 0.62, 0.85
Cd^{104}				57m	EC; γ 0.084 (others)
Cd^{105}				55m	β^+ 0.80, 1.69; γ 0.025~2.3
Cd^{106}	1.22	105.90646			
Cd^{107}		106.90661	5/2	6.7h	EC [to Ag^{107m}]; $(\gamma$ 0.85; $\beta^+)$
Cd^{108}	0.87	107.90418			
Cd^{109}		108.90492	5/2	470d	EC [to Ag^{109m}]
Cd^{110}	12.39	109.90300			
Cd^{111}	12.75	110.90418	1/2		
Cd^{111m_2}				49m	IT e^- γ 0.150; γ 0.247 (m)
Cd^{112}	24.07	111.90275			
Cd^{113}	12.26	112.90440	1/2		
Cd^{113m}		112.9049		14y	β^- 0.58; (IT)
Cd^{114}	28.86	113.90336			
Cd^{115}		114.90542		2.3d	β^- 1.11, 0.59; γ 0.523, 0.490 (others) [to In^{115m}]
Cd^{115m}			11/2	43d	β^- 1.63 (others); (γ); [to In^{115}]
Cd^{116}	7.58	115.90476			
Cd^{117}		116.9074		50m	β^- 1.8, 2.3; γ 0.425; [to 1.9h In^{117m}]
Cd^{117}		116.9074		2.9h	β^- 1.0; γ 0.27~2.2
Cd^{118}				50m	β^- 0.8; [to 5s In^{118}]
Cd^{119}				2.7m	β^-; [to 2.3m In^{119}]
Cd^{119}				11m	β^- 3.5; [to 18m In^{119m}]
$_{49}In^{106}$				5.3m	β^+ 4.9, 2.7; γ 0.63, 0.86, 1.66, 0.99 (others)
In^{107}				30m	β^+ ~ 2; γ 0.22
In^{108}		107.9097		57m	EC; β^+ 1.3; γ 0.15~1.05
In^{108m}				40m	β^+ 3.50, 2.66; γ 0.63, 0.84; EC
In^{109}		108.90709	9/2	4.3h	EC; γ 0.21, 0.63 (others); (β^+)
In^{109m}				1.3m	IT $\gamma(e^-)$ 0.66

Nuelide	Per Cent Abundance	Nuclidic Mass	Spin	Half-life	Decay Modes, Radiations, Energies
In^{110}		109.9072		66m	β^+ 2.25; γ 0.66 (others); EC
In^{110m}			7	4.9h	EC; γ 0.94, 0.88, 0.66 (others)
In^{111}		110.9055	9/2	2.82d	EC; γ 0.173, 0.246
In^{111m}				~ 10m	IT γ 0.53
In^{112}		111.90552		14m	β^- 0.66; EC; β^+ 1.62; (γ 0.62)
In^{112m_1}				21m	IT 0.155
In^{112m_2}				0.04s	IT 0.31
In^{113}	4.28	112.90411	9/2		
In^{113m}			1/2	1.73h	IT γe^- 0.393
In^{114}		113.90489		72s	β^- 1.98; (EC; β^+; γ)
In^{114m_1}			5	50d	IT $e^- \gamma$ 0.191; (EC; γ)
In^{114m_2}				2.5s	IT 0.15
In^{115}	95.72	114.90386	9/2	5×10^{14}y	β^- 0.48
In^{115m}			1/2	4.5h	IT γe^- 0.336; (β^- 0.84)
In^{116}		115.9053		14s	β^- 3.3; (γ)
In^{116m_1}			5	54m	β^- 1.00, 0.87, 0.60; γ 1.27, 1.09, 0.41, 0.82, 2.09
In^{116m_2}				2.2s	IT $e^- \gamma$ 0.16; [to In^{116m_1}]
In^{117}		116.90452	9/2	38m	β^- 0.74; γ 0.56, 0.16; [to stable Sn^{117}]
In^{117m}			1/2	1.9h	β^- 1.77, 1.62; IT $e^- \gamma$ 0.31; γ 0.16 (others)
In^{118}		117.9063		5s	β^- 4.2, 3.0; γ 1.22
In^{118m}				4.4m	β^- 1.3, 2.1; γ 1.22, 1.04, 0.69, 0.8, 0.45, 0.21
In^{119}		118.9059		2m	β^- 1.6; γ 0.82, (0.71)
In^{119m}				18m	β^- 2.7, 1.8; γ 0.91; (IT 0.3)
In^{120}				3s	β^- 5.6
In^{120m}				44s	β^- 2.0, 3.3, 4.0; γ 1.02, 1.18, 0.87, others
In^{121}				30s	β^-; γ 0.94
In^{121}				3.1m	β^- 3.7
In^{122}				7.5s	β^- 4.5; γ 1.14, 1.00
In^{123}				10s	β^-; γ 1.10
In^{123}				36s	β^- 4.6
In^{124}				3s	β^- 5.2; γ 1.35, 1.00
$_{50}$Sn^{108}				9m	EC

Nuclide	Per Cent Abundance	Nuclidic Mass	Spin	Half-life	Decay Modes, Radiations, Energies
Sn^{109}				18m	EC; $\beta^+ \sim 1.5$, > 2.5; γ 0.34, 1.12, 0.52, 0.89
Sn^{110}				4.0h	EC; γ 0.288; [to 66m In^{110}]
Sn^{111}		110.9082		35m	EC; β^+ 1.5
Sn^{112}	0.96	111.90481			
Sn^{113}		112.90484		118d	EC; (γ 0.255); [to 1.7h In^{113m}]
Sn^{113m}				27m	IT e^- γ 0.079
Sn^{114}	0.66	113.90276			
Sn^{115}	0.35	114.90335	1/2		
Sn^{116}	14.30	115.90174	0		
Sn^{117}	7.61	116.90294	1/2		
Sn^{117m}				14d	IT e^- (γ) 0.159; $\gamma(e^-)$ 0.161
Sn^{118}	24.03	117.90160	0		
Sn^{119}	8.58	118.90330	1/2		
Sn^{119m_1}				250d	IT e^- (γ) 0.065; e^- (γ) 0.024
Sn^{120}	32.85	119.90219	0		
Sn^{121}		120.90424		27h	β^- 0.38
Sn^{121m}				$\sim$ 25y	β^- 0.42
Sn^{122}	4.72	121.90343			
Sn^{123}		122.90574		41m	β^- 1.26; γ 0.15
Sn^{123}				125d	β^- 1.42, (0.34); (γ 1.08)
Sn^{124}	5.94	123.90526			
Sn^{125}		124.90776		9.5d	β^- 2.33 (others); (γ 0.23~1.97)
Sn^{125m}				9.7m	β^- 2.04 (others); (γ 0.33~1.4)
Sn^{126}				2×10^5y	β^-; γ 0.06, 0.067, 0.092
Sn^{127}				2.1h	β^-; γ 1.10, 0.82
Sn^{127m}				4m	
Sn^{128}				59m	β^- 0.80, 0.73; γ 0.50, 0.57, 0.072, 0.04
Sn^{129}				1.0h	β^-
Sn^{129}				8.8m	
Sn^{130}				2.6m	β^-
Sn^{131}				3.4m	β^-
Sn^{131}				1.6h	
Sn^{132}				2.2m	β^-
$_{51}$Sb^{112}				0.9m	β^+; γ 1.27
Sb^{113}				7m	β^+ 1.85, 2.42

Nuelide	Per Cent Abundance	Nuclidic Mass	Spin	Half-life	Decay Modes, Radiations, Energies
Sb^{114}		113.9097		3.4m	β^+ 2.7, 4.0; γ 0.90, 1.30
Sb^{115}		114.9068		30m	EC; β^+ 1.5; γ 0.50
Sb^{116}		115.9070		15m	EC; β^+ 1.5, 2.3; γ 1.30, 0.90, 2.22
Sb^{116m}				60m	EC; β^+ 1.45; γ 1.29, 0.90, 0.40, 0.14, 0.11, 2.23
Sb^{117}		116.9049		2.8h	EC; γ0.161; (β^+); [to stable Sn^{117}]
Sb^{118}		117.9060		5h	EC; γ 1.03, 1.22, 0.26, 0.040 (m)
Sb^{118m_1}				3.5m	β^+ 2.60; EC; (γ)
Sb^{118m_2}				0.9s	γ0.14, 0.30, 0.38
Sb^{119}		118.90392		38h	EC; e^- γ 0.024 (m)
Sb^{120}		119.90511		16m	EC; β^+ 1.70; (γ)
Sb^{120}				5.8d	EC; γ 0.089 (m), 0.20, 1.04, 1.18
Sb^{121}	57.75	120.90381	5/2		
Sb^{122}		121.90517	2	2.74d	β^- 1.40, 1.97; γ 0.564 (others); (EC; β^+)
Sb^{122m_2}				4.2m	IT e^- (γ) 0.026; γ 0.077 (m_2), 0.061 (m_1)
Sb^{123}	42.75	122.90721	7/2		
Sb^{124}		123.90595	3	60d	β^- 0.62, 2.31, 0.23; γ 0.603, 1.69 (others 0.63~2.3)
Sb^{124m_1}				1.5m	IT e^- (γ) 0.010; β^- 1.19; γ 0.51, 0.65, 0.60
Sb^{124m_2}				21m	IT e^- (γ) 0.025
Sb^{125}		124.90525		2.7y	β^- 0.30; 0.12, 0.62; γ 0.035, 0.67
Sb^{126}				12.5d	β^- 1.9, others; γ 0.29~0.99
Sb^{126m}				19m	β^- 1.9; γ 0.415, 0.665, 0.696; IT $\leq$ 0.03
Sb^{127}		126.90690		3.9d	β^- 0.80, 1.5, 1.1, 0.86; γ 0.46, 0.77, 0.25 (others)
Sb^{128}				8.6h	β^- 1.0; γ 0.16~1.18
Sb^{128m}				11m	β^- 2.5, 2.8; γ 0.32, 0.75
Sb^{129}				4.6h	β^- 1.87, others; γ 0.53, 0.16, 0.31, 0.79
Sb^{130}				33m	β^-; γ 0.19, 0.33, 0.82, 0.94
Sb^{130m}				7m	γ 0.20, 0.82 (others)
Sb^{131}				23m	β^-
Sb^{132}				2m	β^-
Sb^{133}				2.4m	β^-
$Sb^{134?}$				0.8m	β^-
$_{52}Te^{114}$				16m	

Nuclide	Per Cent Abundance	Nuclidic Mass	Spin	Half-life	Decay Modes, Radiations, Energies
Te^{115}				6m	
Te^{116}		115.9087	0	2.5h	EC; (β^+); γ 0.094; [to 15m Sb^{116}]
Te^{117}		116.9087	1/2	1.0h	EC; β^+ 1.74; γ 0.72 (others)
Te^{118}				6.0d	EC; [to 3.5m Sb^{118m}]
Te^{119}		118.90638	1/2	1.6h	EC; γ 0.645, (1.76); (β^+)
Te^{119m}			11/2	4.6d	EC; γ 0.153, 1.22, 0.271, 0.93, 1.10 (others)
Te^{120}	0.089	119.90402			
Te^{121}				17d	EC; γ 0.575, 0.506, 0.070; (β^+)
Te^{121m}				154d	IT e^- (γ) 0.082; γ 0.213; (EC;γ)
Te^{122}	2.46	121.90305			
Te^{123}	0.87	122.90426	1/2	1.2×10^{13}y	EC
Te^{123m}				104d	IT e^- (γ) 0.089; γe^- 0.159
Te^{124}	4.61	123.90281			
Te^{125}	6.99	124.9044	1/2		
Te^{125m_2}				58d	IT e^- (γ) 0.109; e^- (γ) 0.0.5 (m_1)
Te^{126}	18.71	125.90333			
Te^{127}		126.90521		9.3h	β^- 0.70; (γ)
Te^{127m}				105d	IT e^- (γ) 0.089; $(\beta^-; \gamma)$
Te^{128}	31.79	127.90449			
Te^{129}		128.90657		72m	β^- 1.45, 0.99; (others); γ 0.027 (m), 0.47 (others)
Te^{129m}				33d	IT e^- (γ) 0.106; β^-
Te^{130}	34.48	129.90623			
Te^{131}		130.90857		25m	β^- 2.14, 1.68 (others);γ 0.148, 0.45 (others)
Te^{131m}				1.2d	β^- 0.42, 0.57 (others); IT $e^- \gamma$ 0.182; γ0.78, 0.84, 1.14,others
Te^{132}		131.90854		77h	β^- 0.22; γ 0.23, 0.53
Te^{133}				~2m	β^- ~2.4; γ
Te^{133m}				53m	β^- 1.3, 2.4; γ0.31~0.97; IT 0.334
Te^{134}				42m	β^- ~1.2; γ 0.20, 0.26, 0.17, 0.08
Te^{135}				1.4m	β^-
$_{53}I^{117}$				10m	
I^{118}				17m	
I^{119}				19m	β^+; EC; γ

Nuelide	Per Cent Abundance	Nuclidic Mass	Spin	Half-life	Decay Modes, Radiations, Energies
I^{120}				1.4h	β^+ 4.0; EC
I^{121}				2.1h	EC; β^+ 1.13; γ 0.21, others
I^{122}		121.9074		3.5m	β^+ 3.1; EC
I^{123}			5/2	13h	EC; γ 0.159 (others)
I^{124}		123.90622	2	4.2d	EC; β^+ 1.55, 2.15; γ 0.603, 1.69, 0.65 (others)
I^{125}		124.90460	5/2	60d	EC; e^- (γ) 0.035 (m)[to stable Te^{125}]
I^{126}		125.90563	2	13.1d	EC; β^- 0.87 (others); (β^+); γ 0.665, 0.386 (others)
I^{127}	100	126.90447	5/2		
I^{128}		127.90583	1	25.0m	β^- 2.12, 1.66; γ 0.45 (others); (EC)
I^{129}		128.90498	7/2	1.6×10^7y	β^- 0.15; e^- (γ) 0.038
I^{130}		129.90667	5	12.5h	β^- 0.60, 1.02; γ 0.53, 0.67, 0.74, 0.42, 1.15
I^{131}		130.90612	7/2	8.06d	β^- 0.60 (others); γ 0.364 (others)
I^{132}		131.90800	4	2.29h	β^- 0.80, 1.04, 1.61, 2.14 (others); γ 0.673, 0.78, others 0.24~2.7
I^{133}		132.9075	7/2	21h	β^- 1.22 (others); γ 0.53 (others)
I^{134}		133.90984		53m	β^- 2.41, 1.25, others; γ 0.85, 0.89 (others 0.14~1.8)
I^{135}			7/2	6.7h	β^- 1.0, 1.4, 0.5; γ 0.14~2.0
I^{136}		135.9147		84s	β^- 4.2, 5.6, 2.7, 7.0; γ 1.32, others 0.20~3.2
I^{137}				24s	β^-; γ 0.39; (n)
I^{138}				6s	β^-; (n)
I^{139}				2s	β^-; (n)
$_{54}Xe^{121}$				40m	β^+ 2.77; EC; γ 0.096, 0.08, 0.13, 0.44
Xe^{122}				19h	EC; γ 0.0990, 0.148, 0.239
Xe^{123}				1.8h	EC; β^+ 1.51; γ 0.148, 0.178, 0.33
Xe^{124}	0.096	123.9061			
Xe^{125}				18h	EC; γ 0.055, 0.075, 0.113, [0.188, 0.242 (others)
Xe^{125m}				55s	IT; γ 0.111, 0.075
Xe^{126}	0.090	125.90417			
Xe^{127}		126.9051		36.4d	EC; γ 0.203, 0.173, 0.37 (others)
Xe^{127m}				75s	IT e^- γ 0.175; γ 0.125
Xe^{128}	1.919	127.90353			

Nuclide	Per Cent Abundance	Nuclidic Mass	Spin	Half-life	Decay Modes, Radiations, Energies
Xe^{129}	26.44	128.90478	1/2		
Xe^{129m}				8.0d	IT e^- (γ) 0.196, e^- γ 0.040
Xe^{130}	4.08	129.90350			
Xe^{131}	21.18	130.90508	3/2		
Xe^{131m}				12d	IT e^- (γ) 0.163
Xe^{132}	26.89	131.90416			
Xe^{133}		132.9055		5.27d	β^- 0.34; e^- γ 0.081 (m); (γ)
Xe^{133m}				2.3d	IT e^- γ 0.233
Xe^{134}	10.44	133.90539			
Xe^{135}		134.9070		9.2h	β^- 0.91; γ 0.25 (others)
Xe^{135m}				15.7m	IT γe^- 0.53
Xe^{136}	8.87	135.90721			
Xe^{137}				3.9m	β^- 3.5; γ 0.26, 0.45
Xe^{138}				17m	β^- 2.4; γ 0.42, 0.51, 1.78, 2.01
Xe^{139}				41s	β^- ~3.5, ~4.6; γ 0.22, 0.30, 0.17, 0.40
Xe^{140}				16s	β^-
Xe^{141}				17.s	β^-
Xe^{142}				~1.5s	β^-
Xe^{143}				1s	β^-
Xe^{144}				1s	β^-
$_{55}Cs^{123}$				8m	β^+
Cs^{125}				45m	β^+ 2.05; EC; γ 0.112
Cs^{126}		125.9093		1.6m	β^+ 3.8; γ 0.38, 0.48; EC
Cs^{127}		126.9073	1/2	6.2h	EC; γ 0.406, 0.125 (others) (β^+)
Cs^{128}		127.90773		3.8m	β^+ 2.89, 2.45; γ 0.44 (others); EC
Cs^{129}			1/2	32h	EC; γ 0.37, 0.41 (others), e^- (γ) 0.040
Cs^{130}		129.90672	1	30m	EC; β^+ 1.97; (β^-)
Cs^{131}		130.90547	5/2	9.69d	EC
Cs^{132}		131.9061	2	6.48d	EC; γ 0.668 (others); $(\beta^-;\beta^+)$
Cs^{133}	100	132.9051	7/2		
Cs^{134}		133.9065	4	2.1y	β^- 0.66, 0.086 (others); γ 0.605, 0.80, 0.57 (others)
Cs^{134m}			8	2.90h	IT e^- γ 0.128; e^- (γ) 0.010; (β^-)
Cs^{135}		134.9058	7/2	2.0×10^6y	β^- 0.21
Cs^{135m}				53m	IT $\gamma(e^-)$ 0.84; γ 0.78

Nuelide	Per Cent Abundance	Nuclidic Mass	Spin	Half-life	Decay Modes, Radiations, Energies
Cs^{136}		135.9071	5	12.9d	β^- 0.34, (0.66); γ 0.83, 1.07, others 0.067~1.26
Cs^{137}		136.9068	7/2	30y	β^- 0.51, (1.18)
Cs^{138}		137.9102		32m	β^- 1.5~3.4; γ 1.43, 1.01, 0.46, 2.21 (others)
Cs^{139}		138.9132		9.5m	β^- 4; γ 1.28, 0.63
Cs^{140}				1.1m	β^-; γ 0.61
Cs^{141}				25s	β^-
Cs^{142}				~1m	β^-
$_{56}Ba^{123}$				2m	
Ba^{125}				6.5m	
Ba^{126}				96m	EC; γ 0.225, 0.70
Ba^{127}				11m	β^+
Ba^{128}				2.4d	EC
Ba^{129}				2.1h	EC; γ 0.05~1.62
Ba^{129}				2.6h	EC; β^+ 1.43; γ
Ba^{130}	0.101	129.90625			
Ba^{131}				11.6d	EC; γ 0.055~1.7
Ba^{131m}				14.6m	IT e^- (γ) 0.078; $\gamma(e^-)$ 0.107
Ba^{132}	0.097	131.9051			
Ba^{133}		132.9056		7.2y	EC; γ 0.355, 0.081, 0.302 (others)
Ba^{133m}				39h	IT e^- γ 0.276; e^- (γ) 0.012
Ba^{134}	2.42	133.9043			
Ba^{135}	6.59	134.9056	3/2		
Ba^{135m_1}				29h	IT e^- γ 0.208
Ba^{135m_2}				0.33s	IT?; γ 0.80, 0.70
Ba^{136}	7.81	135.9044			
Ba^{137}	11.32	136.9056	3/2		
Ba^{137m}				2.6m	IT γe^- 0.662
Ba^{138}	71.66	137.9050			
Ba^{139}		138.9086		82.9m	β^- 2.34, 2.17 (others); γ 0.165 (others)
Ba^{140}		139.9105		12.8d	β^- 1.01, 0.5 (others); γ 0.030, 0.54 (others)
Ba^{141}		140.9137		18m	β^- 2.8 (others); γ 0.19, 0.29, 0.35, 0.46, 0.64 (others)
Ba^{142}				11m	β^- ~4; γ 0.08~1.8

Nuclide	Per Cent Abundance	Nuclidic Mass	Spin	Half-life	Decay Modes, Radiations, Energies
Ba^{143}				12s	β^-
$_{57}La^{125}$				< 1m	
La^{126}				1.0m	β^+; γ 0.26
La^{127}				3.8m	
La^{128}				4.2m	β^+; γ 0.28
La^{129}				7m	
La^{130}				9m	β^+; γ 0.36
La^{131}				60m	EC; β^+ 1.43, 1.94, 0.70; γ 0.11~0.88
La^{132}		131.9103		4.5h	β^+ ~3.8; γ 1.0~3.3
La^{133}		132.9080		4.0h	EC; β^+ 1.2; γ 0.8
La^{134}		133.9083		6.5m	EC; β^+ 2.7; γ 0.60
La^{135}		134.9067		19.8h	EC; (γ)
La^{136}		135.9074		10m	EC; β^+ 1.8; (γ 0.83)
La^{137}				6×10^4y	EC
La^{138}	0.089	137.9068	5	1.1×10^{11}y	EC; γ 1.43; β^- 0.20; γ 0.81
La^{139}	99.911	138.9061	7/2		
La^{140}		139.9093	3	40.2h	β^- 1.34, others 0.42~2.20; γ 1.60, 0.49, 0.82, 0.33 (others)
La^{141}		140.9106		3.8h	β^- 2.4; (γ)
La^{142}				92m	β^- 4.0, others; γ 0.63, 2.4, others 0.87~3.4
La^{143}		142.9157		14m	β^- 3.3; γ 0.20~2.85
$_{53}Ce^{131}$				10m	EC; (β^+; γ)
Ce^{132}				4.2h	β^+
Ce^{133}				6.3h	EC; β^+ 1.3; γ 1.8
Ce^{134}				72h	EC
Ce^{135}				22h	EC; (β^+); γ 0.28
Ce^{136}	0.193	135.9071			
Ce^{137}				8.7h	EC; e^- (γ) 0.010 (m); (γ)
Ce^{137m}				34.5h	IT e^- γ 0.255; (EC; γ)
Ce^{138}	0.250	137.9057			
Ce^{138m}				0.009s	IT 0.30; γ 1.04, 0.80
Ce^{139}		138.9063		140d	EC; γ 0.166 (m)
Ce^{139m}				55s	IT $\gamma(e^-)$ 0.74
Ce^{140}	88.48	139.90528			

Nuclide	Per Cent Abundance	Nuclidic Mass	Spin	Half-life	Decay Modes, Radiations, Energies
Ce^{141}		140.90801	7/2	32.5d	β^- 0.44, 0.58; γ 0.145
Ce^{142}	11.07	141.9090		~5×10^{15}y	α 1.5
Ce^{143}		142.91217		33h	β^- 1.09, 1.38, others; γ 0.29, 0.057 (m), others 0.23~1.10
Ce^{144}		143.91343		284d	β^- 0.32, 0.19; γ 0.133 (others)
Ce^{145}		144.9162		3.0m	β^- 2.0
Ce^{146}		145.9183		14m	β^- 0.70; γ 0.32, 0.22, 0.14, 0.11 (others)
Ce^{147}				1.1m	β^-
Ce^{148}				0.7m	β^-
$_{59}$Pr^{134}				40m	γ 0.72
Pr^{135}				22m	β^+ 2.5; γ 0.08, 0.22, 0.30
Pr^{136}				1.1h	EC; β^+ 2.0; γ 0.17 (others)
Pr^{137}				1.5h	EC; β^+ 1.7
Pr^{138}				2.1h	EC; β^+ 1.4; γ 0.30, 0.80, 1.04 (others)
Pr^{139}		138.9085		4.5h	EC; β^+ 1.0; γ 1.3, 1.6
Pr^{140}		139.90878		3.5m	EC; β^+ 2.4; γ 1.2
Pr^{141}	100	140.90739	5/2		
Pr^{142}		141.90979	2	19.2h	β^- 2.15; (γ 1.57)
Pr^{143}		142.91063	7/2	13.7d	β^- 0.93
Pr^{144}		143.91310		17.3m	β^- 2.98; (γ)
Pr^{145}		144.9141		6.0h	β^- 1.80; γ 0.07~1.15
Pr^{146}		145.9172		25m	β^- 3.8, 2.3; γ 0.45, 1.49, 0.75 (others)
Pr^{147}				12m	β^-; γ 0.32, 0.58, 0.64, 0.92, 1.25
Pr^{148}				2m	β^-; γ 0.30
$_{60}$Nd$^{138?}$				22m	β^+ 2.4; γ
Nd^{139}				5.5h	EC; β^+; γ 1.3
Nd^{140}				3.3d	EC; γ 0.11~0.50
Nd^{141}		140.90932	3/2	2.5h	EC; (β^+ 0.78); (γ)
Nd^{141m}				63s	IT $\gamma(e^-)$ 0.76
Nd^{142}	27.11	141.90748			
Nd^{143}	12.17	142.90962	7/2		
Nd^{144}	23.85	143.90990		2.4×10^{15}y	α 1.83
Nd^{145}	8.30	144.9122	7/2		
Nd^{146}	17.22	145.9127			

Nuelide	Per Cent Abundance	Nuclidic Mass	Spin	Half-life	Decay Modes, Radiations, Energies
Nd^{147}		146.91583	5/2	11.1d	β^- 0.81, 0.37; γ 0.091 (m), 0.53 (others)
Nd^{148}	5.73	147.9135			
Nd^{149}		148.9198	5/2	1.8h	β^- 1.1, 1.5, 0.95; γ 0.114, 0.210, 0.240, 0.112 (others)
Nd^{150}	5.62	149.9207			
Nd^{151}		150.9242		12m	β^- 2.0, 1.2, 1.8, γ 0.085~2.17
$_{61}Pm^{141}$		140.9132		22m	β^+ 2.6; EC; γ 0.20
Pm^{141m}				0.0022s	IT γe^- 0.43; γ 0.19
Pm^{142}		141.9126		30s	β^+ 3.8; γ1.6
Pm^{143}		142.9108		280d	EC; γ 0.742
Pm^{144}				~400d	EC; γ 0.61, 0.70, 0.48
Pm^{145}		144.9123		18y	EC; γ 0.072, (0.067)
Pm^{146}		145.9145		1.9y	EC; β^- 0.78; γ 0.75, 0.45
Pm^{147}		146.91486	7/2	2.65y	β^- 0.225; (γ)
Pm^{148}		147.9171	1	5.4d	β^- 2.45, 0.99, 1.9; γ 0.55, 1.46, 0.91
Pm^{148m}			6	43d	β^- 0.39, 0.49, 0.68; γ 0.55, 0.63, 0.73, others; (IT)
Pm^{149}		148.9181	7/2	53h	β^- 1.07 (others); (γ)
Pm^{150}		149.9203		2.7h	β^- 2.3, 3.2; γ 0.33, others 0.41~3.08
Pm^{151}		150.9216	5/2	28h	β^- 0.33~1.2; γ 0.10, 0.34, others 0.026~0.95
Pm^{152}				6m	β^- 2.2; γ 0.12 (m), 0.24, ~1
Pm^{153}				5.5m	β^- 1.65; γ 0.125, 0.18
Pm^{154}				2.5m	β^- 2.5
$_{62}Sm^{141?}$				~20d	EC
Sm^{142}				72m	EC; β^+ 1.0; (γ)
Sm^{143}		142.9145		8.7m	EC; β^+ 2.5; (γ)
Sm^{143m}				1.1m	IT 0.75
Sm^{144}	3.09	143.9116			
Sm^{145}		144.9130		340d	EC; e^- (γ) 0.061 (m)
Sm^{146}		145.9129		5×10^7y	α 2.55
Sm^{147}	14.97	146.91462	7/2	1.1×10^{11}y	α 2.15
Sm^{148}	11.24	147.9146			
Sm^{149}	13.83	148.9169	7/2		
Sm^{150}	7.44	149.9170			
Sm^{151}		150.9197		~93y	β^- 0.076; (γ)

Nuelide	Per Cent Abundance	Nuclidic Mass	Spin	Half-life	Decay Modes, Radiations, Energies
Sm^{152}	26.72	151.9185			
Sm^{153}		152.9217	3/2	47h	β^- 0.70, 0.64, 0.80; γ 0.103, 0.070 (others)
Sm^{154}	22.71	153.9220			
Sm^{155}		154.9247		22m	β^- 1.53; γ 0.105 (others)
Sm^{156}		155.9257		9.4h	β^- 0.43, 0.71; γ 0.087, 0.20, 0.165, (0.25)
Sm^{157}				0.5m	β^-; γ 0.57
$_{63}$Eu$^{144?}$				18m	β^+ 2.4
Eu^{145}				5.8d	EC; γ 0.89, 0.65, 0.23 (others); (β^+)
Eu^{146}				4.4d	EC; (β^+); γ 0.75, 0.64, 0.71, 0.67 (others)
Eu^{147}		146.9166		22d	EC; γ 0.12, 0.077, 0.20 (others); (α 2.88)
Eu^{148}				54d	EC; γ 0.55, 0.63, others 0.24~2.19
Eu^{149}				106d	EC; γ 0.022 (m), others to 0.558
Eu^{150}		149.9196		12.5h	EC; γ 0.33~2.02
Eu^{150}				> 5y	EC; γ 0.334, 0.439 (others)
Eu^{151}	47.82	150.9196	5/2		
Eu^{152}		151.9215	3	12.5y	EC; β^- 0.71 (others); (β^+); γ 0.122 (m), 0.344, 1.41, 0.96, 1.11, 1.08, 0.78 (others)
Eu^{152m}			0	9.3h	β^- 1.87 (others); EC; γ 0.122, 0.84 (others); (β^+)
Eu^{153}	52.18	152.9209	5/2		
Eu^{154}		153.9228	3	16y	β^- 0.25~1.85; γ 0.123 (m), others0.25~1.60
Eu^{155}		154.9228		1.81y	β^- 0.15~0.25; γ 0.019~0.14
Eu^{156}		155.9247		15d	β^- 0.50, 2.45; γ 0.089~2.20
Eu^{157}		156.9253		15h	β^- ~1.7; γ 0.041~0.73
Eu^{158}				60m	β^- 2.65
Eu^{159}				18m	β^- 2.2; γ 0.07~0.22
Eu^{160}				2.5m	β^- ~3.6
$_{64}$Gd^{145}				24m	EC; β^+ 2.5; γ 0.78, 1.05
Gd^{146}				50d	EC; γ 0.11, 0.15, 0.07
Gd^{147}				22h	EC; γ 0.23, 0.38, 0.94, 0.64, 0.78, 0.28 (others)
Gd^{148}		147.9177		84y	α 3.18
Gd^{149}		148.9189		9.5d	EC; γ 0.150, 0.35, 0.30, 0.75 (others); (α)
Gd^{150}		149.9185		2×10^{5}y	α 2.73

Nuclide	Per Cent Abundance	Nuclidic Mass	Spin	Half-life	Decay Modes, Radiations, Energies
Gd^{151}				120d	EC; γ 0.022~0.35
Gd^{152}	0.200	151.9195		1.1×10^{14}y	α 2.14
Gd^{153}		152.9211		242d	EC; γ 0.103 (m), 0.070, 0.10 (others)
Gd^{154}	2.15	153.9207			
Gd^{155}	14.73	154.9226	3/2		
Gd^{156}	20.47	155.9221			
Gd^{157}	15.68	156.9239	3/2		
Gd^{158}	24.87	157.9241			
Gd^{159}		158.9260	3/2	18h	β^- 0.95, 0.89, 0.59; γ 0.058, 0.36 (others)
Gd^{160}	21.90	159.9271			
Gd^{161}		160.9293		3.7m	β^- 1.60, (1.54); γ 0.36, 0.057, 0.315, 0.102 (others)
$Gd^{162?}$				> 1y	β^-; γ 0.04~1.39
$_{65}Tb^{147}$				24m	β^+; γ 0.31, 0.15
Tb^{148}				70m	β^+ 4.6; γ 0.78, 1.12
Tb^{149}				4.1h	EC; β^+; α 3.95; γ 0.35, 0.16 (others)
Tb^{149m}				4.3m	α 3.99; IT
Tb^{150}				3.1h	β^+; γ 0.64 (others)
Tb^{151}		150.9230		18h	EC; γ 0.11~1.31; (α 3.44)
Tb^{152}				18h	EC; γ 0.12~1.05; (β^+)
Tb^{152m}				4m	EC; β^+; γ 0.24, 0.14; (α)
Tb^{153}				2.6d	EC; γ 0.016~0.99
Tb^{154}				21h	EC; β^+ 2.8; γ 0.123 (m); 0.24~2.48
Tb^{154}				8h	EC; γ 0.123~1.29
Tb^{155}				5.6d	EC; γ 0.019~0.72
Tb^{156}				5.4d	EC; γ 0.089~2.31
Tb^{156m}				5.5h	IT 0.088; (β^-)
Tb^{157}				> 30y	EC
Tb^{158}		157.9250		> 3y	EC; γ 0.04
Tb^{158m}				11s	IT e^- (γ) 0.11
Tb^{159}	100	158.9250	3/2		
Tb^{160}		159.9268	3	73d	β^- 0.27~1.71; γ 0.88, 0.30, 0.97, 0.087 (others)
Tb^{161}		160.9273	3/2	6.9d	β^- 0.51, 0.45, 0.58; γ 0.049, 0.026, 0.057, 0.075 (others)
$Tb^{162?}$				2h	β^-

Nuelide	Per Cent Abundance	Nuclidic Mass	Spin	Half-life	Decay Modes, Radiations, Energies
Tb^{163}					β^-; γ 0.18
Tb^{164}					β^-
$_{66}$Dy^{149}				~15m	EC; γ 0.17
Dy^{150}				8m	β^+; γ 0.39; α 4.21
Dy^{151}				18m	EC; γ 0.145; (α 0.06; β^+)
Dy^{152}		151.9244		2.3h	EC; β^+; γ 0.26; (α 3.68)
Dy^{153}		152.9254		6h	EC; γ 0.08~0.54; (α 3.48)
Dy^{154}		153.9248		10^2y	α 2.35
Dy^{154m}				13h	α 3.35
Dy^{155}				10h	EC; γ 0.085~1.66; (β^+)
Dy^{156}	0.062	155.9238			
Dy^{157}				8.5h	EC; γ 0.33 (others)
Dy^{158}	0.090	157.9240			
Dy^{159}		158.9254		144d	EC; e^- (γ) 0.058, (γ)
Dy^{160}	2.294	159.9248			
Dy^{161}	18.88	160.9266	5/2		
Dy^{162}	25.53	161.9265			
Dy^{163}	24.97	162.9284	5/2		
Dy^{164}	28.18	163.9288			
Dy^{165}		164.9317	7/2	2.3h	β^- 1.28, 1.19 (others); γ0.095 (others 0.048~1.08)
Dy^{165m}				1.3m	IT e^- γ 0.106; (β^-; γ)
Dy^{166}		165.9329	0	82h	β^- 0.40 (others); γ 0.084, 0.054, 0.030 (others)
Dy^{167}				4.4m	β^-
$_{67}$Ho^{151}				38s	EC; α 4.51
Ho^{151m}				42s	α 4.60
Ho^{152}				2.4m	α 4.38
Ho^{152m}				52s	α4.45
Ho^{153}				9m	EC; (α 3.92)
Ho^{154}				5.6m	EC; α 4.12
Ho^{155}				46m	β^+ 2.1; γ 0.14
Ho^{156}				~1h	EC; γ 0.138
Ho^{158}				1.9h	β^+ 1.90, 2.98; γ 0.85
Ho^{159}				33m	EC; γ 0.057~0.309
Ho^{160}				28m	EC; γ 0.73, 0.96, 0.88, 0.65 (others); (β^+)

Nuelide	Per Cent Abundance	Nuclidic Mass	Spin	Half-life	Decay Modes, Radiations, Energies
Ho^{160m}				5.3h	IT e^- (γ) 0.060
Ho^{161}			7/2	2.5h	EC; γ 0.026~0.18
Ho^{162}		161.9288		12m	β^+ 1.14; EC; e^- γ 0.081
Ho^{162m}				68m	IT e^- (γ) 0.010; e^- γ 0.058, 0.038; EC; γ 0.185, 0.081, 1.21
Ho^{163}		162.9284		> 500y	EC
Ho^{163m}				0.8s	IT γe^- 0.30
Ho^{164}		163.9303		37m	β^- 0.99, 0.90; EC; γ 0.037, 0.073, 0.091
Ho^{165}	100	164.9303	7/2		
Ho^{166}		165.9324	0	27h	β^- 1.85, 1.77; γ 0.08 (m) (others)
Ho^{166m}		165.9324		> 30y	β^- < 0.10; γ 0.08~1.42
Ho^{167}		166.9331		3.0h	β^- 0.28, 1.0; γ 0.057~0.53
Ho^{168}				3.3m	β^- ~2.2; γ 0.85
Ho^{170}				45s	β^- ~3.1; γ 0.43
$_{68}$Er^{152}				11s	α 4.93
Er^{153}				36s	α 4.68
Er^{154}				4.5m	α 4.26
Er^{158}				2.5h	β^+ 1.30; γ 0.098~0.85
Er^{159}				~1h	EC; γ 0.048~0.30
Er^{160}				29h	EC
Er^{161}				3.1h	EC; γ 0.83, 0.21 (others 0.084~1.97)
Er^{162}	0.136	161.9288			
Er^{163}				75m	EC; γ 0.43, 1.1
Er^{164}	1.56	163.9293			
Er^{165}			5/2	10h	EC
Er^{166}	33.41	165.9304			
Er^{167}	22.94	166.9320	7/2		
Er^{167m}				2.5s	IT γe^- 0.21
Er^{168}	27.07	167.9324			
Er^{169}		168.9347	1/2	9.5d	β^- 0.34; e^- (γ) 0.0084
Er^{170}	14.88	169.9355			
Er^{171}		170.9382	5/2	7.5h	β^- 1.05 (others); γ 0.308, 0.296, 0.112 (others)
Er^{172}		171.9396		50h	β^- 0.50, 0.38, 0.29; γ 0.050, 0.41, 061 (others)
$_{69}$Tm^{161}				30m	EC; γ 0.084, 0.144, 0.147, 0.17

Nuelide	Per Cent Abundance	Nuclidic Mass	Spin	Half-life	Decay Modes, Radiations, Energies
Tm^{162}				77m	EC; γ 0.10, 0.24
Tm^{163}				1.9h	EC; β^+ 1.05, 0.40; γ 0.022~0.66
Tm^{164}		163.9335		2.0m	EC; β^+ 2.9; γ 0.091 (others)
Tm^{165}				30h	EC; γ 0.25, 0.29, 0.80, 0.34 (others)
Tm^{166}		165.9330	2	7.7h	EC; $(\beta^+$ 2.1); γ 0.073~2.10
Tm^{167}			1/2	9.4d	EC; γ 0.057 (m)
Tm^{168}				93d	EC; γ 0.075~1.64; (β^-)
Tm^{169}	100		1/2		
Tm^{170}		159.9359	1	127d	β^- 0.97, 0.88; $e^-\gamma$ 0.084 (m)
Tm^{171}		170.9366	1/2	1.9y	β^- 0.10; $(\gamma$ 0.067)
Tm^{172}		171.9386		63.6h	β^- 0.28~1.92; γ 0.079 (others 0.18~1.61)
Tm^{173}				7.3h	β^- 0.9; γ 0.40, 0.47
Tm^{174}				5.5m	β^- 2.5
Tm^{175}				20m	β^- 2.0; γ 0.51
Tm^{176}				1.5m	β^- 4.2
$_{70}$Yb^{155}				1.6s	α 5.21
Yb^{164}				75m	EC
Yb^{166}		165.9333		56h	EC; γ 0.082
Yb^{167}				18m	EC; γ 0.026 0.18
Yb^{168}	0.135	167.9339			
Yb^{169}				31d	EC; γ 0.008~0.31
Yb^{169m}				46s	IT 0.024
Yb^{170}	3.03	139.9349			
Yb^{171}	14.31	170.0365	1/2		
Yb^{172}	21.83	171.9366			
Yb^{173}	16.13	172.9383	5/2		
Yb^{174}	31.84	173.9390			
Yb^{175}		174.9414		4.2d	β^- 0.47, 0.07; γ 0.396 (others)
Yb^{175m}				0.0728	IT 0.495
Yb^{176}	12.73	175.9427			
Yb^{177}		176.9455		1.9h	β^- 1.38 (others); $(\gamma$ 0.12, 1.24)
Yb^{177m}				6.5s	IT $e^-\gamma$ 0.23; γe^- 0.104
$_{71}$Lu^{167}				55m	EC; γ 0.03, 0.40; (β^+)
Lu^{168}				7.1m	EC; γ 0.087, 0.99, 0.90 (others); (β^+)
Lu^{168}				2.15h	EC; γ 0.087

Nuclide	Per Cent Abundance	Nuclidic Mass	Spin	Half-life	Decay Modes, Radiations, Energies
Lu^{169}				1.5d	EC; γ 0.024 1.39
Lu^{170}		169.9387		2.0d	EC; γ 0.084 (m), 2.04
Lu^{171}				8.3d	EC; γ0.020~1.50
Lu^{172}				6.7d	EC; γ 0.079~2.08
Lu^{172m}				3.7m	IT e^- (γ) 0.042
Lu^{173}		172.9390		500d	EC; γ 0.079, 0.101, 0.273
Lu^{174}		173.9406		3.6y	EC; γ 0.077, 1.23
Lu^{174m}				160d	IT e^- (γ) 0.059; γ 0.067, 0.045
Lu^{175}	97.41	174.9409	7/2		
Lu^{176}	2.59	175.9427	7	3x10^{10}y	β^- 0.43; γ 0.31, 0.20, 0.088 (m)
Lu^{176m}			1	3.7h	β^- 1.20; 1.10; γ 0.088 (m)
Lu^{177}		176.9440	7/2	6.8d	β^- 0.50 (others), γ 0.113 (others)
Lu^{177m}				160d	β^- ~1; γ 0.208, others 0.10~0.41
Lu^{178}				22m	β^-; γ 0.33, 0.43, 0.56, 0.67, 0.78
Lu^{179}				4.6h	β^- 1.35, 1.08; γ 0.215
Lu^{180}				2.5m	β^- 3.3
$_{72}$Hf^{168}				22m	EC; γ 0.13, 0.17; (β^+)
Hf^{169}				1.5h	EC; γ 0.049, 0.12; (β^+)
Hf^{170}				12h	EC
Hf^{171}				11h	EC; γ 0.12~1.07
Hf^{172}				~5y	EC; γ 0.024, 0.12, 0.08 (others)
Hf^{173}				24h	EC; γ 0.12, 0.30 (others)
Hf^{174}	0.18	173.9403		2x10^{15}y	α 2.50
Hf^{175}				70d	EC; γ 0.343 (others)
Hf^{176}	5.20	175.9416			
Hf^{177}	18.50	176.9435			
Hf^{178}	27.14	177.9439			
Hf^{178m}				4s	IT e^- (γ) 0.089; γ 0.427, 0.326, 0.214, 0.093 (m)
Hf^{179}	13.75	178.9460	9/2		
Hf^{179m}				19s	IT e^- (γ) 0.161; γ 0.217
Hf^{180}	35.24	179.9468			
Hf^{180m}				5.5h	IT e^- γ 0.058; γ 0.44, 0.33, 0.22, 0.093, 0.50

Nuelide	Per Cent Abundance	Nuclidic Mass	Spin	Half-life	Decay Modes, Radiations, Energies
Hf^{181}		180.94908		45d	β^- 0.41 (others), γ 0.133 (m$_2$), 0.48 (m_1), 0.35, 0.14 (others)
Hf^{182}		181.9507		9×10^6y	β^- ; γ 0.27
Hf^{183}		182.9538		65m	β^- ~1.4; γ
Hf^{184}				2.2h	β^-
$_{73}Ta^{172}$				24m	EC; β^+
Ta^{173}				3.7h	EC; γ 0.090, 0.17, (β^+)
Ta^{174}				1.2h	β^+ ; EC; γ 0.13, 0.21, 0.28, 0.35 (others)
Ta^{175}				11h	EC; γ 0.050-1.64
Ta^{176}				8.0h	EC; γ0.088 (m), 0.20 (others 0.091~2.9)
Ta^{177}		176.9447		57h	EC; γ 0.113 (others 0.05, 1.06)
Ta^{178}		177.9459		2.2h	EC; γ 0.089~0.43
Ta^{178}				9.3m	EC; γ 0.093 (others); (β^+)
Ta^{179}		179.9461		1.6y	EC
Ta^{180}	0.0123	179.9475			
Ta^{180m}				8.1h	EC; γ 0.093; β^- 0.60, 0.70; $(\gamma$ 0.102)
Ta^{181}	99.9877	180.94798	7/2		
Ta^{182}		181.95014		115d	β^- 0.18~0.51; γ 0.033~1.61
Ta^{182m}				16m	IT e^- (γ) 0.184; γ 0.172, 0.147 (others)
Ta^{183}		182.95144		5.0d	β^- 0.62 (others); γ 0.041~0.406
Ta^{184}		183.9538		8.7h	β^- 0.15~1.36; γ 0.11~1.2
Ta^{185}		184.9555		48m	β^- 1.72 (others); γ 0.175, 0.075, 0.100 (others)
Ta^{186}		185.9583		10.5m	β^- 2.2; γ 0.125~1.1
$_{74}W^{176}$				80m	EC; γ 1.3, 0.1; (β^+)
W^{177}				2.2h	EC; γ 0.45, 1.2
W^{178}				22d	EC; $(\gamma?)$
W^{179}				40m	EC; γ 0.031
W^{179m}				7m	IT 0.22
W^{180}	0.135	179.9470			
W^{180m}				0.005s	IT 0.24; γ 0.37
W^{181}		180.9482		126d	EC; e^- (γ) 0.0083 (m); (others γ's)
W^{182}	26.41	181.94827			
W^{183}	14.40	182.95029	1/2		
W^{183m}				5.3s	IT 0.103; γ 0.11, 0.053, 0.046

Nuelide	Per Cent Abundance	Nuclidic Mass	Spin	Half-life	Decay Modes, Radiations, Energies
W^{184}	30.64	183.95099			
W^{185}		184.9535		74d	β^- 0.43, (0.30); (γ 0.125)
W^{185m}				1.7m	IT $e^-\gamma$ 0.125; γ 0.175, 0.075, 0.100
W^{186}	28.41	185.9543			
W^{187}		186.9574	3/2	24h	β^- 0.63, 1.32, 0.34; γ 0.69, 0.48 (others)
W^{188}		187.9587		65d	β^- 0.43, 0.34; γ 0.057, 0.15, 0.22, 0.26, 0.29
$_{75}Re^{177}$				17m	β^+
Re^{178}				15m	EC; β^+ 3.1
Re^{179}				20m	EC
Re^{180}		179.9501		2.4m	EC; (β^+ 1.1); γ 0.88, 0.11
Re^{180m}				20h	EC; β^+ 1.9
Re^{181}				20h	EC; γ 0.020~1.54
Re^{182}				13h	EC; γ 0.032~2.05
Re^{182}				64h	EC; γ 0.018~1.44
Re^{183}				68d	EC; γ 0.041~0.407
Re^{184}				35d	EC; γ 0.111, 0.90, 0.79, 0.89 (others)
Re^{184m}				165d	EC; (IT 0.217); γ 0.11~0.90
Re^{185}	37.07	184.9530	5/2		
Re^{186}		185.9551		89h	β^- 1.07, 0.93; γ 0.137 (others); (EC)
Re^{187}	62.93	186.9560	5/2	6×10^{10}y	β^- 0.001
Re^{188}		187.9582		17h	β^- 2.13, 2.0; γ 0.155 (others)
Re^{188m}				19m	IT e^- (γ) 0.002, 0.016; γ 0.064, 0.106, 0.092
Re^{189}				23h	β^- 0.98, others; γ 0.070, 0.15, 0.22, 0.25
Re^{190}		189.9622		2.8m	β^- 1.7; γ 0.19, 0.39, 0.57, 0.83
Re^{191}				9.8m	β^- 1.8
$_{76}Os^{181}$				23m	EC; γ 0.09, 0.10
Os^{181}				2.7h	EC; γ 0.23
Os^{182}				22h	EC; γ 0.510, 0.18, 0.26 (others); [to 13h Re^{182}]
Os^{183}				13.7h	EC; γ 0.114, 0.382 (m), 0.168 (others)
Os^{183m}				9.9h	EC; IT 0.171; γ 1.108, 1.102 (others)
Os^{184}	0.018	183.9526			
Os^{185}		184.9541		94d	EC; γ 0.65, 0.88 (others)

Nuelide	Per Cent Abundance	Nuclidic Mass	Spin	Half-life	Decay Modes, Radiations, Energies
Os^{186}	1.59	185.9539			
Os^{187}	1.64	186.9560	1/2		
Os^{188}	13.3	187.9560			
Os^{188m}				26d	IT
Os^{189}	16.1	188.9582	3/2		
Os^{189m}				5.7h	IT e^- (γ) 0.031
Os^{190}	26.4	189.9586			
Os^{190m}		189.9604		10m	IT e^- (γ) 0.038; γ 0.61, 0.50, 0.36, 0.19
Os^{191}		190.9612		14.6d	β^- 0.14; [to 4.8s Ir^{191m}]
Os^{191m}				14h	IT e^- (γ) 0.074
Os^{192}	41.0	191.9614			
Os^{193}		192.9645		31h	β^- 1.13 (others); γ 0.139 (others 0.07~0.56)
Os^{194}				1.9y	β^-
Os^{195}				6.5m	β^- 2
$_{77}Ir^{182}$				15m	EC; γ 0.13~4.0; (β^+)
Ir^{183}				55m	EC; γ 0.24, others
Ir^{184}				3.2h	EC; γ 0.125~4.3; (β^+)
Ir^{185}				14h	EC; γ 0.037~1.10
Ir^{186}		185.9580		15.8h	EC; γ 0.071~2.89; $(\beta^+ 1.94)$
Ir^{187}				10.5h	EC; γ 0.010~0.99
Ir^{188}		187.9590		41h	EC; γ 0.155, others 0.32~2.22; $(\beta^+ 1.66)$
Ir^{189}				12d	EC; γ 0.070, 0.25, others 0.031~0.28
Ir^{190}		189.9608		12.3d	EC; γ 0.187~1.43
Ir^{190m}		189.9637		3.2h	EC; $\beta^+ 2.04$; [to 10m Os^{190m}]
Ir^{191}	37.3	190.9608	3/2		
Ir^{191m}				4.8s	IT e^- (γ) 0.042; e^- γ 0.129, 0.047, 0.082
Ir^{192}		191.9630		74.0d	β^- 0.67, 0.54, 0.24; γ 0.316, 0.47, 0.30 (others); (EC)
Ir^{192m_1}				1.45m	IT e^- (γ) 0.57; (β^-)
Ir^{192m_2}				6×10^2y	IT 0.16 [to 74d Ir^{192}]
Ir^{193}	62.7	192.9633	3/2		
Ir^{193m}				12d	IT e^- (γ) 0.080
Ir^{194}		193.9652		19h	β^- 2.24, 1.91 (others); γ 0.328 (others)
Ir^{194m}				0.032s	IT 0.115
Ir^{195}				2.3h	β^- ~1; γ 0.10~0.66

Nuelide	Per Cent Abundance	Nuclidic Mass	Spin	Half-life	Decay Modes, Radiations, Energies
Ir^{197}				7m	β^- 1.5, 2.0; γ 0.50
Ir^{198}				50s	β^- 3.6; γ 0.78
$_{78}Pt^{185}$				1.2h	
Pt^{186}				2.9h	EC
Pt^{187}				2.2h	
Pt^{188}		187.9596		10d	EC; γ 0.195, 0.187, 0.055 (others); (α 3.9)
Pt^{189}				11h	EC; γ 0.072~0.80
Pt^{190}	0.0127	189.9599		7×10^{11}y	α 3.11
Pt^{191}				3.0d	EC; γ 0.042~0.62
Pt^{192}	0.78	191.9614			
Pt^{193}		192.9633		0.3-500y	EC
Pt^{193m}				4.4d	IT e^- (γ) 0.135; e^- (γ) 0.013
Pt^{194}	32.9	193.9628	0		
Pt^{195}	33.8	194.96482	1/2		
Pt^{195m}				4.1d	IT e^- (γ) 0.130; e^- γ 0.031, 0.099
Pt^{196}	25.3	195.96498	0		
Pt^{197}		196.96736		20h	β^- 0.67, 0.48; γ 0.077 (m), 0.19
Pt^{197m}				1.3h	IT 0.35; (β^-; γ 0.28)
Pt^{198}	7.21	197.9675			
Pt^{199}		198.9707		30m	β^- 0.8~1.7; γ 0.074~0.96
Pt^{199m}				14s	IT $\gamma(e^-)$ 0.39; e^- (γ) 0.032
Pt^{200}				11.5h	β^-
Pt^{201}				2.3m	β^-
$_{79}Au^{185}$				7m	EC
Au^{186}				12m	EC; γ 0.16, 0.22, 0.30, 0.40
Au^{187}				8m	EC
Au^{188}				8m	EC; γ 0.25, 0.33, 0.63; (α 5.1)
Au^{189}				30m	EC; γ
Au^{190}				40m	EC; γ 0.29 (others 0.30~3.46)
Au^{191}			3/2	3.4h	EC; γ 0.030~2.17
Au^{192}		191.9649	1	4.1h	EC; β^+ 2.2; γ 0.045~1.16
Au^{193}			3/2	17h	EC; γ 0.186, 0.112 (others 0.013~0.49)
Au^{193m}				3.9s	IT e^- (γ) 0.032; γ 0.26; (EC)
Au^{194}		193.9655	1	39h	EC; γ 0.328, 0.29, 0.62 (others 0.095~2.41); (β^+)

Nuelide	Per Cent Abundance	Nuclidic Mass	Spin	Half-life	Decay Modes, Radiations, Energies
Au^{195}		194.96511	3/2	183d	EC; γ 0.099, 0.031, 0.13
Au^{195m}				31s	IT e^- (γ) 0.057; γ 0.20, 0.061, 0.26
Au^{196}		195.96655	2	6.2d	EC; γ 0.356, 0.333 (others); (β^- 0.26)
Au^{196m}			12	9.7h	IT e^- (γ) 0.175; γ 0.148, 0.188, 0.085 (m) (others)
Au^{197}	100	196.96655	3/2		
Au^{197m}				7.2s	IT e^- (γ) 0.130; γ 0.28
Au^{198}		197.96821	2	2.70d	β^- 0.96 (others); γ 0.412 (others)
Au^{199}		198.95865	3/2	3.15d	β^- 0.30, 0.25; γ 0.158, 0.208
Au^{200}		199.9708		48m	β^- 2.2, 0.7; γ 0.37, 1.23
Au^{201}		200.9719		25m	β^- 1.5; (γ 0.53)
Au^{202}				25s	β^-
Au^{203}				55s	β^- 1.9; γ 0.69
$_{80}Hg^{185}$				53s	EC; α 5.64
Hg^{186}				1.5m	EC; γ 0.13, 0.27, 0.35, 0.44
Hg^{187}				3m	EC; α 5.14; γ 0.18, 0.25, 0.40
Hg^{188}				3.7m	EC; γ 0.14
Hg^{189}				9m	EC; γ 0.17, 0.24, 0.32, 0.50
Hg^{190}				20m	EC; γ 0.14, 0.22
Hg^{191}				57m	EC; γ 0.25, 0.27
Hg^{192}				5h	EC; γ 0.031~0.31
Hg^{193}				6h	EC; γ 0.038~1.08
Hg^{193m}				11h	EC; γ 0.032~1.65; IT e^- (γ) 0.101
Hg^{194}		193.9657		146d	EC
Hg^{194m}				0.4s	IT; γ 0.134, 0.048
Hg^{195}			1/2	9.5h	EC; γ 0.061~1.17
Hg^{195m}			13/2	40h	EC; IT e^- (γ) 0.123; γ 0.016~1.24
Hg^{196}	0.146	195.96582			
Hg^{197}			1/2	65h	EC; γ 0.077 (m); (0.191)
Hg^{197m}			13/2	23h	IT e^- (γ) 0.165; γ 0.134; (EC; γ)
Hg^{198}	10.02	197.96677			
Hg^{199}	16.84	198.96826	1/2		
Hg^{199m}		198.96883		44m	IT e^- γ 0.370; γ 0.158
Hg^{200}	23.13	199.96834			
Hg^{201}	13.22	200.97031	3/2		

Nuclide	Per Cent Abundance	Nuclidic Mass	Spin	Half-life	Decay Modes, Radiations, Energies
Hg^{202}	29.80	201.97063			
Hg^{203}		202.97285		47d	β^- 0.21; γ 0.279
Hg^{204}	6.85	203.97348			β^-
Hg^{205}		204.9762		5.5m	β^- 1.65; (γ 0.20)
Hg^{206}		205.97747		8.5m	β^- 1.29
$_{81}Tl^{191}$				10m	EC
Tl^{192}				short	
Tl^{192m}				11m	IT 0.11; EC; γ 0.42
Tl^{193}				23m	EC; γ 0.24, 0.25, 0.26, 0.31 (others)
Tl^{194}				33.0m	EC; γ 0.43
Tl^{194m}				32.8m	EC; γ 0.097; IT
Tl^{195}			1/2	1.2h	EC; γ 0.037 (others); β^+~1.8
Tl^{195m}				3.5s	IT e^- (γ) 0.099; γ 0.383, 0.393
Tl^{196}		195.9708		1.8h	EC; γ 0.426; β^+
Tl^{196m}		195.9750		1.4h	EC; γ 0.084 (others); (IT)
Tl^{197}			1/2	2.8h	EC; γ 0.152 (others); (β^+)
Tl^{197m}				0.54s	IT γe^- 0.222; γ 0.385, 0.387
Tl^{198}		197.9705	2	5.3h	EC; γ 0.412, others 0.19
Tl^{198m}			7	1.9h	IT 0.261; γ 0.28 (others); EC; γ 0.049~0.64
Tl^{199}		198.9894	1/2	7.4h	EC; γ 0.158 (m), others 0.037~0.49
Tl^{199m}				0.042s	IT 0.37
Tl^{200}		199.97097	2	26h	EC; γ 0.065~2.28; (β^+)
Tl^{201}		200.9708	1/2	73h	EC; γ 0.167 (others)
Tl^{202}		201.9721	2	12d	EC; γ 0.44 (others)
Tl^{203}	29.50	202.97233	1/2		
Tl^{204}		203.97389	2	3.80y	β^- 0.76; (EC)
Tl^{205}	70.50	204.97446	1/2		
Tl^{206}		205.97608		4.3m	β^- 1.57
Tl^{207}		206.97745		4.8m	β^- 1.44; (γ)
Tl^{208}		207.98201		3.1m	β^- 1.79, 1.28, 1.52; γ 2.61, 0.58, 0.51, 0.86 (others)
Tl^{209}		208.98530		2.2m	β^- 2.0; γ 0.12, 0.45, 1.56
Tl^{210}		209.99000		1.3m	β^- 1.97; γ 0.09~2.45
$_{82}Pb^{194}$				11m	EC; γ 0.20

Nuelide	Per Cent Abundance	Nuclidic Mass	Spin	Half-life	Decay Modes, Radiations, Energies
Pb^{195}				17m	EC; [to 3.5s TI^{195m}]
Pb^{196}				37m	EC; γ 0.19~0.50
Pb^{197m}				42m	EC [to 0.54s TI^{197m}]; IT 0.234; γ 0.085
Pb^{198}				2.4h	EC; γ 0.031~0.87
Pb^{199}				1.5h	EC; γ 0.367, 0.353, 0.72
Pb^{199m}				12m	IT e^- γ 0.42
Pb^{200}				21.5h	EC; γ 0.033~0.61
Pb^{201}				9.5h	EC; γ 0.33 (others 0.13~1.40)
Pb^{201m}				1.0m	IT γe^- 0.63
Pb^{202}		201.9722		~3×10^{5}y	EC
Pb^{202m}		201.9745		3.6h	IT 0.79, 0.13; γ 0.42, 0.96, 0.66 (others); (EC)
Pb^{203}		202.97321		52h	EC; γ 0.279 (others)
Pb^{203m}		202.97410		6.1s	IT γe^- 0.825
Pb^{204}	1.48	203.97307			
Pb^{204m_2}		203.97542		67m	IT $\gamma(e^-)$ 0.912; γ 0.375 (m_1), 0.899
Pb^{205}		204.97452		3×10^{7}y	EC
Pb^{205m}		204.97561		0.004s	IT e^- (γ) 0.026; γ 0.99 (others)
Pb^{206}	23.6	205.97446	0		
Pb^{207}	22.6	206.97590	1/2		
Pb^{207m}		206.97765		0.8s	IT γe^- 1.06; γ 0.57
Pb^{208}	52.3	207.97664	0		
Pb^{209}		208.98111		3.3h	β^- 0.64
Pb^{210}		209.98418		22y	β^- 0.015, 0.061; e^- (γ) 0.046; (α)
Pb^{211}		210.98880		36.1m	β^- 1.36 (others); (γ 0.07, 1.10)
Pb^{212}		211.99190		10.6h	β^- 0.34, 0.58; γ 0.239 (others)
Pb^{214}		213.9998		26.8m	β^- 0.59, 0.65; γ 0.053~0.35
$_{83}$Bi$^{196?}$				7m	EC; (α 5.83)
Bi$^{197?}$				2m	α 6.2
Bi^{199}			9/2	26m	EC; (α 5.47)
Bi^{200}			7	35m	EC; γ 0.46, 1.03
Bi^{201}			9/2	1.85h	EC
Bi^{201}				62m	EC; (α 5.15)
Bi^{202}			5	1.6h	EC; γ 0.42, 0.96
Bi^{203}		202.9768	9/2	11.8h	EC; γ 0.060~1.90; (β^+; α 4.85)

Nuelide	Per Cent Abundance	Nuclidic Mass	Spin	Half-life	Decay Modes, Radiations, Energies
Bi^{204}		203.9777	6	11.2h	EC; γ 0.079~2.10
Bi^{205}		204.97742	9/2	15.3d	EC; γ 0.026~2.61; (β^+)
Bi^{206}		205.9783	6	6.2d	EC; γ 0.11~1.90
Bi^{207}		206.97847		30y	EC; γ 0.57, 1.06 (Pb^{207m})
Bi^{208}		207.7973		~8×10⁵y	EC; γ 2.61
Bi^{208m}				0.0026s	IT 0.92; γ 0.51
Bi^{209}	100	208.98042	9/2		
Bi^{210}		209.98411	1	5.01d	β^- 1.16; (α)
Bi^{210m}				3×10⁶y	α 4.95, 4.92 (others); γ 0.26 (m), 0.30 (m) (others)
Bi^{211}		210.98729		2.15m	α 6.62, 6.28; γ 0.35; (β^-)
Bi^{212}		211.99127		60.6m	β^- 2.25 (others); α 6.05 (others); $e^-(\gamma)$ 0.040 (other γ's)
Bi^{213}		212.99433		47m	β^- 1.39, 0.96; γ 0.44; $(\alpha$ 5.86)
Bi^{214}		213.99863		19.7m	β^- 1.51, 1.0; 3.18; γ 0.61~2.42; (α)
Bi^{215}		215.0019		8m	β^-
$_{84}Po^{192}$				0.5s	α 6.58
Po^{193}				4s	α 6.47
Po^{194}				13s	α 6.38
Po^{195}				30s	α 6.25
Po^{196}				1.8m	α 6.14
Po^{197}				4m	α 6.04
Po^{198}				7m	α 5.93
Po^{199}				12m	α 5.87
Po^{200}				11m	EC; $(\alpha$ 5.86, 5.75)
Po^{201}			3/2	18m	EC; $(\alpha$ 5.57, 5.67, 5.77)
Po^{202}			0	44m	EC; $(\alpha$ 5.57)
Po^{203}			5/2	42m	EC; $(\alpha$ 5.48)
Po^{204}			0	3.5h	EC; $(\alpha$ 5.37)
Po^{205}			5/2	1.8h	EC; $(\alpha$ 5.23)
Po^{206}		205.9805	0	8.8d	EC; γ 0.060~1.32; $(\alpha$ 5.22)
Po^{207}		206.98159	5/2	6.0h	EC; γ0.100~2.06; $(\beta^+; \alpha$ 5.1)
Po^{208}		207.98126		2.9y	α 5.11; (EC; γ)
Po^{209}		208.98246	1/2	103y	α 4.88; (EC; γ)
Po^{210}		209.98287	0	138.4d	α 5.305
Po^{211}		210.98665		0.52s	α 7.448 (others); (γ)

Nuelide	Per Cent Abundance	Nuclidic Mass	Spin	Half-life	Decay Modes, Radiations, Energies
Po^{21m}		210.98804		25s	α 7.14 (others); γ 1.06, 0.57 (Pb^{207m})
Po^{212}		211.98886		3×10^{-7}s	α 8.78
Po^{212m}		211.99201		46s	α 11.7 (others); (γ)
Po^{213}		212.99284		4.2×10^{-6}s	α 8.34
Po^{214}		213.99519		1.6×10^{-4}s	α 7.69
Po^{215}		214.99947		0.0018s	α 7.37; (β^-)
Po^{216}		216.00192		0.16s	α 6.78
Po^{217}				< 10s	α 6.54
Po^{218}		218.0089		3.05m	α 6.00; (β^-)
$_{85}At^{200?}$				0.9m	α 6.41, 6.46
At^{201}				1.5m	α 6.35
At^{202}				3.0m	EC; α 6.13, 6.23
At^{203}				7.4m	EC; α 6.09
At^{204}				9.3m	EC; (α 5.95)
$At^{204?}$				25m	EC
At^{205}				26m	EC; α 5.90
At^{206}				30m	EC; (α 5.70; γ)
$At^{206?}$				2.9h	EC
At^{207}		206.9857		1.8h	EC; α 5.75
At^{208}		207.9865		1.6h	EC; γ 0.66, 0.17, 0.25; (α 5.65)
$At^{208?}$				6.2h	EC
At^{209}		208.98614		5.5h	EC; γ 0.78, 0.54, 0.20, 0.091; (α 5.64)
At^{210}		209.9870		8.3h	EC; γ 0.047~1.60; (α)
At^{211}		210.98750	9/2	7.21h	EC; α 5.86; (γ)
At^{212}				0.30s	α7.66, 7.60; γ 0.063
At^{212m}				0.12s	α 7.82, 7.88; γ 0.063
At^{213}		212.9931		< 2s	α 9.02
At^{214}		213.9963		2×10^{-6}s	α 8.78
At^{215}		214.99866		$\sim 10^{-4}$s	α 8.00
At^{216}		216.00240		3×10^{-4}s	α 7.79
At^{217}		217.00465		0.018s	α 7.05
At^{218}		218.00855		1.3s	α 6.69 (others)
At^{219}		219.0114		0.9m	α 6.27; (β^-)
$_{86}Rn^{204}$				3m	α 6.28
Rn^{206}				6.5m	α 6.25; EC
Rn^{207}				11m	EC; (α6.12)

Nuclide	Per Cent Abundance	Nuclidic Mass	Spin	Half-life	Decay Modes, Radiations, Energies
Rn^{208}				22m	EC; α 6.14
Rn^{209}				30m	EC; α 6.04
Rn^{210}		209.9897		2.7h	α 6.04; EC
Rn^{211}		210.99060		16h	EC; γ 0.032~1.82; α 5.78 (others)
Rn^{212}		211.99073		25m	α 6.26
Rn^{213}				0.019s	α 8.13
Rn^{215}		214.9987		~10^{-6}s	α 8.6
Rn^{216}		216.00023		4.5×10^{-5}s	α 8.01
Rn^{217}		217.00392		5.4×10^{-4}s	α 7.68
Rn^{218}		218.00559		0.019s	α 7.12 (others); (γ)
Rn^{219}		219.00952		3.92s	α 6.81, 6.55 (others); γ 0.27 (others)
Rn^{220}		220.01140		54s	α 6.28; (γ)
Rn^{221}				25m	β^-; α 6.00
Rn^{222}		222.0175		3.82d	α 5.49 (others); (γ)
$_{87}$Fr$^{205?}$				~4s	α 6.83
Fr^{206}				16s	α 6.74
Fr^{207}				19s	α 6.74
Fr^{208}				37s	α 6.59
Fr^{209}				54s	α 6.62
Fr^{210}				2.6m	α 6.50
Fr^{211}				3.1m	α 6.52
Fr^{212}		211.9961		19m	EC; α 6.39, 6.41, 6.34; γ
Fr^{213}				34s	α 6.77
Fr^{214}				0.004s	α 8.55
Fr^{215}				< 0.001s	α 9.4
Fr^{217}		217.0048		< 2s	α 8.3
Fr^{218}		218.0075		0.005s	α 7.85
Fr^{219}		219.00925		0.02s	α 7.30
Fr^{220}		220.01233		28s	α 6.69
Fr^{221}		221.01418		4.8m	α 6.33, 6.11; γ 0.22
Fr^{222}				15m	β^-; (α)
Fr^{223}		223.01980		22m	β^- 1.15; γ 0.019, 0.080 (others) (α 5.34)
$_{88}$Ra^{212}				18s	α 6.90
Ra^{213}				2.7m	α 6.74, 6.61
Ra^{214}				2.6s	α 7.17
Ra^{216}				0.0016s	α 8.7
Ra^{219}		219.0100		~0.001s	α 8.00

Nuelide	Per Cent Abundance	Nuclidic Mass	Spin	Half-life	Decay Modes, Radiations, Energies
Ra^{220}		220.01097		0.023s	α 7.45 (others); (γ)
Ra^{221}		221.01386		28s	α 6.61, 6.75, 6.66, 6.57; γ 0.15, 0.18 (others)
Ra^{222}		222.01536		38s	α 6.56, 6.23; 0.33
Ra^{223}		223.01856		11.7d	α 5.71, 5.60 (others); γ 0.031~0.58
Ra^{224}		224.02022		3.64d	α 5.68 (others); (γ)
Ra^{225}		225.02352		14.8d	β^- 0.32; γe^- 0.040
Ra^{226}		226.0254		1622y	α 4.78 (others;) (γ)
Ra^{227}		227.02922		41m	β^- 1.30 (others); (γ)
Ra^{228}		228.03123		6.7y	β^- 0.055; (γ?)
Ra^{229}				~1m	β^-
Ra^{230}				1h	β^- 1.2
$_{89}$Ac^{213}				~1s	α 7.42
Ac^{214}				12s	α 7.12, 7.18, 7.24
Ac^{221}		221.0157		< 2s	α 7.54
Ac^{222}		222.0178		4.2s	α 6.96
Ac^{223}		223.01912		2.2m	α 6.64; EC
Ac^{224}		224.0217		2.9h	EC; γ 0.22, 0.13; α 6.17
Ac^{225}		225.02314		10.0d	α 5.82, 5.78 (others); γ 0.037 (others)
Ac^{226}		226.0262		29h	β^- 1.17; γ 0.23, 0.16, 0.07; EC; γ 0.25, 0.18
Ac^{227}		227.02781	3/2	22y	β^- 0.046; (α; γ)
Ac^{228}		228.03117		6.13h	β^- 1.11, 0.45, 2.18; γ 0.057~1.64
Ac^{229}				66m	β^-
Ac^{230}				< 1m	β^- 2.2
Ac^{231}		231.0386		15m	β^- 2.1; γ 0.085~0.71
$_{90}$Th^{223}		223.0209		0.9s	α 7.55
Th^{224}		224.02138		1.1s	α 7.17, 6.9 (others); γ 0.18 (others)
Th^{225}		225.0237		8.0m	α 6.47 (others); EC; γ
Th^{226}		226.02489		31m	α 6.33, 6.22; γ 0.11 (others)
Th^{227}		227.02777		18.2d	α 5.98, 6.04 (others); γ 0.030~0.33
Th^{228}		228.02675		1.9y	α 5.42, 5.34; e^- (γ) 0.084; (γ)
Th^{229}		229.03163		7.3×10^{3}y	α 4.84, others; γ 0.20, 0.15
Th^{230}		230.0331		7.3×10^4	α 4.68, 4.61; e^- (γ) 0.068, (γ)
Th^{231}		231.03635		25.6h	β^- 0.30, 0.22, 0.14; γ 0.017~0.23

Nuelide	Per Cent Abundance	Nuclidic Mass	Spin	Half-life	Decay Modes, Radiations, Energies
Th^{232}	100	232.03821		1.39×10^{10}y	α 4.01, 3.95; e^- (γ) 0.059
Th^{233}		233.04143		22.4m	β^- 1.23; (γ)
Th^{234}		234.0436		24.1d	β^- 0.19, 0.10; γ 0.029, 0.063, 0.091
Th^{235}				< 5m	β^-
$_{91}$Pa^{224}				~ 0.6s	α 7.75
Pa^{225}				0.8s	α 6.81
Pa^{226}		226.0278		1.8m	α 6.81
Pa^{227}		227.02885		38m	α 6.46; EC
Pa^{228}		228.03100		22h	EC; (α); γ 0.057~1.89
Pa^{229}		229.03195		1.5d	EC; (α 5.69)
Pa^{230}		230.03437		47d	EC; β^- 0.41; γ 0.053~0.95; (α, β^+)
Pa^{231}		231.03594	3/2	3.48×10^4y	α 5.00, 4.94, 5.02, 4.72 (others); γ 0.027~0.38
Pa^{232}		232.03861		1.31d	β^- 0.26, 0.37 (others); γ 0.047~1.15
Pa^{233}		233.04011	3/2	37.0d	β^- 0.25, 0.15; γ 0.016~0.42
Pa^{234}		234.0434		6.7h	β^- 0.14, 0.28 (others); γ 0.043~1.68
Pa^{234m}				1.18m	β^- 2.33 (others); (IT 0.021; γ)
Pa^{235}		235.0454		24m	β^- 1.4
Pa^{236}				12m	β^- 3.3
Pa^{237}		237.0510		39m	β^- 2.30, others; γ 0.88, 0.46, 0.92 (others)
$_{92}$U^{227}		227.0309		1.3m	α 6.8
U^{228}		228.03128		9.3m	α 6.68; EC; γ
U^{229}		229.0332		58m	EC; 6.36, 6.33 (others); γ 0.029 (others)
U^{230}		230.03393		21d	α 5.88, 5.81; e^- (γ) 0.072; (γ)
U^{231}		231.0363		4.3d	EC; γ 0.018 0.22; (α 5.45)
U^{232}		232.03717		74y	α 5.32, 5.26; e^- (γ) 0.058; (γ)
U^{233}		233.03950	5/2	1.62×10^5y	α 4.82, 4.77 (others); e^- (γ) 0.043; (γ)
U^{234}	0.0056	234.0409		2.48×10^5y	α 4.77, 4.72 (others); e^- (γ) 0.053; (γ); (SF)
U^{235}	0.7205	235.04393	7/2	7.13×10^8y	α 4.30 (others); γ 0.18, 0.14, 0.10 (others); (SF)
U^{235m}				26m	IT e^- (γ) < 0.0001
U^{236}		236.04573		2.4×10^7y	α 4.50; 4.45; γ 0.05; (SF)
U^{237}		237.04858		6.75d	β^- 0.25 (others); γ 0.06, 0.21, others 0.027~0.43
U^{238}	99.274	238.0508		4.51×10^9y	α 4.19 (others); (γ 0.045); (SF)

Nuclide	Per Cent Abundance	Nuclidic Mass	Spin	Half-life	Decay Modes, Radiations, Energies
U^{239}		239.0543		23.5m	β^- 1.21; γ 0.074
U^{240}		240.05670		14h	β^- 0.36 (others); γ 0.044
$_{93}Np^{231}$		231.0383		50m	α 6.28
Np^{232}				13m	EC; γ
Np^{233}		233.0406		35m	EC; (α 5.53)
Np^{234}		234.0428		4.4d	EC; γ 0.043~1.61; (β^+)
Np^{235}		235.04407		410d	EC; (α 5.02; γ)
Np^{236}				> 5x10^3 y	
Np^{236m}		236.04662		22h	EC; β^- 0.52; e^- γ 0.045
Np^{237}		237.04803	5/2	2.20x10^6 y	α 4.78, 4.76 (others); γ 0.087, 0.019, 0.030 (others)
Np^{238}		238.0509	2	2.10d	β^- 1.24, 0.26 (others); 0.044~1.03
Np^{239}		239.05294	5/2	2.35d	β^- 0.33, 0.44 (others); γ 0.013~0.49
Np^{240}		240.0562		7.3m	β^- 2.18, 1.60, 1.30; γ 0.56, 0.04, 0.60 (others)
Np^{240}				63m	β^- 0.89; γ 0.085~1.16
Np^{241}		241.0582		16m	β^- 1.36
Np^{241}				3.4h	
$_{94}Pu^{232}$		232.0411		36m	EC; α 6.58
Pu^{233}		233.0427		20m	EC; (α 6.30)
Pu^{234}		234.0433		9.0m	EC; (α 6.19)
Pu^{235}		235.0453		26m	EC; (α 5.85)
Pu^{236}		236.04607		2.85y	α 5.76, 5.72 (others); γ 0.047 (others); (SF)
Pu^{237}		237.04828		45d	EC; γ 0.033, 0.060 (others); (α)
Pu^{237m}				0.18s	IT e^- (γ) 0.145
Pu^{238}		238.0495		86.4y	α 5.49, 5.45 (others); γ 0.044 (others); (SF)
Pu^{239}		239.05216	1/2	2.44x10^4 y	α 5.15, 5.13, 5.10 (others); γ0.053, 0.013 (others); (SF)
Pu^{240}		240.05397		6580y	α 5.16, 5.12 (others); γ 0.045 (others); (SF)
Pu^{241}		241.05671	5/2	13.0y	β^- 0.021; (α; γ)
Pu^{242}		242.0587		3.8x10^5 y	α 4.90, 4.86; γ 0.045; (SF)
Pu^{243}		243.0620		5.0h	β^- 0.58, 0.49; γ 0.084, 0.054, 0.012 (others)
Pu^{244}				8x10^7 y	α ; (SF)

Nuclide	Per Cent Abundance	Nuclidic Mass	Spin	Half-life	Decay Modes, Radiations, Energies
Pu^{245}				10.1h	β^-
Pu^{246}		246.0702		11d	β^- 0.15, 0.33; γ 0.047, 0.027 (others)
$_{95}Am^{237}$		237.0498		1.3h	EC; (α 6.01)
Am^{238}				1.86h	EC; γ 0.98, 0.58, 1.35, 0.37 (others)
Am^{239}		239.0530		12.1h	EC; γ 0.225, 0.275; (α 5.77)
Am^{240}				51h	EC; γ 1.00, 0.90 (others)
Am^{241}		241.05669	5/2	458y	α 5.48, 5.43 (others); γ 0.060 (m), 0.017, 0.013
Am^{242}		242.0595	1	16h	β^- 0.63, 0.67; EC; γ 0.042, 0.045
Am^{242m}				150y	IT e^- (γ) 0.049; (α; γ)
Am^{243}		243.06138	5/2	8.0×10^3y	α 5.27, 5.22 (others); γ 0.075
Am^{244}		244.0645		10.1h	β^- 0.38; γ 0.043~0.74
Am^{244m}				26m	β^- 1.5; (EC)
Am^{245}		245.06631		2.0h	β^- 0.90; γ 0.036~0.26
Am^{246}		246.0698		25m	β^- 1.31, 1.60 (others); γ 0.035~1.06
$_{96}Cm^{238}$		238.0530		2.5h	EC; α 6.50
Cm^{239}				2.9h	EC; γ 0.19
Cm^{240}		240.05550		27d	α 6.26; (SF)
Cm^{241}		241.0575		35d	EC; γ 0.48 (others); (α 5.95)
Cm^{242}		242.0588	0	162d	α 6.11, 6.07 (others); γ 0.044 (others); (SF)
Cm^{243}		243.06138		32y	α 5.78, 5.74 (others); γ 0.28, 0.23, 0.21 (others); (EC)
Cm^{244}		244.06291		18y	α 5.80, 5.76 (others); γ 0.043 (others); (SF)
Cm^{245}		245.06534		9.3×10^3y	α 5.36, 5.45 (others); γ 0.17, 0.13
Cm^{246}		246.0674		5.5×10^3y	α 5.37; (SF)
Cm^{247}				1.6×10^7y	α
Cm^{248}				4.7×10^5y	α 5.05; SF
Cm^{249}		249.0758		64m	β^- 0.86
Cm^{250}				$\sim 2\times10^4$y	SF
$_{97}Bk^{243}$		243.0629		4.5h	EC; γ 0.84, 0.96, 0.74 (others); (α)
Bk^{244}				4.4h	EC; γ 0.90, 0.20 (others); (α)
Bk^{245}		245.0662		5.0d	EC; γ 0.25 (others); (α)
Bk^{246}				1.8d	EC; γ 0.82 (others)
Bk^{247}		247.0702		7×10^3y	α 5.51, 5.67 (others); γ 0.084, 0.27

Nuelide	Per Cent Abundance	Nuclidic Mass	Spin	Half-life	Decay Modes, Radiations, Energies
Bk^{248}		248.0730		16h	β^- 0.65; EC
Bk^{249}		249.07484		314d	β^- 0.13; (α; γ)
Bk^{250}		250.0785		3.2h	β^- 0.73, 1.76; γ 0.99 1.03 (others)
$_{98}$Cf^{244}		244.06593		25m	α 7.17
Cf^{245}		245.0679		44m	EC; α 7.11
Cf^{246}		246.0688		36h	α 6.75, 6.71 (others); γ 0.042 (others); (SF)
Cf^{247}				2.5h	EC; γ 0.32, 0.42, 0.46
Cf^{248}		248.07235		350d	α 6.26, 6.22; γ 0.04; (SF)
Cf^{249}		249.07470		360y	α 5.81 (others); γ 0.40, 0.34 (others); (SF)
Cf^{250}		250.0766		13y	α 6.02, 5.98; γ 0.043; (SF)
Cf^{251}				~ 800y	α; γ 0.18
Cf^{252}				2.55y	α 6.11, 6.07; α 0.042, 0.10; (SF)
Cf^{253}		253.0850		17d	β^- 0.27
Cf^{254}				60d	SF
$_{99}$Es^{245}				1.2m	α 7.7
Es^{246}				7.3m	α 7.35; EC
Es^{248}				25m	EC; (α 6.87)
Es^{249}		249.0762		2h	EC; (α 6.76)
Es^{250}				3h	EC
Es^{251}		251.0799		1.5d	EC; (α 6.48)
Es^{252}		252.0829		~ 140d	α 6.64
Es^{253}		253.08469		20d	α 6.63 (others); γ 0.09, 0.38, 0.39, 0.43; (SF)
Es^{254}		254.0881		39h	β^- 0.48, 1.13, (others); γ 0.044, 0.69, 0.65 (others); (EC)
Es^{254}				250h	α 6.42; γ 0.062 (m)
Es^{255}				40d	β^-
Es^{256}				< 1h	β^-
$_{100}$Fm^{248}		248.0772		0.6m	α 7.8
Fm^{249}				2.5m	α 7.9
Fm^{250}		250.0795		30m	α 7.43; (EC)
Fm^{251}				7h	EC; (α 6.89)
Fm^{252}		252.0827		23h	α 7.04 (others); (γ)
Fm^{253}				5d	EC; α6.94
Fm^{254}		254.0870		3.24h	α 7.20, 7.16 (others); γ 0.041 (others); (SF)

Nuelide	Per Cent Abundance	Nuclidic Mass	Spin	Half-life	Decay Modes, Radiations, Energies
Fm^{255}				19.9h	α 7.03 (others); (γ; SF)
Fm^{256}				3.1h	SF
$Fm^{257?}$				11d	SF
$_{101}Md^{255}$		255.0906		~ 30m	EC; α 7.34
Md^{256}				~ 1.5h	EC
102^{254}				3s	α 8.3; SF
102^{255}				8s	α
$_{103}Lw^{257}$				8s	α 8.6

英中文索引

D

deuterium nucleus　氘的原子核　19-42, 22-45

deuteron　重氫原子核　22-35

deuterons　重質子　22-48, 22-79

development center　顯影中心　20-27

diacid　二元酸　14-29

dialcohol 或 diol　二元醇　14-29

diamond　鑽石　21-1

dibromocinnamic acid　二溴化桂皮酸　20-3

dicarboxylic acid　二羧酸　14-30

dicyanin　二賽安寧　20-27

dielectric constant　介電常數　14-7, 18-44

differential energy loss　微分能量損失　22-78

diffraction　繞射　16-19

diffraction grating　繞射光柵　21-1

diffraction pattern　繞射模樣圖　16-20

diffraction patterns　繞射模樣圖　21-33

diffusion controlled reaction　擴散控制的反應　14-2, 20-18

diffusion layer　擴散層　15-38

diffusion-controlled association reaction　擴散控制的結合反應　14-12

dimer　二聚體　14-30, 18-42

dimerization　二分子化的反應　20-22

dipole moment　偶極子矩　18-26, 18-38, 18-43

directional character　方向性　17-16

disintegration constant　崩變常數　22-122

disintegration rate　崩變速率　22-6, 22-69

disodium fumarate　反丁烯二酸二鈉　20-7

disorienting effect　失方位效應　18-46

dispersion force　分散力　18-50

displacement　位移　14-10, 22-102

displacement law　移位法則　22-4

dissolved molecules　溶解分子　15-30

distort　歪扭　15-3

distortion　歪扭　18-46

dose　線量　22-99

dot　點　18-46

dot product　點乘積　18-46

double　雙　18-24

double b-decay process　雙β-衰變過程　22-43

doubly degenerate　雙重的退縮　17-37, 18-11

doubly excited configuration　兩倍激勵組態　18-20

drift velocity　漂流速度　15-17

driving force　推動力　15-23

d-spacing　d-間隔　21-25

dual nature　二元的性質　16-20

ductility　延展性　21-8

double-bond　雙-鍵　19-29

E

E.Strauss　斯特勞史　22-3

effective mass　有效的質量　15-5

effective radius　有效半徑　18-36

effective reaction radius　有效的反應半徑　14-7

effective screening　有效屏蔽　18-39

eigen function　固有函數　16-27, 16-35, 17-5

eigenstate　固有狀態　19-1

eigenvalue　固有值　16-27, 17-5

einstein　愛因斯坦　20-1

einsteinium, Es　鑀　22-59

elastic　彈性　17-49

elastic scattering　彈性的散射　19-36

elastic solid　完全彈性的固體　15-6

electnonegativity difference　電陰性差　18-38

electric arcs　電弧　18-24

electric conductivity in gasses　氣體內的電導性　15-10

electric dipole　電偶極子　17-20

electric dipole moment　電偶極子矩　18-45, 19-44

electric dipole radiation　電偶極子輻射　19-7

electric dipole transition　電偶極子轉移　20-8

electric displacement vector　電移位向量　18-45

electric field strength　電場強度　15-17

electric force　電力　15-17

electric mobility　電移動度　15-17

electric polarization　電極化　18-45

electric potential　電位　15-17

electrical permittivity　電誘導率　18-44

electrodialysis　電透析　15-35

electrolytic conductivity　電解電導性　15-10

electrolytic deposition　電解析積　15-12

electromagnetic radiation　電磁輻射　19-39

electromagnetic unit　電磁的單位　16-2

electromagnetic wave　電磁波　16-4

electronic energy　電子的能量　19-2

electron affinity　電子親和性　17-52

electron capture, EC　軌道電子的捕獲　22-5, 22-17

electron carriers　電子傳遞體　20-30

electron cloud　電子雲　17-16

electron configuration　電子組態　17-43, 18-23

electron correlation　電子的相互關係　17-41

electron pair bond　電子對的鍵　18-19

electron probability density　電子的或然率密度　18-10

electron spin　電子的旋轉　17-20

F

G

H

P

S

T

U

V

W

國家圖書館出版品預行編目資料

物理化學 II / 黃定加,黃玲媛,黃玲惠 編著.
- - 初版. - - 新北市：全華圖書,2020.10
面 ； 公分

ISBN 978-986-503-504-4 (平裝)

1.量子力學

331.3   109014967

物理化學 II

作者 / 黃定加、黃玲媛、黃玲惠

發行人 / 陳本源

執行編輯 / 陳欣梅

封面設計 / 楊昭琅

出版者 / 全華圖書股份有限公司

郵政帳號 / 0100836-1 號

印刷者 / 宏懋打字印刷股份有限公司

圖書編號 / 06434

初版一刷 / 2020 年 11 月

定價 / 新台幣 750 元

ISBN / 978-986-503-504-4　(平裝)

全華圖書 / www.chwa.com.tw

全華網路書店 Open Tech / www.opentech.com.tw

若您對書籍內容、排版印刷有任何問題，歡迎來信指導 book@chwa.com.tw

臺北總公司(北區營業處)
地址：23671 新北市土城區忠義路 21 號
電話：(02) 2262-5666
傳真：(02) 6637-3695、6637-3696

中區營業處
地址：40256 臺中市南區樹義一巷 26 號
電話：(04) 2261-8485
傳真：(04) 3600-9806

南區營業處
地址：80769 高雄市三民區應安街 12 號
電話：(07) 381-1377
傳真：(07) 862-5562

歡迎加入 全華會員

● 會員獨享

會員享購書折扣、紅利積點、生日禮金、不定期優惠活動…等。

● 如何加入會員

掃 QRcode 或填妥讀者回函卡直接傳真 (02) 2262-0900 或寄回，將由專人協助登入會員資料，待收到 E-MAIL 通知後即可成為會員。

如何購買 全華書籍

1. 網路購書

全華網路書店「http://www.opentech.com.tw」，加入會員購書更便利，並享有紅利積點回饋等各式優惠。

2. 實體門市

歡迎至全華門市（新北市土城區忠義路 21 號）或各大書局選購。

3. 來電訂購

(1) 訂購專線：(02) 2262-5666 轉 321-324
(2) 傳真專線：(02) 6637-3696
(3) 郵局劃撥（帳號：0100836-1 戶名：全華圖書股份有限公司）
※ 購書未滿 990 元者，酌收運費 80 元。

OpenTech.com.tw 全華網路書店

全華網路書店 www.opentech.com.tw
www.chwa.com.tw
E-mail: service@chwa.com.tw

※ 本會員制如有變更則以最新修訂制度為準，造成不便請見諒。

讀者回函卡

掃 QRcode 線上填寫 ▶▶

姓名： 生日：西元　　　年　　　月　　　日　性別：□男 □女

電話：（　　）　　　　　　　　　　手機：

e-mail：（必填）

註：數字零，請用 Φ 表示，數字 1 與英文 L 請另註明並書寫端正，謝謝。

通訊處：□□□□□

學歷：□高中・職　　□專科　　□大學　　□碩士　　□博士

職業：□工程師　　□教師　　□學生　　□軍・公　　□其他

學校／公司：　　　　　　　　　　科系／部門：

· 需求書類：

□ A. 電子 □ B. 電機 □ C. 資訊 □ D. 機械 □ E. 汽車 □ F. 工管 □ G. 土木 □ H. 化工 □ I. 設計
□ J. 商管 □ K. 日文 □ L. 美容 □ M. 休閒 □ N. 餐飲 □ O. 其他

· 本次購買圖書為：　　　　　　　　　　書號：

· 您對本書的評價：

封面設計：□非常滿意　□滿意　□尚可　□需改善，請說明

內容表達：□非常滿意　□滿意　□尚可　□需改善，請說明

版面編排：□非常滿意　□滿意　□尚可　□需改善，請說明

印刷品質：□非常滿意　□滿意　□尚可　□需改善，請說明

書籍定價：□非常滿意　□滿意　□尚可　□需改善，請說明

整體評價：請說明

· 您在何處購買本書？

□書局　　□網路書店　　□書展　　□團購　　□其他

· 您購買本書的原因？（可複選）

□個人需要　□公司採購　□親友推薦　□老師指定用書　□其他

· 您希望全華以何種方式提供出版訊息及特惠活動？

□電子報　□ DM　□廣告（媒體名稱　　　　　　　　　　　　）

· 您是否上過全華網路書店？（www.opentech.com.tw）

□是　　□否　　您的建議

· 您希望全華出版哪方面書籍？

· 您希望全華加強哪些服務？

感謝您提供寶貴意見，全華將秉持服務的熱忱，出版更多好書，以饗讀者。

填寫日期：　　　／　　　／

2020.09 修訂

親愛的讀者：

感謝您對全華圖書的支持與愛護，雖然我們很費事的處理每一本書，但恐仍有疏漏之處，若您發現本書有任何錯誤，請填寫於勘誤表內寄回，我們將於再版時修正，您的批評與指教是我們進步的原動力，謝謝！

全華圖書 敬上

勘 誤 表

書號		書　名		作　者
頁 數	行 數	錯誤或不當之詞句		建議修改之詞句

我有話要說：	（其它之批評與建議，如封面、編排、內容、印刷品質等‧‧‧‧‧）